普通高等学校“十二五”规划教材

Numerical Analysis

数值分析

第2版

朱晓临　主编

U0354108

中国科学技术大学出版社

内 容 简 介

本书是为理工科大学各专业普遍开设的"数值分析"或"计算方法"课程编写的教材.本书列选安徽省高等学校"十二五"省级规划教材.

本书主要内容有:线性方程组的数值解法、非线性方程(组)的数值解法、数值逼近(包括插值、三次样条和B样条、最小二乘法、最佳平方逼近与最佳一致逼近)、数值微积分、常微分方程初值问题和边值问题的数值解法以及矩阵特征值、特征向量的数值解法.每章都有大量例题和习题、相关算法的MATLAB程序,并附例题演示;书末附有习题答案,配有上机实习题,供学生上机实习选用.此外,书中给出了所有概念的英文表达以及书中出现的科学家的简介,书末还有相关概念的中英文索引,方便读者查阅.全书阐述严谨、脉络分明、深入浅出,注重理论学习和上机实践相结合,介绍方法与阐明原理并重,传授知识与培养能力兼顾,便于教学和自学.

本书可以作为理工科大学各专业研究生学位课程的教材,并可供从事科学计算的科技工作者参考.

图书在版编目(CIP)数据

数值分析/朱晓临主编.—2版.—合肥:中国科学技术大学出版社,2014.7(2019.8重印)

ISBN 978-7-312-03446-6

Ⅰ.数… Ⅱ.朱… Ⅲ.数值分析—高等学校—教材 Ⅳ.O241

中国版本图书馆CIP数据核字(2014)第134747号

出版 中国科学技术大学出版社
安徽省合肥市金寨路96号,230026
http://press.ustc.edu.cn
https://zgkxjsdxcbs.tmall.com

印刷 安徽国文彩印有限公司

发行 中国科学技术大学出版社

经销 全国新华书店

开本 710 mm×1000 mm 1/16

印张 27.25

字数 543千

版次 2010年7月第1版 2014年7月第2版

印次 2019年8月第3次印刷

定价 49.90元

第 2 版前言

本书第 1 版于 2010 年出版，经过不同学校 4 届本科生以及研究生的使用，得到了同行和学生的肯定，但也发现了一些问题和不足. 我们在保留第 1 版所有特色的前提下，对全书作了较大的修改，删除、调整了部分内容，增加了很多内容，使《数值分析》第 2 版得到进一步的完善. 下面是具体修订内容：

删除部分 为使读者，尤其是工科学生和实际工程人员便于阅读和使用，第 2 版《数值分析》删除了第 1 版的三部分内容. 一是定义 3. 3. 2、定理 3. 3. 4(2)以及相关证明；这部分的内容涉及不可约矩阵，条件很难验证，实用性不高. 二是 4. 4. 2 小节“简化 Newton 迭代法和 Newton 下山法”，因为这两个方法速度慢，实用性不强，同时有其他更好的方法可以替代. 三是 5. 3 节“逐步线性插值”，这节方法的优点很大程度上与 Newton 插值重复，而在实际应用中，Newton 插值应用更广.

调整部分 第 2 版《数值分析》对第 1 版的三部分内容作了调整. 一是将第 2 章和第 3 章合并成一章，成为第 2 版《数值分析》的第 2 章. 因为这两章都是介绍线性方程组的数值解法，合成一章更加紧凑. 二是将第 1 版的 2. 5 节“方程组的性态及误差分析”放到第 2 版第 2 章的最后一节，这样第 2 章前面部分全部是介绍解方程组的数值方法，而最后一节介绍方程组本身的性态，使整章内容更加整齐. 三是将第 1 版的第 8 章拆成两章. 因为这章介绍了常微分方程的两类问题：初值问题和边值问题；解决这两类问题的数值方法差别比较大，相对比较独立；而且在教学实践中，由于课时限制，边值问题的数值解法没有时间介绍，分成两章更便于教学和自学.

修改部分 一是第 2 版对第 1 版每章后面的 MATLAB 程序全部进行了改写和重写，使程序更加合理、明确，增加了可读性；风格更加统一. 二是修改了第 1 版中各种类型的错误.

增加部分 每章后面的习题比第 1 版增加了一倍多，题型更加丰富，都附有答案，大大增加了读者练习的广度和深度. 每章都增加了若干结合所学方法解决实际问题、进行数学建模，并通过编程数值求解的例题，强化了本课程的实践性和实用性. 除此之外,第 1 章增加了能定量描述递推算法稳定性的定义,增加了 1.4 节“算法程序”,修改并补充了很多例题,便于读者自学.第 2 章增加了定理 2.6.10,补充了定理 2.6.8 和定理 2.6.9 的证明.第 3 章补充了定理 3.5.1 的证明,增加了 3.6 节“抛物线(Müller)法”和两个方法(解非线性方程组的拟 Newton 法、Aitkin 加速法).第 4 章增加了 Lagrange 基函数的性质及其证明、三次样条的性质及其证明和 4.7 节“B 样条简介”,重写了 Hermite 插值、分段多项式插值两节内容,使这两节内容更加严谨、清晰、有条理.第 5 章增加了带权的最小二乘法的介绍、解超定方程组、对不同类型散点图使用不同的拟合函数的归纳总结.第 6 章增加了数值积分求积分方程、Gauss-Laguerre 求积公式、Gauss-Hermite 数值求积公式、振荡函数的积分的数值解法、重积分的数值求积公式;在算法程序中,增加了变步长的中点公式求导数、振荡函数的求积公式、二重积分的复化梯形公式、二重积分的复化 Simpson 公式四段新程序.第 7 章增加了初值问题的适定性定义,重写了二阶 Runge-Kutta 方法,使推导过程更简洁明了,增加了 Heun 方法和相关例题,强化了三阶 Runge-Kutta 方法的内容和例题,增加了单步法的相容性以及它与收敛性之间的关系,增加了三种较常用的多步法(Simpson 公式、Milne 公式、Hamming 公式),增加了两个常用的微分方程组的迭代格式,增加了刚性方程组的介绍和讨论.

上述修订的根据,有的来自教学实践,有的来自科学研究,还有的来自工程实际.期待本书第 2 版对读者更实用和更有参考价值.

全书共有 9 章,主要内容有:线性方程组的数值解法、非线性方程(组)的数值解法、数值逼近(包括插值与拟合)、数值微积分、常微分方程初值问题和边值问题的数值解法以及矩阵特征值、特征向量的数值解法.全书讲授课时为 64～72 学时,如果少于要求学时,可以少讲每章的部分内容,或选讲其中部分内容;其他内容可作为自学或参考资料.

本书第 2 版第 1 章,第 4 章,第 7、8、9 章的修订由朱晓临执笔;第 2 章的修订由江平执笔;第 3 章的修订由刘植执笔;第 5、6 章的修订由郭清伟执笔.每章后面算法程序的修改以及部分重写由梁欣鑫、朱晓临完成.全书由朱晓临整理、统稿,并最后定稿.

在本书第 2 版付梓之际,我们衷心感谢合肥工业大学数学学院的朱功勤教授,他拨冗审阅了书稿,并提出了很多中肯的意见.衷心感谢参与第 1 版编写的檀结庆和殷明,他们由于公务繁忙,很遗憾不能参与本次修订.衷心感谢使用本教材第 1 版的各位同仁和学生,他们提供了很多宝贵意见.衷心感谢安徽省“十二五”规划教材基金的支持.同时,衷心感谢中国科学技术大学出版社的编辑,感谢他们的耐心和热心,他们认真负责的专业精神是这本教材能高质量完成的保证.

限于作者的水平,本书第 2 版难免还有不当之处,尚祈读者批评指正,编者将不胜感激.

编　者

2014 年 2 月

第 1 版前言

在现代科学研究与工程实际中，电子计算机的应用已渗透到各个领域的方方面面，科学计算的重要性已被愈来愈多的人所认识. 作为理工科大学的学生，应当具备一定的科学计算的知识和能力. 因此，目前各工科院校普遍将“数值分析”(有的叫“计算方法”或“数值计算方法”)列为各专业本科生的必修课程以及工科硕士研究生的学位课程，同时它还是信息与计算科学专业的主干课程.

本书是合肥工业大学数学学院的老师在十多年从事“数值分析”教学的基础上编写的一本教材. 在编写时，我们力求使它既便于教学，也便于自学. 在选材方面，突出基本理论和方法以及它们的应用背景，注重对计算数学最新理论和方法的介绍，强化解决问题能力的培养；在文字叙述方面，力求做到由浅入深，通俗易懂，讲清思想方法来源. 书中每章都配备了大量的例题和习题，尤其对那些读者比较难以理解和掌握的理论和方法，通过例题从多角度给予详尽的解答，同时注意各种方法的比较，书末还附有习题答案. 每章后的小结对所学内容做了高度的概括和总结，使读者更容易掌握其中的脉络和精髓，起到了画龙点睛的作用. “数值分析”是一门实践性很强的课程，为加强上机实践，书后配有很多具有一定综合性的计算实习题，可供读者选用. 为便于读者学习，我们还在每章最后配有该章所有算法的 MATLAB 程序，并附例题演示. 此外，书中给出了主要概念的英文表达，书末还有相关概念的中英文索引，方便读者查阅. 同时，我们还给出了书中出现的科学家的简介，以此表达我们对他们的敬意.

全书共有 9 章，主要内容包括：线性方程组的数值解法(直接法和迭代法)，非线性方程(组)的数值解法、数值逼近(包括插值与样条、平方逼近与一致逼近)，数值微积分、常微分方程初值问题和边值问题的数值解法以及矩阵特征值、特征向量的数值解法. 全书讲授课时为 72 学时，如果少于要求学时，可以选讲其中部分内容，其他内容作为自学或参考资料.

本书第 1 章、第 8 章和第 9 章由朱晓临编写，第 2 章和第 3 章由江平编写，第 4

章由殷明编写,第5章由檀结庆编写,第6章和第7章由郭清伟编写.全书由朱晓临整理、统稿,并最后定稿.

在本教材付梓之际,我们衷心感谢合肥工业大学数学学院的朱功勤教授,他拨冗审阅了书稿,并提出了很多中肯的意见.事实上,这本教材也凝聚了朱功勤教授近三十年讲授"数值分析"的心血和宝贵经验.衷心感谢安徽省高等学校"十一五"省级规划教材项目的支持.同时,衷心感谢中国科学技术大学出版社在保证这本教材高质量完成中所做的工作.在本教材的编写过程中,黄淑兵、许云云、王燕帮助编写了部分MATLAB程序,在此对他们表示感谢.

限于作者的水平,书中难免有不当之处,尚祈读者批评指正,编者将不胜感激.

编　者

2010年2月

目　　录

第1章　绪　　论

1.1　引　　言

众所周知,科学研究的三个重要环节是:**实验**、**科学计算**和**理论分析**.传统意义上,这三者是独立、分开进行的.由于计算机的出现和发展,科学计算在科研与工程实际中越来越显示出它的卓越作用,并向实验和理论分析渗透,部分或全部地代替实验和理论分析.例如,在计算机上修改一个设计方案远比在实地做修改要容易得多,而且还节省资源.为此,人们往往用科学计算来取代部分实验.还有些课题是不适宜进行多次或大规模实验的,而只能通过科学计算去解决(例如,计算机模拟核爆炸).这种由实验向计算的巨大转变,也促使一些边缘学科相继出现,例如,计算物理、计算力学、计算化学、计算生物学以及计算经济学,等等,都应运而生.有些理论证明往往也通过计算去解决,例如,四色问题、机器证明,等等.也就是说,科学计算可以全部或部分地代替理论证明.

科学计算既然如此重要,而担负科学计算主要任务的学科是计算数学.**计算数学**(Computational Mathematics)是数学的一个分支,它主要研究用计算机求解各种数学问题的数值方法及其理论以及软件实现.**数值分析**(Numerical Analysis)(也称**数值计算方法**或**计算方法**)是计算数学的一门主要课程,它不同于纯数学那样研究数学本身的理论,而是一门把数学理论与计算机紧密结合起来进行研究的、实用性很强的基础课程,它主要研究用计算机解决数学模型的理论与方法.

那么在实际研究中,数值分析处于一种什么地位呢?由图1.1.1可知:数值分析处于一种承上启下的地位,它在科学计算中是重要的不可或缺的一环.

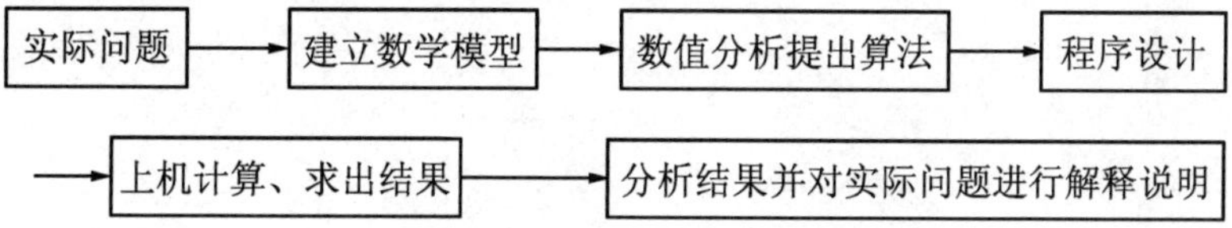

图1.1.1

从实际问题的提出，到上机计算、求出结果的整个过程，都可以看作是应用数学的范畴.细分起来，从实际问题出发，运用有关学科知识和数学理论，建立数学模型这一过程，通常作为应用数学的任务，这一般要涉及多门学科的知识，本课程不做讨论.而根据数学模型提出求解的数值计算方法(即算法)，直到编出程序、上机算出结果，这一过程则是计算数学的任务，也是数值分析研究的对象.

注 随着计算数学的发展，计算数学的研究很多时候已经扩展到上述整个过程.

科学计算离不开计算机，但更离不开计算方法.美国著名的计算数学家Babusk曾说过："没有好的计算方法，超级计算机就是超级废铁."人类的计算能力等于计算工具的性能与计算方法的效能乘积，这一形象化公式表明了硬件与计算方法对于计算能力的同等重要性.因此计算机只有配上相应的软件才能发挥作用，而一个好的软件则是基于一个好的算法.数值分析的一个重要研究对象就是研究算法以及相应的性质.

所谓**算法**(**Algorithm**)，就是用完全确定的规则(包括运算的逻辑顺序)，对某一类数值问题的输入数据进行处理，判断此数值问题是否有解.在解存在的情况下，给出输出数据；当解不存在时，算法应能作出明确的判断，最好指出解不存在的原因.

算法的好坏直接影响到实际问题解决的效率.例如，在大型水利工程、天气预报等实际问题中，往往需要解大型方程组 $\boldsymbol{Ax}=\boldsymbol{b}$，其阶数一般都在几十万阶以上.下面对两种不同的算法进行比较：问题是解一个 20 阶的方程组，计算平台是一台 10 亿次/秒的计算机.第一种方案是用线性代数中的 Cramer 法则作为算法.第二种方案是采用本课程将要介绍的 Gauss 消去法作为算法.经分析，第一种方案所需的时间为 3 万多年，显然这个运算时间在实际中是不可接受的；而第二种方案所用的时间远远少于 1 秒.这个例子说明一个好的算法对科学研究、实际工程是多么重要.

一个有效、实用的算法必须是符合计算机的要求，在理论上收敛、稳定，在实际计算中精确度高、计算复杂性小，能通过试验验证的数值方法.

数值分析的主要内容包括：线性方程组的数值解法、非线性方程(组)的数值解法、函数的数值逼近、数值微分与数值积分、微分方程的数值解、数值线性代数等.

1.2　误差的基本理论

1.2.1　误差的来源和分类

数值计算中的解都是近似解，**误差**(error)是不可避免的，关键是找到误差的来源以及控制误差的方法.误差的来源主要有以下 4 种：

1. 模型误差

数学模型与实际问题之间的误差称为**模型误差**(model error).

我们知道，要进行数值计算，首先必须将实际问题归结为数学问题，建立合适的数学模型.在建立数学模型的过程中，通常要加上许多限制，忽略一些次要因素，这样建立起来的数学模型与实际问题之间一定有误差，这种误差就是模型误差.

2. 观测误差

实验或观测得到的数据与实际数据之间的误差称为**观测误差**(observation error)或**数据误差**(data error).

数学模型中通常包含一些由观测(实验)得到的数据，例如，温度、气压、物体运动的速度、人体体重、身高，等等，它们和实际的数值之间是有出入的，其间的误差就是观测误差.误差的形成既有测量仪器的精度原因，也有观测人员本身素质、实验环境变化等原因.

3. 截断误差

数学模型的精确解与数值方法得到的数值解之间的误差称为**方法误差**或**截断误差**(truncation error).

因为计算机上只能完成有限次运算，而理论上的精确值往往要求用无限次运算过程才能求出.例如，由 Taylor 公式得

$$\sin x = x - \frac{x^3}{3!} + \frac{x^5}{5!} - \cdots + (-1)^{n-1}\frac{x^{2n-1}}{(2n-1)!} + R_{2n}(x),$$

通常用 $x - \frac{x^3}{3!} + \frac{x^5}{5!} - \cdots + (-1)^{n-1}\frac{x^{2n-1}}{(2n-1)!}$ 近似代替 $\sin x$，这时的截断误差为

$$R_{2n}(x) = \frac{\sin[\theta x + (2n+1)\pi/2]}{(2n+1)!}x^{2n+1},\quad 0 < \theta < 1.$$

4. 舍入误差

对数据进行四舍五入或切断后产生的误差称为**舍入误差**(roundoff error).

计算机的数系是有限集，不仅无理数 e，π 等不属于计算机数系，很多有理数，

如 1/3 = 0.333…也不属于计算机数系，于是人们常常用计算机数系中和它们比较接近的数来表示它们，由此产生的误差即为舍入误差.

每一步的舍入误差是微不足道的，但经过计算过程的传播和积累，舍入误差甚至可能会"淹没"所要的真值.

注 观测误差和舍入误差，就其来源来说，有所不同，就其对计算结果的影响来看，完全一样.数学描述和实际问题之间的误差，即模型误差，往往是计算工作者不能独立解决的，甚至是尚待研究的课题.基于这些原因，在数值分析课程中所涉及的误差，一般是指截断误差和舍入误差.数值分析讨论它们在计算过程中的传播和对计算结果的影响，研究控制它们的影响以保证最终结果的精度.既希望解决数值问题的算法简便、有效，又要使最终结果准确、可靠.

1.2.2 误差、误差限和有效数字

1.2.2.1 绝对误差和绝对误差限、相对误差和相对误差限

定义 1.2.1 设 x 为准确值，x^* 是 x 的近似值，称

$$e(x^*) = x - x^* \tag{1.2.1}$$

为近似值 x^* 的**绝对误差(absolute error)**，简称**误差(error)**.若

$$|e(x^*)| = |x - x^*| \leqslant \varepsilon, \tag{1.2.2}$$

则称数 ε 为近似值 x^* 的**绝对误差限(absolute error bound)**，简称**误差限**或**精度(precision)**.

注 绝对误差 $e(x^*)$不是误差的绝对值，它既可为正，也可为负.一般来说，准确值 x 是不知道的，因此误差 $e(x^*)$的准确值无法求出.不过在实际工作中，可根据相关领域的知识、经验及测量工具的精度，事先估计出误差绝对值不超过某个正数 ε，即绝对误差限.例如

$$x = \sin 1, \quad x^* = 1 - \frac{1}{3!} + \frac{1}{5!} - \frac{1}{7!} + \frac{1}{9!},$$

$$e(x^*) = x - x^* = \sin 1 - \left(1 - \frac{1}{3!} + \frac{1}{5!} - \frac{1}{7!} + \frac{1}{9!}\right) = \frac{\sin^{(11)} \xi}{11!},$$

根据数学知识可估计出其误差限：

$$|e(x^*)| = \left|\frac{\sin^{(11)} \xi}{11!}\right| \leqslant \frac{1}{11!} = \frac{1}{39916800} \approx 2.5 \times 10^{-8} = \varepsilon.$$

由式(1.2.2)得

$$x^* - \varepsilon \leqslant x \leqslant x^* + \varepsilon.$$

这表示准确值 x 在区间$[x^* - \varepsilon, x^* + \varepsilon]$内，有时将准确值 x 写成$x = x^* \pm \varepsilon$.例如

用卡尺测量一个圆杆的直径为 $x^* = 150$ 毫米，它是圆杆直径的近似值，由卡尺的精度知道这个近似值的误差不会超过半个毫米，则有

$$|x - x^*| = |x - 150| \leqslant 0.5(\text{毫米}).$$

于是该圆杆的直径为 $x = 150 \pm 0.5$(毫米).

用 $x = x^* \pm \varepsilon$ 表示准确值可以反映它的准确程度，但不能说明近似值的好坏. 例如，测量一根 10 厘米长的圆杆时发生了 0.1 厘米的误差和测量一根 10 米长的圆杆时发生了 0.1 厘米的误差，其绝对误差都是 0.1 厘米，但是，后者的测量结果显然比前者要准确得多. 决定一个量的近似值的好坏，除了要考虑绝对误差的大小，还要考虑这个量本身的大小，这就需要引入相对误差的概念.

定义 1.2.2　设 x 为准确值，x^* 是 x 的近似值，称

$$e_r(x^*) = \frac{e(x^*)}{x} = \frac{x - x^*}{x} \tag{1.2.3}$$

为近似值 x^* 的**相对误差(relative error)**. 若

$$|e_r(x^*)| = \left|\frac{x - x^*}{x}\right| \leqslant \varepsilon_r, \tag{1.2.4}$$

则称数 ε_r 为近似值 x^* 的**相对误差限(relative error bound)**.

注 1　在实际计算中，因为准确值 x 总是未知的，所以也把

$$e_r(x^*) = \frac{e(x^*)}{x^*} = \frac{x - x^*}{x^*} \tag{1.2.5}$$

称为近似值 x^* 的相对误差.

注 2　绝对误差和绝对误差限有量纲，而相对误差和相对误差限没有量纲，通常用百分数来表示.

在上面的例子中，前者的相对误差是 $0.1/10 = 1\%$，而后者的相对误差是 $0.1/1000 = 0.01\%$. 一般来说，相对误差越小，表明近似程度越好. 与绝对误差一样，近似值 x^* 的相对误差的准确值也无法求出.

1.2.2.2　有效数字

在工程实际中，一个近似值的近似程度往往用它含有的有效数字的多少来衡量，为此引进有效数字的概念.

定义 1.2.3　设 x^* 是 x 的近似值. 如果 x^* 的误差限是它的某一位的半个单位，那么称 x^* 准确到这一位，并且从这一位起直到左边第一个非零数字为止的所有数字称为 x^* 的**有效数字(significant figure 或 significant digit)**. 具体来说，就是先将 x^* 写成规范化形式：

$$x^* = \pm 0.a_1 a_2 \cdots a_n \times 10^m, \tag{1.2.6}$$

其中，$a_1, a_2, \cdots, a_n$ 是 0 到 9 之间的自然数，$a_1 \neq 0$；m 为整数. 如果 x^* 的误差限

$$|x - x^*| \leqslant 0.5 \times 10^{m-l}, \quad 1 \leqslant l \leqslant n, \tag{1.2.7}$$

那么称近似值 x^* 具有 l 位有效数字.

注 1 一般而言,对一个数据取其可靠位数的全部数字加上第一位可疑数字,就称为这个数据的有效数字.

一个近似数据的有效位数是该数中有效数字的个数,指从该数左方第一个非零数字算起到最末一个数字(包括零)的个数,它不取决于小数点的位置.

有效数字的位数是由被测物体、测量工具决定的.例如,用厘米刻度尺测量某一物体的长度为6.5厘米,6.5有2位有效数字,最后的"5"是可疑数字.若用毫米刻度尺测量某一物体的长度为6.50厘米,则6.50有3位有效数字,最后的"0"是可疑数字.从上面的例子也可以看出有效数字和测量工具的准确程度有关,即有效数字不仅表明数量的大小而且也反映测量的准确度.此外,变换单位不能增加有效数字的位数,如将6.50厘米改为65.0毫米或0.0650米,仍为3位有效数字.

注 2 数字"0"在有效数字中有两种意义:一种是作为数字定值,另一种是有效数字.例如在10.1430中两个"0"都是有效数字,所以它有6位有效数字.在0.2104中,小数点前面的"0"是定值用的,不是有效数字,而在数据中的"0"是有效数字,所以它有4位有效数字.在0.0120中,"1"前面的两个"0"都是定值用的,而在末尾的"0"是有效数字,所以它有3位有效数字.因此,数字中间的"0"和末尾的"0"都是有效数字,而数字前面所有的"0"只起定值作用.

以"0"结尾的正整数,有效数字的位数不确定.例如1200这个数,就不能确定是几位有效数字,可能是2位或3位,也可能是4位.遇到这种情况,应根据实际有效数字书写成

1.2×10^3 2位有效数字,

1.20×10^3 3位有效数字,

1.200×10^3 4位有效数字.

因此很大或很小的数,常用10的乘方表示.

例 1.2.1 设 $x = 20.03157$,确定它的近似值 $x_1^* = 20.03$, $x_2^* = 20.031$, $x_3^* = 20.032$分别具有几位有效数字?

解 因为

$$x_1^* = 0.2003 \times 10^2, \quad m = 2,$$

$$|x - x_1^*| = 0.00157 = 0.157 \times 10^{-2} < 0.5 \times 10^{-2},$$

所以 $m - l = -2$,得 $l = 4$.故 $x_1^* = 20.03$ 具有4位有效数字.

因为

$$x_2^* = 0.20031 \times 10^2, \quad m = 2,$$

$$|x - x_2^*| = 0.00057 = 0.057 \times 10^{-2} < 0.5 \times 10^{-2},$$

所以 $m-l=-2$,得 $l=4$.故 $x_2^*=20.031$ 具有4位有效数字.

因为

$$x_3^* = 0.20032\times 10^2,\quad m=2,$$
$$|x-x_3^*| = 0.00043 = 0.43\times 10^{-3} < 0.5\times 10^{-3},$$

所以 $m-l=-3$,得 $l=5$.故 $x_3^*=20.032$ 具有5位有效数字.

1.2.2.3 有效数字的运算规则

1. 有效数字的加减

多个数加减时,各数的取位是以小数位数最少的数为标准,按四舍五入进行取舍,然后加、减.最后结果中的有效数字的小数位数与运算前诸量中有效数字位数最少的一个相同.例如

$$0.0231+12.34+1.06752\approx 0.02+12.34+1.07=13.43.$$

2. 有效数字的乘除

多个数相乘或相除,以有效数字最少的数为标准,将有效数字多的其他数字,按四舍五入进行取舍,然后进行运算.最后结果中的有效数字位数与运算前诸量中有效数字位数最少的一个相同.例如

$$0.0231\times 12.34\div 1.06752\approx 0.0231\times 12.3\div 1.07\approx 0.266.$$

3. 有效数字的乘方和开方

有效数字在乘方和开方时,运算结果的有效数字位数与其底的有效数字的位数相同.

4. 对数函数、指数函数和三角函数的有效数字

对数函数运算后,结果中尾数的有效数字位数与真数有效数字位数相同.

指数函数运算后,结果中有效数字的位数与指数小数点后的有效数字位数相同.

三角函数的有效数字位数与角度的有效数字的位数相同.

1.2.2.4 有效数字与相对误差限的联系

从上面的讨论可以看出,有效数字位数越多,绝对误差限就越小.同样地,有效数字位数越多,相对误差限也就越小.下面阐述有效数字与相对误差限的联系.

定理 1.2.1 设 x^* 是 x 的近似值,且

$$x^* = \pm 0.a_1a_2\cdots a_n\times 10^m,$$

其中,$a_1,a_2,\cdots,a_n$ 是0到9之间的自然数,$a_1\neq 0$;m 为整数.

(1) 如果 x^* 具有 $l(1\leqslant l\leqslant n)$ 位有效数字,那么 x^* 的相对误差限为 $\dfrac{1}{2a_1}\times 10^{-l+1}$.

(2) 如果 x^* 的相对误差限为 $\frac{1}{2(a_1+1)}\times 10^{-l+1}$，那么 x^* 至少具有 l 位有效数字.

证明 (1) 因为 x^* 具有 l 位有效数字，所以由定义 1.2.3 知

$$|x-x^*|\leqslant 0.5\times 10^{m-l}.$$

又因为 $|x^*|\geqslant a_1\times 10^{m-1}$，所以

$$\frac{|x-x^*|}{|x^*|}\leqslant\frac{0.5\times 10^{m-l}}{a_1\times 10^{m-1}}=\frac{1}{2a_1}\times 10^{-l+1}.$$

(2) 因为 $|x^*|\leqslant(a_1+1)\times 10^{m-1}$，所以

$$|x-x^*|=\frac{|x-x^*|}{|x^*|}\cdot|x^*|\leqslant\frac{1}{2(a_1+1)}\times 10^{-l+1}\times(a_1+1)\times 10^{m-1}$$

$$=\frac{1}{2}\times 10^{m-l}.$$

故由定义 1.2.3 知：x^* 至少具有 l 位有效数字. 证毕!

例 1.2.2 设 $\sqrt{50}$ 的近似值 x^* 的相对误差的绝对值不超过 0.01%，问 x^* 至少应具有几位有效数字?

解法 1 设 x^* 至少应具有 l 位有效数字. 因为 $7<\sqrt{50}<8$，所以 $\sqrt{50}$ 的第一个非零数字是 7，即 x^* 的第一位有效数字 $a_1=7$，根据题意及定理 1.2.1 知

$$\frac{|\sqrt{50}-x^*|}{|x^*|}\leqslant\frac{1}{2a_1}\times 10^{-l+1}=\frac{1}{2\times 7}\times 10^{-l+1}\leqslant 0.01\%=10^{-4},$$

解得 $l\geqslant 3.85$. 故取 $l=4$，即 x^* 至少应具有 4 位有效数字.

解法 2 设 x^* 至少应具有 l 位有效数字. 因为 $7<\sqrt{50}<8$，所以 $x^*\leqslant 8=0.8\times 10^1$，于是 $m=1$. 又因为

$$|\sqrt{50}-x^*|=\frac{|\sqrt{50}-x^*|}{|x^*|}\times|x^*|\leqslant 0.01\%\times 8$$

$$=0.08\times 10^{-2}<0.5\times 10^{-2},$$

所以 $m-l=-2$，得 $l=3$，即 x^* 至少应具有 3 位有效数字.

注 经验证，当 x^* 至少具有 4 位有效数字时，x^* 的相对误差的绝对值不超过 0.01%，因此解法 1 是正确的. 但很多初学者用解法 2 得出的结果与解法 1 的不同；经验证，当 x^* 只具有 3 位有效数字时，x^* 的相对误差的绝对值超过 0.01%，因此解法 2 是错误的. 请读者思考，解法 2 为什么是错误的?

1.2.3 误差的运算

1. 绝对误差的四则运算

设 x^* 和 y^* 分别是 x 和 y 的近似值,它们的绝对误差分别是

$$e(x^*) = x - x^* \quad 和 \quad e(y^*) = y - y^*,$$

则

$$\left.\begin{aligned} &e(x^* \pm y^*) \approx e(x^*) \pm e(y^*),\\ &e(x^* y^*) \approx y^* e(x^*) + x^* e(y^*),\\ &e\left(\frac{x^*}{y^*}\right) \approx \frac{y^* e(x^*) - x^* e(y^*)}{(y^*)^2}. \end{aligned}\right\} \tag{1.2.8}$$

2. 相对误差的四则运算

设 x^* 和 y^* 分别是 x 和 y 的近似值,它们的相对误差分别是

$$e_r(x^*) = \frac{x - x^*}{x}\left(或\frac{x - x^*}{x^*}\right) \quad 和 \quad e_r(y^*) = \frac{y - y^*}{y}\left(或\frac{y - y^*}{y^*}\right),$$

则

$$\left.\begin{aligned} &e_r(x^* \pm y^*) \approx \frac{x^* e_r(x^*) \pm y^* e_r(y^*)}{x^* \pm y^*},\\ &e_r(x^* y^*) \approx e_r(x^*) + e_r(y^*),\\ &e_r\left(\frac{x^*}{y^*}\right) \approx e_r(x^*) - e_r(y^*). \end{aligned}\right\} \tag{1.2.9}$$

3. 绝对误差限的四则运算

设 x^* 和 y^* 分别是 x 和 y 的近似值,它们的绝对误差限分别是 $\varepsilon(x^*)$ 和 $\varepsilon(y^*)$,则

$$\left.\begin{aligned} &\varepsilon(x^* \pm y^*) \leqslant \varepsilon(x^*) + \varepsilon(y^*),\\ &\varepsilon(x^* y^*) \leqslant |y^*| \varepsilon(x^*) + |x^*| \varepsilon(y^*),\\ &\varepsilon\left(\frac{x^*}{y^*}\right) \leqslant \frac{|y^*| \varepsilon(x^*) + |x^*| \varepsilon(y^*)}{|y^*|^2}. \end{aligned}\right\} \tag{1.2.10}$$

4. 相对误差限的四则运算

设 x^* 和 y^* 分别是 x 和 y 的近似值,它们的相对误差限分别是 $\varepsilon_r(x^*)$ 和 $\varepsilon_r(y^*)$,则

$$\left.\begin{aligned} &\varepsilon_r(x^* \pm y^*) \leqslant \varepsilon_r(x^*) + \varepsilon_r(y^*),\\ &\varepsilon_r(x^* y^*) \leqslant |y^*| \varepsilon_r(x^*) + |x^*| \varepsilon_r(y^*),\\ &\varepsilon_r\left(\frac{x^*}{y^*}\right) \leqslant \frac{|y^*| \varepsilon_r(x^*) + |x^*| \varepsilon_r(y^*)}{|y^*|^2}. \end{aligned}\right\} \tag{1.2.11}$$

5. 函数的绝对误差、绝对误差限;函数的相对误差、相对误差限

当自变量有误差时,相应的函数值也产生误差,其误差或误差限可利用 Taylor 展开式进行估计.

设 $f(x)$是一元函数,x^* 是 x 的近似值,$e(x^*)$、$\varepsilon(x^*)$、$e_r(x^*)$和 $\varepsilon_r(x^*)$分别是 x^* 的绝对误差、绝对误差限、相对误差和相对误差限,以 $f(x^*)$作为 $f(x)$的近似值,其绝对误差

$$e(f(x^*)) = f(x) - f(x^*) = f'(x^*)(x - x^*) + \frac{1}{2}f''(\xi)(x - x^*)^2$$

$$= f'(x^*)e(x^*) + \frac{1}{2}f''(\xi)(e(x^*))^2, \tag{1.2.12}$$

其中 ξ 介于 x 与 x^* 之间.若 $f'(x^*)$与 $f''(x^*)$的比值不太大,可忽略 $e(x^*)$的高阶项,得函数的绝对误差

$$e(f(x^*)) \approx f'(x^*)e(x^*). \tag{1.2.13}$$

对式(1.2.12)取绝对值,得

$$|e(f(x^*))| = |f(x) - f(x^*)| \leqslant |f'(x^*)||e(x^*)| + \frac{1}{2}|f''(\xi)||e(x^*)|^2. \tag{1.2.14}$$

于是函数的绝对误差限

$$\varepsilon(f(x^*)) \leqslant |f'(x^*)|\varepsilon(x^*) + \frac{1}{2}|f''(\xi)|(\varepsilon(x^*))^2. \tag{1.2.15}$$

若 $f'(x^*)$与 $f''(x^*)$的比值不太大,可忽略 $e(x^*)$的高阶项,得函数的绝对误差限

$$\varepsilon(f(x^*)) \approx |f'(x^*)|\varepsilon(x^*). \tag{1.2.16}$$

仿上述分析过程,可得函数的相对误差和函数的相对误差限分别为

$$e_r(f(x^*)) \approx \frac{f'(x^*)}{f(x^*)}e(x^*). \tag{1.2.17}$$

$$\varepsilon_r(f(x^*)) \approx \frac{|f'(x^*)|}{|f(x^*)|}\varepsilon(x^*). \tag{1.2.18}$$

设 $f(x_1, x_2, \cdots, x_n)$是关于自变量$(x_1, x_2, \cdots, x_n)$的多元函数,记$(x_1^*, x_2^*, \cdots, x_n^*)$是$(x_1, x_2, \cdots, x_n)$的近似值,$e(x_i^*)$、$\varepsilon(x_i^*)$、$e_r(x_i^*)$和$\varepsilon_r(x_i^*)$分别是 x_i^* 的绝对误差、绝对误差限、相对误差和相对误差限,$i = 1, 2, \cdots, n$.以 $f(x_1^*, x_2^*, \cdots, x_n^*)$作为 $f(x_1, x_2, \cdots, x_n)$的近似值.仿上述分析过程,由多元 Taylor 展开式得函数的绝对误差为

$$e(f(x_1^*, x_2^*, \cdots, x_n^*)) \approx \sum_{i=1}^{n}\left[\frac{\partial f(x_1^*, x_2^*, \cdots, x_n^*)}{\partial x_i}\right]e(x_i^*), \tag{1.2.19}$$

函数的绝对误差限为

$$\varepsilon(f(x_1^*,x_2^*,\cdots,x_n^*))\approx\sum_{i=1}^{n}\left|\frac{\partial f(x_1^*,x_2^*,\cdots,x_n^*)}{\partial x_i}\right|\varepsilon(x_i^*),\qquad(1.2.20)$$

函数的相对误差为

$$e_{\mathrm{r}}(f(x_1^*,x_2^*,\cdots,x_n^*))\approx\sum_{i=1}^{n}\left[\frac{\partial f(x_1^*,x_2^*,\cdots,x_n^*)}{\partial x_i}\right]\frac{e(x_i^*)}{f(x_1^*,x_2^*,\cdots,x_n^*)},\qquad(1.2.21)$$

函数的相对误差限为

$$\varepsilon_{\mathrm{r}}(f(x_1^*,x_2^*,\cdots,x_n^*))\approx\sum_{i=1}^{n}\left|\frac{\partial f(x_1^*,x_2^*,\cdots,x_n^*)}{\partial x_i}\right|\frac{\varepsilon(x_i^*)}{|f(x_1^*,x_2^*,\cdots,x_n^*)|}.\qquad(1.2.22)$$

例 1.2.3　问$\sqrt[3]{x}$的近似值的相对误差约为x的近似值的相对误差的多少倍？

解　由式(1.2.17)得

$$e_{\mathrm{r}}(\sqrt[3]{x^*})\approx\frac{1}{3}\times\frac{1}{\sqrt[3]{(x^*)^2}\times\sqrt[3]{x^*}}e(x^*)=\frac{1}{3}\times\frac{e(x^*)}{x^*}=\frac{1}{3}\times e_{\mathrm{r}}(x^*),$$

即$\sqrt[3]{x}$的近似值的相对误差约为x的近似值的相对误差的1/3.

例 1.2.4　设有一个长方体游泳池，测量得其长为(50±0.01) m，宽为(10±0.01) m，深为(2.5±0.005) m，求按此数据得到的游泳池的容积V^*的绝对误差限和相对误差限.

解　设游泳池的长、宽、高分别为x、y、z，体积为V，根据题意，得

$$x^*=50\text{ m},\quad|e(x^*)|\leqslant0.01\text{ m},$$
$$y^*=10\text{ m},\quad|e(y^*)|\leqslant0.01\text{ m},$$
$$z^*=2.5\text{ m},\quad|e(z^*)|\leqslant0.005\text{ m},$$

游泳池容积的近似值为$V^*=x^*y^*z^*=1\,250\text{ m}^3$.

由式(1.2.8)，得

$$e(V^*)=e(x^*y^*z^*)\approx y^*z^*e(x^*)+x^*z^*e(y^*)+x^*y^*e(z^*),$$

于是

$$\begin{aligned}|e(V^*)|&\approx|y^*z^*e(x^*)+x^*z^*e(y^*)+x^*y^*e(z^*)|\\&\leqslant10\times2.5\times0.01+50\times2.5\times0.01+50\times10\times0.005=4(\text{m}),\end{aligned}$$

即V^*的绝对误差限为4 m.

$$|e_{\mathrm{r}}(V^*)|=\frac{|e(V^*)|}{|V^*|}\leqslant\frac{4}{1250}=0.32\%,$$

即V^*的相对误差限为0.32%.

1.3 避免误差危害的若干原则

在用计算机实现算法时，我们输入计算机的数据一般是有误差的(如观测误差等)，计算机运算过程的每一步又会产生舍入误差，由十进制转化为机器数也会产生舍入误差，这些误差在迭代过程中还会逐步积累和传播，因此我们必须研究这些误差对计算结果的影响. 但一个实际问题往往需要亿万次以上的计算，且每一步都可能产生误差，因此我们不可能对每一步误差进行分析和研究，只能根据具体问题的特点进行研究，提出相应的误差估计. 特别地，如果我们在构造算法的过程中注意了以下一些原则，那么将可以有效地减少或避免误差的危害，控制误差的传播和积累.

1. 简化计算步骤，计算过程有规律

同样一个问题，如果能减少运算次数，那么不但可以减少计算机的计算复杂度，而且还能减少舍入误差产生的机会，因此在构造算法时，合理地简化计算公式是一个非常重要的原则. 有规律的运算过程易于编程，可有效减少需要记录的中间结果.

例如：$ab+ac+ad=a(b+c+d)$左边有2次加法、3次乘法运算，而等式右边只有2次加法、1次乘法运算. 又如3次多项式 $p_3(x)$可写成下列2种形式：

$$a_0+a_1x+a_2x^2+a_3x^3=a_0+x(a_1+x(a_2+a_3x)),$$

等式左边有 $1+2+3=\dfrac{3(3+1)}{2}=6$ 次乘法和3次加法；等式右边采用秦九韶算法，只有3次乘法和3次加法，且很有规律，易于编程：

$$\begin{cases} s_0=a_3, \\ s_{k+1}=a_{2-k}+xs_k, \quad k=0,1,2. \end{cases} \tag{1.3.1}$$

于是 $p_3(x)=s_3$. 此方法所占内存也比前一种方法要小. 此外，因为减少了计算步骤，所以也相应地减少了舍入误差及其积累传播. 此例说明合理地简化计算公式在数值计算中是非常重要的.

2. 要避免两个相近的数相减

在数值计算中两个相近的数相减会造成有效数字的严重损失，从而导致误差增大，影响计算结果的精度.

例 1.3.1 已知100.005是$\sqrt{10001}$的近似值，且有6位有效数字. 现在分别用

$$(1)\ 100.005-100; \quad (2)\ \frac{1}{100.005+100}$$

计算$\sqrt{10001}-100$的近似值，问两种方式所得近似值分别有几位有效数字？

解　若使用6位十进制浮点运算，运算时取6位有效数字，则

(1) 由$\sqrt{10001}-100\approx 100.005-100=0.005$知，近似值$100.005-100$仅有1位有效数字.

(2) 由$\sqrt{10001}-100=\dfrac{1}{\sqrt{10001}+100}\approx\dfrac{1}{100.005+100}=0.499988\times 10^{-2}$知，近似值$\dfrac{1}{100.005+100}$有6位有效数字.

注　按方法(1)计算，因为出现了两个相近的数相减的情形，所以造成计算结果的有效数字严重损失；而按方法(2)计算，因为避免了两个相近的数相减的情形，所以计算结果能保证更多的有效数字的位数.

以上都是通过与准确值比较，判断近似值的有效数字的位数. 实际上，准确值往往是未知的，我们不得不通过其他方法了解近似值的有效数字位数. 下面在准确值未知的情况下，我们通过理论分析，估计出近似值的有效数字位数.

记$x=\sqrt{10001}$，$x^*=100.005$，x^*的绝对误差是$e(x^*)=x-x^*$.

对近似值$100.005-100$，因为$x^*=100.005=0.100005\times 10^3$，且有6位有效数字，所以$m=3$，$l=6$. 由式(1.2.7)得

$$|e(x^*)|\leqslant 0.5\times 10^{m-l}=0.5\times 10^{3-6}=0.5\times 10^{-3}.$$

因为$x^*-100=0.005=0.5\times 10^{-2}$，所以$m_1=-2$. 设$x^*-100$的有效数字位数为$l_1$. 因为$e(x^*-100)=(x-100)-(x^*-100)=x-x^*=e(x^*)$，所以

$$|e(x^*-100)|=|e(x^*)|\leqslant 0.5\times 10^{-3}.$$

由$m_1-l_1=-3$得$l_1=1$；这说明近似值$100.005-100$仅有1位有效数字.

对近似值$\dfrac{1}{100.005+100}$，因为

$$\frac{1}{x^*+100}=\frac{1}{100.005+100}=0.499988\times 10^{-2},$$

所以$m_2=-2$. 设$\dfrac{1}{x^*+100}$的有效数字位数为l_2. 由式(1.2.13)知，

$$e\left(\frac{1}{x^*+100}\right)\approx-\frac{1}{(x^*+100)^2}e(x^*).$$

再由

$$\left|e\left(\frac{1}{x^*+100}\right)\right|\approx\frac{1}{(x^*+100)^2}|e(x^*)|\leqslant\frac{1}{(100.005+100)^2}\times 0.5\times 10^{-3}$$
$$\approx 0.124994\times 10^{-7}<0.5\times 10^{-7},$$

得$m_2-l_2=-7$，得$l_2=5$；这说明近似值$\dfrac{1}{100.005+100}$至少有5位有效数字.

3. 要防止重要的小数被大数“吃掉”

在数值计算中,参加运算的数的数量级有时相差很大,而计算机的字长又是有限的,因此,如果不注意运算次序,那么就可能出现小数被大数“吃掉”的现象.这种现象在有些情况下是允许的,但在有些情况下,这些小数很重要,若它们被“吃掉”,就会造成计算结果的失真,影响计算结果的可靠性.

例 1.3.2 求二次方程 $x^2-(10^9+1)x+10^9=0$ 的根.

解 用因式分解,易得方程的两个根为 $x_1=10^9$, $x_2=1$.用求根公式

$$x_{1,2}=\frac{-b\pm\sqrt{b^2-4ac}}{2a}$$

编制程序,如果在只能将数表示到小数点后 8 位的计算机上运算,那么首先要对阶:

$$-b=10^9+1=0.10000000\times10^{10}+0.0000000001\times10^{10}.$$

而在该计算机上只能达到 8 位,故 $0.0000000001\times10^{10}$ 不起作用,即视为 0,于是

$$-b=0.10000000\times10^{10}=10^9.$$

类似地,有

$$b^2-4ac=10^{18}-4\times1\times10^9=0.10000000\times10^{19}-0.0000000004\times10^{19},$$

其中 $0.0000000004\times10^{19}$ 不起作用,即视为 0,于是 $b^2-4ac=0.10000000\times10^{19}$,因此 $\sqrt{b^2-4ac}=|b|=10^9$,故所得两个根为 $x_1=10^9$, $x_2=0$. x_2 严重失真的原因是大数吃掉小数的结果.

如果把 x_2 的计算公式写成 $x_2=\frac{-b-\sqrt{b^2-4ac}}{2a}=\frac{2c}{-b+\sqrt{b^2-4ac}}$,则

$$x_2=\frac{2\times10^9}{10^9+10^9}=1.$$

例 1.3.3 已知 $x=10^{20}$, $y=9$, $z=-10^{20}$,求 $x+y+z$.

解 如果按 $x+y+z$ 的次序来编程序,在只能将数表示到小数后 10 位的计算机上运算,则 x“吃掉”y,而 x 与 z 互相抵消,结果 $x+y+z=0$.

当 y 是一个可以忽略的量时,上述结果是有意义的.

当 y 是一个不能忽略的参数时,上述结果就有问题.因此,可按 $(x+z)+y$ 的次序来编程序,结果 $x+y+z=9$.

注 由此可见,如果事先大致估计一下计算方案中各数的数量级,编制程序时加以合理地安排,那么重要的小数就可以避免被“吃掉”.上述例子还说明,用计算机作加减运算时,交换律和结合律往往不成立,不同的运算次序会得到不同的运算结果;在计算机上运算时,理论上的等式往往不再是等式.

4. 要避免出现除数的绝对值远远小于被除数绝对值的情形

在用计算机实现算法的过程中，如果用绝对值很小的数作除数，往往会使舍入误差增大. 即在计算$\frac{y}{x}$时，若 $0<|x|\ll|y|$，则可能产生较大的舍入误差，对计算结果带来严重影响，应尽量避免.

5. 注意算法的数值稳定性

为了避免误差在运算过程中的累积增大，我们在构造算法时，还要考虑算法的稳定性.

定义 1.3.1 一个算法如果输入数据有误差，而在计算过程中舍入误差不增长，那么称此算法是**数值稳定的**(**numerical stable**)；否则称此算法为**数值不稳定的**(**numerical unstable**).

定义 1.3.2(递推算法的稳定性) 若递推算法

$$\begin{cases} x_{n+1} = \varphi(x_n), & n = 0,1,2,\cdots, \\ x_0 = \alpha(\text{已知}) \end{cases} \tag{1.3.2}$$

是精确的(即初值精确，且在递推过程中没有舍入误差)，而递推算法

$$\begin{cases} x_{n+1}^* = \varphi(x_n^*), & n = 0,1,2,\cdots, \\ x_0^* = \alpha + \varepsilon_0 \end{cases} \tag{1.3.3}$$

是算法(1.3.2)的近似算法(即初值有扰动 ε_0，且在递推过程中有舍入误差). 记

$$e(x_n^*) = x_n - x_n^*, \quad n = 0,1,2,\cdots; \quad 且 \quad e(x_0^*) = \varepsilon_0.$$

若存在不依赖 n 的常数 $C>0$，使得

$$|e(x_n^*)| \leqslant C|e(x_0^*)| = C|\varepsilon_0|, \quad n = 1,2,\cdots, \tag{1.3.4}$$

则称递推算法(1.3.2)是**数值稳定**的；否则就是**数值不稳定**的.

下面的例子说明了算法稳定性的重要性.

例 1.3.4 当 $n=0,1,2,\cdots,10$ 时，计算积分 $I_n = \int_0^1 \frac{e^{-nx}}{e^{-x}+10}dx$ 的近似值.

解 由

$$I_1 + 10I_0 = \int_0^1 \frac{e^{-x}+10}{e^{-x}+10}dx = \int_0^1 1dx = 1,$$

有

$$I_{n+1} + 10I_n = \int_0^1 \frac{e^{-(n+1)x}+10e^{-nx}}{e^{-x}+10}dx = \int_0^1 e^{-nx}dx = \frac{1}{n}(1-e^{-n}),$$

得递推关系

$$\begin{cases} I_1 = 1 - 10I_0, \\ I_{n+1} = \frac{1}{n}(1-e^{-n}) - 10I_n, \quad n = 1,2,\cdots,9. \end{cases} \tag{1.3.5}$$

因为

$$I_0 = \int_0^1 \frac{1}{e^{-x}+10}dx = \frac{1}{10}[\ln(1+10e) - \ln 11] \approx 0.094082 = I_0^*,$$

由 I_0^* 出发,利用递推关系式(1.3.5)得

$$I_1^* = 0.040321, \quad I_2^* = 0.029127, \quad I_3^* = 0.025470, \quad I_4^* = -0.009278.$$

因为 $0 < I_n < 1$,所以 $I_4^* = -0.009278$ 是错误的.

下面分析产生错误的原因:递推公式(1.3.5)每次将前一步的误差扩大10倍.若 I_0^* 的绝对误差是 ε_0,则 $I_1^*, I_2^*, I_3^*, I_4^*, \cdots$ 的绝对误差分别至少是 $10\varepsilon_0$, $10^2\varepsilon_0, 10^3\varepsilon_0, 10^4\varepsilon_0, \cdots$,因此不存在不依赖 n 的常数 $C>0$,使得式(1.3.4)成立,由定义1.3.2知,递推算法(1.3.5)是数值不稳定的,因此计算结果不可靠.

我们换一种算法,将式(1.3.5)改写成

$$\begin{cases} I_0 = \dfrac{1}{10}(1 - I_1), \\ I_n = \dfrac{1}{10}\left[\dfrac{1}{n}(1-e^{-n}) - I_{n+1}\right], \quad n = 9,8,\cdots,1. \end{cases} \tag{1.3.6}$$

式(1.3.6)是倒向递推公式,首先需要估计初值 I_{10} 的近似值.因为

$$\frac{1-e^{-n}}{11n} = \frac{1}{11}\int_0^1 e^{-nx}dx \leqslant I_n = \int_0^1 \frac{e^{-nx}}{e^{-x}+10}dx$$

$$\leqslant \frac{1}{e^{-1}+10}\int_0^1 e^{-nx}dx = \frac{1-e^{-n}}{(e^{-1}+10)n},$$

所以当 $n=10$ 时,由上式得 $0.009091 < I_{10} < 0.009644$.于是,可取

$$I_{10}^* = (0.009091 + 0.009644)/2 = 0.009367.$$

计算结果见表1.3.1.

表1.3.1

n	I_n^*	I_n(准确值)
10	0.009367	0.009167
9	0.010173	0.010193
8	0.011478	0.011476
7	0.013125	0.013125
6	0.015313	0.015313
5	0.018334	0.018334
4	0.022709	0.022709

续表

n	I_n^*	I_n(准确值)
3	0.029403	0.029403
2	0.040293	0.040293
1	0.059183	0.059183
0	0.094082	0.094082

从表中的数据可以看出,用第二种算法得出的结果精度很高.这是因为,若初值 I_{10}^* 的绝对误差是 ε_0,存在不依赖 n 的常数 $1/10>0$,使得式(1.3.4)成立,即 $|e(I_{10-k}^*)|\leqslant\frac{1}{10}|e(I_{10}^*)|=\frac{1}{10}|\varepsilon_0|$, $k=1,2,\cdots,10$;由定义 1.3.2 知,递推算法(1.3.6)是数值稳定的.事实上,递推算法(1.3.6)的误差在计算过程的每一步都是缩小的(约为前一步的 1/10).这个例子告诉我们,用数值方法在解决实际问题时一定要选择数值稳定的算法.

1.4　算法程序

1.4.1　Taylor 多项式逼近函数

$$f(x)\approx f(x_0)+f'(x_0)(x-x_0)+\frac{1}{2!}f''(x_0)(x-x_0)^2+\cdots$$
$$+\frac{1}{n!}f^{(n)}(x_0)(x-x_0)^n.$$

```
%Taylor 多项式逼近函数
%fun 表示被逼近的函数 f(x);n 是 Taylor 多项式的次数
%x0 表示 f(x)在该点做 Taylor 展开;x1 表示在该点求函数 f(x)的近似值
function TaylorExp(fun,x0,n,x1)
syms x;
p=0;
for i=0:n
    if i<=1
        m=1;
    else
        m=m*i;
```

```
        end
        p=p+((x-x0)^i)*subs(diff(fun,i),x0)/m;
    end
    if i==n
            if nargin==4
                disp('给定点处的函数值的近似值是')
                p0=subs(p,'x',x1),        %计算给定点的函数值的近似值,并输出
            else
                disp('所求 Taylor 多项式是')
                p=collect(p);             %将插值多项式展开
                p=vpa(p,6),               %将插值多项式的系数化成保留6位有效数字的小
                                            数,并输出
            end
        end
    end
```

例 1.4.1 设 $f(x)=\sin x$,求 $f(x)$的 Taylor 多项式,并求 $f(x)$在 $x=1$ 和 $x=1.5$ 处的近似值.

解 在 MATLAB 命令窗口输入:

```
syms x;   fun=sin(x);   TaylorExp(fun,0,5)
```

回车,输出结果:

```
所求 Taylor 多项式是
p=
x-.166667*x^3+.833333e-2*x^5
```

再在 MATLAB 命令窗口输入:

```
TaylorExp(fun,0,5,1)
```

回车,输出结果:

```
给定点处的函数值的近似值是
p0=
    0.8417
```

再在 MATLAB 命令窗口输入:

```
TaylorExp(fun,0,5,1.5)
```

回车,输出结果:

```
给定点处的函数值的近似值是
p0=
    1.0008
```

另:利用 MATLAB 自带的 taylor 函数来求解:

```
syms x;
fun=sin(x);
```

taylor(fun,0,6), subs(taylor(fun,0,6),1), subs(taylor(fun,0,6),1.5)

回车,可得结果,与上面一致.

1.4.2 秦九韶算法

$$\begin{cases} s_0 = a_n, \\ s_{k+1} = a_{n-k-1} + xs_k, \quad k = 0,1,2,\cdots,n-1. \end{cases}$$

```
%秦九韶算法
%A 是已知多项式 p(x)的系数构成的行向量;x0 表示在该点求多项式 p(x)的值
function QinJiuShao(A,x0)
m = length(A);
s = A(m);
for i = 1:m-1
    s = A(m-i) + x0 * s;
end
disp('给定点处的函数值的近似值是')
s,          %输出多项式 p(x)在给定点 x0 的函数值的近似值
end
```

例 1.4.2 用秦九韶算法分别求下列多项式在 $x = -14.35$ 和 $x = 36.23$ 处的值:

$$p_6(x) = 50.43 - 63.12x + 32.06x^2 + 20.33x^3 - 11.54x^4 + 10.67x^5 - 21.04x^6.$$

解 在 MATLAB 命令窗口输入:

```
A = [50.43 -63.12 32.06 20.33 -11.54 10.67 -21.04];
x0 = -14.35;  QinJiuShao(A,x0)
```

回车,输出结果:

```
给定点处的函数值的近似值是
p0 =
   -1.9075e+008
```

再在 MATLAB 命令窗口输入:

```
x0 = 36.23;  QinJiuShao(A,x0)
```

回车,输出结果:

```
给定点处的函数值的近似值是
p0 =
   -4.6936e+010
```

1.4.3 算法的稳定性

例 1.4.3 当 $n = 0,1,2,\cdots,10$ 时,计算积分 $I_n = \int_0^1 \frac{e^{-nx}}{e^{-x}+10}dx$ 的近似值.

算法 1(不稳定的算法)

$$\begin{cases} I_1 = 1 - 10I_0, \\ I_{n+1} = \dfrac{1}{n}(1 - e^{-n}) - 10I_n, \quad n = 1,2,\cdots. \end{cases}$$

取 $I_0 = 0.094082$.

算法 1 的程序

```
%不稳定的算法
%I0 表示初值;n 表示迭代次数
function Unstable(I0,n)
sprintf('n=0,I0=%f',I0)
I=1-10*I0;
sprintf('n=1,I1=%f',I)
for i=1:n-1
    I=(1/i)*(1-exp(-i))-10*I;
    sprintf('n=%d,I%d=%f',i+1,i+1,I)
end
end
```

解 在 MATLAB 命令窗口输入:

I0=0.094082; Unstable(I0,10)

回车,输出结果:

```
ans=
    n=0,  I0=0.094082
ans=
    n=1,  I1=0.059180
ans=
    n=2,  I2=0.040321
ans=
    n=3,  I3=0.029127
ans=
    n=4,  I4=0.025470
ans=
    n=5,  I5=-0.009278
ans=
    n=6,  I6=0.291436
ans=
    n=7,  I7=-2.748104
ans=
    n=8,  I8=27.623771
```

```
ans =
    n = 9,   I9 = -276.112756
ans =
    n = 10,   I10 = 2761.238657
```

算法2(稳定的算法)

$$\begin{cases} I_0 = \dfrac{1}{10}(1 - I_1), \\ I_n = \dfrac{1}{10}\left[\dfrac{1}{n}(1 - e^{-n}) - I_{n+1}\right], \quad n = N, N-1, \cdots, 1. \end{cases}$$

其中 $N \geqslant 2$ 是整数;取初值 $I_{10} = 0.009367$.

算法2的程序

```
%稳定的算法
%In 表示初值
function Stable(In,n)
sprintf('n=10,I%d=%f',n,In)
I=In;
for i=n-1:-1:1
    I=(1/10)*((1/i)*(1-exp(-i))-I);
    sprintf('n=%d,I%d=%f',i,i,I)
end
I=(1/10)*(1-I);
sprintf('n=0,I0=%f',I)
end
```

解　在 MATLAB 命令窗口输入:

```
In=0.009367;   Stable(In,10)
```

回车,输出结果:

```
ans =
    n = 10,   I10 = 0.009367
ans =
    n = 9,   I9 = 0.010173
ans =
    n = 8,   I8 = 0.011479
ans =
    n = 7,   I7 = 0.013125
ans =
    n = 6,   I6 = 0.015313
ans =
    n = 5,   I5 = 0.018334
ans =
```

```
    n = 4,   I4 = 0.022709
ans =
    n = 3,   I3 = 0.029403
ans =
    n = 2,   I2 = 0.040293
ans =
    n = 1,   I1 = 0.059183
ans =
    n = 0,   I0 = 0.094082
```

习　　题

1. 设 $x_1^* = 23.405, x_2^* = 23.4051, x_3^* = 23.4052$ 都是 $x = 23.405178$ 的近似值.(1) 求 x_1^*，x_2^*, x_3^* 的绝对误差和相对误差;(2) 试确定 x_1^*, x_2^*, x_3^* 分别有几位有效数字.

2. 设 $x_1^* = 5.3001, x_2^* = 5.3002, x_3^* = 5.3, x_4^* = 5.30, x_5^* = 5.300$ 都是 $x = 5.300186$ 的近似值,试确定 $x_1^*, x_2^*, x_3^*, x_4^*, x_5^*$ 分别有几位有效数字.

3. 按四舍五入原则,将下列各位数字保留 4 位有效数字.

$$324.045,\quad 60.0876,\quad 0.00035167,\quad 2.00043.$$

4. 为了使 $\sqrt{70}$ 的近似值的相对误差小于 0.1%,要取几位有效数字?

5. 计算 cos 1(1 表示 1 弧度)的近似值,问取几位有效数字才能保证其相对误差限不大于 0.01%?

6. (1) 已知近似值 x^* 有 5 位有效数字,试求其相对误差限.

(2) 已知近似值 x^* 的相对误差限是 0.03%,问 x^* 至少有几位有效数字?

7. 已知 $A = (\sqrt{2} - 1)^6$,取 $\sqrt{2} \approx 1.4$.利用下列各式计算 A,问哪一个得到的计算结果的绝对误差最小?

(1) $\dfrac{1}{(\sqrt{2}+1)^6}$; (2) $(3-2\sqrt{2})^3$; (3) $\dfrac{1}{(3+2\sqrt{2})^3}$; (4) $99 - 70\sqrt{2}$.

8. 正方形的边长约为 100 cm,应该怎样测量,才能使其面积的误差不超过 1 cm^2?

9. 设计算球的体积 V 的相对误差限为 0.1%,问球的半径 r 允许的相对误差限是多少?

10. 设 $s = \dfrac{1}{2} g t^2$,若 g 是准确的,而对 t 的测量有 $\pm\varepsilon(\varepsilon > 0)$ 的误差.证明:当 t 增加时,s 的绝对误差增大,而相对误差减小.

11. 设 x^* 是 x 的近似值.已知 $\ln x^*$ 的绝对误差限是 0.5×10^{-l},试估计 x^* 的相对误差限及有效数字的位数.

12. 设 $x_1 = 0.66666667, x_2 = 0.66666666$ 均具有 8 位有效数字,比较 $\lg x_1 - \lg x_2$ 和 $\lg \dfrac{x_1}{x_2}$

两种运算结果的有效数字的位数，并给出解释.

13. 求一元二次方程 $x^2-64x+1=0$ 的较小正根，要求有 4 位有效数字.

14. 当 $n=0,1,2,\cdots,10$ 时，选择稳定的算法计算积分 $I_n=\int_0^1\frac{x^n}{x+5}\mathrm{d}x$ 的近似值.

15. 给出一种计算积分 $I_n=\int_0^1 x^n\mathrm{e}^x\mathrm{d}x(n=0,1,2,\cdots)$ 的近似值的稳定递推算法.

16. $\sqrt{7}$ 可由下列迭代公式计算：

$$\begin{cases}x_0=2,\\ x_{n+1}=\dfrac{1}{2}\left(x_n+\dfrac{7}{x_n}\right), & n=0,1,2\cdots.\end{cases}$$

若 x_n 是 $\sqrt{7}$ 的具有 l 位有效数字的近似值，证明：x_{n+1}是$\sqrt{7}$的具有 $2l$ 位有效数字的近似值.

第 2 章　线性方程组的数值解法

2.1　引　　言

在自然科学研究和工程技术的应用中，许多问题的解决，诸如非线性问题线性化、求微分方程的数值解最终都归结为线性方程组的求解问题. 我们在后面章节中的样条插值、曲线拟合、数值代数等，也需要求解线性方程组.

一般地，设 n 阶线性方程组(linear system of equations of order n)为

$$\begin{cases} a_{11}x_1 + a_{12}x_2 + \cdots + a_{1n}x_n = b_1, \\ a_{21}x_1 + a_{22}x_2 + \cdots + a_{2n}x_n = b_2, \\ \qquad\qquad\qquad\vdots \\ a_{n1}x_1 + a_{n2}x_2 + \cdots + a_{nn}x_n = b_n, \end{cases} \tag{2.1.1}$$

表示成矩阵形式

$$\boldsymbol{Ax} = \boldsymbol{b}, \tag{2.1.2}$$

其中

$$\boldsymbol{A} = (a_{ij})_{n\times n} = \begin{bmatrix} a_{11} & a_{12} & \cdots & a_{1n} \\ a_{21} & a_{22} & \cdots & a_{2n} \\ \vdots & \vdots & & \vdots \\ a_{n1} & a_{n2} & \cdots & a_{nn} \end{bmatrix}, \quad \boldsymbol{x} = \begin{bmatrix} x_1 \\ x_2 \\ \vdots \\ x_n \end{bmatrix}, \quad \boldsymbol{b} = \begin{bmatrix} b_1 \\ b_2 \\ \vdots \\ b_n \end{bmatrix}, \tag{2.1.3}$$

$\boldsymbol{A}$ 为系数矩阵(coefficient matrix).

注　本章始终假设 $\det \boldsymbol{A} \neq 0$，其中 $\det \boldsymbol{A}$ 表示矩阵 $\boldsymbol{A}$ 的行列式.

目前在计算机上经常使用的、简单有效的线性方程组的数值解法大致分为两类：**直接法(direct method)**和**迭代法(iterative method)**. 其中直接法适用于以稠密矩阵为系数矩阵的中低阶线性方程组，而迭代法主要用于求解以稀疏矩阵为系数

矩阵的高阶线性方程组.本章首先介绍解线性方程组的两种常用的直接法：Gauss[①] 消去法与矩阵三角分解法；然后介绍解线性方程组的三种常用迭代法：Jacobi迭代法、Gauss-Seidel 迭代法、超松弛法（SOR 法），并讨论它们的收敛性；最后，讨论了线性方程组的性态.

2.2　Gauss 消去法

Gauss 消去法（Gaussian elimination method）的基本思想是使用初等行变换将方程组转化为一个同解的上三角形方程组，再通过回代求出该三角形方程组的解.

2.2.1　Gauss 消去法

Gauss 消去法包括消元和回代两个过程.下面先举例说明 Gauss 消去法求解线性方程组的主要过程.

例 2.2.1　求解线性方程组

$$\begin{cases} x_1 + 4x_2 + 7x_3 = 1, \\ 2x_1 + 5x_2 + 8x_3 = 1, \\ 3x_1 + 6x_2 + 11x_3 = 1. \end{cases}$$

解　将该线性方程组写成增广矩阵（augmented matrix）的形式

$$\left[\begin{array}{ccc:c} 1 & 4 & 7 & 1 \\ 2 & 5 & 8 & 1 \\ 3 & 6 & 11 & 1 \end{array}\right]$$

用 Gauss 消去法求解过程如下：

（1）消元过程（elimination process）

$$\left[\begin{array}{ccc:c} 1 & 4 & 7 & 1 \\ 2 & 5 & 8 & 1 \\ 3 & 6 & 11 & 1 \end{array}\right] \xrightarrow[-3r_1 + r_3 \to r_3]{-2r_1 + r_2 \to r_2} \left[\begin{array}{ccc:c} 1 & 4 & 7 & 1 \\ 0 & -3 & -6 & -1 \\ 0 & -6 & -10 & -2 \end{array}\right] \xrightarrow{-2r_2 + r_3 \to r_3} \left[\begin{array}{ccc:c} 1 & 4 & 7 & 1 \\ 0 & -3 & -6 & -1 \\ 0 & 0 & 2 & 0 \end{array}\right],$$

从而原方程组等价地变为上三角形方程组

---

① 高斯（Carl Friedrich Gauss，1777～1855）是德国数学家、天文学家，在许多科学领域都做出了杰出的贡献，他为现代数论、微分几何（曲面论）、误差理论等许多数学分支奠定了基础.他的数学研究以简明、严谨、完美而著称于世.他在数学上与阿基米德、牛顿和欧拉齐名，被称为“数学王子”，被公认为有史以来最伟大的数学家之一.

$$\begin{cases} x_1 + 4x_2 + 7x_3 = 1, \\ -3x_2 - 6x_3 = -1, \\ 2x_3 = 0. \end{cases}$$

(2) 回代过程(backward substitution process)

从第 3 个方程解出 $x_3=0$,将其代入第 2 个方程得 $x_2=-(-1+6x_3)/3=1/3$,再将 $x_3=0$ 及 $x_2=1/3$ 回代到第 1 个方程,得 $x_1=1-4x_2-7x_3=-1/3$.从而得到原方程组的解 $x_1=-1/3, x_2=1/3, x_3=0$.

对于一般线性方程组(2.1.1),使用 Gauss 消去法求解分为以下两步:

1. 消元过程

为方便起见,记 $\boldsymbol{A}=\boldsymbol{A}^{(0)}=(a_{ij}^{(0)})_{n\times n}$, $\boldsymbol{b}=\boldsymbol{b}^{(0)}=(a_{1,n+1}^{(0)},a_{2,n+1}^{(0)},\cdots,a_{n,n+1}^{(0)})^{\mathrm{T}}$,则方程组(2.1.1)为

$$\begin{cases} a_{11}^{(0)}x_1 + a_{12}^{(0)}x_2 + \cdots + a_{1n}^{(0)}x_n = a_{1,n+1}^{(0)}, \\ a_{21}^{(0)}x_1 + a_{22}^{(0)}x_2 + \cdots + a_{2n}^{(0)}x_n = a_{2,n+1}^{(0)}, \\ \qquad\vdots \\ a_{n1}^{(0)}x_1 + a_{n2}^{(0)}x_2 + \cdots + a_{nn}^{(0)}x_n = a_{n,n+1}^{(0)}. \end{cases} \tag{2.2.1}$$

第 1 次消元:若 $a_{11}^{(0)}\neq 0$,对方程组(2.2.1)执行初等行变换 $r_i-l_{i1}r_1\rightarrow r_i$, $i=2,3,\cdots,n$,得第 1 个导出方程组

$$\begin{cases} a_{11}^{(0)}x_1 + a_{12}^{(0)}x_2 + \cdots + a_{1n}^{(0)}x_n = a_{1,n+1}^{(0)}, \\ \qquad a_{22}^{(1)}x_2 + \cdots + a_{2n}^{(1)}x_n = a_{2,n+1}^{(1)}, \\ \qquad\vdots \\ \qquad a_{n2}^{(1)}x_2 + \cdots + a_{nn}^{(1)}x_n = a_{n,n+1}^{(1)}, \end{cases} \tag{2.2.2}$$

其中,$l_{i1}=a_{i1}^{(0)}/a_{11}^{(0)}, a_{ij}^{(1)}=a_{ij}^{(0)}-l_{i1}a_{1j}^{(0)}, i=2,3,\cdots,n; j=2,3,\cdots,n+1$.

第 2 次消元:若 $a_{22}^{(1)}\neq 0$,对方程组(2.2.2)执行初等行变换 $r_i-l_{i2}r_2\rightarrow r_i$, $i=3,4,\cdots,n$,得第 2 个导出方程组

$$\begin{cases} a_{11}^{(0)}x_1 + a_{12}^{(0)}x_2 + a_{13}^{(0)}x_3 + \cdots + a_{1n}^{(0)}x_n = a_{1,n+1}^{(0)}, \\ \qquad a_{22}^{(1)}x_2 + a_{23}^{(1)}x_3 + \cdots + a_{2n}^{(1)}x_n = a_{2,n+1}^{(1)}, \\ \qquad\qquad a_{33}^{(2)}x_3 + \cdots + a_{3n}^{(2)}x_n = a_{3,n+1}^{(2)}, \\ \qquad\qquad\vdots \\ \qquad\qquad a_{n3}^{(2)}x_3 + \cdots + a_{nn}^{(2)}x_n = a_{n,n+1}^{(2)}, \end{cases} \tag{2.2.3}$$

其中,$l_{i2}=a_{i2}^{(1)}/a_{22}^{(1)}, a_{ij}^{(2)}=a_{ij}^{(1)}-l_{i2}a_{2j}^{(1)}, i=3,4,\cdots,n; j=3,4,\cdots,n+1$.

第 k 次消元:若 $a_{kk}^{(k-1)}\neq 0$,对第 $k-1$ 个导出方程组执行初等行变换 $r_i-l_{ik}r_k\rightarrow r_i, i=k+1,k+2,\cdots,n$,得第 k 个导出方程组

$$
\begin{cases}
a_{11}^{(0)}x_1 + a_{12}^{(0)}x_2 + \cdots + a_{1,k+1}^{(0)}x_{k+1} + \cdots + a_{1n}^{(0)}x_n = a_{1,n+1}^{(0)}, \\
\qquad a_{22}^{(1)}x_2 + \cdots + a_{2,k+1}^{(0)}x_{k+1} + \cdots + a_{2n}^{(1)}x_n = a_{2,n+1}^{(1)}, \\
\qquad\qquad \vdots \\
\qquad\qquad a_{k+1,k+1}^{(k)}x_{k+1} + \cdots + a_{k+1,n}^{(k)}x_n = a_{k+1,n+1}^{(k)}, \\
\qquad\qquad \vdots \\
\qquad\qquad a_{n,k+1}^{(k)}x_{k+1} + \cdots + a_{nn}^{(k)}x_n = a_{n,n+1}^{(k)},
\end{cases}
\tag{2.2.4}
$$

其中，$l_{ik} = a_{ik}^{(k-1)}/a_{kk}^{(k-1)}$，$a_{ij}^{(k)} = a_{ij}^{(k-1)} - l_{ik}a_{kj}^{(k-1)}$，$i = k+1,\cdots,n$；$j = k+1,\cdots,n+1$.

重复上述过程 $n-1$ 次，得到第 $n-1$ 个导出方程组

$$
\begin{cases}
a_{11}^{(0)}x_1 + a_{12}^{(0)}x_2 + a_{13}^{(0)}x_3 + \cdots + a_{1n}^{(0)}x_n = a_{1,n+1}^{(0)}, \\
\qquad a_{22}^{(1)}x_2 + a_{23}^{(1)}x_3 + \cdots + a_{2n}^{(1)}x_n = a_{2,n+1}^{(1)}, \\
\qquad\qquad a_{33}^{(2)}x_3 + \cdots + a_{3n}^{(2)}x_n = a_{3,n+1}^{(2)}, \\
\qquad\qquad\qquad \vdots \\
\qquad\qquad\qquad a_{nn}^{(n-1)}x_n = a_{n,n+1}^{(n-1)}.
\end{cases}
\tag{2.2.5}
$$

其中

$$
\begin{cases}
l_{ik} = a_{ik}^{(k-1)}/a_{kk}^{(k-1)}, \quad a_{ij}^{(k)} = a_{ij}^{(k-1)} - l_{ik}a_{kj}^{(k-1)}, \\
k = 1,2,\cdots,n-1; \quad i = k+1,\cdots,n; \quad j = k+1,\cdots,n+1.
\end{cases}
\tag{2.2.6}
$$

这样，通过消元过程就将方程组(2.1.1)化成了等价的上三角形方程组(2.2.5).

2. 回代过程

回代过程就是求上三角形方程组(2.2.5)的解.若 $a_{nn}^{(n-1)} \neq 0$，则从最后一个方程开始，先求出 $x_n = a_{n,n+1}^{(n-1)}/a_{n,n}^{(n-1)}$，再由第 $n-1$ 个方程解出 x_{n-1}，依此类推可解出 $x_{n-2},\cdots,x_2,x_1$.一般地，其求解过程的计算公式为

$$
\begin{cases}
x_n = \dfrac{1}{a_{n,n}^{(n-1)}} a_{n,n+1}^{(n-1)}, \\
x_i = \dfrac{1}{a_{ii}^{(i-1)}}\left[a_{i,n+1}^{(i-1)} - \sum_{j=i+1}^{n} a_{ij}^{(i-1)}x_j\right], \quad i = n-1,n-2,\cdots,1.
\end{cases}
\tag{2.2.7}
$$

定义 2.2.1　由式(2.2.2)～(2.2.7)确定的求解线性方程组的算法称为 **Gauss 消去法**(**Gaussian elimination method**)，包括**消元**(**elimination**)和**回代**(**backward substitution**)两个过程.

注　从上述消元过程可以看出，元素 $a_{kk}^{(k-1)}(k=1,2,\cdots,n)$起着特殊的作用，若 $a_{kk}^{(k-1)}=0$，则消元过程将无法进行下去，因此，我们称元素 $a_{kk}^{(k-1)}$ 为**主元素**(**pivot element**)，简称**主元**.称式(2.2.6)中的数 $l_{ik}(1 \leqslant k < i \leqslant n)$为消元过程的**乘数**(**multiplier**).

下面考察 Gauss 消去法的计算量.

消元过程:对 $k=1,2,\cdots,n-1$,第 k 步消元有

$$(n-k)(n-k+1)+(n-k)=(n-k)(n-k+2)$$

次乘除法,因此,整个消元过程共有

$$\sum_{k=1}^{n-1}(n-k)(n-k+2)=\frac{n(n-1)(2n+5)}{6}$$

次乘除法.

回代过程:由式(2.2.7)计算 $x_k\,(k=n,n-1,\cdots,2,1)$时,有 $n-k+1$ 次乘除法,因此,整个回代过程共有

$$\sum_{k=1}^{n}(n-k+1)=\frac{n(n+1)}{2}$$

次乘除法.

消元和回代过程共有

$$\frac{n(n-1)(2n+5)}{6}+\frac{n(n+1)}{2}=\frac{n}{3}(n^2+3n-1)$$

次乘除法,即 Gauss 消去法的计算量为 $O(n^3)$,且主要计算量在消元过程.

注 Gauss 消去法在消元过程中要求元素 $a_{kk}^{(k-1)}\neq 0$,当此条件不满足时,消元就不能继续.另外,即使 $a_{kk}^{(k-1)}\neq 0$,但$|a_{kk}^{(k-1)}|$很小,舍入误差的影响不能保证计算过程是数值稳定的.

例 2.2.2 用 Gauss 消去法求解线性方程组

$$\begin{cases}0.0020x_1+52.88x_2=52.90,\\ 4.573x_1-7.29x_2=38.44.\end{cases}$$

使用 4 位浮点数计算.

解 方程组的精确解为 $x_1^*=10.00$,$x_2^*=1.000$.记主元 $a_{11}^{(0)}=0.002000$,可得乘数 $l_{21}=\dfrac{a_{21}^{(0)}}{a_{11}^{(0)}}=\dfrac{4.573}{a_{11}^{(0)}}=2286.5$,做行变换 $-l_{21}r_1+r_2\rightarrow r_2$,得等价方程组

$$\begin{cases}0.0020x_1+52.88x_2=52.90,\\ -121137.58x_2=121137.58.\end{cases}$$

若取 $l_{21}=2287$,则得相应的方程组为

$$\begin{cases}0.0020x_1+52.88x_2=52.90,\\ -120900x_2=-121000.\end{cases}$$

由此,得解 $x_2\approx 1.001$,取 $52.88\times 1.001\approx 52.93$,得

$$x_1=\frac{52.90-52.88\times 1.001}{0.002}\approx\frac{52.90-52.93}{0.002}=-15.00.$$

可以看出,$x_2\approx x_2^*$,但 x_1 却与准确值 x_1^* 误差很大,出现这种情况的主要原因是消元中选取了小主元 0.002000,造成求解 x_1 时,回代过程中将 x_2 的误差放大

$\frac{52.88}{0.002}=26440$ 倍，从而使解严重失真.

那么在什么条件下，方程组 Gauss 消去法一定可以执行，且计算结果可靠？下面的定理可以回答这个问题.

定理 2.2.1　Gauss 消去法可行的充分必要条件是方程组(2.1.1)的系数矩阵 $\boldsymbol{A}$ 的所有顺序主子式 $D_i\neq 0,\ i=1,2,\cdots,n$.

定义 2.2.2　设矩阵 $\boldsymbol{A}=(a_{ij})\in\mathbf{R}^{n\times n}$，若 A 的元素满足

$$|a_{ii}|\geqslant\sum_{\substack{j=1\\j\neq i}}^{n}|a_{ij}|,\quad i=1,2,\cdots,n. \tag{2.2.8}$$

且式(2.2.8)中至少有一个不等号严格成立，则称 $\boldsymbol{A}$ 是**对角占优的**(**diagonally dominant**).若 $\boldsymbol{A}$ 的元素满足

$$|a_{ii}|>\sum_{\substack{j=1\\j\neq i}}^{n}|a_{ij}|,\quad i=1,2,\cdots,n, \tag{2.2.9}$$

则称 $\boldsymbol{A}$ 是**严格对角占优的**(**strictly diagonally dominant**).

定理 2.2.2　若方程组(2.1.1)的系数矩阵 $\boldsymbol{A}$ 是严格对角占优的或对称正定矩阵，则 Gauss 消去法一定可以直接执行，无须选主元，且计算结果关于舍入误差的增长是稳定的.

2.2.2　Gauss 主元消去法

为使 Gauss 消去法能顺利实施，必须在每步消元时，保证主元 $a_{kk}^{(k-1)}\neq 0$，且 $|a_{kk}^{(k-1)}|$ 不能太小.于是在每步消元时选择合适的主元素，将绝对值最大或较大的元素选为主元素，这种改进的 Gauss 消去法即为 **Gauss 主元消去法**.选主元的方法主要有选**列主元**、**按比例主元**和**全主元**.

2.2.2.1　Gauss 列主元消去法

Gauss 列主元消去法(**Gaussian elimination with partial pivoting**)的基本思想是在进行第 k 次消元时，选取 $a_{kk}^{(k-1)},a_{k+1,k}^{(k-1)},\cdots,a_{nk}^{(k-1)}$ 中绝对值最大的元素 $a_{pk}^{(k-1)}$ 作为主元，即 $|a_{pk}^{(k-1)}|=\max\limits_{k\leqslant i\leqslant n}|a_{ik}^{(k-1)}|$，然后对导出矩阵做初等行变换 $r_p\leftrightarrow r_k$，再进行消元，直到将原方程组变成上三角形方程组.

例 2.2.3　用 Gauss 列主元消去法求解线性方程组

$$\begin{cases}0.0020x_1+52.88x_2=52.90,\\4.573x_1-7.29x_2=38.44.\end{cases}$$

使用 4 位浮点数计算.

解 选主元

$$\max\{a_{11}^{(0)}, a_{21}^{(0)}\} = \max\{0.0020, 4.573\} = 4.573$$

即取 $a_{21}^{(0)}$ 作为第一次消元时的主元素,故需做初等行变换 $r_1 \leftrightarrow r_2$,原方程组变为等价方程组

$$\begin{cases} 4.573x_1 - 7.29x_2 = 38.44, \\ 0.0020x_1 + 52.88x_2 = 52.90. \end{cases}$$

执行一次消元过程,乘数 $l_{21} = \dfrac{0.0020}{4.573} \approx 0.0004373$,得同解方程组

$$\begin{cases} 4.573x_1 - 7.29x_2 = 38.44, \\ 52.88x_2 = 52.88. \end{cases}$$

再通过回代过程,得原方程组的精确解 $x_2 = 1.000, x_1 = 10.00$.

从上例可以看出,列主元消去法避免了顺序消去法解失真的问题.

2.2.2.2 Gauss 按比例主元消去法

对方程组中任何一个方程乘上一个很大的因子时,就能使此方程的相应元素为主元,但也可能会导致方程组产生的近似解误差过大.而 **Gauss 按比例主元消去法(Gaussian elimination with scaled partial pivoting)** 是对列主元消去法的一种改进,主要作用是:通过选取比例因子(scale factor),产生真正的列主元,而不会出现上述所说的情况.下面通过例子来说明这个方法.

例 2.2.4 将例 2.2.2 中方程组的第一个方程乘以10^4,得同解方程组

$$\begin{cases} 20.00x_1 + 528800x_2 = 529000, \\ 4.573x_1 - 7.290x_2 = 38.44. \end{cases}$$

该方程组与例 2.2.2 为同解方程组,故有相同的精确解 $x_1^* = 10.00, x_2^* = 1.000$. 用列主元消去法求解,选主元

$$\max\{a_{11}^{(0)}, a_{21}^{(0)}\} = \max\{20.00, 4.573\} = 20.00 = a_{11}^{(0)},$$

乘数 $l_{21} = \dfrac{4.573}{20.00} \approx 0.2287$,消元得

$$\begin{cases} 20.00x_1 + 528800x_2 = 529000, \\ -120900x_2 = -121000. \end{cases}$$

解得与例 2.2.2 相同的误差过大的解 $x_2 \approx 1.001, x_1 \approx -15.00$.

按比例主元消去法的基本思想是在线性方程组(2.1.1)的所有方程中选取每行比例相对最大的相应元素作为主元,以消除比例因子对选主元的影响,具体做法如下:

首先,取 $s_i = \max\limits_{1 \leqslant j \leqslant n} |a_{ij}|$,第 1 次消元时,先求出满足式

$$\frac{a_{p1}^{(0)}}{s_p} = \max_{1\leqslant k\leqslant n} \frac{a_{k1}^{(0)}}{s_k}$$

的最小 $p(p\geqslant 1)$值，即确定按比例最大的元素 $a_{k1}^{(0)}$ 所在的行 p，并选取 a_{p1} 为主元，做初等行变换 $r_1 \leftrightarrow r_p$，并交换 s_1 与 s_p，再执行消元的过程.

同样，第 k 次消元时，先取最小的 $p(p\geqslant k)$，使得

$$\frac{a_{pk}^{(k-1)}}{s_p} = \max_{k\leqslant i\leqslant n} \frac{a_{ik}^{(k-1)}}{s_i},$$

若 $p\neq k$，则做初等行变换 $r_k \leftrightarrow r_p$，并交换 s_k 与 s_p，再执行第 k 次的消元过程.

依此类推，直到进行了 $n-1$ 步后，将原方程组化为同解的上三角形式的方程组，再用回代法求解.

下面用按比例主元消去法求解例 2.2.4，得

$$s_1 = \max\{20.00, 528800\} = 528800,$$
$$s_2 = \max\{4.573, |-7.290|\} = 7.290,$$

且有

$$\frac{a_{11}^{(0)}}{s_1} = \frac{20.00}{528800} \approx 0.3782\times 10^{-4},$$
$$\frac{a_{21}^{(0)}}{s_2} = \frac{4.573}{7.290} \approx 0.6273.$$

因为 $0.6273 > 0.3782\times 10^{-4}$，所以选取 $a_{21}^{(0)}$ 作为主元，并做行变换 $r_1 \leftrightarrow r_2$，得方程组

$$\begin{cases} 4.573x_1 - 7.290x_2 = 38.44, \\ 20.00x_1 + 528800x_2 = 529000. \end{cases}$$

用 Gauss 消去法求解，得 $x_1 = 10.00$，$x_2 = 1.000$.

2.2.2.3　Gauss 全主元消去法

Gauss 全主元消去法(**Gaussian elimination with complete pivoting**)的基本思想：对每一个 k，在所有的 $a_{ij}^{(k-1)}(i\geqslant k, j\geqslant k)$中取绝对值最大者 $a_{\mu\upsilon}^{(k-1)}$ 为主元，经过行、列变换把主元 $a_{\mu\upsilon}^{(k-1)}$ 移到(k,k)位置，再执行相应的消元过程.

注　由于全主元消去法每步所选的主元绝对值不小于列主元消去法所选的主元绝对值，故全主元消去法的求解结果更可靠、稳定，但也使得算法更复杂，运算量也更大. 一般地，实际计算中常使用的是列主元消去法与按比例主元消去法.

2.3 矩阵三角分解法

矩阵三角分解(triangular factorization 或 triangular decomposition)就是将矩阵分解为正交矩阵与三角矩阵之积,或分解为一个上三角矩阵(upper triangular matrix)与一个下三角矩阵(lower triangular matrix)之积,本文主要介绍以下几种分解方式:

(1) LU 分解(LU factorization 或 LU decomposition):$\boldsymbol{A}=\boldsymbol{LU}$,其中 $\boldsymbol{L}$ 是下三角矩阵,而 $\boldsymbol{U}$ 是上三角矩阵(针对非奇异矩阵的三角化分解).若 $\boldsymbol{L}$ 是单位下三角矩阵(即主对角线元素为 1 的下三角矩阵),则相应的分解称为 Doolittle 分解(Doolittle factorization 或 Doolittle decomposition);若 $\boldsymbol{U}$ 是单位上三角矩阵(即主对角线元素为 1 的上三角矩阵),则 $\boldsymbol{A}=\boldsymbol{LU}$ 称为 Crout 分解(Crout factorization 或 Crout decomposition).

(2) $\mathbf{LDL}^{\mathrm{T}}$分解($\mathrm{LDL}^{\mathrm{T}}$ factorization 或 $\mathrm{LDL}^{\mathrm{T}}$ decomposition):$\boldsymbol{A}=\boldsymbol{LDL}^{\mathrm{T}}$,其中 $\boldsymbol{L}$ 为主对角线元素为 1 的下三角矩阵(针对对称矩阵的三角 - 对角化分解),$\boldsymbol{D}$ 为对角矩阵(diagonal matrix).

(3) **Cholesky**① 分解(Cholesky factorization 或 Cholesky decomposition):$\boldsymbol{A}=\boldsymbol{GG}^{\mathrm{T}}$,其中 $\boldsymbol{G}$ 为下三角矩阵(针对对称正定矩阵(symmetric positive definite matrix)的三角化分解).

2.3.1 矩阵的 LU 分解

若能通过正交变换,将系数矩阵 $\boldsymbol{A}$ 分解为 $\boldsymbol{A}=\boldsymbol{LU}$,其中 $\boldsymbol{L}$ 是单位下三角矩阵(主对角线元素为 1 的下三角矩阵),而 $\boldsymbol{U}$ 是上三角矩阵,则线性方程组 $\boldsymbol{Ax}=\boldsymbol{b}$ 变为 $\boldsymbol{LUx}=\boldsymbol{b}$.若令 $\boldsymbol{Ux}=\boldsymbol{y}$,则线性方程组 $\boldsymbol{Ax}=\boldsymbol{b}$ 的求解分为两个三角方程组的求解:

(1) 求解 $\boldsymbol{Ly}=\boldsymbol{b}$,得 $\boldsymbol{y}$;

(2) 再求解 $\boldsymbol{Ux}=\boldsymbol{y}$,即得方程组的解 $\boldsymbol{x}$.

因此三角分解法的关键问题在于系数矩阵 $\boldsymbol{A}$ 的 LU 分解.

一般地,任给一个矩阵不一定有 LU 分解,下面给出一个矩阵能 LU 分解的充分条件.

---

① 乔勒斯基(André Louis Cholesky,1875~1918)是法国数学家.

定理 2.3.1　对任意矩阵 $\boldsymbol{A}\in\mathbf{R}^{n\times n}(n\geqslant 2)$，若 $\boldsymbol{A}$ 的各阶顺序主子式均不为零，则 $\boldsymbol{A}$ 有唯一的 Doolittle 分解（或 Crout 分解）.

定理 2.3.2　若矩阵 $\boldsymbol{A}\in\mathbf{R}^{n\times n}(n\geqslant 2)$ 非奇异，且其 LU 分解存在，则 $\boldsymbol{A}$ 的 LU 分解是唯一的.

2.3.1.1　矩阵 A 的 Doolittle 分解

定义 2.3.1　设 $\boldsymbol{A}\in\mathbf{R}^{n\times n}$，称 $\boldsymbol{A}=\boldsymbol{LU}$，其中

$$\boldsymbol{L}=\begin{bmatrix}1 & & & & \\ l_{21} & 1 & & & \\ l_{31} & l_{32} & 1 & & \\ \vdots & \vdots & \vdots & \ddots & \\ l_{n1} & l_{n2} & \cdots & l_{n,n-1} & 1\end{bmatrix},\quad \boldsymbol{U}=\begin{bmatrix}u_{11} & u_{12} & \cdots & u_{1n} \\ & u_{22} & \cdots & u_{2n} \\ & & \ddots & \vdots \\ & & & u_{nn}\end{bmatrix},\tag{2.3.1}$$

为矩阵 $\boldsymbol{A}$ 的 **Doolittle 分解**（**Doolittle factorization** 或 **Doolittle decomposition**）.

矩阵的 Doolittle 分解可以通过 Gauss 消去法或直接利用矩阵的乘法得到.

假设 $\boldsymbol{A}$ 的各阶顺序主子式均不为零，从 Gauss 消去法的消元过程可以看出，第一次消元时执行了 $n-1$ 次初等行变换，若用矩阵的语言解释（以下各式中 l_{ik} 都满足式(2.2.6)），相当于

$$\boldsymbol{Ax}=\boldsymbol{A}^{(0)}\boldsymbol{x}=\boldsymbol{b}\Rightarrow\boldsymbol{A}^{(1)}\boldsymbol{x}=\boldsymbol{b}^{(1)},\quad \boldsymbol{L}_1\boldsymbol{A}^{(0)}=\boldsymbol{A}^{(1)},\tag{2.3.2}$$

其中

$$\boldsymbol{L}_1=\begin{bmatrix}1 & & & & \\ -l_{21} & 1 & & & \\ -l_{31} & 0 & 1 & & \\ \vdots & \vdots & \vdots & \ddots & \\ -l_{n1} & 0 & \cdots & 0 & 1\end{bmatrix}.$$

第二次消元时，相当于

$$\boldsymbol{A}^{(1)}\boldsymbol{x}=\boldsymbol{b}^{(1)}\Rightarrow\boldsymbol{A}^{(2)}\boldsymbol{x}=\boldsymbol{b}^{(2)},\quad \boldsymbol{L}_2\boldsymbol{A}^{(1)}=\boldsymbol{A}^{(2)},\tag{2.3.3}$$

其中

$$\boldsymbol{L}_2=\begin{bmatrix}1 & & & & \\ 0 & 1 & & & \\ 0 & -l_{32} & 1 & & \\ \vdots & \vdots & \vdots & \ddots & \\ 0 & -l_{n2} & 0 & \cdots & 1\end{bmatrix}.$$

重复上述过程，经过 $n-1$ 次消元，最后得到等价方程组：

$$\boldsymbol{A}^{(n-1)}\boldsymbol{x}=\boldsymbol{b}^{(n-1)},\quad \boldsymbol{L}_{n-1}\boldsymbol{A}^{(n)}=\boldsymbol{A}^{(n)}\overset{\text{记}}{=\!=}\boldsymbol{U},\tag{2.3.4}$$

其中

$$\boldsymbol{L}_{n-1}=\begin{bmatrix}1 & & & & \\ 0 & 1 & & & \\ 0 & 0 & \ddots & & \\ \vdots & \vdots & \vdots & 1 & \\ 0 & 0 & \cdots & -l_{n,n-1} & 1\end{bmatrix}.$$

综上所述,得

$$\boldsymbol{A}^{(0)}=\boldsymbol{L}_1^{-1}\boldsymbol{A}^{(1)}=\boldsymbol{L}_2^{-1}\boldsymbol{L}_1^{-1}\boldsymbol{A}^{(2)}=\cdots=\boldsymbol{L}_{n-1}^{-1}\cdots\boldsymbol{L}_2^{-1}\boldsymbol{L}_1^{-1}\boldsymbol{A}^{(n-1)},\tag{2.3.5}$$

而$\boldsymbol{A}^{(n-1)}$为上三角矩阵,记$\boldsymbol{A}^{(n-1)}=\boldsymbol{U}$,且

$$\boldsymbol{L}_{n-1}^{-1}\cdots\boldsymbol{L}_2^{-1}\boldsymbol{L}_1^{-1}=\begin{bmatrix}1 & & & & \\ l_{21} & 1 & & & \\ l_{31} & l_{32} & 1 & & \\ \vdots & \vdots & \vdots & \ddots & \\ l_{n1} & l_{n2} & \cdots & l_{n,n-1} & 1\end{bmatrix}\overset{\text{记}}{=\!=}\boldsymbol{L},\tag{2.3.6}$$

于是有

$$\boldsymbol{A}=\boldsymbol{A}^{(0)}=\boldsymbol{L}\boldsymbol{A}^{(n-1)}=\boldsymbol{L}\boldsymbol{U}.\tag{2.3.7}$$

注 上述过程中,若不假设 $\boldsymbol{A}$ 的各阶顺序主子式均不为零,只假设 $\boldsymbol{A}$ 非奇异,则 Gauss 消元过程未必能完全实施,一般需要选主元,然后进行初等行或列变换,以保证消元过程的进行.若用矩阵的语言解释,相当于对 $\boldsymbol{A}$ 左乘或右乘一个置换矩阵.

定理 2.3.3 若 $\boldsymbol{A}$ 非奇异,则一定存在置换矩阵(permutation matrix)$\boldsymbol{P}$,使得 $\boldsymbol{PA}$ 有三角分解 $\boldsymbol{PA}=\boldsymbol{LU}$,其中 $\boldsymbol{L}$ 是单位下三角矩阵(主对角线元素为 1 的下三角矩阵),而 $\boldsymbol{U}$ 是上三角矩阵.

由定理 2.3.1 知,存在矩阵 $\boldsymbol{P}$ 使得线性方程组 $\boldsymbol{PAx}=\boldsymbol{Pb}$ 化为 $\boldsymbol{LUx}=\boldsymbol{Pb}$,进而由

$$\begin{cases}\boldsymbol{Ux}=\boldsymbol{y},\\ \boldsymbol{Ly}=\boldsymbol{Pb}\end{cases}\tag{2.3.8}$$

求得原方程组的解 $\boldsymbol{x}$.

若直接利用矩阵乘法,可设

$$\begin{bmatrix}1 & & & \\ l_{21} & 1 & & \\ \vdots & \vdots & \ddots & \\ l_{n1} & l_{n2} & \cdots & 1\end{bmatrix}\begin{bmatrix}u_{11} & u_{12} & \cdots & u_{1n}\\ & u_{22} & \cdots & u_{2n}\\ & & \ddots & \vdots\\ & & & u_{nn}\end{bmatrix}=\begin{bmatrix}a_{11} & a_{12} & \cdots & a_{1n}\\ a_{21} & a_{22} & \cdots & a_{2n}\\ \vdots & \vdots & & \vdots\\ a_{n1} & a_{n2} & \cdots & a_{nn}\end{bmatrix}.\tag{2.3.9}$$

由矩阵相等的定义,得 $\boldsymbol{L}$ 与 $\boldsymbol{U}$ 的递推计算公式如下:

(1) $\boldsymbol{U}$ 的第一行、$\boldsymbol{L}$ 的第一列的元素分别为

$$u_{1j}=a_{1j},\quad j=1,2,\cdots,n;\quad l_{i1}=\frac{a_{i1}}{a_{11}},\quad i=2,3,\cdots,n. \tag{2.3.10}$$

(2) 对 $k=2,3,\cdots,n$(依次:$\boldsymbol{U}$ 的第二行,$\boldsymbol{L}$ 的第二列,$\boldsymbol{U}$ 的第三行,$\boldsymbol{L}$ 的第三列……),有

$$\begin{cases} u_{kj}=a_{kj}-\sum\limits_{s=1}^{k-1}l_{ks}u_{sj}, & j=k,k+1,\cdots,n, \\ l_{ik}=\dfrac{1}{u_{kk}}\left(a_{ik}-\sum\limits_{s=1}^{k-1}l_{is}u_{sk}\right), & i=k+1,\cdots,n. \end{cases} \tag{2.3.11}$$

由上述两种方法得到矩阵 $\boldsymbol{A}$ 的 LU 分解后,求解 $\boldsymbol{Ly}=\boldsymbol{b}$ 与 $\boldsymbol{Ux}=\boldsymbol{y}$ 的计算公式为

$$\begin{cases} y_1=b_1, \\ y_i=b_i-\sum\limits_{j=1}^{i-1}l_{ij}y_j, \quad i=2,3,\cdots,n, \end{cases} \tag{2.3.12}$$

$$\begin{cases} x_n=y_n/u_{nn}, \\ x_i=\left(y_i-\sum\limits_{j=i+1}^{n}u_{ij}x_j\right)/u_{ii}, \quad i=n-1,n-2,\cdots,1. \end{cases} \tag{2.3.13}$$

例 2.3.1　用 Doolittle 分解解线性方程组

$$\begin{cases} x_1+4x_2+7x_3=1, \\ 2x_1+5x_2+8x_3=1, \\ 3x_1+6x_2+11x_3=1. \end{cases}$$

解法 1　利用 Gauss 消元过程进行三角分解,令

$$\boldsymbol{A}=\begin{bmatrix} 1 & 4 & 7 \\ 2 & 5 & 8 \\ 3 & 6 & 11 \end{bmatrix},\quad \boldsymbol{b}=\begin{bmatrix} 1 \\ 1 \\ 1 \end{bmatrix}.$$

由例 2.2.1 可知,实行消元时的乘数因子为 $l_{21}=2,l_{31}=3,l_{32}=2$,用 Gauss 消去法所得的上三角形矩阵

$$\boldsymbol{L}=\begin{bmatrix} 1 & & \\ 2 & 1 & \\ 3 & 2 & 1 \end{bmatrix},\quad \boldsymbol{U}=\begin{bmatrix} 1 & 4 & 7 \\ & -3 & -6 \\ & & 2 \end{bmatrix},$$

先解方程 $\boldsymbol{Ly}=\boldsymbol{b}$,即

$$\begin{bmatrix} 1 & & \\ 2 & 1 & \\ 3 & 2 & 1 \end{bmatrix}\begin{bmatrix} y_1 \\ y_2 \\ y_3 \end{bmatrix}=\begin{bmatrix} 1 \\ 1 \\ 1 \end{bmatrix} \Rightarrow \begin{bmatrix} y_1 \\ y_2 \\ y_3 \end{bmatrix}=\begin{bmatrix} 1 \\ 1-2y_1 \\ 1-3y_1-2y_2 \end{bmatrix}=\begin{bmatrix} 1 \\ -1 \\ 0 \end{bmatrix},$$

再求解 $Ux=y$，即

$$\begin{bmatrix}1 & 4 & 7\\ & -3 & -6\\ & & 2\end{bmatrix}\begin{bmatrix}x_1\\x_2\\x_3\end{bmatrix}=\begin{bmatrix}1\\-1\\0\end{bmatrix}.$$

得

$$x_3=0,\quad x_2=-(-1+6x_3)/3=1/3,\quad x_1=1-4x_2-7x_3=-1/3.$$

即方程组的解 $x=\frac{1}{3}(-1,1,0)^{\mathrm{T}}$.

解法 2 直接利用矩阵的乘法，由式(2.3.10)和式(2.3.11)可得

(1) $u_{11}=a_{11}=1,\quad u_{12}=a_{12}=4,\quad u_{13}=a_{13}=7,$

$l_{21}=\frac{a_{21}}{a_{11}}=2,\quad l_{31}=\frac{a_{31}}{a_{11}}=3.$

(2) 对 $k=2$，有

$u_{22}=a_{22}-l_{21}u_{12}=-3,\quad u_{23}=a_{23}-l_{21}u_{13}=-6,\quad l_{32}=\frac{1}{u_{22}}(a_{32}-l_{31}u_{12})=2,$

对 $k=3$，有

$u_{33}=a_{33}-(l_{31}u_{13}+l_{32}u_{23})=2.$

显然上述分解结果与解法 1 结果一致，而方程求解的过程同上所述.

2.3.1.2 矩阵 A 的 Crout 分解

定义 2.3.2 设 $A\in\mathbf{R}^{n\times n}$ 的各阶顺序主子式均不为零，称

$$A=LU,$$

其中

$$L=\begin{bmatrix}l_{11} & & & \\ l_{21} & l_{22} & & \\ \vdots & \vdots & \ddots & \\ l_{n1} & l_{n2} & \cdots & l_{nn}\end{bmatrix},\quad U=\begin{bmatrix}1 & u_{12} & u_{13} & \cdots & u_{1n}\\ & 1 & u_{23} & \cdots & u_{2n}\\ & & \ddots & & \vdots\\ & & & 1 & u_{n-1,n}\\ & & & & 1\end{bmatrix},\tag{2.3.14}$$

为矩阵 A 的 Crout 分解(Crout factorization 或 Crout decomposition).

由矩阵的乘法得 L 与 U 的递推计算公式如下：

(1) L 的第一列、U 的第一行的元素分别为

$$l_{i1}=a_{i1},\quad i=1,2,\cdots,n;\quad u_{1j}=\frac{a_{1j}}{l_{11}},\quad j=2,3,\cdots,n;\tag{2.3.15}$$

(2) 对 $k=2,3,\cdots,n$(依次：L 的第二列，U 的第二行，L 的第三列，U 的第三行……)，有

$$
\begin{cases}
l_{ik} = a_{ik} - \sum_{s=1}^{k-1} l_{is}u_{sk}, & i = k, k+1, \cdots, n, \\
u_{kj} = \dfrac{1}{l_{kk}}\left(a_{kj} - \sum_{s=1}^{k-1} l_{ks}u_{sj}\right), & j = k+1, \cdots, n.
\end{cases} \tag{2.3.16}
$$

由上述两种方法得到矩阵 $\boldsymbol{A}$ 的 LU 分解后，求解 $\boldsymbol{Ly}=\boldsymbol{b}$ 与 $\boldsymbol{Ux}=\boldsymbol{y}$ 的计算公式为

$$
\begin{cases}
y_1 = b_1/l_{11}, \\
y_i = \left(b_i - \sum_{j=1}^{i-1} l_{ij}y_j\right), \quad i = 2,3,\cdots,n,
\end{cases} \tag{2.3.17}
$$

$$
\begin{cases}
x_n = y_n, \\
x_i = y_i - \sum_{j=i+1}^{n} u_{ij}x_j, \quad i = n-1, n-2, \cdots, 1.
\end{cases} \tag{2.3.18}
$$

2.3.2　特殊形式矩阵的三角分解

2.3.2.1　解三对角方程组的追赶法

在二阶常微分方程边值问题、样条插值的求解、热传导方程等科学工程计算中，经常要解如下形式的三对角线性方程组 $\boldsymbol{Ax}=\boldsymbol{d}$：

$$
\begin{bmatrix}
b_1 & c_1 & & & \\
a_2 & b_2 & c_2 & & \\
 & \ddots & \ddots & \ddots & \\
 & & a_{n-1} & b_{n-1} & c_{n-1} \\
 & & & a_n & b_n
\end{bmatrix}
\begin{bmatrix} x_1 \\ x_2 \\ \vdots \\ x_{n-1} \\ x_n \end{bmatrix}
=
\begin{bmatrix} d_1 \\ d_2 \\ \vdots \\ d_{n-1} \\ d_n \end{bmatrix}, \tag{2.3.19}
$$

且三对角矩阵 $\boldsymbol{A}$ 满足条件：

$$
\begin{cases}
|b_1| > |c_1| > 0, \\
|b_n| > |a_n| > 0, \\
|b_i| \geqslant |a_i| + |c_i|, \quad a_ic_i \neq 0, \quad i = 2,3,\cdots,n-1.
\end{cases} \tag{2.3.20}
$$

根据矩阵的 LU 分解法，求解三对角线性方程组 $\boldsymbol{Ax}=\boldsymbol{d}$ 的步骤如下：

第 1 步　系数矩阵 $\boldsymbol{A}$ 的 LU 分解

由于三对角矩阵(tridiagonal matrix) $\boldsymbol{A}$ 为特殊形式的矩阵，采用 Doolittle 分解时，可设系数矩阵 $\boldsymbol{A}$ 的 LU 分解形式为

$$
\begin{bmatrix} b_1 & c_1 & & & \\ a_2 & b_2 & c_2 & & \\ & \ddots & \ddots & \ddots & \\ & & a_{n-1} & b_{n-1} & c_{n-1} \\ & & & a_n & b_n \end{bmatrix} = \begin{bmatrix} 1 & & & \\ l_2 & 1 & & \\ & \ddots & \ddots & \\ & & l_n & 1 \end{bmatrix} \begin{bmatrix} u_1 & c_1 & & & \\ & u_2 & c_2 & & \\ & & \ddots & \ddots & \\ & & & u_{n-1} & c_{n-1} \\ & & & & u_n \end{bmatrix}, \tag{2.3.21}
$$

其中 l_i, u_i 的计算公式为

$$
\begin{cases} u_1 = b_1, \\ l_i = a_i / u_{i-1}, \qquad i = 2,3,\cdots,n. \\ u_i = b_i - l_i c_{i-1}. \end{cases} \tag{2.3.22}
$$

第 2 步 计算 $\boldsymbol{L}\boldsymbol{y} = \boldsymbol{d}$ 的解 $\boldsymbol{y}$ 的递推公式为

$$
\begin{cases} y_1 = d_1, \\ y_i = d_i - l_i y_{i-1}, \quad i = 2,3,\cdots,n. \end{cases} \tag{2.3.23}
$$

第 3 步 计算 $\boldsymbol{U}\boldsymbol{x} = \boldsymbol{y}$ 的解 $\boldsymbol{x}$ 的递推公式为

$$
\begin{cases} x_n = y_n / u_n, \\ x_i = (y_i - c_i x_{i+1}) / u_i, \quad i = n-1, n-2, \cdots, 1. \end{cases} \tag{2.3.24}
$$

上述求解过程中，计算 $y_1 \to y_2 \to \cdots \to y_n$ 时下标由小到大称为“追”，而计算 $x_n \to x_{n-1} \to \cdots \to x_1$ 时下标由大到小称为“赶”，两者结合起来称为解三对角线性方程组的“**追赶法**”(**chasing method**).

例 2.3.2 用追赶法求解方程组

$$
\begin{bmatrix} 2 & -1 & & & \\ -1 & 2 & -1 & & \\ & -1 & 2 & -1 & \\ & & -1 & 2 & -1 \\ & & & -1 & 2 \end{bmatrix} \begin{bmatrix} x_1 \\ x_2 \\ x_3 \\ x_4 \\ x_5 \end{bmatrix} = \begin{bmatrix} 1 \\ 0 \\ 0 \\ 0 \\ 0 \end{bmatrix}.
$$

解 设方程组的系数矩阵的 Doolittle 分解为

$$
\begin{bmatrix} 2 & -1 & & & \\ -1 & 2 & -1 & & \\ & -1 & 2 & -1 & \\ & & -1 & 2 & -1 \\ & & & -1 & 2 \end{bmatrix} = \boldsymbol{LU}
$$

$$
= \begin{bmatrix} 1 & & & & \\ l_1 & 1 & & & \\ & l_2 & 1 & & \\ & & l_3 & 1 & \\ & & & l_4 & 1 \end{bmatrix} \begin{bmatrix} u_1 & -1 & & & \\ & u_2 & -1 & & \\ & & u_3 & -1 & \\ & & & u_4 & -1 \\ & & & & u_5 \end{bmatrix}.
$$

由矩阵乘法或由式(2.3.22)可得

$$
u_1 = 2,\quad l_1 = -1/u_1 = -\frac{1}{2},\quad u_2 = \frac{3}{2},\quad l_2 = -1/u_2 = -\frac{2}{3},
$$

$$
u_3 = \frac{4}{3},\quad l_3 = -\frac{3}{4},\quad u_4 = \frac{5}{4},\quad l_4 = -\frac{4}{5},\quad u_5 = \frac{6}{5}.
$$

解方程组 $\boldsymbol{L}\boldsymbol{y} = \boldsymbol{d}$，即

$$
\begin{bmatrix} 1 & & & & \\ -1/2 & 1 & & & \\ & -2/3 & 1 & & \\ & & -3/4 & 1 & \\ & & & -4/5 & 1 \end{bmatrix} \begin{bmatrix} y_1 \\ y_2 \\ y_3 \\ y_4 \\ y_5 \end{bmatrix} = \begin{bmatrix} 1 \\ 0 \\ 0 \\ 0 \\ 0 \end{bmatrix},
$$

得 $\boldsymbol{y} = \left(1, \frac{1}{2}, \frac{1}{3}, \frac{1}{4}, \frac{1}{5}\right)^{\mathrm{T}}$. 再解方程组 $\boldsymbol{U}\boldsymbol{x} = \boldsymbol{y}$，即

$$
\begin{bmatrix} 2 & -1 & & & \\ & 3/2 & -1 & & \\ & & 4/3 & -1 & \\ & & & 5/4 & -1 \\ & & & & 6/5 \end{bmatrix} \begin{bmatrix} x_1 \\ x_2 \\ x_3 \\ x_4 \\ x_5 \end{bmatrix} = \begin{bmatrix} 1 \\ 1/2 \\ 1/3 \\ 1/4 \\ 1/5 \end{bmatrix},
$$

得 $x_5 = \frac{1}{6}, x_4 = \frac{1}{3}, x_3 = \frac{1}{2}, x_2 = \frac{2}{3}, x_1 = \frac{5}{6}$，即原方程组的解为

$$
\boldsymbol{x} = \left(\frac{5}{6}, \frac{2}{3}, \frac{1}{2}, \frac{1}{3}, \frac{1}{6}\right)^{\mathrm{T}}.
$$

注 追赶法公式简单，计算量和存储量都很小，求解 n 阶三对角方程组需 $5n-4$ 次乘除运算和 $3(n-1)$ 次加减运算，追赶法是求解三对角方程组的有效方法. 对于系数矩阵为严格对角占优的或对称正定矩阵时，追赶法一定可以实现.

2.3.2.2 对称矩阵 $\boldsymbol{A}$ 的 $\mathrm{LDL^T}$ 分解

由定理 2.3.1 可知，若方程组(2.1.1)的系数矩阵 $\boldsymbol{A}$ 为对称矩阵，且 $\boldsymbol{A}$ 的各阶顺序主子式非零，则 $\boldsymbol{A}$ 有唯一的 Doolittle 分解，并由 $\boldsymbol{A} = \boldsymbol{A}^{\mathrm{T}}$，可得到矩阵 $\boldsymbol{A}$ 的 $\mathrm{LDL^T}$ 分解（$\mathrm{LDL^T}$ factorization 或 $\mathrm{LDL^T}$ decomposition）.

定理 2.3.4 若对称矩阵 $\boldsymbol{A}$ 的各阶顺序主子式非零,则 $\boldsymbol{A}$ 可以唯一分解为 $\boldsymbol{A}=\boldsymbol{LDL}^{\mathrm{T}}$,其中 $\boldsymbol{L}$ 为主对角线元素为 1 的下三角矩阵,$\boldsymbol{L}^{\mathrm{T}}$ 为矩阵 $\boldsymbol{L}$ 的转置矩阵(transpose matrix),$\boldsymbol{D}$ 为对角矩阵.

证明 由定理 2.3.1 可知,若对称矩阵 $\boldsymbol{A}$ 的各阶顺序主子式非零,则矩阵 $\boldsymbol{A}$ 有唯一的 Doolittle 分解 $\boldsymbol{A}=\boldsymbol{LU}$,其中 $\boldsymbol{L}$ 是下三角矩阵,而 $\boldsymbol{U}$ 是上三角矩阵,且

$$\det \boldsymbol{A} = \prod_{i=1}^{n} u_{ii} \neq 0 \quad \Rightarrow \quad u_{ii} \neq 0, \quad i = 1,2,\cdots,n.$$

利用矩阵的乘法和矩阵相等的性质,有 $\boldsymbol{U}=\boldsymbol{D}\widetilde{\boldsymbol{U}}$,其中

$$\boldsymbol{D}=\begin{bmatrix} u_{11} & & & \\ & u_{22} & & \\ & & \ddots & \\ & & & u_{nn} \end{bmatrix},$$

$$\widetilde{\boldsymbol{U}}=\begin{bmatrix} 1 & u_{12}/u_{11} & u_{13}/u_{11} & \cdots & u_{1n}/u_{11} \\ & 1 & u_{23}/u_{22} & \cdots & u_{2n}/u_{22} \\ & & \ddots & & \vdots \\ & & & 1 & u_{n-1,n}/u_{n-1,n-1} \\ & & & & 1 \end{bmatrix}, \tag{2.3.25}$$

于是有 $\boldsymbol{A}=\boldsymbol{LD}\widetilde{\boldsymbol{U}}$.由 $\boldsymbol{A}$ 为对称矩阵,有

$$(\boldsymbol{LD}\widetilde{\boldsymbol{U}})^{\mathrm{T}} = \widetilde{\boldsymbol{U}}^{\mathrm{T}}\boldsymbol{D}\boldsymbol{L}^{\mathrm{T}} = \boldsymbol{LD}\widetilde{\boldsymbol{U}}, \tag{2.3.26}$$

再由矩阵 $\boldsymbol{A}$ 的 Doolittle 分解的唯一性得 $\widetilde{\boldsymbol{U}}^{\mathrm{T}}=\boldsymbol{L}$ 或 $\widetilde{\boldsymbol{U}}=\boldsymbol{L}^{\mathrm{T}}$,故有 $\boldsymbol{A}=\boldsymbol{LD}\boldsymbol{L}^{\mathrm{T}}$. 证毕!

2.3.2.3 对称正定矩阵 A 的 Cholesky 分解

定义 2.3.3 设 $\boldsymbol{A}\in\mathbf{R}^{n\times n}$ 是对称正定矩阵,称 $\boldsymbol{A}=\boldsymbol{G}\boldsymbol{G}^{\mathrm{T}}$ 为 Cholesky 分解(Cholesky factorization 或 Cholesky decomposition),其中

$$\boldsymbol{G}=\begin{bmatrix} g_{11} & & & \\ g_{21} & g_{22} & & \\ \vdots & \vdots & \ddots & \\ g_{n1} & g_{n2} & \cdots & g_{nn} \end{bmatrix}, \quad g_{ii}>0, \quad i=1,2,\cdots,n. \tag{2.3.27}$$

定理 2.3.5 若矩阵 $\boldsymbol{A}$ 为对称正定矩阵,则 $\boldsymbol{A}$ 可分解为 $\boldsymbol{A}=\boldsymbol{G}\boldsymbol{G}^{\mathrm{T}}$,即Cholesky 分解,其中 $\boldsymbol{G}=\boldsymbol{L}\boldsymbol{D}^{1/2}$,$\boldsymbol{L}$ 为主对角线元素为 1 的下三角矩阵,$\boldsymbol{D}$ 为对角矩阵.

证明 矩阵 $\boldsymbol{A}$ 为对称正定矩阵时,$\boldsymbol{A}$ 的各阶顺序主子式均非零,由定理 2.3.4 及定义 2.3.3,有 $\boldsymbol{A}=\boldsymbol{LD}\boldsymbol{L}^{\mathrm{T}}$ 且 $d_i>0\,(i=1,2,\cdots,n)$,于是有 $\boldsymbol{D}=\boldsymbol{D}^{\frac{1}{2}}\boldsymbol{D}^{\frac{1}{2}}$,其中

$D^{\frac{1}{2}}$ 是对角矩阵，对角线元素为 $\sqrt{d_i}\,(i=1,2,\cdots,n)$，故有

$$A = LDL^{\mathrm{T}} = LD^{\frac{1}{2}}D^{\frac{1}{2}}L^{\mathrm{T}} = (LD^{\frac{1}{2}})(LD^{\frac{1}{2}})^{\mathrm{T}}, \qquad (2.3.28)$$

若令 $LD^{\frac{1}{2}} = G$，则有 $A = GG^{\mathrm{T}}$，证毕！

定理 2.3.6　若矩阵 A 为对称正定矩阵，则 Cholesky 分解 $A = GG^{\mathrm{T}}$ 是唯一的.

利用矩阵乘法可导出式(2.3.27)中矩阵 G 中元素的计算公式，对 $i=1,2,\cdots,n$，

$$\begin{cases} l_{ii} = \sqrt{a_{ii} - \sum\limits_{k=1}^{i-1} l_{ik}^2}, \\ l_{ji} = \dfrac{1}{l_{ii}}\left(a_{ji} - \sum\limits_{k=1}^{i-1} l_{jk}l_{ki}\right), \quad j = i+1, i+2, \cdots, n. \end{cases} \qquad (2.3.29)$$

用 Cholesky 分解求解正定对称方程组的方法称为**平方根法**(**square root method**)，因为下三角矩阵 G 可以视为矩阵 A 的“平方根”. 而求解方程组 $Ax = b$ 也转化为求解两方程组 $Gy = b$ 与 $G^{\mathrm{T}}x = y$.

下面考虑用 Cholesky 分解法求解矩阵方程组 $Ax = b$.

由于 $G^{-1}Ax = G^{-1}b$，得 $G^{\mathrm{T}}x = f$，其中 $f = G^{-1}b = (f_1, f_2, \cdots, f_n)^{\mathrm{T}}$ 或 $Gf = b$，比较 $Gf = b$ 的两边元素，即得向量 f 的元素 f_i 的递推计算公式如下：

$$f_i = \begin{cases} b_1/g_{11}, \\ \left(b_i - \sum\limits_{k=1}^{i-1} g_{ki}h_k\right)/g_{ii}, \quad i = 2,3,\cdots,n. \end{cases} \qquad (2.3.30)$$

于是方程组 $Ax = b$ 与 $G^{\mathrm{T}}x = f$ 同解. 由于 G^{T} 为上三角矩阵，$G^{\mathrm{T}}x = f$ 的解 x 可利用回代法解得

$$\begin{cases} x_n = f_n/g_{nn}, \\ x_i = \left(f_i - \sum\limits_{k=1}^{n-i} g_{i+k,i}x_{i+k}\right)/g_{ii}, \quad i = n-1, n-2, \cdots, 1. \end{cases} \qquad (2.3.31)$$

由式(2.3.29)可以看出，$|l_{ij}| \leqslant \sqrt{a_{ii}}\,(k \leqslant i)$，这表明平方根法所求的中间变量 l_{ij} 是完全可以控制的，故舍入误差的增长也是可以控制的，因而不选主元的平方根法是一个数值稳定的方法.

例 2.3.3　用平方根法求解方程组

$$\begin{cases} 4x_1 + 2x_2 - 2x_3 = 10, \\ 2x_1 + 2x_2 - 3x_3 = 5, \\ -2x_1 - 3x_2 + 14x_3 = 4. \end{cases}$$

解　容易验证方程组的系数矩阵 A 是对称正定矩阵，故有 $A = GG^{\mathrm{T}}$，且可设

$$
G=\begin{bmatrix} g_{11} & & \\ g_{21} & g_{22} & \\ g_{31} & g_{32} & g_{33} \end{bmatrix},
$$

则有

$$
\begin{bmatrix} 4 & 2 & -2 \\ 2 & 2 & -3 \\ -2 & -3 & 14 \end{bmatrix}=\begin{bmatrix} g_{11} & & \\ g_{21} & g_{22} & \\ g_{31} & g_{32} & g_{33} \end{bmatrix}\begin{bmatrix} g_{11} & g_{21} & g_{31} \\ & g_{22} & g_{32} \\ & & g_{33} \end{bmatrix},
$$

由矩阵乘法或直接由式(2.3.29)得

$$
\begin{bmatrix} g_{11} & & \\ g_{21} & g_{22} & \\ g_{31} & g_{32} & g_{33} \end{bmatrix}=\begin{bmatrix} 2 & & \\ 1 & 1 & \\ -1 & -2 & 3 \end{bmatrix},
$$

求解方程组 $\boldsymbol{G}\boldsymbol{y}=\boldsymbol{b}=(10,5,4)^{\mathrm{T}}$，得 $\boldsymbol{y}=(5,0,3)^{\mathrm{T}}$. 再由 $\boldsymbol{G}^{\mathrm{T}}\boldsymbol{x}=\boldsymbol{y}$，得 $\boldsymbol{x}=(2,2,1)^{\mathrm{T}}$.

注 平方根法要求系数矩阵 $\boldsymbol{A}$ 具有正定性，由于平方根法用到 $\boldsymbol{A}$ 的对称正定性质，计算量大约是 Doolittle 分解方法的一半，约为$\frac{1}{6}(n^3+9n^2+2n)$，但平方根法的缺点是需要作开方运算，可改为使用分解 $\boldsymbol{A}=\boldsymbol{L}\boldsymbol{D}\boldsymbol{L}^{\mathrm{T}}$，并称之为**改进的平方根法**(**modified square root method**).

2.4 向量范数与矩阵范数

在数域中，数的大小或数之间的距离可以用绝对值或模来衡量，而对向量和矩阵的大小进行度量时，则需要引进向量范数和矩阵范数的概念. 范数的概念在迭代法的收敛性分析、方程组数值解的误差分析、方程组的性态分析等方面都起着重要的作用.

2.4.1 向量范数

定义 2.4.1 设向量 $\boldsymbol{x}=(x_1,x_2,\cdots,x_n)^{\mathrm{T}}\in\mathbf{R}^n$，$\|\boldsymbol{x}\|$ 是对应于 $\boldsymbol{x}$ 的实数，若对任意 $\boldsymbol{x},\boldsymbol{y}\in\mathbf{R}^n$ 及常数 $\lambda\in\mathbf{R}$，满足条件：

(1) (非负性) $\|\boldsymbol{x}\|\geqslant 0$；$\|\boldsymbol{x}\|=0$ 当且仅当 $\boldsymbol{x}=\boldsymbol{0}$；

(2) (正齐次性) $\|\lambda\boldsymbol{x}\|=|\lambda|\,\|\boldsymbol{x}\|$；

(3) (三角不等式) $\|\boldsymbol{x}+\boldsymbol{y}\|\leqslant\|\boldsymbol{x}\|+\|\boldsymbol{y}\|$，

则称 $\|x\|$ 为向量 x 的**范数**(或模)(**norm of vector** x).

常用的向量范数有

(1) 1－范数

$$\|x\|_1=\sum_{i=1}^{n}|x_i| \tag{2.4.1}$$

(2) ∞－范数

$$\|x\|_\infty=\max_{1\leqslant i\leqslant n}|x_i| \tag{2.4.2}$$

(3) 2－范数(Euclid 范数)

$$\|x\|_2=\left(\sum_{i=1}^{n}x_i^2\right)^{1/2} \tag{2.4.3}$$

定理 2.4.1　$\mathbf{R}^n$ 中任意向量的范数都是等价的. 即若 $\|x\|_\mu$ 与 $\|x\|_\nu$ 是非零向量 $x\in\mathbf{R}^n$ 的两个不同的范数,则存在正数 α 和 β,恒有

$$\alpha\|x\|_\nu\leqslant\|x\|_\mu\leqslant\beta\|x\|_\nu. \tag{2.4.4}$$

容易证明 3 种基本向量范数满足以下关系式:

$$\|x\|_2\leqslant\|x\|_1\leqslant\sqrt{n}\|x\|_2, \tag{2.4.5}$$

$$\|x\|_\infty\leqslant\|x\|_1\leqslant n\|x\|_\infty, \tag{2.4.6}$$

$$\|x\|_\infty\leqslant\|x\|_2\leqslant\sqrt{n}\|x\|_\infty. \tag{2.4.7}$$

下面证明关系式(2.4.5)～(2.4.6),关系式(2.4.7)的证明留作练习.

证明　若设

$$x=(x_1,x_2,\cdots,x_n)^{\mathrm{T}},$$
$$y=(1,1,\cdots,1)^{\mathrm{T}},$$
$$z=(|x_1|,|x_2|,\cdots,|x_n|)^{\mathrm{T}},$$

由 Cauchy-Schwarz 不等式(Cauchy-Schwarz inequality)

$$(x,y)^2\leqslant(x,x)(y,y),$$

其中 $(x,y)=x^{\mathrm{T}}y$ 表示向量 x 与 y 的内积(inner product),得

$$|(y,z)|\leqslant(y,y)^{\frac{1}{2}}(z,z)^{\frac{1}{2}}.$$

由内积定义得

$$\|x\|_1\leqslant\sqrt{n}\|x\|_2.$$

又因为

$$\sum_{i=1}^{n}x_i^2\leqslant\left(\sum_{i=1}^{n}|x_i|\right)^2,$$

即

$$\|x\|_2^2\leqslant\|x\|_1^2,$$

所以有 $\|x\|_2\leqslant\|x\|_1$. 综上所述,得

$$\| \boldsymbol{x} \|_2 \leqslant \| \boldsymbol{x} \|_1 \leqslant \sqrt{n} \| \boldsymbol{x} \|_2,$$

关系式(2.4.5)得证!

再由不等式

$$\| \boldsymbol{x} \|_1 = \sum_{i=1}^{n} | x_i | \geqslant \max_{1 \leqslant i \leqslant n} | x_i | = \| \boldsymbol{x} \|_\infty$$

及

$$\| \boldsymbol{x} \|_1 = \sum_{i=1}^{n} | x_i | \leqslant n \max_{1 \leqslant i \leqslant n} | x_i | = n \| \boldsymbol{x} \|_\infty,$$

立得关系式(2.4.6),证毕!

定义 2.4.2 设$\{ \boldsymbol{x}^{(k)} \}_{k=1}^{\infty} \subset \mathbf{R}^n$ 是一个向量序列(vector sequence),$\boldsymbol{x}^* \in \mathbf{R}^n$ 是一个向量.若

$$\lim_{k \to \infty} \| \boldsymbol{x}^{(k)} - \boldsymbol{x}^* \| = 0, \tag{2.4.8}$$

则称$\{ \boldsymbol{x}^{(k)} \}_{k=1}^{\infty}$**收敛于(converges to)**$\boldsymbol{x}^*$,记作$\lim\limits_{k \to \infty} \boldsymbol{x}^{(k)} = \boldsymbol{x}^*$.

定理 2.4.2 设$\boldsymbol{x}^{(k)} = (x_1^{(k)}, x_2^{(k)}, \cdots, x_n^{(k)})^{\mathrm{T}}$, $\boldsymbol{x}^* = (x_1^*, x_2^*, \cdots, x_n^*)^{\mathrm{T}}$,则 $\lim\limits_{k \to \infty} \boldsymbol{x}^{(k)} = \boldsymbol{x}^*$ 的充要条件为$\lim\limits_{k \to \infty} x_i^{(k)} = x_i^*$, $i = 1, 2, \cdots, n$.

例 2.4.1 讨论下列向量序列的收敛性.

(1) $\boldsymbol{x}^{(k)} = \left(3 + \dfrac{1}{k^2}, \mathrm{e}^{1/k}, -k \sin \dfrac{1}{k} \right)^{\mathrm{T}}$, $k = 1, 2, \cdots$,

(2) $\boldsymbol{x}^{(k)} = \left(2 + \dfrac{1}{k}, \mathrm{e}^k, \dfrac{\cos k}{k} \right)^{\mathrm{T}}$, $k = 1, 2, \cdots$.

解 (1) 由于

$$\lim_{k \to \infty} \left(3 + \frac{1}{k^2} \right) = 3, \quad \lim_{k \to \infty} \mathrm{e}^{1/k} = 1, \quad \lim_{k \to \infty} \left(-k \sin \frac{1}{k} \right) = -1,$$

也即$\boldsymbol{x}^{(k)}$的每个分量均收敛,故$\{ \boldsymbol{x}^{(k)} \}_{k=1}^{\infty}$收敛,且有$\lim\limits_{k \to \infty} \boldsymbol{x}^{(k)} = (3, 1, -1)^{\mathrm{T}}$.

(2) 因为$\lim\limits_{k \to \infty} \mathrm{e}^k = \infty$,所以$\{ \boldsymbol{x}^{(k)} \}_{k=1}^{\infty}$发散.

2.4.2 矩阵范数

定义 2.4.3 若对应于矩阵 $\boldsymbol{A} \in \mathbf{R}^{n \times n}$ 的非负实数$\| \boldsymbol{A} \|$满足下列条件:

(1) $\| \boldsymbol{A} \| \geqslant 0$; $\| \boldsymbol{A} \| = 0$ 当且仅当 $\boldsymbol{A} = \boldsymbol{0}$;

(2) $\| \lambda \boldsymbol{A} \| = | \lambda | \, \| \boldsymbol{A} \|$, $\lambda \in \mathbf{R}$;

(3) $\| \boldsymbol{A} + \boldsymbol{B} \| \leqslant \| \boldsymbol{A} \| + \| \boldsymbol{B} \|$, $\boldsymbol{B} \in \mathbf{R}^{n \times n}$;

(4) $\| \boldsymbol{AB} \| \leqslant \| \boldsymbol{A} \| \, \| \boldsymbol{B} \|$,

则称$\| \boldsymbol{A} \|$为 $\mathbf{R}^{n \times n}$ 上的一个**矩阵范数(matrix norm)**.

常用的矩阵范数有

(1) 列范数

$$\|\boldsymbol{A}\|_1 = \max_{1\leqslant j\leqslant n}\sum_{i=1}^{n}|a_{ij}|, \tag{2.4.9}$$

(2) 行范数

$$\|\boldsymbol{A}\|_\infty = \max_{1\leqslant i\leqslant n}\sum_{j=1}^{n}|a_{ij}|, \tag{2.4.10}$$

(3) 2－范数(谱范数)

$$\|\boldsymbol{A}\|_2 = \sqrt{\lambda},\lambda \text{ 是} \boldsymbol{A}^{\mathrm{T}}\boldsymbol{A} \text{ 的最大特征值}, \tag{2.4.11}$$

(4) F－范数

$$\|A\|_{\mathrm{F}} = \left(\sum_{i=1}^{n}\sum_{j=1}^{n}a_{ij}^2\right)^{1/2}. \tag{2.4.12}$$

例 2.4.2　设

$$\boldsymbol{A} = \begin{bmatrix} -1 & 2 \\ 3 & 4 \end{bmatrix},$$

分别求出 $\|\boldsymbol{A}\|_1$，$\|\boldsymbol{A}\|_\infty$，$\|\boldsymbol{A}\|_2$，$\|A\|_{\mathrm{F}}$.

解　(1) $\|\boldsymbol{A}\|_1 = \max\{|-1|+|3|,|2|+|4|\} = 6$.

(2) $\|\boldsymbol{A}\|_\infty = \max\{|-1|+|2|,|3|+|4|\} = 7$.

(3) 由

$$\boldsymbol{A}^{\mathrm{T}}\boldsymbol{A} = \begin{bmatrix} -1 & 3 \\ 2 & 4 \end{bmatrix}\begin{bmatrix} -1 & 2 \\ 3 & 4 \end{bmatrix} = \begin{bmatrix} 10 & 10 \\ 10 & 20 \end{bmatrix}$$

求得$\boldsymbol{A}^{\mathrm{T}}\boldsymbol{A}$ 的特征值(eigenvalue)分别为 $15+5\sqrt{5}$和 $15-5\sqrt{5}$,从而

$$\lambda = \max\{15+5\sqrt{5},15-5\sqrt{5}\} = 15+5\sqrt{5},$$

故有 $\|\boldsymbol{A}\|_2 = \sqrt{15+5\sqrt{5}}$.

(4) $\|A\|_{\mathrm{F}} = \sqrt{\sum_{i=1}^{n}\sum_{j=1}^{n}a_{ij}^2} = \sqrt{(-1)^2+2^2+3^2+4^2} = \sqrt{30}$.

定义 2.4.4　设有矩阵序列$\{\boldsymbol{A}^{(k)}\}\subset\mathbf{R}^{n\times n}$及矩阵 $\boldsymbol{A}\in\mathbf{R}^{n\times n}$. 若$\lim\limits_{k\to\infty}\|\boldsymbol{A}^{(k)}-\boldsymbol{A}\| = 0$,则称矩阵序列$\{\boldsymbol{A}^{(k)}\}$**收敛于**矩阵 $\boldsymbol{A}$.

类似于向量序列,矩阵序列也有下述收敛定理.

定理 2.4.3　设 $\boldsymbol{A}^{(k)} = (a_{ij}^{(k)})\in\mathbf{R}^{n\times n}$, $k = 1,2,\cdots$; $\boldsymbol{A} = (a_{ij})\in\mathbf{R}^{n\times n}$, 则$\lim\limits_{k\to\infty}\|\boldsymbol{A}^{(k)}-\boldsymbol{A}\| = 0$的充要条件是$\lim\limits_{k\to\infty}a_{ij}^{(k)} = a_{ij}, i,j = 1,2,\cdots,n$.

下面介绍 n 阶方阵谱半径的概念,它在迭代法的收敛性分析中有重要作用.

定义 2.4.5　设 n 阶方阵 $\boldsymbol{A}$ 的特征值为 $\lambda_i\ (i = 1,2,\cdots,n)$,则称 $\rho(\boldsymbol{A}) =$

$\max\limits_{1\leqslant i\leqslant n}|\lambda_i|$为矩阵$\boldsymbol{A}$的**谱半径**(spectral radius).

定理 2.4.4 对任何$\boldsymbol{A}\in\mathbf{R}^{n\times n}$,都有$\rho(\boldsymbol{A})\leqslant\|\boldsymbol{A}\|$.

证明 设λ和$\boldsymbol{x}$分别为矩阵$\boldsymbol{A}$的任一特征值和对应的特征向量(eigenvector),则由$\lambda\boldsymbol{x}=\boldsymbol{A}\boldsymbol{x}$及范数的定义,有

$$|\lambda|\|\boldsymbol{x}\|=\|\lambda\boldsymbol{x}\|=\|\boldsymbol{A}\boldsymbol{x}\|\leqslant\|\boldsymbol{A}\|\|\boldsymbol{x}\|,\quad \boldsymbol{x}\neq 0,$$

得$|\lambda|\leqslant\|\boldsymbol{A}\|$.于是由定义2.4.5,得$\rho(\boldsymbol{A})\leqslant\|\boldsymbol{A}\|$.证毕!

2.5 解线性方程组的迭代法

前面介绍的线性方程组的直接解法是解中小型方程组的有效方法,但对于工程技术和科学研究中的大型稀疏方程组却不适用;而迭代法(iterative method)对于求解大型稀疏方程组则十分有效,因为系数矩阵稀疏的特点,所以可节省大量的存储空间和计算量.本节将介绍解线性方程组的三种常用的迭代法:Jacobi迭代法、Gauss-Seidel迭代法、超松弛法(SOR法).

2.5.1 Jacobi① 迭代法

2.5.1.1 Jacobi迭代格式

设n阶线性方程组(2.1.1)的系数矩阵$\boldsymbol{A}=(a_{ij})_{n\times n}$非奇异(nonsingular),且$a_{ii}\neq 0(i=1,2,\cdots,n)$.将方程组(2.1.1)改写为

$$\begin{cases} x_1=\dfrac{1}{a_{11}}(-a_{12}x_2-a_{13}x_3-\cdots-a_{1n}x_n+b_1), \\ x_2=\dfrac{1}{a_{22}}(-a_{21}x_1-a_{23}x_3-\cdots-a_{2n}x_n+b_2), \\ \vdots \\ x_n=\dfrac{1}{a_{nn}}(-a_{n1}x_1-a_{n2}x_2-\cdots-a_{n,n-1}x_{n-1}+b_n). \end{cases}\tag{2.5.1}$$

对$k=0,1,2,\cdots$,建立迭代格式

① 雅可比(Carl Gustav Jacob Jacobi, 1804~1851)是普鲁士数学家.他被认为是最鼓舞人心的教育家和最伟大的数学家之一.

$$
\begin{cases}
x_1^{(k+1)} = \dfrac{1}{a_{11}}(-a_{12}x_2^{(k)} - a_{13}x_3^{(k)} - \cdots - a_{1n}x_n^{(k)} + b_1), \\
x_2^{(k+1)} = \dfrac{1}{a_{22}}(-a_{21}x_1^{(k)} - a_{23}x_3^{(k)} - \cdots - a_{2n}x_n^{(k)} + b_2), \\
\vdots \\
x_n^{(k+1)} = \dfrac{1}{a_{nn}}(-a_{n1}x_1^{(k)} - a_{n2}x_2^{(k)} - \cdots - a_{n,n-1}x_{n-1}^{(k)} + b_n),
\end{cases} \tag{2.5.2}
$$

任取 $\boldsymbol{x}^{(0)} = (x_1^{(0)}, x_2^{(0)}, \cdots, x_n^{(0)})^{\mathrm{T}}$，代入式(2.5.2)，得向量序列 $\{\boldsymbol{x}^{(k)}\}$ $(k=1, 2, \cdots)$. 称式(2.5.2)为 **Jacobi 迭代法(Jacobi iterative method)**.

2.5.1.2　Jacobi 迭代法的矩阵形式

将方程组 $\boldsymbol{Ax}=\boldsymbol{b}$ 的系数矩阵 $\boldsymbol{A}$ 改写为 $\boldsymbol{A}=\boldsymbol{L}+\boldsymbol{U}+\boldsymbol{D}$，其中

$$
\boldsymbol{L} = \begin{bmatrix} 0 & & & & \\ a_{21} & 0 & & & \\ a_{31} & a_{32} & 0 & & \\ \vdots & \vdots & \ddots & \ddots & \\ a_{n1} & a_{n2} & \cdots & a_{n,n-1} & 0 \end{bmatrix}, \quad \boldsymbol{U} = \begin{bmatrix} 0 & a_{12} & a_{13} & \cdots & a_{1n} \\ & 0 & a_{23} & \cdots & a_{2n} \\ & & \ddots & \ddots & \vdots \\ & & & 0 & a_{n-1,n} \\ & & & & 0 \end{bmatrix},
$$

$$
\boldsymbol{D} = \begin{bmatrix} a_{11} & & & \\ & a_{22} & & \\ & & \ddots & \\ & & & a_{nn} \end{bmatrix}, \tag{2.5.3}
$$

则式(2.5.1)可化为等价的矩阵形式：

$$
\boldsymbol{x} = -\boldsymbol{D}^{-1}(\boldsymbol{L}+\boldsymbol{U})\boldsymbol{x} + \boldsymbol{D}^{-1}\boldsymbol{b},
$$

或

$$
\boldsymbol{x} = (\boldsymbol{I} - \boldsymbol{D}^{-1}\boldsymbol{A})\boldsymbol{x} + \boldsymbol{D}^{-1}\boldsymbol{b}. \tag{2.5.4}
$$

若令

$$
\boldsymbol{B}_{\mathrm{J}} = -\boldsymbol{D}^{-1}(\boldsymbol{L}+\boldsymbol{U}) = \boldsymbol{I} - \boldsymbol{D}^{-1}\boldsymbol{A}, \quad \boldsymbol{d}_{\mathrm{J}} = \boldsymbol{D}^{-1}\boldsymbol{b}, \tag{2.5.5}
$$

则式(2.5.4)可简写为

$$
\boldsymbol{x} = \boldsymbol{B}_{\mathrm{J}}\boldsymbol{x} + \boldsymbol{d}_{\mathrm{J}}. \tag{2.5.6}
$$

于是 Jacobi 迭代格式(2.5.2)的矩阵形式为

$$
\boldsymbol{x}^{(k+1)} = \boldsymbol{B}_{\mathrm{J}}\boldsymbol{x}^{(k)} + \boldsymbol{d}_{\mathrm{J}}, \quad k = 0,1,2,\cdots, \tag{2.5.7}
$$

并称 $\boldsymbol{B}_{\mathrm{J}}$ 为 **Jacobi 迭代矩阵(Jacobi iterative matrix)**.

2.5.2 Gauss-Seidel[①] 迭代法

2.5.2.1 Gauss-Seidel 迭代格式

在 Jacobi 迭代法中,每次迭代计算 $\boldsymbol{x}^{(k+1)}$ 时用的是前一次迭代的全部分量 $x_j^{(k)}(j=1,2,\cdots,n)$.实际上,在计算分量 $x_j^{(k+1)}$ 时,最新的分量 $x_1^{(k+1)},x_2^{(k+1)},\cdots,x_{j-1}^{(k+1)}$ 已经算出;如果 Jacobi 迭代收敛,那么最新算出的分量 $x_i^{(k+1)}(i=1,2,\cdots,j-1)$ 一般比 $x_i^{(k)}(i=1,2,\cdots,j-1)$ 的精度更高.因此,可以对 Jacobi 迭代法加以改进,即在迭代过程中,每个分量计算出来之后,计算下一个分量时就利用最新计算出的近似结果,可得新的迭代公式:

$$\begin{cases} x_1^{(k+1)} = \dfrac{1}{a_{11}}(-a_{12}x_2^{(k)}-a_{13}x_3^{(k)}-\cdots-a_{1n}x_n^{(k)}+b_1), \\ x_2^{(k+1)} = \dfrac{1}{a_{22}}(-a_{21}x_1^{(k+1)}-a_{23}x_3^{(k)}-\cdots-a_{2n}x_n^{(k)}+b_2), \\ \vdots \\ x_n^{(k+1)} = \dfrac{1}{a_{nn}}(-a_{n1}x_1^{(k+1)}-a_{n2}x_2^{(k+1)}-\cdots-a_{n,n-1}x_{n-1}^{(k+1)}+b_n), \end{cases} \tag{2.5.8}$$

称式(2.5.8)为 **Gauss-Seidel 迭代法(Gauss-Seidel iterative method)**,简称为**G-S 迭代法**.

2.5.2.2 Gauss-Seidel 迭代法的矩阵形式

由式(2.5.3),式(2.5.8)可写成矩阵形式:

$$\boldsymbol{x}^{(k+1)} = -\boldsymbol{D}^{-1}(\boldsymbol{L}\boldsymbol{x}^{(k+1)}+\boldsymbol{U}\boldsymbol{x}^{(k)})+\boldsymbol{D}^{-1}\boldsymbol{b}.$$

经整理得

$$(\boldsymbol{D}+\boldsymbol{L})\boldsymbol{x}^{(k+1)} = -\boldsymbol{U}\boldsymbol{x}^{(k)}+\boldsymbol{b},$$

即

$$\boldsymbol{x}^{(k+1)} = -(\boldsymbol{D}+\boldsymbol{L})^{-1}\boldsymbol{U}\boldsymbol{x}^{(k)}+(\boldsymbol{D}+\boldsymbol{L})^{-1}\boldsymbol{b}, \tag{2.5.9}$$

若令

$$\boldsymbol{B}_{\mathrm{G}} = -(\boldsymbol{D}+\boldsymbol{L})^{-1}\boldsymbol{U},\quad \boldsymbol{d}_{\mathrm{G}} = (\boldsymbol{D}+\boldsymbol{L})^{-1}\boldsymbol{b}, \tag{2.5.10}$$

则 Gauss-Seidel 迭代法的矩阵形式为

$$\boldsymbol{x}^{(k+1)} = \boldsymbol{B}_{\mathrm{G}}\boldsymbol{x}^{(k)}+\boldsymbol{d}_{\mathrm{G}}, \tag{2.5.11}$$

---

① 赛德尔(Philipp Ludwig von Seidel,1821~1896)是德国数学家.除了在数值分析上的 Gauss-Seidel 迭代法外,他还在分析的一致收敛方面做出突出贡献.

并称 $\boldsymbol{B}_G$ 为 **Gauss-Seidel 迭代矩阵(Gauss-Seidel iterative matrix)**.

不难看出,Gauss-Seidel 迭代法是 Jacobi 迭代法的一种改进.一般地,若两种方法都收敛,则 Gauss-Seidel 迭代法比 Jacobi 迭代法收敛快.

例 2.5.1　设方程组为

$$\begin{cases} 8x_1 + x_2 - 2x_3 = 9, \\ 3x_1 - 10x_2 + x_3 = 19, \\ 5x_1 - 2x_2 + 20x_3 = 72, \end{cases}$$

(1) 试分别写出其 Jacobi 迭代格式和 Gauss-Seidel 迭代格式以及相应的迭代矩阵;

(2) 取 $\boldsymbol{x}^{(0)} = (0,0,0)^{\mathrm{T}}$,分别用上述两种方法解方程组,并将计算结果与精确解 $\boldsymbol{x}^* = (2,-1,3)^{\mathrm{T}}$ 进行比较(小数点后保留 4 位小数).

解　原方程组的系数矩阵为

$$\boldsymbol{A} = \begin{pmatrix} 8 & 1 & -2 \\ 3 & -10 & 1 \\ 5 & -2 & 20 \end{pmatrix} = \begin{pmatrix} 0 & 0 & 0 \\ 3 & 0 & 0 \\ 5 & -2 & 0 \end{pmatrix} + \begin{pmatrix} 8 & 0 & 0 \\ 0 & -10 & 0 \\ 0 & 0 & 20 \end{pmatrix} + \begin{pmatrix} 0 & 1 & -2 \\ 0 & 0 & 1 \\ 0 & 0 & 0 \end{pmatrix}$$

$$\triangleq \boldsymbol{L} + \boldsymbol{D} + \boldsymbol{U}.$$

(1) 由式(2.5.2)和式(2.5.8),求解原方程组的 Jacobi 迭代格式与 Gauss-Seidel迭代格式分别为

$$\begin{cases} x_1^{(k+1)} = \dfrac{1}{8}(-x_2^{(k)} + 2x_3^{(k)} + 9), \\ x_2^{(k+1)} = -\dfrac{1}{10}(-3x_1^{(k)} - x_3^{(k)} + 19), \\ x_3^{(k+1)} = \dfrac{1}{20}(-5x_1^{(k)} + 2x_2^{(k)} + 72), \end{cases}$$

和

$$\begin{cases} x_1^{(k+1)} = \dfrac{1}{8}(-x_2^{(k)} + 2x_3^{(k)} + 9), \\ x_2^{(k+1)} = -\dfrac{1}{10}(-3x_1^{(k+1)} - x_3^{(k)} + 19), \\ x_3^{(k+1)} = \dfrac{1}{20}(-5x_1^{(k+1)} + 2x_2^{(k+1)} + 72). \end{cases}$$

相应的 Jacobi 迭代矩阵为

$$\boldsymbol{B}_{\mathrm{J}} = \boldsymbol{I} - \boldsymbol{D}^{-1}\boldsymbol{A} = \begin{pmatrix} 0 & -0.125 & 0.25 \\ 0.3 & 0 & 0.1 \\ -0.25 & 0.1 & 0 \end{pmatrix}.$$

相应的 Gauss-Seidel 迭代矩阵为

$$B_G = -(D + L)^{-1}U = \begin{pmatrix} 0 & -0.125 & 0.25 \\ 0 & -0.0375 & 0.175 \\ 0 & 0.0275 & -0.045 \end{pmatrix}.$$

(2) 取$x^{(0)} = (0,0,0)^T$,Jacobi 迭代法与 Gauss-Seidel 迭代法的前 6 步计算结果如表 2.5.1 所示.

表 2.5.1

$x^{(k)}$	Jacobi 迭代法	Gauss-Seidel 迭代法
$x^{(0)}$	$(0,0,0)^T$	$(0,0,0)^T$
$x^{(1)}$	$(1.125,-1.9,3.6)^T$	$(1.125,-1.5625,3.1625)^T$
$x^{(2)}$	$(2.2625,-1.2025,3.1288)^T$	$(2.1109,-0.95047,2.9772)^T$
$x^{(3)}$	$(2.0575,-0.90838,2.9141)^T$	$(1.9881,-1.0058,3.0024)^T$
$x^{(4)}$	$(1.9671,-0.99134,2.9948)^T$	$(2.0013,-0.99936,2.9997)^T$
$x^{(5)}$	$(1.9976,-1.0104,3.0091)^T$	$(1.9999,-1.0001,3.0000)^T$
$x^{(6)}$	$(2.0038,-0.99981,2.9996)^T$	$(2.0000,-0.99999,3.0000)^T$

从计算结果看,两种方法所求得的$\{x^{(k)}\}$均能很好地逼近方程组的精确解$x^* = (2,-1,3)^T$,与精确解相比,Gauss-Seidel 迭代法所得结果比 Jacobi 迭代法更精确,且收敛更快.

2.5.3 SOR 方法

2.5.3.1 SOR 迭代格式

为了提高收敛速度,对 Gauss-Seidel 迭代法进一步改进.用 Gauss-Seidel 迭代公式计算得到第 $k+1$ 个近似解:

$$\bar{x}_i^{(k+1)} = \frac{1}{a_{ii}}\left(b_i - \sum_{j=1}^{i-1} a_{ij}x_j^{(k+1)} - \sum_{j=i+1}^{n} a_{ij}x_j^{(k)}\right), \quad i = 1,2,\cdots,n; \tag{2.5.12}$$

将前一步迭代值 $x_i^{(k)}$ 与 Gauss-Seidel 迭代值 $\bar{x}_i^{(k+1)}$ 做加权平均,即

$$x_i^{(k+1)} = (1-\omega)x_i^{(k)} + \omega\bar{x}_i^{(k+1)}, \quad i = 1,2,\cdots,n, \tag{2.5.13}$$

其中 ω 是参数.整理得

$$x_i^{(k+1)} = (1-\omega)x_i^{(k)} + \frac{\omega}{a_{ii}}\left(b_i - \sum_{j=1}^{i-1} a_{ij}x_j^{(k+1)} - \sum_{j=i+1}^{n} a_{ij}x_j^{(k)}\right), \quad i = 1,2,\cdots,n, \tag{2.5.14}$$

称式(2.5.14)为**松弛迭代法**(**relaxation method**),其中参数 ω 为**松弛因子**(**relaxation factor**).

当 $\omega>1$ 时,式(2.5.14)称为**超松弛法**(**over-relaxation method**);

当 $\omega<1$ 时,式(2.5.14)称为**低松弛法**(**under-relaxation method**);

当 $\omega=1$ 时,式(2.5.14)就是 Gauss-Seidel 迭代法.

一般称这些方法为**超松弛方法**(**successive over-relaxation method**),简记为 **SOR 方法**.

2.5.3.2　SOR 迭代格式的矩阵形式

由式(2.5.3),SOR 迭代公式(2.5.14)可以写成矩阵形式:

$$\boldsymbol{x}^{(k+1)} = (1-\omega)\boldsymbol{x}^{(k)} + \omega\boldsymbol{D}^{-1}(\boldsymbol{b} - \boldsymbol{L}\boldsymbol{x}^{(k+1)} - \boldsymbol{U}\boldsymbol{x}^{(k)}),$$

即

$$(\boldsymbol{D}+\omega\boldsymbol{L})\boldsymbol{x}^{(k+1)} = [(1-\omega)\boldsymbol{D} - \omega\boldsymbol{U}]\boldsymbol{x}^{(k)} + \omega\boldsymbol{b}, \tag{2.5.15}$$

亦即

$$\boldsymbol{x}^{(k+1)} = (\boldsymbol{D}+\omega\boldsymbol{L})^{-1}[(1-\omega)\boldsymbol{D} - \omega\boldsymbol{U}]\boldsymbol{x}^{(k)} + \omega(\boldsymbol{D}+\omega\boldsymbol{L})^{-1}\boldsymbol{b}. \tag{2.5.16}$$

若记

$$\boldsymbol{B}_{\omega} = (\boldsymbol{D}+\omega\boldsymbol{L})^{-1}[(1-\omega)\boldsymbol{D} - \omega\boldsymbol{U}], \quad \boldsymbol{d}_{\omega} = \omega(\boldsymbol{D}+\omega\boldsymbol{L})^{-1}\boldsymbol{b}, \tag{2.5.17}$$

则 SOR 迭代法(2.5.14)的矩阵形式为

$$\boldsymbol{x}^{(k+1)} = \boldsymbol{B}_{\omega}\boldsymbol{x}^{(k)} + \boldsymbol{d}_{\omega}, \tag{2.5.18}$$

并称$\boldsymbol{B}_{\omega}$ 为 **SOR 迭代矩阵**(**SOR iterative matrix**).

例 2.5.2　用 SOR 法求解例 2.5.1 中的方程组,得迭代公式:

$$\begin{cases} x_1^{(k+1)} = (1-\omega)x_1^{(k)} + \dfrac{\omega}{8}(-x_2^{(k)} + 2x_3^{(k)} + 9), \\ x_2^{(k+1)} = (1-\omega)x_2^{(k)} - \dfrac{\omega}{10}(-3x_1^{(k+1)} - x_3^{(k)} + 19), \\ x_3^{(k+1)} = (1-\omega)x_3^{(k)} + \dfrac{\omega}{20}(-5x_1^{(k+1)} + 2x_2^{(k+1)} + 72). \end{cases}$$

若取$\boldsymbol{x}^{(0)}=(0,0,0)^{\mathrm{T}}$,当 $\omega=0.95$ 时,迭代所得的解为

$$\boldsymbol{x}^{(2)} = (2.0185, -1.0175, 2.9951)^{\mathrm{T}}, \quad \boldsymbol{x}^{(3)} = (2.00185, -1.00081, 2.9992)^{\mathrm{T}},$$

$$\boldsymbol{x}^{(4)} = (2.0000, -1.0001, 2.9999)^{\mathrm{T}}, \quad \boldsymbol{x}^{(5)} = (2.0000, -1.0000, 3.0000)^{\mathrm{T}},$$

当 $\omega=1.05$ 时,迭代 5 次得

$$\boldsymbol{x}^{(5)} = (1.9984, -1.0009, 3.0004)^{\mathrm{T}},$$

迭代 7 次得

$$\boldsymbol{x}^{(7)} = (1.9999, -1.0000, 3.0000)^{\mathrm{T}}.$$

可以看出,当 $\omega=0.95$ 时,SOR 方法比 Gauss-Seidel 迭代收敛快;而取 $\omega=0.95$比 $\omega=1.05$ 收敛要快些,因此 ω 的选取对收敛速度影响较大.但在一般情况下,如何选取最佳的松弛因子并没有从理论上得到解决,多数情况下还是依靠经验进行尝试,取得近似最佳的松弛因子.

2.6 迭代法的收敛性

上面的讨论将方程组 $\boldsymbol{Ax}=\boldsymbol{b}$ 变形为

$$\boldsymbol{x}=\boldsymbol{Bx}+\boldsymbol{d}, \tag{2.6.1}$$

据此建立迭代格式

$$\boldsymbol{x}^{(k+1)}=\boldsymbol{B}\boldsymbol{x}^{(k)}+\boldsymbol{d},\quad k=0,1,\cdots, \tag{2.6.2}$$

其中 $\boldsymbol{B}$ 是迭代矩阵.给定初始向量(initial vector) $\boldsymbol{x}^{(0)}\in\mathbf{R}^n$,按式(2.6.2)可产生一个向量序列 $\{\boldsymbol{x}^{(k)}\}$.

定义 2.6.1 设 $\boldsymbol{x}^*\in\mathbf{R}^n$ 是方程组 $\boldsymbol{Ax}=\boldsymbol{b}$ 的精确解.若对于任意给定的初始向量 $\boldsymbol{x}^{(0)}\in\mathbf{R}^n$,由迭代式(2.6.2)产生的向量序列 $\{\boldsymbol{x}^{(k)}\}$满足

$$\lim_{k\to\infty}\boldsymbol{x}^{(k)}=\boldsymbol{x}^*,$$

则称迭代法(2.6.2)是**收敛的(convergent)**.

用迭代法解方程组就是要构造适当的迭代公式,产生的向量序列若收敛,则可以用其逼近精确解;否则迭代法失效.那么满足什么条件,迭代法(2.6.2)产生的向量序列 $\{\boldsymbol{x}^{(k)}\}$ 才收敛呢?

2.6.1 收敛性判别

设 $\boldsymbol{x}^*\in\mathbf{R}^n$ 是方程组 $\boldsymbol{Ax}=\boldsymbol{b}$ 的精确解,则有 $\boldsymbol{A}\boldsymbol{x}^*=\boldsymbol{b}$,进而有

$$\boldsymbol{x}^*=\boldsymbol{B}\boldsymbol{x}^*+\boldsymbol{d}, \tag{2.6.3}$$

记 $\boldsymbol{\varepsilon}^{(k)}=\boldsymbol{x}^{(k)}-\boldsymbol{x}^*$, $k=0,1,\cdots$,将式(2.6.2)与式(2.6.3)相减,得

$$\boldsymbol{\varepsilon}^{(k+1)}=\boldsymbol{x}^{(k+1)}-\boldsymbol{x}^*=\boldsymbol{B}(\boldsymbol{x}^{(k)}-\boldsymbol{x}^*)=\boldsymbol{B}\boldsymbol{\varepsilon}^{(k)}, \tag{2.6.4}$$

重复上述过程,有

$$\boldsymbol{\varepsilon}^{(k+1)}=\boldsymbol{B}\boldsymbol{\varepsilon}^{(k)}=\boldsymbol{B}^2\boldsymbol{\varepsilon}^{(k-1)}=\cdots=\boldsymbol{B}^{k+1}\boldsymbol{\varepsilon}^{(0)},\quad k=0,1,\cdots. \tag{2.6.5}$$

由式(2.6.5)可知,由迭代公式(2.6.2)产生的向量序列 $\{\boldsymbol{x}^{(k)}\}$ 收敛问题等价于

$$\lim_{k\to\infty}\boldsymbol{B}^k=\boldsymbol{0}. \tag{2.6.6}$$

我们不加证明地引用下述定理:

定理 2.6.1　设 $\boldsymbol{A}$ 为 n 阶方阵，$\lim\limits_{k\to\infty}\boldsymbol{A}^k=\boldsymbol{0}$ 的充要条件是 $\rho(\boldsymbol{A})<1$.

定理 2.6.2　对任意给定的初始向量 $\boldsymbol{x}^{(0)}$ 及常数项 $\boldsymbol{d}$，由迭代公式(2.6.2)产生的向量序列 $\{\boldsymbol{x}^{(k)}\}$ 收敛的充要条件是 $\rho(\boldsymbol{B})<1$.

证明　必要性　若由迭代公式(2.6.2)产生的向量序列 $\{\boldsymbol{x}^{(k)}\}$ 收敛，且设 $\lim\limits_{k\to\infty}\boldsymbol{x}^{(k)}=\boldsymbol{x}^*$，则由式(2.6.5)知 $\lim\limits_{k\to\infty}\boldsymbol{B}^k=\boldsymbol{0}$，由定理 2.6.1 得 $\rho(\boldsymbol{B})<1$.

充分性　若 $\rho(\boldsymbol{B})<1$，由定理 2.6.1 知 $\lim\limits_{k\to\infty}\boldsymbol{B}^k=\boldsymbol{0}$，且矩阵 $\boldsymbol{I}-\boldsymbol{B}$ 是非奇异矩阵，于是方程组 $(\boldsymbol{I}-\boldsymbol{B})\boldsymbol{x}=\boldsymbol{d}$ 有唯一解 $\boldsymbol{x}^*$，从而得关系式 $\boldsymbol{x}^*=\boldsymbol{B}\boldsymbol{x}^*+\boldsymbol{d}$. 再利用关系式(2.6.5)及 $\lim\limits_{k\to\infty}\boldsymbol{B}^k=\boldsymbol{0}$，得 $\lim\limits_{k\to\infty}\boldsymbol{x}^{(k)}=\boldsymbol{x}^*$.

定理 2.6.2 给出了判别迭代法收敛的充要条件，但由于在大多数情况下求迭代矩阵的谱半径 $\rho(\boldsymbol{B})$ 比较麻烦，故通常判别迭代法的收敛不用该定理. 由于 $\rho(\boldsymbol{B})\leqslant\|\boldsymbol{B}\|$，我们可以利用迭代矩阵的范数 $\|\boldsymbol{B}\|$ 给出判别迭代法收敛的充分条件.

定理 2.6.3　若迭代矩阵 $\boldsymbol{B}$ 的某种范数 $\|\boldsymbol{B}\|=q<1$，则迭代法(2.6.2)对任意的初始向量 $\boldsymbol{x}^{(0)}$ 都收敛于方程组 $\boldsymbol{A}\boldsymbol{x}=\boldsymbol{b}$ 的精确解 $\boldsymbol{x}^*$，且有估计式：

(1) $$\|\boldsymbol{x}^{(k)}-\boldsymbol{x}^*\|\leqslant\frac{q}{1-q}\|\boldsymbol{x}^{(k)}-\boldsymbol{x}^{(k-1)}\|;\tag{2.6.7}$$

(2) $$\|\boldsymbol{x}^{(k)}-\boldsymbol{x}^*\|\leqslant\frac{q^k}{1-q}\|\boldsymbol{x}^{(1)}-\boldsymbol{x}^{(0)}\|.\tag{2.6.8}$$

证明　因为 $\rho(\boldsymbol{B})\leqslant\|\boldsymbol{B}\|<1$，所以由定理 2.6.2 知迭代法(2.6.2)收敛，且 $\lim\limits_{k\to\infty}\boldsymbol{x}^{(k)}=\boldsymbol{x}^*$. 下面证明估计式(2.6.7)和(2.6.8).

(1) 因为

$$\boldsymbol{x}^{(k)}-\boldsymbol{x}^*=\boldsymbol{B}(\boldsymbol{x}^{(k-1)}-\boldsymbol{x}^*)=\boldsymbol{B}(\boldsymbol{x}^{(k-1)}-\boldsymbol{x}^{(k)})+\boldsymbol{B}(\boldsymbol{x}^{(k)}-\boldsymbol{x}^*),\tag{2.6.9}$$

所以，利用范数的性质，有

$$\begin{aligned}\|\boldsymbol{x}^{(k)}-\boldsymbol{x}^*\|&\leqslant\|\boldsymbol{B}(\boldsymbol{x}^{(k-1)}-\boldsymbol{x}^{(k)})\|+\|\boldsymbol{B}(\boldsymbol{x}^{(k)}-\boldsymbol{x}^*)\|\\&\leqslant\|\boldsymbol{B}\|\,\|(\boldsymbol{x}^{(k-1)}-\boldsymbol{x}^{(k)})\|+\|\boldsymbol{B}\|\,\|(\boldsymbol{x}^{(k)}-\boldsymbol{x}^*)\|.\end{aligned}$$

又因为 $\|\boldsymbol{B}\|=q<1$，所以

$$\|\boldsymbol{x}^{(k)}-\boldsymbol{x}^*\|\leqslant\frac{q}{1-q}\|\boldsymbol{x}^{(k)}-\boldsymbol{x}^{(k-1)}\|,$$

即式(2.6.7)成立.

(2) 由式(2.6.9)得

$$\begin{aligned}\|\boldsymbol{x}^{(k)}-\boldsymbol{x}^{(k-1)}\|&=\|\boldsymbol{B}(\boldsymbol{x}^{(k-1)}-\boldsymbol{x}^{(k-2)})\|\\&\leqslant q\|(\boldsymbol{x}^{(k-1)}-\boldsymbol{x}^{(k-2)})\|.\end{aligned}\tag{2.6.10}$$

反复运用关系式(2.6.10)，有

$$\| x^{(k)} - x^{(k-1)} \| \leqslant q^{k-1} \| (x^{(1)} - x^{(0)}) \|,$$

再由式(2.6.7)得

$$\| x^{(k)} - x^{*} \| \leqslant \frac{q}{1-q} \| x^{(k)} - x^{(k-1)} \| \leqslant \frac{q^k}{1-q} \| (x^{(1)} - x^{(0)}) \|,$$

即得式(2.6.8).证毕!

注 1　定理2.6.3给出了判别迭代法收敛的一个充分条件,当迭代矩阵 $\boldsymbol{B}$ 的某个范数(通常只求1-范数或∞-范数)小于1时,就可判断该迭代法收敛.

注 2　定理2.6.3中 $\| \boldsymbol{B} \| = q < 1$ 是迭代法(2.6.2)收敛的充分条件,因此由 $\| \boldsymbol{B} \| = q \geqslant 1$ 不能判定迭代法(2.6.2)一定发散;这时就要通过计算 $\rho(\boldsymbol{B})$ 来判断迭代法的敛散性.

注 3　定理2.6.3还给出了迭代法的误差估计.若迭代法收敛,在开始迭代前可利用式(2.6.8),计算出满足误差 ε 条件下的迭代次数 k.事实上,由

$$\| x^{(k)} - x^{*} \| \leqslant \frac{q^k}{1-q} \| (x^{(1)} - x^{(0)}) \| < \varepsilon$$

及 $q<1$ 可得

$$k > \ln \frac{\varepsilon(1-q)}{\| x^{(1)} - x^{(0)} \|} / \ln q. \tag{2.6.11}$$

若利用式(2.6.7),则可以通过比较相邻两次迭代结果判别迭代是否可以终止,如对于给定 $x^{(0)} = (0,0,0)^{\mathrm{T}}$ 的误差 ε,若

$$\| x^{(k)} - x^{(k-1)} \| < \frac{1-q}{q} \varepsilon, \tag{2.6.12}$$

则迭代停止;否则继续迭代.式(2.6.12)称为迭代法(2.6.2)的**事后估计**.从式(2.6.8)可以看出,$\| \boldsymbol{B} \| = q$ 越小,迭代收敛越快.

例 2.6.1　分别用Jacobi迭代法及Gauss-Seidel迭代法解方程组

$$\begin{cases} 5x_1 + 2x_2 + x_3 = -12, \\ -x_1 + 4x_2 + 2x_3 = 20, \\ 2x_1 - 3x_2 + 10x_3 = 3, \end{cases}$$

取 $x^{(0)} = (0,0,0)^{\mathrm{T}}$.问两种迭代法是否收敛?若收敛,则需要迭代多少次才能保证各分量的误差绝对值小于 10^{-4}?

解　因为原方程组的系数矩阵

$$\begin{aligned} \boldsymbol{A} &= \begin{bmatrix} 5 & 2 & 1 \\ -1 & 4 & 2 \\ 2 & -3 & 10 \end{bmatrix} = \begin{bmatrix} 0 & 0 & 0 \\ -1 & 0 & 0 \\ 2 & -3 & 0 \end{bmatrix} + \begin{bmatrix} 5 & 0 & 0 \\ 0 & 4 & 0 \\ 0 & 0 & 10 \end{bmatrix} + \begin{bmatrix} 0 & 2 & 1 \\ 0 & 0 & 2 \\ 0 & 0 & 0 \end{bmatrix} \\ &= \boldsymbol{L} + \boldsymbol{D} + \boldsymbol{U}, \end{aligned}$$

所以

$$B_J = I - D^{-1}A = \begin{bmatrix} 0 & -\frac{2}{5} & -\frac{1}{5} \\ \frac{1}{4} & 0 & -\frac{1}{2} \\ -\frac{1}{5} & \frac{3}{10} & 0 \end{bmatrix}.$$

因为 $\|B_J\|_\infty = \frac{3}{4} < 1$，所以由定理 2.6.3 知，解原方程组的 Jacobi 迭代法收敛.

用 Jacobi 迭代法迭代 1 次得 $x^{(1)} = \left(-\frac{12}{5}, 5, \frac{3}{10}\right)^T$，于是 $\|x^{(1)} - x^{(0)}\|_\infty = 5$，由式(2.6.11)得

$$k > \ln \frac{10^{-4}(1-3/4)}{5} / \ln \frac{3}{4} \approx 42.43,$$

故 Jacobi 迭代法所需的迭代次数为 43 次.

Gauss-Seidel 迭代矩阵为

$$B_G = -(D+L)^{-1}U = \frac{1}{40}\begin{bmatrix} 0 & -16 & -8 \\ 0 & -4 & -22 \\ 0 & 2 & -5 \end{bmatrix},$$

因为 $\|B_G\| = \frac{13}{20} < 1$，所以由定理 2.6.3 知，解原方程组的 Gauss-Seidel 迭代法收敛.

用 Gauss-Seidel 迭代法迭代 1 次得 $x^{(1)} = \left(-\frac{12}{5}, 4.4, 2.13\right)^T$，于是 $\|x^{(1)} - x^{(0)}\|_\infty = 4.4$，由(2.6.11)式得

$$k > \ln \frac{10^{-4}(1-13/20)}{4.4} / \ln \frac{13}{20} \approx 27.26,$$

故 Gauss-Seidel 迭代法需迭代 28 次.

注　Gauss-Seidel 迭代法是 Jacobi 迭代法的一种改进；从例 2.6.1 可以看出，当 Jacobi 迭代法及 Gauss-Seidel 迭代法都收敛时，后者比前者收敛速度更快. 但这并不意味着 Gauss-Seidel 迭代法可以完全取代 Jacobi 迭代法，在下面的例 2.6.2 中，Jacobi 迭代法收敛，而 Gauss-Seidel 迭代法发散.

例 2.6.2　对方程组

$$\begin{cases} x_1 + 2x_2 - 2x_3 = 1, \\ x_1 + x_2 + x_3 = 2, \\ 2x_1 + 2x_2 + x_3 = 3 \end{cases}$$

分别讨论 Jacobi 迭代法及 Gauss-Seidel 迭代法的收敛性.

解　因为原方程组的系数矩阵

$$
\boldsymbol{A}=\begin{bmatrix}1 & 2 & -2\\1 & 1 & 1\\2 & 2 & 1\end{bmatrix}=\begin{bmatrix}0 & 0 & 0\\1 & 0 & 0\\2 & 2 & 0\end{bmatrix}+\begin{bmatrix}1 & 0 & 0\\0 & 1 & 0\\0 & 0 & 1\end{bmatrix}+\begin{bmatrix}0 & 2 & -2\\0 & 0 & 1\\0 & 0 & 0\end{bmatrix}
$$

$$
=\boldsymbol{L}+\boldsymbol{D}+\boldsymbol{U},
$$

所以 Jacobi 迭代矩阵为

$$
\boldsymbol{B}_{\mathrm{J}}=\boldsymbol{I}-\boldsymbol{D}^{-1}\boldsymbol{A}=\begin{bmatrix}0 & -2 & 2\\-1 & 0 & -1\\-2 & -2 & 0\end{bmatrix},
$$

其特征方程为

$$
\det(\lambda\boldsymbol{I}-\boldsymbol{B}_{\mathrm{J}})=\begin{vmatrix}\lambda & 2 & -2\\1 & \lambda & 1\\2 & 2 & \lambda\end{vmatrix}=\lambda^3=0,
$$

得特征值 $\lambda_1=\lambda_2=\lambda_3=0$. 由谱半径定义知:$\rho(\boldsymbol{B}_{\mathrm{J}})=0<1$,故由定理 2.6.2 知,解上述方程组的 Jacobi 迭代法收敛.

Gauss-Seidel 迭代矩阵

$$
\boldsymbol{B}_{\mathrm{G}}=-(\boldsymbol{L}+\boldsymbol{D})^{-1}\boldsymbol{U}=\begin{bmatrix}0 & -2 & 2\\0 & 2 & -3\\0 & 0 & 2\end{bmatrix},
$$

其特征方程为

$$
\det(\lambda\boldsymbol{I}-\boldsymbol{B}_{\mathrm{G}})=\begin{vmatrix}\lambda & 2 & -2\\0 & \lambda-2 & 3\\0 & 0 & \lambda-2\end{vmatrix}=\lambda(\lambda-2)^2=0,
$$

得特征值 $\lambda_1=0,\lambda_2=\lambda_3=2$. 由谱半径定义知:$\rho(\boldsymbol{B}_{\mathrm{G}})=2>1$,故由定理 2.6.2 知,解上述方程组的 Gauss-Seidel 迭代法发散.

设方程组 $\boldsymbol{Ax}=\boldsymbol{b}(\boldsymbol{b}\neq\boldsymbol{0})$,其系数矩阵为

$$
\boldsymbol{A}=\begin{pmatrix}2 & -1 & 1\\2 & 2 & 2\\-1 & -1 & 2\end{pmatrix}.
$$

读者可自行验证:求解上述方程组的 Jacobi 迭代法发散,而 Gauss-Seidel 迭代法收敛.

2.6.2 一些特殊线性方程组的迭代法的收敛性判别

从例 2.6.1 及例 2.6.2 的求解过程可以看出,利用迭代矩阵的谱半径或范数

讨论收敛性时,计算比较复杂,而迭代矩阵是由原方程组的系数矩阵演变过来的,因此,若能从方程组的系数矩阵的特性来判别敛散性则会很方便.下面介绍两种特殊线性方程组(系数矩阵是严格对角占优的方程组,系数矩阵是对称正定矩阵的方程组)的迭代法收敛性的判别.

引理 2.6.1 若矩阵 $\boldsymbol{A}$ 是严格对角占优矩阵,则 $\det\boldsymbol{A}\neq 0$.

证明 反证法 若 $\det\boldsymbol{A}=0$,则齐次线性方程组 $\boldsymbol{Ax}=\boldsymbol{0}$ 一定有非零解,记为 $\boldsymbol{x}=(x_1,x_2,\cdots,x_n)^{\mathrm{T}}$. 因为 $\boldsymbol{x}\neq\boldsymbol{0}$,所以存在 $\boldsymbol{x}$ 的分量 x_k,使得 $|x_k|=\max\limits_{1\leqslant i\leqslant n}|x_i|\neq 0$.

将齐次线性方程组 $\boldsymbol{Ax}=\boldsymbol{0}$ 中第 k 个方程

$$a_{k1}x_1+\cdots+a_{kk}x_k+\cdots+a_{kn}x_n=0$$

的非对角元素移至等式右端,得

$$a_{kk}x_k=-a_{k1}x_1-\cdots-a_{k,k-1}x_{k-1}-a_{k,k+1}x_{k+1}-\cdots-a_{kn}x_n,$$

于是

$$|a_{kk}||x_k|=|a_{kk}x_k|\leqslant\sum_{\substack{j=1\\j\neq k}}^{n}|-a_{kj}x_j|=\sum_{\substack{j=1\\j\neq k}}^{n}|a_{kj}||x_j|\leqslant|x_k|\sum_{\substack{j=1\\j\neq k}}^{n}|a_{kj}|,$$

即 $|a_{kk}|\leqslant\sum\limits_{\substack{j=1\\j\neq k}}^{n}|a_{kj}|$,这与 $\boldsymbol{A}$ 是严格对角占优矩阵的假设矛盾,故 $\det\boldsymbol{A}\neq 0$,证毕!

定理 2.6.4 对线性方程组 $\boldsymbol{Ax}=\boldsymbol{b}$,其系数矩阵 $\boldsymbol{A}=(a_{ij})\in\mathbf{R}^{n\times n}$,若 $\boldsymbol{A}$ 是严格对角占优的,则解方程组 $\boldsymbol{Ax}=\boldsymbol{b}$ 的 Jacobi 迭代法与 Gauss-Seidel 迭代法均收敛.

证明 因为 Jacobi 迭代矩阵为

$$\boldsymbol{B}_{\mathrm{J}}=\boldsymbol{I}-\boldsymbol{D}^{-1}\boldsymbol{A},$$

所以

$$\|\boldsymbol{B}_{\mathrm{J}}\|_\infty=\max_{1\leqslant i\leqslant n}\sum_{\substack{j=1\\j\neq i}}^{n}\left|\frac{a_{ij}}{a_{ii}}\right|=\max_{1\leqslant i\leqslant n}\frac{1}{|a_{ii}|}\sum_{\substack{j=1\\j\neq i}}^{n}|a_{ij}|<\max_{1\leqslant i\leqslant n}\frac{1}{|a_{ii}|}|a_{ii}|=1,$$

由定理 2.6.3 知,解方程组 $\boldsymbol{Ax}=\boldsymbol{b}$ 的 Jacobi 迭代法对任意初始向量 $\boldsymbol{x}^{(0)}$ 都收敛.

因为 Gauss-Seidel 迭代矩阵 $\boldsymbol{B}_{\mathrm{G}}=-(\boldsymbol{L}+\boldsymbol{D})^{-1}\boldsymbol{U}$,设 λ_k 是 $\boldsymbol{B}_{\mathrm{G}}$ 的任意特征值,则有

$$\begin{aligned}\det(\lambda_k\boldsymbol{I}-\boldsymbol{B}_{\mathrm{G}})&=\det(\lambda_k\boldsymbol{I}+(\boldsymbol{L}+\boldsymbol{D})^{-1}\boldsymbol{U})\\&=\det((\boldsymbol{L}+\boldsymbol{D})^{-1}[\lambda_k(\boldsymbol{L}+\boldsymbol{D})+\boldsymbol{U}])\\&=\det((\boldsymbol{L}+\boldsymbol{D})^{-1})\times\det(\lambda_k(\boldsymbol{L}+\boldsymbol{D})+\boldsymbol{U})\\&=0.\end{aligned}$$

因为 $\det((\boldsymbol{L}+\boldsymbol{D})^{-1})\neq 0$,所以

$$\det(\lambda_k(\boldsymbol{L}+\boldsymbol{D})+\boldsymbol{U})=0. \tag{2.6.13}$$

因为

$$\lambda_k(\boldsymbol{L}+\boldsymbol{D})+\boldsymbol{U}=\begin{bmatrix}\lambda_k a_{11} & a_{12} & a_{13} & \cdots & a_{1n}\\ \lambda_k a_{21} & \lambda_k a_{22} & a_{23} & \cdots & a_{2n}\\ \lambda_k a_{31} & \lambda_k a_{32} & \ddots & \ddots & \vdots\\ \vdots & \vdots & \ddots & \ddots & a_{n-1,n}\\ \lambda_k a_{n1} & \lambda_k a_{n2} & \cdots & \lambda_k a_{n,n-1} & \lambda_k a_{nn}\end{bmatrix},$$

且 $\boldsymbol{A}$ 是严格对角占优的,所以若假设$|\lambda_k|\geqslant 1$,则有

$$|\lambda_k a_{ii}|=|\lambda_k||a_{ii}|>|\lambda_k|\sum_{\substack{j=1\\ j\neq i}}^{n}|a_{ij}|=\sum_{\substack{j=1\\ j\neq i}}^{n}|\lambda_k a_{ij}|$$

$$\geqslant\sum_{j=1}^{i-1}|\lambda_k a_{ij}|+\sum_{j=i+1}^{n}|a_{ij}|,\quad i=1,2,\cdots,n. \tag{2.6.14}$$

这说明 $\lambda_k(\boldsymbol{L}+\boldsymbol{D})+\boldsymbol{U}$ 也是严格对角占优矩阵,根据引理 2.6.1,得

$$\det|\lambda_k(\boldsymbol{L}+\boldsymbol{D})+\boldsymbol{U}|\neq 0,$$

这与式(2.6.13)矛盾,因此有$|\lambda_k|<1$.

由 λ_k 的任意性,可得 $\rho(\boldsymbol{B}_G)<1$,则由定理 2.6.2 知,Gauss-Seidel 迭代法对任意初始向量 $x^{(0)}$ 都收敛.证毕!

注 定理 2.6.4 为判定一些特殊线性方程组的迭代法的收敛性提供了简单易行的方法. 如例 2.6.1 中,易知系数矩阵 $\boldsymbol{A}$ 是严格对角占优的,因此用 Jacobi 迭代法与 Gauss-Seidel 迭代法解此方程组均收敛.

例 2.6.3 对下列方程组

$$\begin{cases}-x_1+8x_2=7,\\ -x_1+9x_3=20,\\ 9x_1-x_2-x_3=7,\end{cases}$$

(1) 建立收敛的 Jacobi 迭代公式和 Gauss-Seidel 迭代格式,并说明理由;

(2) 取初始向量 $\boldsymbol{x}^{(0)}=(0,0,0)^{\mathrm{T}}$,用所建立的收敛的 Gauss-Seidel 迭代格式求原方程组的近似解 $\boldsymbol{x}^{(k+1)}$,使得 $\|\boldsymbol{x}^{(k+1)}-\boldsymbol{x}^{(k)}\|_\infty\leqslant 10^{-3}$.

解 (1) 观察该方程组的系数发现,只要将方程组中各方程的位置进行调换,即得系数矩阵为严格对角占优阵的等价方程组

$$\begin{cases}9x_1-x_2-x_3=7,\\ -x_1+8x_2=7,\\ -x_1+9x_3=20.\end{cases} \tag{2.6.15}$$

由定理 2.6.4 知,解方程组(2.6.15)的 Jacobi 迭代法和 Gauss-Seidel 迭代法都收敛, 其迭代格式分别为

$$\begin{cases} x_1^{(k+1)} = \dfrac{1}{9}(x_2^{(k)} + x_3^{(k)} + 7), \\ x_2^{(k+1)} = \dfrac{1}{8}(x_1^{(k)} + 7), \\ x_3^{(k+1)} = \dfrac{1}{9}(x_1^{(k)} + 20) \end{cases}$$

和

$$\begin{cases} x_1^{(k+1)} = \dfrac{1}{9}(x_2^{(k)} + x_3^{(k)} + 7), \\ x_2^{(k+1)} = \dfrac{1}{8}(x_1^{(k+1)} + 7), \\ x_3^{(k+1)} = \dfrac{1}{9}(x_1^{(k+1)} + 20). \end{cases}$$

(2) 取 $\boldsymbol{x}^{(0)} = (0,0,0)^{\mathrm{T}}$,用上述 Gauss-Seidel 迭代格式求解,结果见表 2.6.1.

表 2.6.1

k	$\boldsymbol{x}^{(k)}$	$\lVert \boldsymbol{x}^{(k)} - \boldsymbol{x}^{(k-1)} \rVert_\infty$
1	$(0.7778,0.9722,0.9753)^{\mathrm{T}}$	0.9722
2	$(0.9942,0.9993,0.9994)^{\mathrm{T}}$	0.2164
3	$(0.9999,0.9999,0.9999)^{\mathrm{T}}$	0.0056
4	$(1.0000,1.0000,1.0000)^{\mathrm{T}}$	0.0001

由表 2.6.1 知,$\lVert \boldsymbol{x}^{(4)} - \boldsymbol{x}^{(3)} \rVert_\infty = 10^{-4} < 10^{-3}$,故取 $\boldsymbol{x}^{(4)} = (1.0000,1.0000,1.0000)^{\mathrm{T}}$ 作为方程组的近似解.

定理 2.6.5　设矩阵 $\boldsymbol{A} = (a_{ij}) \in \mathbf{R}^{n\times n}$ 是对称矩阵,且主对角线元素 $a_{ii} > 0$, $i = 1,2,\cdots,n$,则

(1) 解方程组 $\boldsymbol{Ax} = \boldsymbol{b}$ 的 Jacobi 迭代法收敛的充要条件是 $\boldsymbol{A}$ 及 $2\boldsymbol{D} - \boldsymbol{A}$ 均为正定矩阵,其中 $\boldsymbol{D} = \mathrm{diag}(a_{11}, a_{22}, \cdots, a_{nn})$;

(2) 解方程组 $\boldsymbol{Ax} = \boldsymbol{b}$ 的 Gauss-Seidel 迭代法收敛的充要条件是 $\boldsymbol{A}$ 为正定矩阵.

关于 SOR 法(2.5.18)的收敛性,我们首先讨论 $\rho(\boldsymbol{B}_\omega)$ 与 ω 的关系,再讨论 SOR 法的收敛条件.

定理 2.6.6　设 $\boldsymbol{A} \in \mathbf{R}^{n\times n}$,其对角元 $a_{ii} \neq 0$, $i = 1,2,\cdots,n$,则对所有实数 ω 有

$$\rho(\boldsymbol{B}_\omega) \geq |\omega - 1|. \tag{2.6.16}$$

证明　因为 $a_{ii} \neq 0$, $i = 1,2,\cdots,n$,所以可以构造 SOR 公式(2.5.18),其迭代

矩阵为

$$B_\omega = (D + \omega L)^{-1}[(1 - \omega)D - \omega U].$$

设 B_ω 的 n 个特征值为 $\lambda_1, \lambda_2, \cdots, \lambda_n$，则有

$$\begin{aligned}\lambda_1\lambda_2\cdots\lambda_n &= \det B_\omega \\ &= \det(D + \omega L)^{-1} \times \det[(1 - \omega)D - \omega U] \\ &= \det D^{-1} \times \det(1 - \omega)D \\ &= (1 - \omega)^n.\end{aligned}$$

由此可得

$$\rho(B_\omega) = \max_{1\leqslant i\leqslant n}|\lambda_i| \geqslant |\lambda_1\lambda_2\cdots\lambda_n|^{1/n} = |\omega - 1|.$$

证毕！

定理 2.6.7 SOR 方法收敛的必要条件是松弛因子 ω 满足条件 $0<\omega<2$.

证明 由定理 2.6.6 知：$\rho(B_\omega)\geqslant|\omega-1|$. 再由 SOR 方法收敛的充要条件 $\rho(B_\omega)<1$，得 $|\omega-1|\leqslant\rho(B_\omega)<1$，由此解得：$0<\omega<2$. 证毕！

定理 2.6.8 如果方程组 $Ax = b$ 的系数矩阵 A 为对称正定矩阵，那么当 $0<\omega<2$ 时，SOR 方法收敛.

证明 设 λ 为 SOR 方法迭代矩阵 B_ω 的任一特征值，y 是相应的特征向量，即有

$$(D + \omega L)^{-1}[(1 - \omega)D - \omega U]y = \lambda y$$

或

$$[(1 - \omega)D - \omega U]y = \lambda(D + \omega L)y.$$

考虑到 B_ω 的特征值与相应的特征向量可能是复数，用 y 的共轭转置向量 y^H 左乘上式两端得

$$(1 - \omega)y^H Dy - \omega y^H Uy = \lambda(y^H Dy + \omega y^H Ly). \tag{2.6.17}$$

记

$$y^H Dy = q, \quad y^H Ly = \alpha + i\beta,$$

因为 A 为对称正定矩阵，所以

$$y^H Dy = q > 0, \quad y^H Uy = y^H L^H y = (y^H Ly)^H = \alpha - i\beta, \tag{2.6.18}$$

$$\begin{aligned} y^H Ay &= y^H(D + L + U)y = y^H Dy + y^H Ly + y^H Uy \\ &= q + 2a > 0. \end{aligned} \tag{2.6.19}$$

从而由式(2.6.17)得

$$\lambda = \frac{(1 - \omega)q - \omega(a - i\beta)}{q + \omega(a + i\beta)},$$

$$|\lambda^2| = \frac{[(1 - \omega)q - \omega a]^2 + (\omega\beta)^2}{(q + \omega\alpha)^2 + (\omega\beta)^2},$$

当 $0<\omega<2$ 时，利用式(2.6.18)、式(2.6.19)，有

$$[(1-\omega)q-\omega\alpha]^2-(q+\omega\alpha)^2=-q\omega(2-\omega)(q+2\alpha)<0,$$

因此 $|\lambda|^2<1$，从而有 $\rho(\boldsymbol{B}_\omega)<1$，故 SOR 方法收敛. 证毕!

注　当 $\omega=1$ 时 SOR 法就是 Gauss-Seidel 迭代法，因此，若 $\boldsymbol{A}$ 为对称正定矩阵，则解方程组 $\boldsymbol{Ax}=\boldsymbol{b}$ 的 Gauss-Seidel 迭代法亦收敛.

定理 2.6.9　如果方程组 $\boldsymbol{Ax}=\boldsymbol{b}$ 的系数矩阵 $\boldsymbol{A}$ 是严格对角占优矩阵；或是不可约且对角占优，则当 $0<\omega<1$ 时 SOR 方法收敛.

容易验证，在例 2.6.2 中，所求方程组的系数矩阵为严格对角占优矩阵，取松弛因子为 $\omega=0.95<1$，故所使用的 SOR 方法收敛.

SOR 方法收敛快慢与松弛因子 ω 的选择有关，Young 在 1950 年给出了系数矩阵为一种特殊矩阵的最佳松弛因子公式，可表述成如下定理：

定理 2.6.10　如果方程组 $\boldsymbol{Ax}=\boldsymbol{b}$ 的系数矩阵 $\boldsymbol{A}$ 为正定三对角矩阵，那么 $\rho(\boldsymbol{B}_\mathrm{G})=\rho^2(\boldsymbol{B}_\mathrm{J})<1$，且 SOR 方法的 ω 最佳选择是

$$\omega=\frac{2}{1+\sqrt{1-\rho^2(\boldsymbol{B}_\mathrm{J})}},\tag{2.6.20}$$

此时，$\rho(\boldsymbol{B}_\omega)=\omega-1$.

采用 SOR 方法解方程组时，如前所述，选取最佳松弛因子(记作 ω_{opt})比较困难，除少数特殊类型的矩阵有确定 ω_{opt} 的理论公式外，还没有确定 ω_{opt} 的一般理论. 在实际计算中，一般由经验或试算来确定 ω_{opt} 的近似值，具体做法是选不同的松弛因子并迭代相同的次数 k(k 不能太小)，然后比较相应的范数值 $\|\boldsymbol{x}^{(k)}-\boldsymbol{x}^{(k-1)}\|$，对应范数值最小的松弛因子即为所求.

下面给出两个数学建模的例子，并应用本章的数值方法.

例 2.6.4(平板热传导问题)　热传导研究中的一个重要问题是，已知金属薄片边界附近的温度，确定其稳态温度的分布. 假设图2.6.1所示的金属薄片表示一根空心金属柱的横截面，并且忽略与盘片垂直方向上的热量传递. 将薄片划分成一些正方形网格，位于四条边界上的点称为边界点，而其他的点叫做内点. 测量表明，当加热或者冷却时，任一内点的温度约等于它相邻的四个网格点(内点或边界点)温度值的算术平均. 我们希望边界点的温度(℃)如图 2.6.1 所示.

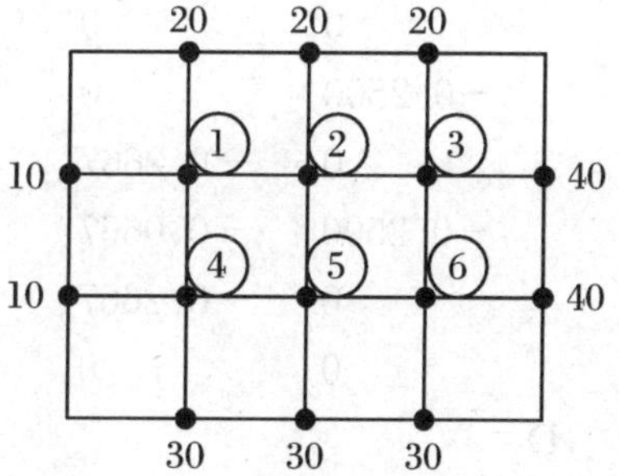

图 2.6.1

(1) 将六个内点编号为①至⑥(图 2.6.1)，并设对应的温度分别为 t_1 至 t_6. 根据题意建立温度分布的数学模型，即 $t_1, t_2, \cdots, t_6$ 应满足的线性方程组 $\boldsymbol{Ax}=\boldsymbol{b}$，其中

$\boldsymbol{x}=(t_1,t_2,\cdots,t_6)^{\mathrm{T}}$;并回答内点的温度分布是否唯一确定.

(2) 试判断是否可以对矩阵 $\boldsymbol{A}$ 进行形如 $\boldsymbol{A}=\boldsymbol{G}\boldsymbol{G}^{\mathrm{T}}$, $\boldsymbol{A}=\boldsymbol{L}\boldsymbol{D}\boldsymbol{L}^{\mathrm{T}}$ 的分解;若可以,则分别编程对矩阵 $\boldsymbol{A}$ 进行分解;然后求解.

解 (1) 建模:因为任一内点的温度约等于相邻的四个网格点(内点或边界点)温度值的算术平均,所以可以得到内点温度分布满足的线性方程组为

$$\begin{cases}4t_1-t_2-t_4=30,\\ -t_1+4t_2-t_3-t_5=20,\\ -t_2+4t_3-t_6=60,\\ -t_1+4t_4-t_5=40,\\ -t_2-t_4+4t_5-t_6=30,\\ -t_3-t_5+4t_6=70.\end{cases}\tag{2.6.21}$$

因为此方程组系数矩阵 $\boldsymbol{A}$ 的秩为 6,增广矩阵的秩也为 6,所以该方程组有唯一解,即内点的温度分布唯一确定.

(2) 因为方程组(2.6.21)的系数矩阵 $\boldsymbol{A}$ 是对称正定的矩阵,所以,由定理 2.3.5 和定理 2.3.6 知:矩阵 $\boldsymbol{A}$ 可进行形如 $\boldsymbol{A}=\boldsymbol{L}\boldsymbol{D}\boldsymbol{L}^{\mathrm{T}}$, $\boldsymbol{A}=\boldsymbol{G}\boldsymbol{G}^{\mathrm{T}}$ 的分解,且分解唯一.

数值求解:$\boldsymbol{A}=\boldsymbol{L}\boldsymbol{D}\boldsymbol{L}^{\mathrm{T}}$,即对矩阵 $\boldsymbol{A}$ 可进行 $\mathrm{LDL}^{\mathrm{T}}$ 分解:用 MATLAB 对 $\mathrm{LDL}^{\mathrm{T}}$ 分解进行编程(见 2.8.4 小节);然后在 MATLAB 命令窗口输入

```
A = [4 -1 0 -1 0 0; -1 4 -1 0 -1 0; 0 -1 4 0 0 -1;
     -1 0 0 4 -1 0; 0 -1 0 -1 4 -1; 0 0 -1 0 -1 4];
b = [30; 20; 60; 40; 30; 70];   LDL_T(A, b);
```

回车,输出结果:

因为 $\boldsymbol{A}$ 是对称正定矩阵,所以 $\boldsymbol{A}$ 能进行 LDT^T 分解. $\boldsymbol{A}$ 的下三角矩阵 $\boldsymbol{L}$、对角矩阵 $\boldsymbol{D}$ 和方程组的解 $\boldsymbol{X}$ 如下:

```
L =
         0         0         0         0         0         0
   -0.2500         0         0         0         0         0
         0   -0.2667         0         0         0         0
   -0.2500   -0.0667   -0.0179         0         0         0
         0   -0.2667   -0.0714   -0.2871         0         0
         0         0   -0.2679   -0.0048   -0.3160         0

D =
    4.0000         0         0         0         0         0
         0    3.7500         0         0         0         0
```

0	0	3.7333	0	0	0
0	0	0	3.7321	0	0
0	0	0	0	3.4067	0
0	0	0	0	0	3.3919

X =

18.6957	23.4783	28.6957	21.3043	26.5217	31.3043

$A = GG^{\mathrm{T}}$，即对矩阵 A 进行 Cholesky 分解：用 MATLAB 对 Cholesky 分解(或平方根法)进行编程(见 2.8.5 小节)；然后在 MATLAB 命令窗口输入

```
A=[4 -1 0 -1 0 0; -1 4 -1 0 -1 0; 0 -1 4 0 0 -1; -1 0 0 4 -1 0; 0
   -1 0 -1 4 -1; 0 0 -1 0 -1 4];
b=[30; 20; 60; 40; 30; 70];   Cholesky(A, b);
```

回车，输出结果：

因为 A 是对称正定矩阵，所以 A 能进行 Cholesky 分解. A 的下三角矩阵 G 和方程组的解 X 如下：

G =

2.0000	0	0	0	0	0
-0.5000	1.9365	0	0	0	0
0	-0.5164	1.9322	0	0	0
-0.5000	-0.1291	-0.0345	1.9319	0	0
0	-0.5164	-0.1380	-0.5546	1.8457	0
0	0	-0.5175	-0.0092	-0.5833	1.8417

X =

18.6957	23.4783	28.6957	21.3043	26.5217	31.3043

例 2.6.5(电路网络)　简单电网中的电流可以利用线性方程组来描述. 当电流经过电阻(如灯泡或发电机等)时，会产生“电压降”. 根据欧姆定律，$U = I \cdot R$，其中 U 为电阻两端的“电压降”，I 为流经电阻的电流强度，R 为电阻值，单位分别为伏特、安培和欧姆. 对于电路网络，任何一个闭合回路的电流都服从基尔霍夫电压定律：沿某个方向环绕回路一周的所有电压降 U 的代数和等于沿同一方向环绕该回路一周的电源电压的代数和，其中的电流方向均如图 2.6.2 所示.

请结合上述两个定律，根据题意建立电网中的电流的数学模型，即 I_1, I_2, I_3, I_4 应满足的线性方程组 $Ax = b$，其中 $x = (I_1, I_2, I_3, I_4)^{\mathrm{T}}$. 利用本章学习的方法求解电网中的电流值.

解　建模：在回路 1 中，电流 I_1 流经三个电阻，其电压降为

$$I_1 + 7I_1 + 4I_1 = 12I_1.$$

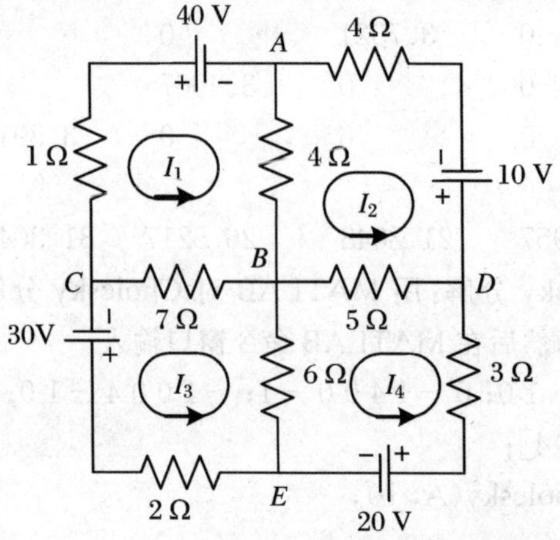

图 2.6.2

回路 2 中的电流 I_2 也流经回路 1 的一部分，即从 A 到 B 的分支，对应的电压降为 $4I_2$；同样，回路 3 中的电流 I_3 也流经回路 1 的一部分，即从 B 到 C 的分支，对应的电压降为 $7I_3$. 然而，回路 1 中的电流在 AB 段的方向与回路 2 中选定的方向相反，回路 1 中的电流在 BC 段的方向与回路 3 中选定的方向相反，因此回路 1 所有电压降的代数和为 $12I_1-4I_2-7I_3$. 因为回路 1 中电源电压为 40 V，所以，由基尔霍夫定律可得：回路 1 的方程为

$$12I_1-4I_2-7I_3=40.$$

同理，回路 2、回路 3、回路 4 的电路方程分别为

$$-4I_1+13I_2-5I_4=-10;$$
$$-7I_1+15I_3-6I_4=30;$$
$$-5I_2-6I_3+14I_4=20.$$

于是，回路电流所满足的线性方程组为

$$\begin{cases}12I_1-4I_2-7I_3=40,\\-4I_1+13I_2-5I_4=-10,\\-7I_1+15I_3-6I_4=30,\\-5I_2-6I_3+14I_4=20.\end{cases}\tag{2.6.22}$$

数值求解：采用 Jacobi 迭代法和 Gauss - Seidel 迭代法求解方程组(2.6.22)，要求误差不超过 0.001.

(1) 用 MATLAB 编写用 Jacobi 迭代法解方程组的程序(见 2.8.10 小节)；然后在 MATLAB 命令窗口输入

```
A=[12 -4 -7 0; -4 13 0 -5; -7 0 15 -6; 0 -5 -6 14];
b=[40; -10; 30; 20]; X0=[0;0;0;0];
Jacobi(A,b,X0, inf, 0.001);
```

回车，输出结果：

(鉴于篇幅不列出前面 42 次迭代的中间结果，仅列出最后 3 个结果)

迭代次数 i，精确解 X_1 和近似解 X 分别是

i =

42

X1 =

11.43415657480691
5.83961094688662
10.55020501573377
8.03566320205969

X =

11.43111738173956
5.83747833513309
10.54749093294638
8.03311320299631

经过 42 次迭代，得到满足精度要求的近似解：

$I_1 \approx 11.43$ 安培，　$I_2 \approx 5.84$ 安培，　$I_3 \approx 10.55$ 安培，　$I_4 \approx 8.03$ 安培.

(2) 用 MATLAB 编写用 Gauss - Seidel 迭代法解方程组的程序（见 2.8.11 小节），然后在 MATLAB 命令窗口输入

```
A=[12 -4 -7 0; -4 13 0 -5; -7 0 15 -6; 0 -5 -6 14];
b=[40; -10; 30; 20]; X0=[0;0;0;0];
G_S(A,b,X0, inf, 0.001);
```

回车，输出结果：

（鉴于篇幅不列出前面 23 次迭代的中间结果，仅列出最后 3 个结果）

迭代次数 i，精确解 X_1 和近似解 X 分别是

i =

23

X1 =

11.43415657480691
5.83961094688662
10.55020501573377
8.03566320205969

X =

11.43245155591070
5.83853610415858
10.54883710985849
8.03469308428170

经过 23 次迭代，得到满足精度要求的近似解：

$I_1 \approx 11.43$ 安培， $I_2 \approx 5.84$ 安培， $I_3 \approx 10.55$ 安培， $I_4 \approx 8.03$ 安培.

2.7 方程组的性态及误差分析

2.7.1 病态方程组与矩阵的条件数

对于求解实际问题中建立的线性方程组 $\boldsymbol{Ax}=\boldsymbol{b}$,由于系数矩阵 $\boldsymbol{A}$ 及右端常数项 $\boldsymbol{b}$ 一般是由测量或实验得到的,会带来一些误差 $\delta\boldsymbol{A}$ 与 $\delta\boldsymbol{b}$,从而会导致方程组的解产生误差 $\delta\boldsymbol{x}$.而 $\delta\boldsymbol{x}$ 的大小将直接影响所求解的可靠性,因此有必要讨论矩阵 $\boldsymbol{A}$ 及右端常数项 $\boldsymbol{b}$ 的微小误差对方程组解的影响.

定义 2.7.1 若矩阵 $\boldsymbol{A}$ 及常数项 $\boldsymbol{b}$ 的微小变化引起线性方程组 $\boldsymbol{Ax}=\boldsymbol{b}$ 解的较大变化,则称系数矩阵 $\boldsymbol{A}$ 为"**病态**"**矩阵**(ill-conditioned matrix),方程组 $\boldsymbol{Ax}=\boldsymbol{b}$ 为"**病态**"**方程组**(ill-conditioned system of equations);否则称为"**良态**"**矩阵**(well-conditioned matrix)及"**良态**"**方程组**(well-conditioned system of equations).

例 2.7.1 设方程组 $\boldsymbol{Ax}=\boldsymbol{b}$ 为

$$\begin{bmatrix}1 & 2\\ 1 & 2.0001\end{bmatrix}\begin{bmatrix}x_1\\ x_2\end{bmatrix}=\begin{bmatrix}3\\ 3.0001\end{bmatrix}, \tag{2.7.1}$$

其精确解为 $x_1^*=x_2^*=1$.

若常数项 $\boldsymbol{b}$ 有微小扰动 $\delta\boldsymbol{b}=(0,-0.0001)^{\mathrm{T}}$,则方程组变为 $\boldsymbol{Ax}=\boldsymbol{b}+\delta\boldsymbol{b}$,即

$$\begin{bmatrix}1 & 2\\ 1 & 2.0001\end{bmatrix}\begin{bmatrix}x_1\\ x_2\end{bmatrix}=\begin{bmatrix}3\\ 3.0000\end{bmatrix},$$

此时方程组的解为 $x_1=3,x_2=0$.

若矩阵 $\boldsymbol{A}$ 有微小扰动 $\delta\boldsymbol{A}=\begin{bmatrix}0 & 0\\ 0 & 0.0001\end{bmatrix}$,则方程组为$(\boldsymbol{A}+\delta\boldsymbol{A})\boldsymbol{x}=\boldsymbol{b}$,即

$$\begin{bmatrix}1 & 2\\ 1 & 2.0002\end{bmatrix}\begin{bmatrix}x_1\\ x_2\end{bmatrix}=\begin{bmatrix}3\\ 3.0001\end{bmatrix},$$

此时方程组的解为 $x_1=2,x_2=0.5$.

由此可以看出,方程组(2.7.1)的解对数据 $\boldsymbol{A}$ 及常数项 $\boldsymbol{b}$ 的微小扰动比较敏感,故方程组(2.7.1)是病态的.而对于一般的线性方程组 $\boldsymbol{Ax}=\boldsymbol{b}$,如何刻画其病态或良态呢?

设矩阵 $\boldsymbol{A}$ 非奇异,$\boldsymbol{b}\neq\boldsymbol{0}$,考虑扰动方程组

$$(\boldsymbol{A}+\delta\boldsymbol{A})(\boldsymbol{x}+\delta\boldsymbol{x})=\boldsymbol{b}+\delta\boldsymbol{b}. \tag{2.7.2}$$

(1) 当 $\delta\boldsymbol{A}\neq\boldsymbol{0}$ 而 $\delta\boldsymbol{b}=\boldsymbol{0}$时，结合 $\boldsymbol{Ax}=\boldsymbol{b}$，式(2.7.2)变为

$$\boldsymbol{A}\delta\boldsymbol{x}+\delta\boldsymbol{A}(\boldsymbol{x}+\delta\boldsymbol{x})=\boldsymbol{0}\Rightarrow\delta\boldsymbol{x}=-\boldsymbol{A}^{-1}\delta\boldsymbol{A}(\boldsymbol{x}+\delta\boldsymbol{x}),$$

于是有

$$\|\delta\boldsymbol{x}\|\leqslant\|\boldsymbol{A}^{-1}\|\|\delta\boldsymbol{A}\|\|\boldsymbol{x}+\delta\boldsymbol{x}\|,$$

即

$$\frac{\|\delta\boldsymbol{x}\|}{\|\boldsymbol{x}+\delta\boldsymbol{x}\|}\leqslant\|\boldsymbol{A}^{-1}\|\|\boldsymbol{A}\|\frac{\|\delta\boldsymbol{A}\|}{\|\boldsymbol{A}\|}. \tag{2.7.3}$$

(2) 当 $\delta\boldsymbol{A}=\boldsymbol{0}$ 而 $\delta\boldsymbol{b}\neq\boldsymbol{0}$时，结合 $\boldsymbol{Ax}=\boldsymbol{b}$，式(2.7.2)变为

$$\boldsymbol{A}\delta\boldsymbol{x}=\delta\boldsymbol{b}\quad\text{或}\quad\delta\boldsymbol{x}=\boldsymbol{A}^{-1}\delta\boldsymbol{b},$$

于是

$$\|\delta\boldsymbol{x}\|\leqslant\|\boldsymbol{A}^{-1}\|\|\delta\boldsymbol{b}\|.$$

又由 $\|\boldsymbol{b}\|=\|\boldsymbol{Ax}\|\leqslant\|\boldsymbol{A}\|\|\boldsymbol{x}\|$ 及 $\|\boldsymbol{x}\|\neq\boldsymbol{0}$, $\|\boldsymbol{b}\|\neq\boldsymbol{0}$，有

$$\frac{\|\delta\boldsymbol{x}\|}{\|\boldsymbol{x}\|}\leqslant\|\boldsymbol{A}^{-1}\|\|\boldsymbol{A}\|\frac{\|\delta\boldsymbol{b}\|}{\|\boldsymbol{b}\|}. \tag{2.7.4}$$

由式(2.7.3)及式(2.7.4)可以看出，当 $\boldsymbol{A}$ 或 $\boldsymbol{b}$ 有扰动时，所引起解的相对误差不超过 $\boldsymbol{A}$ 或 $\boldsymbol{b}$ 的相对误差乘上一个倍数 $\|\boldsymbol{A}^{-1}\|\|\boldsymbol{A}\|$，因此数 $\|\boldsymbol{A}^{-1}\|\|\boldsymbol{A}\|$ 刻画了方程组的解对原始数据误差的敏感程度，也反应了方程组 $\boldsymbol{Ax}=\boldsymbol{b}$ 的本身性态.

定义 2.7.2　设矩阵 $\boldsymbol{A}$ 非奇异，称数

$$\mathrm{Cond}(\boldsymbol{A})_\nu=\|\boldsymbol{A}^{-1}\|_\nu\|\boldsymbol{A}\|_\nu \tag{2.7.5}$$

为矩阵 $\boldsymbol{A}$ 的**条件数**(**condition number**).

注　式(2.7.5)中的下标 ν 表示任意范数，但通常取 $\nu=1,2,\infty$.

容易验证条件数具有下列性质：

(1) $\mathrm{Cond}(\boldsymbol{A})_\nu\geqslant1$；

(2) 对任意常数 $k\neq0$，有 $\mathrm{Cond}(k\boldsymbol{A})=\mathrm{Cond}(\boldsymbol{A})$；

(3) 设对角阵 $\boldsymbol{D}=\mathrm{diag}(d_1,d_2,\cdots,d_n)$非奇异，则

$$\mathrm{Cond}(\boldsymbol{D})_\nu=\frac{\max\limits_{1\leqslant i\leqslant n}|d_i|}{\min\limits_{1\leqslant i\leqslant n}|d_i|},\quad\nu=1,\infty.$$

定义 2.7.3　设 $\boldsymbol{A}$ 是非奇异矩阵，若 $\mathrm{Cond}(\boldsymbol{A})\gg1$，则称方程组 $\boldsymbol{Ax}=\boldsymbol{b}$ 为“病态”方程组；若 $\mathrm{Cond}(\boldsymbol{A})$相对较小，则称方程组为“良态”方程组.

例 2.7.2　计算例 2.7.1 中方程组的系数矩阵 $\boldsymbol{A}$ 的条件数.

解　例 2.7.1 中方程组的系数矩阵 $\boldsymbol{A}$ 及其逆阵$\boldsymbol{A}^{-1}$分别为

$$\boldsymbol{A}=\begin{bmatrix}1&2\\1&2.0001\end{bmatrix}\quad\text{及}\quad\boldsymbol{A}^{-1}=10^4\begin{bmatrix}2.0001&-2\\-1&1\end{bmatrix},$$

由式(2.7.5)，得

$$\text{Cond}(\boldsymbol{A})_\infty = \|\boldsymbol{A}^{-1}\|_\infty \|\boldsymbol{A}\|_\infty = 4.0001\times 10^4 \times 3.0001 \approx 120007 \gg 1.$$

由此可知,例 2.7.1 中的方程组是"病态"的,这也说明了方程组(2.7.1)的解对数据 $\boldsymbol{A}$ 及常数项 $\boldsymbol{b}$ 的微小扰动比较敏感.

例 2.7.3 Hilbert 矩阵

$$\boldsymbol{H}_n = \begin{bmatrix} 1 & \frac{1}{2} & \cdots & \frac{1}{n} \\ \frac{1}{2} & \frac{1}{3} & \cdots & \frac{1}{n+1} \\ \vdots & \vdots & & \vdots \\ \frac{1}{n} & \frac{1}{n+1} & \cdots & \frac{1}{2n-1} \end{bmatrix}$$

是一个对称正定矩阵,常在数据拟合和函数逼近中出现,它是一个著名的"病态"矩阵.设

$$(\boldsymbol{H}_n)^{-1} = (b_{ij})_{n\times n},$$

其中

$$b_{ij} = \frac{(-1)^{i+j}(n+i-1)!(n+j-1)!}{(i+j-1)[(i-1)!(j-1)!]^2(n-i)!(n-j)!}.$$

例如,

$$\text{Cond}(\boldsymbol{H}_5)_2 = 5\times 10^5,\quad \text{Cond}(\boldsymbol{H}_6)_2 = 1.5\times 10^7,$$

$$\text{Cond}(\boldsymbol{H}_8)_2 = 1.5\times 10^{10},\quad \text{Cond}(\boldsymbol{H}_{10})_2 = 1.6\times 10^{13}.$$

可以看出,n 越大,$\boldsymbol{H}_n$ 的"病态"越严重.

从上述例子知,要求一个矩阵的条件数,必须计算矩阵及其逆矩阵的范数,比较麻烦.在实际计算中,有时可以通过观察矩阵元素的特点来判断其性态,如出现下列情况时,矩阵可能是病态的:

(1) 若在矩阵 $\boldsymbol{A}$ 的三角约化时,出现小主元,则对大多数矩阵 $\boldsymbol{A}$ 来说可能是病态的;

(2) 若 $\det\boldsymbol{A}$ 的值相对较小,或者某些行或列近似线性相关,则矩阵 $\boldsymbol{A}$ 可能是病态的;

(3) 若矩阵 $\boldsymbol{A}$ 的元素之间数量级相差很大,并无一定规律,则矩阵 $\boldsymbol{A}$ 可能是病态的.

2.7.2 病态方程组的迭代改善法

一个线性方程组是否病态是这个方程组的固有属性.若方程组是病态的,则不能用前面介绍的直接法来求解.设 $\boldsymbol{Ax}=\boldsymbol{b}$,其中 $\boldsymbol{A}\in\boldsymbol{R}^{n\times n}$ 为非奇异矩阵,且为病态

方程组(但不过分病态).下面讨论改善方程组近似解 $\boldsymbol{x}_1$ 精度的方法.

设 $\bar{\boldsymbol{x}}$ 是方程组 $\boldsymbol{Ax}=\boldsymbol{b}$ 的近似解,称 $\boldsymbol{r}=\boldsymbol{b}-\boldsymbol{A}\bar{\boldsymbol{x}}$ 为 $\bar{\boldsymbol{x}}$ 的**残向量**(**residual vector**).

首先用选主元素三角分解法实现分解计算:

$$PA = LU,$$

其中 $\boldsymbol{P}$ 为置换矩阵,$\boldsymbol{L}$ 为单位下三角阵,$\boldsymbol{U}$ 为上三角阵,且求得近似解 $\boldsymbol{x}_1$.

现利用 $\boldsymbol{x}_1$ 的残向量来提高 $\boldsymbol{x}_1$ 的精度.计算残向量:

$$\boldsymbol{r}_1 = \boldsymbol{b} - \boldsymbol{A}\boldsymbol{x}_1, \tag{2.7.6}$$

求解 $\boldsymbol{Ad}=\boldsymbol{r}_1$,得到的解记为 $\boldsymbol{d}_1$,然后改善

$$\boldsymbol{x}_2 = \boldsymbol{x}_1 + \boldsymbol{d}_1. \tag{2.7.7}$$

若式(2.7.6)、式(2.7.7)及解 $\boldsymbol{Ad}=\boldsymbol{r}_1$ 的计算没有误差,则 $\boldsymbol{x}_2$ 就是 $\boldsymbol{Ax}=\boldsymbol{b}$ 的精确解.事实上,

$$\boldsymbol{Ax}_2 = \boldsymbol{A}(\boldsymbol{x}_1 + \boldsymbol{d}_1) = \boldsymbol{Ax}_1 + \boldsymbol{Ad}_1 = \boldsymbol{Ax}_1 + \boldsymbol{r}_1 = \boldsymbol{b}.$$

但是,在实际计算中,由于有舍入误差,$\boldsymbol{x}_2$ 只是方程组的近似解,重复式(2.7.6)、(2.7.7)的过程,就产生一近似解序列 $\{\boldsymbol{x}_k\}$,一般迭代若干次,精度就能得到很大改善.

算法 2.7.1(迭代改善法(iterative refinement))　设 $\boldsymbol{Ax}=\boldsymbol{b}$,其中 $\boldsymbol{A}\in\mathbf{R}^{n\times n}$ 为非奇异矩阵,且为病态方程组(但不过分病态),用选主元分解法实现 $\boldsymbol{PA}=\boldsymbol{LU}$ 及近似解 $\boldsymbol{x}_1$.设计算机字长为 t,用数组 $\boldsymbol{A}(\boldsymbol{n},\boldsymbol{n})$ 保存 $\boldsymbol{A}$ 的元素,数组 $\boldsymbol{C}(\boldsymbol{n},\boldsymbol{n})$ 保存三角矩阵 $\boldsymbol{L}$ 及 $\boldsymbol{U}$,用 $\boldsymbol{Ip}(\boldsymbol{n})$ 记录行交换信息,$\boldsymbol{x}(\boldsymbol{n})$ 存储 $\boldsymbol{x}_1$ 及 $\boldsymbol{x}_k$,$\boldsymbol{r}(\boldsymbol{n})$ 保存 $\boldsymbol{r}_k$ 或 $\boldsymbol{d}_k$.

Step 1. 用选主元三角分解法实行分解,计算 $\boldsymbol{PA}=\boldsymbol{LU}$,并求计算解 $\boldsymbol{x}_1$(用单精度);

Step 2. 对于 $k=1,2,\cdots,N_0$,

(1) 计算 $\boldsymbol{r}_k=\boldsymbol{b}-\boldsymbol{Ax}_k$(用原始矩阵 $\boldsymbol{A}$ 及双精度计算);

(2) 求解 $\boldsymbol{LUd}_k=\boldsymbol{P}\boldsymbol{r}_k$,即 $\begin{cases}\boldsymbol{Ly}=\boldsymbol{P}\boldsymbol{r}_k,\\ \boldsymbol{Ud}_k=\boldsymbol{y}.\end{cases}$ (用单精度计算);

(3) 如果 $\|\boldsymbol{d}_k\|_\infty/\|\boldsymbol{x}_k\|_\infty\leqslant 10^{-t}$,则输出 $k,\boldsymbol{x}_k,\boldsymbol{r}_k$,停机;

(4) 改善 $\boldsymbol{x}_{k+1}=\boldsymbol{x}_k+\boldsymbol{d}_k$(用单精度计算);

Step 3. 输出迭代 $k=N_0$ 次的信息 $\boldsymbol{x}_k,\boldsymbol{r}_k,\boldsymbol{d}_k$.

当 $\boldsymbol{Ax}=\boldsymbol{b}$ 不是过分病态时,迭代改善法是比较好的改进近似解精度的一种方法,当 $\boldsymbol{Ax}=\boldsymbol{b}$ 是非常病态时,$\{\boldsymbol{x}_k\}$ 可能不收敛.

迭代改善法的实现要依赖于机器及需要保留 $\boldsymbol{A}$ 的原始副本.

例 2.7.4　用迭代改善法解

$$\begin{bmatrix}1.0303 & 0.99030\\0.99030 & 0.95285\end{bmatrix}\begin{bmatrix}x_1\\x_2\end{bmatrix}=\begin{bmatrix}2.4944\\2.3988\end{bmatrix}\text{（记为 }\boldsymbol{Ax}=\boldsymbol{b}\text{）},$$

用5位浮点数运算.

解 记 $\boldsymbol{A}=\begin{bmatrix}1.0303 & 0.99030\\0.99030 & 0.95285\end{bmatrix}$. $\mathrm{Cond}(\boldsymbol{A})_\infty=\|\boldsymbol{A}\|_\infty\|\boldsymbol{A}^{-1}\|_\infty=2\times2000=4000$，将 $\boldsymbol{A}$ 进行LU分解 $\boldsymbol{A}=\boldsymbol{LU}$，并求 $\boldsymbol{x}_1$：

$$\boldsymbol{A}=\begin{bmatrix}1 & 0\\0.9118 & 1\end{bmatrix}\begin{bmatrix}1.0303 & 0.99030\\0 & 0.00099\end{bmatrix}=\boldsymbol{LU},$$

得近似值 $\boldsymbol{x}_1=(1.2560,1.2121)^{\mathrm{T}}$.

应用迭代改善法需要用原始矩阵 $\boldsymbol{A}$ 且用双倍字长精度计算残向量 $\boldsymbol{r}=\boldsymbol{b}-\boldsymbol{Ax}$，其他计算用单精度. 计算结果见表2.7.1.

表 2.7.1

	$k=1$	$k=2$	$k=3$
$\boldsymbol{x}_k$	$(1.2560,1.2121)^{\mathrm{T}}$	$(1.2238,1.2456)^{\mathrm{T}}$	$(1.2240,1.2454)^{\mathrm{T}}$
$\boldsymbol{r}_k$	$(5.7\times10^{-7},3.3715\times10^{-5})^{\mathrm{T}}$	$(1.18\times10^{-4},9\times10^{-7})^{\mathrm{T}}$	$(-0.682\times10^{-5},0.659\times10^{-5})^{\mathrm{T}}$
$\boldsymbol{d}_k$	$(-0.03220,0.033502)^{\mathrm{T}}$	$(2.285\times10^{-4},-2.365\times10^{-4})^{\mathrm{T}}$	$(0.2717\times10^{-4},0.3515\times10^{-4})^{\mathrm{T}}$

如果 $\boldsymbol{x}_k$ 需要更多的数位，那么迭代可以继续. 与精确解 $\boldsymbol{x}^*=(1.2240,1.2454)^{\mathrm{T}}$ 相比，迭代3次的结果已经非常好了.

2.8 算法程序

2.8.1 用Gauss列主元消元法解线性方程组 $\boldsymbol{Ax}=\boldsymbol{b}$

```
%用Gauss列主元消元法解线性方程组Ax=b
%RA,RB分别表示系数矩阵A和增广矩阵B的秩
%N表示向量b的维数,X是解向量
function[RA,RB,N,X]=Gauss(A,b)
B=[A b];
N=length(b);
RA=rank(A);
RB=rank(B);
Diff=RB-RA;
```

```
if Diff>0
    disp('因为 RA~=RB,所以此方程组无解.')
    return
end
if RA==RB
    if RA==N
        disp('因为 RA=RB=N,所以此方程组有唯一解.')
        X=zeros(N,1);
        C=zeros(1,N+1);
        for i=1:N-1
            [Y K]=max(abs(B(i:N,i)));
            k=min(K);
            C=B(i,:);
            B(i,:)=B(k+i-1,:);
            B(k+i-1,:)=C;
            for j=i+1:N
                m=B(j,i)/B(i,i);
                B(j,i:N+1)=B(j,i:N+1)-m*B(i,i:N+1);
            end
        end
        b=B(1:N,N+1);
        A=B(1:N,1:N);
        X(N)=b(N)/A(N,N);
        for i=N-1:-1:1
            X(i)=(b(i)-sum(A(i,i+1:N)*X(i+1:N)))/A(i,i);
        end
    else
        disp('因为 RA=RB<N,所以此方程组有无穷多解.')
    end
end
X=X';
end
```

例 2.8.1　用 Gauss 列主元消元法求解线性方程组

$$\begin{cases} x_1 + 2x_3 = 5, \\ x_2 + x_4 = 3, \\ x_1 + 2x_2 + 4x_3 + 3x_4 = 17, \\ x_2 + 3x_4 = 7. \end{cases}$$

解　在 MATLAB 命令窗口输入

```
A=[1 0 2 0; 0 1 0 1; 1 2 4 3; 0 1 0 3];
b=[5;3;17;7];  [RA,RB,N,X]=Gauss(A,b)
```

输出结果：

```
因为 RA=RB=n,所以此方程组有唯一解.
RA=
    4
RB=
    4
N=
    4
X=
    1    1    2    2
```

2.8.2 用按比例主元消元法解线性方程组 $Ax=b$

```
%用按比例主元消元法解线性方程组 Ax=b
%RA,RB 分别表示系数矩阵 A 和增广矩阵 B 的秩
%N 表示向量 b 的维数,X 是解向量
function[RA,RB,N,X]=Ratio(A,b)
B=[A b];
N=length(b);
RA=rank(A);
RB=rank(B);
RDiff=RB-RA;
if RDiff>0
    disp('因为 RA~=RB,所以此方程组无解.')
    return
end
if RA==RB
    if RA==N
        disp('因为 RA=RB=n,所以此方程组有唯一解.')
        X=zeros(N,1);
        C=zeros(1,N+1);
        T=0;
        D=B';
        s=max(abs(D(1:N,:)));
        S=s';
        for i=1:N-1
```

```
            [Y k] = max((abs(B(i:N,i)))./S(i:N));
            K = min(k);
            C = B(i,:);
            B(i,:) = B(K+i-1,:);
            B(K+i-1,:) = C;
            T = S(i);
            S(i) = S(K+i-1);
            S(K+i-1) = T;
            for j = i+1:N
                m = B(j,i)/B(i,i);
                B(j,i:N+1) = B(k,i:N+1) - m * B(i,i:N+1);
            end
        end
        b = B(1:N,N+1);
        A = B(1:N,1:N);
        X(N) = b(N)/A(N,N);
        for i = N-1:-1:1
            X(i) = (b(i) - sum(A(i,i+1:N) * X(i+1:N)))/A(i,i);
        end
        else
          disp('请注意:因为 RA = RB<n,所以此方程组有无穷多解.')
        end
X = X'
end
```

例 2.8.2　用 Gauss 按比例主元消去法求解线性方程组

$$\begin{cases} 0.0020x_1 + 52.88x_2 = 52.90, \\ 4.573x_1 - 7.29x_2 = 38.44. \end{cases}$$

解　在 MATLAB 命令窗口输入

```
A=[0.002 52.88;4.573 -7.290];  b=[52.90; 38.44];  [RA,RB,N,X] = Ratio(A,b)
```

回车,输出结果:

```
因为 RA = RB = n,所以此方程组有唯一解.
RA =
    2
RB =
    2
N =
    2
X =
```

```
10.0000    1.0000
```

2.8.3 矩阵 *A* 的 LU 分解

```
%将矩阵 A 的 LU 分解
function LUFactor(A)
[N N] = size(A);
RA = rank(A);
if RA~ = N
    disp('因为 A 的 n 阶行列式 D 等于零,所以 A 不能进行 LU 分解.A 的秩 RA 如下:')
    RA,
    return
end
if RA == N
    for  i = 1:N
        h(i) = det(A(1:i,1:i));
        if h(1,i) == 0
            disp('因为 A 的 i 阶主子式等于零,所以 A 不能进行 LU 分解.')
            return
        end
    end
    disp('因为 A 的各阶主子式都不等于零,所以 A 能进行 LU 分解.A 的下三角矩阵 L 和
上三角矩阵 U 依次如下:')
    for j = 1:N
        U(1,j) = A(1,j);
    end
    for i = 2:N
        L(1,1) = 1;
        L(i,i) = 1;
        L(i,1) = A(i,1)/U(1,1);
    end
    for k = 2:N
        for i = 2:N
            for j = 2:N
                if i>j
                    L(1,1) = 1;
                    L(i,1) = A(i,1)/U(1,1);
                    L(i,k) = (A(i,k) - L(i,1:k-1) * U(1:k-1,k))/U(k,k);
```

```
                else
                    U(k,j) = A(k,j) - L(k,1:k-1) * U(1:k-1,j);
                end
            end
        end
    end
    L,U,
end
end
```

例 2.8.3 将下列矩阵用直接 LU 分解法进行分解

$$A = \begin{bmatrix} 1 & 0 & 2 & 0 \\ 0 & 1 & 0 & 1 \\ 1 & 2 & 4 & 3 \\ 0 & 1 & 0 & 3 \end{bmatrix}.$$

解 在 MATLAB 命令窗口输入

A=[1 0 2 0;0 1 0 1;1 2 4 3;0 1 0 3]; LUFactor(A)

回车,输出结果:

因为A的各阶主子式都不等于零,所以A能进行LU分解.A的下三角矩阵L和上三角矩阵U依次如下:

```
L =
     1     0     0     0
     0     1     0     0
     1     2     1     0
     0     1     0     1
U =
     1     0     2     0
     0     1     0     1
     0     0     2     1
     0     0     0     2
```

2.8.4 用 LDL^T 分解解线性方程组

```
%用 LDL^T 分解解线性方程组
%A 是方程组的系数矩阵,b 是方程组的右边向量
function LDL_T(A,b)
[N N] = size(A);
RA = rank(A);
if RA~ = N
```

```
        disp('因为 A 的 n 阶行列式 D 等于零,所以 A 不能进行 LDL^T 分解. A 的秩 RA
如下:')
        RA,
        return
    end
    if A ~= A'
        disp('因为 A 不是对称矩阵,所以 A 不能进行 LDL^T 分解.')
        return
    end
    if RA == N
        for   i = 1:N
            h(i) = det(A(1:i,1:i));
            if h(1,i) == 0
                disp('因为 A 的 i 阶主子式等于零,所以 A 不能进行 LDL^T 分解.')
                return
            end
        end
        D = eye(N);
        T = zeros(N,N);
        L = zeros(N,N);
        for i = 1:N
            D(i,i) = A(i,i) - T(i,1:i-1) * L(i,1:i-1)';
            T(i+1:N,i) = A(i+1:N,i) - T(i+1:N,1:i-1) * L(i,1:i-1)';
            L(i+1:N,i) = T(i+1:N,i)/D(i,i);
        end
        if nargin<2
            disp('因为 A 是对称正定矩阵,所以 A 能进行 LDT^T 分解. A 的下三角矩阵 L 和
对角矩阵 D 如下:')
            L,D,
        else
            disp('因为 A 是对称正定矩阵,所以 A 能进行 LDT^T 分解. A 的下三角矩阵 L、对
角矩阵 D 和方程组的解 X 如下:')
            X = zeros(N,1);
            Y = zeros(N,1);
            for i = 1:N
                Y(i) = b(i) - L(i,1:i-1) * Y(1:i-1);
            end
            for i = 1:N
```

```
            Y(i) = Y(i)/D(i,i);
        end
        for i = N: - 1:1
            X(i) = Y(i) - L(i+1:N,i)' * X(i+1:N);
        end
        L,D,X = X',
    end
end
end
```

例 2.8.4　用 LDL^T 分解求解线性方程组

$$\begin{cases} 5x_1 - 4x_2 + x_3 = 2, \\ -4x_1 + 6x_2 - 4x_3 = -1, \\ x_1 - 4x_2 + 6x_3 = -1. \end{cases}$$

解　在 MATLAB 命令窗口中输入

```
A=[5 -4 1; -4 6 -4; 1 -4 6];  b=[2; -1; -1];  LDL_T (A, b)
```

回车,输出方程组的解:

因为 A 是对称矩阵,所以 A 能进行 LDT^T 分解. A 的下三角矩阵 L、对角矩阵 D 和方程组的解 X 如下:

```
L =
         0          0          0
   -0.8000          0          0
    0.2000    -1.1429          0
D =
    5.0000          0          0
         0     2.8000          0
         0          0     2.1429
X =
    0.3333    -0.1667    -0.3333
```

2.8.5　用 Cholesky 分解(平方根法)解线性方程组

```
%用 Cholesky 分解解线性方程组
%A 是方程组的系数矩阵,b 是方程组的右边向量
function Cholesky(A,b)
[N N] = size(A);
RA = rank(A);
if RA ~= N
    disp('因为 A 的 n 阶行列式 D 等于零,所以 A 不能进行 Cholesky 分解. A 的秩 RA
```

```
如下：')
        RA,
        return
    end
    if A ~= A'
        disp('因为A不是对称矩阵,所以A不能进行Cholesky分解.')
        return
    end
    if RA==N
        for  i=1:N
            h(i)=det(A(1:i,1:i));
        end
        D1=h(1:N);
        for i=1:N
            if h(1,i)<=0
                disp('因为A的i阶主子式不大于零,所以A不能进行Cholesky分解.A的
各阶顺序主子式值D1依次如下：')
                D1,
                return
            end
        end
        if h(1,i)>0
            disp('因为A是对称正定矩阵,所以A能进行Cholesky分解.A的下三角矩阵G
和方程组的解X如下：')
            for j=1:N
                U(1,j)=A(1,j);
            end
            for i=2:N
                L(1,1)=1;
                L(i,i)=1;
                L(i,1)=A(i,1)/U(1,1);
            end
            for k=2:N
                for i=2:N
                    for j=2:N
                        if i>j
                            L(1,1)=1;
                            L(2,1)=A(2,1)/U(1,1);
```

```
                    L(i,1) = A(i,1)/U(1,1);
                    L(i,k) = (A(i,k) - L(i,1:k-1) * U(1:k-1,k))/U(k,k);
                else
                    U(k,j) = A(k,j) - L(k,1:k-1) * U(1:k-1,j);
                end
            end
        end
    end
    D1 = eye(N);
    for i = 1:N
        D1(i,i) = sqrt(U(i,i));
    end
    G = L * D1;
    Y(1) = b(1)/G(1,1);
    for i = 2:N
        S1 = 0;
        for j = 1:i-1
            S1 = S1 + G(i,j) * Y(j);
        end
        Y(i) = (b(i) - S1)/G(i,i);
    end
    GT = G';
    X(N) = Y(N)/GT(N,N);
    for i = N-1:-1:1
        S2 = 0;
        for j = 1:N-i
            S2 = S2 + GT(i,i+j) * X(i+j);
        end
        X(i) = (Y(i) - S2)/GT(i,i);
    end
    G,X,
  end
end
end
```

例 2.8.5　用 Cholesky 分解(平方根法)求解线性方程组

$$
\begin{cases}
x_1 - x_2 + 2x_3 + x_4 = 1, \\
-x_1 + 3x_2 - 3x_4 = 3, \\
2x_1 + 9x_3 - 6x_4 = 5, \\
x_1 - 3x_2 - 6x_3 + 19x_4 = 7.
\end{cases}
$$

解 在MATLAB命令窗口输入

A=[1 -1 2 1;-1 3 0 -3; 2 0 9 -6;1 -3 -6 19]; b=[1; 3; 5; 7]; Cholesky(A,b)

回车,输出结果:

因为A是对称正定矩阵,所以A能进行Cholesky分解.A的下三角矩阵G和方程组的解如下:

```
G=
    1.0000          0          0          0
   -1.0000     1.4142          0          0
    2.0000     1.4142     1.7321          0
    1.0000    -1.4142    -3.4641     2.0000
x=
   -8.0000     0.3333     3.6667     2.0000
```

2.8.6 追赶法

```
%追赶法
%A是方程组的系数矩阵,b是方程组的右边向量
function x=chasing(A,b)
n=length(b);
if rank(A)~=n
    disp('系数矩阵A不是满秩,不能使用追赶法!')
    return
end
for i=1:n
    if A(i,i)==0
        disp('Error:矩阵A的对角线上有元素为0!')
        return
    end
end;
d=ones(n,1);
a=ones(n-1,1);
c=ones(n-1);
for i=1:n-1
    a(i,1)=A(i+1,i);
    c(i,1)=A(i,i+1);
    d(i,1)=A(i,i);
end
d(n,1)=A(n,n);
```

```
for i=2:n
    d(i,1)=d(i,1)-(a(i-1,1)/d(i-1,1))*c(i-1,1);
    b(i,1)=b(i,1)-(a(i-1,1)/d(i-1,1))*b(i-1,1);
end
x(n,1)=b(n,1)/d(n,1);
for i=n-1:-1:1
    x(i,1)=(b(i,1)-c(i,1)*x(i+1,1))/d(i,1);
end
x=x';
end
```

例 2.8.6　用追赶法求解线性方程组

$$\begin{bmatrix} 1 & -3 & & & \\ 8 & 2 & 0 & & \\ & 6 & 3 & 7 & \\ & & 12 & 4 & 9 \\ & & & -4 & 5 \end{bmatrix}\begin{bmatrix} x_1 \\ x_2 \\ x_3 \\ x_4 \\ x_5 \end{bmatrix}=\begin{bmatrix} 1 \\ 1 \\ 1 \\ 1 \\ 1 \end{bmatrix}$$

解　在MATLAB命令窗口中输入

```
A=[1 -3 0 0 0; 8 2 0 0 0; 0 6 3 7 0; 0 0 12 4 9; 0 0 0 -4 5];
b=[1;1;1;1;1];   x=Chasing(A,b)
```

输出结果:

```
x=
    0.1923   -0.2692   -0.6923    0.6703    0.7363
```

2.8.7　用谱半径判别Jacobi迭代法的收敛性

```
%用谱半径测试Jacobi迭代法的收敛性
%A是方程组的系数矩阵
function JacobiTest(A)
[m n]=size(A);
if m ~=n
    disp('系数矩阵必须为方阵')
    return
end
D=diag(diag(A));
I=eye(n,n);
B=I-inv(D)*A;
E=eig(B);
SRH=norm(E,inf);
```

```
if SRH>=1
    disp('因为谱半径不小于1,所以Jacobi迭代序列发散,谱半径SRH和迭代矩阵的所有特征值如下:')
    SRH,Eig=E',
else
    disp('因为谱半径小于1,所以Jacobi迭代序列收敛,谱半径SRH和迭代矩阵的所有特征值如下:')
    SRH,Eig=E',
end
end
```

例 2.8.7 判别下列方程组的 Jacobi 迭代产生的序列是否收敛?

$$\begin{cases}20x_1+2x_2+3x_3=24,\\ x_1+8x_2+x_3=12,\\ 2x_1-3x_2+15x_3=30.\end{cases}$$

解 在 MATLAB 命令窗口中输入

```
A=[20 2 3; 1 8 1; 2 -3 15]; JacobiTest(A)
```

回车,输出结果:

```
因为谱半径小于1,所以Jacobi迭代序列收敛,谱半径SRH和迭代矩阵的所有特征值如下:
SRH=
    0.1472
Eig=
    0.1472   -0.0736-0.0935i   -0.0736+0.0935i
```

2.8.8 用谱半径判别 Gauss-Seidel 迭代法产生的迭代序列的收敛性

```
%用谱半径测试Gauss-Seidel迭代法的收敛性
%A是方程组的系数矩阵
function G_STest(A)
[m n]=size(A);
if m ~= n
    disp('系数矩阵必须为方阵')
    return
end
D=diag(diag(A));
U=-triu(A,1);
L=-tril(A,-1);
B=inv(D-L)*U;
```

```
E = eig(B);
SRH = norm(E,inf)
if SRH>=1
    disp('因为谱半径不小于1,所以Gauss-Seidel迭代序列发散,谱半径SRH和迭代矩阵的所有特征值如下:')
    SRH,Eig = E',
else
    disp('因为谱半径小于1,所以Gauss-Seidel迭代序列收敛,谱半径SRH和迭代矩阵的所有特征值如下:')
    SRH,Eig = E',
end
end
```

例 2.8.8 判断解下列方程组的 Gauss-Seidel 迭代法的收敛性:

$$\begin{cases}5x_1 + x_2 - x_3 - 2x_4 = 4,\\ 2x_1 + 8x_2 + x_3 + 3x_4 = 1,\\ x_1 - 2x_2 - 4x_3 - x_4 = 6,\\ -x_1 + 3x_2 + 2x_3 + 7x_4 = -3.\end{cases}$$

解 在 MATLAB 命令窗口中输入

```
A=[5 1 -1 -2; 2 8 1 3; 1 -2 -4 -1; -1 3 2 7];  G_STest(A)
```

回车,输出结果:

```
因为谱半径小于1,所以Gauss-Seidel迭代序列收敛,谱半径SRH和迭代矩阵的所有特征值如下:
SRH =
    0.3652
Eig =
    0   0.3652   -0.0283   0.0864
```

2.8.9 用谱半径判别超松弛迭代法产生的迭代序列的敛散性

```
%用谱半径测试SOR方法的收敛性
%A是方程组的系数矩阵,w是松弛因子
function SORTest(A,w)
[m n] = size(A);
if m ~= n
    disp('系数矩阵必须为方阵')
    return
end
D = diag(diag(A));
```

```
U=-triu(A,1);
L=-tril(A,-1);
E=inv(D-w*L);
B=inv(D-w*L)*(w*U+(1-w)*D);
E=eig(B);
SRH=norm(E,inf);
if SRH>=1
    disp('因为谱半径不小于1,所以SOR迭代序列发散,谱半径SRH和迭代矩阵的所有特征值如下:')
    SRH,Eig=E',
else
    disp('因为谱半径小于1,所以SOR迭代序列收敛,谱半径SRH和迭代矩阵的所有特征值如下:')
    SRH,Eig=E',
end
end
```

例 2.8.9 判断解下列方程组的 SOR 方法(分别取 $\omega=1.5$ 和 2)的收敛性:

$$\begin{cases}5x_1+x_2-x_3-2x_4=4,\\2x_1+8x_2+x_3+3x_4=1,\\x_1-2x_2-4x_3-x_4=6,\\-x_1+3x_2+2x_3+7x_4=-3.\end{cases}$$

解 在 MATLAB 命令窗口中输入

```
A=[5 1 -1 -2; 2 8 1 3; 1 -2 -4 -1; -1 3 2 7];    SORTest(A,1.5)
```

回车,输出结果:

```
因为谱半径小于1,所以SOR迭代序列收敛,谱半径SRH和迭代矩阵的所有特征值如下:
SRH=
    0.5231
Eig=
    -0.0467-0.4757i   -0.0467+0.4757i   -0.5053-0.1353i   -0.5053+0.1353i
```

若在 MATLAB 命令窗口中输入

```
A=[5 1 -1 -2; 2 8 1 3; 1 -2 -4 -1; -1 3 2 7];    SORTest (A,2)
```

回车,输出结果:

```
因为谱半径不小于1,所以SOR迭代序列发散,谱半径SRH和迭代矩阵的所有特征值如下:
SRH=
    1.2003
Eig=
    -0.1677-0.8972i   -0.1677+0.8972i   -1.2003   -1.0000
```

2.8.10　用 Jacobi 迭代法解线性方程组 $Ax = b$

```
%用 Jacobi 迭代法解线性方程组 Ax=b
%Norm:范数的名称,Norm=1,2,inf;
%error:近似解 x 的误差;
%Max:迭代的最大次数;
function X=Jacobi(A,b,X0,Norm,Error,Max)
[N N]=size(A);
X=zeros(N,1);
for i=1:Max
    for j=1:N
        X(j)=(b(j)-A(j,[1:j-1,j+1:N])*X0([1:j-1,j+1:N]))/A(j,j);
    end
    X,
    errX=norm(X-X0,Norm);
    X0=X;
    if errX<Error
        X1=A\b;
        disp('迭代次数 i,精确解 X1 和近似解 X 分别是:')
        format long
        i,X1,X,
        return
    end
end
if errX>=Error
    disp('请注意:Jacobi 迭代次数已经超过最大迭代次数 Max.')
end
end
```

例 2.8.10　用 Jacobi 迭代法解方程组

$$\begin{cases} 10x_1 - x_2 - 2x_3 = 7.2, \\ -x_1 + 10x_2 - 2x_3 = 8.3, \\ -x_1 - x_2 + 5x_3 = 4.2; \end{cases}$$

考虑方程组的收敛性;要求当 $\| x^{(k+1)} - x^{(k)} \|_\infty < 10^{-3}$ 时迭代终止.

解　在 MATLAB 命令窗口输入

```
A=[10 -1 -2; -1 10 -2; -1 -1 5]; b=[7.2; 8.3; 4.2]; X0=[0; 0; 0];
Jacobi(A,b,X0,inf,0.001,100);
```

输出结果:

每步的迭代结果、迭代次数、准确值和最终的迭代结果.

2.8.11 用 Gauss-Seidel 迭代法解线性方程组 $\boldsymbol{Ax}=\boldsymbol{b}$

```
%用 Gauss-Seidel 迭代法解线性方程组 Ax=b
%Norm:范数的名称,Norm=1,2,inf;
%Error 是近似解 X 的误差;Max 是迭代的最大次数
function X=G_S(A,b,X0,Norm,Error,Max)
[N N]=size(A);
X=zeros(N,1);
for i=1:Max
    for j=1:N
        X(j)=0;
        if j>1
            X(j)=X(j)+A(j,1:j-1)*X(1:j-1);
        end
        if j<N
            X(j)=X(j)+A(j,j+1:N)*X0(j+1:N);
        end
        X(j)=(b(j)-X(j))/A(j,j);
    end
    X,
    errX=norm(X-X0,Norm);
    X0=X;
    if errX<Error
        X1=A\b;
        disp('迭代次数 i,精确解 X1 和近似解 X 分别是:')
        format long
        i,X1,X,
        return
    end
end
if errX>=Error
    disp('请注意:Gauss-Seidel 迭代次数已经超过最大迭代次数 Max.')
end
end
```

例 2.8.11 用 Gauss-Seidel 迭代法解下列线性方程组:

$$\begin{cases}3x_1+4x_2-5x_3+7x_4=5,\\2x_1-8x_2+3x_3-2x_4=2,\\4x_1+51x_2-13x_3+16x_4=-1,\\7x_1-2x_2+21x_3+3x_4=21.\end{cases}$$

取初始值 $\boldsymbol{x}_0=(0,0,0,0)^{\mathrm{T}}$，当 $\|\boldsymbol{x}^{(k+1)}-\boldsymbol{x}^{(k)}\|_\infty<10^{-3}$ 时，迭代终止.

解　在 MATLAB 命令窗口输入

```
A=[3 4 -5 7; 2 -8 3 -2; 4 51 -13 16; 7 -2 21 3]; b=[5; 2; -1; 21]; X0=[0; 0;
0; 0];
G_S(A, b, X0, inf, 0.001, 100);
```

输出结果：

100 次的迭代结果，

请注意：Gauss-Seidel 迭代次数已经超过最大迭代次数 Max.

2.8.12　用 SOR 法解线性方程组 $Ax=b$

```
%用 SOR 法解线性方程组 Ax=b
%Norm:范数的名称,Norm=1,2,inf;
%Error 是近似解 x 的误差;Max 是迭代的最大次数;w 是松弛因子
function X=SOR(A,b,X0,Norm,Error,Max,w)
[N N]=size(A);
X=zeros(N,1);
for i=1:Max
    for j=1:N
        X(j)=0;
        if j>1
            X(j)=-A(j,1:j-1)*X(1:j-1);
        end
        if j<N
            X(j)=X(j)-A(j,j+1:N)*X0(j+1:N);
        end
        X(j)=(1-w)*X0(j)+w*(b(j)+X(j))/A(j,j);
    end
    X
    errX=norm(X-X0,Norm);
    X0=X;
    if errX<Error
        X1=A\b;
        disp('迭代次数 i,精确解 X1 和近似解 X 分别是:')
```

```
        format long
        i,X1,X,
        return;
    end
end
if errX>=Error
    disp('请注意:SOR迭代次数已经超过最大迭代次数Max.')
end
end
```

例 2.8.12 用 SOR 方法(取 $\omega=1.5$)解线性方程组,取初值 $\boldsymbol{x}_0=(0,0,0,0)^{\mathrm{T}}$.

$$\begin{cases}5x_1+x_2-x_3-2x_4=4,\\2x_1+8x_2+x_3+3x_4=1,\\x_1-2x_2-4x_3-x_4=6,\\-x_1+3x_2+2x_3+7x_4=-3.\end{cases}$$

解 当取 $\omega=1.5$ 时,在 MATLAB 命令窗口输入

```
A=[5 1 -1 -2; 2 8 1 3; 1 -2 -4 -1; -1 3 2 7]; b=[4; 1; 6; -3]; X0=[0; 0; 0; 0];
SOR(A, b, X0, inf, 0.001, 100, 1.5);
```

输出结果:

每步的迭代结果、迭代次数、准确值和最终的迭代结果.

本章小结

本章介绍了线性方程组的直接解法:Gauss 消去法与矩阵三角分解法.消去法包括 Gauss 消去法、Gauss 主元消去法.若方程组系数矩阵的各阶顺序主子式非零,则可直接运用 Gauss 消去法.当上述条件不满足时则需要考虑选 Gauss 主元消去法.Gauss 主元消去法包括 Gauss 列主元消去法、Gauss 按比例消去法和 Gauss 全主元消去法.实际中用得比较多的是前两种 Gauss 主元消去法.矩阵三角分解法主要介绍了 LU 分解(Doolittle 分解、Crout 分解)、GG^{T} 分解(Cholesky 分解或平方根法)、LDL^{T} 分解(改进的平方根法).

直接法的优点是运算量小,精度高;但在用计算机实现时程序较复杂,一般适用求解中小型(阶数 $n<1000$)线性方程组.对于特殊类型的方程组应采用相应的求解方法.若系数矩阵为三对角矩阵,特别是严格对角占优,用特殊形式的 Doolittle 分解法,即追赶法,既快速又稳定;而系数矩阵为对称正定阵时,采用平方根法

或改进的平方根法比较有效.

本章还介绍了解方程组的迭代法,这是利用计算机求解方程组的常用方法,它适合求解大型稀疏线性方程组,具有算法、程序简单(循环计算公式)、所占内存较少、便于在计算机上实现等优点.常用的迭代法有 Jacobi 迭代法、Gauss－Seidel 迭代法、SOR 法,其中,Jacobi 迭代法简单,并具有很好的串行算法,很适合并行计算,但收敛速度较慢;Gauss－Seidel 迭代法是典型的串行算法.在 Jacobi 迭代法与 Gauss－Seidel 迭代法同时收敛的条件下,后者比前者收敛快,但两种迭代收敛域互不相容,不能互相代替.SOR 迭代法是一种应用极为广泛的方法,但选取最佳松弛因子比较困难,常通过试算来确定最佳松弛因子.

运用迭代法解方程组,需要判别相应的迭代法是否收敛.若迭代收敛,再根据所给定的误差确定迭代次数,以得到方程组的近似解.而判别迭代法是否收敛,对特殊类型的方程组,可根据其系数矩阵的特性进行判别(如严格对角占优矩阵等).对于一般方程组,则利用迭代矩阵的范数(通常用 $\|\cdot\|_1$ 或 $\|\cdot\|_\infty$)或谱半径来判别.

本章最后讨论了方程组的性态,进行了误差分析.当系数矩阵 $\boldsymbol{A}$ 的条件数 $\text{Cond}(\boldsymbol{A})\gg 1$ 时,方程组病态.对于病态方程组,当病态不太严重时,可通过采用双精度或迭代改善法,得到比较精确的结果.

无论是用直接法还是用迭代法求解方程组,首先要了解方程组的性态,只有对良态方程组,或能改善的病态的方程组,才能应用本章介绍的数值方法.

习　题

1. 分别用 Gauss 列主元消去法、按比例因子消去法求解下列方程组(使用 3 位浮点数计算).

(1) $$\begin{cases} -3x_1+2x_2+6x_3=4, \\ 10x_1-7x_2=7, \\ 5x_1-x_2+5x_3=6. \end{cases}$$

(2) $$\begin{cases} -3.01x_1+0.921x_2+2.16x_3=4.01, \\ 0.210x_1-4.27x_2+1.73x_3=7.32, \\ 2.25x_1+0.982x_2-5.87x_3=6.28. \end{cases}$$

2. 使用 Gauss 消去法编程求解下列方程组(使用 4 位浮点数计算).

$$\begin{cases}1.19x_1+2.11x_2-100x_3+x_4=1.12,\\ 14.2x_1-0.122x_2+12.2x_3-x_4=3.44,\\ 100x_2-99.9x_3+x_4=2.15,\\ 15.3x_1+0.110x_2-13.1x_3-x_4=4.16.\end{cases}$$

3. 用平方根法(Cholesky 分解法)求解方程组

$$\begin{cases}4x_1-x_2+x_3=6,\\ -x_1+4.25x_2+2.75x_3=-0.5,\\ x_1+2.75x_2+3.5x_3=1.25.\end{cases}$$

4. 用 LDL^T 分解法求解方程组

$$\begin{bmatrix}3&3&5\\3&5&9\\5&9&17\end{bmatrix}\begin{bmatrix}x_1\\x_2\\x_3\end{bmatrix}=\begin{bmatrix}10\\16\\30\end{bmatrix}.$$

5. 用追赶法求解三对角方程组

$$\begin{bmatrix}2&1&&\\1&3&1&\\&1&1&1\\&&2&1\end{bmatrix}\begin{bmatrix}x_1\\x_2\\x_3\\x_4\end{bmatrix}=\begin{bmatrix}1\\2\\2\\0\end{bmatrix}.$$

6. 设 $\boldsymbol{A}$ 为 n 阶非奇异矩阵,且有 Doolittle 分解 $\boldsymbol{A}=\boldsymbol{LU}$. 求证 $\boldsymbol{A}$ 的所有顺序主子式均不为零.

7. 在本章 2.3.2 节中采用 Doolittle 分解对三对角矩阵(tridiagonal matrix)

$$\boldsymbol{A}=\begin{bmatrix}b_1&c_1&&&\\a_2&b_2&c_2&&\\&\ddots&\ddots&\ddots&\\&&a_{n-1}&b_{n-1}&c_{n-1}\\&&&a_n&b_n\end{bmatrix}$$

进行分解. 试用 Crout 分解算法求出类似公式(2.3.21)中的 l_i,u_i.

8. 设 $\boldsymbol{x}=(2,1,-3,4)^T$,求 $\|\boldsymbol{x}\|_1$, $\|\boldsymbol{x}\|_2$, $\|\boldsymbol{x}\|_\infty$.

9. 设 $\boldsymbol{A}=\begin{bmatrix}-2&3\\4&-5\end{bmatrix}$,则 $\|\boldsymbol{A}\|_1=$____ ,$\rho(\boldsymbol{A})=$______,$\mathrm{Cond}(\boldsymbol{A})_\infty=$______.

10. 设给定矩阵

$$\boldsymbol{A}=\begin{bmatrix}1&1&1&1\\-1&1&-1&1\\-1&-1&1&1\\1&-1&-1&1\end{bmatrix},$$

求 $\|\boldsymbol{A}\|_1$, $\|\boldsymbol{A}\|_2$, $\|\boldsymbol{A}\|_\infty$, 及 $\mathrm{Cond}(\boldsymbol{A})_2$.

11. 已知方程组 $\boldsymbol{Ax}=\boldsymbol{b}$,即

$$\begin{bmatrix}1&1.0001\\1&1\end{bmatrix}\begin{bmatrix}x_1\\x_2\end{bmatrix}=\begin{bmatrix}2\\2\end{bmatrix},$$

有解 $\boldsymbol{x}=(2,0)^{\mathrm{T}}$.

(1) 求 $\mathrm{Cond}(\boldsymbol{A})_\infty$.

(2) 求右端项有小扰动的方程组

$$\begin{bmatrix} 1 & 1.0001 \\ 1 & 1 \end{bmatrix}\begin{bmatrix} x_1 \\ x_2 \end{bmatrix}=\begin{bmatrix} 2.0001 \\ 2 \end{bmatrix}$$

的解 $\boldsymbol{x}+\Delta\boldsymbol{x}$.

(3) 计算$\dfrac{\|\Delta\boldsymbol{b}\|_\infty}{\|\boldsymbol{b}\|_\infty}$和$\dfrac{\|\Delta\boldsymbol{x}\|_\infty}{\|\boldsymbol{x}\|_\infty}$,结果说明了什么问题?

12. 证明:用 Gauss 消去法解 n 阶线性方程组共需乘除运算次数为$\dfrac{1}{3}n^3+n^2-\dfrac{1}{3}n$.

13. 证明对任意向量 $\boldsymbol{x}\in\mathbf{R}^n$,有 $\|\boldsymbol{x}\|_\infty\leqslant\|\boldsymbol{x}\|_2\leqslant\sqrt{n}\,\|\boldsymbol{x}\|_\infty$.

14. 用 Jacobi 迭代法和 Gauss-Seidel 迭代法求解线性方程组

$$\begin{cases} 3x_1 - x_2 + x_3 = 1, \\ 3x_1 + 6x_2 + 2x_3 = 0, \\ 3x_1 + 3x_2 + 7x_3 = 4, \end{cases}$$

若要求误差不超过 0.0001，则两种迭代法分别需要迭代多少次？取 $\boldsymbol{x}_0=(0,0,0)^{\mathrm{T}}$.

15. 分别判断用 Jacobi 迭代法和 Gauss-Seidel 迭代法解下列方程组的敛散性：

$$\begin{cases} x_1 + 2x_2 - 2x_3 = 1, \\ x_1 + x_2 + x_3 = 1, \\ 2x_1 + 2x_2 + x_3 = 1. \end{cases}$$

16. 已知线性方程组

$$\begin{cases} -4x_1 + x_2 + 2x_3 = 2, \\ 2x_1 + 5x_2 - x_3 = 0, \\ 3x_1 - 2x_2 + 6x_3 = -1. \end{cases}$$

(1) 分别写出求解上述方程组的 Jacobi 迭代格式和 Gauss-Seidel 迭代格式的迭代矩阵 $\boldsymbol{B}_{\mathrm{J}}$ 和 $\boldsymbol{B}_{\mathrm{G}}$.

(2) 计算范数 $\|\boldsymbol{B}_{\mathrm{J}}\|_1$ 和 $\|\boldsymbol{B}_{\mathrm{G}}\|_1$,判断求解上述方程组的 Jacobi 迭代格式和 Gauss-Seidel 迭代格式是否收敛.

(3) 若都收敛,哪个迭代格式收敛速度得更快?

17. 对方程组

$$\begin{cases} x_1 + rx_2 = b_1, \\ rx_1 + 2x_2 = b_2, \end{cases}$$

(1) 给出解方程组的 Jacobi 迭代矩阵,并讨论迭代收敛条件;

(2) 给出解方程组的 Gauss-Seidel 迭代矩阵,并讨论迭代收敛条件.

18. 对下列方程组分别建立收敛的 Jacobi 和 Gauss-Seidel 迭代格式,并说明理由.

$$\begin{cases} 3x_1 + 2x_2 + 10x_3 = 15, \\ -10x_1 - 4x_2 + x_3 = 5, \\ 2x_1 + 10x_2 - 7x_3 = 8. \end{cases}$$

19. 对线性方程组

$$\begin{cases}x_1+2x_2+4x_3=1,\\4x_1-2x_2+x_3=-1,\\2x_1+6x_2+3x_3=1\end{cases}$$

进行调整,使得用 Gauss-Seidel 迭代法求解时收敛,并用该方法求近似解,使得 $\|\boldsymbol{x}^{(k+1)}-\boldsymbol{x}^{(k)}\|_\infty<10^{-3}$, 取 $\boldsymbol{x}_0=(0,0,0)^{\mathrm{T}}$.

20. 用 SOR 方法解方程组

$$\begin{cases}2x_1+x_2=1,\\x_1+3x_2-x_3=8,\\-x_2+2x_3=-5,\end{cases}$$

取初值 $\boldsymbol{x}_0=(0,0,0)^{\mathrm{T}}$,要求精确到小数点后 3 位,

(1) 分别取 $\omega=0.4,0.6,0.8,1.0,1.2,1.4,1.6,1.8$,比较迭代结果及迭代次数;

(2) 讨论是否可以利用定理 2.6.10 确定最佳松弛因子 ω;如果可以,求出该值,并与上述结果进行比较.

21. 证明对称矩阵

$$\boldsymbol{A}=\begin{bmatrix}1&a&a\\a&1&a\\a&a&1\end{bmatrix}$$

当 $-\frac{1}{2}<a<1$ 时为正定矩阵,且只有当 $-\frac{1}{2}<a<\frac{1}{2}$ 时,用 Jacobi 迭代法求解方程组 $\boldsymbol{Ax}=\boldsymbol{b}$ 才收敛.

22. 证明如果方程组 $\boldsymbol{Ax}=\boldsymbol{b}$ 的系数矩阵 $\boldsymbol{A}$ 严格对角占优,则相应的 Jacobi 迭代矩阵满足 $\|\boldsymbol{B}_{\mathrm{J}}\|_\infty<1$.

23. 除了例 2.6.4 用过的数值方法,用本章学过的其他所有数值方法求解线性方程组 (2.6.21).

24. 除了例 2.6.5 用过的数值方法,用本章学过的其他所有数值方法求解线性方程组 (2.6.22).

第3章 非线性方程(组)的数值解法

3.1 引 言

在第2章中,我们已经学过线性方程组的数值解法,但是在实际问题中,常常遇到的是非线性方程及非线性方程组的求解问题,而非线性问题比线性问题复杂,因此,非线性模型常常用线性模型来近似代替;然而,在精度要求比较高的情形下,必须直接求解非线性问题.非线性问题与线性问题的求解有本质的区别.本章首先讨论单个非线性方程的求根方法,如二分法、不动点迭代法及其加速方法、牛顿迭代法及其改进方法,并讨论迭代序列的收敛性、收敛速度和误差估计等,最后简单介绍非线性方程组的一些数值解法.

定义 3.1.1 对于单变量方程

$$f(x) = 0 \tag{3.1.1}$$

如果有 x^*(实数或复数),使 $f(x^*)=0$,则称 x^* 为方程(3.1.1)的**根**(**root**),或函数 $f(x)$ 的**零点**(**zero point**).

定义 3.1.2 设 $m(m\geqslant 1)$ 是整数,若函数 $f(x)$ 可以写成

$$f(x) = (x - x^*)^m g(x), \quad \text{且} \quad \lim_{x\to x^*} g(x) \neq 0, \tag{3.1.2}$$

则称 x^* 为方程(3.1.1)的 **m 重根**(**root of multiplicity m**)或函数 $f(x)$ 的 **m 重零点**(**zero of multiplicity m**). 特别地,当 $m=1$ 时,称 x^* 为方程(3.1.1)的**单根**(**simple root**).

定理 3.1.1 设 $f(x)$ 在 x^* 处 m 阶导数存在,则 x^* 是函数 $f(x)$ 的 m 重零点的充分必要条件是

$$f(x^*) = f'(x^*) = \cdots = f^{(m-1)}(x^*) = 0, \quad f^{(m)}(x^*) \neq 0. \tag{3.1.3}$$

若 $f(x)$ 为多项式

$$f(x) = a_n x^n + a_{n-1}x^{n-1} + \cdots + a_1 x + a_0,$$

其中 $a_n \neq 0$, $a_i\,(i=0,1,\cdots,n)$ 为实数. 则称方程(3.1.1)为 **n 次代数方程**(**algebraic equation of degree n**).根据代数基本定理,方程(3.1.1)在复数范围内

有且仅有 n 个根(含复根,m 重根为 m 个根).理论上已证明,当次数 $n\leqslant 4$ 时,方程的根可用求根公式表示;而当 $n\geqslant 5$ 时,方程没有一般的求根公式,通常要用数值方法求解.

若 $f(x)$为超越函数(transcendental function),则称方程(3.1.1)为超越方程(transcendental equation);如 $e^{-x}+\sin 2x-x=0$.超越方程一般更难求得精确解,都要使用数值方法求解.

高次代数方程和超越方程都属于**非线性方程**(**nonlinear equation**).对于非线性方程根的数值解法,主要解决以下 3 个问题:① 研究根的存在性;② 找出有根区间;③ 计算根的近似值.

根的存在性,主要依据以下**零点定理**(**zero-point theorem**):

定理 3.1.2(零点定理)　设 $f(x)$为$[a,b]$上的连续函数,若有 $f(a)f(b)<0$,则 $f(x)=0$ 在区间(a,b)内至少有一个实根.

通常称$[a,b]$为有根区间.若 $f(x)$在$[a,b]$上还是单调函数,则 $f(x)=0$ 在区间(a,b)内仅有一个实根.

通常可用图像法或逐次搜索法找出有根区间,具体做法是:从点 $x_0=a$ 出发,以 $h>0$ 为步长依次取点 $x_i=x_0+ih(i=1,2,\cdots,n)$,如果 $f(x_{i-1})f(x_i)<0$,则区间$[x_{i-1},x_i]$为有根区间.在有根区间内,用恰当有效的数值方法求出根的近似值,使其满足一定的精度要求,这是本章的重点.

3.2　求实根的二分法

求根方法中最简单、直观的方法就是**二分法**(**bisection method**).计算过程如下:

设 $f(x)$为$[a,b]$上的连续函数,且$[a,b]$为有根区间,取中点 $x_0=\dfrac{a+b}{2}$,如果 $f(x_0)=0$,则 x_0 是方程的根;否则,将它分为两半,检查 $f(x_0)$与 $f(a)$是否同号.若是,则根 x^* 在 x_0 右侧,取 $a_1=x_0,b_1=b$;否则取 $a_1=a,b_1=x_0$,得到新的有根区间$[a_1,b_1]$,且 $b_1-a_1=\dfrac{b-a}{2}$(图 3.2.1).

重复以上过程,即取 $x_1=\dfrac{a_1+b_1}{2}$,若 $f(x_1)=0$,则 x_1 是方程的根;否则,将$[a_1,b_1]$平均分为两半,确定根在 x_1 的哪一侧,得到新的有根区间$[a_2,b_2]$,且 $b_2-a_2=\dfrac{b_1-a_1}{2}$;如此反复二分可得一系列有根区间

$$[a,b]\supset[a_1,b_1]\supset[a_2,b_2]\supset\cdots\supset[a_n,b_n]\supset\cdots,$$

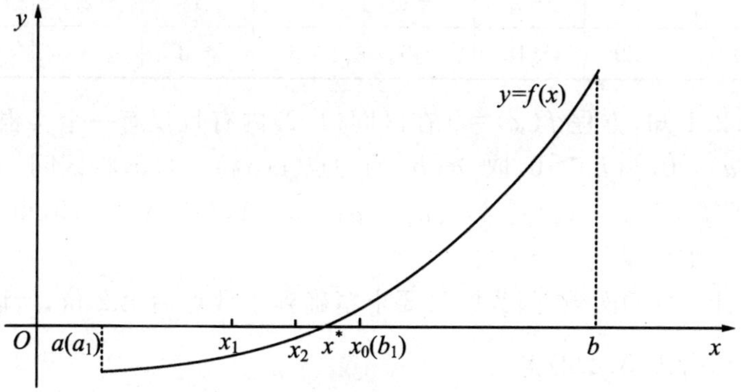

图 3.2.1

其中每一个区间长度都是前一个区间长度的一半，显然，$[a_n,b_n]$的长度为

$$b_n-a_n=\frac{b_{n-1}-a_{n-1}}{2}=\cdots=\frac{b-a}{2^n}.$$

这时，取最后一个区间的中点 $x_n=\dfrac{a_n+b_n}{2}$作为根 x^* 的近似值，其误差估计为

$$|x^*-x_n|\leqslant\frac{b_n-a_n}{2}=\frac{b-a}{2^{n+1}}. \tag{3.2.1}$$

当 $n\to\infty$时，$|x^*-x_n|\leqslant\dfrac{b-a}{2^{n+1}}\to0$，即 $x_n\to x^*(n\to\infty)$.

对给定的精度 $\varepsilon>0$，要使$|x^*-x_n|<\varepsilon$，只需令$\dfrac{b-a}{2^{n+1}}<\varepsilon$，解得

$$n>\frac{\ln(b-a)-\ln2\varepsilon}{\ln2}. \tag{3.2.2}$$

由式(3.2.2)可预先确定出二分法的次数 n.

二分法的优点是计算过程简单且收敛性有保证，但收敛的速度较慢，且该方法只能求实根，不能求复根或偶数重根，通常可用于求其他迭代法的初始值.

例 3.2.1　求方程 $x^3+2x-6=0$ 的实根，要求精确到小数点后第 2 位.

解　设 $f(x)=x^3+2x-6$，则 $f(x)$在实数域上均连续，且 $f(-3)=-39$，$f(3)=27$，由零点定理知，$f(x)=0$ 在$(-3,3)$内至少有一个实根。又因为 $f'(x)=x^2+2>0$，所以 $f(x)=0$ 在$(-3,3)$内有且仅有一个实根。下面从区间$[-3,3]$开始，以 1 为步长，通过计算 $f(x)$的函数值，逐步缩小方程 $f(x)=0$ 的有根区间(表 3.2.1).

表 3.2.1

x	-3	-2	-1	0	1	2	3
$f(x)$	-39	-18	-9	-6	-3	6	27

由表 3.2.1 知，方程 $f(x)=0$ 在区间(1,2)内有且仅有一个实根，记 $a=1$，$b=2$，则 $f(a)<0$，$f(b)>0$，取$[a,b]$的中点 $f(x_0)=1.5$，将区间二等分，由于 $f(x_0)>0$，即 $f(b)$与 $f(x_0)$同号，此时令 $a_1=a=1$，$b_1=x_0=1.5$，得到新的有根区间$[a_1,b_1]$；如此反复二分下去.

下面估计二分的次数. 因为题目要求精确到小数点后第 2 位，所以可取精度 $\varepsilon=\frac{1}{2}\times 10^{-2}$，由式(3.2.2)得

$$n>\frac{\ln(b-a)-\ln 2\varepsilon}{\ln 2}=\frac{\ln 1-\ln 0.01}{\ln 2}\approx 6.644.$$

取 $n=7$，即至多二分 7 次即可，计算结果见表 3.2.2.

表 3.2.2

n	a_n	b_n	x_n	$f(x_n)$符号
0	1.0000	2.0000	1.5000	+
1	1.0000	1.5000	1.2500	−
2	1.2500	1.5000	1.3750	−
3	1.3750	1.5000	1.4375	−
4	1.4375	1.5000	1.4688	+
5	1.4375	1.4688	1.4531	−
6	1.4531	1.4688	1.4609	+
7	1.4531	1.4609	1.4570	+

其中 $x_7=1.4570$ 为方程精确到小数点后第 2 位的近似根.

3.3 迭代法及其收敛性

迭代法(iterative method)是用收敛于所给问题的精确解的极限过程，是一种逐步逼近精确解的数值方法. 其基本思想是将方程求根问题转化为某个函数求不动点的问题，利用不动点的迭代法求方程的近似根.

3.3.1 不动点的迭代法及其收敛性

将方程(3.1.1)改写成等价形式

$$x = \varphi(x) \tag{3.3.1}$$

例如,可取 $\varphi(x)=x+f(x)$.

定义 3.3.1 若数 x^* 满足 $x^*=\varphi(x^*)$,则称 x^* 为 $\varphi(x)$ 的一个**不动点(fixed point)**.

注 $\varphi(x)$ 的不动点 x^* 就是方程(3.1.1)的一个根,求方程 $f(x)=0$ 的根等价于求函数 $\varphi(x)$ 的不动点.

在根 x^* 的附近取一点 x_0 作为 x^* 的初始近似值,把 x_0 代到式(3.3.1)的右端,计算得到 $x_1=\varphi(x_0)$.如果 $\varphi(x)$ 连续,可构造迭代公式

$$x_{k+1} = \varphi(x_k), \quad k = 0,1,\cdots, \tag{3.3.2}$$

并称之为**不动点迭代法(fixed point iterative method)**,$\varphi(x)$ 称为**迭代函数(iterative function)**.由式(3.3.2)逐次迭代可得到序列 $\{x_k\}$,如果 $\lim\limits_{k\to\infty}x_k=x^*$,则由式(3.3.2)两端取极限,得

$$x^* = \lim_{k\to\infty}x_{k+1} = \lim_{k\to\infty}\varphi(x_k) = \varphi(\lim_{k\to\infty}x_k) = \varphi(x^*),$$

即 x^* 为 $\varphi(x)$ 的不动点.

从几何图像看,$\varphi(x)$ 的不动点就是直线 $y=x$ 与曲线 $y=\varphi(x)$ 的交点 P^* 的横坐标 x^*.从它的某个初始近似值 x_0 出发,在曲线 $y=\varphi(x)$ 上确定一点 P_0,引平行于 x 轴的直线,与直线 $y=x$ 交于点 Q_0,其横坐标即为 x_1,由式(3.3.2)逐次求得 $x_1,x_2,\cdots$,即为如图 3.3.1 所示点 $P_1,P_2,\cdots$ 的横坐标.若迭代收敛,则序列 $\{x_k\}$ 将越来越逼近所求的交点的横坐标 x^*(图 3.3.1),若迭代发散,则序列 $\{x_k\}$ 将越来越远离所求的交点 P^* 的横坐标(图 3.3.2).

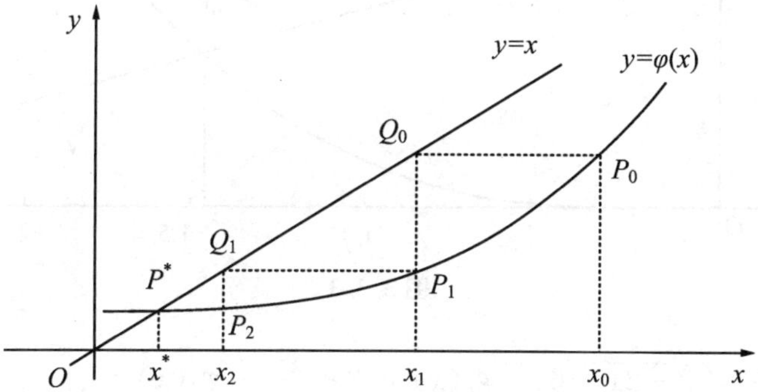

图 3.3.1

迭代法主要研究以下 3 个问题：

(1) 如何选取合适的迭代函数 $\varphi(x)$？

(2) 迭代函数 $\varphi(x)$满足什么条件时，序列$\{x_k\}$才收敛？

(3) 序列$\{x_k\}$的收敛速度及误差估计.

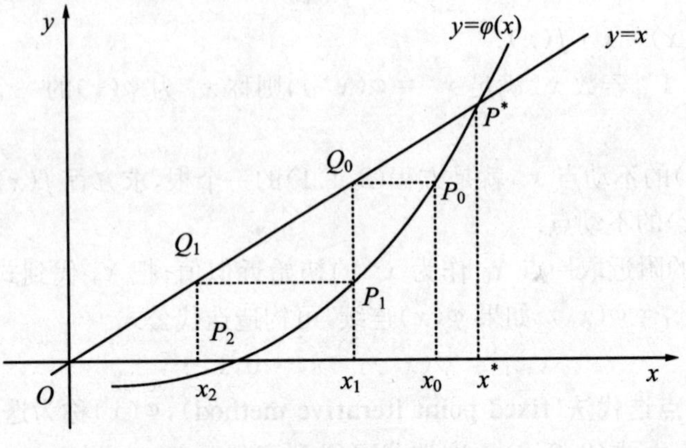

图 3.3.2

例 3.3.1 用迭代法求方程 $x^3+2x-6=0$ 的实根.

解 在例 3.2.1 中，我们使用搜索法确定有根区间，也可用图像法来确定. 曲线 $y=x^3$ 与直线 $y=-2x+6$ 只有一个交点，其横坐标介于 1 与 2 之间，见图 3.3.3. 故原方程在区间(1,2)内有唯一实根，因此有根区间为[1,2]. 将方程 $f(x)=0$ 转化成等价形式 $x=\varphi(x)$，迭代函数有很多种取法，例如：

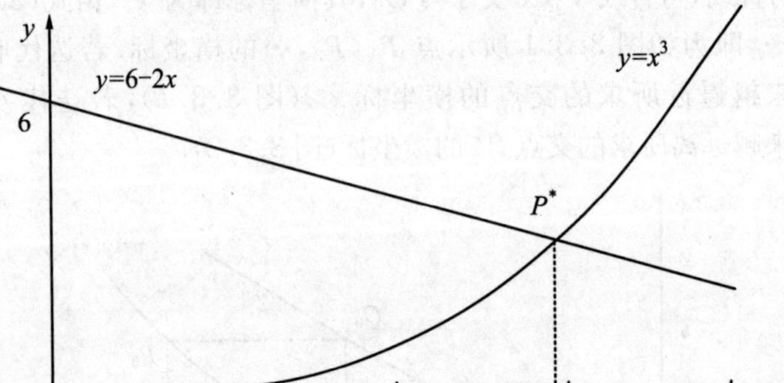

图 3.3.3

$$\varphi_1(x)=\sqrt[3]{-2x+6},\quad \varphi_2(x)=3-\frac{x^3}{2},\quad \varphi_3(x)=\sqrt{-2+\frac{6}{x}},$$

$$\varphi_4(x) = \frac{6}{x^2+2}, \quad \varphi_5(x) = \frac{1}{2}x^3 + 2x - 3,$$

等等.下面仅取前两种迭代函数进行计算,其余的读者可作为练习.

对应于迭代函数 $\varphi_1(x)$,$\varphi_2(x)$的迭代公式分别为

方法1 $$x_{k+1} = \sqrt[3]{-2x_k+6}, \tag{3.3.3}$$

方法2 $$x_{k+1} = 3 - \frac{x_k^3}{2}. \tag{3.3.4}$$

取区间中点 $x_0 = 1.5$ 作为初值,迭代结果见表3.3.1.

表3.3.1

k	0	1	2	3	4	5	6	7
x_k(方法1)	1.5	1.4422	1.4605	1.4548	1.4566	1.4560	1.4562	1.4562
x_k(方法2)	1.5	1.3125	1.8695	−0.2670	3.0095	−10.6289	603.3940	-1.0984×10^8

显然,方法1收敛,$x_7 = 1.4562$,原方程准确值为 $x^* = 1.456164244855594\cdots$;而方法2发散.

例3.3.1表明构造迭代公式(3.3.2)的形式有很多种,但有的收敛,有的发散.那么,迭代函数满足什么条件以及初值 x_0 如何选取,才能使迭代序列$\{x_k\}$收敛?

定理3.3.1　设迭代函数 $\varphi(x)\in C[a,b]$,满足:

(1) 当 $x\in[a,b]$时,$a\leqslant\varphi(x)\leqslant b$;

(2) $\varphi(x)$满足Lipschitz条件,即存在常数 $L\in(0,1)$,对任意 $x,y\in[a,b]$,都有

$$|\varphi(x)-\varphi(y)| \leqslant L|x-y|, \tag{3.3.5}$$

则 $\varphi(x)$在区间$[a,b]$上存在唯一不动点 x^*,且由式(3.3.2)生成的迭代序列$\{x_k\}$对任何初值$x_0\in[a,b]$都收敛于 x^*,并有误差估计

$$|x^*-x_k| \leqslant \frac{L}{1-L}|x_k - x_{k-1}|, \tag{3.3.6}$$

$$|x^*-x_k| \leqslant \frac{L^k}{1-L}|x_1 - x_0|. \tag{3.3.7}$$

证明　首先证明不动点 x^* 的存在性.记 $f(x) = x - \varphi(x)$,由条件(1),得

$$f(a) = a - \varphi(a) \leqslant 0$$

及

$$f(b) = b - \varphi(b) \geqslant 0.$$

若上述两个不等式有一个等号成立,则 $f(a)=0$ 或 $f(b)=0$,即 $\varphi(x)$有不动点;否则必有 $f(a)f(b)<0$.

因为 $f(x) = x-\varphi(x)$在$[a,b]$上连续,所以由零点定理知,必有 $x^*\in(a,b)$,

使得

$$f(x^*) = x^* - \varphi(x^*) = 0,$$

即

$$x^* = \varphi(x^*),$$

亦即 x^* 是 $\varphi(x)$ 的不动点.

其次证明 x^* 的唯一性. 若 $x_1^*, x_2^* \in [a,b]$ 都是 $\varphi(x)$ 的不动点,即 $x_1^* = \varphi(x_1^*)$, $x_2^* = \varphi(x_2^*)$,且 $x_1^* \neq x_2^*$ 则由已知条件(3.3.5)得

$$|x_1^* - x_2^*| = |\varphi(x_1^*) - \varphi(x_2^*)| \leqslant L|x_1^* - x_2^*| < |x_1^* - x_2^*|,$$

矛盾! 这表明 $x_1^* = x_2^*$,即不动点是唯一的.

然后证明收敛性,即要证由式(3.3.2)生成的迭代序列 $\{x_k\}$ 收敛于 $\varphi(x)$ 的唯一不动点 x^*. 因为 $\varphi(x) \in [a,b]$,所以 $\{x_k\} \subset [a,b]$,再由已知条件(3.3.5),得

$$\begin{aligned}|x^* - x_k| &= |\varphi(x^*) - \varphi(x_{k-1})| \leqslant L|x^* - x_{k-1}| \\ &\leqslant L^2|x^* - x_{k-2}| \leqslant \cdots \leqslant L^k|x^* - x_0|,\end{aligned} \tag{3.3.8}$$

因为 $0 < L < 1$,所以 $\lim\limits_{k\to\infty}|x^* - x_k| = 0$, 即 $\lim\limits_{x\to\infty} x_k = x^*$.

最后证明估计式(3.3.6)和(3.3.7). 因为

$$\begin{aligned}|x_{k+1} - x_k| &= |(x^* - x_k) - (x^* - x_{k+1})| \geqslant |x^* - x_k| - |x^* - x_{k+1}| \\ &\geqslant |x^* - x_k| - L|x^* - x_k| \\ &= (1-L)|x^* - x_k|,\end{aligned}$$

所以得

$$|x^* - x_k| \leqslant \frac{1}{1-L}|x_{k+1} - x_k|.$$

注意到

$$\begin{aligned}|x_{k+1} - x_k| &= |\varphi(x_k) - \varphi(x_{k-1})| \leqslant L|x_k - x_{k-1}| \\ &\leqslant L^2|x_{k-1} - x_{k-2}| \leqslant \cdots \leqslant L^k|x_1 - x_0|,\end{aligned}$$

利用上式第一个不等式,可得式(3.3.6),再利用最后一个不等式可得式(3.3.7). 证毕!

注 1　式(3.3.6)称为**事后估计**. 对给定的精度 ε,由式(3.3.6)解得

$$|x_k - x_{k-1}| \leqslant \frac{1-L}{L}\varepsilon. \tag{3.3.9}$$

由此可知, 只要相邻两次计算结果的偏差 $|x_k - x_{k-1}|$ 足够小, 那么就可保证近似值 x_k 具有足够的精度. 实际计算过程中,常用条件 $|x_k - x_{k-1}| < \varepsilon$ 来判断迭代过程是否结束.

式(3.3.7)称为**先验估计**,它可用来估计达到精度 ε 所需的迭代次数 k:由

$$\frac{L^k}{1-L}|x_1 - x_0| < \varepsilon$$

解得迭代次数应满足

$$k \geqslant \ln\left[\frac{(1-L)\varepsilon}{|x_1-x_0|}\right]/\ln L. \tag{3.3.10}$$

例如,在例 3.2.1 中,若要求近似根的误差不超过10^{-4},只要使 k 满足

$$\frac{L^k}{1-L}|x_1-x_0| \leqslant 10^{-4}.$$

将 $x_0=1.5, x_1=1.4422, L=\max\limits_{1\leqslant x\leqslant 2}|\varphi_1'(x)| \leqslant \frac{2}{3}\frac{1}{\sqrt[3]{2}} \approx 0.46224$ 代入上式,解得 $k \geqslant 8.96$,即迭代 9 次即可.

注 2　从估计式(3.3.8)可以看出,常数 L 越小,收敛速度越快.

在实际应用中,要验证函数 $\varphi(x)$是否满足 Lipschitz 条件比较困难,因此常常采用下面的充分条件代替 Lipschitz 条件.

推论　设 $\varphi(x)\in C^1[a,b]$(表示 $\varphi(x)$在$[a,b]$上具有一阶连续导数),若

$$\max_{a\leqslant x\leqslant b}|\varphi'(x)| \leqslant L < 1, \tag{3.3.11}$$

则定理 3.3.1 中结论成立.

证明　由微分中值定理可得,对任意 $x, y\in[a,b]$,有

$$|\varphi(x)-\varphi(y)| = |\varphi'(\xi)(x-y)| \leqslant \max_{a\leqslant x\leqslant b}|\varphi'(x)||x-y| \leqslant L|x-y|,$$

其中 ξ 介于x 与y 之间,故式(3.3.5)成立,证毕!

注　若对任意 $x\in(a,b)$,都有 $\varphi'(x)\geqslant 1$,只要初值 $x_0\in[a,b]$, $x_0\neq x^*$,则由式(3.3.2)生成的迭代序列$\{x_k\}$都是发散的.事实上,因为

$$|x_{k+1}-x_k| = |\varphi(x_k)-\varphi(x_{k-1})| = |\varphi'(\xi)||x_k-x_{k-1}| \geqslant |x_k-x_{k-1}|,$$

其中 ξ 介于x_{k-1}与 x_k 之间,所以

$$|x_{k+1}-x_k| \geqslant |x_1-x_0| \neq 0,$$

故迭代序列$\{x_k\}$发散.

例 3.3.2　讨论例 3.3.1 中,方法 1 及方法 2 迭代序列的敛散性.

解　对于方法 1,迭代函数 $\varphi_1(x)=\sqrt[3]{-2x+6}$.在$[1,2]$中,$\varphi_1(x)\in[\sqrt[3]{2},\sqrt[3]{4}]\subset(1,2)$,且 $\varphi'_1(x)=-\frac{2}{3}(6-2x)^{-\frac{2}{3}}$.而

$$\max_{1\leqslant x\leqslant 2}|\varphi_1'(x)| \leqslant \frac{2}{3}\frac{1}{\sqrt[3]{2}} < 1,$$

故迭代格式(3.3.3)产生的迭代序列$\{x_k\}$收敛.

对于方法 2,迭代函数 $\varphi_2(x)=3-\frac{x^3}{2}$, $\varphi'_2(x)=-\frac{3}{2}x^2$.在区间$[1,2]$中,$|\varphi'_2(x)|>1$,故迭代格式(3.3.4)是发散的.

3.3.2　局部收敛性与收敛阶

很多迭代格式只在根 x^* 邻近收敛，即初值 x_0 必须取在 x^* 的邻近。若 x_0 离根 x^* 较远，所用迭代格式有可能发散，因此有下列局部收敛性的概念：

定义 3.3.2　设 $\varphi(x)$在某区间 I 上有不动点x^*，若存在 x^* 的一个邻域

$$U = U(x^*, \delta) = \{x \in I \mid |x - x^*| < \delta\} \subset I,$$

对$\forall x_0 \in U$，迭代法(3.3.2)产生的序列$\{x_k\} \subset U$，且收敛于 x^*，则称迭代序列$\{x_k\}$在根x^*附近**局部收敛(locally convergent)**.

定理 3.3.2　设 x^* 为 $\varphi(x)$的不动点，$\varphi'(x)$在 x^* 的邻域 U 内连续，且$|\varphi'(x^*)| < 1$，则迭代法(3.3.2)局部收敛.

证明　由 $\varphi'(x)$的连续性知，存在 $U(x^*, \delta) = \{x \in I \mid |x - x^*| < \delta\} \subset I$，使

$$\max_{x \in U} |\varphi'(x)| \leqslant L < 1,$$

并有

$$|\varphi(x) - x^*| = |\varphi(x) - \varphi(x^*)| = |\varphi'(\xi)(x - x^*)| \leqslant L|x - x^*| < \delta.$$

因此对任意 $x \in U$，有 $\varphi(x) \in U$，故 $\varphi(x)$在区间 $U = [x^* - \delta, x^* + \delta]$上满足定理3.3.1的推论条件，于是由式(3.3.2)生成的序列$\{x_k\}$对$\forall x_0 \in U$ 均收敛于 x^*. 证毕!

例 3.3.3　构造不同的迭代法求 $x^2 - 3 = 0$ 的根 $x^* = \sqrt{3}$.

解　(1) 构造迭代公式 $x_{k+1} = \dfrac{3}{x_k}$，$k = 0,1,2,\cdots$，则迭代函数为 $\varphi(x) = \dfrac{3}{x}$.

因为

$$\varphi'(x) = -\frac{3}{x^2}, \quad \varphi'(x^*) = -1,$$

所以 $\varphi(x)$不满足定理 3.3.2 的条件.

(2) 构造迭代公式 $x_{k+1} = x_k - \dfrac{1}{4}(x_k^2 - 3)$，$k = 0,1,2,\cdots$，则迭代函数为

$$\varphi(x) = x - \frac{1}{4}(x^2 - 3).$$

因为

$$\varphi'(x) = 1 - \frac{1}{2}x, \quad \varphi'(x^*) = \varphi'(\sqrt{3}) = 1 - \frac{\sqrt{3}}{2} = 0.134 < 1,$$

所以由定理 3.3.2 知，迭代法

$$x_{k+1} = x_k - \frac{1}{4}(x_k^2 - 3), \quad k = 0,1,2,\cdots$$

局部收敛.

(3) 构造迭代公式 $x_{k+1}=\frac{1}{2}(x_k+\frac{3}{x_k})$, $k=0,1,2,\cdots$,则迭代函数为 $\varphi(x)=\frac{1}{2}\left(x+\frac{3}{x}\right)$.

因为

$$\varphi'(x)=\frac{1}{2}\left(1-\frac{3}{x^2}\right),\quad \varphi'(x^*)=\varphi'(\sqrt{3})=0,$$

所以由定理3.3.2知,迭代法

$$x_{k+1}=\frac{1}{2}\left(x_k+\frac{3}{x_k}\right),\quad k=0,1,2,\cdots$$

收敛.

若取 $x_0=2$,分别用上述3种迭代计算,结果见表3.3.2,$\sqrt{3}=1.7320508\cdots$.从表3.3.2看到迭代法(1)不收敛,迭代法(2)和迭代法(3)收敛,且迭代法(3)收敛最快.

表 3.3.2

k	x_k	迭代法(1)	迭代法(2)	迭代法(3)
0	x_0	2	2	2
1	x_1	1.5	1.75	1.75
2	x_2	2	1.73475	1.732143
3	x_3	1.5	1.732361	1.732051
⋮	⋮	⋮	⋮	⋮

实际应用中,一般 x^* 事先不知道,故 $|\varphi'(x^*)|<1$ 难以验证,但如果在根 x^* 的某个小邻域内,存在 x_0,则可用 $|\varphi'(x_0)|<1$ 来代替 $|\varphi'(x^*)|<1$.

为了描述序列 $\{x_k\}$ 收敛的快慢,引入收敛阶的概念.一个具有实用价值的迭代法,不仅要求它收敛,而且还要求它收敛比较快.迭代收敛的速度是指迭代误差的下降速度.在定理3.3.1中我们知道 L 越小,收敛越快,但要准确反映收敛速度,还需要引进收敛阶(order of convergence)的概念,它是衡量迭代好坏的标志之一.

定义 3.3.3　设序列 $\{x_k\}$ 收敛到 x^*,记误差 $e_k=x^*-x_k$,若存在实数 $p\geqslant1$ 及 $c>0$,使

$$\lim_{k\to\infty}\frac{|e_{k+1}|}{|e_k|^p}=c,\tag{3.3.12}$$

则称序列$\{x_k\}$是**按渐进误差常数c,p阶收敛到x^*(converge to x^* of order p with asymptotic error constant c)**.

特别地,当$p=1$且$0<c<1$时,称$\{x_k\}$为**线性收敛(linearly convergent)**;

当$p=2$时,称$\{x_k\}$为**平方收敛(quadratically convergent)**;

当$p>1$时,称$\{x_k\}$为**超线性收敛(superlinarly convergent)**.

显然,数p的大小反映了收敛速度的快慢;p越大,则收敛越快.因此迭代法的收敛阶是对收敛速度的一种度量.

定理3.3.3 设x^*为$\varphi(x)$的不动点,整数$p>1$,$\varphi^{(p)}(x)$在x^*的邻域连续,且满足

$$\varphi'(x^*)=\cdots=\varphi^{(p-1)}(x^*)=0 \quad 而 \quad \varphi^{(p)}(x^*)\neq 0, \tag{3.3.13}$$

则由迭代法(3.3.2)产生的序列$\{x_k\}$在x^*的邻域内是p阶收敛的,并有

$$\lim_{k\to\infty}\frac{|e_{k+1}|}{|e_k|^p}=\frac{|\varphi^{(p)}(x^*)|}{p!}\neq 0. \tag{3.3.14}$$

证明 由于$p>1$,故$\varphi'(x^*)=0$,由定理3.3.2可知$\{x_k\}$局部收敛,对x^*邻域中的初始近似值$x_0\neq x^*$,由式(3.3.2)迭代到$x_k\neq x^*$,将$\varphi(x_k)$在x^*处按Taylor展开,得

$$\varphi(x_k)=\varphi(x^*)+\varphi'(x^*)(x_k-x^*)+\cdots+\frac{\varphi^{(p-1)}(x^*)}{(p-1)!}(x_k-x^*)^{p-1}$$
$$+\frac{\varphi^{(p)}(\xi)}{p!}(x_k-x^*)^p,$$

其中ξ介于x_k与x^*之间.

由式(3.3.13)得

$$x^*-x_{k+1}=\varphi(x^*)-\varphi(x_k)=-\frac{\varphi^{(p)}(\xi)}{p!}(x_k-x^*)^p$$
$$=(-1)^{p+1}\frac{\varphi^{(p)}(\xi)}{p!}(x^*-x_k)^p,$$

即

$$\frac{e_{k+1}}{e_k^p}=\frac{(-1)^{p+1}\varphi^{(p)}(\xi)}{p!}.$$

由$\varphi^{(p)}(x)$的连续性,上式两边取绝对值,再取极限$k\to\infty$,即得式(3.3.14).

特别地,

(1) 当$|\varphi'(x^*)|<1$,但$\varphi'(x^*)\neq 0$时,序列$\{x_k\}$线性收敛;

(2) 当$\varphi'(x^*)=0$, 但$\varphi''(x^*)\neq 0$时,序列$\{x_k\}$平方收敛.

根据定理3.3.3的结论,例3.3.2中迭代法(3)的$\varphi'(x^*)=0$,而$\varphi''(x)=3/x^3$,$\varphi''(x^*)=1/\sqrt{3}\neq 0$,故知$p=2$,即该迭代序列是平方收敛的.

3.3.3 迭代法加速

不动点迭代式(3.3.2)通常只有线性收敛,有时甚至不收敛,为加速迭代法的收敛速度,通常可采用 Steffensen(斯特芬森)加速迭代(Steffensen's acceleration).

设 $x^* = \varphi(x^*)$是 $\varphi(x)$的不动点,记 $e_k = x^* - x_k$,利用中值定理有

$$\frac{e_{k+1}}{e_k} = \frac{x^* - x_{k+1}}{x^* - x_k} = \frac{\varphi(x^*) - \varphi(x_k)}{x^* - x_k} = \varphi'(\xi_k),$$

ξ_k 介于x_k 与x^*之间.通常 $\varphi'(\xi_k)$依赖于 k,若 $\varphi'(x)$变化不大,设 $\varphi'(\xi_k) \approx C$,于是有

$$x^* - x_{k+1} \approx C(x^* - x_k),$$
$$x^* - x_{k+2} \approx C(x^* - x_{k+1}).$$

从上两式消去 C,则得

$$\frac{x^* - x_{k+2}}{x^* - x_{k+1}} \approx \frac{x^* - x_{k+1}}{x^* - x_k}$$

或

$$(x^* - x_{k+2})(x^* - x_k) \approx (x^* - x_{k+1})^2.$$

解得

$$x^* \approx \frac{x_{k+2}x_k - x_{k+1}^2}{x_{k+2} - 2x_{k+1} + x_k} = x_k - \frac{(x_{k+1} - x_k)^2}{x_{k+2} - 2x_{k+1} + x_k}.$$

若记

$$\bar{x}_{k+1} = x_k - \frac{(x_{k+1} - x_k)^2}{x_{k+2} - 2x_{k+1} + x_k}, \quad k = 0,1,\cdots, \tag{3.3.15}$$

则用序列$\{\bar{x}_k\}$作为不动点x^*的新的近似值序列,一般它比迭代法(3.3.2)收敛更快.迭代法(3.3.15)可改写为下列形式:

$$\begin{cases} y_k = \varphi(x_k), \quad z_k = \varphi(y_k), \\ x_{k+1} = x_k - \dfrac{(y_k - x_k)^2}{z_k - 2y_k + x_k}, \quad k = 0,1,\cdots, \end{cases} \tag{3.3.16}$$

称为 **Steffensen 迭代法**(**Steffensen's iterative method**),它是将原不动点迭代式(3.3.2)计算两次合并成一步得到,可改为另一种不动点迭代格式

$$x_{k+1} = \psi(x_k), \tag{3.3.17}$$

其中

$$\psi(x) = x - \frac{[\varphi(x) - x]^2}{\varphi(\varphi(x)) - 2\varphi(x) + x}. \tag{3.3.18}$$

Steffensen 迭代法具有比不动点迭代法更高的收敛速度，特别地，这种迭代方法还能使原来发散的迭代法变为收敛的迭代法.

定理 3.3.4　若 x^* 为式(3.3.18)定义的函数 $\psi(x)$ 的不动点，则 x^* 为 $\varphi(x)$ 的不动点.反之，若 x^* 是 $\varphi(x)$ 的不动点，设 $\varphi''(x)$ 在 x^* 处连续，且 $\varphi'(x^*)\neq 1$，则 x^* 是 $\psi(x)$ 的不动点，且 Steffensen 迭代法(3.3.16)是平方收敛的.(证明见文献[3])

例 3.3.4　试用 Steffensen 迭代法求方程 $f(x)=x^3+2x-6=0$ 的根的近似值.

解法 1　原方程变形为 $x=\sqrt[3]{-2x+6}$，此时迭代函数为 $\varphi(x)=\sqrt[3]{-2x+6}$. 以该迭代公式形成的 Steffensen 迭代公式为

$$\begin{cases} y_k = \sqrt[3]{-2x_k+6}, \\ z_k = \sqrt[3]{-2y_k+6}, \\ x_{k+1} = x_k - \dfrac{(y_k-x_k)^2}{z_k-2y_k+x_k}, \end{cases} \quad k=0,1,2,\cdots.$$

结果见表 3.3.3.

表 3.3.3

k	x_k	y_k	z_k
0	1.50000	1.44224957	1.46052600
1	1.45613245	1.45617424	1.45616110
2	1.45616425	1.45616424	1.45616425
3	1.45616425	1.45616425	1.45616425

与例 3.3.2 相比，可知本方法的收敛速度更快.实际上，原迭代法是线性收敛，现在的方法是平方收敛的.

解法 2　原方程变形为 $x=3-\dfrac{x^3}{2}$，此时迭代函数为 $\varphi(x)=3-\dfrac{x^3}{2}$，例 3.3.2 曾指出，迭代公式 $x_{k+1}=3-\dfrac{x_k^3}{2}$ 是发散的.以该迭代公式形成的 Steffensen 迭代公式为

$$\begin{cases} y_k = 3-\dfrac{x_k^3}{2}, \\ z_k = 3-\dfrac{y_k^3}{2}, \\ x_{k+1} = x_k - \dfrac{(y_k-x_k)^2}{z_k-2y_k+x_k}, \end{cases}$$

结果见表 3.3.4.

表 3.3.4

k	x_k	y_k	z_k
0	1.50000	1.31250000	1.86950684
1	1.45277914	1.46690596	1.42174626
2	1.45614529	1.45622454	1.45597247
3	1.45616425	1.45616425	1.45616424
4	1.45616425	1.45616425	1.45616425

此迭代法是收敛的.此例表明,即使不收敛的迭代法,用 Steffensen 加速迭代后仍可能收敛.

3.4　Newton 迭代法

不动点迭代法求解非线性方程近似根有两个缺点:一是选择迭代函数,并验证收敛性比较麻烦;二是这种迭代法收敛速度较慢.Newton① 迭代法(Newton's iterative method)采用另一种迭代格式,其基本思想就是将非线性方程 $f(x)=0$ 近似转化为线性方程求解,具有较快的收敛速度,Newton 迭代法是求解非线性方程 $f(x)=0$ 的一种重要而常用的迭代法.

3.4.1　Newton 迭代法及其收敛性

设 x_0 是方程 $f(x)=0$ 的初始近似根,如果 $f''(x)$ 存在且连续,那么函数 $f(x)$ 在 x_0 处的一阶 Taylor 展开式为

$$f(x)=f(x_0)+f'(x_0)(x-x_0)+\frac{f''(\xi)}{2!}(x-x_0)^2,\quad \xi\text{ 介于 }x\text{ 与 }x_0\text{ 之间}.$$

忽略余项,得方程 $f(x)=0$ 的在 x_0 附近的线性近似

$$f(x)\approx f(x_0)+f'(x_0)(x-x_0)=0.$$

上式右端是 x 的线性方程,若 $f'(x_0)\neq 0$,解得

① 牛顿(Isaac Newton,1642～1727)是英国数学家、物理学家、天文学家、哲学家.他在众多领域,尤其在物理学、天文学和数学方面做出了杰出的贡献,被公认为有史以来最伟大的科学家之一.

$$x = x_0 - \frac{f(x_0)}{f'(x_0)},$$

记作 x_1,即

$$x_1 = x_0 - \frac{f(x_0)}{f'(x_0)},$$

它可作为 $f(x)=0$ 新的近似根.重复以上过程,并假设 $f'(x_k)\neq 0$,得

$$x_{k+1} = x_k - \frac{f(x_k)}{f'(x_k)}, \quad k = 0,1,2,\cdots. \tag{3.4.1}$$

称式(3.4.1)为 **Newton 迭代公式(Newton's iterative formula)**,其迭代函数为

$$\varphi(x) = x - \frac{f(x)}{f'(x)}.$$

几何意义 求方程 $f(x)=0$ 的根 x^*,几何上就是求曲线 $y=f(x)$ 与 x 轴交点的横坐标 x^*.若已知 x^* 的一个近似 x_k,通过点 $(x_k,f(x_k))$ 作曲线 $y=f(x)$ 的切线,其切线方程为

$$y - f(x_k) = f'(x_k)(x - x_k),$$

该切线与 x 轴交点的横坐标(令 $y=0$,解出 x)正好是

$$x_k - \frac{f(x_k)}{f'(x_k)},$$

记为 x_{k+1},即有

$$x_{k+1} = x_k - \frac{f(x_k)}{f'(x_k)},$$

这就是 Newton 迭代公式,如图 3.4.1 所示.鉴于此,Newton 迭代法也称为**切线法(tangent method)**.

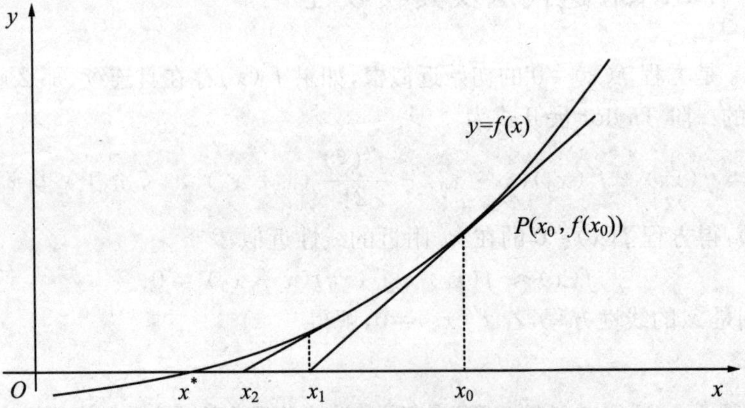

图 3.4.1

例 3.4.1 用 Newton 迭代法求方程 $f(x)=x^3+2x-6=0$ 在 1.5 附近的根.

解 因为

$$f(x)=x^3+2x-6,\quad f'(x)=3x^2+2,$$

所以相应的 Newton 迭代公式为

$$x_{k+1}=x_k-\frac{f(x_k)}{f'(x_k)}=x_k-\frac{x_k^3+2x_k-6}{3x_k^2+2},\quad k=0,1,2,\cdots.$$

取初值 $x_0=1.5$,迭代结果见表 3.4.1.

表 3.4.1

k	0	1	2	3	4
x_k	1.5	1.457142857142857	1.456164746206685	1.456164246136039	1.456164246135909

可见,Newton 迭代法的收敛速度很快.

例 3.4.2 用 Newton 迭代法求 $x=e^{-x}$ 在 $x=0.5$ 附近的根.

解 $f(x)=xe^x-1,x_{k+1}=x_k-\dfrac{x_ke^{x_k}-1}{e^{x_k}(1+x_k)},\quad k=0,1,2,\cdots.$

取初值 $x_0=0.5$,迭代结果见表 3.4.2.

表 3.4.2

k	0	1	2	3	4
x_k	0.5	0.5710204398	0.5671555687	0.5671432905	0.5671432904

若取初值 $x_0=-1.5$,迭代发散,见表 3.4.3.

表 3.4.3

k	0	1	2	3
x_k	-1.5	-13.463378	-5.643480×10^4	-Inf

例 3.4.2 说明,对 Newton 迭代法,初值选取非常重要,选择得好,迭代收敛且收敛速度快;反之,可能迭代发散.

关于 Newton 迭代法的收敛性有以下的局部收敛定理:

定理 3.4.1 设函数 $f(x)$ 在 x^* 附近有二阶连续导数,若 x^* 是方程 $f(x)=0$ 的一个单根(simple root),即 $f(x^*)=0$,但 $f'(x^*)\neq0$,则 Newton 迭代法(3.4.1)至少是平方收敛的.

证明 由式(3.4.1)知,迭代函数 $\varphi(x)=x-\dfrac{f(x)}{f'(x)}$.因为

$$\varphi'(x)=\frac{f(x)f''(x)}{[f'(x)]^2},\quad \varphi'(x^*)=0,\tag{3.4.2}$$

所以由定理 3.3.3 可知，Newton 迭代法(3.4.1)至少是平方收敛的.证毕！

注 定理 3.4.1 表明 Newton 法收敛速度很快，但是对初值要求比较高，当 x_0 必须足够靠近 x^* 时，才能保证迭代序列局部收敛.下面给出初值 x_0 在较大范围内收敛的一个充分条件：

定理 3.4.2 设函数 $f(x)\in C^2[a,b]$，且满足条件：

(1) $f(a)f(b)<0$；

(2) 当 $x\in[a,b]$ 时，$f'(x)\neq 0$；

(3) 当 $x\in[a,b]$ 时，$f''(x)$ 不变号；

(4) 任意初值 $x_0\in[a,b]$，使 $f(x_0)f''(x_0)>0$，

则由 Newton 迭代格式(3.4.1)确定的序列 $\{x_k\}$ 收敛于 $f(x)$ 在区间 $[a,b]$ 内唯一的根 x^*.

证明 首先证明根的存在性.由条件(1)及 $f(x)$ 连续，知 $f(x)=0$ 在 (a,b) 内至少有一根，由条件(2)知，$f(x)$ 是单调函数，因此方程 $f(x)=0$ 在 (a,b) 内有唯一根 x^*.

然后证明收敛性.不妨设 $f(a)<0$，$f(b)>0$，$f'(x)>0$，$f''(x)>0$（图 3.4.2)，由

$$f(x_0)f''(x_0)>0$$

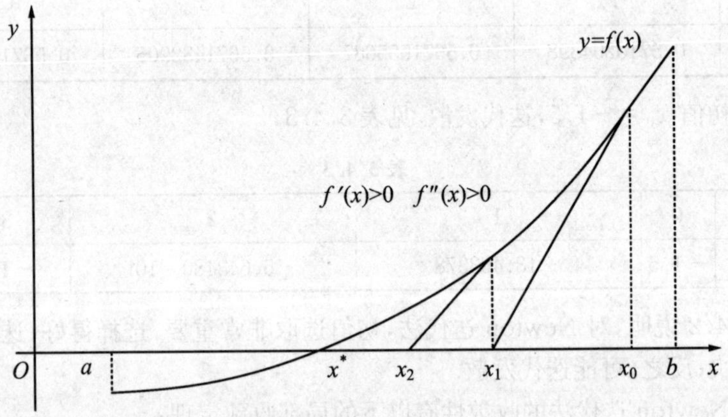

图 3.4.2

知

$$x_0\in[x^*,b],\quad f(x_0)>0,\quad f''(x_0)>0,\quad f'(x_0)>0.$$

于是有

$$x_1 = x_0-\frac{f(x_0)}{f'(x_0)}<x_0,$$

即

$$0 = f(x_0) + f'(x_0)(x_1 - x_0).$$

另一方面,

$$0 = f(x^*) = f(x_0) + f'(x_0)(x^* - x_0) + \frac{1}{2}f''(\xi)(x^* - x_0)^2.$$

上面两式相减,得

$$x^* - x_1 = -\frac{1}{2}\frac{f''(\xi)}{f'(x_0)}(x^* - x_0)^2 < 0.$$

因此 $x^* < x_1 < x_0$,再以 x_1 代替 x_0 继续上述过程,有

$$x^* < \cdots < x_n < x_{n-1} < \cdots < x_1 < x_0,$$

故序列$\{x_n\}$是单调减少且有下界的数列,故必有极限,记$\lim\limits_{n\to\infty}x_n = a$,由

$$x_{n+1} = x_n - \frac{f(x_n)}{f'(x_n)},\quad n = 1,2,\cdots,$$

知:当 $n\to\infty$时,可得 $f(a)=0$.由根的唯一性,知 $a=x^*$.

例 3.4.3　用 Newton 迭代法求方程 $x=\cos x$ 在$\left[0,\frac{\pi}{2}\right]$内的实根,讨论收敛性,并要求$|x_{k+1}-x_k|<10^{-5}$.

解　设 $f(x)=x-\cos x$,则 $f(0)f\left(\frac{\pi}{2}\right)<0$.当 $x\in\left[0,\frac{\pi}{2}\right]$时,有

$$f'(x) = \sin x > 0,\quad f''(x) = \cos x > 0.$$

取 $x_0=1\in\left[0,\frac{\pi}{2}\right]$,有 $f(x_0)f''(x_0)>0$.由定理 3.4.2 知:相应的 Newton 迭代公式

$$x_{k+1} = x_k - \frac{x_k - \cos x_k}{1 + \sin x_k},\quad k = 0,1,2,\cdots,$$

收敛.

且 $x_4=0.7390851332$ 为满足精度要求的近似根(表 3.4.4).

表 3.4.4

k	0	1	2	3	4
x_k	1	0.7503638678	0.7391128909	0.7390851334	0.7390851332

例 3.4.4　(1) 设 $a>0$,求平方根$\sqrt{a}$的过程可化为解方程 $x^2-a=0$.若用 Newton 法求解,证明对任何初值 $x_0>0$,相应的 Newton 迭代公式都收敛于$\sqrt{a}$.

(2) 求$\sqrt{2}$的近似值.

证　(1) 对 $f(x)=x^2-a$,Newton 迭代公式为

$$x_{k+1} = \frac{1}{2}\left(x_k + \frac{a}{x_k}\right),\quad k = 0,1,2,\cdots. \tag{3.4.3}$$

由此可得

$$x_{k+1}-\sqrt{a}=\frac{1}{2x_k}(x_k^2-2x_k\sqrt{a}+a)=\frac{1}{2x_k}(x_k-\sqrt{a})^2.$$

故对任意的 $x_0>0$,均有 $x_k>\sqrt{a}(k=1,2,\cdots)$.又因为

$$x_{k+1}-x_k=-\frac{1}{2x_k}(x_k^2-a)<0,$$

所以由式(3.4.3)产生的迭代序列$\{x_k\}$单调递减且有下界,从而迭代序列$\{x_k\}$的极限存在,记其极限为 x^*.对式(3.4.3)两边取极限得 $x^*=\frac{1}{2}\left(x^*+\frac{a}{x^*}\right)$,解得 $x^*=\sqrt{a}$.

这是在计算机上作开方运算的一个实际有效的方法,它每步迭代做一次除法和一次加法再做一次移位即可,计算量少,收敛速度快.

(2) 此时 $a=2$,代入式(3.4.3),取初值 $x_0=1.5$,得

$$x_1=1.41666667,\quad x_2=1.414215686,\quad x_3=1.414213562,$$

与$\sqrt{2}$的精确值相比较,x_3 是具有 10 位有效数字的近似值.

例 3.4.5(悬索垂度与张力计算) 公路和铁路设计中常出现高架悬索桥梁,由于桥梁的重量,在设计中需计算各个支撑部件所承受的张力.设高架悬索系统如图 3.4.3,其中 a 表示悬索的跨度,x 是悬索的垂度,m 是悬索承受的质量.

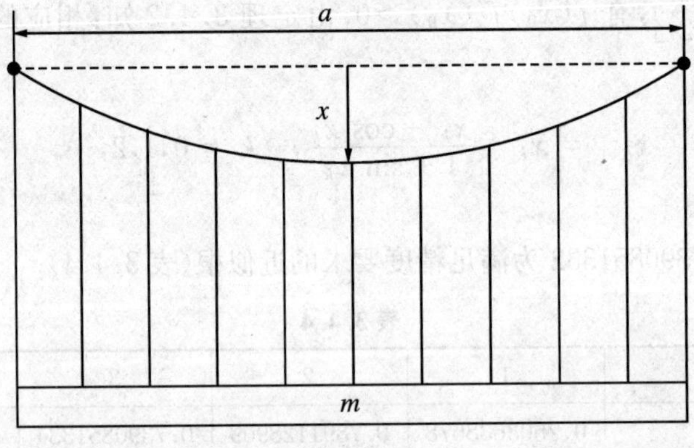

图 3.4.3

解 设悬索承受的重量是均匀分布的,$g=9.78\ \mathrm{m/s^2}$ 表示重力加速度,则悬索承受的负荷密度为 $w=\frac{mg}{a}$.若不计温度变化的影响,悬索端点的张力 T 由公式

$$T=\frac{wa}{2}\sqrt{1+\left(\frac{a}{x}\right)^2}$$

确定;为此需计算悬索垂度 x.设悬索长度为 $L>a$,垂度 x 近似满足如下的非线性

代数方程：

$$L = a\left[1 + \frac{8}{3}\left(\frac{x}{a}\right)^2 - \frac{32}{5}\left(\frac{x}{a}\right)^4 + \frac{256}{7}\left(\frac{x}{a}\right)^6\right]$$

不妨设 $a=120$ m，$L=125$ m，$m=1500$ kg，则悬索的负荷密度 $w=122.25$ N/m. 采用 Newton 迭代法求解非线性方程，取迭代初值 $x_0=a/2$，误差精度 $\varepsilon=10^{-6}$ 开始计算，迭代到第 7 步，得到结果 $x=15.27$ m，悬索端点承受张力 $T=16168.50$ N.

由张力计算公式知：悬索的垂度 x 越大，悬索受到的张力 T 越小，因此可调节悬索的长度 L，增加悬索的垂度 x，减小其承受的张力 T. 表 3.4.5 显示了对于悬索的不同长度，数值计算所得悬索的垂度及其端点所受的张力.

表 3.4.5

L/m	125	130	135	140	145	150
x/m	15.27	21.94	27.19	31.63	35.45	38.75
T/N	16168.5	12426.8	10922.1	10109.1	9608.6	9275.9

3.4.2 Newton 迭代法求重根

设 x^* 为方程 $f(x)=0$ 的 m 重根，由定义 3.1.2 及定理 3.1.1 知：$f(x)$ 在 x^* 的某领域内可表示为

$$f(x) = (x - x^*)^m g(x), \quad \lim_{x \to x^*} g(x^*) \neq 0 \tag{3.4.4}$$

其中，$m(m \geqslant 2)$ 是正整数. 且有 $f(x^*) = f'(x^*) = \cdots = f^{(m-1)}(x^*) = 0$，$f^{(m)}(x^*) \neq 0$. Newton 法的迭代函数 $\varphi(x) = x - \dfrac{f(x)}{f'(x)}$. 因为

$$\varphi'(x^*) = 1 - \frac{1}{m} \neq 0, \tag{3.4.5}$$

且 $|\varphi'(x^*)| < 1$，所以由定理 3.3.3 知：Newton 迭代法求重根时仍收敛，但只是线性收敛的.

下面将对 Newton 迭代法加以改进，使得改进的 Newton 迭代法求重根时是平方收敛的.

若根 x^* 的重数 m 已知，则可将 Newton 迭代法改写为

$$x_{k+1} = x_k - m\frac{f(x_k)}{f'(x_k)}, \quad k = 0,1,2,\cdots, \tag{3.4.6}$$

其迭代函数为

$$\varphi(x) = x - m\frac{f(x)}{f'(x)}. \tag{3.4.7}$$

由式(3.4.5)得

$$\varphi'(x^*) = 1 - \frac{1}{m} \times m = 0,$$

由定理3.3.3知:迭代公式(3.4.6)至少平方收敛.称式(3.4.6)为**改进的Newton迭代法(modified Newton iterative method)**.

若根 x^* 的重数 m 未知,令

$$\mu(x) = \frac{f(x)}{f'(x)}, \tag{3.4.8}$$

由式(3.4.4)得

$$\mu(x) = \frac{(x - x^*)g(x)}{mg(x) + (x - x^*)g'(x)}, \tag{3.4.9}$$

容易验证 x^* 是方程 $\mu(x)=0$ 的单根,对它应用Newton迭代法,迭代函数为

$$\varphi(x) = x - \frac{\mu(x)}{\mu'(x)} = x - \frac{f(x)f'(x)}{[f'(x)]^2 - f(x)f''(x)} \tag{3.4.10}$$

从而可构造迭代格式

$$x_{k+1} = x_k - \frac{f(x_k)f'(x_k)}{[f'(x_k)]^2 - f(x_k)f''(x_k)}, \quad k = 0,1,2,\cdots \tag{3.4.11}$$

因为Newton迭代法求单根时是至少平方收敛的,所以迭代公式(3.4.11)求 x^* 也是至少平方收敛的.

例3.4.6 已知 $x^*=2$ 是方程 $x^3-3x^2+4=0$ 的二重根,试用Newton迭代法及迭代法(3.4.6)、(3.4.11)三种方法求根 $x^*=2$ 的近似值.

解 $f(x)=x^3-3x^2+4, f'(x)=3x^2-6x, f''(x)=6x-6,$

方法1:Newton迭代法

$$x_{k+1} = x_k - \frac{x_k^3 - 3x_k^2 + 4}{3x_k^2 - 6x_k}, \quad k = 0,1,2,\cdots.$$

方法2:迭代法(3.4.6)

$$x_{k+1} = x_k - 2\frac{x_k^3 - 3x_k^2 + 4}{3x_k^2 - 6x_k}, \quad k = 0,1,2,\cdots.$$

方法3:迭代法(3.4.11)

$$x_{k+1} = x_k - \frac{x_k^3 - x_k^2 - 2x_k}{x_k^2 + 2}, \quad k = 0,1,2,\cdots.$$

取初值 $x=1.5$,结果见表3.4.6.

表 3.4.6

x_k	方法 1	方法 2	方法 3
x_1	1.7777778	2.0555556	1.9411765
x_2	1.8935185	2.0005006	1.9994001
x_3	1.9477573	2.0000001	2.0000000
x_4	1.9741122	2.0000000	2.0000000

方法 2 与方法 3 均达到10^{-9}精确度,而方法 1 只有线性收敛,要达到相同精度需迭代 16 次.

3.5 弦 截 法

Newton 迭代法对于单根的求解具有收敛快、稳定性好、精度高等优点,它是求解非线性方程的最有效的方法之一.但在应用迭代公式时,每步迭代都要计算函数值与导数值,计算量较大.当导数值 $f'(x_k)$计算困难时,Newton 迭代法将无法进行.

注意到

$$f'(x_k) = \lim_{x \to x_k} \frac{f(x) - f(x_k)}{x - x_k},$$

因为 Newton 迭代序列$\{x_k\}_{k=0}^{\infty}$是收敛的,当 k 充分大时,有

$$f'(x_k) \approx \frac{f(x_k) - f(x_{k-1})}{x_k - x_{k-1}},$$

代入式(3.4.1),则得离散的 Newton 迭代法

$$x_{k+1} = x_k - \frac{f(x_k)}{f(x_k) - f(x_{k-1})}(x_k - x_{k-1}), \quad k = 1,2,\cdots. \tag{3.5.1}$$

并称式(3.5.1)为**弦截法(secant method)**.

几何意义 通过曲线 $y = f(x)$上两点$(x_{k-1}, f(x_{k-1}))$,$(x_k, f(x_k))$作割线,方程为

$$y = f(x_k) + \frac{f(x_k) - f(x_{k-1})}{x_k - x_{k-1}}(x - x_k),$$

其割线与 x 轴交点的横坐标恰好是式(3.5.1)中的 x_{k+1},如图 3.5.1 所示,因而迭代法(3.5.1)又称为**割线法**.

弦截法与 Newton 迭代法不同,它需要给出 x_0, x_1 两个初始值,才能启动迭代过程,因此称之为多步迭代法.关于弦截法的收敛性有以下结果:

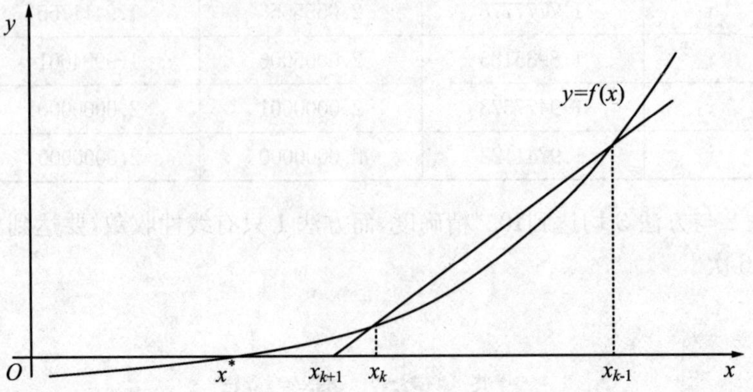

图 3.5.1

定理 3.5.1 设 x^* 是方程 $f(x)=0$ 的单根,若 $f(x)$ 在 x^* 的某个邻域 $S=\{x \mid |x-x^*|<\delta\}$ 内有二阶连续导数,且对任意 $x\in S$,有 $f'(x)\neq 0$,则当 S 邻域充分小时,对 $\forall\, x_0, x_1\in S$,弦截法按 $\frac{1+\sqrt{5}}{2}\approx 1.618$ 阶收敛于根 x^*.

证明 (1) 首先证明:由弦截法得到的序列 $\{x_n\}\in S$.

设 x_{k+1} 是过两点 $(x_{k-1}, f(x_{k-1}))$, $(x_k, f(x_k))$ 的弦与 x 轴的交点横坐标,则差商

$$f[x_{k-1},x_k]=\frac{f(x_k)-f(x_{k-1})}{x_k-x_{k-1}},$$

$$f[x_k,x^*]=\frac{f(x^*)-f(x_k)}{x^*-x_k}=\frac{f(x_k)}{x_k-x^*},$$

$$f[x_{k-1},x_k,x^*]=\frac{f[x_k,x^*]-f[x_{k-1},x_k]}{x^*-x_{k-1}}.$$

因为

$$x_{k+1}=x_k-\frac{f(x_k)}{f(x_k)-f(x_{k-1})}(x_k-x_{k-1}),\quad k=1,2,\cdots$$

所以

$$x^*-x_{k+1}=x^*-x_k+\frac{f(x_k)}{f(x_k)-f(x_{k-1})}(x_k-x_{k-1})$$

$$=x^*-x_k+\frac{f(x_k)}{f[x_{k-1},x_k]}=(x^*-x_k)\frac{f[x_{k-1},x_k]-\dfrac{f(x_k)-f(x^*)}{x_k-x^*}}{f[x_{k-1},x_k]}$$

$$= (x^* - x_k)\frac{f[x_{k-1},x_k] - f[x_k,x^*]}{f[x_{k-1},x_k]}$$

$$= (x^* - x_k)(x^* - x_{k-1})\frac{f[x_{k-1},x_k,x^*]}{f[x_{k-1},x_k]}.$$

又因为 $f(x)$在 x^* 的某个邻域 $S=\{x \mid |x-x^*|\leqslant\delta\}$内有二阶连续导数,则由式(4.3.11)得

$$x^* - x_{k+1} = (x^* - x_k)(x^* - x_{k-1})\frac{f''(\eta_k)}{2f'(\xi_k)},$$

其中 ξ_k 介于x_{k-1},x_k 之间,η_k 介于x_{k-1},x_k 和x^*之间,即 $\xi_k,\eta_k\in S$.记

$$M = \frac{\max\limits_{x\in S}|f''(x)|}{2\min\limits_{x\in S}|f'(x)|}, \quad e_k = x^* - x_k.$$

取充分小的 δ,使其满足:$M\delta<1$,则有

$$|e_{k+1}| = |e_k||e_{k-1}|\cdot\frac{f''(\eta_k)}{2f'(\xi_k)}\leqslant M|e_k||e_{k-1}|,$$

所以,当 $x_{k-1},x_k\in S$,即$|e_k|\leqslant\delta,|e_{k-1}|\leqslant\delta$ 时,

$$|e_{k+1}|\leqslant M\delta\cdot\delta<\delta,$$

即 $x_{k+1}\in S$,从而序列$\{x_n\}\in S$.

(2) 其次证明:由弦截法得到的序列$\{x_n\}$收敛.

由(1)的证明过程容易看出

$$|e_k|\leqslant M|e_{k-1}||e_{k-2}|\leqslant(M\delta)|e_{k-1}|.$$

依次递推可得

$$|e_k|\leqslant(M\delta)|e_{k-1}|\leqslant(M\delta)^2|e_{k-2}|\leqslant\cdots\leqslant(M\delta)^k|e_0|.$$

又因为 $M\delta<1$,所以$\lim\limits_{k\to\infty}|e_k|=0$,即$\lim\limits_{k\to\infty}x_k = x^*$.

(3) 最后证明:弦截法的收敛阶为$\frac{1+\sqrt{5}}{2}\approx1.618$.

记 $\overline{M}=\frac{|f''(x^*)|}{2|f'(x^*)|}$,则 $\overline{M}\leqslant M$.由$\{x_n\}$的收敛性可知,当 k 充分大时,

$$|e_{k+1}|\approx\overline{M}|e_k||e_{k-1}|.$$

记 $d_k=\overline{M}|e_k|,d=M\delta$,则 $d_k\leqslant d<1$.将上式两边同时乘以 $\overline{M}$ 得

$$\overline{M}|e_{k+1}|\approx\overline{M}|e_k|\cdot\overline{M}|e_{k-1}|.$$

为了讨论问题的方便,可将近似式看作等式

$$d_{k+1} = d_k d_{k-1}.$$

令 $d_k=d^{z_k}$,或 $z_k=\log_d d_k$,则上式可化为

$$z_{k+1} = z_k + z_{k-1}.$$

这是一个二阶常系数齐次差分方程,可设 $z_k=\lambda^k$,代入差分方程可得

$$\lambda^2=\lambda+1.$$

解得

$$\lambda_1=\frac{1+\sqrt{5}}{2}\approx 1.618,\quad \lambda_2=\frac{1-\sqrt{5}}{2}\approx -0.618.$$

故差分方程的通解为

$$z_k=C_1\lambda_1{}^k+C_2\lambda_2{}^k,$$

令 k 分别等于 0,1,解得

$$C_1=\frac{z_1-\lambda_2 z_0}{\lambda_1-\lambda_2},\quad C_2=\frac{z_1-\lambda_1 z_0}{\lambda_2-\lambda_1}.$$

由 $0<d_k\leqslant d<1$ 不难验证:$z_0,z_1\geqslant 1$;故 $C_1>0$. 又因为 $|\lambda_1|>1,|\lambda_2|<1$,所以当 $k\to\infty$ 时,$z_k\approx C_1\lambda_1{}^k$,即 $d_k\approx d^{C_1\lambda_1{}^k}$. 于是有

$$|e_k|=\frac{d_k}{\bar{M}}\approx\frac{d^{C_1\lambda_1^k}}{\bar{M}},\quad |e_{k+1}|\approx\frac{d^{C_1\lambda_1^{k+1}}}{\bar{M}},$$

从而

$$\lim_{k\to\infty}\frac{|e_{k+1}|}{|e_k|^{\lambda_1}}=\bar{M}^{\lambda_1-1}\neq 0.$$

故弦截法的收敛阶为 $\lambda_1=\dfrac{1+\sqrt{5}}{2}\approx 1.618$. 证毕!

由此可知,弦截法是超线性收敛的,且收敛阶 $p=\dfrac{1+\sqrt{5}}{2}\approx 1.618$,虽然收敛速度比 Newton 迭代法低,但是因为不需要计算导数,所以也是工程计算中常用的方法之一.

例 3.5.1 用弦截法求方程 $f(x)=x^3+2x-6=0$ 在 1.5 附近的根.

解 $f(x)=x^3+2x-6$,所以弦截法迭代公式为

$$\begin{aligned} x_{k+1}&=x_k-\frac{x_k-x_{k-1}}{f(x_k)-f(x_{k-1})}f(x_k)\\ &=x_k-\frac{x_k^3+2x_k-6}{x_k^2+x_k x_{k-1}+x_{k-1}^2+2},\quad k=1,2,\cdots. \end{aligned}$$

取初值 $x_0=1.5,x_1=2$,迭代结果见表 3.5.1,而方程 $x^3+2x-6=0$ 在 1.5 附近的根是 1.456164246….

表 3.5.1

k	0	1	2	3	4	5	6
x_k	1.0000000	1.3333333	1.4255319	1.4582211	1.4561311	1.4561642	1.4561642

3.6　抛物线(Müller)法

如果考虑用 $f(x)$的二次插值多项式的零点来近似 $f(x)$的零点,就导出了抛物线法.

设已知方程(3.1.1)的根的 3 个近似值 x_{n-2}, x_{n-1}, x_n,以这三点为节点的 $f(x)$ 的二次插值多项式为

$$p_2(x) = f(x_n) + f[x_n, x_{n-1}](x - x_n) + f[x_n, x_{n-1}, x_{n-2}](x - x_n)(x - x_{n-1}) \tag{3.6.1}$$

为简便起见,令

$$\begin{cases} a_n = f[x_n, x_{n-1}, x_{n-2}], \\ b_n = f[x_n, x_{n-1}] + f[x_n, x_{n-1}, x_{n-2}](x_n - x_{n-1}), \\ c_n = f(x_n), \end{cases} \tag{3.6.2}$$

则式(3.6.1)可改写为

$$p_2(x) = a_n(x - x_n)^2 + b_n(x - x_n) + c_n, \tag{3.6.3}$$

其零点为

$$x = x_n + \frac{-b_n \pm \sqrt{b_n^2 - 4a_nc_n}}{2a_n} = x_n - \frac{2c_n}{b_n \pm \sqrt{b_n^2 - 4a_nc_n}}. \tag{3.6.4}$$

按式(3.6.4),$f(x)$的二次插值多项式 $p_2(x)$有两个零点,取哪个作为新的近似根?考虑到 x_n 已是方程(3.1.1)的近似根,新的近似根自然应在 x_n 的邻近,故选取近似根的原则是使得$|x - x_n|$较小,于是有

$$x_{n+1} = x_n - \frac{2c_n \operatorname{sgn}(b_n)}{|b_n| + \sqrt{b_n^2 - 4a_nc_n}}. \tag{3.6.5}$$

按式(3.6.5)计算方程(3.1.1)的近似根称为**抛物线法**(**parabolic method**),也称 **Müller 方法**(**Müller method**),或二次插值法.

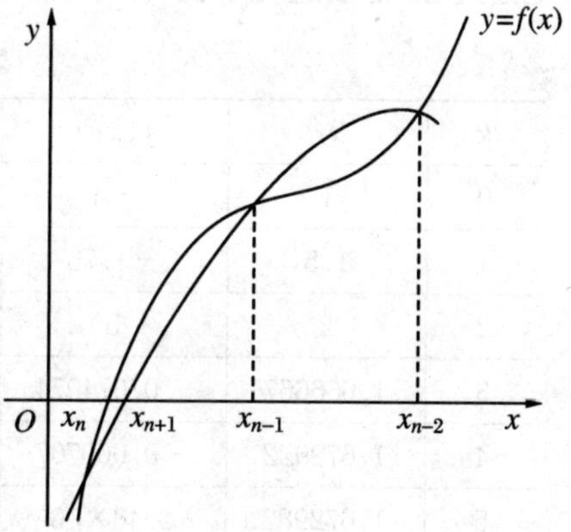

图 3.6.1

如图 3.6.1 所示,$y = p_2(x)$是过曲线上的三点$(x_i, f(x_i))$ $(i = n-2, n-1, n)$的抛物线,故抛物线法的几何意义是以过曲线上的三点的抛物线与 x 轴的交点作

为曲线与 x 轴交点的近似.

抛物线法的计算步骤为:

(1) 给定精度 $\varepsilon>0$,初始值 x_0,x_1,x_2,计算 $f(x_0),f(x_1),f(x_2)$(要求 $f(x_0)$,$f(x_1)$,$f(x_2)$互异).

(2) 计算

$$\begin{cases} a = f[x_2,x_1,x_0], \\ b = f[x_2,x_1] + a(x_2 - x_1), \\ c_2 = f(x_2), \\ x_3 = x_2 - \dfrac{2c\operatorname{sgn}(b)}{|b| + \sqrt{b^2 - 4ac}}. \end{cases}$$

(3) 若$|f(x_3)|<\varepsilon$,则 $x^* = x$;否则 $x_{i+1}\Rightarrow x_i$,$f(x_{i+1})\Rightarrow f(x_i)$($i=0,1,2$),再转步骤(2).

例 3.6.1 用抛物线法求方程 $f(x)=2x^3-5x-1=0$ 在(1,2)内的根的近似值,取初值 $x_0=1,x_1=1.5,x_2=2$.

解 因为初值 $x_0=1,x_1=1.5,x_2=2$,所以

$$f(x_0) = -4,\quad f(x_1) = -1.75,\quad f(x_2) = 5.$$

按式(3.6.2)和式(3.6.5)计算,得

$$\begin{cases} a = f[2,1.5,1] = 9, \\ b = f[2,1.5] + a(2 - 1.5) = 18, \\ c = f(x_2) = 5, \\ x_3 = 2 - \dfrac{2\times 5}{18 + \sqrt{18^2 - 4\times 9\times 5}} = 1.666667. \end{cases}$$

仿上述过程,继续进行下去,计算结果见表 3.6.1.

表 3.6.1

k	x_k	$f(x_k)$	$f[x_k,x_{k-1}]$	a_k	b_k
0	1	-4			
1	1.5	-1.75	4.5		
2	2	5	13.5	9	18
3	1.666667	-0.074074	15.222237	10.333401	11.777773
4	1.672922	-0.000707	11.729295	10.679177	11.796093
5	1.672982	-2.48×10^{-7}			

注 1 若 $f(x)$在其零点 x^* 邻近三阶连续可微,且初始值 x_0,x_1,x_2 充分接近

x^*，则 Müller 方法是收敛的.若 x^* 是方程(3.1.1)的单根，则 Müller 方法的收敛阶为1.84.

注2　在收敛性证明中虽然要求初始值充分接近根 x^*，但实际计算表明，抛物线法对初始值要求并不苛刻，在初值不太好的情形下常常也能收敛.它的缺点是程序比较复杂，并且在计算过程中，也常常采用复数运算，增加了工作量.因此，抛物线法适用于当初值不太好时求方程(3.1.1)的复根的情况.

3.7　非线性方程组的迭代法简介

设非线性方程组(system of nonlinear equations)

$$\begin{cases} f_1(x_1, x_2, \cdots, x_n) = 0, \\ f_2(x_1, x_2, \cdots, x_n) = 0, \\ \qquad \vdots \\ f_n(x_1, x_2, \cdots, x_n) = 0, \end{cases} \tag{3.7.1}$$

其中，$f_i(i=1,2,\cdots,n)$是变量 $x_1, x_2, \cdots, x_n$ 的 n 元函数，且至少有一个是自变量 $x_i(i=1,2,\cdots,n)$的非线性函数.若记

$$\boldsymbol{x} = (x_1, x_2, \cdots, x_n)^{\mathrm{T}},$$
$$\boldsymbol{F}(\boldsymbol{x}) = (f_1(\boldsymbol{x}), f_2(\boldsymbol{x}), \cdots, f_n(\boldsymbol{x}))^{\mathrm{T}},$$

则式(3.7.1)可写成

$$\boldsymbol{F}(\boldsymbol{x}) = \boldsymbol{0}. \tag{3.7.2}$$

求解非线性方程组，从形式上，只要把单变量函数 $f(x)$看成向量函数 $\boldsymbol{F}(\boldsymbol{x})$，就可将前面单个非线性方程的求根方法用于求非线性方程组.下面主要介绍不动点迭代法、Newton 迭代法及拟 Newton 迭代法.但因为非线性方程组(3.7.1)可能无解，有唯一解或无穷多解，所以有关它的求解问题一般要比单个非线性方程困难.

3.7.1　解非线性方程组的不动点迭代法

首先将式(3.7.2)改写为

$$\boldsymbol{x} = \boldsymbol{\Phi}(\boldsymbol{x}), \tag{3.7.3}$$

其中向量函数 $\boldsymbol{\Phi}(\boldsymbol{x})$为连续函数.如果向量 $\boldsymbol{x}^*$ 满足 $\boldsymbol{x}^* = \boldsymbol{\Phi}(\boldsymbol{x}^*)$，称 $\boldsymbol{x}^*$ 为函数 $\boldsymbol{\Phi}(\boldsymbol{x})$的不动点，$\boldsymbol{x}^*$ 也就是方程组(3.7.1)的一个解.

由式(3.7.3)可构造不动点迭代法

$$x^{(k+1)} = \boldsymbol{\Phi}(x^{(k)}),\quad k = 0,1,2,\cdots. \tag{3.7.4}$$

若由它产生的向量序列$\{x^{(k)}\}$满足$\lim\limits_{k\to\infty}x^{(k)} = x^*$,则$x^*$为向量函数$\boldsymbol{\Phi}(x)$的不动点.

例 3.7.1 用不动点迭代法解下列非线性方程组

$$\begin{cases} x_1^2 - 10x_1 + x_2^2 + 8 = 0, \\ x_1 x_2^2 + x_1 - 10x_2 + 8 = 0. \end{cases}$$

解 将方程组改写成等价形式

$$\begin{cases} x_1 = \dfrac{1}{10}(x_1^2 + x_2^2 + 8), \\ x_2 = \dfrac{1}{10}(x_1 x_2^2 + x_1 + 8), \end{cases} \tag{3.7.5}$$

记

$$x = \begin{bmatrix} x_1 \\ x_2 \end{bmatrix},\quad \boldsymbol{\Phi}(x) = \begin{bmatrix} \varphi_1(x) \\ \varphi_2(x) \end{bmatrix} = \begin{bmatrix} \dfrac{1}{10}(x_1^2 + x_2^2 + 8) \\ \dfrac{1}{10}(x_1 x_2^2 + x_1 + 8) \end{bmatrix},$$

则式(3.7.5)可写为

$$x = \boldsymbol{\Phi}(x).$$

由此构造不动点迭代公式

$$\begin{cases} x_1^{(k+1)} = \dfrac{1}{10}[(x_1^{(k)})^2 + (x_2^{(k)})^2 + 8], \\ x_2^{(k+1)} = \dfrac{1}{10}[x_1^{(k)}(x_2^{(k)})^2 + x_1^{(k)} + 8], \end{cases} \quad k = 0,1,2,\cdots, \tag{3.7.6}$$

即

$$x^{(k+1)} = \boldsymbol{\Phi}(x^{(k)}),\quad k = 0,1,2,\cdots.$$

取初始近似$x^{(0)} = (0,0)^{\mathrm{T}}$,按迭代公式(3.7.6)计算得$x^*$近似值,见表 3.7.1.

表 3.7.1

k	0	1	2	3	4	…	10
$x_1^{(k)}$	0	0.8	0.9280000	0.9728317	0.9893656	…	0.9999571
$x_2^{(k)}$	0	0.8	0.9312000	0.9732700	0.9894351	…	0.9999571

其收敛性类似于单个方程情况.

定理 3.7.1 设函数$\boldsymbol{\Phi}(x)$的定义域$D\subset\mathbf{R}^n$,且

(1) 存在闭集$D_0\subset D$,实数$L\in(0,1)$,对$\forall\, x, y\in D_0$,有

$$\|\boldsymbol{\Phi}(x) - \boldsymbol{\Phi}(y)\| \leqslant L\|x - y\|,$$

(2) 对$\forall\, x\in D_0$,有$\boldsymbol{\Phi}(x)\in D_0$.

则 $\boldsymbol{\Phi}(\boldsymbol{x})$在 D_0 有唯一的不动点 $\boldsymbol{x}^*$,且对任意的 $\boldsymbol{x}^{(0)}\in D_0$,由迭代法(3.7.4)产生的向量序列$\{\boldsymbol{x}^{(k)}\}$收敛到 $\boldsymbol{x}^*$,并有误差估计

$$\|\boldsymbol{x}^*-\boldsymbol{x}^{(k)}\|\leqslant\frac{1}{1-L}\|\boldsymbol{x}^{(k+1)}-\boldsymbol{x}^{(k)}\|\leqslant\frac{L^k}{1-L}\|\boldsymbol{x}^{(1)}-\boldsymbol{x}^{(0)}\|.$$

例 3.7.2　对于例 3.7.1 中的方程组,设 $D_0=\{\boldsymbol{x}=(x_1,x_2)^{\mathrm{T}}\mid 0\leqslant x_1,x_2\leqslant 1.5\}$,证明:对任意的初始点 $\boldsymbol{x}^{(0)}\in D_0$,由迭代法(3.7.6)生成的序列$\{\boldsymbol{x}^{(k)}\}$均收敛到 $\boldsymbol{x}^*$.

证明　首先,对任意 $\boldsymbol{x}=(x_1,x_2)^{\mathrm{T}}\in D_0$,可以验证

$$0<\varphi_1(\boldsymbol{x})\leqslant 1,\quad 0<\varphi_2(\boldsymbol{x})\leqslant 1.2875.$$

因此当 $\boldsymbol{x}\in D_0$ 时,有 $\boldsymbol{\Phi}(\boldsymbol{x})\in D_0$.

其次,对一切

$$\boldsymbol{x}=(x_1,x_2)^{\mathrm{T}}\in D_0,\quad \boldsymbol{y}=(y_1,y_2)^{\mathrm{T}}\in D_0,$$

都有

$$\begin{aligned}|\varphi_1(\boldsymbol{x})-\varphi_1(\boldsymbol{y})|&=\frac{1}{10}|(x_1+y_1)(x_1-y_1)+(x_2+y_2)(x_2-y_2)|\\&\leqslant\frac{3}{10}(|x_1-y_1|+|x_2-y_2|)=0.3\|\boldsymbol{x}-\boldsymbol{y}\|_1,\\|\varphi_2(\boldsymbol{x})-\varphi_2(\boldsymbol{y})|&=\frac{1}{10}|x_1-y_1+x_1x_2^2-y_1y_2^2|\\&=\frac{1}{10}|x_1-y_1+x_1x_2^2-y_1x_2^2+y_1x_2^2-y_1y_2^2)|\\&=\frac{1}{10}|(1+x_2^2)(x_1-y_1)+y_1(x_2+y_2)(x_2-y_2)|\\&=\frac{1}{10}(3.25|x_1-y_1|+4.5|x_2-y_2|)\\&\leqslant\frac{4.5}{10}(|x_1-y_1|+|x_2-y_2|)=0.45\|\boldsymbol{x}-\boldsymbol{y}\|_1.\end{aligned}$$

从而有

$$\|\boldsymbol{\Phi}(\boldsymbol{x})-\boldsymbol{\Phi}(\boldsymbol{y})\|=|\varphi_1(\boldsymbol{x})-\varphi_1(\boldsymbol{y})|+|\varphi_2(\boldsymbol{x})-\varphi_2(\boldsymbol{y})|\leqslant 0.75\|\boldsymbol{x}-\boldsymbol{y}\|_1.$$

根据定理 3.7.1 知,$\boldsymbol{\Phi}(\boldsymbol{x})$在 D_0 上有唯一不动点 $\boldsymbol{x}^*$,因此对任意的初始点 $\boldsymbol{x}^{(0)}\in D_0$,由迭代法(3.7.6)生成的序列$\{\boldsymbol{x}^{(k)}\}$均收敛到 x^*.

定理 3.7.2　设函数 $\boldsymbol{\Phi}(\boldsymbol{x})$的定义域 $D\subset\mathbf{R}^n$ 内有不动点 x^*,$\boldsymbol{\Phi}(\boldsymbol{x})$的分量函数 $\varphi_i\,(i=1,2,\cdots,n)$有连续的偏导数,且谱半径

$$\rho(\boldsymbol{\Phi}'(\boldsymbol{x}^*))<1,\tag{3.7.7}$$

则存在 $\boldsymbol{x}^*$ 的一个邻域 U,对任意的 $\boldsymbol{x}_0\in U$,迭代法(3.7.4)产生的序列$\{\boldsymbol{x}^{(k)}\}$收敛到 $\boldsymbol{x}^*$.其中 $\boldsymbol{\Phi}(\boldsymbol{x})$的导数为 Jacobi 矩阵(Jacobi matrix)

$$
\boldsymbol{\Phi}'(\boldsymbol{x}) = \begin{bmatrix} \dfrac{\partial \varphi_1(\boldsymbol{x})}{\partial x_1} & \dfrac{\partial \varphi_1(\boldsymbol{x})}{\partial x_2} & \cdots & \dfrac{\partial \varphi_1(\boldsymbol{x})}{\partial x_n} \\ \dfrac{\partial \varphi_2(\boldsymbol{x})}{\partial x_1} & \dfrac{\partial \varphi_2(\boldsymbol{x})}{\partial x_2} & \cdots & \dfrac{\partial \varphi_2(\boldsymbol{x})}{\partial x_n} \\ \vdots & \vdots & & \vdots \\ \dfrac{\partial \varphi_n(\boldsymbol{x})}{\partial x_1} & \dfrac{\partial \varphi_n(\boldsymbol{x})}{\partial x_2} & \cdots & \dfrac{\partial \varphi_n(\boldsymbol{x})}{\partial x_n} \end{bmatrix}.
$$

根据矩阵谱半径与1－范数的关系，可得到如下结论：

对于定义在 D 上的函数

$$
\boldsymbol{\Phi}(\boldsymbol{x}) = (\varphi_1(x_1,x_2,\cdots,x_n),\varphi_2(x_1,x_2,\cdots,x_n),\cdots,\varphi_n(x_1,x_2,\cdots,x_n))^{\mathrm{T}},
$$

若存在常数 $0<K<1$，使得当 $\boldsymbol{x}\in D$ 时

$$
\left|\frac{\partial \varphi_i(\boldsymbol{x})}{\partial x_j}\right| \leqslant \frac{K}{n}, \quad i,j = 1,2,\cdots,n,
$$

则矩阵 $\boldsymbol{\Phi}'(\boldsymbol{x})$ 的谱半径 $\rho(\boldsymbol{\Phi}'(\boldsymbol{x}^*))<1$.

例如，对于例 3.7.1，由

$$
\boldsymbol{\Phi}'(\boldsymbol{x}) = \frac{1}{10}\begin{bmatrix} 2x_1 & 2x_2 \\ x_2^2+1 & 2x_1x_2 \end{bmatrix}
$$

可知，对一切 $\boldsymbol{x}\in D_0$，都有 $\left|\dfrac{\partial \varphi_i(\boldsymbol{x})}{\partial x_j}\right| \leqslant \dfrac{K}{2}(i,j=1,2)$，其中 $K=0.9<1$，因此在 D_0 内有 $\rho(\boldsymbol{\Phi}'(\boldsymbol{x}))<1$，满足定理 3.7.2 的条件，故迭代序列 $\{\boldsymbol{x}^{(k)}\}$ 局部收敛.

3.7.2 解非线性方程组的 Newton 迭代法

设向量 $\boldsymbol{x}^*$ 是方程组(3.7.1)的解，向量 $\boldsymbol{x}^{(0)}$ 是方程组的初始近似解，假定 $\boldsymbol{F}(\boldsymbol{x})$ 在 $\boldsymbol{x}^*$ 可微，将 $\boldsymbol{F}(\boldsymbol{x})$ 在 $\boldsymbol{x}^{(0)}$ 处作多元函数的 Taylor 展开，并取其线性部分

$$
\begin{cases}
0 = f_1(\boldsymbol{x}^*) \approx f_1(\boldsymbol{x}^{(0)}) + \dfrac{\partial f_1(\boldsymbol{x}^{(0)})}{\partial x_1}(x_1^* - x_1^{(0)}) + \dfrac{\partial f_1(\boldsymbol{x}^{(0)})}{\partial x_2}(x_2^* - x_2^{(0)}) \\
\qquad + \cdots + \dfrac{\partial f_1(\boldsymbol{x}^{(0)})}{\partial x_n}(x_n^* - x_n^{(0)}), \\
0 = f_2(\boldsymbol{x}^*) \approx f_2(\boldsymbol{x}^{(0)}) + \dfrac{\partial f_2(\boldsymbol{x}^{(0)})}{\partial x_1}(x_1^* - x_1^{(0)}) + \dfrac{\partial f_2(\boldsymbol{x}^{(0)})}{\partial x_2}(x_2^* - x_2^{(0)}) \\
\qquad + \cdots + \dfrac{\partial f_2(\boldsymbol{x}^{(0)})}{\partial x_n}(x_n^* - x_n^{(0)}), \\
\vdots \\
0 = f_n(\boldsymbol{x}^*) \approx f_n(\boldsymbol{x}^{(0)}) + \dfrac{\partial f_n(\boldsymbol{x}^{(0)})}{\partial x_1}(x_1^* - x_1^{(0)}) + \dfrac{\partial f_n(\boldsymbol{x}^{(0)})}{\partial x_2}(x_2^* - x_2^{(0)}) \\
\qquad + \cdots + \dfrac{\partial f_n(\boldsymbol{x}^{(0)})}{\partial x_n}(x_n^* - x_n^{(0)}),
\end{cases}
$$

即

$$\mathbf{0}=\boldsymbol{F}(\boldsymbol{x}^*)\approx\boldsymbol{F}(\boldsymbol{x}^{(0)})+\boldsymbol{F}'(\boldsymbol{x}^{(0)})(\boldsymbol{x}^*-\boldsymbol{x}^{(0)}),$$

其中 $\boldsymbol{F}'(\boldsymbol{x}^{(0)})$为 Jacobi 矩阵 $\boldsymbol{F}'(\boldsymbol{x})$在 $\boldsymbol{x}^{(0)}$处的值

$$\boldsymbol{F}'(\boldsymbol{x}^{(0)})=\begin{bmatrix}\dfrac{\partial f_1(\boldsymbol{x}^{(0)})}{\partial x_1} & \dfrac{\partial f_1(\boldsymbol{x}^{(0)})}{\partial x_2} & \cdots & \dfrac{\partial f_1(\boldsymbol{x}^{(0)})}{\partial x_n}\\ \dfrac{\partial f_2(\boldsymbol{x}^{(0)})}{\partial x_1} & \dfrac{\partial f_2(\boldsymbol{x}^{(0)})}{\partial x_2} & \cdots & \dfrac{\partial f_2(\boldsymbol{x}^{(0)})}{\partial x_n}\\ \vdots & \vdots & & \vdots\\ \dfrac{\partial f_n(\boldsymbol{x}^{(0)})}{\partial x_1} & \dfrac{\partial f_n(\boldsymbol{x}^{(0)})}{\partial x_2} & \cdots & \dfrac{\partial f_n(\boldsymbol{x}^{(0)})}{\partial x_n}\end{bmatrix}.$$

若 Jacobi 矩阵 $\boldsymbol{F}'(\boldsymbol{x}^{(0)})$非奇异,则方程组

$$\boldsymbol{F}(\boldsymbol{x}^{(0)})+\boldsymbol{F}'(\boldsymbol{x}^{(0)})(\boldsymbol{x}-\boldsymbol{x}^{(0)})=\mathbf{0}$$

有唯一解

$$\boldsymbol{x}^{(1)}=\boldsymbol{x}^{(0)}-[\boldsymbol{F}'(\boldsymbol{x}^{(0)})]^{-1}\boldsymbol{F}(\boldsymbol{x}^{(0)}).$$

一般地,当 $\boldsymbol{F}'(\boldsymbol{x}^{(k)})$非奇异时,可得 Newton 迭代法

$$\boldsymbol{x}^{(k+1)}=\boldsymbol{x}^{(k)}-[\boldsymbol{F}'(\boldsymbol{x}^{(k)})]^{-1}\boldsymbol{F}(\boldsymbol{x}^{(k)}),\quad k=0,1,2,\cdots.\tag{3.7.8}$$

在第 k 步计算过程中,不仅要算出雅可比矩阵 $\boldsymbol{F}'(\boldsymbol{x}^{(k)})$,还要求逆矩阵,计算量较大.因此,通常把第 k 步迭代分成两步:

记 $\boldsymbol{x}^{(k+1)}-\boldsymbol{x}^{(k)}=\Delta\boldsymbol{x}^{(k)}$,则式(3.7.8)变为

$$\boldsymbol{F}'(\boldsymbol{x}^{(k)})\Delta\boldsymbol{x}^{(k)}=-\boldsymbol{F}(\boldsymbol{x}^{(k)}),\quad k=0,1,2,\cdots.\tag{3.7.9}$$

解此线性方程组,求出解向量 $\Delta\boldsymbol{x}^{(k)}$后,再令 $\boldsymbol{x}^{(k+1)}=\boldsymbol{x}^{(k)}+\Delta\boldsymbol{x}^{(k)}$,避免了求矩阵的逆.

定理 3.7.3　设 $\boldsymbol{F}(\boldsymbol{x})$的定义域 $D\subset\mathbf{R}^n$,$\boldsymbol{F}(\boldsymbol{x}^*)=\mathbf{0}$.若有 $\boldsymbol{x}^*$的开邻域 $U_0\subset D$,$\boldsymbol{F}'(\boldsymbol{x})$在其上连续,$\boldsymbol{F}'(\boldsymbol{x}^*)$可逆,则

(1) Newton 迭代法产生的序列$\{\boldsymbol{x}^{(k)}\}$在 $\boldsymbol{x}^*$的某个邻域 U 上超线性收敛于$\boldsymbol{x}^*$;

(2) 若再加上条件:存在常数 $K>0$,使

$$\|\boldsymbol{F}'(\boldsymbol{x})-\boldsymbol{F}'(\boldsymbol{x}^*)\|\leqslant K\|\boldsymbol{x}-\boldsymbol{x}^*\|,\quad\forall\boldsymbol{x}\in U,$$

则$\{\boldsymbol{x}^{(k)}\}$至少平方收敛.

例 3.7.3　用 Newton 迭代法解下列非线性方程组:

$$\begin{cases}x_1^2-10x_1+x_2^2+8=0,\\ x_1x_2^2+x_1-10x_2+8=0.\end{cases}$$

解　记

$$\boldsymbol{F}(\boldsymbol{x})=\begin{bmatrix}x_1^2-10x_1+x_2^2+8\\ x_1x_2^2+x_1-10x_2+8\end{bmatrix},$$

则

$$F'(x)=\begin{bmatrix}2x_1-10 & 2x_2\\ x_2^2+1 & 2x_1x_2-10\end{bmatrix}.$$

取初值 $x^{(0)}=(0,0)^{\mathrm{T}}$，解方程组

$$F'(x^{(0)})\Delta x^{(0)}=-F(x^{(0)}),$$

即

$$\begin{bmatrix}-10 & 0\\ 1 & -10\end{bmatrix}\Delta x^{(0)}=\begin{bmatrix}-8\\ 8\end{bmatrix},$$

可求得 $\Delta x^{(0)}=\begin{bmatrix}\Delta x_1^{(0)}\\ \Delta x_2^{(0)}\end{bmatrix}=\begin{bmatrix}0.8\\ 0.88\end{bmatrix}$，然后计算得

$$x^{(1)}=x^{(0)}+\Delta x^{(0)}=(0.8,0.88)^{\mathrm{T}}.$$

类似地，可得 $x^{(2)},x^{(3)},\cdots$，具体结果见表 3.7.2.

表 3.7.2

k	0	1	2	3	4
$x_1^{(k)}$	0	0.8	0.9917872	0.9999752	1.0000000
$x_2^{(k)}$	0	0.88	0.9917117	0.9999685	1.0000000

可见，Newton 迭代法的收敛速度比不动点迭代法的收敛速度要快.

3.7.3 解非线性方程组的拟 Newton 迭代法

在求解非线性方程组(3.7.2)的 Newton 迭代法

$$x^{(k+1)}=x^{(k)}-[F'(x^{(k)})]^{-1}F(x^{(k)}),\quad k=0,1,2,\cdots$$

中，

$$F'(x^{(k)})=\begin{bmatrix}\dfrac{\partial f_1(x^{(k)})}{\partial x_1} & \dfrac{\partial f_1(x^{(k)})}{\partial x_2} & \cdots & \dfrac{\partial f_1(x^{(k)})}{\partial x_n}\\ \dfrac{\partial f_2(x^{(k)})}{\partial x_1} & \dfrac{\partial f_2(x^{(k)})}{\partial x_2} & \cdots & \dfrac{\partial f_2(x^{(k)})}{\partial x_n}\\ \vdots & \vdots & & \vdots\\ \dfrac{\partial f_n(x^{(k)})}{\partial x_1} & \dfrac{\partial f_n(x^{(k)})}{\partial x_2} & \cdots & \dfrac{\partial f_n(x^{(k)})}{\partial x_n}\end{bmatrix}\in\mathbf{R}^{n\times n}$$

是 $F(x)$的 Jacobi 矩阵在 $x^{(k)}$ 处的值. 当 $F(x)$复杂时，$F'(x^{(k)})$的计算量较大，求解困难. 在实际计算中，为减少计算量，避免每步都重新计算 $F'(x^{(k)})$，类似于割线法的思想，构造

$$\boldsymbol{x}^{(k+1)} = \boldsymbol{x}^{(k)} - \boldsymbol{A}_k^{-1}\boldsymbol{F}(\boldsymbol{x}^{(k)}),\quad k = 0,1,2,\cdots,\tag{3.7.10}$$

新的 $\boldsymbol{A}_{k+1}$ 满足

$$\boldsymbol{A}_{k+1}(\boldsymbol{x}^{(k+1)} - \boldsymbol{x}^{(k)}) = \boldsymbol{F}(\boldsymbol{x}^{(k+1)}) - \boldsymbol{F}(\boldsymbol{x}^{(k)}),\quad k = 0,1,\cdots.\tag{3.7.11}$$

这表明矩阵 $\boldsymbol{A}_{k+1}$ 关于点 $\boldsymbol{x}^{(k+1)}$ 及 $\boldsymbol{x}^{(k)}$ 具有差商性质;即当 $n=1$ 时,$\boldsymbol{A}_{k+1}$ 即为 $\boldsymbol{F}(\boldsymbol{x})$ 关于 $\boldsymbol{x}^{(k+1)}$ 及 $\boldsymbol{x}^{(k)}$ 的差商.但当 $n>1$ 时,$\boldsymbol{A}_{k+1}$ 并不确定.为此我们限制 $\boldsymbol{A}_{k+1}$ 是由 $\boldsymbol{A}_k$ 的一个低秩修正矩阵得到的,即

$$\boldsymbol{A}_{k+1} = \boldsymbol{A}_k + \Delta\boldsymbol{A}_k,\quad \mathrm{rank}(\Delta\boldsymbol{A}_k) = m \geqslant 1,\tag{3.7.12}$$

其中,$\Delta\boldsymbol{A}_k$ 是秩为 m 的修正矩阵.对 $k=0,1,2,\cdots$,称迭代算法

$$\begin{cases}\boldsymbol{x}^{(k+1)} = \boldsymbol{x}^{(k)} - \boldsymbol{A}_k^{-1}\boldsymbol{F}(\boldsymbol{x}^{(k)}),\\ \boldsymbol{A}_{k+1}(\boldsymbol{x}^{(k+1)} - \boldsymbol{x}^{(k)}) = \boldsymbol{F}(\boldsymbol{x}^{(k+1)}) - \boldsymbol{F}(\boldsymbol{x}^{(k)}),\\ \boldsymbol{A}_{k+1} = \boldsymbol{A}_k + \Delta\boldsymbol{A}_k,\quad \mathrm{rank}(\Delta\boldsymbol{A}_k) = m \geqslant 1\end{cases}\tag{3.7.13}$$

为**拟 Newton 迭代法(quasi Newton Iterative method)**,称式(3.7.10)为**拟 Newton 方程(quasi Newton equation)**.此方法只需对给出的初始近似 $\boldsymbol{x}^{(0)}$ 及矩阵 $\boldsymbol{A}_0$,用迭代格式(3.7.13)逐次计算得到 $\{\boldsymbol{x}^{(k)}\}$ 及 $\{\boldsymbol{A}_k\}$,从而避免了每步都要计算 $\boldsymbol{F}(\boldsymbol{x})$ 的 Jacobi 矩阵,减少了计算量.根据 $\boldsymbol{A}_k$ 的不同取法,可得到不同的拟 Newton 迭代法.

在拟 Newton 迭代法中,若矩阵 $\boldsymbol{A}_k$ 非奇异,可令 $\boldsymbol{H}^{(k)} = \boldsymbol{A}_k^{-1}$,于是能得到与式(3.7.13)互逆的迭代格式:对 $k=0,1,2,\cdots$,

$$\begin{cases}\boldsymbol{x}^{(k+1)} = \boldsymbol{x}^{(k)} - \boldsymbol{H}^{(k)}\boldsymbol{F}(\boldsymbol{x}^{(k)}),\\ \boldsymbol{H}^{(k+1)}(\boldsymbol{F}(\boldsymbol{x}^{(k+1)}) - \boldsymbol{F}(\boldsymbol{x}^{(k)})) = \boldsymbol{x}^{(k+1)} - \boldsymbol{x}^{(k)},\\ \boldsymbol{H}^{(k+1)} = \boldsymbol{H}^{(k)} + \Delta\boldsymbol{H}^{(k)},\quad \mathrm{rank}(\Delta\boldsymbol{H}^{(k)}) = m \geqslant 1.\end{cases}\tag{3.7.14}$$

可以看出,迭代格式(3.7.14)不用求逆就能逐次递推算出 $\{\boldsymbol{H}^{(k)}\}$,而迭代格式(3.7.8)需要求逆才能算出 $\boldsymbol{x}^{(k+1)}$,因此在实际计算中可根据具体情况选用其中一种迭代格式.

使用拟 Newton 迭代法时,需要确定修正矩阵 $\Delta\boldsymbol{A}_k$ 和 $\Delta\boldsymbol{H}^{(k)}$;在此只介绍取 $\mathrm{rank}(\Delta\boldsymbol{A}_k) = \mathrm{rank}(\Delta\boldsymbol{H}^{(k)}) = 1$ 的方法,称为**秩 1 拟 Newton 法(single rank quasi Newton method)**.

设

$$\Delta\boldsymbol{A}_k = \boldsymbol{u}^{(k)}(\boldsymbol{v}^{(k)})^{\mathrm{T}},\quad \boldsymbol{u}^{(k)},\boldsymbol{v}^{(k)} \in \mathbf{R}^n,\tag{3.7.15}$$

$\boldsymbol{u}^{(k)},\boldsymbol{v}^{(k)}$ 待定.记 $\boldsymbol{r}^{(k)} = \boldsymbol{x}^{(k+1)} - \boldsymbol{x}^{(k)}$,$\boldsymbol{y}^{(k)} = \boldsymbol{F}(\boldsymbol{x}^{(k+1)}) - \boldsymbol{F}(\boldsymbol{x}^{(k)})$,则式(3.7.11)变为

$$\boldsymbol{A}_{k+1}\boldsymbol{r}^{(k)} = \boldsymbol{y}^{(k)}.\tag{3.7.16}$$

将式(3.7.15)代入式(3.7.12),得

$$\boldsymbol{F}'(\boldsymbol{x}^{(k+1)}) = \boldsymbol{F}'(\boldsymbol{x}^{(k)}) + \boldsymbol{u}^{(k)}(\boldsymbol{v}^{(k)})^{\mathrm{T}}.$$

将其代入式(3.7.16),得

$$A_{k+1} = A_k + u^{(k)} (v^{(k)})^{\mathrm{T}}$$

或

$$u^{(k)} (v^{(k)})^{\mathrm{T}} r^{(k)} = y^{(k)} - A_k r^{(k)}.$$

若$(v^{(k)})^{\mathrm{T}} r^{(k)} \neq 0$,则有

$$u^{(k)} = \frac{y^{(k)} - A_k r^{(k)}}{(v^{(k)})^{\mathrm{T}} r^{(k)}}.$$

将其代入式(3.7.15),即得

$$\Delta A_k = \frac{[y^{(k)} - A_k r^{(k)}](v^{(k)})^{\mathrm{T}}}{(v^{(k)})^{\mathrm{T}} r^{(k)}}, \tag{3.7.17}$$

若取 $v^{(k)} = r^{(k)} \neq \mathbf{0}$,即$(r^{(k)})^{-1} r^{(k)} \neq 0$,由式(3.7.17)得

$$\Delta A_k = \frac{[y^{(k)} - A_k r^{(k)}](r^{(k)})^{\mathrm{T}}}{(r^{(k)})^{\mathrm{T}} r^{(k)}}, \tag{3.7.18}$$

于是得到一个**秩 1 拟 Newton 法**:对 $k=0,1,2,\cdots$,

$$\begin{cases} x^{(k+1)} = x^{(k)} - A_k^{-1} F(x^{(k)}), \\ A_{k+1} = A_k + \dfrac{[y^{(k)} - A_k r^{(k)}](r^{(k)})^{\mathrm{T}}}{(r^{(k)})^{\mathrm{T}} r^{(k)}}. \end{cases} \tag{3.7.19}$$

式(3.7.19)称为 **Broyden 秩 1 拟 Newton 法(single rank Broyden quasi Newton method)**.

与式(3.7.19)互逆的 Broyden 秩 1 方法为:对 $k=0,1,2,\cdots$,

$$\begin{cases} x^{(k+1)} = x^{(k)} - H_k F(x^{(k)}), \\ H_{k+1} = H_k + \dfrac{[r^{(k)} - H_k y^{(k)}](r^{(k)})^{\mathrm{T}} H_k}{(r^{(k)})^{\mathrm{T}} H_k y^{(k)}}, \end{cases} \tag{3.7.20}$$

其中$(r^{(k)})^{\mathrm{T}} H(x^{(k)}) y^{(k)} \neq 0$.式(3.7.20)称为**逆 Broyden 秩 1 拟 Newton 法(single rank inverse Broyden quasi Newton method)**.

实际应用式(3.7.19)或(3.7.20)求方程组(3.1.1)的近似解时,只要选择较好的初始向量 $x^{(0)}$ 和初始矩阵 $A^{(0)}$ 和 $H^{(0)}$,一般可得到较好的近似解,迭代序列$\{x^{(k)}\}$具有超线性收敛速度.

例 3.7.4 用逆 Broyden 秩 1 拟 Newton 法(3.7.20)求下列方程组

$$F(x) = \begin{bmatrix} x_1^2 - x_2 - 1 \\ x_1^2 - 4x_1 + x_2^2 - x_2 + 3.25 \end{bmatrix} = \mathbf{0}$$

的解,取 $x^{(0)} = (0,0)^{\mathrm{T}}$.

解 $F(x^{(0)}) = (-1,3.25)^{\mathrm{T}}$.因为

$$F'(x) = \begin{bmatrix} 2x_1 & -1 \\ 2x_1 - 4 & 2x_2 - 1 \end{bmatrix},$$

所以

$$F'(x^{(0)}) = \begin{bmatrix} 0 & -1 \\ -4 & -1 \end{bmatrix}.$$

取

$$H(x^{(0)}) = (F'(x^{(0)}))^{-1} = \begin{bmatrix} 0.25 & -0.25 \\ -1 & 0 \end{bmatrix},$$

用式(3.7.20)进行迭代,可求得

$$x^{(1)} = (1.0625,\ -1)^{\mathrm{T}},$$
$$r^{(0)} = (1.0625,\ -1)^{\mathrm{T}},$$
$$F(x^{(1)}) = (1.12890625, 2.12890625)^{\mathrm{T}},$$
$$y^{(0)} = (2.12890625,\ -1.121937)^{\mathrm{T}},$$
$$H^{(1)} = \begin{bmatrix} 0.3557441 & -0.2721932 \\ -0.5224991 & -0.1002162 \end{bmatrix}.$$

重复以上步骤,共迭代 11 次,得解 $x^{11} = (1.54634088332, 1.39117631279)^{\mathrm{T}}$.若用 Newton 迭代法(3.7.8),取相同的初始近似 $x^{(0)}$,达到同一精度只需迭代 7 次,但它每步计算量都比 Broyden 秩 1 拟 Newton 法大得多.

3.8　算 法 程 序

3.8.1　二分法

```
%用二分法求非线性方程 f(x)=0 的根,fun 为函数 f(x)的表达式
%a,b 为左右端点,eps 为精度,x 为近似根,k 为二分次数
function Bisection(fun,a,b,eps)
if nargin<4
    eps=1e-5;              %如果输入自变量数目<4,默认 eps=1e-5
end
fa=feval(fun,a);  fb=feval(fun,b);  %fa,fb 分别表示 a,b 两个端点处的函数值
if fa*fb>0
    disp('无法判断[a,b]内是否有根,请重新调整');
return
end
k=0;
```

```
while abs(b-a)/2>eps
    x=(a+b)/2;
    fx=feval(fun,x);
    if fx*fa<0
        b=x;
        fb=fx;
    else
        a=x;
        fa=fx;
    end
    k=k+1;
end
x=(a+b)/2;
disp('方程的根的近似值x和二分次数k分别为:');
format long              %长型输出格式
x,k,
end
```

例 3.8.1 用二分法求方程 $x^3-x-1=0$ 在区间[1.0,1.5]内的一个实根,要求准确到小数点后第2位.

解 在MATLAB命令窗口输入

```
fun=inline('x^3-x-1');  Bisection(fun,1,1.5,0.005)
```

回车,输出结果:

```
方程的根的近似值x和二分次数k分别为
x=
    1.32421875000000
k=
    6
```

3.8.2 迭代法

```
%用迭代法求非线性方程f(x)=0的根,fun为函数f(x)的表达式
%x0为初值,eps为精度(默认1e-5),ItrMax为最大迭代次数(默认500),x为近似根
function FixPoint(fun,x0,eps,ItrMax)
if nargin<4
    ItrMax=500;
end
if nargin<3
    eps=1e-5;
```

```
end
x=x0;
x0=x+2*eps;
k=0;
while abs(x0-x)>eps & k<ItrMax
    x0=x;
    x=feval(fun,x0);
    k=k+1;
end
if k==ItrMax
    disp('已达到迭代次数上限');
end
disp('方程的根的近似值x和循环次数k分别为:');
format long                    %长型输出格式
x,k,
end
```

例3.8.2　用迭代法求方程 $x^3-x-1=0$ 在区间[1.0,1.5]内的一个实根,要求误差不超过0.005.

解　取迭代函数 $\varphi(x)=\sqrt[3]{x+1}$,初值 $x_0=1.2$.

在MATLAB命令窗口输入

```
fun=inline('(x+1)^(1/3)');   FixPoint(fun,1.2,0.005)
```

回车,输出结果:

```
方程的根的近似值x和循环次数k分别为
x=
    1.32384387277428
k=
    3
```

3.8.3 Newton迭代法

```
%用Newton迭代法求非线性方程f(x)=0的根,fun,dfun分别为函数f(x)及其导函数的表达式
%x0为初值,eps为精度(默认1e-5),ItrMax为最大迭代次数(默认500),x为近似根
function NewtonItr(fun,dfun,x0,eps,ItrMax)
if nargin<5,
    ItrMax=500;
end
```

```
if nargin<4,
    eps=1e-5;
end
k=0;
while k<ItrMax
    x=x0-feval(fun,x0)/feval(dfun,x0);
    if abs(x-x0)<eps
        break
    end
    x0=x;
    k=k+1;
end
if k==ItrMax
    disp('已达到迭代次数上限');
end
disp('方程的根的近似值 x 和循环次数 k 分别为:');
format long                    %长型输出格式
x,k,
end
```

例 3.8.3 用 Newton 迭代法求方程 $x^3+2x^2+10x-20=0$ 在区间[1,2]内的一个实根,要求误差 $|x_{k+1}-x_k|<10^{-8}$.

解 取初值 $x_0=1.5$.

在 MATLAB 命令窗口输入

```
fun=inline('x^3+2*x^2+10*x-20');    dfun=inline('3*x^2+4*x+10');
NewtonItr(fun,dfun,1.5,1e-8)
```

输出结果:

```
方程的根的近似值 x 和循环次数 k 分别为
x=
    1.36880810782137
k=
    3
```

3.8.4 弦截法

```
%用弦截法求非线性方程 f(x)=0 的根,fun 为函数 f(x)的表达式
%x0,x1 为迭代初值,eps 为精度(默认 1e-5),ItrMax 为最大迭代次数(默认 500),x 为近似根
function Secant(fun,x0,x1,eps,ItrMax)
```

```
if nargin<5
    ItrMax=500;
end
if nargin<4
    eps=1e-5;
end
k=0;
while k<ItrMax
    x=x1-(x1-x0)*feval(fun,x1)/(feval(fun,x1)-feval(fun,x0));
    if abs(x-x1)<eps
        break
    end
    x0=x1;
    x1=x;
    k=k+1;
end
if k==ItrMax
    disp('已达到迭代次数上限');
end
disp('方程的根的近似值x和循环次数k分别为:');
format long                    %长型输出格式
x,k,
end
```

例 3.8.4　用弦截法求方程 $x^3-3x+1=0$ 在 0.5 附近的一个实根,要求准确到小数点后第 6 位.

解　取初值 $x_0=0.5, x_1=0.4$.

在 MATLAB 命令窗口执行:

```
fun=inline('x^3-3*x+1');  Secant(fun,0.5,0.4)
```

回车,输出结果:

```
方程的根的近似值x和循环次数k分别为
x=
    0.34729635532818
k=
    3
```

本章小结

本章主要介绍非线性方程及非线性方程组的一些数值解法,如二分法,不动点迭代法，Steffensen 加速收敛法及 Newton 迭代法，弦截法等.研究了它们的收敛性，讨论了收敛速度及收敛阶.值得注意的是，在使用上述方法前，一般往往结合图像或搜索法等，根据根的存在定理，确定有根区间及选取合适的初始近似是很重要的.

二分法运算简单，方法可靠，对 $f(x)$ 要求不高，但收敛速度慢，仅达到线性收敛，并且该方法不能求偶数重根及复根，所以常常用来确定其他迭代法的初始值.

不动点迭代法是一种逐次逼近的方法，具有原理简单，计算方便，在计算机上容易实现等优点.使用迭代法的关键是构造收敛的迭代公式，因为它直接影响是否收敛及迭代速度；同时也要注意初值的选取.但在应用中，收敛较快的迭代函数一般不容易找到.在收敛速度较慢时，可用 Steffensen 方法进行加速.Steffensen 方法是对迭代法的改进，不管原迭代法是否收敛，Steffensen 方法至少是平方收敛的；但 Steffensen 方法不能推广到方程组的情形.

在方程求根的数值方法中，牛顿迭代法是一种最常用的方法.它不但可以求单实根，还可以求重根和复根，并具有构造方便、收敛速度快(至少平方收敛)的优点；但它对初值要求较高(否则可能不收敛)，即它是局部收敛的，而且需要函数的导数信息.为了避免求函数的导数值，可采用弦截法.弦截法是超线性收敛的，它属于多点迭代法，可用二分法确定它的初值.弦截法也是局部收敛的，初值的选取必须在根的附近.作为割线法的广义形式，抛物线(Müller)法不需要计算函数的导数，但需要三个初值，逼近单根时，其收敛速度介于弦截法和牛顿迭代法之间.而且可用于求非线性方程的复数根.

非线性方程组是当今数值分析研究的一个重要课题，我们只简单介绍了解非线性方程组的不动点迭代法、Newton 迭代法和拟 Newton 迭代法.Newton 迭代法是解非线性方程组最重要的方法，它收敛速度快；但在实际应用中，由于初值选取要求较严，而且每步都要解方程组，计算量较大，所以产生了许多改进的 Newton 迭代法，如拟 Newton 迭代法等等，有兴趣的读者可参考有关文献.

习 题

1. 用二分法求方程 $x^3+4x^2-10=0$ 在区间[1,2]内的根的近似值，要求绝对误差不超过 0.5×10^{-2}.

2. 验证方程 $x^3-x-1=0$ 在[1,1.5]内有唯一的根，用二分法求此根，误差不超过10^{-2}.若要误差不超过10^{-3}或10^{-4}，问分别至少要作多少次二分？

3. 证明方程 $f(x)=x^3-2x-5=0$ 在区间(2,3)内有唯一根 x^*.用二分法计算 x^* 的近似

值 x_n 时,试确定迭代次数使 $|x_n - x^*| < \frac{1}{2}\times 10^{-3}$(不要求计算 x_n).

4. 证明函数

$$g(x) = \frac{2 - e^x + x^2}{3}$$

在区间(0,1)内有唯一不动点 x^*. 取初始值 $x_0 = 0.5$,应用不动点迭代求 x^* 的近似值,要求精确到小数点第 4 位.

5. 试证明对任何初始值 x_0,由迭代法 $x_{k+1} = \cos x_k, k = 0,1,2,\cdots$所产生的序列$\{x_k\}$都收敛于方程 $x = \cos x$ 的根.

6. 证明方程 $3x^2 - e^x = 0$ 在区间(−1,0),(0,1)和(3,4)内至少各有一个根. 若应用不动点迭代法求该方程在上述 3 个区间内的根,试确定各区间的迭代函数使迭代序列收敛于各区间内的唯一根. 取初始值 $x_0 = -0.5$,求该方程在区间(−1,0)的根的近似值,要求精确到小数点第 5 位.

7. 利用适当的迭代法,证明:

$$\lim_{n\to\infty}\sqrt{2+\sqrt{2+\cdots\sqrt{2}}} = 2 \quad (\text{式中左端共有 } n \text{ 个 } 2).$$

8. 可否用迭代法求解下列方程,如果不能,试将方程改写为能用迭代法求解的形式:

(1) $x = \frac{\cos x + \sin x}{4}$;

(2) $x = 4 - 2^x$.

9. 已知方程 $x^3 - x^2 - 1 = 0$ 在 $x_0 = 1.5$ 附近有一根,把方程写成三种不同的等价形式:

(1) $x = 1 + \frac{1}{x^2}$,相应的迭代公式为 $x_{k+1} = 1 + \frac{1}{x_k^2}$;

(2) $x = \sqrt[3]{1 + x^2}$,相应的迭代公式为 $x_{k+1} = \sqrt[3]{1 + x_k^2}$;

(3) $x = \sqrt{\frac{1}{x-1}}$,相应的迭代公式为 $x_{k+1} = \sqrt{\frac{1}{x_k - 1}}$.

判断以上三种迭代公式在 $x_0 = 1.5$ 附近的收敛性,用其中收敛最快的方法求这个根,使误差限不超过 10^{-2}.

10. 用迭代法求方程 $x^3 - x^2 - 1 = 0$ 在区间[1,2]内的根,要求准确到小数点位后第 4 位.

11. 应用 Steffensen 迭代法解方程 $x = \varphi(x)$,其中 $\varphi(x) = \left(\frac{10}{x+4}\right)^{1/2}$(取初始值 $x_0 = 1.5$,迭代 2 次,即计算解的近似值 x_2).

12. 对于方程 $\cos x - 1 = 0$,Newton 迭代函数为:$\varphi(x) = x - \frac{f(x)}{f'(x)} = x - \frac{\cos x - 1}{-\sin x} = x - \tan\frac{x}{2}$. 应用 Steffensen 迭代法计算 $x_1, x_2, \cdots, x_6$(取 $x_0 = 0.5$).

13. 用 Steffensen 迭代法求方程 $x^3 + 4x^2 - 10 = 0$ 在 1.5 附近的根,满足 $|x_{k+1} - x_k| < 10^{-5}$.

14. 设迭代格式 $x_{k+1} = \varphi(x_k)(k = 0,1,\cdots)$是线性收敛的,

(1) 证明由迭代格式

$$\widetilde{x}_{k+1} = x_k - \frac{(x_{k+1} - x_k)^2}{x_{k+2} - 2x_{k+1} + x_k}, \quad k = 0,1,2,\cdots \qquad (*)$$

产生的序列$\{\widetilde{x}_k\}$是平方收敛的.并称式(*)为**Aitkin 加速法或 Aitkin 加速公式**.

(2) 序列 $x_k = \dfrac{1}{4^k + 4^{-k}}, k = 0,1,2,\cdots$,线性收敛到 0.利用 Aitkin 加速公式加速收敛,并求 $\widetilde{x}_1, \widetilde{x}_2, \widetilde{x}_3$ 和 $\widetilde{x}_4$.

15. 设 $\varphi(x) = \sqrt{6+x}$,取 $x_0 = 2.5$,由迭代格式 $x_{k+1} = \varphi(x_k)(k = 0,1,\cdots)$产生的序列$\{x_k\}$线性收敛到$x^* = 3$.利用 Aitkin 加速公式加速收敛,并求 $\widetilde{x}_1, \widetilde{x}_2, \widetilde{x}_3$ 和 $\widetilde{x}_4$.

16. 利用 Newton 迭代法求 $\sqrt{115}$的近似值.

17. 公元 1225 年,Leonardo 宣布他求得方程 $x^3 + 2x^2 + 10x - 20 = 0$ 的一个根 $x^* \approx 1.368808107$,当时颇为轰动,但无人知道他是用什么方法得到的,请用 Newton 迭代法求出这个结果.

18. 试建立计算$\sqrt[3]{a}$的 Newton 迭代公式,并讨论它的收敛性.

19. 设 x^* 是方程 $f(x) = 0$ 的单根,由 Newton 迭代公式

$$x_{k+1} = x_k - \frac{f(x_k)}{f'(x_k)}, \quad k = 0,1,2,\cdots$$

产生的序列$\{x_k\}$收敛于x^*.证明:

$$\lim_{k\to\infty} \frac{x_k - x_{k-1}}{(x_{k-1} - x_{k-2})^2} = -\frac{f''(x^*)}{2f'(x^*)}.$$

20. 考虑如下修正的 Newton 公式(单点 Steffensen 迭代法):

$$x_{k+1} = x_k - \frac{f^2(x_k)}{f(x_k + f(x_k)) - f(x_k)}.$$

设 $f(x)$有二阶连续导数,$f(x^*) = 0, f'(x^*) \neq 0$.证明上述方法是平方收敛的.

21. 已知 $x^* = \sqrt{2}$是方程 $x^4 - 4x^2 + 4 = 0$ 的二重根,试分别用 Newton 迭代法及求重根的 Newton 迭代法各计算 3 步,取初值 $x_0 = 1.5$,比较计算结果,指出所得结果说明了什么.

22. 试确定 $x^* = 0$ 是方程 $f(x) = e^{2x} - 1 - 2x - 2x^2 = 0$ 的几重根.取初始值 $x_0 = 0.25$,应用改进的 Newton 法求 $f(x) = 0$ 的近似根,要求精确到 5 位小数.

23. 用弦截法求方程 $x(x+1)^2 - 1 = 0$ 在 0.4 附近的根,保留 4 位有效数字.

24. 用弦截法求方程 $f(x) = x^3 - 3x^2 - x + 9 = 0$ 在区间$[-2,-1]$内的一个实根的近似值,使$|f(x_k)| \leqslant 10^{-5}$.

25. 证明:迭代公式

$$x_{k+1} = \frac{x_k(x_k^2 + 3a)}{3x_k^2 + a}$$

是计算$\sqrt{a}$的三阶方法.假设初值充分靠近根 x^*,求

$$\lim_{k\to\infty}(\sqrt{a} - x_{k+1})/(\sqrt{a} - x_k)^3.$$

26. 已知函数 $f(x)$,对任意 x,存在正数 m, M,满足 $m \leqslant f'(x) \leqslant M$.证明对于 $0 < \lambda < 2/M$ 内的任意定数λ,迭代过程 $x_{k+1} = x_k - \lambda f(x_k)$均收敛于 $f(x) = 0$ 的根 x^*.

27. 用 Müller 方法求多项式

$$p(x) = x^3 - x + 5$$

的全部根.

28. 利用 Müller 方法求方程

$$f(x) = x^3 - x - 2$$

的根.从 $x_0 = 1.0, x_1 = 1.2$ 和 $x_2 = 1.4$ 开始,求 x_3, x_4 和 x_5.

29. 用不动点迭代法求下列非线性方程组

$$\begin{cases} x_1^3 + x_2^3 - 6x_1 + 3 = 0, \\ x_1^2 - x_2^2 - 6x_2 + 2 = 0 \end{cases}$$

在 $D = \{(x_1, x_2)^{\mathrm{T}} \mid 0 \leqslant x_1 \leqslant 1, 0 \leqslant x_2 \leqslant 1\}$ 上的解,并研究其收敛性.

30. 用 Newton 迭代法解下列非线性方程组

$$\begin{cases} 4x_1^2 + x_2^2 - 4 = 0, \\ x_1 + x_2 - \sin(x_1 - x_2) = 0 \end{cases}$$

在 $(1,0)^{\mathrm{T}}$ 附近的解.

第4章 插 值 法

4.1 引 言

插值方法是数值分析中的一种古老而重要的方法．早在公元6世纪，我国的刘焯[①]就首先提出等距节点插值方法，并成功地应用于天文计算．公元17世纪I. Newton和J. Gregory建立了等距节点上的插值公式．公元18世纪J. L. Lagrange给出了更一般的非等距节点上的插值公式．在近代，插值方法是数据处理、函数近似表示和计算机几何造型等常用的工具，又为其他许多数值方法，如数值微积分、非线性方程求根、微分方程数值解等，提供了重要的手段和理论基础，因此插值方法是数值分析的基本方法．

4.1.1 插值问题

在生产和科学实验中，有时仅能获得函数 $f(x)$ 的若干点的函数值或微商值，即只给出 $f(x)$ 的一张数据表．根据这张数据表，构造一个简单函数 $\varphi(x)$，使之满足数据表中的数据，这样的函数 $\varphi(x)$ 就是 $f(x)$ 的逼近函数，这种逼近问题就称为插值问题．

设 $\varphi_0(x),\varphi_1(x),\cdots,\varphi_n(x)$ 是定义在 $[a,b]$ 上的 $n+1$ 个线性无关的函数，函数空间

$$\Phi = \mathrm{span}\{\varphi_0(x),\varphi_1(x),\cdots,\varphi_n(x)\},$$

$f(x)$ 是定义在 $[a,b]$ 上的函数，$x_0,x_1,\cdots,x_n$ 是有限区间 $[a,b]$ 中一组互异的点，已知 $y_i=f(x_i),i=0,1,2,\cdots,n$．

所谓插值问题，就是寻找

---

① 刘焯(544～610)，字士元，隋朝经学家、具有极高造诣的天文学家，信都县(今冀州市)人．刘焯的著述有《稽极》十卷、《历书》十卷、《五经述议》等，后散失．

$$\varphi(x) = c_0\varphi_0(x) + c_1\varphi_1(x) + \cdots + c_n\varphi_n(x) \in \Phi, \tag{4.1.1}$$

使之满足条件

$$\varphi(x_i) = f(x_i), \quad i = 0,1,2,\cdots,n. \tag{4.1.2}$$

函数 $\varphi(x)$称为 $f(x)$的**插值函数**(interpolating function),$f(x)$称为**被插(值)函数**(interpolated function), $x_0, x_1, \cdots, x_n$ 称为**插值节点**(interpolating nodes),而

$$r(x) = f(x) - \varphi(x) \tag{4.1.3}$$

称为**插值余项**(interpolating remainder term).

注 Φ 可以是任何一个适当的函数空间,而最常用的是代数多项式空间.多项式结构简单、性质良好,常常被选择作为插值函数.用代数多项式作为插值函数的插值法称为多项式插值,相应的多项式称为插值多项式.

设 $\boldsymbol{P}_n = \{$次数不超过 n 的多项式$\}$.所谓 n **次多项式插值**,就是求多项式 $p_n(x) \in \boldsymbol{P}_n$,使之满足

$$p_n(x_i) = y_i, \quad i = 0,1,2,\cdots,n, \tag{4.1.4}$$

并称 $p_n(x)$为**插值多项式**(interpolating polynomial),式(4.1.4)为**插值条件**(interpolating conditions),

$$r_n(x) = f(x) - p_n(x) \tag{4.1.5}$$

为**插值余项**,$(x_i, y_i)(i=0,1,2,\cdots,n)$为**型值点**(data points).

4.1.2 插值多项式的存在性和唯一性

定理 4.1.1(存在性和唯一性)(existence and uniqueness) $\boldsymbol{P}_n$ 中满足插值条件(4.1.4)的多项式存在,并且唯一.

证明 设 $p_n(x) = a_0 + a_1x + a_2x^2 + \cdots + a_nx^n$,由插值条件(4.1.4)得非齐次线性方程组

$$\begin{cases} a_0 + a_1x_0 + a_2x_0^2 + \cdots + a_nx_0^n = y_0, \\ a_0 + a_1x_1 + a_2x_1^2 + \cdots + a_nx_1^n = y_1, \\ \vdots \\ a_0 + a_1x_n + a_2x_n^2 + \cdots + a_nx_n^n = y_n, \end{cases} \tag{4.1.6}$$

其系数行列式

$$D = \begin{vmatrix} 1 & x_0 & x_0^2 & \cdots & x_0^n \\ 1 & x_1 & x_1^2 & \cdots & x_1^n \\ \vdots & \vdots & \vdots & & \vdots \\ 1 & x_n & x_n^2 & \cdots & x_n^n \end{vmatrix}$$

是范德蒙行列式(Vandermonde determinant).因为 $x_0, x_1, \cdots, x_n$ 是一组互异的

点,所以 $D\neq 0$.由 Cramer 法则知:方程组(4.1.6)有唯一的一组解 $a_0,a_1,\cdots,a_n$,即满足插值条件(4.1.4)的多项式存在,并且唯一.证毕!

几何解释 通过曲线 $y=f(x)$上给定的 $n+1$ 个点(x_i,y_i)($i=0,1,2,\cdots,n$),可唯一地作一条 n 次代数曲线$y=p_n(x)$作为曲线 $y=f(x)$的近似曲线.

多项式插值有多种形式,其中以拉格朗日(Lagrange)插值和牛顿(Newton)插值为代表的多项式插值是最基本、最重要的.常用的插值还有 Hermite 插值、分段插值、样条插值等.在以下各节中我们将逐一介绍这些插值方法.

4.2 Lagrange[①] 插值

4.2.1 Lagrange 插值多项式

定理 4.2.1 n 次多项式

$$p_n(x)=\sum_{i=0}^{n}y_il_i(x) \tag{4.2.1}$$

满足插值条件(4.1.4),其中

$$l_i(x)=\prod_{\substack{j=0\\ j\neq i}}^{n}\frac{x-x_j}{x_i-x_j},\quad i=0,1,\cdots,n. \tag{4.2.2}$$

证明 作 n 次多项式$l_i(x)$,$i=0,1,\cdots,n$,使之满足

$$l_i(x_j)=\begin{cases}1, & i=j,\\ 0, & i\neq j,\end{cases}\qquad i,j=0,1,\cdots,n. \tag{4.2.3}$$

对 $i=0,1,\cdots,n$,由式(4.2.3)知,

$$l_i(x)=A_i(x-x_0)\cdots(x-x_{i-1})(x-x_{i+1})\cdots(x-x_n).$$

又因为 $l_i(x_i)=1$,即

$$l_i(x_i)=A_i(x_i-x_0)\cdots(x_i-x_{i-1})(x_i-x_{i+1})\cdots(x_i-x_n)=1,$$

所以

$$l_i(x)=\frac{(x-x_0)\cdots(x-x_{i-1})(x-x_{i+1})\cdots(x-x_n)}{(x_i-x_0)\cdots(x_i-x_{i-1})(x_i-x_{i+1})\cdots(x_i-x_n)}=\prod_{\substack{j=0\\ j\neq i}}^{n}\frac{x-x_j}{x_i-x_j}.$$

---

① 拉格朗日(Joseph-Louis Lagrange,1736～1813)是意大利数学家和天文学家.在分析、数论、古典力学和天体力学等领域都做出了杰出贡献.

构造 n 次多项式 $p_n(x)=\sum_{i=0}^{n} y_i l_i(x)$，显然

$$p_n(x_j)=\sum_{i=0}^{n} y_i l_i(x_j)=y_j l_j(x_j)=y_j,\quad j=0,1,\cdots,n,$$

即 $p_n(x)$ 是满足条件(4.1.4)的插值多项式.证毕!

定义 4.2.1 称式(4.2.1)中的多项式 $p_n(x)$ 为 **Lagrange 插值多项式(Lagrange interpolating polynomial)** 或 **Lagrange 插值公式(Lagrange interpolating formula)**；称(4.2.2)式中的 $l_i(x)(i=0,1,\cdots,n)$ 为 **Lagrange 插值基函数(Lagrange interpolating bases)**.

注 记 $\omega_n(x)=(x-x_0)(x-x_1)\cdots(x-x_n)$，则

$$l_i(x)=\frac{\omega_n(x)}{(x-x_i)\omega_n'(x_i)},\quad i=0,1,\cdots,n, \tag{4.2.4}$$

$$p_n(x)=\sum_{i=0}^{n} l_i(x)y_i=\sum_{i=0}^{n}\frac{\omega_n(x)}{(x-x_i)\omega_n'(x_i)}y_i. \tag{4.2.5}$$

事实上,因为

$$\omega_n'(x_i)=\left.\frac{\mathrm{d}\omega_n(x)}{\mathrm{d}x}\right|_{x=x_i}=(x_i-x_0)\cdots(x_i-x_{i-1})(x_i-x_{i+1})\cdots(x_i-x_n),$$

所以

$$l_i(x)=\frac{(x-x_0)\cdots(x-x_{i-1})(x-x_{i+1})\cdots(x-x_n)}{(x_i-x_0)\cdots(x_i-x_{i-1})(x_i-x_{i+1})\cdots(x_i-x_n)}=\frac{\omega_n(x)}{(x-x_i)\omega_n'(x_i)}.$$

例 4.2.1 根据表 4.2.1 中的数据,构造次数不超过 3 的 Lagrange 插值多项式 $p_3(x)$,并求 $f(0.5)$ 的近似值.

表 4.2.1

i	0	1	2	3
x_i	-1	0	1	2
$f(x_i)$	-7	-4	5	26

解 设 $x_0=-1, x_1=0, x_2=1, x_3=2$; $y_0=-7, y_1=-4, y_2=5, y_3=26$. 由式(4.2.2)得

$$l_0(x)=\frac{(x-0)(x-1)(x-2)}{(-1-0)(-1-1)(-1-2)}=-\frac{1}{6}(x^3-3x^2+2x),$$

$$l_1(x)=\frac{(x+1)(x-1)(x-2)}{(0+1)(0-1)(0-2)}=\frac{1}{2}(x^3-2x^2-x+2),$$

$$l_2(x)=\frac{(x+1)(x-0)(x-2)}{(1+1)(1-0)(1-2)}=-\frac{1}{2}(x^3-x^2-2x),$$

$$l_3(x)=\frac{(x+1)(x-0)(x-1)}{(2+1)(2-0)(2-1)}=\frac{1}{6}(x^3-x).$$

由式(4.2.1)得所求插值多项式

$$p_2(x) = l_0(x)y_0 + l_1(x)y_1 + l_2(x)y_2 + l_3(x)y_3$$
$$= x^3 + 3x^2 + 5x - 4.$$

且 $f(0.5) \approx p_3(0.5) = -0.625$.

例 4.2.2 求过点 $A(0,1)$,$B(1,2)$,$C(2,3)$的 Lagrange 插值多项式.

解 设 $x_0 = 0, x_1 = 1, x_2 = 2; y_0 = 1, y_1 = 2, y_2 = 3$. 由式(4.2.2)得

$$l_0(x) = \frac{(x - x_1)(x - x_2)}{(x_0 - x_1)(x_0 - x_2)} = \frac{(x-1)(x-2)}{(0-1)(0-2)} = \frac{1}{2}(x^2 - 3x + 2),$$

$$l_1(x) = \frac{(x - x_0)(x - x_2)}{(x_1 - x_0)(x_1 - x_2)} = \frac{(x-0)(x-2)}{(1-0)(1-2)} = -(x^2 - 2x),$$

$$l_2(x) = \frac{(x - x_0)(x - x_1)}{(x_2 - x_0)(x_2 - x_1)} = \frac{(x-0)(x-1)}{(2-0)(2-1)} = \frac{1}{2}(x^2 - x).$$

由式(4.2.1)得所求插值多项式

$$p_2(x) = y_0 l_0(x) + y_1 l_1(x) + y_2 l_2(x) = x + 1.$$

4.2.2 插值余项与误差估计

利用插值多项式(4.2.5)可以求得在节点 $x_0, x_1, \cdots, x_n$ 上关于$f(x)$的 n 次插值多项式 $p_n(x)$. 我们希望知道,当 $x \neq x_j (j = 0,1,\cdots,n)$时,$f(x)$与 $p_n(x)$的偏差是多少,即讨论 Lagrange 插值多项式的余项.

定理 4.2.2 若 $f(x)$在包含插值节点 $x_0, x_1, \cdots, x_n$ 的区间$[a,b]$上 $n+1$ 次可微,则对任意 $x \in [a,b]$,存在与 x 有关的ξ,使得

$$r_n(x) = f(x) - p_n(x) = \frac{f^{(n+1)}(\xi)}{(n+1)!}\omega_n(x). \tag{4.2.6}$$

证明 对 $x \in [a,b]$,当 $x = x_i (i = 0,1,\cdots,n)$时,式(4.2.6)显然成立. 以下假定$x \neq x_i (i = 0,1,\cdots,n)$. 作辅助函数

$$F(t) = f(t) - p_n(t) - \frac{\omega_n(t)}{\omega_n(x)}[f(x) - p_n(x)]. \tag{4.2.7}$$

显然 $F(t)$在区间$[a,b]$上 $n+1$ 次可微,且 $F(x) = 0, F(x_i) = 0 (i = 0,1,\cdots,n)$.

因为 $x, x_0, x_1, \cdots, x_n$ 互不相同,所以由 Rolle 定理知 $F'(t)$在(a,b)内至少有$n+1$个不同的零点. 同理,由 Rolle 定理知 $F''(t)$在(a,b)内至少有 n 个不同的零点;依此类推,$F^{(n+1)}(t)$在(a,b)内至少有一个零点 ξ,即

$$F^{(n+1)}(\xi) = f^{(n+1)}(\xi) - \frac{(n+1)!}{\omega_n(x)}[f(x) - p_n(x)] = 0,$$

亦即

$$r_n(x) = f(x) - p_n(x) = \frac{\omega_n(x)}{(n+1)!} f^{(n+1)}(\xi).$$

证毕!

推论　若 $f(x)$是次数不超过 n 的多项式,则它的 n 次 Lagrange 插值多项式就是它本身.

证明　设 $p_n(x)$是 $f(x)$的满足插值条件 $p_n(x_i) = f(x_i)$ $(i = 0,1,2,\cdots,n)$ 的 n 次 Lagrange 插值多项式. 因为 $f(x)$是次数不超过 n 的多项式,所以 $f^{(n+1)}(x) \equiv 0$.

由定理 4.2.2 知:$p_n(x)$关于 $f(x)$的余项为

$$r_n(x) = f(x) - p_n(x) = \frac{\omega_n(x)}{(n+1)!} f^{(n+1)}(\xi) \equiv 0,$$

于是 $p_n(x) \equiv f(x)$. 证毕!

定理 4.2.3(Lagrange 基函数的性质)

(1) $\sum\limits_{j=0}^{n} l_j(x) \equiv 1$;

(2) $\sum\limits_{j=0}^{n} l_j(x) x_j^k \equiv x^k$,　$k = 0,1,\cdots,n$;

(3) $\sum\limits_{j=0}^{n} (x_j - x)^k l_j(x) \equiv 0$,　$k = 1,2,\cdots,n$.

证明　(1) 令 $f(x) \equiv 1$,则 $y_j = f(x_j) = 1, j = 0,1,\cdots,n$;由上述推论知:$f(x)$ 的 n 次 Lagrange 插值多项式为 $p_n(x) = \sum\limits_{j=0}^{n} y_j l_j(x) \equiv f(x) \equiv 1$, 即 $\sum\limits_{j=0}^{n} l_j(x) \equiv 1$.

(2) 对 $k = 0,1,\cdots,n$,令 $f(x) \equiv x^k$,则 $y_j = f(x_j) = x_j^k, j = 0,1,\cdots,n$;由上述推论知:$f(x)$ 的 n 次 Lagrange 插值多项式为 $p_n(x) = \sum\limits_{j=0}^{n} y_j l_j(x) \equiv f(x) = x^k$,即$\sum\limits_{j=0}^{n} l_j(x) x_j^k \equiv x^k$.

(3) 对 $k = 0,1,\cdots,n$,有

$$\begin{aligned}
\sum_{j=0}^{n} (x_j - x)^k l_j(x) &= \sum_{j=0}^{n} \left[\sum_{i=0}^{k} \mathrm{C}_k^i x_j^i (-x)^{k-i} \right] l_j(x) \\
&= \sum_{i=0}^{k} \mathrm{C}_k^i (-x)^{k-i} \left[\sum_{j=0}^{k} x_j^i l_j(x) \right] \\
&= \sum_{i=0}^{k} \mathrm{C}_k^i x^i (-x)^{k-i} = (x - x)^k \equiv 0.
\end{aligned}$$

证毕!

注 Lagrange 插值多项式的优点是结构紧凑,系数有明确的含义,便于理论研究.缺点是当插值节点的个数有变动时,Lagrange 基函数 $l_i(x)(i=0,1,\cdots,n)$ 也随之发生变化,从而整个插值公式都发生变化,即Lagrange插值不具有承袭性,这在实际计算时是不方便的.为了克服这一缺点,下一节我们介绍具有承袭性的 Newton 插值方法.

4.3 Newton 插值

4.3.1 差商及其性质

4.3.1.1 差商的定义

为了介绍 Newton 插值方法,需要引进差商的概念.

定义 4.3.1 已知互异节点 $x_0,x_1,\cdots,x_n$ 上的函数值 $f(x_i)(i=0,1,\cdots,n)$,称

$$f[x_i,x_j]=\frac{f(x_j)-f(x_i)}{x_j-x_i},\quad i\neq j \tag{4.3.1}$$

为函数 $f(x)$ 在 x_i,x_j 处的**一阶差商**(**first divided difference**).称

$$f[x_i,x_j,x_k]=\frac{f[x_j,x_k]-f[x_i,x_j]}{x_k-x_i},\quad i\neq k \tag{4.3.2}$$

为函数 $f(x)$ 在 x_i,x_j,x_k 处的**二阶差商**(**second divided difference**).

一般地,称

$$f[x_0,x_1,\cdots,x_k]=\frac{f[x_1,\cdots,x_k]-f[x_0,\cdots,x_{k-1}]}{x_k-x_0} \tag{4.3.3}$$

为函数 $f(x)$ 在点 $x_0,x_1,\cdots,x_k$ 处的 **k 阶差商**(**kth divided difference**).

规定 $f[x_i]=f(x_i),i=0,1,\cdots,n$,并称之为**零阶差商**(**zeroth divided difference**).

实际计算时,常利用差商表(表 4.3.1)计算差商.

表 4.3.1

x	$f(x)$	一阶差商	二阶差商	三阶差商
x_0	$f(x_0)$			
x_1	$f(x_1)$	$f[x_0,x_1]$		
x_2	$f(x_2)$	$f[x_1,x_2]$	$f[x_0,x_1,x_2]$	
x_3	$f(x_3)$	$f[x_2,x_3]$	$f[x_1,x_2,x_3]$	$f[x_0,x_1,x_2,x_3]$
$\vdots$	$\vdots$	$\vdots$	$\vdots$	$\vdots$

4.3.1.2 差商的性质

下面介绍差商的一些重要性质:

(1) 若 $F(x)=Cf(x)$,C 为常数,则

$$F[x_0,x_1,\cdots,x_n] = Cf[x_0,x_1,\cdots,x_n].$$

(2) 若 $F(x)=f(x)+g(x)$,则

$$F[x_0,x_1,\cdots,x_n] = f[x_0,x_1,\cdots,x_n] + g[x_0,x_1,\cdots,x_n].$$

(3) k 阶差商 $f[x_0,x_1,\cdots,x_k]$ 可由函数值 $f(x_0),f(x_1),\cdots,f(x_k)$ 的线性组合来表示,即

$$f[x_0,x_1,\cdots,x_k] = \sum_{j=0}^{k}\frac{f(x_j)}{\omega'_k(x_j)}, \tag{4.3.4}$$

其中 $\omega_k(x) = \prod_{i=0}^{k}(x-x_i)$,$\omega'_k(x_j) = \prod_{\substack{i=0\\ i\neq j}}^{k}(x_j-x_i)$.

(4) 差商具有对称性,即当任意调换 k 阶差商 $f[x_0,x_1,\cdots,x_k]$ 中 $x_0,x_1,\cdots,x_k$ 的位置时,差商值不变.

(5) 设 $f(x)=p_n(x)$ 是 n 次多项式. 若 $k\leqslant n$,则 $f[x_0,x_1,\cdots,x_{k-1},x]=q_{n-k}(x)$,其中 $q_{n-k}(x)$ 是 $n-k$ 次多项式.

(6) 乘积函数差商公式(Leibnitz 公式),若 $f(x)=\varphi(x)\psi(x)$,则有

$$f[x_0,x_1,\cdots,x_k] = \sum_{j=0}^{k}\varphi[x_0,\cdots,x_j]\psi[x_j,x_{j+1},\cdots,x_k]. \tag{4.3.5}$$

4.3.2 Newton 插值公式

定理 4.3.1 多项式

$$\begin{aligned}p_n(x) = {} & f(x_0) + f[x_0,x_1](x-x_0) + f[x_0,x_1,x_2](x-x_0)(x-x_1) + \cdots \\ & + f[x_0,x_1,\cdots,x_n](x-x_0)(x-x_1)\cdots(x-x_{n-1})\end{aligned} \tag{4.3.6}$$

满足插值条件 $p_n(x_i)=y_i\,(i=0,1,\cdots,n)$,并称式(4.3.6)为 **Newton 插值多项式**

(Newton interpolating polynomial),或 Newton 插值公式(Newton interpolating formula).插值余项为

$$R_n(x)=f(x)-p_n(x)=f[x_0,x_1,\cdots,x_n,x](x-x_0)(x-x_1)\cdots(x-x_n). \tag{4.3.7}$$

证明 设 $p_n(x)$ 是满足插值条件 $p_n(x_i)=y_i(i=0,1,\cdots,n)$ 的 n 次 Lagrange插值多项式,将其改写成下列形式:

$$\begin{aligned}p_n(x)=&a_0+a_1(x-x_0)+a_2(x-x_0)(x-x_1)+\cdots\\&+a_n(x-x_0)\cdots(x-x_{n-1}).\end{aligned}$$

下面来确定上式中的 $a_0,a_1,\cdots,a_n$.

令 $p_{n-1}(x)$ 表示 n 个节点 $x_0,x_1,\cdots,x_{n-1}$ 上的 $n-1$ 次 Lagrange 插值多项式,因为

$$p_n(x_i)=p_{n-1}(x_i)=y_i,\quad i=0,1,\cdots,n-1,$$

所以

$$p_n(x)-p_{n-1}(x)=C(x-x_0)(x-x_1)\cdots(x-x_{n-1}),$$

其中 C 为常数.由条件 $p_n(x_n)=y_n$ 可以定出

$$C=\frac{y_n-p_{n-1}(x_n)}{(x_n-x_0)(x_n-x_1)\cdots(x_n-x_{n-1})}.$$

又因为

$$\begin{aligned}p_{n-1}(x_n)&=\sum_{i=0}^{n-1}y_il_i(x_n)\\&=\sum_{i=0}^{n-1}y_i\frac{(x_n-x_0)\cdots(x_n-x_{i-1})(x_n-x_{i+1})\cdots(x_n-x_{n-1})}{(x_i-x_0)\cdots(x_i-x_{i-1})(x_i-x_{i+1})\cdots(x_i-x_{n-1})},\end{aligned}$$

所以有

$$\begin{aligned}C&=\frac{y_n}{(x_n-x_0)\cdots(x_n-x_{n-1})}+\sum_{i=0}^{n-1}\frac{y_i}{(x_i-x_0)\cdots(x_i-x_{i-1})(x_i-x_{i+1})\cdots(x_i-x_n)}\\&=\sum_{i=0}^{n}\frac{y_i}{(x_i-x_0)\cdots(x_i-x_{i-1})(x_i-x_{i+1})\cdots(x_i-x_n)}.\end{aligned}$$

由式(4.3.4)知,$C=f[x_0,x_1,\cdots,x_n]$.于是得

$$p_n(x)=p_{n-1}(x)+f[x_0,x_1,\cdots,x_n](x-x_0)(x-x_1)\cdots(x-x_{n-1}).$$

同理

$$p_{n-1}(x)=p_{n-2}(x)+f[x_0,x_1,\cdots,x_{n-1}](x-x_0)(x-x_1)\cdots(x-x_{n-2}).$$

继续下去,最终得到

$$\begin{aligned}p_n(x)=&f(x_0)+f[x_0,x_1](x-x_0)+\cdots\\&+f[x_0,x_1,\cdots,x_n](x-x_0)(x-x_1)\cdots(x-x_{n-1}).\end{aligned}$$

下面证明式(4.3.7).记

$R_j(x)=f[x_0,x_1,\cdots,x_j,x]\omega_j(x),\quad \omega_j(x)=(x-x_0)(x-x_1)\cdots(x-x_j),$

$a_j=f[x_0,x_1,\cdots,x_j],\quad j=0,1,\cdots,n.$

由

$$\begin{aligned}R_n(x)&=f[x_0,x_1,\cdots,x_n,x]\omega_n(x)=f[x_n,x_0,\cdots,x_{n-1},x]\omega_n(x)\\&=\frac{f[x_0,\cdots,x_{n-1},x]-f[x_n,x_0,\cdots,x_{n-1}]}{x-x_n}\omega_n(x)\\&=f[x_0,\cdots,x_{n-1},x]\omega_{n-1}(x)-f[x_n,x_0,\cdots,x_{n-1}]\omega_{n-1}(x)\\&=f[x_0,\cdots,x_{n-1},x]\omega_{n-1}(x)-f[x_0,\cdots,x_{n-1},x_n]\omega_{n-1}(x)\\&=R_{n-1}(x)-a_n\omega_{n-1}(x)\end{aligned}$$

得递推公式

$$R_n(x)=R_{n-1}(x)-a_n\omega_{n-1}(x).\tag{4.3.8}$$

反复应用式(4.3.8),得

$$\begin{aligned}R_n(x)&=R_{n-1}(x)-a_n\omega_{n-1}(x)=R_{n-2}(x)-a_{n-1}\omega_{n-2}(x)-a_n\omega_{n-1}(x)=\cdots\\&=R_0(x)-a_1\omega_0(x)-a_2\omega_1(x)-\cdots-a_n\omega_{n-1}(x)\\&=R_0(x)+a_0-p_n(x).\end{aligned}\tag{4.3.9}$$

因为

$$\begin{aligned}R_0(x)+a_0&=f[x_0,x]\omega_0(x)+f(x_0)\\&=\frac{f(x)-f(x_0)}{x-x_0}(x-x_0)+f(x_0)=f(x),\end{aligned}$$

所以式(4.3.9)化为 $R_n(x)=f(x)-p_n(x)$,即式(4.3.7)成立.证毕!

注1 由4.1节介绍的插值问题解的唯一性知:Newton插值公式仅是Lagrange插值公式的一种变形.

注2 Newton插值公式既具有Lagrange插值公式便于理论上分析的优点,又具有承袭性.

通常通过构造差商表来求Newton插值多项式.表4.3.2就是差商表.

表4.3.2

x_i	$f(x_i)$	一阶差商	二阶差商	三阶差商
x_0	$\underline{f(x_0)}$			
x_1	$f(x_1)$	$\underline{f[x_0,x_1]}$		
x_2	$f(x_2)$	$f[x_1,x_2]$	$\underline{f[x_0,x_1,x_2]}$	
x_3	$f(x_3)$	$f[x_2,x_3]$	$f[x_1,x_2,x_3]$	$\underline{f[x_0,x_1,x_2,x_3]}$
⋮	⋮	⋮	⋮	⋮

差商表中对角线上的差商就是 Newton 插值多项式各项的系数,且有

$$\begin{aligned}p_n(x)=&\ f(x_0)+f[x_0,x_1](x-x_0)+f[x_0,x_1,x_2](x-x_0)(x-x_1)\\&+f[x_0,x_1,x_2,x_3](x-x_0)(x-x_1)(x-x_2)+\cdots\\&+f[x_0,x_1,\cdots,x_n](x-x_0)(x-x_1)\cdots(x-x_{n-1}).\end{aligned}\tag{4.3.10}$$

例 4.3.1 根据表 4.3.3 中的数据,构造次数不超过 3 的 Newton 插值多项式 $p_3(x)$,并求 $f(0.5)$的近似值.

表 4.3.3

i	0	1	2	3
x_i	-1	0	1	2
$f(x_i)$	-7	-4	5	26

解 利用差商表(表 4.3.4):

表 4.3.4

x_i	y_i	一阶差商	二阶差商	三阶差商
$x_0=-1$	$y_0=-7$			
$x_1=0$	$y_1=-4$	$f[x_0,x_1]=3$		
$x_2=1$	$y_2=5$	$f[x_1,x_2]=9$	$f[x_0,x_1,x_2]=3$	
$x_3=2$	$y_3=26$	$f[x_2,x_3]=21$	$f[x_1,x_2,x_3]=6$	$f[x_0,x_1,x_2,x_3]=1$

由式(4.3.10),可得所求的多项式,

$$\begin{aligned}p_3(x)=&\ f(x_0)+f[x_0,x_1](x-x_0)+f[x_0,x_1,x_2](x-x_0)(x-x_1)\\&+f[x_0,x_1,x_2,x_3](x-x_0)(x-x_1)(x-x_2)\\=&-7+3(x+1)+3(x+1)x+1\times(x+1)x(x-1)\\=&\ x^3+3x^2+5x-4,\end{aligned}$$

且 $f(0.5)\approx p_3(0.5)=-0.625$.

定理 4.3.2 设 $f(x)$在包含插值节点 $x_0,x_1,\cdots,x_n$ 的区间$[a,b]$上 n 次可微,则存在介于 $x_0,x_1,\cdots,x_n$ 之间的ξ,使得

$$f[x_0,x_1,\cdots,x_n]=\frac{f^{(n)}(\xi)}{n!}.\tag{4.3.11}$$

证明 设 $p_{n-1}(x)$是 $f(x)$的关于 $x_0,x_1,\cdots,x_{n-1}$的 Lagrange 插值多项式,由唯一性知,它也是 Newton 插值多项式. 由 Lagrange 插值余项

$$r_{n-1}(x)=f(x)-p_{n-1}(x)=\frac{f^{(n)}(\xi_1)}{n!}(x-x_0)(x-x_1)\cdots(x-x_{n-1}),$$

ξ_1 介于 x 与$x_0,x_1,\cdots,x_{n-1}$ 之间,

及 Newton 插值余项

$$R_{n-1}(x)=f(x)-p_{n-1}(x)=f[x_0,x_1,\cdots,x_{n-1},x](x-x_0)(x-x_1)\cdots(x-x_{n-1})$$

得

$$f[x_0,x_1,\cdots,x_{n-1},x]=\frac{f^{(n)}(\xi_1)}{n!}.$$

特别地,当 $x=x_n$ 时,有

$$f[x_0,x_1,\cdots,x_{n-1},x_n]=\frac{f^{(n)}(\xi)}{n!},\quad \xi \text{ 介于} x_0,x_1,\cdots,x_n \text{ 之间}.$$

证毕!

4.3.3 差分及其性质

4.3.3.1 差分的定义

定义4.3.2 已知函数 $f(x)$在等距节点 $x_k=x_0+kh(k=0,1,\cdots,n)$上的值 $f(x_k)$,其中 h 为常数,称为步长.引入记号

$$\Delta f(x_k)=f(x_{k+1})-f(x_k),\tag{4.3.12}$$

$$\nabla f(x_k)=f(x_k)-f(x_{k-1}),\tag{4.3.13}$$

$$\delta f(x_k)=f\left(x_k+\frac{1}{2}h\right)-f\left(x_k-\frac{1}{2}h\right),\tag{4.3.14}$$

则 $\Delta f(x_k),\nabla f(x_k),\delta f(x_k)$分别称为 $f(x)$在 x_k 处以 h 为步长的**一阶向前差分(first forward difference)**,**一阶向后差分(first backward difference)**和**一阶中心差分(first central difference)**.

一般地,$f(x)$在 x_k 处以 h 为步长的 **m 阶向前差分(mth forward difference)**,**m 阶向后差分(mth backward difference)**和 **m 阶中心差分(mth central difference)**分别定义为

$$\Delta^m f(x_k)=\Delta^{m-1}f(x_{k+1})-\Delta^{m-1}f(x_k),\tag{4.3.15}$$

$$\nabla^m f(x_k)=\nabla^{m-1}f(x_k)-\nabla^{m-1}f(x_{k-1}),\tag{4.3.16}$$

$$\delta^m f(x_k)=\delta^{m-1}f\left(x_k+\frac{1}{2}h\right)-\delta^{m-1}f\left(x_k-\frac{1}{2}h\right),\tag{4.3.17}$$

$$\Delta^0 f(x_k)=\nabla^0 f(x_k)=\delta^0 f(x_k)=f(x_k)$$

并规定 $\Delta^0 f(x_k)=\nabla^0 f(x_k)=\delta^0 f(x_k)=f(x_k)$,称其为**零阶差分(zeroth difference)**.

4.3.3.2 差分的性质

(1) 常数的差分等于零,即:若 $f(x)\equiv C$(常数),则

$$\Delta f(x) = f(x+h) - f(x) = C - C = 0.$$

(2) 常数因子可以提到差分号外,即:若 k 为常数,则有

$$\Delta(kf(x)) = kf(x+h) - kf(x) = k[f(x+h) - f(x)] = k\Delta f(x).$$

(3) 若 $f(x) = \sum_{i=1}^{k} c_i \varphi_i(x)$,其中 c_i 是常数,则

$$\Delta^n f(x) = \sum_{i=1}^{k} c_i \Delta^n \varphi_i(x).$$

(4) 设 $p_n(x)$是一个 n 次多项式(最高次项系数为 a_n),则当 $k<n$ 时,$p_n(x)$ 的 k 阶差分为x 的$n-k$ 次多项式;当 $k=n$ 时,$\Delta^n p_n(x) = a_n h^n n!$;当$k>n$时,$\Delta^k p_n(x) = 0$.

(5) 设 $x = x_0 + ih(i=0,1,\cdots,n)$,$f(x) = \varphi(x)\psi(x)$,则

$$\Delta^n f(x_0) = \sum_{\nu=0}^{n} \binom{n}{\nu} \Delta^\nu \psi(x_0) \Delta^{n-\nu} \varphi(x_0 + \nu h), \tag{4.3.18}$$

其中,$\binom{n}{\nu} = \dfrac{n(n-1)\cdots(n-\nu+1)}{\nu!}$.

(6) **(用函数值表示差分)** 已知 $f(x_i)(x_i = x_0 + ih, i = 0,1,\cdots,n)$,则

$$\Delta^n f(x_0) = \sum_{i=0}^{n} (-1)^i \binom{n}{i} f(x_0 + (n-i)h). \tag{4.3.19}$$

$$\nabla^n f(x_n) = \sum_{i=0}^{n} (-1)^i \binom{n}{i} f(x_n - ih). \tag{4.3.20}$$

(7) **(用差分表示函数值)**

$$f(x_{n+i}) = \sum_{k=0}^{n} \binom{n}{k} \Delta^k f(x_i), \quad i = 0,1,2,\cdots. \tag{4.3.21}$$

下面的定理揭示了差商与差分之间的关系:

定理 4.3.3 设 $x_0, x_1, \cdots, x_n$ 是等距分布的$n+1$个互异的点,函数 $f(x)$在包含点 $x_0, x_1, \cdots, x_n$ 的区间$[a,b]$上 n 次可微,则

$$f[x_0, x_1, \cdots, x_k] = \frac{1}{k!h^k} \Delta^k f(x_0), \quad 1 \leqslant k \leqslant n, \tag{4.3.22}$$

$$f[x_n, x_{n-1}, \cdots, x_{n-k}] = \frac{1}{k!h^k} \nabla^k f(x_n), \quad 1 \leqslant k \leqslant n, \tag{4.3.23}$$

其中,$h = x_{i+1} - x_i, i = 0,1,\cdots,n-1$.

证明 仅证明式(4.3.22),同理可证式(4.3.23).

(1) 因为

$$f[x_0, x_1] = \frac{f(x_1) - f(x_0)}{x_1 - x_0} = \frac{1}{h} \Delta f(x_0),$$

所以当 $k=1$ 时,式(4.3.22)成立.

(2) 假设对 $k-1(1\leqslant k-1\leqslant n)$ 阶差商,式(4.3.22)成立;特别地,有

$$f[x_0,x_1,\cdots,x_{k-1}]=\frac{1}{(k-1)!h^{k-1}}\Delta^{k-1}f(x_0),$$

$$f[x_1,x_2,\cdots,x_k]=\frac{1}{(k-1)!h^{k-1}}\Delta^{k-1}f(x_1).$$

于是,对 $k(1\leqslant k\leqslant n)$ 阶差商,有

$$\begin{aligned}f[x_0,x_1,\cdots,x_k]&=\frac{f[x_1,x_2,\cdots,x_k]-f[x_0,x_1,\cdots,x_{k-1}]}{x_k-x_0}\\&=\frac{1}{kh}\left[\frac{1}{(k-1)!h^{k-1}}\Delta^{k-1}f(x_1)-\frac{1}{(k-1)!h^{k-1}}\Delta^{k-1}f(x_0)\right]\\&=\frac{1}{k!h^k}\Delta^kf(x_0).\end{aligned}$$

综上所述,对任意正整数 $k(1\leqslant k\leqslant n)$,式(4.3.22)成立.证毕!

4.3.4 等距节点的Newton插值公式

对于等距节点的情形,一般说来,求左端点 $x=x_0$ 附近的插值,宜用 Newton 向前插值公式;求右端点 $x=x_n$ 附近的插值,宜用 Newton 向后插值公式;求插值区间中间的插值,宜用带中心差分的插值公式.

对于等距节点 $x_k=x_0+kh,k=0,1,\cdots,n$,Newton 插值公式可以写成以下形式:

$$\begin{aligned}p_n(x)&=p_n(x_0+sh)\\&=f(x_0)+\sum_{k=1}^{n}\frac{\Delta^kf(x_0)}{k!}s(s-1)\cdots(s-k+1),\quad 0\leqslant s\leqslant n\end{aligned}\tag{4.3.24}$$

及

$$\begin{aligned}p_n(x)&=p_n(x_n+th)\\&=f(x_n)+\sum_{k=1}^{n}\frac{\nabla^kf(x_n)}{k!}t(t+1)\cdots(t+k-1),\quad -n\leqslant t\leqslant 0,\end{aligned}\tag{4.3.25}$$

其中,$h=x_{i+1}-x_i,i=0,1,\cdots,n-1$.式(4.3.24)称为 **Newton 向前插值公式**(**Newton forward difference formula**),式(4.3.25)称为 **Newton 向后插值公式**(**Newton backward difference formula**).

例 4.3.2 已知函数 $y=f(x)$ 的数值表(表 4.3.5).

表 4.3.5

i	0	1	2	3
x_i	0	1	2	3
$f(x_i)$	1	2	17	64

试分别求出 $f(x)$ 的三次 Newton 向前和向后插值公式;并分别计算当 $x=0.5$ 和 $x=2.5$ 时,$f(x)$ 的近似值.

解 构造向前和向后差分表,见表 4.3.6.

表 4.3.6

x_i	$f(x_i)$	一阶向前(向后)差分	二阶向前(向后)差分	三阶向前(向后)差分
$x_0=0$	$f(x_0)=1$			
		$\Delta f(x_0)(\nabla f(x_1))=1$		
$x_1=1$	$f(x_1)=2$		$\Delta^2 f(x_0)(\nabla^2 f(x_2))=14$	
		$\Delta f(x_1)(\nabla f(x_2))=15$		$\Delta^3 f(x_0)(\nabla^3 f(x_3))=18$
$x_2=2$	$f(x_2)=17$		$\Delta^2 f(x_1)(\nabla^2 f(x_3))=32$	
		$\Delta f(x_2)(\nabla f(x_3))=47$		
$x_3=3$	$f(x_3)=64$			

由式(4.3.24)得所求三次 Newton 向前插值公式

$$
\begin{aligned}
p_3(x) &= f(x_0)+\frac{s}{1!}\Delta f(x_0)+\frac{s(s-1)}{2!}\Delta^2 f(x_0)+\frac{s(s-1)(s-2)}{3!}\Delta^3 f(x_0) \\
&= 1+\frac{s}{1!}\times 1+\frac{s(s-1)}{2!}\times 14+\frac{s(s-1)(s-2)}{3!}\times 18 \\
&= 1-2s^2+3s^3.
\end{aligned}
$$

$x=0.5=x_0+sh,h=1\Rightarrow s=0.5,f(0.5)\approx p_3(0.5)=0.875.$

由式(4.3.25)得所求三次 Newton 向后插值公式

$$
\begin{aligned}
\tilde{p}_3(x) &= f(x_3)+\frac{t}{1!}\nabla f(x_3)+\frac{t(t+1)}{2!}\nabla^2 f(x_3)+\frac{t(t+1)(t+2)}{3!}\nabla^3 f(x_3) \\
&= 64+\frac{t}{1!}\times 47+\frac{t(t+1)}{2!}\times 32+\frac{t(t+1)(t+2)}{3!}\times 18 \\
&= 64+69t+25t^2+3t^3.
\end{aligned}
$$

$x=2.5=x_3+th,h=1\Rightarrow t=-0.5,f(2.5)\approx\tilde{p}_3(-0.5)=35.375.$

例 4.3.3 利用差分性质证明:$1+2+3+\cdots+n=\frac{1}{2}n(n+1)$.

证明 若令 $f(n)=1+2+3+\cdots+n,f(0)=0$,则 $\Delta f(i-1)=f(i)-f(i-1)=i,i=1,2,\cdots,n$. 构造差分表,见表 4.3.7.

表 4.3.7

i	$f(i)$	一阶向前差分	二阶向前差分	三阶向前差分	四阶向前差分
0	$f(0)$				
		$\Delta f(0)=1$			
1	$f(1)$		$\Delta^2 f(0)=1$		
		$\Delta f(1)=2$		$\Delta^3 f(0)=0$	
2	$f(2)$				$\Delta^4 f(0)=0$
$\vdots$	$\vdots$	$\vdots$	$\vdots$	$\vdots$	$\vdots$
		$\Delta f(n-2)=n-1$			$\Delta^4 f(n-4)=0$
$n-1$	$f(n-1)$		$\Delta^2 f(n-2)=1$	$\Delta^3 f(n-3)=0$	
		$\Delta f(n-1)=n$			
n	$f(n)$				

由差分公式(4.3.21),取 $i=0$,得

$$f(n)=\sum_{k=0}^{n}\binom{n}{k}\Delta^k f(0)=f(0)+\binom{n}{1}\Delta f(0)+\binom{n}{2}\Delta^2 f(0)$$

$$=0+n\times 1+\frac{1}{2}n(n-1)\times 1=\frac{1}{2}n(n+1).$$

即 $1+2+3+\cdots+n=\frac{1}{2}n(n+1)$. 证毕!

4.4 Hermite[①] 插值

在实际应用中,特别是在造型设计中,有时需要构造一个插值函数,不但要求在给定点处取已知函数值,而且还要求在节点处它们的导数值相等,满足这种条件的插值多项式称为 **Hermite 插值多项式(Hermite interpolating polynomial)**.

下面以三次 Hermite 插值多项式为例,说明 Hermite 插值多项式的构造过程.

4.4.1 三次 Hermite 插值公式

已知 $y_0=f(x_0)$, $y_0'=f'(x_0)$, $y_1=f(x_1)$, $y_1'=f'(x_1)$,求作三次多项式 $H_3(x)$,使之满足

---

① 埃尔米特(Charles Hermite,1822～1901)是法国数学家.埃尔米特的研究领域涉及数论、二次型、变分理论、正交多项式、椭圆方程和代数.他最重要的数学成就有:用椭圆函数求出五次方程的一般解以及证明了 e 是超越数等.

$$H_3(x_0)=y_0,\quad H_3'(x_0)=y_0',\quad H_3(x_1)=y_1,\quad H_3'(x_1)=y_1'. \tag{4.4.1}$$

从几何上看:所求的代数曲线 $y=H_3(x)$ 与曲线 $y=f(x)$ 不但有两个交点 $(x_0,y_0),(x_1,y_1)$,而且在点 $(x_0,y_0),(x_1,y_1)$ 处两者相切.

定理 4.4.1 三次多项式

$$H_3(x)=y_0\varphi_0(x)+y_1\varphi_1(x)+y_0'\psi_0(x)+y_1'\psi_1(x) \tag{4.4.2}$$

满足插值条件(4.4.1),其中

$$\varphi_0(x)=\left(1+2\frac{x-x_0}{x_1-x_0}\right)\left(\frac{x-x_1}{x_0-x_1}\right)^2,\quad \varphi_1(x)=\left(1+2\frac{x-x_1}{x_0-x_1}\right)\left(\frac{x-x_0}{x_1-x_0}\right)^2,$$

$$\psi_0(x)=(x-x_0)\left(\frac{x-x_1}{x_0-x_1}\right)^2,\qquad \psi_1(x)=(x-x_1)\left(\frac{x-x_0}{x_1-x_0}\right)^2, \tag{4.4.3}$$

并称式(4.4.2)为**三次 Hermite 插值公式**(cubic Hermite interpolating formula),式(4.4.3)为**三次 Hermite 插值基函数**(cubic Hermite interpolating bases).

证明 采用构造基函数的方法来确定多项式 $H_3(x)$.设

$$H_3(x)=y_0\varphi_0(x)+y_1\varphi_1(x)+y_0'\psi_0(x)+y_1'\psi_1(x),$$

其中 $\varphi_i(x),\psi_i(x)(i=0,1)$ 都是次数至多是 3 的多项式.由 $H_3(x)$ 满足插值条件(4.4.1),得

$$\begin{cases}\varphi_i(x_j)=\delta_{ij},\quad \varphi_i'(x_j)=0,\quad i,j=0,1,\\ \psi_i'(x_j)=\delta_{ij},\quad \psi_i(x_j)=0,\quad i,j=0,1,\end{cases}\quad \text{其中 } \delta_{ij}=\begin{cases}0, & i\neq j,\\ 1, & i=j.\end{cases} \tag{4.4.4}$$

仅求 $\varphi_0(x)$,同理可得 $\varphi_1(x),\psi_0(x),\psi_1(x)$.

由式(4.4.4)知,$\varphi_0(x_1)=0,\varphi_0'(x_1)=0$,因此可设

$$\varphi_0(x)=[a+b(x-x_0)](x-x_1)^2,$$

且

$$\varphi_0'(x)=b(x-x_1)^2+2[a+b(x-x_0)](x-x_1).$$

由 $\varphi_0(x_0)=1,\varphi_0'(x_0)=0$,得

$$\begin{cases}a(x_0-x_1)^2=1,\\ b(x_0-x_1)+2a=0.\end{cases}$$

解得 $a=\dfrac{1}{(x_0-x_1)^2},b=-\dfrac{2}{(x_0-x_1)^3}$.于是

$$\varphi_0(x)=\left[\frac{1}{(x_0-x_1)^2}-\frac{2}{(x_0-x_1)^3}(x-x_0)\right](x-x_1)^2$$

$$=\left(1+2\frac{x-x_0}{x_1-x_0}\right)\left(\frac{x-x_1}{x_0-x_1}\right)^2.$$

证毕!

特别地，若 $x_0=0, x_1=1$，则三次 Hermite 插值基函数(4.4.3)化为

$$\begin{aligned}&\varphi_0(x)=(1+2x)(x-1)^2,\quad \varphi_1(x)=(3-2x)x^2,\\&\psi_0(x)=(x-1)^2x,\quad \psi_1(x)=(x-1)x^2.\end{aligned}\tag{4.4.5}$$

例 4.4.1 求出满足插值条件

$$H_3(1)=f(1)=1,\quad H_3(2)=f(2)=9,$$
$$H_3'(1)=f'(1)=4,\quad H_3'(2)=f'(2)=12$$

的 Hermite 插值多项式.

解 令 $x_0=1, x_1=2, y_0=f(1), y_1=f(2), y_0'=f'(1), y_1'=f'(2)$，利用公式(4.4.2)和(4.4.3)，得满足插值条件的 Hermite 插值多项式

$$H_3(x)=\varphi_0(x)y_0+\varphi_1(x)y_1+\psi_0(x)y_0'+\psi_1(x)y_1'.$$

其中

$$\varphi_0(x)=\left(1+2\frac{x-1}{2-1}\right)\left(\frac{x-2}{1-2}\right)^2=(2x-1)(x-2)^2,$$

$$\varphi_1(x)=\left(1+2\frac{x-2}{1-2}\right)\left(\frac{x-1}{2-1}\right)^2=(-2x+5)(x-1)^2,$$

$$\psi_0(x)=(x-1)\left(\frac{x-2}{1-2}\right)^2=(x-1)(x-2)^2,$$

$$\psi_1(x)=(x-2)\left(\frac{x-1}{2-1}\right)^2=(x-2)(x-1)^2.$$

整理，得

$$\begin{aligned}H_3(x)=&(2x-1)(x-2)^2+9(-2x+5)(x-1)^2\\&+4(x-1)(x-2)^2+12(x-2)(x-1)^2\\=&4x^2-4x+1.\end{aligned}$$

定理 4.4.2 若 $f\in C^4[a,b]$，$x_0, x_1\in[a,b]$，则对 $\forall x\in[a,b]$，存在介于 x_0, x_1 与 x 之间的 ξ，使得

$$r_3(x)=f(x)-H_3(x)=\frac{f^{(4)}(\xi)}{4!}(x-x_0)^2(x-x_1)^2.\tag{4.4.6}$$

证明 若 $x=x_0$ 或 x_1，则式(4.4.6)显然成立.

设 $x\neq x_i\,(i=1,2)$，不妨设 $x_0<x<x_1$，作辅助函数

$$F(t)=H_3(t)+\frac{f(x)-H_3(x)}{(x-x_0)^2(x-x_1)^2}(t-x_0)^2(t-x_1)^2,\tag{4.4.7}$$

则

$$F(x_0)=H_3(x_0)=f(x_0),\quad F(x_1)=H_3(x_1)=f(x_1),\quad F(x)=f(x),$$
$$F'(x_0)=H_3'(x_0)=f'(x_0),\quad F'(x_1)=H_3'(x_1)=f'(x_1).$$

令 $R(t)=f(t)-F(t)$，则 $R(x_0)=R(x_1)=R(x)=0$；$R'(x_0)=R'(x_1)=0$.

分别在 $[x_0,x]$，$[x,x_1]$ 上对 $R(t)$ 运用 Rolle 定理，存在 $\xi_1\in(x_0,x)$，$\xi_2\in$

(x, x_1)，使得

$$R'(\xi_1) = R'(\xi_2) = 0.$$

分别在$[x_0, \xi_1]$，$[\xi_1, \xi_2]$，$[\xi_2, x_1]$上对 $R'(t)$运用 Rolle 定理，存在 $\xi_1' \in (x_0, \xi_1)$，$\xi_2' \in (\xi_1, \xi_2)$，$\xi_3' \in (\xi_2, x_1)$，使得 $R''(\xi_1') = R''(\xi_2') = R''(\xi_3') = 0$.

分别在$[\xi_1', \xi_2']$，$[\xi_2', \xi_3']$上对 $R''(t)$运用 Rolle 定理，存在 $\xi''_1 \in (\xi_1', \xi_2')$，$\xi''_2 \in (\xi_2', \xi')$，使得 $R'''(\xi_1'') = R'''(\xi_2'') = 0$.

再在$[\xi_1'', \xi_2'']$上对 $R'''(t)$运用 Rolle 定理，存在 $\xi \in (\xi_1'', \xi_2'')$，使得 $R^{(4)}(\xi) = 0$，即

$$R^{(4)}(\xi) = f^{(4)}(\xi) - F^{(4)}(\xi) = f^{(4)}(\xi) - \frac{f(x) - H_3(x)}{(x - x_0)^2 (x - x_1)^2} \times 4! = 0,$$

亦即 $f(x) - H_3(x) = \dfrac{f^{(4)}(\xi)}{4!}(x - x_0)^2 (x - x_1)^2$. 证毕！

4.4.2 带重节点差商的 Newton 插值公式

4.3 节给出了对互异节点的差商的定义，有时我们需要节点相重时的差商，即带重节点的差商. 定义

$$f[x_0, x_0] = \lim_{x_1 \to x_0} f[x_0, x_1] = \lim_{x_1 \to x_0} \frac{f(x_1) - f(x_0)}{x_1 - x_0} = f'(x_0). \tag{4.4.8}$$

一般地

$$f[\underbrace{x, \cdots, x}_{k个}, x_0, \cdots, x_m] = \frac{\mathrm{d}^{k-1}}{\mathrm{d}x^{k-1}} f[x, x_0, \cdots, x_m]. \tag{4.4.9}$$

由式(4.4.8)得

$$f[x_0, x_0, x_1] = \frac{f[x_0, x_1] - f[x_0, x_0]}{x_1 - x_0} = \frac{f[x_0, x_1] - f'(x_0)}{x_1 - x_0},$$

$$f[x_0, x_1, x_1] = \frac{f[x_1, x_1] - f[x_0, x_1]}{x_1 - x_0} = \frac{f'(x_1) - f[x_0, x_1]}{x_1 - x_0},$$

$$\begin{aligned} f[x_0, x_0, x_1, x_1] &= \frac{f[x_0, x_1, x_1] - f[x_0, x_0, x_1]}{x_1 - x_0} \\ &= \frac{1}{x_1 - x_0}\left[\frac{f'(x_1) - f[x_0, x_1]}{x_1 - x_0} - \frac{f[x_0, x_1] - f'(x_0)}{x_1 - x_0}\right] \\ &= \frac{f'(x_1) - 2f[x_0, x_1] + f'(x_0)}{(x_1 - x_0)^2}, \end{aligned}$$

以此类推. 上述差商称为**带重节点的差商**.

命题 4.4.1 由式(4.4.2)定义的三次 Hermite 插值多项式 $H_3(x)$可改写为

下列形式：

$$H_3(x)=f(x_0)+f[x_0,x_0](x-x_0)+f[x_0,x_0,x_1](x-x_0)^2$$
$$+f[x_0,x_0,x_1,x_1](x-x_0)^2(x-x_1). \tag{4.4.10}$$

并称式(4.4.10)为**带重节点差商的三次 Newton 插值公式**.

注 命题4.4.1中的方法可以推广到求一般的 Hermite 插值多项式.

例 4.4.2 用带重节点的差商的 Newton 插值公式求满足插值条件

$$H_3(1)=f(1)=1,\quad H_3(2)=f(2)=9,$$
$$H_3'(1)=f'(1)=4,\quad H_3'(2)=f'(2)=12$$

的次数不超过3的 Hermite 插值多项式.

解 令 $x_0=1,x_1=2$,建立带重节点的差商表(表4.4.1)：

表 4.4.1

x_i	$f(x_i)$	一阶差商	二阶差商	三阶差商
$x_0=1$	$f(x_0)=1$			
$x_0=1$	$f(x_0)=1$	$f[x_0,x_0]=f'(x_0)=4$		
$x_1=2$	$f(x_1)=9$	$f[x_0,x_1]=8$	$f[x_0,x_0,x_1]=4$	
$x_1=2$	$f(x_1)=9$	$f[x_1,x_1]=f'(x_1)=12$	$f[x_0,x_1,x_1]=4$	$f[x_0,x_0,x_1,x_1]=0$

由式(4.4.10),得所求 Hermite 插值多项式

$$\begin{aligned}H_3(x)&=f(x_0)+f[x_0,x_0](x-x_0)+f[x_0,x_0,x_1](x-x_0)^2\\&\quad+f[x_0,x_0,x_1,x_1](x-x_0)^2(x-x_1)\\&=1+4\times(x-1)+4\times(x-1)^2+0\times(x-1)^2(x-2)\\&=4x^2-4x+1.\end{aligned}$$

4.4.3 $2n+1$ 次 Hermite 插值公式

已知 $y_i=f(x_i),y_i'=f'(x_i),i=0,1,2,\cdots,n$,求作 $2n+1$ 次多项式 $H(x)$,使之满足

$$H(x_i)=y_i,\quad H'(x_i)=y_i',\quad i=0,1,2,\cdots,n. \tag{4.4.11}$$

类似于三次 Hermite 插值公式的构造过程,得

定理 4.4.3 $2n+1$ 次多项式

$$H(x)=\sum_{i=0}^{n}[y_i\varphi_i(x)+y_i'\psi_i(x)] \tag{4.4.12}$$

满足插值条件(4.4.11),其中

$$\begin{cases} \varphi_i(x) = [1-2(x-x_i)l'_i(x_i)]l_i^2(x), \\ \psi_i(x) = (x-x_i)l_i^2(x), \quad i = 0,1,\cdots,n, \end{cases} \tag{4.4.13}$$

$l_i(x) = \prod\limits_{\substack{j=0 \\ j\neq i}}^{n} \dfrac{x-x_j}{x_i-x_j}, i = 0,1,\cdots,n$,并称式(4.4.12)为 $2n+1$ **次 Hermite 插值公式**,式(4.4.13)为 $2n+1$ **次 Hermite 插值基函数**.

定理 4.4.4 若 $f\in C^{2n+1}[a,b]$,$f^{(2n+2)}(x)$在(a,b)内存在,$x_0,x_1,\cdots,x_n\in[a,b]$,则对 $\forall x\in[a,b]$,存在介于 $x_0,x_1,\cdots,x_n$ 与 x 之间的ξ,使得

$$r(x) = f(x) - H(x) = \frac{f^{(2n+2)}(\xi)}{(2n+2)!}(x-x_0)^2(x-x_1)^2\cdots(x-x_n)^2, \tag{4.4.14}$$

其中 $H(x)$是形如式(4.4.11)的 $2n+1$ 次 Hermite 插值多项式.

4.5 分段多项式插值

4.5.1 高次多项式插值的 Runge① 现象

多项式历来被认为是最好的逼近工具之一.对于多项式插值,插值多项式的次数随着节点个数的增加而升高,然而高次多项式插值的逼近效果往往并不理想.1901 年,德国数学家 Runge 发现:随着节点的加密,n 增大,插值多项式 $p_n(x)$在插值区间两个端点附近会发生激烈的振荡.这就是所谓的**龙格现象**(**Runge's phenomenon**).

对于函数 $f(x)=\dfrac{1}{1+x^2}$,$x\in[-5,5]$,采用 Lagrange 多项式插值:取节点 $x_i=-5+ih$,$h=\dfrac{10}{n}$.当 n 分别为 4,8,10 时的插值计算结果如图 4.5.1 所示.

由图 4.5.1 可以看出:当插值节点个数 $n+1$ 增大时,其插值效果变差;当 n 进一步增大时,插值函数还会在插值区间两个端点附近出现剧烈的振荡现象,从而产生很大的误差.这种现象称为 Runge 现象.

为了克服插值过程中的 Runge 现象,在实践中一般采用分段低次插值.

---

① 龙格(Carl David Tolmé Runge,1856～1927)是德国的数学家、物理学家和光谱学家.他以微分方程数值解法 Runge-Kutta 法而著名.

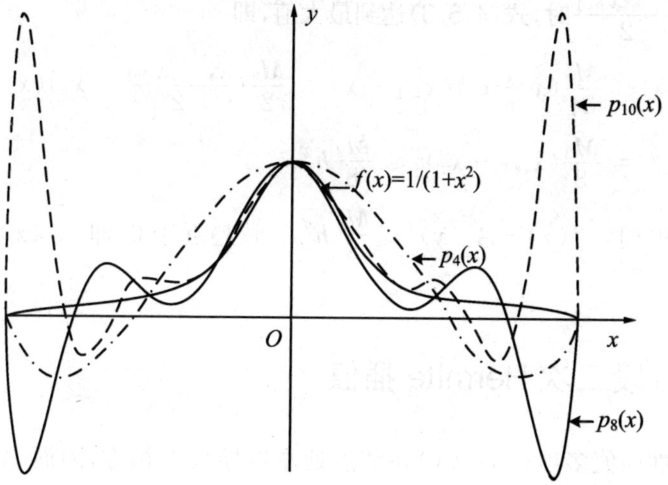

图 4.5.1

4.5.2 分段线性插值

定义 4.5.1 将区间$[a,b]$做划分：

$$a = x_0 < x_1 < \cdots < x_n = b,$$

已知 $y_i = f(x_i), i = 0,1,\cdots,n$.分段函数

$$A_1(x) = y_i \frac{x - x_{i+1}}{x_i - x_{i+1}} + y_{i+1} \frac{x - x_i}{x_{i+1} - x_i}, \quad x \in [x_i, x_{i+1}], \quad i = 0,1,\cdots,n-1 \tag{4.5.1}$$

满足插值条件 $A_1(x_i) = y_i, i = 0,1,\cdots,n$，且称式(4.5.1)为关于函数 f 的**分段线性插值多项式**(**piecewise linear interpolating polynomial**).

定理 4.5.1 设 $f \in C^2[a,b]$,若 $A_1(x)$是形如式(4.5.1)的分段线性插值多项式,则对任意 $x \in [a,b]$,有

$$|f(x) - A_1(x)| \leqslant \frac{M_2}{8} h^2, \tag{4.5.2}$$

其中 $h = \max\limits_{0 \leqslant i \leqslant n-1} |x_{i+1} - x_i|, M_2 = \max\limits_{a \leqslant x \leqslant b} |f''(x)|$；且当 $h \to 0$ 时,$A_1(x)$一致收敛于 $f(x)$.

证明 对任意 $x \in [x_i, x_{i+1}], i = 0,1,\cdots,n-1$,由 Lagrange 插值余项公式(4.2.6)知,

$$|f(x) - A_1(x)| = \left| \frac{f''(\xi_i)}{2!}(x - x_i)(x - x_{i+1}) \right| \leqslant \frac{M_2}{2!}(x - x_i)(x_{i+1} - x), \tag{4.5.3}$$

易证当 $x=\frac{x_i+x_{i+1}}{2}$ 时,式(4.5.3)达到最大值,即

$$|f(x)-A_1(x)|\leqslant\frac{M_2}{2!}(x-x_i)(x_{i+1}-x)\leqslant\frac{M_2}{2}(\frac{x_i+x_{i+1}}{2}-x_i)(x_{i+1}-\frac{x_i+x_{i+1}}{2})$$

$$=\frac{M_2}{8}(x_{i+1}-x_i)^2\leqslant\frac{M_2}{8}h^2.$$

显然,当 $h\to 0$ 时,$|f(x)-A_1(x)|\leqslant\frac{M_2}{8}h^2$ 一致趋近于 0,即 $A_1(x)$ 一致收敛于 $f(x)$. 证毕!

4.5.3 分段三次 Hermite 插值

分段线性插值多项式 $A_1(x)$ 在节点处左右导数不相等,因而 $A_1(x)$ 不够光滑. 如果要求曲线 $y=A_1(x)$ 在节点处光滑,就必须要求分段插值多项式在节点处导数存在,因此要提供在节点处的函数值及其导数值.

定义 4.5.2 将区间 $[a,b]$ 做划分:

$$a=x_0<x_1<\cdots<x_n=b,$$

已知 $y_i=f(x_i),y_i'=f'(x_i),i=0,1,\cdots,n$,称分段函数

$$\begin{cases}A_3(x)=y_i\varphi_i(x)+y_{i+1}\varphi_{i+1}(x)+y_i'\psi_i(x)+y_{i+1}'\psi_{i+1}(x),\\ x\in[x_i,x_{i+1}],\quad i=0,1,\cdots,n-1\end{cases}\tag{4.5.4}$$

满足插值条件 $A_3(x_i)=y_i,A_3'(x_i)=y_i',i=0,1,\cdots,n$,且称式(4.5.4)为关于函数 f 的**分段三次 Hermite 插值多项式(piecewise cubic Hermite interpolating polynomial)**,其中对 $i=0,1,\cdots,n-1$,

$$\begin{cases}\varphi_i(x)=\left(1+2\frac{x-x_i}{x_{i+1}-x_i}\right)\left(\frac{x-x_{i+1}}{x_i-x_{i+1}}\right)^2,\quad \varphi_{i+1}(x)=\left(1+2\frac{x-x_{i+1}}{x_i-x_{i+1}}\right)\left(\frac{x-x_i}{x_{i+1}-x_i}\right)^2,\\ \psi_i(x)=(x-x_i)\left(\frac{x-x_{i+1}}{x_i-x_{i+1}}\right)^2,\quad \psi_{i+1}(x)=(x-x_{i+1})\left(\frac{x-x_i}{x_{i+1}-x_i}\right)^2.\end{cases}\tag{4.5.5}$$

定理 4.5.2 设 $f\in C^4[a,b]$,若 $A_3(x)$ 是形如式(4.5.4)的分段三次 Hermite 插值多项式,则对任意 $x\in[a,b]$,有

$$|f(x)-A_3(x)|\leqslant\frac{M_4}{384}h^4,\tag{4.5.6}$$

其中 $h=\max\limits_{0\leqslant i\leqslant n-1}|x_{i+1}-x_i|,M_4=\max\limits_{a\leqslant x\leqslant b}|f^{(4)}(x)|$;且当 $h\to 0$ 时,$A_3(x)$ 一致收敛于 $f(x)$.

分段插值法是一种显式算法,只要节点间距充分小,分段插值总能获得所要求的精度,不会发生 Runge 现象;另外,分段插值在每一个子区间上的插值函数只依

赖于本区间段上的一些特定的节点处的信息，而与其他的节点处的信息无关；即分段插值法具有局部性.

4.6 三次样条插值

4.6.1 基本概念

在实际问题中，尤其在造型设计中，通常会遇到这样的问题：给定平面上 $n+1$ 个不同点，要求通过这些点作一条光滑曲线. 显然这是一个插值问题. 正如 4.5 节所说，当点很多时，作高次多项式插值会出现 Runge 现象. 采用分段插值是一种有效的方法，但是采用分段插值，不但要知道节点处的函数值，还要知道节点处的微商值(特别是高阶微商值)，而后者往往是不容易得到的. 能否在只给出节点处函数值的情况下构造一个整体上充分光滑的函数呢？回答是肯定的. 这就是我们本章要介绍的内容——样条函数插值.

所谓样条(spline)，原来是在船体、汽车或航天器的设计中，模线设计员使用的均匀的、窄的弹性木条(或钢质条). 模线员在绘制线时，用压铁压在样条的一批点上，强迫样条通过一组离散的型值点. 当样条取得合适的形状之后，再沿着样条画出所需要的曲线，这是一条光滑的曲线. 样条函数最初就是来源于这样的样条曲线. I. J. Schoenberg① 在 1946 年提出了样条函数的概念，并给出了严格的数学定义. 自从 20 世纪 60 年代以来，样条理论和方法得到了极大的发展，应用也越来越广泛. 而三次样条函数是最基本、最重要的样条函数，也是在实际中应用最广的样条函数. 样条函数的理论及应用都是从三次样条函数发展起来的.

定义 4.6.1 设在区间$[a,b]$上给定一个分划：

$$\Delta: a = x_0 < x_1 < \cdots < x_N < x_{N+1} = b, \tag{4.6.1}$$

$s(x)$为实值函数，如果它满足条件：

(1) $s(x)$在子区间$[x_i, x_{i+1}]$($i=0,1,\cdots,N$)上是 n 次多项式；

(2) $s(x)$在$[a,b]$上具有直到 $n-1$ 阶连续导数，即 $s(x)\in C^{n-1}[a,b]$，

则称 $s(x)$为 **n 次样条函数**(**spline function of degree n**)，$x_0, x_1, \cdots, x_{N+1}$是节点. 上述 n 次样条函数的全体记为$S_n(x_1, x_2, \cdots, x_N)$或 $S_n(\Delta)$.

---

① 熊贝格(Isaac Jacob Schoenberg，1903～1990)是罗马尼亚裔美国数学家，他以首次在数学上引入样条函数而著名.

注 样条函数的特点：n 次样条函数既是充分光滑的（有直到 $n-1$ 阶的连续导数），又保留一定的间断性（它的 n 阶导数在节点处可能间断）.

光滑性保证了样条曲线符合设计或实际要求；间断性则使样条曲线能转折自如，灵活运用.

定理 4.6.1 $\dim S_n(x_1,\cdots,x_N)=n+N+1$.

下面将主要介绍三次样条插值函数.

4.6.2 三次样条插值函数

4.6.2.1 三次样条插值函数的定义

定义 4.6.2 设在$[a,b]$上给出一组节点 $a=x_0<x_1<\cdots<x_N<x_{N+1}=b$，若函数 $s(x)$满足条件：

(1) $s(x)\in C^2[a,b]$；

(2) $s(x)$在每个小区间$[x_i,x_{i+1}]$$(i=0,1,\cdots,N)$上是三次多项式，

则称 $s(x)$是关于节点 $x_0,x_1,\cdots,x_{N+1}$的**三次样条函数**(**cubic spline function**).

若 $s(x)$在节点上还满足插值条件：

(3) $s(x_i)=f(x_i)=y_i(i=0,1,\cdots,N+1)$， (4.6.2)

则称 $s(x)$为$[a,b]$上的**三次样条插值函数**(**cubic spline interpolating function**).

由定义 4.6.2 可知 $s(x)$在每个小区间$[x_i,x_{i+1}]$$(i=0,1,\cdots,N)$上都是三次多项式，它有 4 个待定系数，$[a,b]$中共有 $N+1$ 个小区间，故待定的系数为 $4N+4$ 个，而由定义给出的条件 $s(x)\in C^2[a,b]$，在 $x_1,x_2,\cdots,x_N$ 这 N 个内点上应满足

$$\begin{cases} s(x_i-0)=s(x_i+0), \\ s'(x_i-0)=s'(x_i+0), \quad i=1,2,\cdots,N, \\ s''(x_i-0)=s''(x_i+0). \end{cases} \tag{4.6.3}$$

式(4.6.3)给出了 $3N$ 个条件，此外由插值条件(4.6.2)给出了 $N+2$ 个条件，共有 $4N+2$个条件，求三次样条插值函数 $s(x)$尚缺两个条件.为此要根据问题要求补充两个边界条件，它们分别是：

(1) 第一类边界条件：

$$s'(x_0)=f'(x_0)=y'_0, \quad s'(x_{N+1})=f'(x_{N+1})=y'_{N+1}. \tag{4.6.4}$$

(2) 第二类边界条件：

$$s''(x_0)=f''(x_0)=y''_0, \quad s''(x_{N+1})=f''(x_{N+1})=y''_{N+1}. \tag{4.6.5}$$

特别地，当 $s''(x_0)=s''(x_{N+1})=0$ 时，称之为**自然边界条件**(**natural boundary condition**)，满足自然边界条件的样条函数 $s(x)$称为**自然样条函数**(**natural spline function).

当 $f(x)$ 是以 $b-a$ 为最小正周期的周期函数时,边界条件是:

(3) 第三类边界条件:

$$s'(x_0)=s'(x_{N+1}),\quad s''(x_0)=s''(x_{N+1}).$$

显然,第三类边界条件隐含了 $s(x_0)=s(x_{N+1})$.

针对不同类型实际问题,可补充相应的边界条件,进而求出样条插值函数.

4.6.2.2 三次样条插值函数的极小范数性质及唯一性

引理 4.6.1(三次样条函数的积分关系式) 设

$$\Delta: a=x_0<x_1<\cdots<x_N<x_{N+1}=b$$

是区间 $[a,b]$ 的一个分划,三次样条函数 $s(x)$ 若满足下列条件:

(1) $f(x)\in C^2[a,b]$,且 $f(x_i)=0, i=1,2,\cdots,N$;

(2) $f'(a)s''(a)=f'(b)s''(b)=0$;

(3) $f(a)s'''(a+0)=f(b)s'''(b-0)=0$,

则

$$\int_a^b f''(x)s''(x)\mathrm{d}x=0. \tag{4.6.6}$$

证明 采用分部积分法,并结合条件(2),有

$$\int_a^b f''(x)s''(x)\mathrm{d}x=f'(x)s''(x)\Big|_a^b-\int_a^b f'(x)s'''(x)\mathrm{d}x=-\int_a^b f'(x)s'''(x)\mathrm{d}x. \tag{4.6.7}$$

因为 $s(x)$ 是分段三次多项式,所以 $s'''(x)$ 是一个阶梯函数,故

$$\begin{aligned}\int_a^b f'(x)s'''(x)\mathrm{d}x&=\sum_{i=0}^{N}\eta_i\int_{x_i}^{x_{i+1}}f'(x)\mathrm{d}x=\sum_{i=0}^{N}\eta_i[f(x_{i+1})-f(x_i)]\\&=\eta_N f(x_{N+1})-\eta_0 f(x_0)=\eta_N f(b)-\eta_0 f(a),\end{aligned} \tag{4.6.8}$$

其中 η_i 是 $s'''(x)$ 在 (x_i,x_{i+1}) 内的值(常数),且 $\eta_0=s'''(a+0)$, $\eta_N=s'''(b-0)$,代入式(4.6.8),结合条件(3),得

$$\int_a^b f'(x)s'''(x)\mathrm{d}x=0,$$

于是有

$$\int_a^b f''(x)s''(x)\mathrm{d}x=-\int_a^b f'(x)s'''(x)\mathrm{d}x=0.$$

证毕!

设 $K^n[a,b]=\{f(x)\mid f\in C^{n-1}[a,b]\text{且}f^{(n)}\in L^2[a,b]\}$,对 $f(x)\in K^2[a,b]$,定义

$$\| f \|^2 = \int_a^b |f''(x)|^2 \mathrm{d}x.$$

定理 4.6.2(三次样条插值函数的极小范数性质及唯一性) 设 $f(x) \in K^2[a,b]$,

$$\Delta: a = x_0 < x_1 < \cdots < x_N < x_{N+1} = b$$

是区间$[a,b]$的一个分划,若 $s(x) \in S_3(\Delta)$,并且满足插值条件(4.6.2)及三个边界条件(即第一类边界条件、第二类边界条件中的自然边界条件及第三类边界条件)中的任意一个,则 $\| f \|^2 \geqslant \| s \|^2$,且 $s(x)$是唯一的.

证明 考虑

$$\begin{aligned}\| f - s \|^2 &= \int_a^b |f''(x) - s''(x)|^2 \mathrm{d}x \\ &= \| f \|^2 - 2\int_a^b f''(x)s''(x)\mathrm{d}x + \| s \|^2 \\ &= \| f \|^2 - 2\int_a^b (f''(x) - s''(x))s''(x)\mathrm{d}x - \| s \|^2. \end{aligned} \quad (4.6.9)$$

若用 $f(x) - s(x)$代替引理 4.6.1 中的 $f(x)$,则 $f(x) - s(x)$与 $s(x)$满足引理 4.6.1 的条件,于是

$$\int_a^b (f''(x) - s''(x))s''(x)\mathrm{d}x = 0. \quad (4.6.10)$$

因为$\| f - s \|^2 \geqslant 0$,所以由式(4.6.9),结合式(4.6.10),有$\| f \|^2 - \| s \|^2 \geqslant 0$,即$\| f \|^2 \geqslant \| s \|^2$. 这就证明了三次插值样条函数的极小范数性质.下面证明 $s(x)$ 的唯一性.

假设 $\tilde{s}(x)$是满足定理条件的另一个三次插值样条函数,其满足的边界条件与 $s(x)$相同.用 $\tilde{s}(x)$替代 $f(x)$,由上述证明知

$$\| \tilde{s} - s \|^2 = \| \tilde{s} \|^2 - \| s \|^2 \geqslant 0. \quad (4.6.11)$$

因为 $\tilde{s}(x)$与 $s(x)$是可以交换的,所以有

$$\| s - \tilde{s} \|^2 = \| s \|^2 - \| \tilde{s} \|^2 \geqslant 0. \quad (4.6.12)$$

结合式(4.6.11)和(4.6.12),有

$$\| \tilde{s} - s \|^2 = \int_a^b (\tilde{s}''(x) - s''(x))^2 \mathrm{d}x = 0.$$

又因为 $\tilde{s}''(x)$与 $s''(x)$都是连续的,所以

$$\tilde{s}''(x) \equiv s''(x).$$

由此进行两次积分,得

$$\tilde{s}(x) = s(x) + cx + d \quad (\text{其中 } c,d \text{ 是常数}).$$

而 $\tilde{s}(a) = s(a)$,$\tilde{s}(b) = s(b)$,由此推出 $c = d = 0$,因此 $\tilde{s}(x) \equiv s(x)$.这就证明了 $s(x)$的唯一性.证毕!

注 因为一个函数当其一阶导数较小时,其二阶导数与其曲率值是很接近的,即

$$y'' \approx k = y''/(1+y'^2)^{3/2}.$$

而曲率小,在几何上理解为"平滑"当然是自然的,因此常称自然样条函数插值是最平滑曲线插值.

4.6.2.3 三次样条插值函数的构造

记

$$M_j = s''(x_j), \quad j = 0,1,\cdots,N+1.$$

因为 $s(x)$ 是分段三次多项式,所以 $s''(x)$ 在每个子区间 $[x_{j-1}, x_j]$($j=1,2,\cdots,N+1$)上都是一次多项式,记 $h_j = x_j - x_{j-1}$, $j=1,2,\cdots,N+1$.

在每个子区间 $[x_{j-1}, x_j]$($j=1,2,\cdots,N+1$)上通过两点 (x_{j-1}, M_{j-1}) 和 (x_j, M_j) 作线性插值

$$\begin{aligned} s''(x) &= M_{j-1}\frac{x-x_j}{x_{j-1}-x_j} + M_j\frac{x-x_{j-1}}{x_j-x_{j-1}} \\ &= M_{j-1}\frac{x_j-x}{h_j} + M_j\frac{x-x_{j-1}}{h_j}, \quad x \in [x_{j-1}, x_j]. \end{aligned} \tag{4.6.13}$$

为了求出 $s(x)$ 在 $[x_{j-1}, x_j]$ 上的表达式,对式(4.6.13)积分两次:

$$\begin{aligned} s'(x) &= \int s''(x)\mathrm{d}x = \frac{M_{j-1}}{h_j}\int (x_j - x)\mathrm{d}x + \frac{M_j}{h_j}\int (x - x_{j-1})\mathrm{d}x \\ &= -\frac{M_{j-1}}{2h_j}(x_j - x)^2 + \frac{M_j}{2h_j}(x - x_{j-1})^2 + C_1 \quad (C_1\text{ 是常数}). \end{aligned} \tag{4.6.14}$$

$$\begin{aligned} s(x) &= \int s'(x)\mathrm{d}x = -\frac{M_{j-1}}{2h_j}\int (x_j - x)^2\mathrm{d}x + \frac{M_j}{2h_j}\int (x - x_{j-1})^2\mathrm{d}x + C_1 x \\ &= \frac{M_{j-1}}{6h_j}(x_j - x)^3 + \frac{M_j}{6h_j}(x - x_{j-1})^3 + C_1 x + C_2 \quad (C_2\text{ 是常数}). \end{aligned} \tag{4.6.15}$$

利用插值条件 $s(x_{j-1}) = y_{j-1}$, $s(x_j) = y_j$ 定出积分常数:

$$C_1 = \frac{h_j}{6}(M_{j-1} - M_j) + \frac{1}{h_j}(y_j - y_{j-1}),$$

$$C_2 = \frac{h_j}{6}(x_j M_{j-1} - x_{j-1} M_j) + \frac{1}{h_j}(x_j y_{j-1} - x_{j-1} y_j),$$

代入式(4.6.15),并整理得

$$s(x) = \frac{M_{j-1}}{6h_j}(x_j - x)^3 + \frac{M_j}{6h_j}(x - x_{j-1})^3 + \left(y_{j-1} - \frac{M_{j-1}h_j^2}{6}\right)\frac{x_j - x}{h_j}$$

$$+\left(y_j-\frac{M_jh_j^2}{6}\right)\frac{x-x_{j-1}}{h_j}, \tag{4.6.16}$$

其中 $x_{j-1}\leqslant x\leqslant x_j, h_j=x_j-x_{j-1}, j=1,2,\cdots,N+1$.

对 $s(x)$ 求导,得

$$s'(x)=-\frac{M_{j-1}}{2h_j}(x_j-x)^2+\frac{M_j}{2h_j}(x-x_{j-1})^2$$
$$+\frac{y_j-y_{j-1}}{h_j}-\frac{M_j-M_{j-1}}{6}h_j,\quad x\in[x_{j-1},x_j]. \tag{4.6.17}$$

由式(4.6.16)可知,求 $s(x)$ 的关键是确定

$$M_j=s''(x_j),\quad j=0,1,\cdots,N+1.$$

为此,利用节点 $x_j(j=1,2,\cdots,N)$ 处的光滑连接条件

$$s'(x_j-0)=s'(x_j+0),\quad j=1,2,\cdots,N. \tag{4.6.18}$$

由式(4.6.17)得

$$s'(x_j-0)=\frac{h_j}{6}M_{j-1}+\frac{h_j}{3}M_j+\frac{y_j-y_{j-1}}{h_j},$$

$$s'(x_j+0)=-\frac{h_{j+1}}{3}M_j-\frac{h_{j+1}}{6}M_{j+1}+\frac{y_{j+1}-y_j}{h_{j+1}}.$$

由式(4.6.18)得 N 个方程

$$\frac{h_j}{6}M_{j-1}+\frac{h_j+h_{j+1}}{3}M_j+\frac{h_{j+1}}{6}M_{j+1}=\frac{y_{j+1}-y_j}{h_{j+1}}-\frac{y_j-y_{j-1}}{h_j},\quad j=1,2,\cdots,N. \tag{4.6.19}$$

上式两边同时乘以 $\frac{6}{h_j+h_{j+1}}$,得

$$\frac{h_j}{h_j+h_{j+1}}M_{j-1}+2M_j+\frac{h_{j+1}}{h_j+h_{j+1}}M_{j+1}$$
$$=\frac{6}{h_j+h_{j+1}}\left(\frac{y_{j+1}-y_j}{h_{j+1}}-\frac{y_j-y_{j-1}}{h_j}\right),\quad j=1,2,\cdots,N. \tag{4.6.20}$$

令

$$\left.\begin{aligned}&\mu_j=\frac{h_j}{h_j+h_{j+1}},\quad \lambda_j=\frac{h_{j+1}}{h_j+h_{j+1}}=1-\mu_j,\\&d_j=\frac{6}{h_j+h_{j+1}}\left(\frac{y_{j+1}-y_j}{h_{j+1}}-\frac{y_j-y_{j-1}}{h_j}\right),\end{aligned}\right\} \tag{4.6.21}$$

则式(4.6.20)化为

$$\mu_jM_{j-1}+2M_j+\lambda_jM_{j+1}=d_j,\quad j=1,2,\cdots,N. \tag{4.6.22}$$

这是关于 $M_0,M_1,\cdots,M_{N+1}$ 的线性方程组.要唯一确定这 $N+2$ 个未知数,还需增

加两个方程,即需补充两个边界条件.

(1) 第一类边界条件:$s'(x_0)=y'_0, s'(x_{N+1})=y'_{N+1}$.

由式(4.6.17),得

$$2M_0+M_1=\frac{6}{h_1}\left(\frac{y_1-y_0}{h_1}-y'_0\right),\quad M_N+2M_{N+1}=\frac{6}{h_{N+1}}\left(y'_{N+1}-\frac{y_{N+1}-y_N}{h_{N+1}}\right). \tag{4.6.23}$$

记

$$\lambda_0=1,\quad \mu_{N+1}=1,\quad d_0=\frac{6}{h_1}\left(\frac{y_1-y_0}{h_1}-y'_0\right),$$

$$d_{N+1}=\frac{6}{h_{N+1}}\left(y'_{N+1}-\frac{y_{N+1}-y_N}{h_{N+1}}\right), \tag{4.6.24}$$

式(4.6.23)化为

$$2M_0+\lambda_0M_1=d_0,\quad \mu_{N+1}M_N+2M_{N+1}=d_{N+1}. \tag{4.6.25}$$

结合式(4.6.22)与式(4.6.25),得方程组

$$\begin{cases}2M_0+\lambda_0M_1=d_0,\\ \mu_jM_{j-1}+2M_j+\lambda_jM_{j+1}=d_j,\quad j=1,2,\cdots,N,\\ \mu_{N+1}M_N+2M_{N+1}=d_{N+1}.\end{cases} \tag{4.6.26}$$

写成矩阵形式

$$\begin{bmatrix}2 & \lambda_0 & & & & & \\ \mu_1 & 2 & \lambda_1 & & & & \\ & \mu_2 & 2 & \lambda_2 & & & \\ & & \ddots & \ddots & \ddots & & \\ & & & \mu_{N-1} & 2 & \lambda_{N-1} & \\ & & & & \mu_N & 2 & \lambda_N \\ & & & & & \mu_{N+1} & 2\end{bmatrix}\begin{bmatrix}M_0\\ M_1\\ M_2\\ \vdots\\ M_{N-1}\\ M_N\\ M_{N+1}\end{bmatrix}=\begin{bmatrix}d_0\\ d_1\\ d_2\\ \vdots\\ d_{N-1}\\ d_N\\ d_{N+1}\end{bmatrix}. \tag{4.6.27}$$

(2) 第二类边界条件:假定 $s''(x_0)=s''(x_{N+1})=0$,即 $M_0=M_{N+1}=0$(即自然样条函数的条件).

在式(4.6.22)中分别取 $j=1, j=N$,得

$$\mu_1M_0+2M_1+\lambda_1M_2=d_1,\quad \mu_NM_{N-1}+2M_N+\lambda_NM_{N+1}=d_N.$$

由 $s''(x_0)=M_0=0, s''(x_{N+1})=M_{N+1}=0$ 得

$$2M_1+\lambda_1M_2=d_1,\quad \mu_NM_{N-1}+2M_N=d_N. \tag{4.6.28}$$

结合式(4.6.22)与式(4.6.28),得方程组

$$\begin{cases}2M_1+\lambda_1M_2=d_1,\\ \mu_jM_{j-1}+2M_j+\lambda_jM_{j+1}=d_j,\quad j=1,2,\cdots,N-1,\\ \mu_NM_{N-1}+2M_N=d_N.\end{cases} \tag{4.6.29}$$

写成矩阵形式：

$$\begin{bmatrix} 2 & \lambda_1 & & & & & \\ \mu_2 & 2 & \lambda_2 & & & & \\ & \mu_3 & 2 & \lambda_3 & & & \\ & & \ddots & \ddots & \ddots & & \\ & & & \mu_{N-2} & 2 & \lambda_{N-2} & \\ & & & & \mu_{N-1} & 2 & \lambda_{N-1} \\ & & & & & \mu_N & 2 \end{bmatrix} \begin{bmatrix} M_1 \\ M_2 \\ M_3 \\ \vdots \\ M_{N-2} \\ M_{N-1} \\ M_N \end{bmatrix} = \begin{bmatrix} d_1 \\ d_2 \\ d_3 \\ \vdots \\ d_{N-2} \\ d_{N-1} \\ d_N \end{bmatrix}. \quad (4.6.30)$$

(3) 第三类边界条件：$s'(x_0)=s'(x_{N+1})$，$s''(x_0)=s''(x_{N+1})$.

在式(4.6.22)中分别取 $j=1$，$j=N+1$，得

$$\mu_1 M_0 + 2M_1 + \lambda_1 M_2 = d_1,\quad \mu_{N+1} M_N + 2M_{N+1} + \lambda_{N+1} M_{N+2} = d_{N+1}.$$

由式(4.6.21)及第三类边界条件，可得

$$\mu_{N+1} = \frac{h_N}{h_1 + h_{N+1}},\quad \lambda_{N+1} = 1 - \mu_{N+1},$$

$$d_{N+1} = \frac{6}{h_1 + h_{N+1}}\left(\frac{y_1 - y_0}{h_1} - \frac{y_{N+1} - y_N}{h_{N+1}}\right).$$

由 $M_0 = s''(a) = s''(b) = M_{N+1}$，$M_{N+2} = M_1$，得

$$\mu_1 M_N + 2M_1 + \lambda_1 M_2 = d_1,\quad \mu_{N+1} M_N + 2M_{N+1} + \lambda_{N+1} M_2 = d_{N+1}. \quad (4.6.31)$$

结合式(4.6.22)与(4.6.31)，得方程组

$$\begin{cases} 2M_1 + \lambda_1 M_2 + \mu_1 M_{N+1} = d_1, \\ \mu_j M_{j-1} + 2M_j + \lambda_j M_{j+1} = d_j,\quad j = 2,3,\cdots,N, \\ \lambda_{N+1} M_1 + \mu_{N+1} M_N + 2M_{N+1} = d_{N+1}. \end{cases} \quad (4.6.32)$$

写成矩阵形式：

$$\begin{bmatrix} 2 & \lambda_1 & 0 & 0 & \cdots & 0 & \mu_1 \\ \mu_2 & 2 & \lambda_2 & 0 & \cdots & 0 & 0 \\ 0 & \mu_3 & 2 & \lambda_3 & \cdots & 0 & 0 \\ \vdots & \vdots & \ddots & \ddots & \ddots & \vdots & \vdots \\ 0 & 0 & \cdots & \mu_{N-1} & 2 & \lambda_{N-1} & 0 \\ 0 & 0 & \cdots & 0 & \mu_N & 2 & \lambda_N \\ \lambda_{N+1} & 0 & \cdots & 0 & 0 & \mu_{N+1} & 2 \end{bmatrix} \begin{bmatrix} M_1 \\ M_2 \\ M_3 \\ \vdots \\ M_{N-1} \\ M_N \\ M_{N+1} \end{bmatrix} = \begin{bmatrix} d_1 \\ d_2 \\ d_3 \\ \vdots \\ d_{N-1} \\ d_N \\ d_{N+1} \end{bmatrix}. \quad (4.6.33)$$

将上述结果 $M_j(j=0,1,\cdots,N+1)$代入式(4.7.16)，得各个子区间$[x_{j-1},x_j]$ $(j=1,2,\cdots,N+1)$上 $s(x)$的表达式

$$s(x) = \frac{M_{j-1}}{6h_j}(x_j - x)^3 + \frac{M_j}{6h_j}(x - x_{j-1})^3$$

$$+\left(y_{j-1}-\frac{M_{j-1}h_j^2}{6}\right)\frac{x_j-x}{h_j}+\left(y_j-\frac{M_jh_j^2}{6}\right)\frac{x-x_{j-1}}{h_j}, \qquad (4.6.34)$$

其中 $x_{j-1}\leqslant x\leqslant x_j, h_j=x_j-x_{j-1}, j=1,2,\cdots,N+1$.

例 4.6.1 给定数据表如表 4.6.1 所示.

表 4.6.1

i	0	1	2	3	4
x_i	0.25	0.30	0.39	0.45	0.53
y_i	0.5000	0.5477	0.6245	0.6708	0.7280

试求两个三次样条插值函数 $s(x)$,分别满足边界条件:

(1) $s'(0.25)=1.0000, s'(0.53)=0.6868$;

(2) $s''(0.25)=s''(0.53)=0$.

解 由给定数据知

$$h_1=0.30-0.25=0.05,\quad h_2=0.39-0.30=0.09,$$
$$h_3=0.45-0.39=0.06,\quad h_4=0.53-0.45=0.08.$$

由式(4.6.21)和式(4.6.24),得

$$\mu_1=\frac{5}{14},\quad \mu_2=\frac{3}{5},\quad \mu_3=\frac{3}{7},\quad \mu_4=1;$$

$$\lambda_0=1,\quad \lambda_1=\frac{9}{14},\quad \lambda_2=\frac{2}{5},\quad \lambda_3=\frac{4}{7};$$

$$d_0=-5.5200,\quad d_1=-4.3143,\quad d_2=3.2667,$$
$$d_3=-2.4286,\quad d_4=-2.1150.$$

(1) 第一类边界条件:$y'_0=1.0000, y'_4=0.6868$.由式(4.6.27)得

$$\begin{bmatrix} 2 & 1 & & & \\ 5/14 & 2 & 9/14 & & \\ & 3/5 & 2 & 2/5 & \\ & & 3/7 & 2 & 4/7 \\ & & & 1 & 2 \end{bmatrix}\begin{bmatrix} M_0 \\ M_1 \\ M_2 \\ M_3 \\ M_4 \end{bmatrix}=\begin{bmatrix} -5.5200 \\ -4.3143 \\ 3.2667 \\ -2.4286 \\ -2.1150 \end{bmatrix}.$$

用第 2 章介绍的解线性方程组的追赶法解得

$$M_0=-2.0286,\quad M_1=-1.4627,\quad M_2=-1.0333,$$
$$M_3=-0.8058,\quad M_4=-0.6546.$$

则所求三次样条插值函数为

$$s(x)=\begin{cases}1.8863x^3-2.4290x^2+1.8608x+0.1571, & x\in[0.25,0.30],\\ 0.7952x^3-1.4470x^2+1.5662x+0.1866, & x\in[0.30,0.39],\\ 0.6320x^3-1.2561x^2+1.4918x+0.1963, & x\in[0.39,0.45],\\ 0.3151x^3-0.8283x^2+1.2993x+0.2251, & x\in[0.45,0.53].\end{cases}$$

(2) 第二类边界条件：$s''(0.25)=s''(0.53)=0$. 由式(4.6.30)得

$$\begin{bmatrix}2 & 9/14 & 0\\ 3/5 & 2 & 2/5\\ 0 & 3/7 & 2\end{bmatrix}\begin{bmatrix}M_1\\ M_2\\ M_3\end{bmatrix}=\begin{bmatrix}-4.3143\\ 3.2667\\ -2.4286\end{bmatrix}.$$

用追赶法解得

$$M_0=0,\quad M_1=-1.8796,\quad M_2=-0.8636,\quad M_3=-1.0292,\quad M_4=0.$$

则所求三次样条插值函数为

$$s(x)=\begin{cases}-6.2652x^3+4.6989x^2-0.2051x+0.3555, & x\in[0.25,0.30],\\ 1.8813x^3-2.6330x^2+1.9945x+0.1355, & x\in[0.30,0.39],\\ -0.4600x^3+0.1064x^2+0.9261x+0.2744, & x\in[0.39,0.45],\\ 2.1442x^3-3.4093x^2+2.5082x+0.0371, & x\in[0.45,0.53].\end{cases}$$

例 4.6.2 设 $s(x)$是区间$[0,2]$上的三次自然样条：

$$s(x)=\begin{cases}s_0(x)=2x^3-3x+4, & 0\leqslant x<1,\\ s_1(x)=a(x-1)^3+b(x-1)^2+c(x-1)+3, & 1\leqslant x\leqslant 2.\end{cases}$$

求 a,b,c.

解 因为 $s(x)$是$[0,2]$上的三次自然样条，所以有

$$s'_0(1-0)=s'_1(1+0),$$
$$s''_0(1-0)=s''_1(1+0),$$
$$s''(2)=s''_1(2)=0,$$

即

$$(6x^2-3)\big|_{x=1}=[3a(x-1)^2+2b(x-1)+c]\big|_{x=1},$$
$$12x\big|_{x=1}=[6a(x-1)+2b]\big|_{x=1},$$
$$[6a(x-1)+2b]\big|_{x=2}=0,$$

亦即

$$\begin{cases}c=3,\\ 12=2b,\\ 6a+2b=0.\end{cases}$$

解得 $a=-2,b=6,c=3$.

例 4.6.3(汽车门设计问题) (1) 某汽车制造商用三次样条设计车门的轮廓曲线，其中一段的数据如表 4.6.2 所示.

表 4.6.2

x_i	0	1	2	3	4	5	6	7	8	9	10
y_i	0.0	0.79	1.53	2.19	2.71	3.03	3.27	3.14	3.36	3.65	3.59
y_i'	0.8										−0.3

试求出插值曲线,并画出图形.

(2) 数据中的一阶导数的信息换成 $s''(0)=s''(10)=0$,试求出插值曲线,并画出图形.

解 (1) 这是求带第一类边界条件的三次样条的问题.因为数据很多,所以可根据式(4.6.21)、式(4.6.24)和式(4.6.26),用 MATLAB 编写程序(见 4.8.6 小节).

在 MATLAB 命令窗口输入

X=[0 1 2 3 4 5 6 7 8 9 10];Y=[0.0 0.79 1.53 2.19 2.71 3.13 3.27 3.14 3.36 3.65 3.59];

y1_1=0.8; y1_11=−0.3; CubicSpline_1(X,Y,y1_1,y1_11);

其中 X 是节点向量,Y 是节点处函数值构成的向量,y1_1,y1_11 分别表示 $y'_0=0.8$,$y'_{10}=-0.3$;CubicSpline_1(X,Y,y1_1,y1_11)调用已经编写好的求带第一类边界条件的三次样条的 MATLAB 程序,并输入相关数据.

输出的结果包括:每个小区间上的三次样条函数表达式,以及样条插值曲线.这里只列出题目要求的模拟车门的样条插值曲线(图 4.6.1):

(1) 这是求带第二类边界条件的三次样条的问题.因为数据很多,所以可根据式(4.6.21)、式(4.6.29)和自然边界条件 $s''(0)=s''(10)=0$,用 MATLAB 编写程序(见 4.8.7 小节).

在 MATLAB 命令窗口输入

X=[0 1 2 3 4 5 6 7 8 9 10];Y=[0.0 0.79 1.53 2.19 2.71 3.13 3.27 3.14 3.36 3.65 3.59];

y2_1=0; y2_11=0; CubicSpline_2(X,Y,y2_1,y2_11);

其中 y2_1,y2_11 分别表示 $s''(0)=0$,$s''(10)=0$;CubicSpline_2(X,Y,y2_1,y2_11)调用已经编写好的求带第二类边界条件的三次样条的 MATLAB 程序,并输入相关数据.

输出的结果包括:每个小区间上的三次样条函数表达式,以及样条插值曲线.这里只列出题目要求的模拟车门的样条插值曲线(图 4.6.2):

用三次样条描绘出的车门某段的轮廓线,图 4.6.1 和图 4.6.2 形状大致相同,只是在左右两个端点处,图 4.6.1 比图 4.6.2 弯曲度大,这是因为图 4.6.2 在两个端点处的曲率为 0.

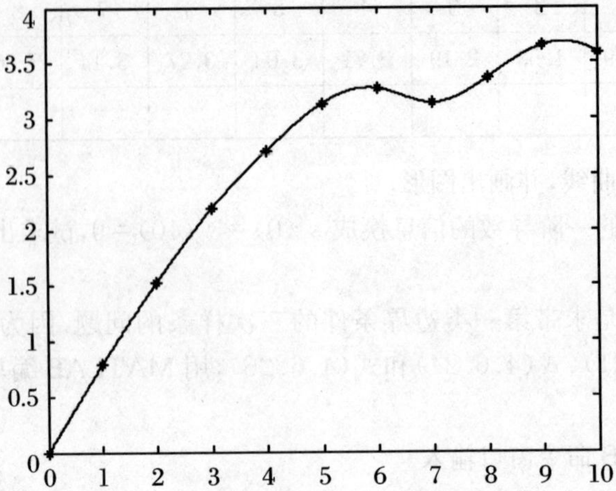

图 4.6.1

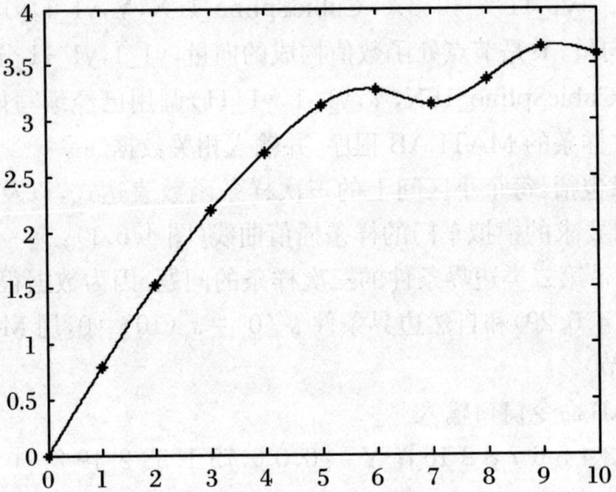

图 4.6.2

4.6.3 误差估计与收敛性

定理 4.6.3 设 $f(x) \in C^4[a,b]$，$s(x)$满足第一或第二类边界条件，令

$$h = \max_{0 \leqslant i \leqslant N} h_i, \quad h_i = x_{i+1} - x_i \quad (i = 0,1,\cdots,N),$$

则有估计式：

$$\max_{a\leqslant x\leqslant b}|f^{(k)}(x)-s^{(k)}(x)|\leqslant C_k\max_{a\leqslant x\leqslant b}|f^{(4)}(x)|h^{4-k},\quad k=0,1,2. \tag{4.6.35}$$

其中 $C_0=\dfrac{5}{384},C_1=\dfrac{1}{24},C_2=\dfrac{3}{8}$.

注 由定理4.6.3知:在定理条件下,当 $h\to 0$ 时,$s(x),s'(x),s''(x)$分别一致收敛于 $f(x),f'(x),f''(x)$.因此,可以用 $s'(x),s''(x)$求 $f'(x),f''(x)$的数值积分.

4.7 B样条简介

本节将简单介绍在实际中应用最广泛的一类样条——B样条(Basic spline 或 B-spline),它是计算机辅助几何设计中最重要的工具,也是进一步学习计算机辅助几何设计的重要基础.

4.7.1 B样条的基本概念

由定理4.6.1知,对于区间$[a,b]$上给定一个分划:

$$\Delta:a=x_0<x_1<\cdots<x_N<x_{N+1}=b, \tag{4.7.1}$$

有 $\dim S_n(x_1,\cdots,x_N)=n+N+1$,即 n 次样条函数空间$S_n(x_1,x_2,\cdots,x_N)$的维数是 $n+N+1$,因此样条函数空间 $S_n(x_1,x_2,\cdots,x_N)$有 $n+N+1$ 个基函数;在实际中应用最广泛的是B样条基函数;下面介绍B样条基函数.为此将节点扩充后为

$$x_{-n}<\cdots<x_{-1}<x_0<x_1<\cdots<x_{N+1}<x_{N+2}<\cdots<x_{N+n+1}, \tag{4.7.2}$$

例如,可取

$$x_{-i}=x_0-i(x_1-x_0),\quad i=1,2,\cdots,n;$$
$$x_{N+i}=x_{N+1}+i(x_{N+1}-x_N),\quad i=1,2,\cdots,n.$$

并称 $x_0,x_1,\cdots,x_{N+1}$为**内节点**,$x_{-n},\cdots,x_{-2},x_{-1}$和 $x_{N+2},x_{N+3},\cdots,x_{N+n+1}$为**附加节点**.

定义4.7.1(B样条的递推型定义) 对

$$k=2,3,\cdots,n+1;\quad j=0,1,\cdots,N+2n+1-k,$$

设

$$\begin{cases} N_{j,1}(x) = \begin{cases} 1, & x \in [t_j, t_{j+1}), \\ 0, & x \notin [t_j, t_{j+1}), \end{cases} \quad j = 0,1,\cdots,N+2n, \\ N_{j,k}(x) = \dfrac{x - t_j}{t_{j+k-1} - t_j} N_{j,k-1}(x) + \dfrac{t_{j+k} - x}{t_{j+k} - t_{j+1}} N_{j+1,k-1}(x), \end{cases} \tag{4.7.3}$$

规定$\frac{0}{0}=1$,则称由式(4.7.3)确定的 $N_{j,k}(x)(k=1,2,\cdots,n+1;j=0,1,\cdots,N+2n+1-k)$为 k 阶(或 $k-1$ 次)**标准化 B 样条基函数**(Normalized B-spline basis function),简称 **B 样条**(**Basic spline 或 B-spline**);式(4.7.3)称为 B 样条的**递推公式**.

注 1 由式(4.7.3),有

$$N_{j,k}(x)\begin{cases} >0, & x \in (t_j, t_{j+k}), & k = 1,2,\cdots,n+1, \\ =0, & x \notin (t_j, t_{j+k}), & j = 0,1,\cdots,N+2n+1-k. \end{cases} \tag{4.7.4}$$

注 2 B 样条基函数是由节点(4.7.2)所决定的 k 次分段多项式,也就是 k 次多项式样条.由式(4.7.4)知:B 样条具有局部支撑性质(即:B 样条只在某个区间内非零,而在此区间外全为零,此区间称为**支撑区间**),$N_{j,k}(x)$的支撑区间是(t_j, t_{j+k});B 样条基是多项式样条空间中具有最小支撑的一组基,故称为基本样条(basic spline),简称 B 样条.

一个 n 次 B 样条可由 $n+1$ 个节点确定,若记

$$B_j(x) = N_{j,n+1}(x)\begin{cases} >0, & x \in (t_j, t_{j+n+1}), \\ =0, & x \notin (t_j, t_{j+n+1}), \end{cases} \quad j = 0,1,\cdots,N+n, \tag{4.7.5}$$

对于扩充后的节点(4.7.2),由左向右可确定 $N+n+1$ 个 $n+1$ 阶(n 次)B 样条 $B_j(x)(j=0,1,\cdots,N+n)$;而 $N+n+1$ 正是以 $x_1,x_2,\cdots,x_N$ 为节点的 n 次样条函数空间 $S_n(x_1,x_2,\cdots,x_N)$的维数;下面定理说明 $n+1$ 阶(n 次)标准化 B 样条 $B_j(x)(j=0,1,\cdots,N+n)$正是 n 次样条函数空间 $S_n(x_1,x_2,\cdots,x_N)$的一组基函数.

定理 4.7.1 $N+n+1$ 个 B 样条函数 $B_j(x)(j=0,1,\cdots,N+n)$正好构成 n 次样条函数空间 $S_n(x_1,x_2,\cdots,x_N)$的一组基函数,即对任意 $s(x)\in S_n(x_1,x_2,\cdots,x_N)$,有

$$s(x) = \sum_{j=0}^{N+n} b_j B_j(x), \tag{4.7.6}$$

其中,$b_j(j=0,1,\cdots,N+n)$为常数.

定理 4.7.2(B 样条的性质)

(1) 递推性:式(4.7.3).

(2) 规范性:$\sum_{j=0}^{N+n} B_j(x) \equiv 1$.

(3) 非负性:$B_j(x) \geqslant 0 (j=0,1,\cdots,N+n)$.

(4) 局部支撑性质:式(4.7.4)或式(4.7.5).

(5) 可微性:n 次 B 样条 $B_j(x)(j=0,1,\cdots,N+n)$在节点区间内部是任意次可微的;在节点处是 $n-1$ 次可微的.

4.7.2 B 样条插值函数

定义 4.7.2 已知型值点$(x_i, f(x_i)), i=0,1,\cdots,N+n$,且 $x_0<x_1<\cdots<x_{N+n}$,若函数

$$s(x) = \sum_{j=0}^{N+n} b_j B_j(x), \tag{4.7.7}$$

满足

$$s(x_i) = f(x_i), \quad i = 0,1,\cdots,N+n, \tag{4.7.8}$$

其中,$b_j(j=0,1,\cdots,N+n)$是常数;$B_j(x)=N_{j,n+1}(x)(j=0,1,\cdots,N+n)$是 $n+1$ 阶(n 次)B 样条,则称 $s(x)$为 **n 次 B 样条插值函数(B spline interpolating function of degree n)**.

式(4.7.8)的具体形式是

$$\begin{cases} b_0 B_0(x_0) + b_1 B_1(x_0) + \cdots + b_{N+n} B_{N+n}(x_0) = f(x_0), \\ b_0 B_0(x_1) + b_1 B_1(x_1) + \cdots + b_{N+n} B_{N+n}(x_1) = f(x_1), \\ \vdots \\ b_0 B_0(x_{N+n}) + b_1 B_1(x_{N+n}) + \cdots + b_{N+n} B_{N+n}(x_{N+n}) = f(x_{N+n}), \end{cases} \tag{4.7.9}$$

它的系数矩阵

$$\boldsymbol{A} = \begin{bmatrix} B_0(x_0) & B_1(x_0) & \cdots & B_{N+n}(x_0) \\ B_0(x_1) & B_1(x_1) & \cdots & B_{N+n}(x_1) \\ \vdots & \vdots & & \vdots \\ B_0(x_{N+n}) & B_1(x_{N+n}) & \cdots & B_{N+n}(x_{N+n}) \end{bmatrix} \tag{4.7.10}$$

具有带状结构,因为 $\boldsymbol{A}$ 的元素都是非负的,所以矩阵 $\boldsymbol{A}$ 是正定的.用 Gauss 消去法解方程组(4.7.9),求出 $b_0, b_1, \cdots, b_{N+n}$,即得 n 次 B 样条插值函数 $s(x)$.

4.8 算法程序

4.8.1 Lagrange 插值

```
%Lagrange 插值
%X,Y 分别表示节点向量和节点处函数值向量,x0 表示在该点求函数 f(x)的近似值点
function Lagrange(X,Y,x0)
syms t;
if(length(X) == length(Y))
    n = length(X);
else
    disp('X 和 Y 的维数不相等!')
    return
end
p = 0.0;
for i = 1:n
    l = Y(i);
    for j = 1:i-1
        l = l*(t-X(j))/(X(i)-X(j));
    end
    for j = i+1:n
        l = l*(t-X(j))/(X(i)-X(j));
    end
    p = p+l;                          %计算 Lagrange 插值多项式
    simplify(p);                      %化简 Lagrange 插值多项式
    if i == n
        if nargin == 3
            disp('给定点处的函数值的近似值是')
            p0 = subs(p,'t',x0),      %计算给定点的函数值的近似值,并输出
        else
            disp('所求 Lagrange 插值多项式是')
            p = collect(p);           %将插值多项式展开
            p = vpa(p,6),             %将插值多项式的系数化成保留 6 位有效数字的
```

```
                                          小数,并输出
            end
        end
    end
    end
```

例 4.8.1 已知 $f(2)=0.5, f(2.5)=0.4, f(4)=0.25$,求出 $f(x)$的 2 次Lagrange 插值多项式;并求 $f(3)$的近似值.

解 在 MATLAB 命令窗口输入

```
X=[2,2.5,4];  Y=[0.5,0.4,0.25];  Lagrange(X,Y);  Lagrange(X,Y,3)
```

输出结果:

```
所求 Lagrange 插值多项式是
p=
    .500000e-1*t^2-.425000*t+1.15000
```

再在 MATLAB 命令窗口输入

```
Lagrange(X,Y,3)
```

输出结果:

```
给定点处的函数值的近似值是
p0=
    0.3250
```

4.8.2 Newton 插值

```
%Newton 插值
%X,Y 分别表示节点向量和节点处函数值向量,x0 表示在该点求函数 f(x)的近似值
function Newton(X,Y,x0)
syms t;
if length(X)==length(Y)
    n=length(X);
else
    disp('X 和 Y 的维数不相等!')
    return
end
p=Y(1);
L=1;
for i=1:n-1
    Y1(i+1:n)=(Y(i+1:n)-Y(i))./(X(i+1:n)-X(i));
    C(i)=Y1(i+1);
    L=L*(t-X(i));
```

```
    p=p+C(i)*L;
    simplify(p);                    %化简Newton插值多项式
    Y=Y1;
    if i==n-1
        if nargin==3
            disp('给定点处的函数值的近似值是')
            p0=subs(p,'t',x0),      %计算给定点的函数值的近似值,并输出
        else
            disp('所求Newton插值多项式是')
            p=collect(p);           %将插值多项式展开
            p=vpa(p,6),             %将插值多项式的系数化成保留6位有效数字的小
                                      数,并输出
        end
    end
end
end
```

例 4.8.2 已知列表函数如表 4.8.1 所示:

表 4.8.1

x_i	0	1	2	3
$f(x_i)$	−7	−4	5	26

试用它构造三次 Newton 插值多项式;并求 $f(1.65)$的近似值.

解 在 MATLAB 命令窗口输入

```
X=[0,1,2,3];   Y=[-7,-4,5,26];   Newton(X,Y)
```

输出结果:

```
所求Newton插值多项式是
p=
    -7.+2.*t+t^3
```

再在 MATLAB 命令窗口输入

```
Newton(X,Y,1.65)
```

输出结果:

```
给定点处的函数值的近似值是
p0=
    0.7921
```

4.8.3 Newton 向前插值公式

```
%Newton向前插值公式
```

```
%X,Y 分别表示节点向量和节点处函数值向量,x0 表示在该点求函数 f(x)的近似值
function NewtonForward(X,Y,x0)
syms s;
syms x;
if length(X) == length(Y)
    n = length(X);
else
    disp('X 和 Y 的维数不相等!')
    return
end
Temp = linspace(X(1),X(n),X(2) - X(1));
if Temp~ = X
    disp('节点之间不是等距的')
    return
end
p = Y(1);
L = s;
Fact = 1;                                  %存储阶乘
for i = 1:n - 1
    Y1(1:n - i) = Y(2:n + 1 - i) - Y(1:n - i);
    C(i) = Y1(1);
    if i>1
        L = L * (s - i + 1);
    end
    Fact = Fact * i;                   %计算阶乘 factorial(i)
    p = p + C(i) * L/Fact;
    simplify(p);                       %化简 Newton 插值多项式
    Y = Y1;
    if i == n - 1
        if nargin == 3
            disp('给定点处的函数值的近似值是')
            p0 = subs(p,'s',(x0 - X(1))/(X(2) - X(1))),
                                       %计算给定点的函数值的近似值,并输出
        else
            disp('自变量是 s 的 Newton 向前插值多项式是')
            p = collect(p);        %将自变量是 s 的插值多项式展开
            p = vpa(p,6),          %将插值多项式的系数保留 6 位有效数字的小数,并
                                       输出
```

```
                p=subs(p,'s',(x-X(1))/(X(2)-X(1)));
                                          %变量代换,将自变量 s 换成 x
                disp('自变量是 x 的 Newton 向前插值多项式是')
                p=collect(p);        %将自变量是 x 的插值多项式展开
                p=vpa(p,6),          %将插值多项式的系数化成保留 6 位有效数字的小数,
                                       并输出
            end
        end
    end
end
```

4.8.4 Newton 向后插值公式

```
%Newton 向后插值公式
%X,Y 分别表示节点向量和节点处函数值向量,x0 表示在该点求函数 f(x)的近似值
function NewtonBackward(X,Y,x0)
syms t;
syms x;
if length(X)==length(Y)
    n=length(X);
else
    disp('X 和 Y 的维数不相等!')
    return
end
Temp=linspace(X(1),X(n),X(2)-X(1));
if Temp~=X
    disp('节点之间不是等距的')
    return
end
p=Y(n);
L=t;
Fact=1;
for i=1:n-1
    Y1(i+1:n)=Y(i+1:n)-Y(i:n-1);
    C(i)=Y1(n);
    if i>1
        L=L*(t+i-1);
    end
```

```
        Fact = Fact * i;                    %计算阶乘
        p = p + C(i) * L/factorial(i);
        simplify(p);
        Y = Y1;
        if i == n - 1
            if nargin == 3
                disp(sprintf('给定点处的函数值的近似值是'))
                p0 = subs(p,'t',(x0 - X(n))/(X(2) - X(1))),
                                            %计算给定点的函数值的近似值,并输出
            else
                disp('自变量是 t 的 Newton 向后插值多项式是')
                p = collect(p);             %将自变量是 t 的插值多项式展开
                p = vpa(p,6),               %将插值多项式的系数保留 6 位有效数字的小数,
                                             并输出
                p = subs(p,'t',(x - X(n))/(X(2) - X(1)));
                                            %变量代换,将自变量 t 换成 x
                disp('自变量是 x 的 Newton 向后插值多项式是')
                p = collect(p);             %将自变量是 x 的插值多项式展开
                p = vpa(p,6),               %将插值多项式的系数化成保留 6 位有效数字的小
                                             数,并输出
            end
        end
    end
end
```

例 4.8.3 已知函数 $y = f(x)$的数值表(表 4.8.2),试分别求出 $f(x)$的三次 Newton 向前和向后插值公式;并分别计算当 $x = 0.5$ 和 $x = 2.5$ 时,$f(x)$的近似值.

表 4.8.2

x_i	0	1	2	3
y_i	1	2	17	64

解 在 MATLAB 命令窗口输入

```
X=[0,1,2,3];  Y=[1,2,17,64];  NewtonForward(X,Y);  NewtonBackward(X,Y)
```

回车,输出结果:

```
自变量是 s 的 Newton 向前插值多项式是
p=
    1. - 2. * s^2 + 3. * s^3
自变量是 t 的 Newton 向后插值多项式是
```

```
p=
    64. +69. * t+25. * t^2+3. * t^3
```

自变量是 x 的 Newton 向后插值多项式是

```
p=
    1. -2. * x^2+3. * x^3
```

再在 MATLAB 命令窗口输入

NewtonForward(X,Y,0.5)； NewtonBackward(X,Y,2.5)

回车，输出结果：

```
给定点处的函数值的近似值是
p0 =
    0.8750
给定点处的函数值的近似值是
p0 =
    35.3750
```

4.8.5 Hermite 插值公式

```
%Hermite 插值公式
%X,Y,Y1 分别表示节点向量、节点处函数值向量和节点处函数导数值向量，
%x0 表示在该点求函数 f(x)的近似值
function Hermite(X,Y,Y1,x0)
syms t;
if length(X) == length(Y)
    if length(Y) == length(Y1)
        n = length(X);
    else
        disp('Y 和 Y 的导数的维数不相等!')
        return
    end
else
    disp('X 和 Y 的维数不相等!')
    return
end
H = 0.0;
for i = 1:n
    h = X(2) - X(1);
    a = 0.0;
    for j = 1:n
```

```
            if j~=i
                h=h*((t-X(j))^2)/((X(i)-X(j))^2);
                a=a+1/(X(i)-X(j));
            end
        end
        H=H+h*((X(i)-t)*(2*a*Y(i)-Y1(i))+Y(i));
        if i==n
            if nargin==4
                disp('给定点处的函数值的近似值是')
                H0=subs(H,'t',x0),          %计算给定点的函数值的近似值,并输出
            else
                disp('所求 Hermite 插值多项式是')
                H=collect(H);               %将插值多项式展开
                H=vpa(H,6),                 %将插值多项式的系数化成保留6位有效数字
                                              的小数,并输出
            end
        end
    end
end
```

例 4.8.4 求满足插值条件

$$H(1)=f(1)=1,\quad H(2)=f(2)=9,$$
$$H'(1)=f'(1)=4,\quad H'(2)=f'(2)=12$$

的 Hermite 插值多项式,并求 $f(1.65)$的近似值.

解 在 MATLAB 命令窗口输入

```
X=[1 2];  Y=[1 9];  Y1=[4 12];  Hermite(X,Y,Y1)
```

回车,输出结果:

```
所求 Hermite 插值多项式是
H=
    1.+4.*t^2-4.*t
```

再在 MATLAB 命令窗口输入

```
Hermite(X,Y,Y1,1.65)
```

回车,输出结果:

```
给定点处的函数值的近似值是
H0=
    5.2900
```

4.8.6 满足第一类边界条件的三次样条插值

```
%满足第一类边界条件的三次样条插值
```

```
%X,Y 分别表示节点向量、节点处函数值向量
%y1_1,y1_N 分别表示两个边界节点处函数的一阶导数值
function CubicSpline_1(X,Y,y1_1,y1_N)
syms t;
if length(X) == length(Y)
    N = length(X);
else
    disp('X 和 Y 的维数不相等!')
    return
end
A = diag(2 * ones(1,N));
A(1,2) = 1;
A(N,N-1) = 1;
D = zeros(N,1);
h(1:N-1) = X(2:N) - X(1:N-1);
for i = 2:N-1
    u(i-1) = h(i-1)/(X(i+1) - X(i-1));
    Lamda(i-1) = 1 - u(i-1);
    D(i) = 6/(h(i) + h(i-1)) * (Y(i+1) - Y(i))/h(i) - …
            6/(h(i) + h(i-1)) * (Y(i) - Y(i-1))/h(i-1);
    A(i,i+1) = Lamda(i-1);
    A(i,i-1) = u(i-1);
end
D(1) = 6/h(1) * ((Y(2) - Y(1))/h(1) - y1_1);
D(N) = 6/h(N-1) * (y1_N - (Y(N) - Y(N-1))/h(N-1));
M = Chasing(A,D);      %用追赶法求解方程组,求出样条函数 s 在每个节点处的二阶导
                          数值
for i = 2:N
    s = M(i-1) * (X(i) - t)^3/(6 * h(i-1)) + …
        M(i) * (t - X(i-1))^3/(6 * h(i-1)) + …
        (Y(i-1) - (M(i-1) * h(i-1)^2)/6) * (X(i) - t)/h(i-1) + …
        (Y(i) - (M(i) * h(i-1)^2)/6) * (t - X(i-1))/h(i-1);
    fprintf('在[%f,%f]区间上的样条函数是:',X(i-1),X(i));
    s = collect(s);        %将样条函数展开
    s = vpa(s,6),          %将样条函数的系数化成保留 6 位有效数字的小
                              数,并输出
    Step = (X(i) - X(i-1))/100;
    T = X(i-1):Step:X(i);
```

```
        plot(T,subs(s,'t',T));
        hold on;
        plot(X(i-1),Y(i-1),'*');
    end
    plot(X(N),Y(N),'*');
end
```

注 下面是追赶法的程序 chasing.m:

```
function x=chasing(A,b)
n=length(b);
if rank(A)~=n
    disp('系数矩阵A不是满秩,不能使用追赶法!')
    return
end
for i=1:n
    if A(i,i)==0
        disp('Error:矩阵A的对角线上有元素为0!')
        return
    end
end;
d=ones(n,1);
a=ones(n-1,1);
c=ones(n-1);
for i=1:n-1
    a(i,1)=A(i+1,i);
    c(i,1)=A(i,i+1);
    d(i,1)=A(i,i);
end
d(n,1)=A(n,n);
for i=2:n
    d(i,1)=d(i,1)-(a(i-1,1)/d(i-1,1))*c(i-1,1);
    b(i,1)=b(i,1)-(a(i-1,1)/d(i-1,1))*b(i-1,1);
end
x(n,1)=b(n,1)/d(n,1);
for i=n-1:-1:1
    x(i,1)=(b(i,1)-c(i,1)*x(i+1,1))/d(i,1);
end
end
```

例 4.8.5 给定数据如表 4.8.3 所示,试求三次样条插值 $s(x)$,并满足边界条件 $s'(0.25)$

$=1.0000, s'(0.53)=0.6868$.

表 4.8.3

x_i	0.25	0.30	0.39	0.45	0.53
y_i	0.5000	−0.2477	−0.6245	0.6708	−0.3280

解 在 MATLAB 命令窗口输入

```
X=[0.25 0.3 0.39 0.45 0.53];    Y=[0.5 -0.2477 -0.6245 0.6708 -0.3280];
y1_1=1.0000;  y1_5=0.6868;  CubicSpline_1(X,Y,y1_1,y1_5);
```

回车,输出结果:

```
在[0.250000,0.300000]区间上的样条函数是
s=
    -97.8785+4169.92*t^3-3655.01*t^2+1046.65*t
在[0.300000,0.390000]区间上的样条函数是
s=
    -10.2389+924.009*t^3-733.696*t^2+170.252*t
在[0.390000,0.450000]区间上的样条函数是
s=
    355.168-5236.02*t^3+6473.54*t^2-2640.57*t
在[0.450000,0.530000]区间上的样条函数是
s=
    -554.658+4748.35*t^3-7005.37*t^2+3424.94*t
```

并显示所求样条曲线的图形.

4.8.7 满足第二类边界条件的三次样条插值

```
%满足第二类边界条件的三次样条插值
%X,Y分别表示节点向量、节点处函数值向量
%y2_1,y2_N分别表示两个边界节点处函数的二阶导数值
function CubicSpline_2(X,Y,y2_1,y2_N)
syms t;
if length(X)==length(Y)
    N=length(X);
else
    disp('X和Y的维数不相等!')
    return
end
A=diag(2*ones(1,N));
```

```
D = zeros(N,1);
h(1:N-1) = X(2:N) - X(1:N-1);
for i = 2:N-1
    u(i-1) = h(i-1)/(X(i+1) - X(i-1));
    Lamda(i-1) = 1 - u(i-1);
    D(i) = 6/(h(i) + h(i-1)) * (Y(i+1) - Y(i))/h(i) -...
        6/(h(i) + h(i-1)) * (Y(i) - Y(i-1))/h(i-1);
    A(i,i+1) = Lamda(i-1);
    A(i,i-1) = u(i-1);
end
D(1) = 2 * y2_1;
D(N) = 2 * y2_N;
M = Chasing(A,D);        %用追赶法求解方程组,求出样条函数s在每个节点处的二阶导
                         数值
for i = 2:N
    s = M(i-1) * (X(i) - t)^3/(6 * h(i-1)) +...
      M(i) * (t - X(i-1))^3/(6 * h(i-1)) +...
      (Y(i-1) - (M(i-1) * h(i-1)^2)/6) * (X(i) - t)/h(i-1) +...
      (Y(i) - (M(i) * h(i-1)^2)/6) * (t - X(i-1))/h(i-1);
    fprintf('在[%f,%f]区间上的样条函数是:',X(i-1),X(i));
    s = collect(s);      %将样条函数展开
    s = vpa(s,6),        %将样条函数的系数化成保留6位有效数字的小数,并输出
    Step = (X(i) - X(i-1))/100;
    T = X(i-1):Step:X(i);
    plot(T,subs(s,'t',T));
    hold on;
    plot(X(i-1),Y(i-1),'*');
end
plot(X(N),Y(N),'*');
end
```

例 4.8.6 给定数据如表 4.8.4 所示,试求三次样条插值 $s(x)$,并满足边界条件 $s''(0.25) = s''(0.53) = 0$.

表 4.8.4

x_i	0.25	0.30	0.39	0.45	0.53
y_i	0.5000	−0.2477	−0.6245	0.6708	−0.3280

解 在 MATLAB 命令窗口输入

```
X=[0.25 0.3 0.39 0.45 0.53];   Y=[0.5 -0.2477 -0.6245 0.6708 -0.3280];
y2_1=0;  y2_5=0;  CubicSpline_2(X,Y,y2_1,y2_5);
```

输出结果：

```
在[0.250000,0.300000]区间上的样条函数是
s=
    3.76180+31.7799*t^3-23.8349*t^2-9.07472*t
在[0.300000,0.390000]区间上的样条函数是
s=
    -29.3115+1256.72*t^3-1126.28*t^2+321.658*t
在[0.390000,0.450000]区间上的样条函数是
s=
    303.235-4349.35*t^3+5432.82*t^2-2236.39*t
在[0.450000,0.530000]区间上的样条函数是
s=
    -259.708+1828.35*t^3-2907.07*t^2+1516.56*t
```

并显示所求样条曲线的图形.

4.8.8 满足第三类边界条件的三次样条插值

```
%满足第三类边界条件的三次样条插值
%X,Y分别表示已知节点向量、节点处函数值向量
function CubicSpline_3(X,Y)
syms t;
if length(X)==length(Y)
    N=length(X);
else
    disp('X和Y的维数不相等!')
    return
end
A=diag(2*ones(1,N));
D=zeros(N,1);
h(1:N-1)=X(2:N)-X(1:N-1);
A(N,N-1)=h(N-1)/(h(1)+h(N-1));
A(N,2)=1-A(N,N-1);
for i=2:N-1
    u(i-1)=h(i-1)/(X(i+1)-X(i-1));
    Lamda(i-1)=1-u(i-1);
    D(i)=6/(h(i)+h(i-1))*(Y(i+1)-Y(i))/h(i)-…
```

```
        6/(h(i)+h(i-1))*(Y(i)-Y(i-1))/h(i-1);
    A(i,i+1)=Lamda(i-1);
    if i==2
        A(2,N)=u(i-1);
    else
        A(i,i-1)=u(i-1);
    end
end
D(N)=6/(h(1)+h(N-1))*((Y(2)-Y(1))/h(1)-(Y(N)-Y(N-1))/h(N-1));
[L U]=lu(A(2:N,2:N));
M=U\(L\D(2:N));
M=[M(N-1);M];
for i=2:N
    s=M(i-1)*(X(i)-t)^3/(6*h(i-1))+...
      M(i)*(t-X(i-1))^3/(6*h(i-1))+...
      (Y(i-1)-(M(i-1)*h(i-1)^2)/6)*(X(i)-t)/h(i-1)+...
      (Y(i)-(M(i)*h(i-1)^2)/6)*(t-X(i-1))/h(i-1);
    fprintf('在[%f,%f]区间上的样条函数是:',X(i-1),X(i));
    s=collect(s);           %将样条函数展开
    s=vpa(s,6),             %将样条函数的系数化成保留6位有效数字的小数,并输出
    Step=(X(i)-X(i-1))/100;
    T=X(i-1):Step:X(i);
    plot(T,subs(s,'t',T));
    hold on;
    plot(X(i-1),Y(i-1),'*');
end
plot(X(N),Y(N),'*');
end
```

例 4.8.7 给定数据如表 4.8.5 所示,试求三次样条插值 $s(x)$,并满足边界条件 $s'(0.25)=s'(0.53)$,$s''(0.25)=s''(0.53)$.

表 4.8.5

x_i	0.25	0.30	0.39	0.45	0.53
y_i	0.5000	−0.2477	−0.6245	0.8708	0.5000

解 在 MATLAB 命令窗口输入

```
X=[0.25 0.3 0.39 0.45 0.53];  Y=[0.5 -0.2477 -0.6245 0.8708 0.5];
CubicSpline_3(X,Y);
```

输出结果：

在[0.200000,0.400000]区间上的样条函数是

s=

5.48109-61.6224*t^3+50.4602*t^2-28.6880*t

在[0.300000,0.390000]区间上的样条函数是

s=

-33.8936+1396.70*t^3-1262.03*t^2+365.059*t

在[0.390000,0.450000]区间上的样条函数是

s=

302.624-4276.32*t^3+5375.40*t^2-2223.54*t

在[0.450000,0.530000]区间上的样条函数是

s=

-239.641+1674.47*t^3-2658.16*t^2+1391.56*t

并显示所求样条曲线的图形.

本章小结

本章主要介绍了几种多项式插值.它们各有优缺点：Lagrange 插值多项式构造简单、结构紧凑、形式对称、思想清晰且是显式表示，便于理论研究；其缺点是没有承袭性；Newton 插值多项式既具有 Lagrange 插值多项式的优点，又具有承袭性的特点，是古典插值方法的集大成者.

Hermite 插值在节点处不但要求函数值的信息，而且要求导数信息，从而符合造型设计的要求.因为高次多项式插值将导致 Runge 现象的发生，所以我们介绍了分段多项式插值.分段插值具有局部性和收敛性；但在节点处需要的信息太多.为此引入了样条插值函数的概念.

样条函数是一种分段多项式，各相邻段上的多项式又具有某种连续性，因此它既保持了多项式的简单性，又在各段之间保持了相对独立的局部性质；它具有光滑和灵活性的优点；因此自从 20 世纪 60 年代以来，样条函数样条理论和方法得到了极大的发展，应用也越来越广泛.本章介绍了样条函数中最基本的三次样条函数的构造及其收敛性，三次样条插值函数不但收敛到被插值函数，而且三次样条插值函数的一、二阶导数也收敛到被插值函数相应的一、二阶导数.本章还简要介绍了 B 样条及其性质，它在实际应用中是最广泛的.

习 题

1. 已知 $\sqrt{64}=8$, $\sqrt{81}=9$, $\sqrt{100}=10$,试利用二次 Lagrange 插值多项式计算 $\sqrt{75}$的近似值,并估计误差.

2. 当 $x=-1,1,2,4$ 时,$f(x)=-3,0,5,4$,求 $f(x)$的 Lagrange 插值多项式.

3. 设 $f(x)=\ln(1+x)(0\leqslant x\leqslant 1)$,$p_n(x)$是 $f(x)$以 $x_i=\dfrac{i}{n}(i=0,1,\cdots,n)$为插值节点的次数不超过 n 的插值多项式.证明:$\lim\limits_{n\to\infty}\max\limits_{0\leqslant x\leqslant 1}|f(x)-p_n(x)|=0$.

4. 设 $x_i(i=0,1,\cdots,n)$是互异的点,$l_i(x)(i=0,1,\cdots,n)$是 Lagrange 插值基函数,证明:

$$\sum_{j=0}^{n} l_j(0)x_j^k=\begin{cases}1, & k=0,\\ 0, & k=1,2,\cdots,n,\\ (-1)^n x_0x_1\cdots x_n, & k=n+1.\end{cases}$$

5. 利用差分性质证明:

(1) $1^3+2^3+3^3+\cdots+n^3=\dfrac{1}{4}n^2(n+1)^2$;

(2) $1\times 2+2\times 3+\cdots+n\times(n+1)=\dfrac{1}{3}n(n+1)(n+2)$;

(3) $1\times 3+2\times 4+\cdots+n\times(n+2)=\dfrac{1}{6}n(n+1)(2n+7)$.

6. 设 $f(x)=-2x^7+3x^5-5x^4+7x-6$,求 $f[3^0,3^1,\cdots,3^6,x]$,$f[3^0,3^1,\cdots,3^7,x]$.

7. 设 $f(x)=p_n(x)$是 n 次多项式,$k\leqslant n$,证明:$f[x_0,x_1,\cdots,x_{k-1},x]=q_{n-k}(x)$,其中 $q_{n-k}(x)$是 $n-k$ 次多项式.

8. 当 $x=1,2,3,4$ 时,$f(x)=0,-5,-6,3$,求 $f(x)$的 Newton 插值多项式.

9. 设多项式 $p(x)$的所有 3 阶向前差分都为 1,且 $p(0)=2$,$p(1)=-1$,$p(2)=4$.求 $p(x)$中 x^2 的系数.

10. 下表是函数 $y=f(x)$的差商表,求表中缺失的项的值.

$x_0=0.0$	$f[x_0]$		
$x_1=0.4$	$f[x_1]$	$f[x_0,x_1]$	
$x_2=0.7$	$f[x_2]=6$	$f[x_1,x_2]=10$	$f[x_0,x_1,x_2]=50/7$

11. 已知函数 $y=f(x)$的数值表,试分别求出 $f(x)$的 3 次 Newton 向前和向后插值公式;并分别计算当 $x=1.5$ 和 $x=3.5$ 时,$f(x)$的近似值.

i	0	1	2	3
x_i	1	2	3	4
$f(x_i)$	0	-5	-6	3

12. 已知函数 $f(x)$在 x_0 的某邻域内具有 n 阶连续导数,并记 $x_i = x_0 + ih, i = 0,1,\cdots,n$,证明:

$$\lim_{h\to 0} f[x_0, x_1, \cdots, x_n] = \frac{f^{(n)}(x_0)}{n!}.$$

13. 构造一个三次 Hermite 插值多项式 $H_3(x)$,满足条件:

$$H_3(1) = f(1) = 1,\quad H_3(2) = f(2) = -2,$$
$$H_3'(1) = f'(1) = -1,\quad H_3'(2) = f'(2) = 3.$$

再用带重节点的 Newton 插值公式求满足上述条件的三次插值多项式.

14. 已知函数 $y = f(x)$的数值表,求满足表中插值条件的次数不超过 3 的插值多项式,并估计插值误差.

i	0	1	2
x_i	1	2	3
$f(x_i)$	2	4	12
$f'(x_i)$		3	

15. 用下列表中的数据求次数不超过 5 次的插值多项式 $p(x)$,使之满足 $p(x_i) = f(x_i)$ $(i = 0,1,2,3)$,和 $p'(x_0) = f'(x_0), p'(x_2) = f'(x_2)$.(要求写出带重节点的差商表)

i	0	1	2	3
x_i	-1	0	1	2
$f(x_i)$	2	-1	4	0
$f'(x_i)$	-1		0	

16. 用下列表中的数据求次数不超过 5 次的插值多项式 $p(x)$,使之满足 $p(x_i) = f(x_i)$ $(i = 0,1,2)$,和 $p'(x_0) = f'(x_0), p'(x_2) = f'(x_2), p''(x_2) = f''(x_2)$.(要求写出带重节点的差商表)

i	0	1	2
x_i	-1	0	1
$f(x_i)$	2	-1	4
$f'(x_i)$	-1		1
$f''(x_i)$			0

17. 三次样条 $s(x)=\begin{cases} s_0(x), & 0\leqslant x<1, \\ s_1(x), & 1\leqslant x\leqslant 2 \end{cases}$ 在节点 $x=1$ 处的连续性条件是_________.

18. 设 $s(x)$ 是 $[0,2]$ 上的三次自然样条：

$$s(x)=\begin{cases} s_0(x)=1+2x-x^3, & 0\leqslant x<1, \\ s_1(x)=2+b(x-1)+c(x-1)^2+d(x-1)^3, & 1\leqslant x\leqslant 2. \end{cases}$$

求 b,c,d.

19. 设 $s(x)$ 是函数 $f(x)$ 在区间 $[0,2]$ 上满足第一类边界条件的三次样条：

$$s(x)=\begin{cases} s_0(x)=1+2x-x^3, & 0\leqslant x<1, \\ s_1(x)=2+b(x-1)+c(x-1)^2+(x-1)^3, & 1\leqslant x\leqslant 2. \end{cases}$$

求 b,c 和 $f'(1),f'(2)$.

20. 由函数 $y=f(x)$ 的一组数据(见下表)求 $f(x)$ 的三次插值样条函数 $s(x)$.

i	0	1	2	3	4
x_i	0.2	0.4	0.6	0.8	1.0
$f(x_i)$	0.9798	0.8033	0.4177	0.6386	1.1843
$f'(x_i)$	0.2027				1.5574

21. 由函数 $y=f(x)$ 的一组数据(见下表)求 $f(x)$ 的三次插值样条函数 $s(x)$.

i	0	1	2	3	4
x_i	0.2	0.4	0.6	0.8	1.0
$f(x_i)$	0.9798	0.8033	0.4177	0.6386	1.1843
$f''(x_i)$	0				0

22. 已知未知函数 $y=f(x)$ 的一组数据，

i	0	1	2	3	4
x_i	0.2	0.4	0.6	0.8	1.0
$f(x_i)$	1.1843	0.8033	0.4177	0.6386	1.1843
$f''(x_i)$	0				0

求满足上述插值条件及第三类边界条件.

$$f'(0.2)=f'(1.0),\quad f''(0.2)=f''(1.0)$$

的三次插值样条函数 $s(x)$.

23. 已知函数 $f(x)=\cos\pi x$ 在节点 $x=0,0.25,0.5,0.75,1.0$ 处的值,求：

(1) 满足边界条件 $f'(0)=0$ 和 $f'(1.0)=0$ 的三次样条插值函数；

(2) 计算样条函数在 $[0,1]$ 上的定积分值；

(3) 用样条函数的导数近似 $f'(0.5)$ 和 $f''(0.5)$.

第 5 章　数据拟合与函数逼近

5.1　引　言

第 4 章研究了函数的插值问题,即对于函数 $f(x)$,利用其在区间$[a,b]$上的节点 $x_0,x_1,\cdots,x_n$ 处的函数值 $y_0,y_1,\cdots,y_n$ 构造插值多项式 $p_n(x)$去逼近$f(x)$.在节点 x_i 处,$p_n(x_i)=f(x_i)$,但在非节点处,$p_n(x)$可能和 $f(x)$的误差很小,也可能与 $f(x)$的误差很大.如果要求 $p_n(x)$在每一点都和 $f(x)$的误差很小,那么利用插值多项式去逼近 $f(x)$就可能会失败,例如可能出现 Runge 现象.另外,通常由实验提供的数据一般带有观测误差,如果要求所求的近似曲线 $y=p_n(x)$严格通过每个型值点(x_i,y_i),那么就会使曲线保留原有的测试误差,当某些数据的误差较大时,逼近效果更不理想.因此,严格插值所有型值点对研究某一区间整体上的逼近有一定的局限性.

那么,是否有不满足插值条件的多项式能在整体上很好地逼近连续函数 $f(x)$呢？首先回顾数学分析中著名的 Weierstrass① 第一逼近定理(Weierstrass first approximation theorem):

定理 5.1.1(Weierstrass 第一逼近定理)　对任意函数$f(x)\in C[a,b]$和任意给定的 $\varepsilon>0$,都存在 n 次代数多项式 $p_n(x)$,满足

$$\max_{x\in[a,b]}|f(x)-p_n(x)|<\varepsilon. \tag{5.1.1}$$

由定理 5.1.1 知:对任意连续函数都可以找到一个多项式序列$\{p_n(x)\}$整体一致逼近于它,而不需要代数曲线 $y=p_n(x)$严格通过每个型值点(x_i,y_i).下面

---

① 魏尔斯特拉斯(Karl Wilhelm Theodor Weierstrass,1815～1897)是德国数学家.魏尔斯特拉斯以其解析函数理论与柯西、黎曼同为复变函数论的奠基人.此外,魏尔斯特拉斯还在椭圆函数论、变分法、代数学等诸多领域中做出了巨大的贡献,被称为现代分析之父.

的问题是如何构造这样的逼近多项式呢？苏联数学家 Bernstein[①] 曾经给出这样的多项式序列：

Bernstein **多项式(Bernstein polynomial)**

$$B_n(f,x) = \sum_{k=0}^{n} f\left(\frac{k}{n}\right)\binom{n}{k}x^k(1-x)^{n-k}. \tag{5.1.2}$$

在整体上一致逼近 $f(x)$，但它的收敛缓慢，要达到一定的精度，则 n 要取很大，计算量大.因此，研究如何在给定的精确度下，构造整体一致逼近 $f(x)$ 的多项式序列 $\{p_n(x)\}$，成为逼近论中的一个重要问题.

Chebyshev 从另一个角度研究逼近问题，即对某个固定的 n，在相应的 n 次多项式空间中寻找逼近 $f(x)$ 的"最好"的多项式，这样的逼近问题即称为最佳逼近问题，这是本章研究的主要内容.

5.2　最小二乘法

定义 5.2.1　设函数 $\varphi_1(x),\varphi_2(x),\cdots,\varphi_n(x)$ 线性无关，$\Phi = \mathrm{span}\{\varphi_1(x),\varphi_2(x),\cdots,\varphi_n(x)\}$，

$$\varphi(x) = \alpha_1\varphi_1(x) + \alpha_2\varphi_2(x) + \cdots + \alpha_n\varphi_n(x), \quad \alpha_1,\alpha_2,\cdots,\alpha_n \in \mathbf{R}, \tag{5.2.1}$$

已知数据 $(x_i,y_i)(i=0,1,\cdots,m)$，其中 $y_i = f(x_i)$，令

$$r_i = \varphi(x_i) - y_i = \sum_{j=0}^{n}\alpha_j\varphi_j(x_i) - y_i, \quad i = 0,1,\cdots,m. \tag{5.2.2}$$

称 $\boldsymbol{r} = (r_0,r_1,\cdots,r_m)^{\mathrm{T}}$ 为**残向量(residual vector)**，用 $\varphi(x)$ 去拟合 $y=f(x)$ 的好坏问题变成残量的大小问题.确定参数 $\alpha_j(j=0,1,\cdots,n)$，使残量的平方和达到最小，即

$$\sum_{i=0}^{m} r_i^2 = \boldsymbol{r}^{\mathrm{T}}\boldsymbol{r} \tag{5.2.3}$$

为最小，这种得到拟合函数 $\varphi(x)$ 的方法，通常称为**最小二乘法(least squares method)**.

在实际问题中，如何选择基函数 $\varphi_j(x)(j=0,1,\cdots,n)$ 是一个复杂的问题，一

---

① 伯恩斯坦(Sergi Natanovich Bernstein，1880～1968)是苏联数学家.在偏微分方程、函数构造论和多项式逼近理论、概率论、变分法、泛函分析和遗传学的数学理论研究等方面都做出了贡献.

般要根据问题本身的性质来决定.如果从问题本身得不到这方面的信息,那么通常可以取的基函数有多项式、三角函数、指数函数、样条函数等.由于多项式函数在计算方面的诸多优越性,下面重点介绍基函数是多项式的情况.

设基函数 $\varphi_j(x)=x^j(j=0,1,\cdots,n)$.已知列表函数 $y_i=f(x_i)(i=0,1,\cdots,m)$,且 $n\ll m$.用多项式 $p_n(x)=\alpha_0+\alpha_1x+\cdots+\alpha_nx^n$ 逼近 $f(x)$ 的问题变为如何选择 $\alpha_0,\alpha_1,\cdots,\alpha_n$ 使 $p_n(x)$ 能较好地拟合列表函数 $f(x)$.按最小二乘法,应选择 $\alpha_0,\alpha_1,\cdots,\alpha_n$,使得

$$E(\alpha_0,\alpha_1,\cdots,\alpha_n)=\sum_{i=0}^{m}[f(x_i)-p_n(x_i)]^2 \tag{5.2.4}$$

取最小.因为 E 是非负的且是 $\alpha_0,\alpha_1,\cdots,\alpha_n$ 的二次多项式,所以它必有最小值.求 E 关于 $\alpha_j(j=0,1,\cdots,n)$ 的偏导数,并令其等于零,得

$$\sum_{i=0}^{m}(y_i-\alpha_0-\alpha_1x_i-\cdots-\alpha_nx_i^n)x_i^j=0,\quad j=0,1,\cdots,n.$$

将上式写成如下方程组形式:

$$\begin{cases}(m+1)\alpha_0+\left(\sum_{i=0}^{m}x_i\right)\alpha_1+\cdots+\left(\sum_{i=0}^{m}x_i^n\right)\alpha_n=\sum_{i=0}^{m}y_i,\\ \left(\sum_{i=0}^{m}x_i\right)\alpha_0+\left(\sum_{i=0}^{m}x_i^2\right)\alpha_1+\cdots+\left(\sum_{i=0}^{m}x_i^{n+1}\right)\alpha_n=\sum_{i=0}^{m}x_iy_i,\\ \vdots\\ \left(\sum_{i=0}^{m}x_i^n\right)\alpha_0+\left(\sum_{i=0}^{m}x_i^{n+1}\right)\alpha_1+\cdots+\left(\sum_{i=0}^{m}x_i^{2n}\right)\alpha_n=\sum_{i=0}^{m}x_i^ny_i.\end{cases}$$

再将方程组写成矩阵形式:

$$\begin{bmatrix} m+1 & \sum_{i=0}^{m}x_i & \sum_{i=0}^{m}x_i^2 & \cdots & \sum_{i=0}^{m}x_i^n \\ \sum_{i=0}^{m}x_i & \sum_{i=0}^{m}x_i^2 & \sum_{i=0}^{m}x_i^3 & \cdots & \sum_{i=0}^{m}x_i^{n+1} \\ \vdots & \vdots & \vdots & & \vdots \\ \sum_{i=0}^{m}x_i^n & \sum_{i=0}^{m}x_i^{n+1} & \sum_{i=0}^{m}x_i^{n+2} & \cdots & \sum_{i=0}^{m}x_i^{2n}\end{bmatrix}\begin{bmatrix}\alpha_0\\ \alpha_1\\ \vdots\\ \alpha_n\end{bmatrix}=\begin{bmatrix}\sum_{i=0}^{m}y_i\\ \sum_{i=0}^{m}x_iy_i\\ \vdots\\ \sum_{i=0}^{m}x_i^ny_i\end{bmatrix}. \tag{5.2.5}$$

若记

$$\boldsymbol{A}=\begin{bmatrix}1 & x_0 & x_0^2 & \cdots & x_0^n\\ 1 & x_1 & x_1^2 & \cdots & x_1^n\\ \vdots & \vdots & \vdots & & \vdots\\ 1 & x_m & x_m^2 & \cdots & x_m^n\end{bmatrix},\quad \boldsymbol{\alpha}=\begin{bmatrix}\alpha_0\\ \alpha_1\\ \vdots\\ \alpha_n\end{bmatrix},\quad \boldsymbol{Y}=\begin{bmatrix}y_0\\ y_1\\ \vdots\\ y_m\end{bmatrix}.$$

则式(5.2.5)可简单地表示为

$$A^{\mathrm{T}}A\boldsymbol{\alpha} = A^{\mathrm{T}}Y. \tag{5.2.6}$$

方程组(5.2.5)或(5.2.6)通常称为**法方程组或正规方程组**(**normal system of equations**),而

$$A\boldsymbol{\alpha} = Y. \tag{5.2.7}$$

($n+1$ 个未知量,$m+1$ 个方程式)称为**超定方程组**(**over-determined system of equations**)或**矛盾方程组**(**contradictory-determined system of equations**).

可以证明 $\boldsymbol{\alpha}$ 为超定方程组(5.2.7)的最小二乘解的充分必要条件是 $\boldsymbol{\alpha}$ 满足法方程组(5.2.6).

例 5.2.1　已知数据如表 5.2.1 所示,试用最小二乘法求 2 次拟合多项式 $p_2(x)$.

表 5.2.1

x_i	0.0	0.2	0.5	0.7	0.85	1.0
y_i	1.000	1.221	1.649	2.014	2.340	2.718

解　显然 $m=5$,且

$x_0 = 0.0$,　$x_1 = 0.2$,　$x_2 = 0.5$,　$x_3 = 0.7$,　$x_4 = 0.85$,　$x_5 = 1.0$,

$y_0 = 1.000$,　$y_1 = 1.221$,　$y_2 = 1.649$,　$y_3 = 2.014$,　$y_4 = 2.340$,

$y_5 = 2.718$.

由式(5.2.5)得法方程组

$$\begin{bmatrix} 6 & 3.250 & 2.503 \\ 3.250 & 2.503 & 2.090 \\ 2.503 & 2.090 & 1.826 \end{bmatrix} \begin{bmatrix} \alpha_0 \\ \alpha_1 \\ \alpha_2 \end{bmatrix} = \begin{bmatrix} 10.942 \\ 7.186 \\ 5.857 \end{bmatrix},$$

解得

$$\alpha_0 = 1.006,\quad \alpha_1 = 0.854,\quad \alpha_2 = 0.850.$$

故所求二次拟合多项式为

$$p_2(x) = 1.006 + 0.854x + 0.850x^2.$$

表 5.2.2 给出了 $p_2(x)$在节点处的误差.

表 5.2.2

x_i	0.0	0.2	0.5	0.7	0.85	1.0
y_i	1.000	1.221	1.649	2.014	2.340	2.718
$p_2(x_i)$	1.006	1.211	1.646	2.021	2.347	2.711
$y_i - p_2(x_i)$	−0.006	0.010	0.003	−0.007	−0.007	0.007

在利用最小二乘法建立和式(5.2.4)时,所有点 x_i 都起到了同样的作用.但是有时依据某种理由认为和式中某些项的作用大些,而另外一些项的作用小些(例如,一些 y_i 是由精度高的仪器或由经验比较丰富的人员获得的,自然应该予以较大的信任度),在数学上常表现为用

$$\sum_{i=1}^{n}\rho_i\left[y_i-p_n(x_i)\right]^2 \tag{5.2.8}$$

替代式(5.2.4)取最小值;其中 $\rho_i>0$ 称为**权(weight)**,事先给定,且 $\sum_{i=0}^{m}\rho_i=1$,而式(5.2.8)称为加权和,相应的多项式 $p_n(x)$ 称为 **关于权 $\boldsymbol{\rho}_i$ 的最小二乘逼近多项式(least squares approximation polynomial with respect to the weight $\boldsymbol{\rho}_i$)**.上述求最小二乘逼近多项式的方法称为**加权最小二乘法(weighted least squares method)**.

仿照不带权的最小二乘法,可得关于权 $\rho_i(i=0,1,\cdots,n)$ 的最小二乘逼近多项式 $p_n(x)$,设 $p_n(x)=\alpha_0+\alpha_1x+\cdots+\alpha_nx^n$,则 $p_n(x)$的系数满足方程组

$$\begin{bmatrix}\sum_{i=0}^{n}\rho_i & \sum_{i=0}^{m}\rho_ix_i & \sum_{i=0}^{m}\rho_ix_i^2 & \cdots & \sum_{i=0}^{m}\rho_ix_i^n\\ \sum_{i=0}^{m}\rho_ix_i & \sum_{i=0}^{m}\rho_ix_i^2 & \sum_{i=0}^{m}\rho_ix_i^3 & \cdots & \sum_{i=0}^{m}\rho_ix_i^{n+1}\\ \vdots & \vdots & \vdots & & \vdots\\ \sum_{i=0}^{m}\rho_ix_i^n & \sum_{i=0}^{m}\rho_ix_i^{n+1} & \sum_{i=0}^{m}\rho_ix_i^{n+2} & \cdots & \sum_{i=0}^{m}\rho_ix_i^{2n}\end{bmatrix}\begin{bmatrix}\alpha_0\\ \alpha_1\\ \vdots\\ \alpha_n\end{bmatrix}=\begin{bmatrix}\sum_{i=0}^{m}\rho_iy_i\\ \sum_{i=0}^{m}\rho_ix_iy_i\\ \vdots\\ \sum_{i=0}^{m}\rho_ix_i^ny_i\end{bmatrix}. \tag{5.2.9}$$

若方程组(5.2.9)的系数矩阵非奇异,则存在唯一的最小二乘逼近多项式 $p_n(x)$.

例 5.2.2 已知数据和给定的权如表 5.2.3 所示.

表 5.2.3

x_i	0.0	0.2	0.5	0.7	0.85	1.0
y_i	1.000	1.221	1.649	2.014	2.340	2.718
ρ_i	0.1	0.2	0.3	0.1	0.2	0.1

求关于权 ρ_i 的最小二乘逼近多项式 $p_2(x)$.

解 显然 $m=5$,且

$x_0=0.0,\quad x_1=0.2,\quad x_2=0.5,\quad x_3=0.7,\quad x_4=0.85,\quad x_5=1.0,$

$y_0=1.000,\quad y_1=1.221,\quad y_2=1.649,\quad y_3=2.014,\quad y_4=2.340,\quad y_5=2.718,$

$\rho_0=0.1,\quad \rho_1=0.2,\quad \rho_2=0.3,\quad \rho_3=0.1,\quad \rho_4=0.2,\quad \rho_5=0.1.$

由式(5.2.9)得法方程组

$$\begin{bmatrix} 1 & 0.53 & 0.377 \\ 0.53 & 0.377 & 0.296 \\ 0.377 & 0.296 & 0.247 \end{bmatrix} \begin{bmatrix} \alpha_0 \\ \alpha_1 \\ \alpha_2 \end{bmatrix} = \begin{bmatrix} 1.780 \\ 1.107 \\ 0.842 \end{bmatrix},$$

解得

$$\alpha_0 = 1.006, \quad \alpha_1 = 0.865, \quad \alpha_2 = 0.837,$$

故所求二次近似多项式为

$$p_2(x) = 1.006 + 0.865x + 0.837x^2.$$

表5.2.4给出了 $p_2(x)$ 在节点处的误差.

表 5.2.4

x_i	0.0	0.2	0.5	0.7	0.85	1.0
y_i	1.000	1.221	1.649	2.014	2.340	2.718
$p_2(x_i)$	1.006	1.212	1.648	2.022	2.346	2.708
$y_i - p_2(x_i)$	−0.006	0.009	0.001	−0.008	−0.006	0.01

上面介绍的最小二乘法,待定的参数在拟合函数中是以线性形式出现的,所以称为线性最小二乘法.在实际问题中,如果选取的基函数是指数函数,例如取拟合函数为

$$s = be^{ct}, \tag{5.2.10}$$

其中 b,c 为待定参数,虽然拟合函数的形式不复杂,但是拟合函数中的参数是以非线性形式出现的,用线性最小二乘法是无能为力的.此时可以首先通过变量替换使其线性化,然后利用线性最小二乘法来解决.将式(5.2.10)两边取对数,得

$$\ln s = \ln b + ct.$$

记 $\ln s = y, \ln b = \alpha_0, c = \alpha_1, x = t$,则式(5.2.10)变成

$$y = \alpha_0 + \alpha_1 x,$$

用线性最小二乘法确定出 α_0,α_1(从而也就确定出了 b,c),得到拟合函数 $s = be^{ct}$.

例 5.2.3　由实验得到一组数据如表5.2.5所示.

表 5.2.5

x_i	0.0	0.5	1.0	1.5	2.0	2.5
y_i	2.0	1.0	0.9	0.6	0.4	0.3

试求它的最小二乘拟合曲线(取 $\rho_i = 1$).

解　显然 $m = 5$,且

$$x_0 = 0.0, \quad x_1 = 0.5, \quad x_2 = 1.0, \quad x_3 = 1.5, \quad x_4 = 2.0, \quad x_5 = 2.5,$$

$$y_0 = 2.0,\quad y_1 = 1.0,\quad y_2 = 0.9,\quad y_3 = 0.6,\quad y_4 = 0.4,\quad y_5 = 0.3.$$

在 Oxy 坐标系中画出散点图,可见这些点近似于一条指数曲线 $y = a_0 e^{a_1 x}$,记

$$A_0 = \ln a_0,\quad A_1 = a_1,\quad u = \ln y,\quad x = x.$$

则有

$$u = A_0 + A_1 x.$$

相应地,

$$u_0 = 0.693147,\quad u_1 = 0,\quad u_2 = -0.105361,\quad u_3 = -0.510826,$$
$$u_4 = -0.916291,\quad u_5 = -1.20391.$$

由式(5.2.5)得法方程组

$$\begin{bmatrix} 6 & 7.5 \\ 7.5 & 13.75 \end{bmatrix}\begin{bmatrix} A_0 \\ A_1 \end{bmatrix} = \begin{bmatrix} -2.04324 \\ -5.71396 \end{bmatrix},$$

解得 $A_0 = 0.562290$, $A_1 = -0.722264$,于是 $a_0 = e^{A_0} = 1.754686$, $a_1 = A_1 = -0.722264$,故所求拟合函数为

$$\varphi^*(x) = 1.754707e^{-0.722282x}.$$

注 在进行数据拟合时,选择合适的函数类型是很重要的.通常先用所给数据预先做出列表函数的散点图,再根据曲线的大致形状,选择和确定合适的拟合函数类型.数据分布接近于直线,宜采用一次多项式 $y = ax + b$ 拟合;数据分布接近于抛物线,可采用二次多项式 $y = ax^2 + bx + c$ 拟合;数据分布特点是开始曲线上升较快,随后逐渐变慢,宜采用双曲线型函数 $y = \dfrac{x}{ax + b}$ 或指数型函数 $y = ae^{-\frac{b}{x}}$ 拟合;数据分布特点是开始曲线下降较快,随后逐渐变慢,宜采用 $y = \dfrac{1}{a + bx}$ 或 $y = \dfrac{1}{a + bx^2}$ 或 $y = ae^{-bx}$ 等函数拟合.另外,还应注意当拟合函数是非多项式函数时,要考虑如何把非线性的最小二乘逼近变为线性最小二乘逼近.

例 5.2.4(钢包问题) 炼钢厂出钢时所用的盛钢水的钢包,在使用过程中由于钢液及炉渣对包衬耐火材料的侵蚀,使其容积不断增大.为了确定钢包使用次数与容积之间的函数关系,在钢包的使用过程中,记录了数据,如表 5.2.6 所示.

表 5.2.6

使用次数 x_i	容积 y_i	使用次数 x_i	容积 y_i
$x_0 = 2$	$y_0 = 106.42$	$x_7 = 11$	$y_7 = 110.59$
$x_1 = 3$	$y_1 = 108.26$	$x_8 = 12$	$y_8 = 110.60$
$x_2 = 5$	$y_2 = 109.58$	$x_9 = 14$	$y_9 = 110.72$

续表

使用次数 x_i	容积 y_i	使用次数 x_i	容积 y_i
$x_3=6$	$y_3=109.50$	$x_{10}=16$	$y_{10}=110.90$
$x_4=7$	$y_4=109.86$	$x_{11}=17$	$y_{11}=110.76$
$x_5=9$	$y_5=110.00$	$x_{12}=19$	$y_{12}=111.10$
$x_6=10$	$y_6=109.93$	$x_{13}=20$	$y_{13}=111.30$

试根据所给数据，利用最小二乘法求出钢包容积 y 与使用次数 x 之间的函数关系.

解　通过所给数据的散点图连成的折线(图 5.2.1)，可以看出数据分布特点是开始上升较快，随后逐渐变慢，故采用双曲线形函数 $y=\dfrac{x}{ax+b}$ 来拟合数据.

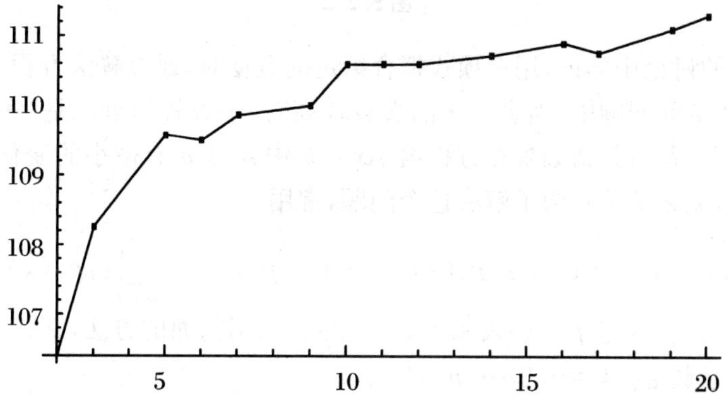

图 5.2.1

将函数 $y=\dfrac{x}{ax+b}$ 化为 $\dfrac{1}{y}=a+b\dfrac{1}{x}$，令 $Y=\dfrac{1}{y}$，$X=\dfrac{1}{x}$，则逼近函数为 $Y=bX+a$. a，b 所满足的法方程组为

$$\begin{bmatrix} 14 & \sum\limits_{i=0}^{13}\dfrac{1}{x_i} \\ \sum\limits_{i=0}^{13}\dfrac{1}{x_i} & \sum\limits_{i=0}^{13}\left(\dfrac{1}{x_i}\right)^2 \end{bmatrix}\begin{bmatrix} a \\ b \end{bmatrix}=\begin{bmatrix} \sum\limits_{i=0}^{13}\dfrac{1}{y_i} \\ \sum\limits_{i=0}^{n}\dfrac{1}{x_i y_i} \end{bmatrix}.$$

把表 5.2.6 中的数据代入上式得

$$\begin{bmatrix} 14 & 2.023594358 \\ 2.023594358 & 0.5045902200 \end{bmatrix}\begin{bmatrix} a \\ b \end{bmatrix}=\begin{bmatrix} 0.1273291068 \\ 0.01858297977 \end{bmatrix},$$

解得 $a=0.00897328$，$b=0.00084169$，从而得拟合曲线为

$$\frac{1}{y} = a + b\frac{1}{x}, \quad \text{即} \quad y = \frac{x}{ax+b} = \frac{1000x}{8.97328x + 0.84169}.$$

图 5.2.2 为所给数据的折线图和拟合函数的图形.

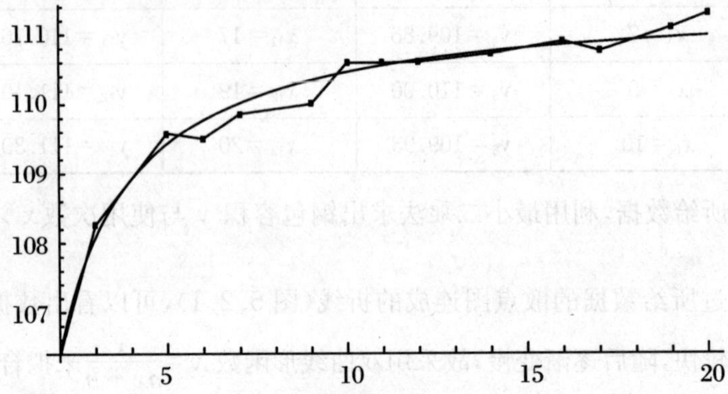

图 5.2.2

从前面的讨论中知道,用多项式拟合给定的数据时,通过解法方程组可以得到唯一解.但在实际问题中,当多项式的次数较高时,法方程组可能是"病态"方程组(所谓"病态"方程组是指如果在方程组 $\boldsymbol{Ax} = \boldsymbol{b}$ 中 $\boldsymbol{A}$ 或 $\boldsymbol{b}$ 有微小的变化,就引起解的巨大变化,见 2.7 节).为了解决这个问题,常用

$$\varphi(x) = \alpha_0 p_0(x) + \alpha_1 p_1(x) + \cdots + \alpha_n p_n(x) = \sum_{k=0}^{n} \alpha_k p_k(x) \tag{5.2.11}$$

来拟合 $y = f(x)$,这里 $p_k(x)$ 表示 k 次多项式.利用前面的方法,在式(5.2.11)中选择适当的系数 $\alpha_k(k = 0,1,\cdots,n)$,使

$$E(\alpha_0,\alpha_1,\cdots,\alpha_n) = \sum_{i=0}^{m} \rho_i \left[y_i - \sum_{k=0}^{n} \alpha_k p_k(x_i) \right]^2$$

达到最小.为此,对 E 关于 $\alpha_k(k = 0,1,\cdots,n)$ 分别求偏导数,并令偏导数等于零,得到

$$2\sum_{i=0}^{m} \rho_i \left[y_i - \sum_{k=0}^{n} \alpha_k p_k(x_i) \right] p_j(x_i) = 0, \quad j = 0,1,\cdots,n. \tag{5.2.12}$$

若令

$$c_{jk} = \sum_{i=0}^{m} \rho_i p_j(x_i) p_k(x_i), \quad c_j = \sum_{i=0}^{m} \rho_i y_i p_j(x_i), \quad j,k = 0,1,\cdots,n,$$

则式(5.2.12)可以写成

$$\sum_{k=0}^{n} c_{jk}\alpha_k - c_j = 0, \quad j = 0,1,\cdots,n. \tag{5.2.13}$$

如果能找到多项式 $p_k(x)(k = 0,1,\cdots,n)$ 满足下面关系:对 $j,k = 0,1,\cdots,n$,有

$$c_{jk}=\sum_{i=0}^{m}\rho_i p_j(x_i)p_k(x_i)\begin{cases}=0, & j\neq k,\\ >0, & j=k,\end{cases}\tag{5.2.14}$$

则求解方程组就变得非常简单,这时

$$\alpha_j=c_j/c_{jj},\tag{5.2.15}$$

称满足条件(5.2.14)的多项式族$\{p_k(x)\}$为关于$\{x_i\}$及权ρ_i的正交多项式族.为此下一节将介绍正交多项式的相关知识.

5.3　正交多项式

5.3.1　内积与内积空间

定义 5.3.1(内积)　若$f(x),g(x)$在区间$[a,b]$上连续,函数$\rho(x)\geqslant 0$,且$\rho(x)$只在有限个点上为0,则称

$$\int_a^b\rho(x)f(x)g(x)\mathrm{d}x$$

为函数$f(x),g(x)$在区间$[a,b]$上关于$\rho(x)$的**内积(inner product)**,记为(f,g),即

$$(f,g)=\int_a^b\rho(x)f(x)g(x)\mathrm{d}x,\tag{5.3.1}$$

其中$\rho(x)$称为**权函数(weight function)**.

容易验证,内积有下列性质:

性质 1　$(f,g)=(g,f)$.

性质 2　$(f,f)\geqslant 0$,且$(f,f)=0$的充要条件是$f(x)\equiv 0$,a.e.

性质 3　$(\alpha f_1+\beta f_2,g)=\alpha(f_1,g)+\beta(f_2,g)$,其中$\alpha,\beta$为实数.

定义 5.3.2(内积空间)　称引入了内积的线性空间为**内积空间(inner product space)**.

5.3.2　正交多项式的基本理论

定义 5.3.3　如果函数系$\{\varphi_k(x)\}$中每个函数$\varphi_k(x)$在区间$[a,b]$上连续,不恒等于零,且满足条件

$$(\varphi_i,\varphi_j)=\int_a^b\rho(x)\varphi_i(x)\varphi_j(x)\mathrm{d}x\begin{cases}=0, & i\neq j,\\ >0, & i=j,\end{cases}\tag{5.3.2}$$

那么称函数系$\{\varphi_k(x)\}$为区间$[a,b]$上**关于权函数 $\rho(x)$ 的正交函数系(orthogonal system of functions with respect to the weight function $\rho(x)$)**. 当$\varphi_k(x)$是 k 次多项式时,称$\{\varphi_k(x)\}$为区间$[a,b]$上**关于权函数 $\rho(x)$ 的正交多项式系(orthogonal system of polynomials with respect to the weight function $\rho(x)$)**.

若$\{\varphi_k(x)\}$是区间$[a,b]$上关于权函数$\rho(x)$的正交多项式系,则$\{\varphi_k(x)\}$有下列性质:

性质 1 对任意正整数 n,$\varphi_0(x),\varphi_1(x),\cdots,\varphi_n(x)$是线性无关的.

性质 2 任意次数$\leqslant n$ 的多项式$p_n(x)$必与$\varphi_{n+1}(x)$正交,$n=0,1,2,\cdots$.

性质 3 $\varphi_n(x)$在区间$[a,b]$上恰好有 n 个不同的实根.

性质 4 对于最高次项系数为 1 的正交多项式系$\{\varphi_k^*(x)\}$,有三项递推关系:

$$\varphi_{n+1}^*(x) = (x - b_n)\varphi_n^*(x) - c_n\varphi_{n-1}^*(x), \tag{5.3.3}$$

其中 $b_n=\beta_n/\gamma_n$,$c_n=\gamma_n/\gamma_{n-1}$,$\beta_n=(x\varphi_n^*,\varphi_n^*)$,$\gamma_n=(\varphi_n^*,\varphi_n^*)$.

性质 5 对于最高次项系数为 A_k 的正交多项式系$\{\varphi_k(x)\}$,有三项递推关系:

$$\varphi_{n+1}(x) = \frac{A_{n+1}}{A_n}(x - \tilde{b}_n)\varphi_n(x) - \frac{A_{n+1}A_{n-1}}{A_n^2}\tilde{c}_n\varphi_{n-1}(x), \tag{5.3.4}$$

其中 $\tilde{b}_n=\tilde{\beta}_n/\tilde{\gamma}_n$,$\tilde{c}_n=\tilde{\gamma}_n/\tilde{\gamma}_{n-1}$,$\tilde{\beta}_n=(x\varphi_n,\varphi_n)$,$\tilde{\gamma}_n=(\varphi_n,\varphi_n)$.

5.3.3 Legendre 多项式

定义 5.3.4 称多项式

$$\mathrm{P}_n(x) = \frac{1}{2^n n!}\frac{\mathrm{d}^n}{\mathrm{d}x^n}(x^2 - 1)^n, \quad n = 0,1,2,\cdots, \tag{5.3.5}$$

为 n 次 **Legendre**[①] **多项式(Legendre polynomial)**.

注 $\mathrm{P}_0(x)=1$,$\mathrm{P}_1(x)=x$,$\mathrm{P}_n(x)$的最高次项的系数为$\dfrac{(2n)!}{2^n(n!)^2}$.

Legendre 多项式有下列性质:

性质 1(正交性) Legendre 多项式系$\{\mathrm{P}_n(x)\}$是$[-1,1]$上关于权函数$\rho(x)\equiv1$正交的多项式系,且

$$(\mathrm{P}_m,\mathrm{P}_n) = \int_{-1}^{1}\mathrm{P}_m(x)\mathrm{P}_n(x)\mathrm{d}x = \begin{cases} 0, & m \neq n, \\ \dfrac{1}{2n+1}, & m = n. \end{cases} \tag{5.3.6}$$

性质 2(递推关系) Legendre 多项式有如下的递推关系:

---

① 勒让德(A. M. Legendre,1752～1833)是法国数学家.他在统计、数论、椭圆积分、大地测量学、抽象代数及数学分析等领域都做出了很重要的贡献.

$$P_0(x)=1,\quad P_1(x)=x,\quad P_{n+1}(x)=\frac{2n+1}{n+1}xP_n(x)-\frac{n}{n+1}P_{n-1}(x),$$
$$n=1,2,\cdots. \tag{5.3.7}$$

5.3.4 Chebyshev 多项式

定义 5.3.5 称多项式

$$T_n(x)=\cos(n\arccos x),\quad -1\leqslant x\leqslant 1,\quad n=0,1,2,\cdots, \tag{5.3.8}$$

为 n 次 **Chebyshev**[①] **多项式(Chebyshev polynomial)**.

注 $T_0(x)=1, T_1(x)=x, T_n(x)$的最高次项的系数为 2^{n-1}.

Chebyshev 多项式有下列性质:

性质 1(正交性) Chebyshev 多项式系$\{T_n(x)\}$是$[-1,1]$上关于权函数 $\rho(x)=\frac{1}{\sqrt{1-x^2}}$正交的多项式系,且

$$(T_m,T_n)=\int_{-1}^{1}\frac{1}{\sqrt{1-x^2}}T_m(x)T_n(x)dx=\begin{cases}0, & m\neq n,\\ \pi/2, & m=n\neq 0,\\ \pi, & m=n=0.\end{cases} \tag{5.3.9}$$

证明 令 $x=\cos\theta, 0\leqslant\theta\leqslant\pi$,则 $T_n(x)=\cos n\theta$,于是

$$\int_{-1}^{1}\frac{1}{\sqrt{1-x^2}}T_m(x)T_n(x)dx=\int_{\pi}^{0}\frac{1}{\sin\theta}\cos n\theta\cos m\theta(-\sin\theta)d\theta$$
$$=\int_0^{\pi}\cos n\theta\cos m\theta d\theta=\begin{cases}0, & m\neq n,\\ \pi/2, & m=n\neq 0,\\ \pi, & m=n=0.\end{cases}$$

证毕!

性质 2(递推关系) Chebyshev 多项式有如下的递推关系:

$$T_0(x)=1,\quad T_1(x)=x,\quad T_{n+1}(x)=2xT_n(x)-T_{n-1}(x),\quad n=1,2,\cdots. \tag{5.3.10}$$

证明 令 $x=\cos\theta, 0\leqslant\theta\leqslant\pi$,则 $T_n(x)=\cos n\theta$. 由

$$\cos(n+1)\theta+\cos(n-1)\theta=2\cos n\theta\cos\theta$$

得

$$T_{n+1}(x)+T_{n-1}(x)=2xT_n(x),$$

---

① 切比雪夫(Pafnuty Ljvovich Chebyshev,1821～1894)是俄国数学家、力学家.切比雪夫在函数逼近论、概率论、数学分析等数学的很多方面及其邻近的学科都做出了重要贡献.他创立了函数构造理论,研究了用有理数逼近实数的问题,发展了丢番图逼近理论.

即关系式(5.3.10)成立.证毕!

性质3　$T_n(x)$在区间$[-1,1]$上有n个不同的零点

$$x_k = \cos\frac{2k-1}{2n}\pi,\quad k = 1,2,\cdots,n. \tag{5.3.11}$$

证明　令$x=\cos\theta$，$0\leqslant\theta\leqslant\pi$,则$T_n(x)=\cos n\theta$.

由$T_n(x)=0$,即$\cos n\theta=0$,可得

$$n\theta = k\pi-\frac{\pi}{2},\quad k = 1,2,\cdots,n.$$

因此在区间$[0,\pi]$上有n个值

$$\theta_k = \frac{2k-1}{2n}\pi,\quad k = 1,2,\cdots,n$$

使$\cos\theta_k=0$,即$\cos n\theta$在$[0,\pi]$上有n个不同的零点.又因为$T_n(x)$是n次多项式,所以$T_n(x)$至多有n个零点,因此$T_n(x)$有n个不同的零点

$$x_k = \cos\theta_k = \cos\frac{2k-1}{2n}\pi,\quad k = 1,2,\cdots,n.$$

证毕!

显然,$T_n(x)$在区间$[-1,1]$上的零点都是实的、互异的.

性质4　$T_n(x)$在区间$[-1,1]$上有$n+1$个不同的极值点

$$\tilde{x}_k = \cos\frac{k}{n}\pi,\quad k = 0,1,2,\cdots,n \tag{5.3.12}$$

$T_n(x)$在这$n+1$个极值点处轮流取得最大值1和最小值-1.并称这$n+1$个点$\{\tilde{x}_k\}$为$T_n(x)$的**偏差点(deviation point)**.

证明　设$x=\cos\theta,0\leqslant\theta\leqslant\pi$,则$T_n(x)=\cos n\theta$.

因为$|T_n(x)|=|\cos n\theta|\leqslant 1$,所以$T_n(x)$的最大值是1,最小值是$-1$.由$\cos n\theta=\pm 1$及$0\leqslant\theta\leqslant\pi$,得

$$\theta = \frac{k}{n}\pi,\quad k = 0,1,2,\cdots,n.$$

记$\tilde{\theta}_k=\frac{k}{n}\pi,k=0,1,2,\cdots,n$,则$T_n(x)$在

$$\tilde{x}_k = \cos\tilde{\theta}_k = \cos\frac{k}{n}\pi,\quad k = 0,1,2,\cdots,n$$

处轮流取得最大值1和最小值-1.证毕!

若将$T_n(x)$的零点和偏差点按由小到大的顺序排列,则有

$$-1 = \tilde{x}_n < x_n < \tilde{x}_{n-1} < x_{n-1} < \cdots < \tilde{x}_1 < x_1 < \tilde{x}_0 = 1. \tag{5.3.13}$$

性质5　设$P_n(x)$是任意的最高次项系数为1的n次多项式,则

$$\max_{-1\leqslant x\leqslant 1}|P_n(x)| \geqslant \max_{-1\leqslant x\leqslant 1}\left|\frac{1}{2^{n-1}}T_n(x)\right| = 2^{1-n}. \tag{5.3.14}$$

证明　用反证法证明.若存在最高次项系数为 1 的 n 次代数多项式 $\widetilde{P}_n(x)$,使

$$\max_{-1\leqslant x\leqslant 1}|\widetilde{P}_n(x)|<2^{1-n},$$

令 $E(x)=2^{1-n}\mathrm{T}_n(x)-\widetilde{P}_n(x)$,则在 $\mathrm{T}_n(x)$ 的偏差点 $\tilde{x}_k$ 处,有

$$E(\tilde{x}_0)=2^{1-2}-\widetilde{P}_n(\tilde{x}_0)>0,$$
$$E(\tilde{x}_1)=2^{1-2}-\widetilde{P}_n(\tilde{x}_1)<0,$$
$$E(\tilde{x}_2)=2^{1-2}-\widetilde{P}_n(\tilde{x}_2)>0,$$
$$\cdots,$$

即在 $n+1$ 个偏差点处 $E(x)$ 轮流取正负值,因此由零点定理知,$E(x)$ 至少有 n 个零点,但 $2^{1-n}\mathrm{T}_n(x)$ 和 $\widetilde{P}_n(x)$ 都是最高项系数为 1 的 n 次多项式,故它们的差 $E(x)$ 至多是 $n-1$ 次多项式,而 $n-1$ 次多项式至多有 $n-1$ 个零点,矛盾,性质 5 得证.证毕!

注　性质 5 称为 Chebyshev 多项式的极性,这是一个重要的性质.它表明在所有首项系数为 1 的 n 次代数多项式中,$\mathrm{T}_n(x)$ 与 0 的偏差最小.

5.3.5　Lagurre 多项式

定义 5.3.6　称多项式

$$\mathrm{L}_n(x)=\mathrm{e}^x\frac{\mathrm{d}^n}{\mathrm{d}x^n}(x^n\mathrm{e}^{-x}),\quad 0\leqslant x<+\infty,\quad n=0,1,2,\cdots,\tag{5.3.15}$$

为 **Lagurre**[①] **多项式(Lagurre polynomial)**.

注　$\mathrm{L}_0(x)=1$,　$\mathrm{L}_1(x)=1-x$.$\mathrm{L}_n(x)$ 的最高次项的系数为 $n!$.

Lagurre 多项式有下列性质:

性质 1(正交性)　Lagurre 多项式系 $\{\mathrm{L}_n(x)\}$ 是 $[0,+\infty)$ 上关于权函数 $\rho(x)=\mathrm{e}^{-x}$ 正交的多项式系,且

$$(\mathrm{L}_m,\mathrm{L}_n)=\int_0^{+\infty}\mathrm{e}^{-x}\mathrm{L}_m(x)\mathrm{L}_n(x)\mathrm{d}x=\begin{cases}0, & m\neq n,\\(n!)^2, & m=n.\end{cases}\tag{5.3.16}$$

性质 2(递推关系)　Lagurre 多项式有如下的递推关系:

$$\left.\begin{aligned}&\mathrm{L}_0(x)=1,\quad \mathrm{L}_1(x)=1-x,\quad\cdots,\\&\mathrm{L}_{n+1}(x)=(1+2n-x)\mathrm{L}_n(x)-n^2\mathrm{L}_{n-1}(x),\quad n=1,2,\cdots.\end{aligned}\right\}\tag{5.3.17}$$

---

① 拉盖尔(Edmond Nicolas Lagurre,1834～1886)是法国数学家.他的主要研究领域是几何和复分析;同时也对正交多项式有研究,例如,以他的名字命名的拉盖尔多项式.

5.3.6 Hermite 多项式

定义 5.3.7 称多项式

$$H_n(x) = (-1)^n e^{x^2} \frac{d^n}{dx^n}(e^{-x^2}), \quad -\infty < x < +\infty, \quad n = 0,1,2,\cdots, \tag{5.3.18}$$

为 **Hermite 多项式(Hermite polynomial)**.

注 $H_0(x)=1, H_1(x)=2x$. $H_n(x)$的最高次项的系数为2^n.

Hermite 多项式有下列性质:

性质 1(正交性) Hermite 多项式系$\{H_n(x)\}$是$(-\infty,+\infty)$上关于权函数$\rho(x)=e^{-x^2}$正交的多项式系,且

$$(H_m, H_n) = \int_0^{+\infty} e^{-x^2} H_m(x) H_n(x) dx = \begin{cases} 0, & m \neq n, \\ 2^n n! \sqrt{\pi}, & m = n. \end{cases} \tag{5.3.19}$$

性质 2(递推关系) Hermite 多项式有如下的递推关系:

$$H_0(x) = 1, \quad H_1(x) = 2x, \quad H_{n+1}(x) = 2xH_n(x) - 2nH_{n-1}(x), \quad n = 1,2,\cdots. \tag{5.3.20}$$

5.4 最佳平方逼近

5.4.1 基本理论

定义 5.4.1 设函数 $y=f(x)$在区间$[a,b]$上连续,函数类

$$\Phi = \operatorname{span}\{\varphi_0(x), \varphi_1(x), \cdots, \varphi_n(x)\},$$

在$[a,b]$上,函数 $\rho(x) \geqslant 0$ 且 $\rho(x)$至多在有限个点上为 0.若存在

$$\varphi^*(x) = \alpha_0^* \varphi_0(x) + \alpha_1^* \varphi_1(x) + \cdots + \alpha_n^* \varphi_n(x),$$

使得

$$\int_a^b \rho(x)[f(x) - \varphi^*(x)]^2 dx = \min_{\varphi(x) \in \Phi} \int_a^b \rho(x)[f(x) - \varphi(x)]^2 dx \tag{5.4.1}$$

成立,其中 $\varphi(x) = \alpha_0 \varphi_0(x) + \alpha_1 \varphi_1(x) + \cdots + \alpha_n \varphi_n(x)$是函数类 Φ 中的任意函数,那么称 $\varphi^*(x)$是 $f(x)$在区间$[a,b]$上**关于权函数 $\rho(x)$的最佳平方逼近函数(least squares approximation function with respect to the weight function $\rho(x)$)**,

或称为**最小二乘逼近函数**.

实际应用时,通常取 $\Phi = \mathrm{span}\{\varphi_0(x),\varphi_1(x),\cdots,\varphi_n(x)\}$ 中的 $\varphi_k(x)$ 为 x^k 或 x 的 k 次多项式,这时称 $\varphi^*(x)$ 为 $f(x)$ 的 n 次**最佳平方逼近多项式(least squares approximation polynomial)**.

5.4.2 最佳平方逼近多项式的求法

由式(5.4.1)知,求解最佳平方逼近函数 $\varphi^*(x) = \sum_{j=0}^{n} \alpha_j^* \varphi_j(x)$ 的问题可归结为求它的系数 $\alpha_0^*,\alpha_1^*,\cdots,\alpha_n^*$,也就是求使函数

$$E(\alpha_0,\alpha_1,\cdots,\alpha_n) = \int_a^b \rho(x)\left[f(x) - \sum_{k=0}^{n}\alpha_k\varphi_k(x)\right]^2 \mathrm{d}x \tag{5.4.2}$$

取得极小值的点.由于 E 是关于 $\alpha_0,\alpha_1,\cdots,\alpha_n$ 的多元函数,利用多元函数取极值的必要条件,对 E 关于 $\alpha_j(j=0,1,\cdots,n)$ 求偏导数,并令偏导数等于零,可得

$$2\int_a^b \rho(x)\left[f(x) - \sum_{k=0}^{n}\alpha_k\varphi_k(x)\right][-\varphi_j(x)]\mathrm{d}x = 0,\quad j = 0,1,\cdots,n,$$

即

$$\sum_{k=0}^{n}\alpha_k\int_a^b \rho(x)\varphi_k(x)\varphi_j(x)\mathrm{d}x = \int_a^b \rho(x)f(x)\varphi_j(x)\mathrm{d}x,\quad j = 0,1,\cdots,n. \tag{5.4.3}$$

利用内积的记号,并写成矩阵的形式,有

$$\begin{bmatrix} (\varphi_0,\varphi_0) & (\varphi_0,\varphi_1) & \cdots & (\varphi_0,\varphi_n) \\ (\varphi_1,\varphi_0) & (\varphi_1,\varphi_1) & \cdots & (\varphi_1,\varphi_n) \\ \vdots & \vdots & & \vdots \\ (\varphi_n,\varphi_0) & (\varphi_n,\varphi_1) & \cdots & (\varphi_n,\varphi_n) \end{bmatrix} \begin{bmatrix} \alpha_0 \\ \alpha_1 \\ \vdots \\ \alpha_n \end{bmatrix} = \begin{bmatrix} (f,\varphi_0) \\ (f,\varphi_1) \\ \vdots \\ (f,\varphi_n) \end{bmatrix}, \tag{5.4.4}$$

该方程组称为 $\alpha_j(j=0,1,\cdots,n)$ 的**法方程组(normal system of equations)**.

定理 5.4.1　若 $\varphi_0(x),\varphi_1(x),\cdots,\varphi_n(x)$ 在区间 $[a,b]$ 上线性无关,则 $f(x)$ 在 $\Phi = \mathrm{span}\{\varphi_0(x),\varphi_1(x),\cdots,\varphi_n(x)\}$ 中的最佳平方逼近函数存在,且为

$$\varphi^*(x) = \sum_{k=0}^{n}\alpha_k^*\varphi_k(x),$$

其中 $\alpha_0^*,\alpha_1^*,\cdots,\alpha_n^*$ 满足法方程组(5.4.4).

证明　(1) 因为 $\varphi_0(x),\varphi_1(x),\cdots,\varphi_n(x)$ 在区间 $[a,b]$ 上线性无关,所以法方程组(5.4.4)的系数矩阵不为零,从而法方程组存在唯一解,设为

$$\alpha_k = \alpha_k^*,\quad k = 0,1,\cdots,n.$$

(2) 因为 E 是关于 $\alpha_0,\alpha_1,\cdots,\alpha_n$ 的二次多项式,所以 s 必有最小值.

综合(1),(2)知,定理结论成立.证毕!

注 定理5.4.1既说明了函数$f(x)$在$\Phi=\mathrm{span}\{\varphi_0(x),\varphi_1(x),\cdots,\varphi_n(x)\}$中最佳平方逼近函数的存在性和唯一性,也给出了最佳平方逼近函数的构造方法:即通过解法方程组(5.4.3)或(5.4.4)求得最佳平方逼近函数的系数$\alpha_k=\alpha_k^*(k=0,1,\cdots,n)$,从而求出最佳平方逼近函数.

特别地,若取$\varphi_k(x)=x^k(k=0,1,\cdots,n)$,$\rho(x)\equiv1$,$f(x)\in C[0,1]$,则$f(x)$的$n$次最佳平方逼近多项式为

$$\varphi^*(x)=\alpha_0^*+\alpha_1^*x+\cdots+\alpha_n^*x^n,\tag{5.4.5}$$

其中

$$(\varphi_j,\varphi_k)=\int_0^1 x^{j+k}\mathrm{d}x=\frac{1}{k+j+1},\quad j,k=0,1,\cdots,n,\tag{5.4.6}$$

$$(f,\varphi_k)=\int_0^1 f(x)x^k\mathrm{d}x=d_k,\quad k=0,1,\cdots,n.\tag{5.4.7}$$

法方程组(5.4.4)的系数矩阵(记为$\boldsymbol{H}_n$)为

$$\boldsymbol{H}_n=\begin{bmatrix}1 & \frac{1}{2} & \cdots & \frac{1}{n+1}\\ \frac{1}{2} & \frac{1}{3} & \cdots & \frac{1}{n+2}\\ \vdots & \vdots & & \vdots\\ \frac{1}{n+1} & \frac{1}{n+2} & \cdots & \frac{1}{2n+1}\end{bmatrix}.\tag{5.4.8}$$

$\boldsymbol{H}_n$称为**希尔伯特矩阵**(**Hilbert matrix**).记$\boldsymbol{d}=(d_0,d_1,\cdots,d_n)^{\mathrm{T}}$,$\boldsymbol{\alpha}=(\alpha_0,\alpha_1,\cdots,\alpha_n)^{\mathrm{T}}$,则

$$\boldsymbol{H}_n\boldsymbol{\alpha}=\boldsymbol{d}\tag{5.4.9}$$

的解$\alpha_k=\alpha_k^*(k=0,1,\cdots,n)$即为所求.

若取$\Phi=\mathrm{span}\{\varphi_0(x),\varphi_1(x),\cdots,\varphi_n(x)\}$为区间$[a,b]$上关于权函数$\rho(x)$的正交函数系,$f(x)\in C[a,b]$,则法方程组(5.4.4)简化为

$$\begin{bmatrix}(\varphi_0,\varphi_0) & & & \\ & (\varphi_1,\varphi_1) & & \\ & & \ddots & \\ & & & (\varphi_n,\varphi_n)\end{bmatrix}\begin{bmatrix}\alpha_0\\ \alpha_1\\ \vdots\\ \alpha_n\end{bmatrix}=\begin{bmatrix}(f,\varphi_0)\\ (f,\varphi_1)\\ \vdots\\ (f,\varphi_n)\end{bmatrix}.\tag{5.4.10}$$

从而解得

$$\alpha_k^*=\frac{(f,\varphi_k)}{(\varphi_k,\varphi_k)},\quad k=0,1,\cdots,n.\tag{5.4.11}$$

因此最佳平方逼近多项式为

$$\varphi^*(x) = \sum_{k=0}^{n} \frac{(f,\varphi_k)}{(\varphi_k,\varphi_k)}\varphi_k(x). \tag{5.4.12}$$

例 5.4.1　设 $f(x)=\sqrt{x}$，求区间[0,1]上的二次最佳平方逼近多项式，其中权函数 $\rho(x)\equiv 1$.

解　由式(5.4.7)，有

$$d_0 = \int_0^1 \sqrt{x}\,\mathrm{d}x = \frac{2}{3},\quad d_1 = \int_0^1 \sqrt{x}x\,\mathrm{d}x = \frac{2}{5},\quad d_2 = \int_0^1 \sqrt{x}x^2\,\mathrm{d}x = \frac{2}{7}.$$

再由式(5.4.4)得法方程组

$$\begin{bmatrix} 1 & \frac{1}{2} & \frac{1}{3} \\ \frac{1}{2} & \frac{1}{3} & \frac{1}{4} \\ \frac{1}{3} & \frac{1}{4} & \frac{1}{5} \end{bmatrix}\begin{bmatrix} \alpha_0 \\ \alpha_1 \\ \alpha_2 \end{bmatrix} = \begin{bmatrix} \frac{2}{3} \\ \frac{2}{5} \\ \frac{2}{7} \end{bmatrix}.$$

解得 $\alpha_0 = \frac{6}{35}, \alpha_1 = \frac{48}{35}, \alpha_2 = -\frac{4}{7}$.

于是得 $f(x)=\sqrt{x}$在区间[0,1]上的二次最佳平方逼近多项式

$$\varphi^*(x) = \frac{6}{35} + \frac{48}{35}x - \frac{4}{7}x^2.$$

例 5.4.2　以 Legendre 多项式系$\{\mathrm{P}_k(x)\}$作为最佳平方逼近的函数系，求函数 $f(x)=\mathrm{e}^x$ 在区间[−1,1]上的三次最佳平方逼近多项式.

解　由式(5.4.7)得

$$d_0 = (f,\mathrm{P}_0) = \int_{-1}^1 \mathrm{e}^x \times 1\mathrm{d}x \approx 2.3504,$$

$$d_1 = (f,\mathrm{P}_1) = \int_{-1}^1 \mathrm{e}^x x\,\mathrm{d}x \approx 0.7358,$$

$$d_2 = (f,\mathrm{P}_2) = \int_{-1}^1 \mathrm{e}^x \left(\frac{3}{2}x^2 - \frac{1}{2}\right)\mathrm{d}x \approx 0.1431,$$

$$d_3 = (f,\mathrm{P}_3) = \int_{-1}^1 \mathrm{e}^x \left(\frac{5}{2}x^3 - \frac{3}{2}x\right)\mathrm{d}x \approx 0.02013.$$

由式(5.4.6)得

$$\alpha_0^* = \frac{(f,\mathrm{P}_0)}{(\mathrm{P}_0,\mathrm{P}_0)} = \frac{1}{2}(f,\mathrm{P}_0) = 1.1752,$$

$$\alpha_1^* = \frac{(f,\mathrm{P}_1)}{(\mathrm{P}_1,\mathrm{P}_1)} = \frac{3}{2}(f,\mathrm{P}_1) = 1.1036,$$

$$\alpha_2^* = \frac{(f,\mathrm{P}_2)}{(\mathrm{P}_2,\mathrm{P}_2)} = \frac{5}{2}(f,\mathrm{P}_2) = 0.3578,$$

$$\alpha_3^* = \frac{(f,\mathrm{P}_3)}{(\mathrm{P}_3,\mathrm{P}_3)} = \frac{7}{2}(f,\mathrm{P}_3) = 0.07046.$$

于是得函数 $f(x)=\mathrm{e}^x$ 在区间$[-1,1]$上的三次最佳平方逼近多项式

$$\begin{aligned}\varphi^*(x) &= 1.1752 + 1.1036x + 0.3578\left(\frac{3}{2}x^2 - \frac{1}{2}\right)\\ &\quad + 0.07046\left(\frac{5}{2}x^3 - \frac{3}{2}x\right)\\ &= 0.9963 + 0.9979x + 0.5367x^2 + 0.1761x^3.\end{aligned}$$

5.5 最佳一致逼近

5.5.1 基本理论

定义 5.5.1 设 $f(x)\in C[a,b]$，$\boldsymbol{P}_n$ 表示次数不超过 n 的代数多项式的集合.若有 $p_n^*(x)\in \boldsymbol{P}_n$，使得

$$\max_{a\leqslant x\leqslant b}|f(x) - p_n^*(x)| = \inf_{p_n(x)\in P_n}\max_{a\leqslant x\leqslant b}|f(x) - p_n(x)|, \tag{5.5.1}$$

则称 $p_n^*(x)$ 为函数 $f(x)$ 在区间$[a,b]$上的 n 次**最佳一致逼近多项式**(**best uniform approximation polynomial**)，这样的问题就称为**最佳一致逼近问题**.

定理 5.5.1 若 $f(x)\in C[a,b]$，则其在区间$[a,b]$上的 n 次最佳一致逼近多项式是存在且唯一的.

定理 5.5.2(Chebyshev 定理) 设 $f(x)\in C[a,b]$，则 n 次多项式 $p_n^*(x)$ 为 $f(x)$ 的 n 次最佳一致逼近多项式的充要条件是在区间$[a,b]$上至少有 $n+2$ 个点

$$a\leqslant x_1 < x_2 < \cdots < x_{n+1} < x_{n+2}\leqslant b$$

使得 $f(x)-p_n^*(x)$在这些点上以正负相间的符号依次取得

$$E_n(f,x) = \max_{a\leqslant x\leqslant b}|f(x) - p_n^*(x)|, \tag{5.5.2}$$

即有

$$f(x_k) - p_n^*(x_k) = (-1)^k\delta E_n(f,x),\quad k = 1,2,\cdots,n+2, \tag{5.5.3}$$

其中 δ 为 -1 或 1，点 $\{x_1,x_2,\cdots,x_{n+2}\}$ 称为 **Chebyshev 交错点组**(**Chebyshev alternating set of points**)，其中 $x_k(k=1,2,\cdots,n+2)$称为**交错点**(**alternating points**).

例 5.5.1 求函数

$$f(x) = 3x^2 + 2x$$

在区间[-1,1]上的次数不超过一次的最佳一致逼近多项式.

解　在区间[-1,1]上,当 $x_k=\cos\frac{k\pi}{2}(k=0,1,2)$时,二次 Chebyshev 多项式

$$T_2(x)=2x^2-1$$

在区间[-1,1]上当 $x_k=\cos\frac{k\pi}{2}(k=0,1,2)$时轮流取得最大值1和最小值-1,因为

$$\frac{3}{2}T_2(x)=3x^2+2x-\left(2x+\frac{3}{2}\right)=f(x)-\left(2x+\frac{3}{2}\right),$$

所以 $x_k=\cos\frac{k\pi}{2}(k=0,1,2)$就是 $f(x)-\left(2x+\frac{3}{2}\right)$的交错点组.由 Chebyshev 定理知

$$p_1(x)=2x+\frac{3}{2}$$

为函数 $f(x)=3x^2+2x$ 在区间[-1,1]上的一次最佳一致逼近多项式.

Chebyshev 定理从理论上不仅给出了最佳一致逼近多项式的特性,而且给出了寻求最佳一致逼近多项式的方法.但一般情况下,由于寻找交错点组十分困难,所以寻找最佳一致逼近多项式也就变得非常困难.下面介绍几种求近似最佳一致逼近多项式的方法.

5.5.2　最佳一致逼近多项式的求法

5.5.2.1　Remez 算法

设 $f(x)\in C[a,b]$,其最佳一致逼近多项式为

$$p_n^*(x)=\sum_{k=0}^{n}\alpha_k^*x^k.$$

由 Chebyshev 定理知,$p_n^*(x)$在 $n+2$ 个交错点组 $x_1,x_2,\cdots,x_{n+1},x_{n+2}$上满足关系式

$$\begin{cases}f(x_1)-(\alpha_0^*+\alpha_1^*x_1+\cdots+\alpha_n^*x_1^n)=-\delta E_n(f,x),\\ f(x_2)-(\alpha_0^*+\alpha_1^*x_2+\cdots+\alpha_n^*x_2^n)=\delta E_n(f,x),\\ \vdots\\ f(x_{n+2})-(\alpha_0^*+\alpha_1^*x_{n+2}+\cdots+\alpha_n^*x_{n+2}^n)=(-1)^{n+2}\delta E_n(f,x).\end{cases}\tag{5.5.4}$$

它是关于 $n+2$ 个未知数 $\alpha_0^*,\alpha_1^*,\cdots,\alpha_n^*,E_n(f,x)$的 $n+2$ 阶线性方程组,可以证明由它可唯一解得 $\alpha_0^*,\alpha_1^*,\cdots,\alpha_n^*,E_n(f,x)$,从而求得最佳一致逼近多项式 $p_n^*(x)$.

由于寻找交错点组十分困难，下面介绍一种求交错点组的迭代方法——Remez[①]算法(Remez algorithm)，其步骤为：

第1步 在区间$[a,b]$上选取一个由$n+2$个点组成的初始点集

$$a = x_1 < x_2 < \cdots < x_{n+1} < x_{n+2} = b;$$

第2步 将$x_1,x_2,\cdots,x_{n+1},x_{n+2}$代入式(5.5.4)，解得一组$\alpha_0^*,\alpha_1^*,\cdots,\alpha_n^*$及$E_n(f,x)$，从而确定一个初始逼近的$n$次多项式$p_n(x)$；

第3步 若x^*使得函数$f(x)-p_n(x)$在区间$[a,b]$上取得最大值，用x^*替换$\{x_i\}$中的一点，得到一个新点集，它使函数$f(x)-p_n(x)$在这个新点集上正负相间地取值；

第4步 将第3步获得的新点集代替旧点集$\{x_i\}$并代入式(5.5.4)，解出$\alpha_0^*,\alpha_1^*,\cdots,\alpha_n^*$及$E_n(f,x)$的一组新近似值.若在误差允许的范围内所求得的$\alpha_k^*$与上一次求得的$\alpha_k^*$已接近相等，则停止计算，最佳一致逼近多项式由最新获得的α_k^*所构成的$p_n^*(x)$近似给出，否则转入第3步，计算继续进行下去.

5.5.2.2 截断 Chebyshev 级数

设函数$f(x)\in C[-1,1]$，当正交函数系取为 Chebyshev 多项式系时，广义 Fourier 级数

$$\sum_{k=0}^{\infty}\alpha_k \mathrm{T}_k(x)$$

称为函数$f(x)$的 Chebyshev 级数.由正交性容易算得

$$\alpha_0 = \frac{(\mathrm{T}_0,f)}{(\mathrm{T}_0,T_0)} = \frac{1}{\pi}(\mathrm{T}_0,f) = \frac{1}{\pi}\int_{-1}^{1}\frac{f(x)}{\sqrt{1-x^2}}\mathrm{d}x$$

$$= \frac{1}{\pi}\int_0^{\pi} f(\cos\theta)\mathrm{d}\theta, \tag{5.5.5}$$

$$\alpha_k = \frac{(\mathrm{T}_k,f)}{(\mathrm{T}_k,T_k)} = \frac{2}{\pi}(\mathrm{T}_k,f) = \frac{2}{\pi}\int_{-1}^{1}\frac{\mathrm{T}_k(x)f(x)}{\sqrt{1-x^2}}\mathrm{d}x$$

$$= \frac{2}{\pi}\int_0^{\pi} f(\cos\theta)\cos k\theta\mathrm{d}\theta, \quad k = 1,2,\cdots. \tag{5.5.6}$$

显然$f(x)$的 Chebyshev 级数就是$f(\cos\theta)$的 Fourier 级数.于是，根据Fourier级数收敛定理知，只要$f'(x)$在区间$[-1,1]$上分段连续，则 Chebyshev 级数在区间$[-1,1]$上一致收敛于$f(x)$，从而有

① 列梅兹(Evgeny Yakovlevich Remez,1896～1975)是苏联数学家，他以提出求交错点组的迭代方法——列梅兹算法而著名.

$$f(x) = \sum_{k=0}^{\infty} \alpha_k \mathrm{T}_k(x).$$

令

$$S_n(x) = \sum_{k=0}^{n} \alpha_k \mathrm{T}_k(x),$$

则

$$f(x) - S_n(x) = \sum_{k=n+1}^{\infty} \alpha_k \mathrm{T}_k(x).$$

当 Chebyshev 级数收敛较快时,有

$$f(x) - S_n(x) \approx \alpha_{n+1} \mathrm{T}_{n+1}(x).$$

因为 $\mathrm{T}_{n+1}(x)$ 有 $n+2$ 个偏差点,在这些点上依次取得 1 和 -1,所以近似地,$f(x) - S_n(x)$ 也有 $n+2$ 个偏差点,且依次取得 $\pm \max\limits_{-1 \leqslant x \leqslant 1} |f(x) - S_n(x)|$. 这样,根据 Chebyshev 定理,$S_n(x)$ 就是 $f(x)$ 的 n 次近似最佳一致逼近多项式.

例 5.5.2　利用截断 Chebyshev 级数求函数 $y = \arctan x$ 在区间[0,1]上的近似二次最佳一致逼近多项式.

解　令 $x = \dfrac{t+1}{2}$,则

$$y = \arctan \frac{t+1}{2}, \quad -1 \leqslant t \leqslant 1.$$

由 Chebyshev 级数的系数公式(5.5.5)和(5.5.6),有

$$\alpha_0 = \frac{1}{\pi} \int_0^{\pi} \arctan \left(\frac{\cos \theta + 1}{2} \right) \mathrm{d}\theta \approx 0.427079,$$

$$\alpha_1 = \frac{1}{\pi} \int_0^{\pi} \arctan \left(\frac{\cos \theta + 1}{2} \right) \cos \theta \mathrm{d}\theta \approx 0.394736,$$

$$\alpha_2 = \frac{1}{\pi} \int_0^{\pi} \arctan \left(\frac{\cos \theta + 1}{2} \right) \cos 2\theta \mathrm{d}\theta \approx -0.0354553.$$

因此

$$\begin{aligned} \arctan x &\approx \alpha_0 \mathrm{T}_0(t) + \alpha_1 \mathrm{T}_1(t) + \alpha_2 \mathrm{T}_2(t) = \alpha_0 + \alpha_1 t + \alpha_2 (2t^2 - 1) \\ &= \alpha_0 + \alpha_1 (2x - 1) + \alpha_2 [2(2x-1)^2 - 1] \\ &= -0.0031132 + 1.07312x - 0.283643x^2. \end{aligned}$$

5.5.2.3　缩短幂级数

求函数的 Chebyshev 级数,需要计算积分,比较麻烦. 在很多情况下,高次 Taylor 多项式

$$p_n(x) = f(0) + f'(0)x + \frac{1}{2!} f''(0)x^2 + \cdots + \frac{1}{n!} f^{(n)}(0)x^n$$

也能很好地一致逼近 $f(x)$，那么当 n 很大时，偏差 $\max\limits_{-1\leqslant x\leqslant 1}|f(x)-p_n(x)|$ 也非常小. 但是 $p_n(x)$ 的次数太高，会大大增加工作量. 下面给出在控制误差的前提下降低 $p_n(x)$ 次数的方法.

设 $\tilde{p}_n(x)$ 是与 $p_n(x)$ 的最高次项相同的多项式，则 $p_{n-1}(x)=p_n(x)-\tilde{p}_n(x)$ 的次数不超过 $n-1$ 次，此时

$$\begin{aligned}\max_{-1\leqslant x\leqslant 1}|f(x)-p_{n-1}(x)| &= \max_{-1\leqslant x\leqslant 1}|f(x)-p_n(x)+\tilde{p}_n(x)|\\ &\leqslant \max_{-1\leqslant x\leqslant 1}|f(x)-p_n(x)|+\max_{-1\leqslant x\leqslant 1}|\tilde{p}_n(x)|.\end{aligned}$$

偏差增加了 $\max\limits_{-1\leqslant x\leqslant 1}|\tilde{p}_n(x)|$. 由此可知，若要降低多项式 $p_n(x)$ 的次数，且又使增加的偏差尽可能小，根据 Chebyshev 多项式的极性，则应取

$$\tilde{p}_n(x)=\alpha_n 2^{1-n}\mathrm{T}_n(x),$$

其中 α_n 是 $p_n(x)$ 的最高次项的系数. 去掉 $\tilde{p}_n(x)$ 后得到的多项式称为 $p_n(x)$ 的缩短多项式，它可能增加误差 $|\alpha_n 2^{1-n}|$. 由缩短多项式可以得到进一步的缩短多项式. 如此继续下去，就能得到所需的近似最佳一致逼近多项式.

例 5.5.3 在区间 $[-1,1]$ 上：

(1) 求 $f(x)=\sin x$ 的 5 次 Taylor 多项式，并估计误差；

(2) 从 $f(x)=\sin x$ 的 7 次 Taylor 多项式出发，利用缩短幂级数方法，求 $f(x)=\cos x$ 的 5 次近似多项式，并估计误差.

解 (1) 由 Taylor 公式得：$f(x)=\sin x$ 的 5 次 Taylor 多项式和误差估计分别为

$$p_5(x)=x-\frac{x^3}{3!}+\frac{x^5}{5!},$$

$$\begin{aligned}0.00019<\frac{1}{7!}-\frac{1}{9!}<|f(1)-p_5(1)|&<\max_{-1\leqslant x\leqslant 1}|f(x)-p_5(x)|\\ &<\frac{1}{7!}<0.0002.\end{aligned}$$

(2) $f(x)=\sin x$ 的 7 次 Taylor 多项式为

$$p_7(x)=x-\frac{x^3}{3!}+\frac{x^5}{5!}-\frac{x^7}{7!},$$

则

$$\tilde{p}_5(x)=p_7(x)+\frac{1}{7!2^6}T_7(x)$$

为所求多项式，这时的误差估计为

$$\max_{-1\leqslant x\leqslant 1}|f(x)-\tilde{p}_5(x)|\leqslant\frac{1}{9!}+\frac{1}{7!2^6}<0.0000059.$$

由本例可知，用 $\tilde{p}_5(x)$ 逼近 $f(x)$ 的精度比用 $p_5(x)$ 逼近 $f(x)$ 的精度提高了

33 倍之多，可见缩短幂级数方法有很好的应用价值.

5.6　算法程序

5.6.1　最小二乘法

```
%X,Y 是已知数据向量,N 是所求拟合多项式的次数
function LeastSquare(X,Y,N)
Y=Y';
for i=1:length(X)
    for j=1:N+1
        A(i,j)=X(i)^(j-1);
    end
end
[L,U]=lu(A'*A);
disp(sprintf('所求拟合多项式的系数是'))
Alpha=U\(L\(A'*Y)),            %求解,并输出所求拟合多项式的系数
end
```

例 5.6.1　已知数据如表 5.6.1 所示，用最小二乘法求得 $f(x)$ 的 2 次拟合多项式 $p_2(x)$.

表 5.6.1

x_i	0.2	0.5	0.7	0.85	1
y_i	1.221	1.649	2.014	2.430	2.718

解　在 MATLAB 命令窗口中输入

```
X=[0.2,0.5,0.7,0.85,1];  Y=[1.221,1.649,2.014,2.430,2.718];
LeastSquare(X,Y,2)
```

回车，输出结果：

```
所求拟合多项式的系数是
Alpha=
    1.0058
    0.8749
    0.8630
```

5.6.2 最佳平方逼近

```
%最佳平方逼近(权函数 rou(x) = 1)
%f 是被逼近函数,N 是次数,[a,b]是区间
function LSAppr(fun,N,a,b)
for i = 1:N + 1
    f1 = eval(['@(x)(',fun,'.*x.^(i-1))']);%f1 = fun * x^(i=1)
    d(i) = quad(f1,a,b);%求积分
end
H = hilb(N + 1);
[L,U] = lu(H);
disp(sprintf('所求最佳平方逼近多项式的系数是'))
Alpha = U\(L\d'),       %求解,并输出所求最佳平方逼近多项式的系数
end
```

例 5.6.2 设 $f(x)=\sqrt{x}$,求在区间[0,1]上的二次最佳平方逼近多项式,其中权函数 $\rho(x)\equiv 1$.

解 MATLAB 命令窗口中输入

```
LSAppr('sqrt(x)',2,0,1)
```

回车,输出结果:

```
所求最佳平方逼近多项式的系数是
Alpha =
    0.1713
    1.3722
   -0.5721
```

本 章 小 结

离散数据的拟合是工程技术与科学实验中经常遇到的问题,它实质上是连续函数子空间上的极值问题.本章介绍了数据拟合中最常用的最小二乘法.最小二乘法将求最小二乘多项式问题归结为求解待定参数的法方程组;但当最小二乘多项式的次数较高时,法方程组往往是病态的,解决的方法是采用正交多项式.因此本章简要地介绍了常见的几个正交多项式及其有关的性质:Legendre 多项式、Chebyshev 多项式、Lagurre 多项式和 Hermite 多项式.另外,本章还讨论了最佳平方

逼近和最佳一致逼近的有关内容.最佳一致逼近与最佳平方逼近的不同点,就构造最佳逼近多项式而言,其度量方式不一样.最佳平方逼近是"整体"逼近,而最佳一致逼近则要求区间上所有点都要近似,所以求最佳一致逼近多项式比较困难.虽然它们是两种标准意义下的逼近,但又都是求函数的逼近式比较常用的方法.

习　题

1. 已知数据表如下,试求拟合这些数据的1次最小二乘多项式.

i	0	1	2	3	4	5	6	7
x_i	1.36	1.49	1.73	1.81	1.95	2.16	2.28	2.48
y_i	14.094	15.069	16.844	17.378	18.435	19.949	20.963	22.495

2. 已知一组实验数据如下,求拟合这些数据的2次最小二乘多项式.

i	0	1	2	3	4
x_i	2	3	6	9	10
y_i	−0.5	1.2	3.1	4.5	7.3
ρ_i	0.125	0.125	0.25	0.125	0.375

3. 已知一组实验数据如下,求其形如 $y=a\mathrm{e}^{bx}$ 的最小二乘拟合曲线.

i	0	1	2	3	4
x_i	0.000	1.445	2.890	4.335	5.780
y_i	1.8419	2.9633	18.2360	98.7410	529.2187

4. 证明 Hermite 多项式系 $\{\mathrm{H}_n(x)\}$ 具有如下的递推关系:

$$\mathrm{H}_{n+1}(x) = 2x\mathrm{H}_n(x) - 2n\mathrm{H}_{n-1}(x), \quad n = 1,2,\cdots.$$

5. 设 $\mathrm{T}_{n+1}(x)=\cos((n+1)\arccos x)$ 为 $n+1$ 次 Chebyshev 多项式,证明:

(1) 第二类 Chebyshev 多项式 $\mathrm{U}_n(x)=\dfrac{1}{n+1}\mathrm{T}'_{n+1}(x)(n=0,1,\cdots)$ 关于权函数 $\rho(x)=\sqrt{1-x^2}$ 在区间$[-1,1]$上正交;

(2) 写出 $\mathrm{U}_0(x),\mathrm{U}_1(x),\mathrm{U}_2(x)$,并给出 $\mathrm{U}_{n-1}(x),\mathrm{U}_n(x),\mathrm{U}_{n+1}(x)$之间的递推关系式.

6. 求 $f(x)=\mathrm{e}^x$ 在区间$[0,1]$上的2次最佳平方逼近多项式.

7. 利用 Legendre 多项式构造函数 $f(x)=x^4$ 在区间$[0,1]$上的2次最佳平方逼近多项式.

8. (1) 求 a, b,使$\int_0^{\pi/2}(ax+b-\sin x)^2 dx$ 达到最小;

(2) 求 a, b,使$\int_0^1(ax-b-e^x)^2 dx$ 达到最小.

9. 设 $f(x)=5x^3+2x^2-x+1$,求一个次数不超过 2 的多项式 $p_2^*(x)$,使它成为 $f(x)$ 在区间$[-1,1]$上的最佳一致逼近多项式.

10. 求函数 $f(x)=\sqrt{x^2+2}$ 在区间$[0,1]$上的 1 次最佳一致逼近多项式,并求偏差.

11. 求常数 a,使 $\max\limits_{0\leqslant x\leqslant 1}|x^3-ax|$ 达到最小.问这样的 a 是否唯一?

12. 利用截断 Chebyshev 级数求

$$f(x)=\cos x$$

在区间$[-0.5,1]$上的近似 3 次最佳一致逼近多项式.

13. 在区间$[-1,1]$上,利用缩短幂级数法,用

$$f(x)=e^x$$

的 5 次 Taylor 多项式求 $f(x)=e^x$ 的 3 次近似多项式,并估计误差.

14. 设线性方程组 $\boldsymbol{Ax}=\boldsymbol{b}$,其中系数矩阵 $\boldsymbol{A}$ 是 $m\times n$ 矩阵.由式(5.2.7)知,当 $m>n$ 时,称方程组 $\boldsymbol{Ax}=\boldsymbol{b}$ 为超定方程组或矛盾方程组.一般地,超定方程组无解.称使 $\|\boldsymbol{b}-\boldsymbol{Ax}\|_2^2$ 最小的解 $\boldsymbol{x}^*$ 为超定方程组 $\boldsymbol{Ax}=\boldsymbol{b}$ 的最小二乘解.法方程组 $\boldsymbol{A}^{\mathrm{T}}\boldsymbol{Ax}=\boldsymbol{A}^{\mathrm{T}}\boldsymbol{b}$ 的解 $\boldsymbol{x}^*$ 就是超定方程组 $\boldsymbol{Ax}=\boldsymbol{b}$ 的最小二乘解.

求下列超定方程组的最小二乘解.

(1) $\begin{cases}2x_1+4x_2=11,\\3x_1-5x_2=3,\\x_1+2x_2=6,\\2x_1+x_2=7.\end{cases}$

(2) $\begin{bmatrix}1&0&0\\1&1&1\\1&2&4\\1&3&9\end{bmatrix}\begin{bmatrix}x_1\\x_2\\x_3\end{bmatrix}=\begin{bmatrix}3\\2\\4\\4\end{bmatrix}.$

第6章　数值微积分

6.1 引　言

在科学研究和生产实际中，经常遇到求导数(或微分)和求积分的问题.由高等数学知道：若函数 $f(x)$在区间$[a, b]$上连续且原函数为 $F(x)$，则由 Newton-Leibniz公式

$$\int_a^b f(x)\mathrm{d}x = F(b) - F(a)$$

可求得 $f(x)$在区间$[a,b]$上的积分.这个公式不论在理论上还是在解决实际问题中都起到了很大的作用.但是，在实际问题中遇到的求导数、求积分的计算中，经常会有这样的情况：

(1) 函数 $f(x)$的原函数无法用初等函数给出，例如积分

$$\int_0^1 \mathrm{e}^{\sin x}\sin x\mathrm{d}x,$$

$$\int_1^2 \frac{\sin x}{x}\mathrm{d}x$$

等，从而无法用 Newton-Leibniz 公式计算积分.

(2) 只给出了函数 $f(x)$的若干数据，函数表达式未知，因而无法直接用导数公式或积分公式.

(3) 函数 $f(x)$的导数值或原函数虽然能够求出，但形式过于复杂，不便使用.

由此可见，利用求导公式和求导法则求导数或利用原函数求积分有它的局限性，因此研究它们的数值计算方法——数值微分(numerical differentiation)和数值积分(numerical integration)既具有理论意义又具有实际应用价值，这些方法也是微分方程和积分方程数值解法的基础.

6.2 数值微分

6.2.1 插值型的数值微分公式

已知数据$(x_i, y_i)(i=0,1,\cdots,n)$.记$[a,b]$是包含插值节点$x_0, x_1, \cdots, x_n$的区间,$y_i = f(x_i)(i=0,1,\cdots,n)$,则$f(x)$的$n$次插值多项式为

$$p_n(x) = \sum_{i=0}^{n} y_i l_i(x),$$

其中$l_i(x) = \dfrac{\omega_n(x)}{(x-x_i)\omega_n'(x_i)}$,$\omega_n(x) = (x-x_0)\cdots(x-x_n)$,误差为

$$R(x) = f(x) - p_n(x) = \frac{f^{(n+1)}(\xi)}{(n+1)!}\omega_n(x), \quad \xi \in (a,b),$$

故

$$f'(x) - p_n'(x) = \frac{f^{(n+1)}(\xi)}{(n+1)!}\omega_n'(x) + \frac{\omega_n(x)}{(n+1)!}\left[\frac{\mathrm{d}}{\mathrm{d}x} f^{(n+1)}(\xi)\right]. \tag{6.2.1}$$

因为ξ是x的未知函数,所以无法对上式右端的第二项作出判断,因而对于任意给定的点x,误差$f'(x) - p_n'(x)$是无法预估的.但是,如果只是求某个节点$x_i(i=0,1,\cdots,n)$上的导数值,这时有

$$f'(x_i) - p_n'(x_i) = \frac{f^{(n+1)}(\xi)}{(n+1)!}\omega_n'(x_i). \tag{6.2.2}$$

以$n=2$为例,为简便起见,设$x_0, x_1 = x_0 + h, x_2 = x_0 + 2h$,已知

$$f(x_0) = y_0, \quad f(x_1) = y_1, \quad f(x_2) = y_2.$$

设满足插值条件$p_2(x_0) = y_0, p_2(x_1) = y_1, p_2(x_2) = y_2$的2次插值多项式为$p_2(x)$,即

$$\begin{aligned} p_2(x) &= \frac{(x-x_1)(x-x_2)}{(x_0-x_1)(x_0-x_2)}f(x_0) + \frac{(x-x_0)(x-x_2)}{(x_1-x_0)(x_1-x_2)}f(x_1) \\ &\quad + \frac{(x-x_0)(x-x_1)}{(x_2-x_0)(x_2-x_1)}f(x_2) \\ &= \frac{(x-x_1)(x-x_2)}{2h^2}y_0 + \frac{(x-x_0)(x-x_2)}{-h^2}y_1 + \frac{(x-x_0)(x-x_1)}{2h^2}y_2, \end{aligned}$$

则

$$p_2'(x) = \frac{2x - x_1 - x_2}{2h^2}y_0 + \frac{2x - x_0 - x_2}{-h^2}y_1 + \frac{2x - x_0 - x_1}{2h^2}y_2. \tag{6.2.3}$$

于是得三点数值微分公式

$$\begin{cases} f'(x_0) = \dfrac{1}{2h}(-3y_0 + 4y_1 - y_2) + \dfrac{h^2}{3}f'''(\xi), \\ f'(x_1) = \dfrac{1}{2h}(-y_0 + y_2) - \dfrac{h^2}{6}f'''(\xi), \\ f'(x_2) = \dfrac{1}{2h}(y_0 - 4y_1 + 3y_2) + \dfrac{h^2}{3}f'''(\xi). \end{cases} \tag{6.2.4}$$

类似上述推导,在等距节点的情形,即当 $x_i = x_0 + ih(i=0,1,\cdots,n)$ 时,可得如下常用的数值微分公式.

1. **两点公式**(two-point formulas)

$$\begin{cases} f'(x_0) = \dfrac{1}{h}(y_1 - y_0) - \dfrac{h}{2}f''(\xi), \\ f'(x_1) = \dfrac{1}{h}(y_1 - y_0) + \dfrac{h}{2}f''(\xi). \end{cases} \tag{6.2.5}$$

2. **三点公式**(three-point formulas)

一阶求导公式:

$$\begin{cases} f'(x_0) = \dfrac{1}{2h}(-3y_0 + 4y_1 - y_2) + \dfrac{h^2}{3}f'''(\xi), \\ f'(x_1) = \dfrac{1}{2h}(-y_0 + y_2) - \dfrac{h^2}{6}f'''(\xi), \\ f'(x_2) = \dfrac{1}{2h}(y_0 - 4y_1 + 3y_2) + \dfrac{h^2}{3}f'''(\xi). \end{cases} \tag{6.2.6}$$

二阶求导公式:

$$\begin{cases} f''(x_0) = \dfrac{1}{h^2}(y_0 - 2y_1 + y_2) - hf'''(\xi_1) + \dfrac{h^2}{6}f^{(4)}(\xi_2), \\ f''(x_1) = \dfrac{1}{h^2}(y_0 - 2y_1 + y_2) - \dfrac{h^2}{12}f^{(4)}(\xi), \\ f''(x_2) = \dfrac{1}{h^2}(y_0 - 2y_1 + y_2) + hf'''(\xi_1) - \dfrac{h^2}{6}f^{(4)}(\xi_2). \end{cases} \tag{6.2.7}$$

3. **五点公式**(five-point formulas)

一阶求导公式:

$$\begin{cases} f'(x_0) = \dfrac{1}{12h}(-25y_0 + 48y_1 - 36y_2 + 16y_3 - 3y_4) + \dfrac{h^4}{5}f^{(5)}(\xi), \\ f'(x_1) = \dfrac{1}{12h}(-3y_0 - 10y_1 + 18y_2 - 6y_3 + y_4) - \dfrac{h^4}{20}f^{(5)}(\xi), \\ f'(x_2) = \dfrac{1}{12h}(y_0 - 8y_1 + 8y_3 - y_4) + \dfrac{h^4}{30}f^{(5)}(\xi), \\ f'(x_3) = \dfrac{1}{12h}(-y_0 + 6y_1 - 18y_2 + 10y_3 + 3y_4) - \dfrac{h^4}{20}f^{(5)}(\xi), \\ f'(x_4) = \dfrac{1}{12h}(3y_0 - 16y_1 + 36y_2 - 48y_3 + 25y_4) + \dfrac{h^4}{5}f^{(5)}(\xi). \end{cases}$$

(6.2.8)

二阶求导公式：

$$\begin{cases} f''(x_0) = \dfrac{1}{12h^2}(35y_0 - 104y_1 + 114y_2 - 56y_3 + 11y_4) - \dfrac{5}{6}h^3 f^{(5)}(\xi), \\ f''(x_1) = \dfrac{1}{12h^2}(11y_0 - 20y_1 + 6y_2 + 4y_3 - y_4) - \dfrac{1}{12}h^3 f^{(5)}(\xi), \\ f''(x_2) = \dfrac{1}{12h^2}(-y_0 + 16y_1 - 30y_2 + 16y_3 - y_4) + \dfrac{1}{90}h^4 f^{(5)}(\xi), \\ f''(x_3) = \dfrac{1}{12h^2}(-y_0 + 4y_1 + 6y_2 - 20y_3 + 11y_4) - \dfrac{h^4}{20}f^{(5)}(\xi), \\ f''(x_4) = \dfrac{1}{12h^2}(11y_0 - 56y_1 + 114y_2 - 104y_3 + 35y_4) + \dfrac{5}{6}h^3 f^{(5)}(\xi). \end{cases} \tag{6.2.9}$$

注 上述数值微分公式不仅是计算导数近似值的有效方法，而且在微分方程数值解及样条插值的数据扩充方面都很有用处.

例 6.2.1 已知函数 $f(x)=\dfrac{1}{(1+x)^2}$ 的数值如表 6.2.1（保留小数点后 6 位）：

表 6.2.1

x_i	0.1	0.3	0.4	0.5	0.6	0.7	0.9
$f(x_i)$	0.826446	0.591716	0.510204	0.444444	0.390265	0.346021	0.277008

分别取 $h=0.2, 0.1$，试用两点、三点和五点插值型数值求导公式计算 $f(x)$ 在 $x=0.5$ 处的一、二阶导数的近似值.

解 当 $h=0.2$ 时

$$f'(0.5) \approx \frac{f(0.5)-f(0.3)}{h} = \frac{0.444444-0.591716}{0.2} = -0.736360,$$

$$f'(0.5) \approx \frac{f(0.7)-f(0.3)}{2h} = \frac{0.346021-0.591716}{0.4} = -0.614238,$$

$$f'(0.5) \approx \frac{f(0.1)-8f(0.3)+8f(0.7)-f(0.9)}{12h}$$

$$= \frac{0.826446-8\times 0.591716+8\times 0.346021-0.277008}{12\times 0.2} = -0.590051,$$

$$f''(0.5) \approx \frac{f(0.3)-2f(0.5)+f(0.7)}{h^2}$$

$$= \frac{0.591716-2\times 0.444444+0.3460216}{0.04} = 1.221225,$$

$$f''(0.5) = \frac{-f(0.1)+16f(0.3)-30f(0.5)+16f(0.7)-f(0.9)}{12h^2}$$

$$= \frac{-0.826446 + 16 \times 0.591716 - 30 \times 0.444444 + 16 \times 0.346021 - 0.277008}{12 \times 0.04}$$

$$= 1.181288.$$

当 $h = 0.1$ 时

$$f'(0.5) \approx \frac{f(0.5) - f(0.4)}{h} = -0.657600,$$

$$f'(0.5) \approx \frac{f(0.6) - f(0.4)}{2h} = -0.599695,$$

$$f'(0.5) \approx \frac{f(0.3) - 8f(0.4) + 8f(0.6) - f(0.7)}{12h} = -0.594848,$$

$$f''(0.5) \approx \frac{f(0.4) - 2f(0.5) + f(0.6)}{h^2} = 1.158100,$$

$$f''(0.5) \approx \frac{-f(0.3) + 16f(0.4) - 30f(0.5) + 16f(0.6) - f(0.7)}{12h^2} \approx 1.137058.$$

为便于比较，把用两点、三点、五点插值型数值求导公式所求得的 $f'(0.5)$ 和 $f''(0.5)$ 的近似值及 $f'(0.5)$ 和 $f''(0.5)$ 的精确值列入表 6.2.2 中.

表 6.2.2

h	$f^{(i)}(x), i=1,2$	两点公式	三点公式	五点公式	精确值
0.2	$f'(0.5)$	−0.736360	−0.614238	−0.590051	−0.59259259
	$f''(0.5)$		1.221225	1.181288	1.18518519
0.1	$f'(0.5)$	−0.657600	−0.599695	−0.594848	−0.59259259
	$f''(0.5)$		1.158100	1.137058	1.18518519

注意　$f'(0.5)$ 和 $f''(0.5)$ 的准确值分别是 -0.59259259 和 1.18518519. 上面的计算表明：五点公式比三点公式与两点公式准确，步长 h 越小结果越准确. 一般情况下，这个结论也是对的. 但由误差表示式可见，如果高阶导数无界，或者舍入误差超过截断误差时，这个结论就不对了.

6.2.2　利用三次样条求数值微分

前述数值微分公式不便于计算节点之间点处的导数值，而且使用多点公式时由于截断误差包含高阶导数，当高阶导数数值较大时难以保证截断误差很小，此时最好用样条函数求数值微分. 由于三次样条是最常用的样条函数，本节只讨论利用三次样条求数值微分.

由 4.6 节知，对于剖分

$$\Delta: a = x_0 < x_1 < \cdots < x_N < x_{N+1} = b,$$

三次样条函数 $s(x)$ 在子区间 $[x_{j-1}, x_j]$ 上的表达式为

$$\begin{aligned} s(x) = {} & \frac{M_{j-1}}{6h_j}(x_j - x)^3 + \frac{M_j}{6h_j}(x - x_{j-1})^3 \\ & + \left(y_{j-1} - \frac{M_{j-1}h_j^2}{6}\right)\frac{x_j - x}{h_j} \\ & + \left(y_j - \frac{M_j h_j^2}{6}\right)\frac{x - x_{j-1}}{h_j}, \end{aligned} \tag{6.2.10}$$

其中 $h_j = x_j - x_{j-1}, M_j = S''(x_j), j = 1,2,\cdots,N+1, M_0 = S''(x_0)$.

对式(6.2.10)求导得

$$\begin{aligned} s'(x) = {} & \frac{M_{j-1}}{2h_j}(x_j - x)^2 + \frac{M_j}{2h_j}(x - x_{j-1})^2 \\ & - \frac{1}{h_j}\left(y_{j-1} - \frac{M_j + h_j^2}{6}\right) \\ & + \frac{1}{h_j}\left(y_j - \frac{M_j h_j^2}{6}\right). \end{aligned} \tag{6.2.11}$$

于是得

$$f'(x) \approx s'(x).$$

若只要求节点上的导数值,则由上式可直接得到

$$f'(x_j) = s'(x_j), j = 0,1,\cdots,N+1.$$

对式(6.2.11)求导得

$$s''(x) = \frac{M_{j-1}}{h_j}(x_j - x) + \frac{M_j}{h_j}(x - x_{j-1}). \tag{6.2.12}$$

于是得

$$f''(x) \approx s''(x),$$

且 $f''(x_j) = S''(x_j) = M_j, j = 0,1,\cdots,N+1$.

由定理 4.6.3 知:用样条函数建立的数值微分公式对求函数的一阶、二阶导数值可以保证任意精度.其缺点是需要解方程组,当 h 很小时,计算量较大.

6.2.3　变步长的中点方法

因为 $f'(a) = \lim\limits_{h\to 0}\dfrac{f(a+h) - f(a)}{h}$,所以若精度要求不高,我们可以简单地取差商作为导数的近似值:分别可用向前差商、向后差商或中心差商近似代替导数,即

$$f'(x_0)\approx\frac{f(x_0+h)-f(x_0)}{h},\tag{6.2.13}$$

$$f'(x_0)\approx\frac{f(x_0)-f(x_0-h)}{h},\tag{6.2.14}$$

$$f'(x_0)\approx\frac{f(x_0+h)-f(x_0-h)}{2h}.\tag{6.2.15}$$

称式(6.2.15)为求 $f'(x_0)$的**中点方法**(**midpoint method**).

分别将 $f(x_0-h)$,$f(x_0+h)$在 $x=x_0$ 处作 Taylor 展开,得

$$f(x_0-h)=f(x_0)-hf'(x_0)+\frac{h^2}{2!}f''(x_0)-\frac{h^3}{3!}f'''(x_0)+O(h^4),$$

$$f(x_0+h)=f(x_0)+hf'(x_0)+\frac{h^2}{2!}f''(x_0)+\frac{h^3}{3!}f'''(x_0)+O(h^4),$$

代入式(6.2.13)～(6.2.15),得

$$\begin{cases}\dfrac{f(x_0+h)-f(x_0)}{h}=f'(x_0)+O(h),\\ \dfrac{f(x_0)-f(x_0-h)}{h}=f'(x_0)+O(h),\\ G(h)=f'(x_0)+\dfrac{h^2}{3!}f'''(x_0)+O(h^2).\end{cases}\tag{6.2.16}$$

由式(6.2.16)知:上述3种方法的截断误差分别为 $O(h)$,$O(h)$和 $O(h^2)$. 就精度而言,中点方法是最好的.记

$$T(h)=\frac{f(x_0+h)-f(x_0-h)}{2h}\tag{6.2.17}$$

从截断误差的角度来看,步长 h 越小,计算结果越精确;但从舍入误差的角度来看,步长 h 很小时,由于 $f(a+h)$与 $f(a-h)$很接近,直接相减会造成有效数字的严重损失,因此步长 h 又不宜太小.在实际计算中,希望在保证截断误差满足精度要求的前提下,选取尽可能大的步长.然而事先给出一个合适的步长往往是困难的,通常在变步长的过程中,先取比较大的步长,尽量减少舍入误差;然后每次将步长减半,逐渐提高精度;这种方法称为**变步长的中点方法**(**varying step size midpoint method**).下面举例说明这种方法.

例 6.2.2　设函数 $f(x)=\dfrac{1}{(1+x)^2}$,取 $h_0=0.1$,用变步长的中点方法求 $f'(0.5)$的近似值.准确值 $f'(0.5)=-0.5925925925\cdots$.

解　取 $x_0=0.5$,采用计算公式

$$T(h_k)=\frac{f(x_0+h_k)-f(x_0-h_k)}{2h_k}$$

$$= \frac{1/(1+0.5+h_k)^2 - 1/(1+0.5-h_k)^2}{2h_k},$$

其中，$h_k = 0.8/2^k$，$k = 0,1,2,\cdots$，计算结果见表 6.2.3，其中 k 表示二分的次数.

表 6.2.3

k	$G(h_k)$	$f'(0.5) - T(h_k)$
0	−0.59789541	5.30282×10^{-3}
1	−0.59391166	1.31907×10^{-3}
2	−0.59292195	3.29355×10^{-4}
3	−0.59267491	8.23131×10^{-5}
⋮	⋮	⋮
9	−0.59259261	5.30282×10^{-8}
10	−0.59259259	5.30282×10^{-9}

6.2.4 Richardson 外推法

设函数 $f(x)$ 在 x_0 处存在各阶导数，根据 Taylor 公式可得

$$f(x_0+h) = f(x_0) + hf'(x_0) + \frac{h^2}{2}f''(x_0) + \frac{h^3}{3!}f'''(x_0) + \cdots,$$

$$f(x_0-h) = f(x_0) - hf'(x_0) + \frac{h^2}{2}f''(x_0) - \frac{h^3}{3!}f'''(x_0) + \cdots.$$

两式相减，除以 h，移项得

$$f'(x_0) = \frac{f(x_0+h) - f(x_0-h)}{2h} - \sum_{i=0}^{\infty}\frac{f^{(2i+1)}(x_0)}{(2i+1)!}h^{2i}. \tag{6.2.18}$$

在式(6.2.18)中，以 $h/2$ 代替 h，可得

$$f'(x_0) = \frac{f\left(x_0+\frac{h}{2}\right) - f\left(x_0-\frac{h}{2}\right)}{2\times\frac{h}{2}} - \sum_{i=0}^{\infty}\frac{f^{(2i+1)}(x_0)}{(2i+1)!}\left(\frac{h}{2}\right)^{2i}. \tag{6.2.19}$$

记

$$T_1(h) = \frac{f(x_0+h) - f(x_0-h)}{2h},$$

由式(6.2.18)与式(6.2.19)可得

$$f'(x_0) = \frac{T_1\left(\frac{h}{2}\right) - \frac{1}{4}T_1(h)}{1-\frac{1}{4}} - \frac{1}{1-\frac{1}{4}}\sum_{i=2}^{\infty}\left[\left(\frac{1}{2}\right)^{2i} - \frac{1}{4}\right]\frac{f^{(2i+1)}(x_0)}{(2i+1)!}h^{2i}. \tag{6.2.20}$$

记

$$T_2(h) = \frac{T_1\left(\frac{h}{2}\right) - \frac{1}{4}T_1(h)}{1-\frac{1}{4}},$$

由式(6.2.18)与式(6.2.20)可知,用 $T_1(h)$和 $T_2(h)$近似 $f'(x_0)$的截断误差分别为$O(h^2)$和 $O(h^4)$.

类似地,若取 $T_3(h)=\dfrac{T_2\left(\frac{h}{2}\right)-\frac{1}{16}T_2(h)}{1-\frac{1}{16}}$,则 $f'(x_0)-T_3(h)=O(h^6)$.

一般地,若取

$$\begin{cases} T_1(h) = \dfrac{f(x_0+h)-f(x_0-h)}{2h}, \\ T_{m+1}(h) = \dfrac{T_m\left(\frac{h}{2}\right) - \left(\frac{1}{2}\right)^{2m}T_m(h)}{1-\left(\frac{1}{2}\right)^{2m}}, \quad m=1,2,\cdots, \end{cases} \tag{6.2.21}$$

则有

$$f'(x_0) - T_{m+1}(h) = O(h^{2(m+1)}).$$

构造 $T_2(h)$, $T_3(h)$, …, $T_m(h)$, … 的过程称为 **Richardson**[①] **外推法**(**Richardson's extrapolation**).

例 6.2.3　已知函数 $f(x)=\dfrac{1}{(1+x)^2}$的数值如表 6.2.4 (保留小数点后 8 位):

表 6.2.4

x_i	0.1	0.3	0.4	0.6	0.7	0.9
$f(x_i)$	0.82644628	0.59171598	0.51020408	0.39026500	0.34602076	0.27700831

试用 Richardson 外推法计算 $f'(0.5)$.

解　设 $x_0=0.5$,取 $h=0.4$,则由式(6.2.21)得

① 李查逊(Lewis Fry Richardson,1881～1953)是英国数学家、物理学家、气象学家、心理学家.他是在天气预报中运用数学方法的先驱.

$$T_1(h)=\frac{f(x_0+h)-f(x_0-h)}{2h}=\frac{f(0.9)-f(0.1)}{2\times 0.4}=-0.68679746,$$

$$T_1\left(\frac{h}{2}\right)=\frac{f\left(x_0+\frac{h}{2}\right)-f\left(x_0-\frac{h}{2}\right)}{2\times\frac{h}{2}}=\frac{f(0.7)-f(0.3)}{2\times 0.2}=-0.61423805,$$

$$T_1\left(\frac{h}{4}\right)=\frac{f\left(x_0+\frac{h}{4}\right)-f\left(x_0-\frac{h}{4}\right)}{2\times\frac{h}{4}}=\frac{f(0.6)-f(0.4)}{2\times 0.1}=-0.59789540,$$

$$T_2(h)=\frac{T_1\left(\frac{h}{2}\right)-\left(\frac{1}{2}\right)^2T_1(h)}{1-\left(\frac{1}{2}\right)^2}=-0.59005158,$$

$$T_2\left(\frac{h}{2}\right)=\frac{T_1\left(\frac{h}{4}\right)-\left(\frac{1}{2}\right)^2T_1\left(\frac{h}{2}\right)}{1-\left(\frac{1}{2}\right)^2}=-0.59244785,$$

$$T_3(h)=\frac{T_2\left(\frac{h}{2}\right)-\left(\frac{1}{2}\right)^4T_2(h)}{1-\left(\frac{1}{2}\right)^4}=-0.59260760,$$

$f'(0.5)$的准确值是-0.59259259.

6.3 数值积分的一般概念

6.3.1 代数精度

对给定的权函数$\rho(x)\geqslant 0(x\in[a,b])$,用$f(x)$在点$a=x_0<x_1<\cdots<x_n=b$处的函数值$f(x_i)(i=0,1,\cdots,n)$的线性组合

$$I_n(f)=A_0f(x_0)+A_1f(x_1)+\cdots+A_nf(x_n)=\sum_{i=0}^{n}A_if(x_i)$$

作为积分$I(f)=\int_a^b\rho(x)f(x)\mathrm{d}x$的近似值,即

$$I(f)=\int_a^b\rho(x)f(x)\mathrm{d}x\approx\sum_{i=0}^{n}A_if(x_i),\tag{6.3.1}$$

则称式(6.3.1)为**数值求积公式**(**numerical quadrature formula**),称

$$R(f) = I(f) - I_n(f) \tag{6.3.2}$$

为数值求积公式(6.3.1)的**余项**(**remainder term**)或**误差**(**error**),x_i 及 A_i($i=0,1,\cdots,n$)分别称为**求积节点**(**quadrature nodes**)及**求积系数**(**quadrature coefficients**). 其中求积系数 A_i($i=0,1,\cdots,n$)只与权函数 $\rho(x)$ 及积分区间$[a,b]$有关,而与 $f(x)$ 无关.

定义 6.3.1　如果当 $f(x)=x^k$($k=0,1,\cdots,m$)时,求积公式(6.3.1)精确成立,而当 $f(x)=x^{m+1}$ 时,求积公式(6.3.1)不精确成立,那么称求积公式(6.3.1)具有 m 次**代数精度**(**degree of accuracy** 或 **degree of precision**).

注　因为 k 次多项式的一般形式是 $a_0+a_1x+a_2x^2+\cdots+a_kx^k$,所以由定积分的线性性质知,定义中的"$f(x)=x^k$($k=0,1,\cdots,m$)"与"$f(x)$是次数不超过 m 的多项式"是等价的.

一个好的求积公式应该计算简单、误差较小及代数精度高.下面说明为什么代数精度能衡量求积公式的精确性.

由最佳一致逼近的理论知,用 m 次代数多项式 $p_m(x)$ 近似 $f(x)$,如果 m 越大,那么近似程度越好,即 $\Delta(p_m)=\max\limits_{a\leqslant x\leqslant b}|f(x)-p_m(x)|$ 越小.当求积公式(6.3.1)具有 m 次代数精度时,有

$$\int_a^b \rho(x)p_m(x)\mathrm{d}x = \sum_{i=0}^n A_i p_m(x_i).$$

考察求积公式(6.3.1)的余项的绝对值

$$\begin{aligned}|R(f)| &= |I(f)-I_n(f)| = \left|\int_a^b\rho(x)f(x)\mathrm{d}x - \sum_{i=0}^n A_i f(x_i)\right| \\ &= \left|\int_a^b\rho(x)[f(x)-p_m(x)]\mathrm{d}x + \int_a^b\rho(x)p_m(x)\mathrm{d}x - \sum_{i=0}^n A_i f(x_i)\right| \\ &= \left|\int_a^b\rho(x)[f(x)-p_m(x)]\mathrm{d}x + \sum_{i=0}^n A_i p_m(x_i) - \sum_{i=0}^n A_i f(x_i)\right| \\ &= \left|\int_a^b\rho(x)[f(x)-p_m(x)]\mathrm{d}x - \sum_{i=0}^n A_i [f(x_i)-p_m(x_i)]\right| \\ &\leqslant \int_a^b\rho(x)|f(x)-p_m(x)|\mathrm{d}x + \sum_{i=0}^n |A_i|\Delta(p_m),\end{aligned}$$

由上式可以看出,如果 m 越大,那么求积公式的误差的绝对值也越小,因此可以用代数精度来衡量求积公式的精确性.

例 6.3.1　设有求积公式

$$\int_{-1}^1 f(x)\mathrm{d}x \approx A_0 f(-\sqrt{0.6}) + A_1 f(0) + A_2 f(\sqrt{0.6}),$$

试确定系数 A_0,A_1,A_2,使上述公式的代数精度尽可能高,并指出该求积公式的代数精度.

解 由于有3个待定系数,故一般需要3个方程,为了得到尽可能高的代数精度,设公式对 $f(x)=1,x,x^2$ 都精确成立,则系数满足

$$\begin{cases} A_0 + A_1 + A_2 = \int_{-1}^{1} 1\mathrm{d}x = 2, \\ -\sqrt{0.6}A_0 + \sqrt{0.6}A_2 = \int_{-1}^{1} x\mathrm{d}x = 0, \\ 0.6A_0 + 0.6A_2 = \int_{-1}^{1} x^2\mathrm{d}x = \dfrac{2}{3}, \end{cases}$$

解得

$$A_0 = \frac{5}{9}, \quad A_1 = \frac{8}{9}, \quad A_2 = \frac{5}{9}.$$

因此,该求积公式为

$$\int_{-1}^{1} f(x)\mathrm{d}x \approx \frac{5}{9}f(-\sqrt{0.6}) + \frac{8}{9}f(0) + \frac{5}{9}f(\sqrt{0.6}).$$

容易验证,该公式对 $f(x)=1,x,x^2,x^3,x^4,x^5$ 精确成立,但对 $f(x)=x^6$,求积公式不能精确成立,因此,该求积公式具有5次代数精度.

6.3.2 插值型求积公式

定义 6.3.2 设 $f(x)\in C[a,b]$,权函数 $\rho(x)\geqslant 0(x\in[a,b])$,$x_0,x_1,\cdots,x_n$ 是区间 $[a,b]$ 上任意 $n+1$ 个互不相同的点,若取积分系数 $A_i = \int_a^b \rho(x)l_i(x)\mathrm{d}x(i=0,1,\cdots,n)$,则称积分公式

$$I(f) = \int_a^b \rho(x)f(x)\mathrm{d}x \approx \sum_{i=0}^{n} A_i f(x_i)$$

为**插值型求积公式**(**quadrature formula of interpolation**),其中 $l_i(x)(i=0,1,\cdots,n)$ 是 Lagrange 插值基函数.

定理 6.3.1 求积公式(6.3.1)是插值型求积公式的充分必要条件是求积公式(6.3.1)的代数精度 $d\geqslant n$.

证明 (必要性) 设求积公式(6.3.1)为插值型求积公式.

对 $f(x)=x^k(k=0,1,\cdots,n)$,

$$p_n(x) = \sum_{i=0}^{n} f(x_i)l_i(x)$$

是 $f(x)$ 在关于节点 $x_0,x_1,\cdots,x_n$ 的 n 次 Lagrange 插值多项式,于是

$f(x) = p_n(x)$. 所以

$$I(f) = \int_a^b \rho(x) f(x) \mathrm{d}x = \int_a^b \rho(x) p_n(x) \mathrm{d}x$$

$$= \sum_{i=0}^{n} \left(\int_a^b \rho(x) l_i(x) \mathrm{d}x \right) f(x_i) = \sum_{i=0}^{n} A_i f(x_i). \tag{6.3.3}$$

由式(6.3.3)与代数精度的定义知求积公式(6.3.1)的代数精度 d 至少是 n，即 $d \geqslant n$.

（充分性）　设积分公式

$$I(f) = \int_a^b \rho(x) f(x) \mathrm{d}x \approx \sum_{i=0}^{n} A_i f(x_i)$$

的代数精度 $d \geqslant n$. 因为 Lagrange 插值基函数

$$l_j(x) \in \boldsymbol{P}_n, \quad j = 0,1,\cdots,n,$$

所以

$$\int_a^b \rho(x) l_j(x) \mathrm{d}x = \sum_{i=0}^{n} A_i l_j(x_i) = A_j, \quad j = 0,1,\cdots,n.$$

故求积公式是插值型求积公式. 证毕!

6.4　Newton-Cotes 求积公式

6.4.1　基本概念

定义 6.4.1　设$[a,b]$是一个有限区间，$x_i = x_0 + ih\ (i = 0,1,\cdots,n)$，其中 $h = \dfrac{b-a}{n}$，权函数 $\rho(x) \equiv 1$. 称等距节点的插值型求积公式

$$\int_a^b f(x) \mathrm{d}x \approx (b-a) \sum_{i=0}^{n} C_i^{(n)} f(x_i) \tag{6.4.1}$$

为 n 阶 **Newton-Cotes**① **公式(Newton-Cotes formula)**，其中

$$C_i^{(n)} = \frac{(-1)^{n-i}}{i!(n-i)!n} \int_0^n \prod_{\substack{j=0 \\ j \neq i}}^{n} (t-j) \mathrm{d}t, \quad i = 0,1,\cdots,n, \tag{6.4.2}$$

为 **Cotes 系数(Cotes coefficients)**.

---

① 柯特斯(Roger Cotes，1682～1716)是英国数学家. 他以数值求积方法——Newton-Cotes 公式而著名，并首先介绍了后来广为人知的 Euler 方法.

因为(6.4.1)是插值型求积公式,所以它可以写成

$$\int_a^b f(x)\mathrm{d}x \approx \sum_{i=0}^{n} A_i f(x_i),$$

且其求积系数为

$$A_i = \int_a^b l_i(x)\mathrm{d}x = \int_a^b \frac{\omega_n(x)}{(x-x_i)\omega_n'(x)}\mathrm{d}x, \quad i = 0,1,\cdots,n.$$

令 $x = a + th$,则

$$\omega_n(x) = h^{n+1}t(t-1)\cdots(t-n), \quad \omega_n'(x_i) = (-1)^{n-i}i!(n-i)!h^n.$$

这时

$$\begin{aligned} A_i &= \frac{(-1)^{n-i}h}{i!(n-i)!}\int_0^n t(t-1)\cdots(t-i+1)(t-i-1)\cdots(t-n)\mathrm{d}t \\ &= (b-a)\frac{(-1)^{n-i}}{i!(n-i)!n}\int_0^n \prod_{j=0,j\neq i}^{n}(t-j)\mathrm{d}t. \end{aligned}$$

记

$$A_i = (b-a)C_i^{(n)}, \quad i = 0,1,\cdots,n,$$

得 Newton-Cotes 公式(6.4.1)及相应的 Cotes 系数(6.4.2).

6.4.2 Newton-Cotes 求积公式的代数精度

定理 6.4.1 当 n 为奇数时,Newton-Cotes 公式(6.4.1)的代数精度 $d \geqslant n$;当 n 为偶数时,Newton-Cotes 公式(6.4.1)的代数精度 $d \geqslant n+1$.

证明 因为 Newton-Cotes 公式(6.4.1)是插值型求积公式,所以由定理6.3.1知:其代数精度至少为 n.因此只要证明当 n 为偶数时,Newton-Cotes 公式的代数精度至少是 $n+1$.

记 $n = 2k$(k 是非负整数).取 $f(x) = x^{n+1}$,由 Lagrange 插值公式的余项知

$$f(x) = p_n(x) + \frac{f^{(n+1)}(\xi_x)}{(n+1)!}\omega_n(x),$$

即

$$f(x) = p_n(x) + \omega_n(x),$$

其中 $\omega_n(x) = (x-x_0)(x-x_1)\cdots(x-x_n)$,$\xi_x$ 介于 $x_0, x_1, \cdots, x_n, x$ 之间.

所以,用 Newton-Cotes 公式(6.4.1)计算 $f(x)$ 的数值积分所得误差为

$$\begin{aligned} R(f) &= \int_a^b f(x)\mathrm{d}x - \int_a^b p_n(x)\mathrm{d}x = \int_a^b x^{n+1}\mathrm{d}x - (b-a)\sum_{i=0}^{n} C_i^{(n)}x_i^{n+1} \\ &= \int_a^b \omega_n(x)\mathrm{d}x = \int_a^b \prod_{j=0}^{n}(x-x_j)\mathrm{d}x, \end{aligned} \tag{6.4.3}$$

其中，$x_j = x_0 + jh(j=0,1,\cdots,n)$，　$h=\dfrac{b-a}{n}$.

令 $x = x_0 + th$，则式(6.4.3)变为

$$R(x^{n+1}) = h^{n+2}\int_0^{2k} t(t-1)\cdots(t-k)(t-k-1)\cdots(t-2k+1)(t-2k)\mathrm{d}t. \tag{6.4.4}$$

令 $u = t - k$，则式(6.4.4)变为

$$\begin{aligned}R(x^{n+1}) &= h^{n+2}\int_{-k}^{k}(u+k)(u+k-1)\cdots(u+1)u(u-1)\\&\qquad\cdots(u-k+1)(u-k)\mathrm{d}u\\&= h^{n+2}\int_{-k}^{k} u\prod_{j=0}^{k}(u^2-j^2)\mathrm{d}u,\end{aligned}$$

因为式(6.4.4)中的被积函数为奇函数，所以

$$R(x^{n+1}) = \int_a^b x^{n+1}\mathrm{d}x - (b-a)\sum_{i=0}^{n} C_i^{(n)} x_i^{n+1} = 0. \tag{6.4.5}$$

式(6.4.5)说明 Newton-Cotes 公式(6.4.1)对 $f(x)=x^{n+1}$ 准确成立，即 Newton-Cotes公式(6.4.1)的代数精度 $d\geqslant n+1$. 证毕!

6.4.3　几种常用的 Newton-Cotes 求积公式及其余项

6.4.3.1　几种常用的 Newton-Cotes 求积公式

1. 梯形公式

定义 6.4.2　称两个节点的 Newton-Cotes 公式

$$\int_a^b f(x)\mathrm{d}x \approx \frac{b-a}{2}[f(a)+f(b)] \tag{6.4.6}$$

为**梯形公式**(**trapezoidal formula** 或 **trapezoidal rule**)，相应的 Cotes 系数为 $C_0^{(1)} = C_1^{(1)} = \dfrac{1}{2}$，并记

$$T = \frac{b-a}{2}[f(a)+f(b)]. \tag{6.4.7}$$

命题 6.4.1　梯形公式具有 1 次代数精度.

证　设 $f(x)=1,x$，则有

$$\int_a^b f(x)\mathrm{d}x = \int_a^b 1\mathrm{d}x = b-a,$$

$$\frac{b-a}{2}[f(a)+f(b)] = \frac{b-a}{2}[1+1] = b-a,$$

$$\int_a^b f(x)\mathrm{d}x = \int_a^b x\mathrm{d}x = \frac{1}{2}x^2\Big|_a^b = \frac{1}{2}(b^2 - a^2),$$

$$\frac{b-a}{2}[f(a) + f(b)] = \frac{b-a}{2}[a + b] = \frac{1}{2}(b^2 - a^2),$$

即当 $f(x)=1, x$ 时,

$$\int_a^b f(x)\mathrm{d}x = \frac{b-a}{2}[f(a) + f(b)].$$

当 $f(x)=x^2$ 时,

$$\int_a^b f(x)\mathrm{d}x = \int_a^b x^2\mathrm{d}x = \frac{1}{3}x^3\Big|_a^b = \frac{1}{3}(b^3 - a^3),$$

$$\frac{b-a}{2}[f(a) + f(b)] = \frac{b-a}{2}[a^2 + b^2] \neq \frac{1}{3}(b^3 - a^3) = \int_a^b f(x)\mathrm{d}x,$$

于是梯形公式具有1次代数精度.证毕!

2. Simpson① 公式

定义 6.4.3 称3个节点的Newton-Cotes公式

$$\int_a^b f(x)\mathrm{d}x \approx \frac{b-a}{6}[f(a) + 4f(c) + f(b)],\quad c = \frac{a+b}{2} \tag{6.4.8}$$

为 **Simpson 公式(Simpson's formula 或 Simpson's rule)**,相应的 Cotes 系数为 $C_0^{(2)} = \frac{1}{6}, C_1^{(2)} = \frac{4}{6}, C_2^{(2)} = \frac{1}{6}$,并记

$$S = \frac{b-a}{6}[f(a) + 4f(c) + f(b)]. \tag{6.4.9}$$

命题 6.4.2 Simpson 公式具有3次代数精度.

证 仿命题6.4.1的证明,直接验算即得.

3. Cotes 公式

定义 6.4.4 称5个节点的Newton-Cotes公式

$$\int_a^b f(x)\mathrm{d}x \approx \frac{b-a}{90}[7f(x_0) + 32f(x_1) + 12f(x_2) + 32f(x_3) + 7f(x_4)] \tag{6.4.10}$$

为 **Cotes 公式(Cotes' formula 或 Cotes' rule)**,其中,$x_i = a + ih,\ h = \frac{b-a}{4},\ i = 0,1,2,3,4$.相应的 Cotes 系数为

---

① 辛普森(Thomas Simpson,1710~1761)是英国数学家.他是一位很有成就的数学教师.曾连续写了3本畅销一时的数学教科书:《代数学》《几何学》《三角学》.这3本书不但在英国多次再版,而且还在法国、美国、德国等国出版.在定积分近似计算中,有以辛普森的姓命名的"辛普森公式",辛普森的工作使牛顿的微积分学说得到了进一步完善.

$$C_0^{(4)}=\frac{7}{90},\quad C_1^{(4)}=\frac{32}{90},\quad C_2^{(4)}=\frac{12}{90},\quad C_3^{(4)}=\frac{32}{90},\quad C_4^{(4)}=\frac{7}{90},$$

并记

$$C=\frac{b-a}{90}[7f(x_0)+32f(x_1)+12f(x_2)+32f(x_3)+7f(x_4)]. \tag{6.4.11}$$

命题 6.4.3 Cotes 公式具有 5 次代数精度.

证 仿命题 6.4.1 的证明,直接验算即得.

6.4.3.2 余项

下面导出梯形公式、Simpson 公式和 Cotes 公式的余项表达式.

Lagrange 插值余项公式为:如果 $f(x)$在区间$[a,b]$上具有 $n+1$ 阶导数,那么

$$r_n(x)=f(x)-p_n(x)=\frac{f^{(n+1)}(\eta)}{(n+1)!}\omega_n(x),\quad \eta\in(a,b) \tag{6.4.12}$$

其中,$\omega_n(x)=(x-x_0)(x-x_1)\cdots(x-x_n)$;$p_n(x)$是被积函数 $f(x)$关于节点 x_0,$x_1,\cdots,x_n$ 的n 次 Lagrange 插值多项式.

一般地,Newton-Cotes 公式的余项为

$$\begin{aligned}R(f)&=\int_a^b f(x)\mathrm{d}x-(b-a)\sum_{i=0}^{n}C_i^{(n)}f(x_i)=\int_a^b f(x)\mathrm{d}x-\int_a^b p_n(x)\mathrm{d}x\\&=\int_a^b\frac{f^{(n+1)}(\eta)}{(n+1)!}\omega_n(x)\mathrm{d}x.\end{aligned} \tag{6.4.13}$$

定理 6.4.2 如果 $f(x)\in C^2[a,b]$,那么梯形公式的余项为

$$R_T(f)=\int_a^b f(x)\mathrm{d}x-T=-\frac{(b-a)}{12}h^2f''(\xi), \tag{6.4.14}$$

其中 $h=b-a$, $\xi\in(a,b)$.

证明 由式(6.4.12)可得

$$R_T(f)=\int_a^b f(x)\mathrm{d}x-T=\frac{1}{2!}\int_a^b f''(\eta_x)(x-a)(x-b)\mathrm{d}x,\quad a<\eta_x<b. \tag{6.4.15}$$

因为 $f(x)\in C^2[a,b]$,所以 $f''(x)$在$[a,b]$上连续.由介值定理知:$f''(x)$在$[a,b]$上存在最大值(记为 M)和最小值(记为 m),并有 $m\leqslant f''(x)\leqslant M$.于是

$$\begin{aligned}m\int_a^b(x-a)(b-x)\mathrm{d}x&\leqslant\int_a^b f''(\eta_x)(x-a)(b-x)\mathrm{d}x\\&\leqslant M\int_a^b(x-a)(b-x)\mathrm{d}x.\end{aligned} \tag{6.4.16}$$

因为当 $x\in[a,b]$时,$(x-a)(b-x)\geqslant0$,所以$\int_a^b(x-a)(b-x)\mathrm{d}x>0$,且

$$m \leqslant \frac{\int_a^b f''(\eta_x)(x-a)(b-x)\mathrm{d}x}{\int_a^b (x-a)(b-x)\mathrm{d}x} \leqslant M. \tag{6.4.17}$$

由介值定理知：存在 $\xi \in (a,b)$，使得

$$f''(\xi) = \frac{\int_a^b f''(\eta_x)(x-a)(b-x)\mathrm{d}x}{\int_a^b (x-a)(b-x)\mathrm{d}x},$$

即

$$\int_a^b f''(\eta_x)(x-a)(b-x)\mathrm{d}x = f''(\xi)\int_a^b (x-a)(b-x)\mathrm{d}x. \tag{6.4.18}$$

将式(6.4.18)代入式(6.4.15)，计算得

$$R_T(f) = \int_a^b f(x)\mathrm{d}x - T = -\frac{(b-a)}{12}h^2 f''(\xi), \quad \xi \in (a,b).$$

证毕！

注 这里不能用积分第二中值定理证明，因为 $f''(\eta_x)$ 未必是连续的.

仿定理 6.4.2 的证明，可得：

定理 6.4.3 若 $f(x) \in C^4[a,b]$，则 Simpson 公式的余项为

$$R_S(f) = \int_a^b f(x)\mathrm{d}x - S = -\frac{(b-a)}{180}h^4 f^{(4)}(\xi), \tag{6.4.19}$$

其中，$h = \dfrac{b-a}{2}$；$\xi \in (a,b)$.

定理 6.4.4 若 $f(x) \in C^6[a,b]$，则 Cotes 公式的余项为

$$R_C(f) = \int_a^b f(x)\mathrm{d}x - C = -\frac{2(b-a)}{945}h^6 f^{(6)}(\xi), \tag{6.4.20}$$

其中，$h = \dfrac{b-a}{4}$；$\xi \in (a,b)$.

6.5 复化求积公式

6.5.1 基本概念

将积分区间 $[a,b]$ 分为 n 等分，$x_i = a + ih\ (i = 0,1,\cdots,n)$，其中步长 $h = \dfrac{b-a}{n}$，则

$$I=\int_a^b f(x)\mathrm{d}x=\sum_{i=0}^{n-1}\int_{x_i}^{x_{i+1}}f(x)\mathrm{d}x=\sum_{i=0}^{n-1}I_i,\tag{6.5.1}$$

其中 $I_i=\int_{x_i}^{x_{i+1}}f(x)\mathrm{d}x\ (i=0,1,\cdots,n-1)$.

定义 6.5.1　所谓**复化求积法**(composite numerical integration),就是在每个子区间$[x_i,x_{i+1}]$($i=0,1,\cdots,n-1$)上用低阶求积公式求得 I_i 的近似值H_i($i=0,1,\cdots,n-1$),然后将它们累加求和,用$\sum\limits_{i=0}^{n}H_i$ 作为所求积分$I=\int_a^b f(x)\mathrm{d}x$的近似值.

6.5.2　几种常用的复化求积公式

定义 6.5.2　称

$$T_n=\sum_{i=0}^{n-1}\frac{h}{2}[f(x_i)+f(x_{i+1})]=\frac{h}{2}\left[f(a)+2\sum_{i=1}^{n-1}f(x_i)+f(b)\right]\tag{6.5.2}$$

为**复化梯形公式**(composite trapezoidal formula 或 composite trapezoidal rule).

定理 6.5.1　设 $f(x)\in C^2[a,b]$,则复化梯形公式的余项为

$$R(f,T_n)=I-T_n=-\frac{b-a}{12}h^2f''(\eta)$$
$$\approx-\frac{h^2}{12}[f'(b)-f'(a)],\quad \eta\in(a,b).\tag{6.5.3}$$

证明　记 $T_n=\sum\limits_{i=0}^{n-1}\frac{h}{2}[f(x_i)+f(x_{i+1})]=\sum\limits_{i=0}^{n-1}T_n^{(i)}$.

因为 $f(x)\in C^2[a,b]$,所以 $f''(x)$在$[a,b]$上有最大值和最小值,并记 $M=\max\limits_{a\leqslant x\leqslant b}f''(x)$, $m=\min\limits_{a\leqslant x\leqslant b}f''(x)$.

$$\begin{aligned}I-T_n&=\int_a^b f(x)\mathrm{d}x-\sum_{i=0}^{n-1}T_n^{(i)}\\&=\sum_{i=0}^{n-1}\int_{x_i}^{x_{i+1}}f(x)\mathrm{d}x-\sum_{i=0}^{n-1}T_n^{(i)}\\&=\sum_{i=0}^{n-1}\left[\int_{x_i}^{x_{i+1}}f(x)\mathrm{d}x-T_n^{(i)}\right]\\&=\sum_{i=0}^{n-1}\left[-\frac{h^3}{12}f''(\eta_i)\right]\qquad(*)\\&=-\frac{h^3}{12}\sum_{i=0}^{n-1}f''(\eta_i)\end{aligned}$$

$$= -\frac{nh^3}{12}\frac{1}{n}\sum_{i=0}^{n-1} f''(\eta_i), \quad \eta_i \in [x_i, x_{i+1}]. \qquad (**)$$

因为

$$m = \frac{1}{n}\sum_{i=0}^{n-1} m \leqslant \frac{1}{n}\sum_{i=0}^{n-1} f''(\eta_i) \leqslant \frac{1}{n}\sum_{i=0}^{n-1} M = M,$$

所以由介值定理的推论知：$\exists\, \eta \in (a,b)$，使$\frac{1}{n}\sum\limits_{i=0}^{n-1} f''(\eta_i) = f''(\eta)$. 代入式($**$)，得

$$I - T_n = -\frac{nh^3}{12}f''(\eta) = -\frac{n}{12}\frac{b-a}{n}h^2 f''(\eta) = -\frac{b-a}{12}h^2 f''(\eta).$$

再由式($*$)得

$$I - T_n = \sum_{i=0}^{n-1}\left[-\frac{h^3}{12}f''(\eta_i)\right] = -\frac{h^2}{12}\sum_{i=0}^{n-1}[f''(\eta_i)h] \approx -\frac{h^2}{12}\int_a^b f''(x)\mathrm{d}x$$

$$= -\frac{h^2}{12}f'(x)\Big|_a^b = -\frac{h^2}{12}[f'(b) - f'(a)].$$

证毕!

定义 6.5.3 称

$$S_n = \sum_{i=0}^{n-1}\frac{h}{6}[f(x_i) + 4f(x_{i+\frac{1}{2}}) + f(x_{i+1})]$$

$$= \frac{h}{6}\left[f(a) + 4\sum_{i=0}^{n-1} f(x_{i+\frac{1}{2}}) + 2\sum_{i=1}^{n-1} f(x_i) + f(b)\right] \qquad (6.5.4)$$

为复化 Simpson 公式(composite Simpson's formula 或 composite Simpson's rule)，其中

$$x_{i+\frac{1}{2}} = \frac{1}{2}(x_i + x_{i+1}) \quad (i = 0, 1, \cdots, n-1).$$

仿定理 6.5.1 的证明，可得：

定理 6.5.2 设 $f(x) \in C^2[a,b]$，则复化 Simpson 公式的余项为

$$R(f, S_n) = I - S_n = -\frac{b-a}{2880}h^4 f^{(4)}(\eta)$$

$$\approx -\frac{1}{2880}h^4[f'''(b) - f'''(a)], \quad \eta \in (a,b). \qquad (6.5.5)$$

定义 6.5.4 称

$$C_n = \sum_{i=0}^{n-1}\frac{h}{90}[7f(x_i) + 32f(x_{i+\frac{1}{4}}) + 12f(x_{i+\frac{1}{2}}) + 32f(x_{i+\frac{3}{4}}) + 7f(x_{i+1})]$$

$$= \frac{h}{90}\left[7f(a) + 32\sum_{i=0}^{n-1} f(x_{i+\frac{1}{4}}) + 12\sum_{i=0}^{n-1} f(x_{i+\frac{1}{2}}) + 32\sum_{i=0}^{n-1} f(x_{i+\frac{3}{4}})\right.$$

$$\left. + 14\sum_{i=1}^{n-1} f(x_i) + 7f(b)\right] \qquad (6.5.6)$$

为**复化 Cotes 公式**(composite Cotes' formula 或 composite Cotes' rule),其中

$$x_{i+\frac{1}{4}} = x_i + \frac{1}{4}h,\quad x_{i+\frac{1}{2}} = x_i + \frac{1}{2}h,\quad x_{i+\frac{3}{4}} = x_i + \frac{3}{4}h,$$

$$i = 0,1,\cdots,n-1,\quad h = \frac{b-a}{n}.$$

仿定理 6.5.1 的证明,可得:

定理 6.5.3　设 $f(x)\in C^6[a,b]$,则复化 Cotes 公式的余项为

$$R(f,C_n) = I - C_n = -\frac{2(b-a)}{945}\left(\frac{h}{4}\right)^6 f^{(6)}(\eta)$$

$$\approx -\frac{2}{945}\left(\frac{h}{4}\right)^6[f^{(5)}(b) - f^{(5)}(a)],\quad \eta\in(a,b).\tag{6.5.7}$$

例 6.5.1　已知函数 $f(x)=\dfrac{xe^x}{(1+x)^2}$ 的数值如表 6.5.1(保留小数点后 8 位)所示.

表 6.5.1

x_i	0	1/8	2/8	3/8	4/8
$f(x_i)$	0.00000000	0.11191590	0.20544407	0.28859334	0.36638250
x_i	5/8	6/8	7/8	1	
$f(x_i)$	0.44218839	0.51844898	0.59705341	0.67957046	

利用所给数值,通过复化梯形公式和复化 Simpson 公式计算积分 $I = \int_0^1 \frac{xe^x}{(1+x)^2}dx$.

解　将积分区间[0,1]划分为 8 等份,即 $h=1/8$,应用复化梯形公式(6.5.2),求得

$$T_8 = \frac{h}{2}[f(0) + 2\sum_{i=1}^{7} f(i/8) + f(1)] = 0.35173173.$$

将积分区间[0,1]划分为 4 等份,即 $h=1/4$,

$$a = 0,\quad b = 1,\quad x_1 = \frac{2}{8},\quad x_2 = \frac{4}{8},\quad x_3 = \frac{6}{8},$$

$$x_{\frac{1}{2}} = \frac{1}{8},\quad x_{\frac{3}{2}} = \frac{3}{8},\quad x_{\frac{5}{2}} = \frac{5}{8},\quad x_{\frac{7}{2}} = \frac{7}{8}.$$

应用复化 Simpson 公式(6.5.4),求得

$$S_4 = \frac{h}{6}\left[f(a) + 4\sum_{i=0}^{3} f(x_{i+\frac{1}{2}}) + 2\sum_{i=1}^{3} f(x_i) + f(b)\right] = 0.35913024,$$

而实际上

$$I = \int_0^1 \frac{x\mathrm{e}^x}{(1+x)^2}\mathrm{d}x = \frac{\mathrm{e}^x}{1+x}\bigg|_0^1 = \frac{\mathrm{e}}{2} - 1 = 0.359140912\cdots.$$

由此可见复化 Simpson 公式较为精确.

在计算中,若$|f''(\xi)|$或$|f^{(4)}(\xi)|$的上界容易估计,则可根据截断误差表达式(6.5.3)或(6.5.5),按精度要求,预先定出步长 h,这种积分法称为定步长积分法.

例 6.5.2 计算积分$\int_0^1 \mathrm{e}^x\mathrm{d}x$,若用复化梯形公式或复化 Simpson 公式,问步长 h 取多少时才能使误差不超过 0.5×10^{-4}.

解 由复化梯形公式截断误差表达式(6.5.3),有

$$|R(f,T_n)| = \left|-\frac{(b-a)^3}{12n^2}\mathrm{e}^\xi\right| \leqslant \frac{1}{12n^2}\mathrm{e} \leqslant \frac{1}{2}\times10^{-4},$$

即 $n\geqslant67.3$,也就是 $h\leqslant0.015$.

所以,只要将复化梯形公式的步长 h 取为不超过 0.015 即可,也就是将积分区间至少要进行 68 等分.

由复化 Simpson 公式截断误差表达式(6.5.5),有

$$|R(f,S_n)| = \left|-\frac{(b-a)^5}{2880n^4}\mathrm{e}^\eta\right| \leqslant \frac{1}{2880n^4}\mathrm{e} \leqslant \frac{1}{2}\times10^{-4},$$

即 $n\geqslant2.1$,也就是 $h\leqslant0.48$.

所以,只要将复化 Simpson 公式的步长 h 取为不超过 0.48 即可,也就是将积分区间至少进行 3 等分.

下面给出数值积分的一个应用.

数值积分求积分方程 在实际工程中,常会遇到求解如下形式的方程:

$$y(x) = \int_a^b K(x,t)y(t)\mathrm{d}t + f(x), \tag{6.5.8}$$

其中 $K(x,t)$和 $f(x)$是已知函数,$y(x)$是未知函数.因为积分号下含有未知函数,所以称式(6.5.8)为积分方程.积分方程的求解往往很困难,利用数值积分法可以求得其近似解.

若对区间$[a,b]$上的定积分$\int_a^b g(x)\mathrm{d}x$ 采用数值求积公式 $I(g) = \sum_{k=0}^n A_k g(x_k)$,其中 x_k 和 A_k($k=0,1,\cdots,n$)分别为求积节点和求积系数,则积分方程(6.5.8) 中的积分项近似为

$$\int_a^b K(x,t)y(t)\mathrm{d}t \approx \sum_{k=0}^n A_k K(x,x_k)y(x_k), \quad x\in[a,b].$$

从而积分方程(6.5.8)可近似为

$$y(x) \approx \sum_{k=0}^{n} A_k K(x, x_k) y(x_k) + f(x), \quad x \in [a, b].$$

设 $\tilde{y}(x)$ 为 $y(x)$ 的近似函数，$\tilde{y}_k$ 表示 $y(x_k)$ 的近似值，由上述近似方程，得

$$\tilde{y}(x) = \sum_{k=0}^{n} A_k K(x, x_k) \tilde{y}_k + f(x), \quad x \in [a, b].$$

记 $K_{i,k} = K(x_i, x_k)$，$f_i = f(x_i)$ $(i, k = 0, 1, \cdots, n)$，得线性方程组

$$\tilde{y}_i = \sum_{k=0}^{n} A_k K_{i,k} \tilde{y}_k + f_i, \quad i = 0, 1, \cdots, n. \tag{6.5.9}$$

将式(6.5.9)写成矩阵乘积的形式

$$\boldsymbol{M}\tilde{\boldsymbol{Y}} = \boldsymbol{F}, \tag{6.5.10}$$

其中，$\boldsymbol{M} = \boldsymbol{E} - \boldsymbol{K}$，$\boldsymbol{F} = (f_0, f_1, \cdots, f_n)^{\mathrm{T}}$，$\tilde{\boldsymbol{Y}} = (\tilde{y}_0, \tilde{y}_1, \cdots, \tilde{y}_n)^{\mathrm{T}}$，

$$\boldsymbol{K} = \begin{bmatrix} A_0 K_{0,0} & A_1 K_{0,1} & \cdots & A_n K_{0,n} \\ A_0 K_{1,0} & A_1 K_{1,1} & \cdots & A_n K_{1,n} \\ \vdots & \vdots & & \vdots \\ A_0 K_{n,0} & A_1 K_{n,1} & \cdots & A_n K_{n,n} \end{bmatrix}$$

若系数矩阵 $\boldsymbol{M}$ 非奇异，线性方程组(6.5.10)存在唯一解 $\tilde{\boldsymbol{Y}} = (\tilde{y}_0, \tilde{y}_1, \cdots, \tilde{y}_n)^{\mathrm{T}}$，从而得积分方程近似解的表达式.

例 6.5.3　设有积分方程

$$y(x) = \int_0^1 (t - x) y(t) \mathrm{d}t + \mathrm{e}^{2x} + \frac{\mathrm{e}^2 - 1}{2} x - \frac{\mathrm{e}^2 + 1}{4}. \tag{6.5.11}$$

(1) 取 $n = 4$，用复化梯形求积公式求其近似解；

(2) 取 $n = 2$，用复化 Simpson 求积公式求其近似解.

解　(1) 这时 $n = 4$，$h = \frac{1}{4}$，用复化梯形求积公式近似方程(6.5.11)中的积分，得

$$\begin{aligned} \tilde{y}_{T4}(x) = \frac{1}{8}\Big[& -x\tilde{y}_0 + \left(\frac{1}{2} - 2x\right)\tilde{y}_1 + (1 - 2x)\tilde{y}_2 + \left(\frac{3}{2} - 2x\right)\tilde{y}_3 \\ & + (1 - x)\tilde{y}_4 \Big] + \mathrm{e}^{2x} + \frac{\mathrm{e}^2 - 1}{2} x - \frac{\mathrm{e}^2 + 1}{4}. \end{aligned} \tag{6.5.12}$$

将 $x = 0, \frac{1}{4}, \frac{2}{4}, \frac{3}{4}, 1$ 分别代入式(6.5.12)，得如下线性方程组：

$$\begin{bmatrix}\tilde{y}_0\\ \tilde{y}_1\\ \tilde{y}_2\\ \tilde{y}_3\\ \tilde{y}_4\end{bmatrix}=\frac{1}{8}\begin{bmatrix}0 & \frac{1}{2} & 1 & \frac{3}{2} & 1\\ -\frac{1}{4} & 0 & \frac{1}{2} & 1 & \frac{3}{4}\\ -\frac{1}{2} & -\frac{1}{2} & 0 & \frac{1}{2} & \frac{1}{2}\\ -\frac{3}{4} & -1 & -\frac{1}{2} & 0 & \frac{1}{4}\\ -1 & -\frac{3}{2} & -1 & -\frac{1}{2} & 0\end{bmatrix}\begin{bmatrix}\tilde{y}_0\\ \tilde{y}_1\\ \tilde{y}_2\\ \tilde{y}_3\\ \tilde{y}_4\end{bmatrix}+\begin{bmatrix}\frac{3-e^2}{4}\\ e^{\frac{1}{2}}-\frac{3+e^2}{8}\\ e-\frac{1}{2}\\ e^{\frac{3}{2}}+\frac{e^2-5}{8}\\ \frac{5e^2-3}{4}\end{bmatrix}.$$

求解线性方程组得

$$\tilde{\boldsymbol{Y}}=(1.12936208,1.74547684,2.78243088,4.51323161,7.38799212)^{\mathrm{T}}.$$

将其代入式(6.5.12),取小数点后8位数字,得近似解:

$$\begin{aligned}\tilde{y}_{T4}(x)=&\frac{1}{8}\Big[-1.12936208x+1.74547684\left(\frac{1}{2}-2x\right)+2.78243088(1-2x)\\&+4.51323161\left(\frac{3}{2}-2x\right)+7.38799212(1-x)\Big]+e^{2x}+\frac{e^2-1}{2}x-\frac{e^2+1}{4}\\=&\ 2.226626104-3.324954106x+e^{2x}+\frac{e^2-1}{2}x-\frac{e^2+1}{4}.\end{aligned}$$

(2) 这时 $n=2,h=\frac{1}{2}$,用复化 Simpson 求积公式近似方程(6.5.11)中的积分,得

$$\begin{aligned}\tilde{y}_{S2}(x)=&\frac{1}{12}\Big[-x\tilde{y}_0+4\left(\frac{1}{4}-x\right)\tilde{y}_{\frac{1}{2}}+2\left(\frac{1}{2}-x\right)\tilde{y}_1+4\left(\frac{3}{4}-x\right)\tilde{y}_{\frac{3}{2}}\\&+(1-x)\tilde{y}_2\Big]+e^{2x}+\frac{e^2-1}{2}x-\frac{e^2+1}{4}.\end{aligned}\tag{6.5.13}$$

将 $x=0,\frac{1}{4},\frac{2}{4},\frac{3}{4},1$ 分别代入式(6.5.13),得如下线性方程组:

$$\begin{bmatrix}\tilde{y}_0\\ \tilde{y}_{\frac{1}{2}}\\ \tilde{y}_1\\ \tilde{y}_{\frac{3}{2}}\\ \tilde{y}_2\end{bmatrix}=\frac{1}{12}\begin{bmatrix}0 & 1 & 1 & 3 & 1\\ -\frac{1}{4} & 0 & \frac{1}{2} & 2 & \frac{3}{4}\\ -\frac{1}{2} & -1 & 0 & 1 & \frac{1}{2}\\ -\frac{3}{4} & -2 & -\frac{1}{2} & 0 & \frac{1}{4}\\ -1 & -3 & -1 & -1 & 0\end{bmatrix}\begin{bmatrix}\tilde{y}_0\\ \tilde{y}_{\frac{1}{2}}\\ \tilde{y}_1\\ \tilde{y}_{\frac{3}{2}}\\ \tilde{y}_2\end{bmatrix}+\begin{bmatrix}\frac{3-e^2}{4}\\ e^{\frac{1}{2}}-\frac{3+e^2}{8}\\ e-\frac{1}{2}\\ e^{\frac{3}{2}}+\frac{e^2-5}{8}\\ \frac{5e^2-3}{4}\end{bmatrix}.$$

求解线性方程组得

$$\widetilde{\boldsymbol{Y}} = (1.00358685, 1.65153080, 2.72031404, 4.48294397, 7.38953368)^{\mathrm{T}}.$$

将其代入式(6.5.13)，取小数点后 8 位数字，得近似解：

$$\begin{aligned}\widetilde{y}_{S2}(x) &= \frac{1}{12}[-1.00358685x + 1.65153080(1-4x) + 2.72031404(1-2x) \\ &\quad + 4.48294397(3-4x) + 7.38953368(1-x)] \\ &\quad + \mathrm{e}^{2x} + \frac{\mathrm{e}^2-1}{2}x - \frac{\mathrm{e}^2+1}{4} \\ &= 2.10085087 - 3.19763731x + \mathrm{e}^{2x} + \frac{\mathrm{e}^2-1}{2}x - \frac{\mathrm{e}^2+1}{4}.\end{aligned}$$

为了说明 $\widetilde{y}_{T4}(x)$ 和 $\widetilde{y}_{S2}(x)$ 与精确解 $y(x)=\mathrm{e}^{2x}$ 的接近程度，图 6.5.1 和图 6.5.2 分别给出了 $|y(x)-\widetilde{y}_{T4}(x)|$ 和 $|y(x)-\widetilde{y}_{S2}(x)|$ 在区间 $[0,1]$ 上的图形.

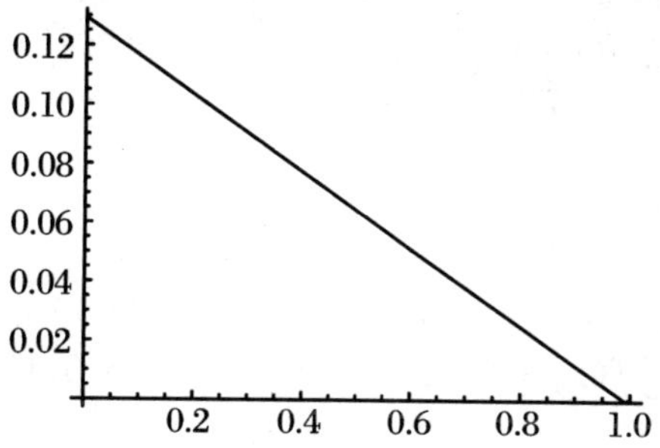

图 6.5.1

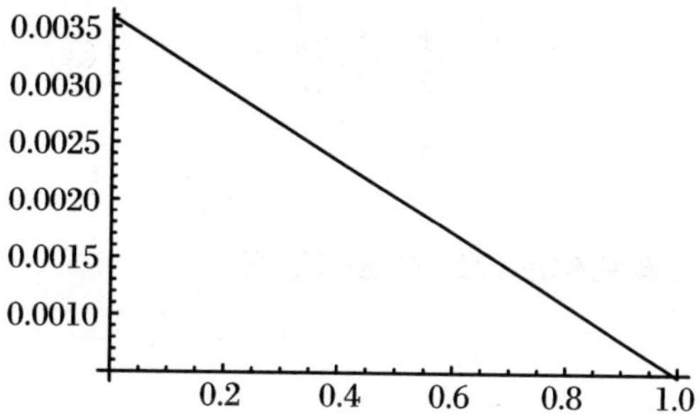

图 6.5.2

由误差图可以看出，如果涉及的函数值相同，用复化 Simpson 求积公式所得结果比用复化梯形公式所得结果准确，这和理论结果是相符的.

6.6　Romberg 算法

6.6.1　复化梯形法的递推公式及事后估计

6.6.1.1　复化梯形公式的递推公式

将积分区间 $[a,b]$ n 等分：

$$a = x_0 < x_1 < \cdots < x_{n-1} < x_n = b,$$

其中,等分点为 $x_i = a + ih_n(i=0,1,\cdots,n)$;步长 $h_n = \dfrac{b-a}{n}$,则相应的复化梯形公式为

$$T_n = \sum_{i=0}^{n-1} \frac{h_n}{2}[f(x_i) + f(x_{i+1})].$$

在每个子区间$[x_i, x_{i+1}]$上取中点 $x_{i+\frac{1}{2}} = \dfrac{1}{2}(x_i + x_{i+1})(i=0,1,\cdots,n-1)$,即将积分区间$[a,b]$ $2n$ 等分,此时步长 $h_{2n} = \dfrac{b-a}{2n} = \dfrac{1}{2}h_n$,相应的复化梯形公式为

$$\begin{aligned}
T_{2n} &= \sum_{i=0}^{n-1}\left\{\frac{h_{2n}}{2}[f(x_i) + f(x_{i+\frac{1}{2}})] + \frac{h_{2n}}{2}[f(x_{i+\frac{1}{2}}) + f(x_{i+1})]\right\} \\
&= \sum_{i=0}^{n-1}\left\{\frac{1}{2}\times\frac{h_n}{2}[f(x_i) + f(x_{i+1})] + \frac{h_n}{2}f(x_{i+\frac{1}{2}})\right\} \\
&= \frac{1}{2}\sum_{i=0}^{n-1}\frac{h_n}{2}[f(x_i) + f(x_{i+1})] + \frac{h_n}{2}\sum_{i=0}^{n-1}f(x_{i+\frac{1}{2}}) \\
&= \frac{1}{2}T_n + \frac{h_n}{2}\sum_{i=0}^{n-1}f(x_{i+\frac{1}{2}}),
\end{aligned}$$

得复化梯形公式的递推公式

$$T_{2n} = \frac{1}{2}T_n + \frac{h_n}{2}\sum_{i=0}^{n-1}f(x_{i+\frac{1}{2}}). \tag{6.6.1}$$

6.6.1.2 事后估计

设 $I = \int_a^b f(x)\mathrm{d}x$,则由复化梯形公式的余项得

$$I - T_n = -\frac{b-a}{12}h_n^2 f''(\eta_n), \quad \eta_n \in (a,b), \tag{6.6.2}$$

$$I - T_{2n} = -\frac{b-a}{12}h_{2n}^2 f''(\eta_{2n}), \quad \eta_{2n} \in (a,b). \tag{6.6.3}$$

若 $f''(x)$在$[a,b]$上连续,当 n 充分大时,$f''(\eta_n) \approx f''(\eta_{2n})$,由式(6.6.3)得

$$\begin{aligned}
I - T_{2n} &\approx -\frac{b-a}{12}\times\frac{1}{4}h_n^2 f''(\eta_n) = \frac{1}{4}\left[-\frac{b-a}{12}h_n^2 f''(\eta_n)\right] \\
&= \frac{1}{4}(I - T_n).
\end{aligned} \tag{6.6.4}$$

于是

$$\frac{I - T_n}{I - T_{2n}} \approx 4,$$

解得

$$I - T_{2n} \approx \frac{1}{3}(T_{2n} - T_n). \tag{6.6.5}$$

对给定的精度 $\varepsilon>0$，由 $|I - T_{2n}| \approx \frac{1}{3}|T_{2n} - T_n| \leqslant \varepsilon$ 知：只要确定

$$|T_{2n} - T_n| \leqslant 3\varepsilon \tag{6.6.6}$$

就能判断近似值 T_{2n} 是否满足精度要求．这种估计误差的方法称为**事后估计**．

6.6.2 Romberg 算法

由式(6.6.5)得

$$I \approx \frac{1}{3}(4T_{2n} - T_n) = \frac{1}{4-1}(4T_{2n} - T_n). \tag{6.6.7}$$

经计算得

$$S_n = \frac{1}{4-1}(4T_{2n} - T_n). \tag{6.6.8}$$

即复化 Simpson 公式．这说明复化梯形公式 T_n 和 T_{2n} 的线性组合可得一个复化 Simpson 公式，而复化 Simpson 公式的代数精度比复化梯形公式的代数精度高．

完全类似地，复化 Simpson 公式 S_n 和 S_{2n} 的线性组合可得一个代数精度更高的复化 Cotes 公式

$$C_n = \frac{1}{4^2-1}(4^2 S_{2n} - S_n). \tag{6.6.9}$$

这种以复化梯形求积公式为基础构造高精度求积公式的方法称为**龙贝格算法**(**Romberg algorithm** 或 **Romberg rule**)，是由 Romberg 于 1955 年提出的．

Romberg 算法表

$$\begin{array}{llll} T_{2^0} & & & \\ T_{2^1} & S_{2^0} & & \\ T_{2^2} & S_{2^1} & C_{2^0} & \\ T_{2^3} & S_{2^2} & C_{2^1} & R_{2^0} \\ T_{2^4} & S_{2^3} & C_{2^2} & R_{2^1} \\ \vdots & \vdots & \vdots & \vdots \end{array} \tag{6.6.10}$$

其中

$$\begin{cases} S_n = \dfrac{1}{4-1}(4T_{2n} - T_n), & (6.6.11) \\ C_n = \dfrac{1}{4^2-1}(4^2 S_{2n} - S_n), & (6.6.12) \\ R_n = \dfrac{1}{4^3-1}(4^3 C_{2n} - C_n). & (6.6.13) \end{cases}$$

并称(6.6.13)为**Romberg公式(Romberg formula)**.

例6.6.1 用Romberg算法计算

$$I=\int_0^1 \frac{xe^x}{(1+x)^2}dx.$$

解 利用Romberg算法及公式(6.6.11)、(6.6.12)及(6.6.13),得计算结果见表6.6.1.

表6.6.1

k	T_{2^k}	$S_{2^{k-1}}$	$C_{2^{k-2}}$	$R_{2^{k-3}}$
0	0.33978523			
1	0.35308387	0.35751675		
2	0.35751520	0.35899231	0.35909068	
3	0.35872648	0.35913024	0.35913943	0.35914021

与准确值 $I=0.3591409142\cdots$ 比较,$R_1=0.35914021$ 有6位有效数字,而 $T_8=0.35872648$ 只有3位有效数字;R_1 与 $T_{195}=0.35914021$ 的结果相当,而 T_{195} 要计算196个函数值,因此Romberg算法外推加速的效果是十分明显的.

6.7 Gauss型求积公式

6.7.1 基本概念

由6.3节定理6.3.1知,$n+1$ 个求积节点 $x_0,x_1,x_2,\cdots,x_n$ 的插值型数值求积公式

$$\int_a^b \rho(x)f(x)dx \approx \sum_{i=0}^{n} A_i f(x_i) \xlongequal{\text{记}} I_n(f) \tag{6.7.1}$$

的代数精度 $d \geqslant n$. 将 $2n+2$ 次多项式 $f(x)=(x-x_0)^2(x-x_1)^2\cdots(x-x_n)^2$ 代入式(6.7.1),得左端为

$$\int_a^b \rho(x)f(x)dx=\int_a^b \rho(x)(x-x_0)^2(x-x_1)^2\cdots(x-x_n)^2dx>0,$$

而右端为 $\sum_{i=0}^{n} A_i f(x_i)=0$. 故 $n+1$ 个节点 $x_0,x_1,\cdots,x_n$ 的插值型数值求积公式(6.7.1)的代数精度 $d \leqslant 2n+1$.

由此，我们自然要问：一般是否存在具有 $2n+1$ 次代数精度的只有 $n+1$ 个求积节点的插值型数值求积公式？如果存在，它的求积节点应有什么特征？

下面的定理给出了肯定的答案.

定理 6.7.1　形如式(6.7.1)的插值型数值求积公式具有 $2n+1$ 次代数精度的充分必要条件是求积节点 $x_0,x_1,\cdots,x_n$ 为区间 $[a,b]$ 上以 $\rho(x)$ 为权函数的 $n+1$ 次正交多项式的零点.

证明　设式(6.7.1)具有 $2n+1$ 次代数精度，记 $n+1$ 次多项式

$$\omega(x)=(x-x_0)(x-x_1)\cdots(x-x_n),$$

对任意给定的次数不超过 n 的多项式 $q(x)$. 因数值求积公式(6.7.1)具有 $2n+1$ 次代数精度，而 $\omega(x)q(x)$ 是次数不超过 $2n+1$ 的多项式，所以

$$\int_a^b\rho(x)\omega(x)q(x)\mathrm{d}x=\sum_{i=0}^n A_i\omega(x_i)q(x_i)=0,$$

即 $\omega(x)$ 与 $q(x)$ 关于权函数 $\rho(x)$ 正交.

反之，设 $\omega(x)$ 与任意次数 $\leqslant n$ 的多项式关于权函数 $\rho(x)$ 正交，任意给定 $f(x)\in\boldsymbol{P}_{2n+1}$ 恒可表示为 $f(x)=\omega(x)q(x)+r(x)$，其中 $q(x)$ 与 $r(x)$ 均属于 $\boldsymbol{P}_n$. 这时有

$$\begin{aligned}\int_a^b\rho(x)f(x)\mathrm{d}x&=\int_a^b\rho(x)\omega(x)q(x)\mathrm{d}x+\int_a^b\rho(x)r(x)\mathrm{d}x=\int_a^b\rho(x)r(x)\mathrm{d}x\\&=\sum_{i=0}^n A_ir(x_i)=\sum_{i=0}^n A_i[q(x_i)\omega(x_i)+r(x_i)]=\sum_{i=0}^n A_if(x_i),\end{aligned}$$

这表明公式(6.7.1)具有 $2n+1$ 次代数精度. 证毕！

定义 6.7.1　$n+1$ 个求积节点而具有 $2n+1$ 次代数精度的插值型数值求积公式(6.7.1)称为 **Gauss 型求积公式(Gaussian type quadrature formula)**，求积节点 $x_0,x_1,\cdots,x_n$ 称为 **Gauss 点(Gaussian point)**.

关于 Gauss 型数值求积公式，有如下三个定理：

定理 6.7.2　若式(6.7.1)为 Gauss 型数值求积公式，且求积节点 $\{x_0,x_1,\cdots,x_n\}\subset[a,b]$，则其求积系数皆为正，且

$$A_k=\frac{1}{[\omega'(x_k)]^2}\int_a^b\frac{\rho(x)\omega^2(x)}{(x-x_k)^2}\mathrm{d}x,\quad k=0,1,\cdots,n,\qquad(6.7.2)$$

其中 $\omega(x)=(x-x_0)(x-x_1)\cdots(x-x_n)$.

定理 6.7.3　若 $f(x)\in C[a,b]$，则 Gauss 型数值求积公式(6.7.1)收敛，即

$$\lim_{n\to\infty}I_n(f)=\int_a^b\rho(x)f(x)\mathrm{d}x.$$

定理 6.7.4　若 $f(x)\in C^{2n+2}[a,b]$，则 Gauss 型数值求积公式(6.7.1)的余项表达式为

$$R(f,G_n)=\frac{f^{(2n+2)}(\xi)}{(2n+2)!}\int_a^b \rho(x)\omega^2(x)\mathrm{d}x,\quad a\leqslant\xi\leqslant b.\tag{6.7.3}$$

定理6.7.2、定理6.7.3和定理6.7.4的证明参见文献[24].

6.7.2 几种常用的Gauss型数值求积公式

由定理6.7.1和定义6.7.1知:具有 $n+1$ 个求积节点 $x_0,x_1,\cdots,x_n$ 的插值型数值求积公式(6.7.1)是Gauss型数值求积公式的充分必要条件是求积节点 $x_0,x_1,\cdots,x_n$ 为区间$[a,b]$上以 $\rho(x)$为权函数的 $n+1$ 次正交多项式的零点.故对不同的权函数 $\rho(x)$,选取不同的正交多项式系,可以导出不同的Gauss型数值求积公式.

6.7.2.1 古典Gauss公式

定义6.7.2 在一般的Gauss型求积公式中令 $\rho(x)\equiv1,[a,b]=[-1,1]$,求积节点 $x_0,x_1,\cdots,x_n$ 是$n+1$次Legendre多项式 $\mathrm{P}_{n+1}(x)$的 $n+1$ 个零点,所得的求积公式

$$\int_{-1}^1 f(x)\mathrm{d}x\approx\sum_{k=1}^n A_k f(x_k),\tag{6.7.4}$$

称为**古典Gauss公式**(**classical Gaussian quadrature formula**)或**Gauss公式**(**Gaussian formula**).

注 由式(5.3.5)知:$n+1$次Legendre多项式为

$$\mathrm{P}_{n+1}(x)=\frac{1}{2^{n+1}(n+1)!}\frac{\mathrm{d}^{n+1}}{\mathrm{d}x^{n+1}}(x^2-1)^{n+1},\quad n=0,1,2,\cdots.$$

由式(6.7.2)和式(6.7.3)可得:Gauss公式的求积系数和误差分别为

$$A_i=\frac{2}{(1-x_i^2)\left[\mathrm{P}'_{n+1}(x_i)\right]^2},\quad i=0,1,2,\cdots,n,\tag{6.7.5}$$

$$R(f,G_{n+1})=\frac{2^{2n+3}\left[(n+1)!\right]^4}{\left[(2n+2)!\right]^3(2n+3)}f^{(2n+2)}(\xi),\quad -1\leqslant\xi\leqslant1.\tag{6.7.6}$$

部分Gauss公式的求积节点与求积系数由表6.7.1给出.

表6.7.1

n	x_k	A_k
2	±0.5773503	1.0000000
3	±0.7745967	0.5555556
	0.0000000	0.8888889

续表

n	x_k	A_k
4	± 0.8611363 ± 0.3399810	0.3478549 0.6521452
5	± 0.9061799 ± 0.5384693 0.0000000	0.2369269 0.4786287 0.5688889
6	± 0.9324695 ± 0.6612094 ± 0.2386192	0.1713245 0.3607616 0.4679139
7	± 0.9491079 ± 0.7415312 ± 0.4058452 0.0000000	0.1294850 0.2797054 0.3818301 0.4179592
8	± 0.9602899 ± 0.7966665 ± 0.5255324 ± 0.1834346	0.1012285 0.2223810 0.3137067 0.3626838

例 6.7.1 分别利用两点和三点 Gauss 公式计算 $I=\int_0^1 \frac{xe^x}{(1+x)^2}dx$ 的近似值.

解 令 $x=\frac{1}{2}(t+1)$,则

$$I=\int_0^1 \frac{xe^x}{(1+x)^2}dx=\int_{-1}^1 \frac{(t+1)e^{(t+1)/2}}{(3+t)^2}dt.$$

用两点 Gauss 公式,由表 6.7.1 得

$$I\approx \left.\frac{(t+1)e^{(t+1)/2}}{(3+t)^2}\right|_{t=-0.5773503}\times 1+\left.\frac{(t+1)e^{(t+1)/2}}{(3+t)^2}\right|_{t=0.5773503}\times 1=0.36017674.$$

用三点 Gauss 公式,由表 6.7.1 得

$$I\approx\left[\left.\frac{(t+1)e^{(t+1)/2}}{(3+t)^2}\right|_{t=-0.7745967}+\left.\frac{(t+1)e^{(t+1)/2}}{(3+t)^2}\right|_{t=0.7745967}\right]\times 0.555556$$
$$+\left[\left.\frac{(t+1)e^{(t+1)/2}}{(3+t)^2}\right|_{t=0}\right]\times 0.8888889=0.35918717.$$

6.7.2.2 Gauss-Chebyshev 求积公式

定义 6.7.3 在一般的 Gauss 型求积公式中取权函数 $\rho(x)=\frac{1}{\sqrt{1-x^2}}$,积分区间 $[a,b]=[-1,1]$,求积节点 $x_0,x_1,\cdots,x_n$ 为 $n+1$ 次 Chebyshev 多项式

$T_{n+1}(x)$ 的 $n+1$ 个零点，所得的求积公式

$$\int_{-1}^{1}\frac{1}{\sqrt{1-x^2}}f(x)\mathrm{d}x \approx \sum_{i=0}^{n}A_i f(x_i) \tag{6.7.7}$$

称为 **Gauss-Chebyshev 求积公式**（**Gauss-Chebyshev quadrature formula**）.

注 由式(5.3.8)知：$n+1$ 次 Chebyshev 多项式为

$$T_{n+1}(x) = \cos((n+1)\arccos x), \quad -1 \leqslant x \leqslant 1, \quad n = 0,1,2,\cdots.$$

Gauss-Chebyshev 求积公式的求积节点是 $n+1$ 次 Chebyshev 多项式的 $n+1$ 个零点：

$$x_i = \cos\left(\frac{2i+1}{2n+2}\pi\right), \quad i = 0,1,\cdots,n. \tag{6.7.8}$$

由式(6.7.2)和式(6.7.3)可得：Gauss-Chebyshev 求积公式的求积系数和误差分别是

$$A_i = \frac{\pi}{n+1}, \quad i = 0,1,\cdots,n, \tag{6.7.9}$$

$$R(f,G_{n+1}) = \frac{\pi}{2^{2n+1}(2n+2)!}f^{(2n+2)}(\xi), \quad -1 \leqslant \xi \leqslant 1. \tag{6.7.10}$$

由式(6.7.8)和式(6.7.9)知：Gauss-Chebyshev 数值求积公式(6.7.7)又可写为

$$\int_{-1}^{1}\frac{1}{\sqrt{1-x^2}}f(x)\mathrm{d}x \approx \frac{\pi}{n+1}\sum_{i=0}^{n}f\left(\cos\frac{2i+1}{2n+2}\pi\right). \tag{6.7.11}$$

注 Gauss-Chebyshev 求积公式的最大优点是求积系数都相同，在实际应用时可以减少 n 次乘法运算.

例 6.7.2 利用三点 Gauss-Chebyshev 求积公式和三点 Gauss 公式分别计算积分 $\int_{-1}^{1}\mathrm{e}^x\mathrm{d}x$ 的近似值.

解 用三点 Gauss-Chebyshev 求积公式，积分可写为

$$I = \int_{-1}^{1}\mathrm{e}^x\mathrm{d}x = \int_{-1}^{1}\frac{1}{\sqrt{1-x^2}}\mathrm{e}^x\sqrt{1-x^2}\mathrm{d}x.$$

由式(6.7.8)知，求积节点为 $-0.86602540, 0, 0.86602540$，于是

$$I \approx \frac{\pi}{3}\left(\sqrt{1-(-0.86602540)^2}\mathrm{e}^{-0.86602540} + 1 + \sqrt{1-(0.86602540)^2}\mathrm{e}^{0.86602540}\right)$$
$$= 2.51225976.$$

用三点 Gauss 求积公式，由表 6.7.1 得

$$I \approx (\mathrm{e}^{0.77459667} + \mathrm{e}^{-0.77459667}) \times 0.55555556 + 1 \times 0.88888889 = 2.35033694.$$

而实际上

$$I = \int_{-1}^{1} e^x dx = e - e^{-1} = 2.3503402387\cdots.$$

由计算可知,计算积分$\int_{-1}^{1} e^x dx$ 的近似值时,利用三点 Gauss 公式所得结果比利用三点 Gauss-Chebyshev 求积公式所得结果要精确得多,请读者考虑原因.

6.7.2.3 Gauss-Laguerre 求积公式

定义 6.7.4 在一般的 Gauss 型求积公式中取权函数 $\rho(x) = e^{-x}$,积分区间 $[a,b]=[0,+\infty)$,求积节点 $x_0,x_1,\cdots,x_n$ 为 $n+1$ 次 Laguerre 多项式 $L_{n+1}(x)$ 的 $n+1$ 个零点,所得的求积公式

$$\int_0^{+\infty} e^{-x} f(x) dx \approx \sum_{i=0}^{n} A_i f(x_i) \tag{6.7.12}$$

称为 **Gauss-Laguerre 求积公式(Gauss-Laguerre quadrature formula)**.

注 由式(5.3.15)知:$n+1$ 次 Laguerre 多项式为

$$L_{n+1}(x) = e^x \frac{d^{n+1}}{dx^{n+1}}(x^{n+1}e^{-x}), \quad 0 \leqslant x < +\infty, \quad n = 0,1,2,\cdots.$$

由式(6.7.2)和式(6.7.3)可得:Gauss-Laguerre 求积公式的求积系数和误差分别是

$$A_i = \frac{[(n+1)!]^2}{x_i [L'_{n+1}(x_i)]^2}, \quad i = 0,1,\cdots,n, \tag{6.7.13}$$

$$R(f,G_{n+1}) = \frac{[(n+1)!]^2}{(2n+2)!} f^{(2n+2)}(\xi), \quad 0 \leqslant \xi < +\infty. \tag{6.7.14}$$

部分 Gauss-Laguerre 求积公式的求积节点与求积系数由表 6.7.2 给出.

表 6.7.2

n	x_i	A_i	$A_i e^{x_i}$
1	0.58578644	0.85355339	1.53332603
	3.41421356	0.14644661	4.45095734
2	0.41577456	0.71109301	1.07769286
	2.29420836	0.27851773	2.76214296
	6.28994508	0.01038926	5.60109463
3	0.32254769	0.60315410	0.83273912
	1.74576110	0.35741869	2.04810244
	4.53662030	0.03888791	3.63114631
	9.39507091	0.00053929	6.48714508

例 6.7.3 利用三点 Gauss-Laguerre 求积公式计算积分 $I = \int_0^{+\infty} e^{-x^2} \cdot \sqrt{1+x^2} dx$ 的近似值.

解 因为$I=\int_0^{+\infty}e^{-x^2}\sqrt{1+x^2}dx=\int_0^{+\infty}e^{-x}(e^{-x^2+x}\sqrt{1+x^2})dx$,所以$f(x)=e^{-x^2+x}\sqrt{1+x^2}$.

由表6.7.2得

$$x_0=0.41577456,\quad x_1=2.29420836,\quad x_2=6.28994508,$$

$$A_0=0.71109301,\quad A_1=0.27851773,\quad A_2=0.01038926,$$

由三点Gauss-Laguerre求积公式得

$$\begin{aligned}I&=\int_0^{+\infty}e^{-x^2}\sqrt{1+x^2}dx\approx A_0f(x_0)+A_1f(x_1)+A_2f(x_2)\\&=1.01763670.\end{aligned}$$

6.7.2.4 Gauss-Hermite 数值求积公式

定义6.7.5 在一般的Gauss型求积公式中取权函数$\rho(x)=e^{-x^2}$,积分区间$[a,b]=(-\infty,+\infty)$,求积节点$x_0,x_1,\cdots,x_n$为$n+1$次Hermite多项式$H_{n+1}(x)$的$n+1$个零点,所得的求积公式

$$\int_{-\infty}^{+\infty}e^{-x^2}f(x)dx\approx\sum_{i=0}^{n}A_if(x_i) \tag{6.7.15}$$

称为Gauss-Hermite求积公式(Gauss-Hermite quadrature formula).

注 由式(5.3.18)知:$n+1$次Laguerre多项式为

$$H_{n+1}(x)=(-1)^{n+1}e^{x^2}\frac{d^{n+1}}{dx^{n+1}}(e^{-x^2}),\quad -\infty<x<+\infty,\quad n=0,1,2,\cdots.$$

由式(6.7.2)和式(6.7.3)可得:Gauss-Hermite求积公式的求积系数和误差分别是

$$A_i=\frac{2^{n+2}(n+1)!\sqrt{\pi}}{[H'_{n+1}(x_i)]^2},\quad i=0,1,\cdots,n, \tag{6.7.16}$$

$$R(f,G_{n+1})=\frac{(n+1)!\sqrt{\pi}}{2^{n+1}(2n+2)!}f^{(2n+2)}(\xi),\quad -\infty<\xi<+\infty. \tag{6.7.17}$$

部分Gauss-Hermite求积公式的求积节点与求积系数由表6.7.3给出.

表6.7.3

n	x_i	A_i	$A_ie^{x_i^2}$
1	±0.70710678	0.88622693	1.46114118
2	0.00000000	1.18163590	1.18163590
	±1.22474487	0.29540898	1.32393118
3	±0.52464762	0.80491409	1.05996448
	±1.65068012	0.08131284	1.24022582

续表

n	x_i	A_i	$A_i e^{x_i^2}$
4	0.00000000 ±0.95857246 ±2.02018287	0.94530872 0.39361932 0.01995324	0.94530872 0.98658100 1.18148863

例 6.7.4　利用三点 Gauss-Hermite 求积公式计算积分 $I = \int_0^{+\infty} e^{-x^2} \cdot \sqrt{1+x^2}dx$ 的近似值.

解　由于 $I = \frac{1}{2}\int_{-\infty}^{+\infty} e^{-x^2} \sqrt{1+x^2}dx$，取 $f(x) = \sqrt{1+x^2}$，由表 6.7.3 得

$$x_0 = -1.22474487,\quad x_1 = 0.00000000,\quad x_2 = 1.22474487,$$

$$A_1 = 1.18163590,\quad A_0 = A_2 = 0.29540898.$$

由三点 Gauss-Hermite 求积公式得

$$I = \frac{1}{2}\int_{-\infty}^{+\infty} e^{-x^2} \sqrt{1+x^2}dx \approx \frac{1}{2}[A_0 f(x_0) + A_1 f(x_1) + A_2 f(x_2)]$$

$$= 1.05790056.$$

注　而实际上

$$I = \int_0^{+\infty} e^{-x^2} \sqrt{1+x^2}dx = 1.06377977.$$

由例 6.7.3 和例 6.7.4 可知，计算积分 $I = \int_0^{+\infty} e^{-x^2} \sqrt{1+x^2}dx$ 的近似值时，用三点 Gauss-Laguerre 求积公式所得结果比利用三点 Gauss-Hermite 求积公式所得结果要精确得多，请考虑原因.

6.8　振荡函数的积分的数值求积公式

在工程实际中，常常需要计算如下形式的积分：

$$\int_a^b f(x)\cos mx dx,\quad \int_a^b f(x)\sin mx dx, \tag{6.8.1}$$

当 m 很大时，被积函数 $f(x)\cos mx$ 和 $f(x)\sin mx$ 就会在其极大值和极小值之间急剧振荡，形如式(6.8.1)的积分称为**振荡函数的积分**(**integration of oscillating functions**). 用数值方法求振荡函数的积分，要想获得比较精确的数值结果，必须使用更多的求积节点得出函数值. 然而，节点的增加不仅增加了计算量，同时这类积分的值一般都很小，因此舍入误差的积累可能使计算的相对误差过大而出现错

误.例如,用复化梯形公式和复化 Simpson 公式分别计算积分

$$I = \int_0^{\frac{5}{8}\pi} \cos 20x\mathrm{d}x$$

的近似值.若取 $n=10, h=\frac{\pi}{16}$,则用复化梯形公式和复化 Simpson 公式分别求得的近似值为 $T=-0.040665321, S=-0.11967028$,这与积分的准确值

$$I = \int_0^{\frac{5}{8}\pi} \cos 20x\mathrm{d}x = \frac{1}{20} = 0.05$$

相差很大.事实上,如果用复化梯形公式计算此积分的近似值,要求其误差不超过 0.01,由误差公式(6.5.3)

$$\begin{aligned} |R(f,T_n)| &= \left| -\frac{1}{12} \times \frac{5}{8}\pi h^2 \times 20^2 \cos(20\xi) \right| \\ &\leqslant \frac{125\pi}{6} h^2 \leqslant 0.01, \quad 0 \leqslant \xi \leqslant \frac{5}{8}\pi \end{aligned} \tag{6.8.2}$$

可以估计出 $h \leqslant 0.01236077$,即至少应取 $n=81$ 个求积节点.这样,求积节点数比较多,求积的计算量就非常大.

通过分析误差公式可以发现,用复化梯形公式计算振荡积分,之所以要取较多的求积节点,是因为在于被积函数求导时出现 m^2,当 m 较大时,误差就大.解决此类问题的一个方法是将振荡部分分离出来,只考虑非振荡部分 $f(x)$ 的逼近.逼近方法可以是分段低次多项式插值或样条函数插值等.

例如,使用分段线性插值函数计算积分 $\int_a^b f(x)\cos mx\mathrm{d}x$,令

$$h = \frac{b-a}{n}, \quad x_i = a + ih, \quad i = 0,1,\cdots,n,$$

作 $f(x)$ 的分段线性插值函数 $P_1(x)$,使得

$$P_1(x_i) = f(x_i), \quad i = 0,1,\cdots,n.$$

计算积分:

$$\begin{aligned} \int_a^b P_1(x)\cos mx\mathrm{d}x &= \sum_{i=0}^{n-1} \int_{x_i}^{x_{i+1}} P_1(x)\cos mx\mathrm{d}x \\ &= \sum_{i=0}^{n-1} \int_{x_i}^{x_{i+1}} \left\{ f(x_i) + \frac{1}{h}[f(x_{i+1}) - f(x_i)](x - x_i) \right\} \cos mx\mathrm{d}x \\ &= \sum_{i=0}^{n-1} \left\{ \frac{1}{m}\left[f(x_i) - \frac{x_i}{h}(f(x_{i+1}) - f(x_i)) \right](\sin mx_{i+1} - \sin mx_i) \right. \\ &\qquad \left. + \frac{1}{mh}[f(x_{i+1}) - f(x_i)]\left(x\sin mx + \frac{1}{m}\cos mx \right)\Bigg|_{x_i}^{x_{i+1}} \right\} \\ &= \sum_{i=0}^{n-1} \left\{ \frac{1}{m}[f(x_{i+1})\sin mx_{i+1} - f(x_i)\sin mx_i] \right. \end{aligned}$$

$$+\frac{1}{m^2h}[f(x_{i+1})-f(x_i)]\times(\cos mx_{i+1}-\cos mx_i)\Big\}$$

$$=\frac{1}{m}[f(x_n)\sin mx_n-f(x_0)\sin mx_0]+\frac{1}{m^2h}f(x_0)$$

$$\times(\cos mx_0-\cos mx_1)+\frac{1}{m^2h}\sum_{i=1}^{n-1}f(x_i)\times(2\cos mx_i-\cos mx_{i+1}$$

$$-\cos mx_{i-1})+\frac{1}{m^2h}f(x_n)\times(\cos mx_n-\cos mx_{n-1}).$$

令

$$A_0=-mh\sin mx_0+\cos mx_0-\cos mx_1,$$

$$A_n=mh\sin mx_n+\cos mx_n-\cos mx_{n-1},$$

$$A_i=2\cos mx_i-\cos mx_{i+1}-\cos mx_{i-1},\quad i=1,2,\cdots,n-1,$$

于是得到数值求积公式：

$$\int_a^b f(x)\cos mx\mathrm{d}x\approx\int_a^b P_1(x)\cos mx\mathrm{d}x=\frac{1}{m^2h}\sum_{i=0}^{n}A_if(x_i).\qquad(6.8.3)$$

同样可得数值求积公式：

$$\int_a^b f(x)\sin mx\mathrm{d}x\approx\int_a^b P_1(x)\sin mx\mathrm{d}x=\frac{1}{m^2h}\sum_{i=0}^{n}B_if(x_i),\qquad(6.8.4)$$

其中

$$B_0=mh\cos mx_0+\sin mx_0-\sin mx_1,$$

$$B_n=-mh\cos mx_n+\sin mx_n-\sin mx_{n-1},$$

$$B_i=2\sin mx_i-\sin mx_{i+1}-\sin mx_{i-1},\quad i=1,2,\cdots,n-1.$$

由分段线性插值的误差公式可得到数值求积公式(6.8.3)和(6.8.4)的误差为

$$\left|\int_a^b f(x)\cos mx\mathrm{d}x-\int_a^b P_1(x)\cos mx\mathrm{d}x\right|\leqslant(b-a)\max_{a\leqslant x\leqslant b}|f(x)-A_1(x)|$$

$$\leqslant\frac{b-a}{8}h^2\max_{a\leqslant x\leqslant b}|f''(x)|,\qquad(6.8.5)$$

$$\left|\int_a^b f(x)\cos mx\mathrm{d}x-\int_a^b P_1(x)\sin mx\mathrm{d}x\right|\leqslant(b-a)\max_{a\leqslant x\leqslant b}|f(x)-P_1(x)|$$

$$\leqslant\frac{b-a}{8}h^2\max_{a\leqslant x\leqslant b}|f''(x)|.\qquad(6.8.6)$$

取 $n=10,h=\frac{\pi}{16}$，利用数值求积公式(6.8.3)计算积分

$$I=\int_0^{\frac{5}{8}\pi}\cos 20x\mathrm{d}x,$$

可得 $I=\int_0^{\frac{5}{8}\pi}\cos 20x\mathrm{d}x\approx 0.05000000.$

6.9 重积分的数值求积公式

6.9.1 矩形域上的二元多项式插值及误差估计

定义 6.9.1 设 $f(x,y)$ 是定义在矩形区域

$$D = \{(x,y) \mid a \leqslant x \leqslant b, c \leqslant y \leqslant d\} \quad (a,b,c,d \text{ 是常数}) \tag{6.9.1}$$

上的二元连续函数.把矩形区域 D 进行如下剖分:

$$\begin{aligned} &\Delta_x : a = x_0 < x_1 < \cdots < x_n = b, \\ &\Delta_y : c = y_0 < y_1 < \cdots < y_n = d. \end{aligned} \tag{6.9.2}$$

设 $P_{n,m}(x,y)$是关于 x 和 y 的次数分别为 n 和 m 的二元多项式,若 $P_{n,m}(x,y)$满足

$$P_{n,m}(x_i,y_j) = f(x_i,y_j), \quad i = 0,1,\cdots,n; \quad j = 0,1,\cdots,m, \tag{6.9.3}$$

则称 $P_{n,m}(x,y)$为 $f(x,y)$在矩形区域上关于 x 和 y 分别为 n 次和 m 次的二元插值多项式.

令

$$\omega x_n(x) = (x - x_0)(x - x_1)\cdots(x - x_n),$$

$$\omega y_m(y) = (y - y_0)(y - y_1)\cdots(y - y_m),$$

$$l_i(x) = \frac{\omega x_n(x)}{(x - x_i)\omega x'_n(x_i)}, \quad i = 0,1,\cdots,n;$$

$$\tilde{l}_j(y) = \frac{\omega y_m(y)}{(y - y_j)\omega y'_n(y_j)}, \quad j = 0,1,\cdots,m;$$

$$l_{i,j}(x,y) = l_i(x)\tilde{l}_j(y), \quad i = 0,1,\cdots,n; \quad j = 0,1,\cdots,m,$$

由 4.2 节一元函数的 Lagrange 插值公式易知:关于 x 和 y 分别为 n 次和 m 次的二元多项式

$$P_{n,m}(x,y) = \sum_{i=0}^{n}\sum_{j=0}^{m} f(x_i,y_j)\, l_{i,j}(x,y) \tag{6.9.4}$$

满足插值条件(6.9.3).

定理 6.9.1 满足插值条件(6.9.3)的形如式(6.9.4)的插值多项式是唯一的,而且当 $f(x,y)$关于 x 有 $n+1$ 阶连续导数,关于 y 有 $m+1$ 阶连续导数,则有

$$\max_{\substack{a\leqslant x\leqslant b\\ c\leqslant y\leqslant d}} |f(x,y) - P_{n,m}(x,y)| = O\left\{\max_{\substack{1\leqslant i\leqslant n\\ 1\leqslant j\leqslant m}} \left(h_i^{n+1}, \tilde{h}_j^{m+1}\right)\right\}, \tag{6.9.5}$$

其中

$$h_i = x_i - x_{i-1}, \quad i = 1,2,\cdots,n;$$
$$\tilde{h}_j = y_j - y_{j-1}, \quad j = 1,2,\cdots,m.$$

6.9.2 重积分的数值计算

为简便起见，考虑矩形区域(6.9.1)上的二重积分

$$I = \iint_D f(x,y)\mathrm{d}x\mathrm{d}y, \tag{6.9.6}$$

其中 $f(x,y)$ 为 D 上的连续函数.

设矩形区域 D 的剖分为式(6.9.2)，用 $f(x,y)$ 关于 x 和 y 分别为 n 次和 m 次的二元多项式 $P_{n,m}(x,y)$ 在 D 上的二重积分作为二重积分(6.9.6)的近似值，可得矩形域上二重积分的数值积分公式(numerical integration formula of double integral)

$$I = \iint_D f(x,y)\mathrm{d}x\mathrm{d}y \approx \iint_D P_{n,m}(x,y)\mathrm{d}x\mathrm{d}y = \sum_{i=0}^{n}\sum_{j=0}^{m} A_{i,j}f(x_i,y_j), \tag{6.9.7}$$

其中

$$A_{i,j} = \int_a^b l_i(x)\mathrm{d}x\int_c^d l_j(y)\mathrm{d}y, \quad i = 0,1,\cdots,n; \quad j = 0,1,\cdots,m.$$

公式(6.9.7)称为计算二重积分(6.9.6)的插值型数值求积公式.

当 $n = m = 1$ 时，求积公式(6.9.7)为

$$\begin{aligned} I = \iint_D f(x,y)\mathrm{d}x\mathrm{d}y &= \int_a^b \mathrm{d}x\int_c^d f(x,y)\mathrm{d}y \\ &\approx \frac{1}{4}(b-a)(d-c)[f(a,c)+f(a,d)+f(b,c)+f(b,d)]. \end{aligned}$$

称

$$T(f) = \frac{1}{4}(b-a)(d-c)[f(a,c)+f(a,d)+f(b,c)+f(b,d)] \tag{6.9.8}$$

为计算二重积分(6.9.6)的**梯形公式**.

当 $n = m = 2$ 时，由公式(6.9.7)可得计算二重积分(6.9.6)的 **Simpson 公式**

$$\begin{aligned} S(f) = \frac{(b-a)(d-c)}{36}\Big[& f(a,c) + 4f\left(a,\frac{c+d}{2}\right) + f(a,d) + 4f\left(\frac{a+b}{2},c\right) \\ & + 16f\left(\frac{a+b}{2},\frac{c+d}{2}\right) + 4f\left(\frac{a+b}{2},d\right) + f(b,c) + 4f\left(b,\frac{c+d}{2}\right) + f(b,d)\Big]. \end{aligned} \tag{6.9.9}$$

因为公式(6.9.8)和(6.9.9)实际上是关于 x 方向和 y 方向同时使用了定积分的梯形公式或 Simpson 公式，所以由定积分的梯形公式和 Simpson 公式的余项公式(6.4.14)和(6.4.19)，可得到式(6.9.8)和(6.9.9)的余项分别为

$$I - T(f) = -\frac{(b-a)(d-c)}{12}\left[(b-a)^2\frac{\partial^2 f(\xi_1,\eta_1)}{\partial x^2} + (d-c)^2\frac{\partial^2 f(\xi_2,\eta_2)}{\partial y^2}\right], \tag{6.9.10}$$

$$I - S(f) = -\frac{(b-a)(d-c)}{180}\left[\frac{(b-a)^4}{16}\frac{\partial^4 f(\xi_1,\eta_1)}{\partial x^4} + \frac{(d-c)^4}{16}\frac{\partial^4 f(\xi_2,\eta_2)}{\partial y^4}\right]. \tag{6.9.11}$$

其中

$$(\xi_1,\eta_1),(\xi_2,\eta_2) \in D.$$

由余项公式(6.9.10)和(6.9.11)知：数值求积公式(6.9.8)和(6.9.9)的余项与使用公式(6.9.8)和(6.9.9)的矩形的长和宽有关；长和宽越小，余项也越小. 因此，为了提高精确度，考虑二重积分的复化求积公式.

6.9.3 重积分的复化求积公式

设矩形区域 $D=\{(x,y)\mid a\leqslant x\leqslant b, c\leqslant y\leqslant d\}$ 关于 x 方向被 n 等分，关于 y 方向被 m 等分，即 x,y 方向的步长分别为 $h_x=\dfrac{b-a}{n}$，$h_y=\dfrac{d-c}{m}$，节点

$$x_i = a + ih_x,\quad i = 0,1,\cdots,n,$$
$$y_j = c + jh_y,\quad j = 0,1,\cdots,m,$$

则积分

$$I = \iint_D f(x,y)\mathrm{d}x\mathrm{d}y = \sum_{i=0}^{n-1}\sum_{j=0}^{m-1}\int_{x_i}^{x_{i+1}}\mathrm{d}x\int_{y_j}^{y_{j+1}} f(x,y)\mathrm{d}y. \tag{6.9.12}$$

使用梯形公式(6.9.8)得

$$\begin{aligned} T_{n,m}(f) &= \frac{h_x h_y}{4}\sum_{i=0}^{n-1}\sum_{j=0}^{m-1}[f(x_i,y_j) + f(x_i,y_{j+1}) + f(x_{i+1},y_j) + f(x_{i+1},y_{j+1})] \\ &= \frac{h_x h_y}{4}\Big\{f(a,c) + f(a,d) + f(b,c) + f(b,d) + 4\sum_{i=1}^{n-1}\sum_{j=1}^{m-1} f(x_i,y_j) \\ &\quad + 2\sum_{i=1}^{n-1}[f(x_i,c) + f(x_i,d)] + 2\sum_{j=1}^{m-1}[f(a,y_j) + f(b,y_j)]\Big\}, \end{aligned} \tag{6.9.13}$$

式(6.9.13)称为二重积分(6.9.6)的**复化梯形公式**.

对二重积分(6.9.12)使用 Simpson 公式(6.9.9)得

$$
\begin{aligned}
S_{n,m}(f) = \frac{h_x h_y}{36}\sum_{i=0}^{n-1}\sum_{j=0}^{m-1}[& f(x_i,y_j)+f(x_i,y_{j+1})+f(x_{i+1},y_j) \\
& +f(x_{i+1},y_{j+1})+16f(x_{i+\frac{1}{2}},y_{j+\frac{1}{2}})+4f(x_i,y_{j+\frac{1}{2}}) \\
& +4f(x_{i+1},y_{j+\frac{1}{2}})+4f(x_{i+\frac{1}{2}},y_j)+4f(x_{i+\frac{1}{2}},y_{j+1})],
\end{aligned}
$$

其中

$$
x_{i+\frac{1}{2}} = \frac{x_i + x_{i+1}}{2},\quad i=0,1,\cdots,n-1;
$$

$$
y_{j+\frac{1}{2}} = \frac{y_j + y_{j+1}}{2},\quad j=0,1,\cdots,m-1.
$$

整理上式得

$$
\begin{aligned}
S_{n,m}(f) = \frac{h_x h_y}{36}\Bigg\{ & f(a,c)+f(a,d)+f(b,c)+f(b,d)+4\sum_{i=1}^{n-1}\sum_{j=1}^{m-1}f(x_i,y_j) \\
& +2\left[\sum_{i=1}^{n-1}(f(x_i,c)+f(x_i,d))+\sum_{j=1}^{m-1}(f(a,y_j)+f(b,y_j))\right] \\
& +4\left[\sum_{i=0}^{n-1}(f(x_{i+\frac{1}{2}},c)+f(x_{i+\frac{1}{2}},d))+\sum_{j=0}^{m-1}(f(a,y_{j+\frac{1}{2}})+f(b,y_{j+\frac{1}{2}}))\right] \\
& +8\sum_{i=1}^{n-1}\sum_{j=0}^{m-1}f(x_i,y_{j+\frac{1}{2}})+8\sum_{i=0}^{n-1}\sum_{j=1}^{m-1}f(x_{i+\frac{1}{2}},y_j)+16\sum_{i=0}^{n-1}\sum_{j=0}^{m-1}f(x_{i+\frac{1}{2}},y_{j+\frac{1}{2}})\Bigg\},
\end{aligned}
\tag{6.9.14}
$$

式(6.9.14)称为二重积分(6.9.6)的**复化 Simpson 公式**.

例 6.9.1　设 $I=\iint\limits_D f(x,y)\mathrm{d}x\mathrm{d}y$, $f(x,y)=\mathrm{e}^{x-y}$, $D=\{(x,y)\mid 0\leqslant x\leqslant 1, 0\leqslant y\leqslant 1\}$,

(1) 用梯形公式(6.9.8)和 Simpson 公式(6.9.9)计算 I 的近似值;

(2) 取 $n=m=4$,用复化梯形公式(6.9.13)计算 I 的近似值;

(3) 取 $n=m=2$,用复化 Simpson 公式(6.9.14)计算 I 的近似值.

解　(1) 由梯形公式(6.9.8)得

$$
\begin{aligned}
I\approx T(f) &= \frac{1}{4}[f(0,0)+f(0,1)+f(1,0)+f(1,1)] \\
&= \frac{2+\mathrm{e}+\mathrm{e}^{-1}}{4} = 1.27154032,
\end{aligned}
$$

由 Simpson 公式(6.9.9)得

$$
\begin{aligned}
I\approx S(f) = \frac{1}{36}\Big\{ & f(0,0)+f(0,1)+f(1,0)+f(1,1)+16f\left(\frac{1}{2},\frac{1}{2}\right) \\
& +4\left[f\left(0,\frac{1}{2}\right)+f\left(1,\frac{1}{2}\right)+f\left(\frac{1}{2},0\right)+f\left(\frac{1}{2},1\right)\right]\Big\}
\end{aligned}
$$

$$= \frac{18 + e + e^{-1} + 8(e^{\frac{1}{2}} + e^{-\frac{1}{2}})}{36} = 1.08689380.$$

(2) 这时 $h_x = h_y = \dfrac{1}{4}, a = 0, b = 1, c = 0, d = 1,\ x_i = y_i = \dfrac{1}{4}i, i = 1,2,3.$ 由复化梯形公式(6.9.13)得

$$I \approx T_{4,4}(f) = \frac{14 + 12e^{\frac{1}{4}} + 8e^{\frac{2}{4}} + 4e^{\frac{3}{4}} + e + 12e^{-\frac{1}{4}} + 8e^{-\frac{2}{4}} + 4e^{-\frac{3}{4}} + e^{-1}}{64}$$

$$= 1.09749308.$$

(3) 这时 $h_x = h_y = \dfrac{1}{2}, a = 0, b = 1, c = 0, d = 1, x_1 = y_1 = \dfrac{1}{2}, x_{\frac{1}{2}} = y_{\frac{1}{2}} = \dfrac{1}{4},$ $x_{\frac{3}{2}} = y_{\frac{3}{2}} = \dfrac{3}{4}$. 由复化 Simpson 公式(6.9.14)得

$$I \approx S_{n,m}(f) = \frac{38 + e + e^{-1} + 8e^{\frac{3}{4}} + 20e^{\frac{1}{2}} + 24e^{\frac{1}{4}} + 8e^{-\frac{3}{4}} + 20e^{-\frac{1}{2}} + 24e^{-\frac{1}{4}}}{144}$$

$$= 1.08620806.$$

积分的准确值为

$$I = \iint_D e^{x-y}\,dx\,dy = \int_0^1 e^x\,dx \int_0^1 e^{-y}\,dy = \frac{(e-1)^2}{e} = 1.08616127.$$

由计算结果可知:重积分的数值求积公式与定积分的数值求积公式有相类似的性质.一般情况下,由复化梯形公式所得结果比由梯形公式所得结果要准确,由复化 Simpson 公式所得结果比由 Simpson 公式所得结果要准确,当复化梯形公式和复化 Simpson 公式所用的被积函数的函数值相同时,由复化 Simpson 公式所得结果比由复化梯形公式所得结果更准确.

实际计算中,将 $f(x,y)$ 在 $D = \{(x,y) \mid a \leqslant x \leqslant b, c \leqslant y \leqslant d\}$(这里 a,b,c,d 是常数)上的二重积分化为

$$I = \int_c^d dy \int_a^b f(x,y)\,dx.$$

记 $F(y) = \int_a^b f(x,y)\,dx$,分别对积分 $\int_a^b f(x,y)\,dx$ 和 $\int_c^d F(y)\,dy$ 使用 Gauss 型求积公式,可能得到精度更高的二重积分的数值求积公式.

例 6.9.2 设 $D = \{(x,y) \mid 0 \leqslant x, y \leqslant 1\}, f(x,y) = e^{x-y}$,利用三点 Gauss 公式计算二重积分 $I = \iint_D f(x,y)\,dx\,dy$ 的近似值.

解 通过变量代换 $\begin{cases} x = \dfrac{u+1}{2}, \\ y = \dfrac{v+1}{2}, \end{cases}$ 把二重积分 $I = \iint_D f(x,y)\,dx\,dy$ 化为

$$I=\iint_D f(x,y)\mathrm{d}x\mathrm{d}y=\frac{1}{4}\int_{-1}^{1}\int_{-1}^{1}g(u,v)\mathrm{d}u\mathrm{d}v,$$

其中，$g(u,v)=f\left(\frac{u+1}{2},\frac{v+1}{2}\right)$. 再把积分$\frac{1}{4}\int_{-1}^{1}\int_{-1}^{1}g(u,v)\mathrm{d}u\mathrm{d}v$ 化为

$$I=\frac{1}{4}v\int_{-1}^{1}G(v)\mathrm{d}v,\quad G(v)=\int_{-1}^{1}\mathrm{e}^{\frac{u-v}{2}}\mathrm{d}u.$$

对积分 $G(v)=\int_{-1}^{1}\mathrm{e}^{\frac{u-v}{2}}\mathrm{d}u$ 应用三点 Gauss 公式(6.7.4)，得

$$F(v)\approx A_0^{(u)}f(u_0,v)+A_1^{(u)}f(u_1,v)+A_2^{(u)}f(u_2,v).$$

再对上式右端利用三点 Gauss-Legendre 公式(6.7.4)，得

$$\begin{aligned}I\approx\frac{1}{4}[&A_0^{(v)}(A_0^{(u)}f(u_0,v_0)+A_1^{(u)}f(u_1,v_0)+A_2^{(u)}f(u_2,v_0))\\&+A_1^{(v)}(A_0^{(u)}f(u_0,v_1)+A_1^{(u)}f(u_1,v_1)+A_2^{(u)}f(u_2,v_1))\\&+A_2^{(v)}(A_0^{(u)}f(u_0,v_2)+A_1^{(u)}f(u_1,v_2)+A_2^{(u)}f(u_2,v_2))].\end{aligned}\tag{6.9.15}$$

由表 6.7.1 知

$u_0=v_0=-0.77459667,\quad u_1=v_1=0.00000000,\quad u_2=v_2=0.77459667,$

$A_0^{(u)}=A_2^{(u)}=A_0^{(v)}=A_2^{(v)}=0.55555556,\quad A_1^{(u)}=A_1^{(v)}=0.88888889.$

将以上数值代入式(6.9.15)得

$$I\approx1.08616024.$$

6.10　算法程序

6.10.1　变步长的中点公式求导数

```
%变步长的中点公式求导数
%fun 表示需要求导的函数 f(x)；x0 表示在该点求函数 f(x)的导数的近似值
%eps 表示精度；h0 表示初始步长
function VarStep(fun,x0,eps,h0)
Error = 1；
h = h0；
Count = 0；
while Error>eps
    f1 = feval(fun,x0 + h)；
    f2 = feval(fun,x0 - h)；
```

```
    f3 = (f1 - f2)/(2 * h);
    h = h/2;
    Count = Count + 1;
    f1 = feval(fun,x0 + h);
    f2 = feval(fun,x0 - h);
    df = (f1 - f2)/(2 * h);
    Error = abs(df - f3);
end
fprintf('步长二分次数为:%d 次',Count);
disp(',且函数在给定点满足精度要求的导数值的近似值为:');
df,
end
```

例 6.10.1　取 $h=0.1$,利用变步长的中点公式求函数 $f(x)=\arctan x$ 在 $x_0=0.5$ 处的导数 $f'(0.5)$的近似值,要求误差不超过10^{-4}.

解　在 MATLAB 命令窗口中输入

```
fun = inline('atan(x)');   x0 = 0.5;   eps = 0.0001;   h0 = 0.1;
VarStep(fun,x0,eps,h0)
```

回车,可得结果为:

```
步长二分次数为:2 次,且函数在给定点的导数为:
df =
    0.8000
```

6.10.2　Richardson 外推法

```
%Richardson 外推法
%x0 表示在该点求函数 f(x)导数值的近似值;h 为步长;n 为迭代次数
function Richardson(x0,h,n)
if n == 1
    f1 = (f(x0 + h) - f(x0 - h))/(2 * h);
else
    f1 = (Richardson(X0,Step/2,n - 1) - (1/2)^(2 * (n - 1)) * …
            Richardson(X0,Step,n - 1))/(1 - (1/2)^(2 * (n - 1)));
end
format long
r = f1;
function r = f(x)
r = exp(x);
```

例 6.10.2　已知函数 $f(x)=e^x$,用 Richardson 外推法计算 $f'(1)$.

解　在 MATLAB 命令窗口中输入

```
Richardson(1,0.8,3)
```

回车,输出结果:

```
ans =
    2.71828406353570
```

注　因为本题的函数式 $f(x)=e^x$,所以在程序中的最后一行是 r=exp(x);若题目中是其他函数,则此句也应该改成相应的其他函数.

6.10.3　复化梯形公式求积分

```
%复化梯形公式求积分
%被积函数为函数文件 fun
%a 是积分下限,b 是积分上限,eps 是输出结果的精度,InitN 是区间初始分点数
%I 是积分近似值,FinalN 是最终区间等分数,RChain 是迭代过程所有值
function CompTrap(fun,a,b,eps,InitN)
Temp = sum(feval(fun,[a b]))/2;
k = 0;
TN = 0;
T2N = 0;
h = (b - a)/InitN;
XN = a:h:b;
TN = TN + sum(feval(fun,XN)) - Temp;
TN = TN * h;
h = h/2;
XN = a:h:b;
T2N = T2N + sum(feval(fun,XN)) - Temp;
T2N = T2N * h;
Error = abs(T2N - TN);
k = 1;
RChain(k) = T2N;
while Error>eps
    k = k + 1;
    TN = T2N;
    T2N = 0;
    h = h/2;
    XN = a:h:b;
    T2N = T2N + sum(feval(fun,XN)) - Temp;
    T2N = T2N * h;
```

```
    Error = abs(T2N - TN);
    RChain(k) = T2N;
end
format long
disp('最终区间等分数是:')
FinalN = (b - a)/h,
disp('所求积分满足精度要求的近似值是:')
I = T2N,
end
```

例 6.10.3 用复化梯形公式计算积分 $I = \int_0^1 \frac{xe^x}{(1+x)^2}dx$,要求误差不超过$10^{-5}$.

解 在 MATLAB 命令窗口输入

```
fun = inline('x. * exp(x)./(1 + x).^2');   CompTrap(fun,0,1,0.00001,2)
```

回车,输出结果:

```
最终区间等分数是
FinalN =
    128
所求积分满足精度要求的近似值是
I =
    0.35913928448364
```

6.10.4 复化 Simpson 公式

```
%复化 Simpson 公式求积分
%被积函数为函数文件 fun
%a 是积分下限,b 是积分上限,eps 是输出结果的精度,InitN 是区间初始分点数
function CompSimpson(fun,a,b,eps,InitN)
Temp = sum(feval(fun,[a b]))/6;
SN = 0;
S2N = 0;
h = (b - a)/InitN;
XN = a:h:b;
XhN = a:h/2:b;
SN = h * ((4 * sum(feval(fun,XhN)) - 2 * sum(feval(fun,XN)))/6 - Temp);
h = h/2;
XN = a:h:b;
XhN = a:h/2:b;
S2N = h * ((4 * sum(feval(fun,XhN)) - 2 * sum(feval(fun,XN)))/6 - Temp);
```

```
Error = abs(S2N - SN);
k = 1;
RChain(k) = S2N;
while Error>eps
    k = k + 1;
    SN = S2N;
    S2N = 0;
    h = h/2;
    XN = a:h:b;
    XhN = a:h/2:b;
    S2N = h * ((4 * sum(feval(fun,XhN)) - 2 * sum(feval(fun,XN)))/6 - Temp);
    Error = abs(S2N - SN);
    RChain(k) = S2N;
end
format long
disp('最终区间等分数是:')
FinalN = (b - a)/h,
disp('所求积分满足精度要求的近似值是:')
I = S2N,
end
```

例 6.10.4　用复化 Simpson 公式计算积分 $I = \int_0^1 \frac{xe^x}{(1+x)^2}dx$，要求误差不超过$10^{-5}$.

解　在 MATLAB 命令窗口输入

```
fun = inline('x. * exp(x). /(1 + x). ^2');  CompSimpson(fun,0,1,0.00001,2)
```

回车，输出结果：

```
最终区间等分数是
FinalN =
    8
所求积分满足精度要求的近似值是
I =
    0.35914021901962
```

6.10.5　Romberg 算法

```
%Romberg 算法
%fun 是被积函数;[a,b]是区间,N 是区间[a,b]被划分的段数
function Romberg(fun,a,b,N)
R1 = 0;
```

```
R2=0;
R3=0;
for i=1:4*N-1
    if i<=N-1
        R1=R1+feval(fun,a+i*(b-a)/N);
    end
    if i<=2*N-1
        R2=R2+feval(fun,a+i*(b-a)/(2*N));
    end
    R3=R3+feval(fun,a+i*(b-a)/(4*N));
end
format long
Tn=(b-a)/(2*N)*(sum(feval(fun,[a b]))+2*R1);
T2n=(b-a)/(4*N)*(sum(feval(fun,[a b]))+2*R2);
T4n=(b-a)/(8*N)*(sum(feval(fun,[a b]))+2*R3);
Sn=(4*T2n-Tn)/(4-1);
S2n=(4*T4n-T2n)/(4-1);
disp('所求积分的近似值是:')
I=(4^2*S2n-Sn)/(4^2-1),
end
```

例 6.10.5 用 Romberg 算法计算 $I=\int_0^1 \frac{xe^x}{(1+x)^2}dx$.

解 在 MATLAB 命令窗口中输入

```
fun=inline('x.*exp(x)./(1+x).^2');  Romberg(fun,0,1,8)
```

回车,输出结果:

```
所求积分的近似值是
I=
    0.35914091372630
```

6.10.6 振荡函数的求积公式

```
%振荡函数的求积公式(cos类型)
%eps表示精度
function Result=OsciCos(fun,m,a,b,eps)
N=1;
Error=eps+1;
while Error>eps
    N=N+1;
```

```
    X = linspace(a,b,N);
    h = X(2) - X(1);
    A(1) = -m*h*sin(m*X(1)) + cos(m*X(1)) - cos(m*X(2));
    A(N) = m*h*sin(m*X(N)) + cos(m*X(N)) - cos(m*X(N-1));
    for i = 2:N-1
        A(i) = 2*cos(m*X(i)) - cos(m*X(i+1)) - cos(m*X(i-1));
    end
    if N>2                      %循环至少执行两次,即至少分成三段
        %使用sum是为了防止fun为常函数
        Error = 1/(h*m^2)*sum(feval(fun,X)*A') - Result;
        Result = Error + Result;
        Error = abs(Error);
    else
        Result = 1/(h*m^2)*sum(feval(fun,X)*A');
    end
end
%振荡函数的求积公式(sin类型)
%eps表示精度
function Result = OsciSin(fun,m,a,b,eps)
N = 1;
Error = eps + 1;
while Error>eps
    N = N + 1;
    X = linspace(a,b,N);
    h = X(2) - X(1);
    B(1) = m*h*cos(m*X(1)) + sin(m*X(1)) - sin(m*X(2));
    B(N) = -m*h*cos(m*X(N)) + sin(m*X(N)) - sin(m*X(N-1));
    for i = 2:N-1
        B(i) = 2*sin(m*X(i)) - sin(m*X(i+1)) - sin(m*X(i-1));
    end
    if N>2                      %循环至少执行两次,即至少分成三段
        %使用sum是为了防止fun为常函数
        Error = 1/(h*m^2)*sum(feval(fun,X)*B') - Result;
        Result = Error + Result;
        Error = abs(Error);
    else
        Result = 1/(h*m^2)*sum(feval(fun,X)*B');
    end
```

```
end
format long;
end
```

例 6.10.6 利用振荡函数的求积公式计算下列积分的近似值,要求误差不超过10^{-4}.

$$I=\int_0^{\frac{5}{8}\pi}x^2(\sin 30x+\cos 30x)\mathrm{d}x.$$

解 在 MATLAB 命令窗口中输入

```
fun=inline('x.^2');
OsciSin(fun,30,0,5*pi/8,0.0001)+OsciCos(fun,30,0,5*pi/8,0.0001)
```

回车,输出结果:

```
ans=
    0.18199707486374
```

6.10.7 二重积分的复化梯形公式

```
%二重积分的复化梯形公式
function Result=DInteTrap(fun,a,b,c,d,n,m)
X=linspace(a,b,n+1);
Y=linspace(c,d,m+1);
HX=X(2)-X(1);
HY=Y(2)-Y(1);
Result=0;
for i=1:n
    for j=1:m
        Result=Result+feval(fun,X(i),Y(j));
        Result=Result+feval(fun,X(i),Y(j+1));
        Result=Result+feval(fun,X(i+1),Y(j));
        Result=Result+feval(fun,X(i+1),Y(j+1));
    end
end
Result=Result*HX*HY/4;
end
```

例 6.10.7 取 $n=m=4$,用复化梯形公式计算下列二重积分的近似值:

$$I=\int_0^{0.2}\int_0^{0.5}\mathrm{e}^{y-x}\mathrm{d}x\mathrm{d}y.$$

解 在 MATLAB 命令窗口中输入:

```
fun=inline('exp(y-x)','x','y'); DInteTrap(fun,0,0.2,0,0.5,4,4)
```

回车,输出结果:

```
ans =
    0.11777082196543
```

6.10.8　二重积分的复化 Simpson 公式

```
%二重积分的复化 Simpson 公式
function Result = DInteSimp(fun,a,b,c,d,n,m)
X = linspace(a,b,n+1);
Y = linspace(c,d,m+1);
HX = X(2) - X(1);
HY = Y(2) - Y(1);
Result = 0;
for i = 1:n
    HalfX = (X(i) + X(i+1))/2;
    for j = 1:m
        HalfY = (Y(j) + Y(j+1))/2;
        Result = Result + feval(fun,X(i),Y(j));
        Result = Result + feval(fun,X(i),Y(j+1));
        Result = Result + feval(fun,X(i+1),Y(j));
        Result = Result + feval(fun,X(i+1),Y(j+1));
        Result = Result + feval(fun,HalfX,HalfY) * 16;
        Result = Result + feval(fun,X(i),HalfY) * 4;
        Result = Result + feval(fun,X(i+1),HalfY) * 4;
        Result = Result + feval(fun,HalfX,Y(j)) * 4;
        Result = Result + feval(fun,HalfX,Y(j+1)) * 4;
    end
end
Result = Result * HX * HY/36;
format long
end
```

例 6.10.8　取 $n = m = 4$,用复化 Simpson 公式计算下列二重积分的近似值.

$$I = \int_0^{0.2}\int_0^{0.5} e^{y-x}\,dx\,dy.$$

解　在 MATLAB 命令窗口中输入

```
fun = inline('exp(y - x)','x','y');  DInteSimp(fun,0,0.2,0,0.5,4,4)
```

回车,输出结果:

```
ans =
    0.11759322642115
```

本章小结

本章讨论了数值微积分方法,其理论基础是函数的 Taylor 展开、插值及正交多项式的有关性质.

数值微分部分介绍了利用插值型微分公式、三次样条函数近似函数一、二阶微分、变步长的中点方法以及 Richardson 外推加速法.插值型微分公式只适合求节点处的导数的近似值;三次样条函数方法能保证求导数的任意精度,但需要解方程组,计算量比较大;而结合变步长的中点方法的 Richardson 外推加速法是一个比较快速、精度也较好的求导数近似值的迭代法.

数值积分部分介绍了各种数值积分方法,如等距节点的 Newton-Cotes 求积公式、复化 Newton-Cotes 求积公式、Romberg 积分法及 Gauss 型求积公式.

在等距节点的 Newton-Cotes 公式中,最常用的是梯形公式、Simpson 公式及 Cotes 公式.虽然梯形公式、Simpson 公式是低精度公式,但对被积函数的光滑性要求不高,因此它们对被积函数光滑性较差的积分很有效.特别是梯形公式对被积函数是周期函数时,效果更突出.高阶 Newton-Cotes 求积公式稳定性差,收敛较慢.为了提高收敛速度而建立的复化梯形公式、复化 Simpson 公式是目前被广泛使用的方法.Romberg 积分法的特点是算法简单且计算量不大(当节点加密时,前面计算的结果可为后面的计算使用),是一个很好的加速方法.Gauss 型积分法是非等距节点的求积公式,它的特点是精度高,并能解决无穷积分的计算问题,但由于节点分布不规则,当增加节点时,前面计算出的函数值不能再利用,必须重算函数值,计算过程比较繁琐.为了提高精度、减少计算量,也可以采用复化 Gauss 型求积公式.

本章还对振荡函数的积分做了简单的介绍.也可对被积函数中的非振荡部分做三次样条插值或分段二次插值近似,得到振荡函数积分的数值求积公式.另外,还对矩形域上二重积分的求积公式进行了简单的介绍.矩形域上二重积分的数值求积公式其实质就是相应的定积分的数值求积公式的张量积形式的推广.

习题

1. 已知函数 $f(x)=\tan x$ 在 x_i 处的函数值如下表:

x_i	1.38	1.40	1.42
$f(x_i)$	5.17743739	5.79788372	6.58111946

用两点、三点、中点公式求 $f'(1.40)$ 的近似值并与精确值比较.

2. 已知函数 $f(x)=e^x$ 在 x_i 处的函数值如下表：

x_i	0	0.90	0.99	1.00	1.01	1.10	2
$f(x_i)$	1.00000000	2.45960311	2.69123447	2.71828183	2.74560102	3.00416602	7.38905610

分别取步长 h 为 1,0.1,0.01,试分别用三点微分公式(6.2.6)中的第二式和(6.2.7)中的第二式计算 $f'(1)$ 和 $f''(1)$ 的近似值并与精确值比较.

3. 已知函数 $f(x)=\tan x$ 在 x_i 处的函数值如下表：

x_i	1.36	1.37	1.38	1.39	1.40
$f(x_i)$	4.67344120	4.91305807	5.17743739	5.47068864	5.79788372
x_i	1.41	1.42	1.43	1.44	
$f(x_i)$	6.16535614	6.58111946	7.05546377	7.60182606	

分别取步长 h 为 0.02,0.01,试用五点微分公式计算 $f'(1.4)$ 和 $f''(1.4)$ 的近似值并与精确值比较.

4. 利用第3题中的数据,取 $h=0.04$,利用 Richardson 外推法计算 $f'(1.4)$.

5. 确定下列数值求积公式中的节点及求积系数,使其具有尽可能高的代数精度,并确定各数值求积公式的代数精度：

(1) $\int_{-h}^{h} f(x)\mathrm{d}x \approx A_1 f\left(-\frac{h}{2}\right)+A_2 f(0)+A_3 f\left(\frac{h}{2}\right)$;

(2) $\int_0^1 f(x)\mathrm{d}x \approx A_1 f(x_1)+A_2 f(x_2)$;

(3) $\int_{-1}^{1} f(x)\mathrm{d}x \approx A_1 f(-1)+A_2 f(0)+A_3 f(x_3)$.

6. 分别用梯形求积公式和 Simpson 求积公式计算下列积分的近似值并估计误差：

(1) $\int_0^1 e^{-x^2}\mathrm{d}x$;

(2) $\int_{0.5}^{1} e^{-\frac{1}{x}}\mathrm{d}x$.

7. 已知 $x_0=\frac{1}{4}, x_1=\frac{1}{2}, x_2=\frac{3}{4}$：

(1) 推导以这3个点作为求积节点在[0,1]上的插值型求积公式；

(2) 说明求积公式的代数精度,并用它计算积分 $\int_0^1 x^2\mathrm{d}x$.

8. 假设 $f(x)\in C^4[a,b]$,证明：当 $n\to\infty$ 时,计算 $\int_a^b f(x)\mathrm{d}x$ 的复化梯形求积公式和复化

Simpson 求积公式收敛于积分值$\int_a^b f(x)\mathrm{d}x$.

9. 试分别用复化梯形求积公式和复化 Simpson 求积公式计算积分$\int_0^1 \mathrm{e}^{-x^2}\mathrm{d}x$,其中步长 $h=0.125$.

10. 用 Romberg 算法计算积分 $I=\int_0^1 \frac{\sin x}{x}\mathrm{d}x$ 的近似值,要求误差不超过$\frac{1}{2}\times 10^{-6}$.

11. 若用复化梯形求积公式计算积分$\int_0^1 \mathrm{e}^{x^2}\mathrm{d}x$,问积分区间要等分为多少份才能保证计算结果有四位有效数字(假定计算过程无舍入误差)?若用复化 Simpson 求积公式计算,积分区间要等分为多少份?

12. 试确定 x_0,x_1,A_0,A_1,使数值求积公式$\int_0^1 \sqrt{x}f(x)\mathrm{d}x\approx A_0 f(x_0)+A_1 f(x_1)$为 Gauss 型求积公式.

13. 判别下列数值求积公式中,哪些是普通插值型求积公式,哪些是 Gauss 型求积公式:

(1) $\int_{-1}^1 f(x)\mathrm{d}x\approx \frac{2}{3}[f(-1)+f(0)+f(1)]$;

(2) $\int_{-1}^1 f(x)\mathrm{d}x\approx \frac{1}{3}[f(-1)+4f(0)+f(1)]$;

(3) $\int_0^3 f(x)\mathrm{d}x\approx \frac{3}{2}[f(1.5-\sqrt{0.75})+f(1.5+\sqrt{0.75})]$.

14. 证明在$[a,b]$上的三点 Gauss 型求积公式为

$$\int_a^b f(x)\mathrm{d}x\approx \frac{h}{2}\left[\frac{5}{9}f\left(a+\frac{h}{2}\left(1-\sqrt{\frac{3}{5}}\right)\right)+\frac{8}{9}f\left(a+\frac{h}{2}\right)+\frac{5}{9}f\left(a+\frac{h}{2}\left(1+\sqrt{\frac{3}{5}}\right)\right)\right],$$

并估计余项,其中 $h=b-a$.

15. 分别用三点和五点古典 Gauss 公式计算积分

$$I=\int_{-1}^1 \frac{2\sin(2x-1)}{3-2x}\mathrm{d}x.$$

16. 分别用两点和三点古典 Gauss 公式计算积分

$$I=\int_0^{\frac{\pi}{2}} \sin(x^2)\mathrm{d}x.$$

17. 分别用三点和四点 Gauss-Chebyshev 求积公式计算积分 $I=\int_{-4}^4 \frac{1}{1+x^2}\mathrm{d}x$,并与值 $2\arctan 4\approx 0.6156353$ 比较.

18. 分别用三点和四点 Gauss-Laguerre 求积公式计算积分

$$I=\int_0^{+\infty} \mathrm{e}^{-10x}\sin x\mathrm{d}x.$$

19. 分别用三点和四点 Gauss-Hermite 求积公式计算积分 $I=\int_0^{+\infty} \mathrm{e}^{-x^2}\cos x\mathrm{d}x$.

20. 将积分区间分为 4 等份,用复化两点古典 Gauss 公式计算积分$\int_1^3 \frac{\mathrm{d}x}{x}$.

21. 取 $n=10,h=\frac{\pi}{16}$,利用数值求积公式(6.8.3)计算下列积分:

(1) $\int_0^{\frac{5}{8}\pi} x\cos 20x\mathrm{d}x$；

(2) $\int_0^{\frac{5}{8}\pi} x^2\cos 20x\mathrm{d}x$.

并估计它们的余项.

22. 分别用二重积分的梯形求积公式和 Simpson 求积公式计算二重积分

$$I=\int_0^1\int_0^1 \mathrm{e}^{\max\{x^2,y^2\}}\mathrm{d}x\mathrm{d}y,$$

并与真值 $I=\mathrm{e}-1$ 比较.

23. 取 $n=m=4$,用复化梯形求积公式计算二重积分

$$I=\int_0^1\int_0^1 \mathrm{e}^{\max\{x^2,y^2\}}\mathrm{d}x\mathrm{d}y.$$

24. 取 $n=m=2$,用复化 Simpson 求积公式计算二重积分

$$I=\int_0^1\int_0^1 \mathrm{e}^{\max\{x^2,y^2\}}\mathrm{d}x\mathrm{d}y.$$

25. 设有计算二重积分 $I=\int_{-h}^{h}\int_{-h}^{h} f(x,y)\mathrm{d}x\mathrm{d}y$ 的数值积分公式

$$I_h(f)=\frac{h^2}{3}[f(-h,-h)+f(-h,h)+8f(0,0)+f(h,-h)+f(h,h)].$$

证明此公式对于关于 x 和 y 的次数均不超过 3 的二元多项式是精确成立的.

第 7 章　常微分方程初值问题的数值解法

7.1　引　言

科学研究和工程技术中的许多问题在数学上往往归结为微分方程的求解问题.为了确定微分方程的解,一般要加上定解条件,根据不同的情况,这些定解条件主要有**初始条件**(**initial condition**)和**边界条件**(**boundary condition**).只含初始条件作为定解条件的微分方程求解问题称为**初值问题**(**initial-value problem**);例如天文学中研究星体运动,空间技术中研究物体飞行,等,都需要求解常微分方程初值问题(initial-value problem for ordinary differential equation).只含边界条件作为定解条件的微分方程求解问题称为**边值问题**(**boundary-value problem**).

除特殊情形外,微分方程一般求不出解析解,即使有的能求出解析解,其函数表达式也比较复杂,计算量比较大,而且实际问题往往只要求在某一时刻解的函数值.为了解决这个问题,有两种方法可以逼近原方程的解.第一种方法是:将原微分方程化简为可以准确求解的微分方程,然后使用化简后的方程的解近似原方程的解.第二种方法是:将求原微分方程的解析解转化为求原微分方程的数值解,这是实际中最常用的方法.

本章将介绍求解常微分方程初值问题的常用的数值方法.第 8 章将介绍常微分方程边值问题的常用数值方法.

为简明起见,本章主要介绍形如

$$\begin{cases} y'(t) = f(t,y), & a \leqslant t \leqslant b, \\ y(a) = \alpha \end{cases} \tag{7.1.1}$$

的初值问题的数值解法.在介绍这些方法之前,还需要了解常微分方程的一些相关定义和结果.

定义 7.1.1　函数 $f(t,y)$ 称为在集合 $D \subset \mathbf{R}^2$ 上关于变量 y 满足 **Lipschitz** (**李普希兹**)**条件**(**Lipschitz condition**),简称 **Lip 条件**,如果存在常数 $L>0$,使得

$$|f(t,y_1) - f(t,y_2)| \leqslant L|y_1 - y_2| \tag{7.1.2}$$

对所有(t, y_1)，$(t, y_2) \in D$ 都成立. 常数 L 称为 **Lipschitz 常数**(**Lipschitz constant**)，简称 **Lip 常数**.

定义 7.1.2　如果对所有(t_1, y_1)，$(t_2, y_2) \in D$，都有

$$((1-\lambda)t_1 + \lambda y_1, (1-\lambda)t_2 + \lambda y_2) \in D, \tag{7.1.3}$$

其中 $0 \leqslant \lambda \leqslant 1$，那么称集合 $D \subset \mathbf{R}^2$ 为**凸集**(**convex set**).

注　如果没有特别说明，本章中的集合 $D \subset \mathbf{R}^2$ 为 $D = \{(t, y) \mid a \leqslant t \leqslant b, -\infty < y < \infty\}$，显然它是凸集.

定理 7.1.1　设函数 $f(t, y)$ 在 $D = \{(t, y) \mid a \leqslant t \leqslant b, -\infty < y < \infty\}$ 上连续. 如果 $f(t, y)$ 在 D 上关于变量 y 满足 Lipschitz 条件，那么初值问题(7.1.1)对 $a \leqslant t \leqslant b$ 有唯一解 $y(t)$.

定理 7.1.2　设函数 $f(t, y)$ 定义在凸集 $D \subset \mathbf{R}^2$ 上. 如果存在常数 $L > 0$，使得

$$|f'_y(t, y)| \leqslant L \tag{7.1.4}$$

对一切$(t, y) \in D$ 成立，那么 $f(t, y)$ 在 D 上关于变量 y 满足 Lipschitz 条件，且 L 为 Lipschitz 常数.

注　因为 Lipschitz 条件一般不易验证，所以往往用条件(7.1.4)代替 Lipschitz 条件(7.1.2).

由定理 7.1.1 立得：

定理 7.1.3　设函数 $f(t, y)$ 在 $D = \{(t, y) \mid a \leqslant t \leqslant b, -\infty < y < \infty\}$ 上连续. 如果存在常数 $L > 0$，使得 $|f'_y(t, y)| \leqslant L$ 对一切$(t, y) \in D$ 成立，那么初值问题(7.1.1)对 $a \leqslant t \leqslant b$ 有唯一解 $y(t)$.

理论上，初始值是准确的，微分方程的计算过程也是准确的；而实际情况并非如此. 事实上，初始数据可能有误差，计算过程中的数字的舍入也会产生误差. 对初值问题(7.1.1)，若初值 α 有误差 ε_0，即实际得到的初值是 $\alpha + \varepsilon_0$，再考虑到计算过程中数字的舍入也会产生误差，则得到的初值问题变为

$$\begin{cases} z'(t) = f(t, z) + \delta(t), & a < t \leqslant b, \\ z(a) = \alpha + \varepsilon_0, \end{cases} \tag{7.1.5}$$

这种误差的扰动在计算过程中是否会增长很快，以致影响结果，这就是初值问题的适定性问题.

定义 7.1.3　设初值问题(7.1.1)和(7.1.5)均有唯一解，分别是 $y = y(t)$ 和 $z = z(t)$，且 $\delta(t)$ 连续. 若对任意 $\varepsilon > 0$，存在常数 $K = K(\varepsilon) > 0$，当 $|\varepsilon_0| < \varepsilon$，$|\delta(t)| < \varepsilon$ 时，对任意 $t \in [a, b]$，恒有 $|y(t) - z(t)| < K\varepsilon$，则称初值问题(7.1.1)是**适定的**(**well-posed**).

定理 7.1.4　设函数 $f(t, y)$ 在 $D = \{(t, y) \mid a \leqslant t \leqslant b, -\infty < y < \infty\}$ 上连续.

如果 $f(t,y)$ 在 D 上关于变量 y 满足 Lipschitz 条件，那么初值问题(7.1.1)是适定的.

注 初值问题只有是适定的才有意义，因此本章考察的所有初值问题都是适定的.

求微分方程数值解的主要问题：

(1) 如何将原微分方程离散化，并建立求其数值解的递推公式；

(2) 如何求递推公式的局部截断误差，数值解 y_n 与精确解 $y(t_n)$ 的误差估计；

(3) 研究递推公式的稳定性与收敛性.

7.2 Euler 方法及改进的 Euler 方法

7.2.1 Euler[①] 格式与梯形格式

考虑一阶常微分方程的初值问题，

$$\begin{cases} y'(t) = f(t,y), \quad a \leqslant t \leqslant b, \\ y(a) = \alpha. \end{cases} \tag{7.2.1}$$

设 $a = t_0 < t_1 < \cdots < t_{N-1} < t_N = b$，其中 $t_n = t_0 + nh(n = 0,1,\cdots,N)$ 为等距节点，步长 $h = \dfrac{b-a}{N}$.

在 $[t_n, t_{n+1}](n = 0,1,\cdots,N-1)$ 上对 $y' = f(t,y(t))$ 两边积分，得

$$y(t_{n+1}) = y(t_n) + \int_{t_n}^{t_{n+1}} f(t,y(t))\mathrm{d}t. \tag{7.2.2}$$

7.2.1.1 Euler 格式

用左矩形求积公式计算式(7.2.2)右端积分项，得

$$\int_{t_n}^{t_{n+1}} f(t,y(t))\mathrm{d}t \approx hf(t_n, y(t_n)),$$

代入式(7.2.2)右端，得

---

① 欧拉(Leonhard Paul Euler，1707～1783)是瑞士杰出的数学家、自然科学家.他在数学分析、图论、力学、光学和天文学等很多领域都做出了卓越的贡献，被公认为有史以来最伟大的数学家之一.

$$y(t_{n+1}) \approx y(t_n) + hf(t_n, y(t_n)). \tag{7.2.3}$$

用 $y(t_n)$ 的近似值 y_n 代入式(7.2.3)右端,记所得结果为 y_{n+1},得

$$\begin{cases} y_{n+1} = y_n + hf(t_n, y_n), \quad n = 0,1,\cdots,N-1, \\ y_0 = \alpha, \end{cases} \tag{7.2.4}$$

并称式(7.2.4)为求解初值问题(7.2.1)的 **Euler 方法(Euler's method)**或 **Euler 格式(Euler's scheme)**,$y_{n+1} = y_n + hf(t_n, y_n)$称为**差分方程(difference equation)**.

注　Euler 方法是最早的解决一阶常微分方程初值问题的一种数值方法,虽然它的精度不高,很少被采用,但是它反映了微分方程数值解法的基本思想和特征.

若式(7.2.2)右边的积分由数值积分的右矩形公式近似,并用近似值 y_n 替代 $y(t_n)$,近似值 y_{n+1}替代 $y(t_{n+1})$,则可得到

$$\begin{cases} y_{n+1} = y_n + hf(t_{n+1}, y_{n+1}), \quad n = 0,1,\cdots,N-1, \\ y_0 = \alpha, \end{cases} \tag{7.2.5}$$

并称式(7.2.5)为**后退的 Euler 方法(backward Euler's method)**或**后退的 Euler 格式(backward Euler's scheme)**. $y_{n+1} = y_n + hf(t_{n+1}, y_{n+1})$是差分方程.

注　在 xOy 平面上,微分方程 $y' = f(t, y)$的解 $y = y(t)$称为积分曲线,积分曲线上一点(t, y)的切线斜率等于函数 $y'(t) = f(t, y)$在 x 点的值. 如果在 $D = \{(t, y) \mid a \leqslant t \leqslant b, -\infty < y < \infty\}$中每一点$(t, y)$都画一条以 $f(t, y)$在点(t, y)的值为斜率并指向 t 增加方向的有向线段(即在 D 上作出了一个由方程 $y' = f(t, y)$确定的方向场),那么从几何上看,微分方程 $y' = f(t, y)$的解 $y = y(t)$就是位于此方向场中的曲线,它在所经过的每一点的方向都与方向场该点的方向相一致.

从初始点 $P_0(a, y_0)$出发,过这点的积分曲线为 $y = y(t)$,斜率为 $y_0' = f(a, y_0)$. 设在 $t = a$ 附近 $y(t)$可用过 P_0 点的切线近似表示,切线方程为 $y = y_0 + f(a, y_0)(t - a)$. 当 $t = t_1$ 时,$y(t_1)$的近似值为 $y_0 + f(a, y_0)(t_1 - a)$,并记为 y_1,这就得到 $t = t_1$ 时计算 $y(t_1)$的近似公式

$$y_1 = y_0 + f(a, y_0)(t_1 - a).$$

当 $t = t_2$ 时,$y(t_2)$的近似值为 $y_1 + f(t_1, y_1)(t_2 - t_1)$,并记为 y_2. 于是就得到当 $t = t_2$时计算 $y(t_2)$的近似公式

$$y_2 = y_1 + f(t_1, y_1)(t_2 - t_1).$$

重复上面方法,一般可得当 $t = t_{n+1}$时计算 $y(t_{n+1})$的近似公式

$$y_{n+1} = y_n + f(t_n, y_n)(t_{n+1} - t_n).$$

如果 $h = t_n - t_{n-1}(n = 1,2,\cdots,N)$,则上面公式就是式(7.2.4). 将 $P_0, P_1, \cdots, P_N$ 连起来,就得到一条折线,所以 Euler 方法又称为**折线法(polygon method)**,见图 7.2.1.

由公式(7.2.4)知,已知 y_0,便可算出 y_1;已知 y_1,便可算出 y_2;如此继续下

去，这种只用前一步的值 y_k 便可计算出 y_{k+1} 的递推公式称为**单步法**(**one-step method**).

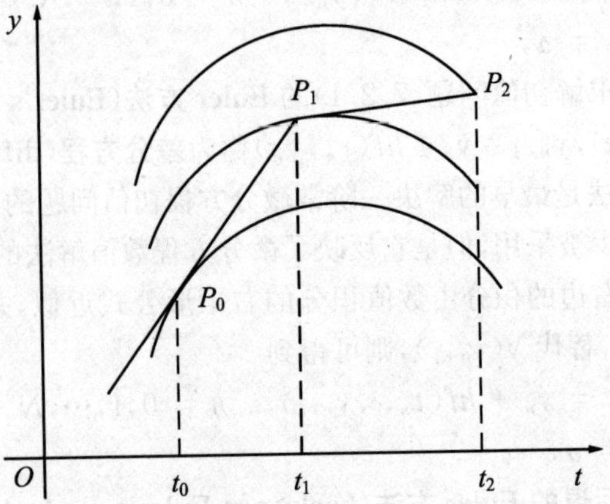

图 7.2.1

7.2.1.2 梯形格式

用梯形求积公式计算式(7.2.2)右端积分项，得

$$\int_{t_n}^{t_{n+1}} f(t,y(t))\mathrm{d}x \approx \frac{h}{2}[f(t_n,y(t_n))+f(t_{n+1},y(t_{n+1}))],$$

代入式(7.2.2)右端，得

$$y(t_{n+1}) \approx y(t_n)+\frac{h}{2}[f(t_n,y(t_n))+f(t_{n+1},y(t_{n+1}))]. \qquad (7.2.6)$$

在式(7.2.6)中，将 $y(t_n)$ 用 y_n 近似替代，所得结果记为 y_{n+1}，得

$$\begin{cases} y_{n+1} = y_n + \dfrac{h}{2}[f(t_n,y_n)+f(t_{n+1},y_{n+1})], \quad n=0,1,\cdots,N-1, \\ y_0 = \alpha, \end{cases} \qquad (7.2.7)$$

并称式(7.2.7)为求解初值问题(7.2.1)的**梯形方法**(**trapezoidal method**)或**梯形格式**(**trapezoidal scheme**)，$y_{n+1}=y_n+\dfrac{h}{2}[f(t_n,y_n)+f(t_{n+1},y_{n+1}]$是差分方程.

7.2.2 改进的 Euler 方法

因为梯形求积公式的精度比矩形求积公式的精度高，所以求解初值问题(7.2.1)的梯形方法比 Euler 方法精度高；但梯形方法是隐式方法，不便于计算. 为了克服这个困难，可先用 Euler 格式(7.2.4)求得一个初步的近似值 $\bar{y}_{n+1}$，称之为预测值；然后用公式(7.2.6)作一次迭代得 y_{n+1}，即将 $\bar{y}_{n+1}$ 校正一次，得如下方法：

定义 7.2.1　对 $n=0,1,\cdots,N-1$，称预测－校正系统(predictor-corrector system)

$$\begin{cases}\text{预测：}\quad \bar{y}_{n+1} = y_n + hf(t_n, y_n), \\ \text{校正：}\quad y_{n+1} = y_n + \dfrac{h}{2}[f(t_n, y_n) + f(t_{n+1}, \bar{y}_{n+1})]\end{cases} \tag{7.2.8}$$

为**改进的 Euler 格式**(**modified Euler scheme**)，称这种方法为求解初值问题(7.2.1)的**改进的 Euler 方法**(**modified Euler method**).

注　改进的 Euler 格式(7.2.8)还可以表示为下列平均化形式：

$$\begin{cases} y_p = y_n + hf(t_n, y_n), \\ y_c = y_n + hf(t_{n+1}; y_p), \\ y_{n+1} = \dfrac{1}{2}(y_p + y_c). \end{cases} \tag{7.2.9}$$

例 7.2.1　取步长 $h=0.1$，分别用 Euler 方法及改进的 Euler 方法求解初值问题

$$\begin{cases} y'(t) = \dfrac{2}{t}y + t^2 e^t, \quad 1 \leqslant t \leqslant 2, \\ y(1) = 0. \end{cases}$$

解　这个初值问题的精确解为 $y(t) = t^2(e^t - e)$. 根据题设知 $f(t,y) = \dfrac{2}{t}y + t^2 e^t$.

Euler 方法的计算格式为

$$y_{n+1} = y_n + 0.1 \times \left(\frac{2}{t_n}y_n + t_n^2 e^{t_n}\right).$$

改进的 Euler 方法的计算格式为

$$\begin{cases} \bar{y}_{n+1} = y_n + 0.1 \times \left(\dfrac{2}{t_n}y_n + t_n^2 e^{t_n}\right), \\ y_{n+1} = y_n + \dfrac{0.1}{2} \times \left[\left(\dfrac{2}{t_n}y_n + t_n^2 e^{t_n}\right) + \left(\dfrac{2}{t_{n+1}}\bar{y}_{n+1} + t_{n+1}^2 e^{t_{n+1}}\right)\right], \end{cases}$$

或

$$\begin{cases} y_p = y_n + 0.1 \times \left(\dfrac{2}{t_n}y_n + t_n^2 e^{t_n}\right), \\ y_c = y_n + 0.1 \times \left(\dfrac{2}{t_{n+1}}y_p + t_{n+1}^2 e^{t_{n+1}}\right), \\ y_{n+1} = \dfrac{1}{2}(y_p + y_c). \end{cases}$$

初始值均为 $y_0=y(1)=0$，将计算结果列于表 7.2.1.

表 7.2.1

		Euler 方法	改进的 Euler 方法	准确值
n	t_n	y_n	y_n	$y(t_n)$
0	1	0	0	0
1	1.1	0.2718282	0.3423778	0.3459199
2	1.2	0.6847556	0.8583145	0.8666425
3	1.3	1.2769783	1.5927496	1.6072151
4	1.4	2.0935477	2.5982982	2.6203596
5	1.5	3.1874451	3.9364441	3.9676663
6	1.6	4.6208178	5.6789071	5.7209615
7	1.7	6.4663964	7.9092092	7.9638735
8	1.8	8.8091197	10.7244671	10.7936247
9	1.9	11.7479965	14.2374418	14.3230815
10	2.0	15.3982357	18.5788825	18.6830971

从表 7.2.1 可以看出，Euler 方法的计算结果与准确值差距较大，最多只有 1 位有效数字；而改进的 Euler 方法却至少有两位有效数字，这表明改进的 Euler 方法的精度比 Euler 方法高.

7.2.3 局部截断误差与阶

无论是 Euler 方法，还是改进的 Euler 方法，得到的都是近似解，因此首先要考虑的是这些数值解的误差. 为使讨论简单起见，不妨假定在计算 y_{n+1} 时用到前面一步的值是准确值 $y(t_n)$，即 $y_n=y(t_n)$.

定义 7.2.2 在 $y_n=y(t_n)$ 的前提下，称误差 $y(t_{n+1})-y_{n+1}$ 为**局部截断误差(local truncation error)**. 若一种数值方法的局部截断误差

$$y(t_{n+1})-y_{n+1}=O(h^{p+1}),\tag{7.2.10}$$

则称这种方法是**精度为 p 阶的(accuracy of pth order)**，或称这种方法是 **p 阶方法(pth-order method)**.

定理 7.2.1 Euler 方法是具有一阶精度的数值方法，即其局部截断误差为 $O(h^2)$.

证 设 $y_n=y(t_n)$，由式(7.2.1)知：$y'(t_n)=f(t_n,y(t_n))$.

将 $y(t_{n+1})$ 在 t_n 处作 Taylor 展开：

$$y(t_{n+1}) = y(t_n + h) = y(t_n) + hy'(t_n) + \frac{h^2}{2!}y''(\xi), \quad t_n < \xi < t_{n+1}. \tag{7.2.11}$$

由 Euler 方法(7.2.4)得

$$y_{n+1} = y_n + hf(t_n, y_n) = y(t_n) + hf(t_n, y(t_n)) = y(t_n) + hy'(t_n). \tag{7.2.12}$$

将式(7.2.11)与式(7.2.12)相减得

$$y(t_{n+1}) - y_{n+1} = \frac{h^2}{2}y''(\xi) = O(h^2). \tag{7.2.13}$$

于是 $p+1=2$,即 $p=1$.由定义 7.2.2 知:Euler 方法是具有一阶精度的数值方法.证毕!

仿定理 7.2.1 的证明,并利用二元 Taylor 展开式得:

定理 7.2.2　改进的 Euler 方法是具有二阶精度的数值方法,即其局部截断误差为 $O(h^3)$.

注　从实际情况来看,在计算 y_{n+1} 时用到前面一步的值不可能是准确值 $y(t_n)$,而应该是 y_{n+1} 的前面每一步都有误差,这样得到的 y_{n+1} 与准确值 $y(t_{n+1})$ 的误差称为**整体截断误差**.作为误差估计,最根本的是估计整体截断误差.而估计整体截断误差并不容易,好在整体截断误差与局部截断误差之间通常有一定的联系(参见定理 7.4.1):

$$\textbf{整体截断误差} = O(h^{-1}) \times \textbf{局部截断误差}, \tag{7.2.14}$$

即单步法的整体截断误差比局部截断误差低一阶.因此要构造高精度的计算方法,必须设法提高该方法的局部截断误差 $O(h^{p+1})$ 中的 p.一般地,一个方法的整体截断误差阶越高,该方法的精度也越高.

由式(7.2.14)知:Euler 方法的整体截断误差为 $O(h)$,改进的 Euler 方法的整体截断误差为 $O(h^2)$.

7.3　Runge-Kutta 方法

7.3.1　Runge-Kutta① 方法的基本思想

对初值问题

---

① 库塔(Martin Wilhelm Kutta,1867～1944)是德国数学家.

$$\begin{cases} y'(t) = f(t,y), & a \leqslant t \leqslant b, \\ y(a) = \alpha, \end{cases} \tag{7.3.1}$$

由 7.2 节知：Euler 方法每一步只计算一次 $f(t,y)$的值，其整体截断误差为$O(h)$，它的计算格式可以写成

$$\begin{cases} y_{n+1} = y_n + hk_1, & n = 1,2,\cdots, \\ k_1 = f(t_n, y_n). \end{cases} \tag{7.3.2}$$

而改进的 Euler 方法，每迭代一步要计算两个函数值，其整体截断误差为 $O(h^2)$，它的计算格式可改写成

$$\begin{cases} y_{n+1} = y_n + \dfrac{h}{2}(k_1 + k_2), & n = 1,2,\cdots, \\ k_1 = f(t_n, y_n), \\ k_2 = f(t_n + h, y_n + hk_1). \end{cases} \tag{7.3.3}$$

上述两种情况启发我们，能否通过在每步迭代中多计算几次函数 $f(t,y)$的值，然后对这些值作线性组合，使相应的数值方法的整体截断误差的阶数升高，从而提高该方法的精度，而这正是龙格-库塔(Runge-Kutta)方法的基本思想. 由 7.2 节可知：因为整体截断误差与局部截断误差的关系，所以要构造高精度的计算方法只需设法提高该方法的局部截断误差即可，因此下面利用局部截断误差讨论 Runge-Kutta 方法.

7.3.2 二阶 Runge-Kutta 方法

对初值问题(7.3.1)，以计算两次函数值为例，设一般计算格式为

$$\begin{cases} y_{n+1} = y_n + h(c_1 k_1 + c_2 k_2), \\ k_1 = f(t_n, y_n), \\ k_2 = f(t_n + qh, y_n + qhk_1). \end{cases} \tag{7.3.4}$$

其中 $c_1 + c_2 = 1$. 适当选择参数 c_1, c_2, q 的值，使得在 $y(t_n) = y_n$ 的假设下，局部截断误差 $y(t_{n+1}) - y_{n+1}$的阶尽可能高. 为此，将 $y_{n+1} = y_n + h(c_1 k_1 + c_2 k_2)$在点$(t_n, y_n)$作 Taylor 展开，因为

$$k_1 = f(t_n, y(t_n)) = y'(t_n),$$

k_2 的展开式为

$$\begin{aligned} k_2 &= f(t_n + qh, y_n + qhk_1) \\ &= f(t_n, y(t_n)) + qh\frac{\partial f}{\partial t}(t_n, y(t_n)) + qhk_1\frac{\partial f}{\partial y}(t_n, y(t_n)) \\ &\quad + \frac{1}{2!}\left(qh\frac{\partial}{\partial t} + qhk_1\frac{\partial}{\partial y}\right)^2 f(t_n, y(t_n)) + \cdots \end{aligned}$$

$$= f(t_n, y(t_n)) + qh[f_t(t_n, y(t_n)) + f(t_n, y(t_n))f_y(t_n, y(t_n))] + O(h^2)$$
$$= y'(t_n) + qhy''(t_n) + O(h^2).$$

考虑到 $c_1 + c_2 = 1$,所以

$$\begin{aligned} y_{n+1} &= y_n + h(c_1k_1 + c_2k_2) = y(t_n) + h(c_1k_1 + c_2k_2) \\ &= y(t_n) + hy'(t_n) + c_2qh^2y''(t_n) + O(h^3), \end{aligned} \tag{7.3.5}$$

再将 $y(t_{n+1})$在 $t = t_n$ 作 Taylor 展开

$$y(t_{n+1}) = y(t_n) + hy'(t_n) + \frac{h^2}{2!}y''(t_n) + O(h^3). \tag{7.3.6}$$

若要使局部截断误差 $y(t_{n+1}) - y_{n+1} = O(h^3)$,则通过比较式(7.3.5)和(7.3.6)知,参数 c_1, c_2, q 必须满足

$$c_1 + c_2 = 1,\quad c_2q = \frac{1}{2}, \tag{7.3.7}$$

这是3个未知量,2个方程式的方程组,因此解不唯一.

定义 7.3.1　满足条件(7.3.7)的数值方法(7.3.4)称为**二阶 Runge-Kutta 方法**(**Runge-Kutta method of order two**)(简记为**二阶 R-K 方法**).

注　二阶 Runge-Kutta 方法的局部截断误差都是 $O(h^3)$.

(1) 若取 $c_1 = c_2 = \frac{1}{2}, q = 1$, 则式(7.3.4)化为

$$\begin{cases} y_{n+1} = y_n + \frac{h}{2}(k_1 + k_2), \\ k_1 = f(t_n, y_n), \\ k_2 = f(t_n + h, y_n + hk_1), \end{cases} \tag{7.3.8}$$

这就是改进的 Euler 方法(7.2.8).

(2) 若取 $c_1 = 0, c_2 = 1, q = \frac{1}{2}$, 则式(7.3.4)化为

$$\begin{cases} y_{n+1} = y_n + hk_2, \\ k_1 = f(t_n, y_n), \\ k_2 = f\left(t_n + \frac{h}{2}, y_n + \frac{h}{2}k_1\right), \end{cases} \tag{7.3.9}$$

并称之为**中点方法**(**midpoint method**).

(3) 若取 $c_1 = \frac{1}{4}, c_2 = \frac{3}{4}, q = \frac{2}{3}$, 则式(7.3.4)化为

$$\begin{cases} y_{n+1} = y_n + \frac{h}{4}(k_1 + 3k_2), \\ k_1 = f(t_n, y_n), \\ k_2 = f(t_n + \frac{2}{3}h, y_n + \frac{2}{3}hk_1), \end{cases} \tag{7.3.10}$$

并称之为 **Heun 方法**(**Heun method**).

例 7.3.1 取步长 $h=0.1$,分别用改进的 Euler 方法、中点方法及 Heun 方法求解初值问题:

$$\begin{cases} y'(t) = \dfrac{2}{t}y + t^2 e^t, & 1 \leqslant t \leqslant 2, \\ y(1) = 0. \end{cases}$$

解 根据题设知 $h=0.1, f(t,y)=\dfrac{2}{t}y+t^2e^t$.

改进的 Euler 方法的计算格式为

$$\begin{cases} y_{n+1} = y_n + \dfrac{0.1}{2}(k_1 + k_2), \\ k_1 = \dfrac{2}{t_n}y_n + t_n^2 e^{t_n}, \\ k_2 = \dfrac{2}{t_n + 0.1}(y_n + 0.1k_1) + (t_n + 0.1)^2 e^{(t_n+0.1)}, \end{cases}$$

中点方法的计算格式为

$$\begin{cases} y_{n+1} = y_n + 0.1k_2, \\ k_1 = \dfrac{2}{t_n}y_n + t_n^2 e^{t_n}, \\ k_2 = \dfrac{2}{t_n + 0.1/2}\left(y_n + \dfrac{0.1}{2}k_1\right) + \left(t_n + \dfrac{0.1}{2}\right)^2 e^{(t_n+0.1/2)}, \end{cases}$$

Heun 方法的计算格式为

$$\begin{cases} y_{n+1} = y_n + \dfrac{0.1}{4}(k_1 + 3k_2), \\ k_1 = \dfrac{2}{t_n}y_n + t_n^2 e^{t_n}, \\ k_2 = \dfrac{2}{t_n + 0.2/3}\left(y_n + \dfrac{0.2}{3}k_1\right) + \left(t_n + \dfrac{0.2}{3}\right)^2 e^{(t_n+0.2/3)}, \end{cases}$$

上述计算格式的初始值均为 $y_0 = y(1) = 0$,将计算结果列于表 7.3.1.

表 7.3.1

n	t_n	改进的 Euler 方法 y_n	中点方法 y_n	Heun 方法 y_n	准确值 $y(t_n)$
0	1	0	0	0	0
1	1.1	0.3423778	0.3409444	0.3413921	0.3459199
2	1.2	0.8583145	0.8549096	0.8559743	0.8666425
3	1.3	1.5927496	1.5867078	1.5886001	1.6072151

续表

		改进的 Euler 方法	中点方法	Heun 方法	准确值
4	1.4	2.5982982	2.5888077	2.5917859	2.6203596
5	1.5	3.9364441	3.9225250	3.9269020	3.9676663
6	1.6	5.6789071	5.6593869	5.6655381	5.7209615
7	1.7	7.9092092	7.8826947	7.8910676	7.9638735
8	1.8	10.7244671	10.6893124	10.7004367	10.7936247
9	1.9	14.2374418	14.1917126	14.2062122	14.3230815
10	2.0	18.5788825	18.5203146	18.5389208	18.6830971

从表 7.3.1 可以看出，三种 R-K 方法均至少有 2 位有效数字.

7.3.3　三阶及四阶 Runge-Kutta 方法

为了提高方法的精度，考虑每步计算三次函数 $f(x,y)$值. 根据两次计算函数值的做法，很自然地取 y_{n+1}的形式为

$$\begin{cases} y_{n+1} = y_n + h(c_1k_1 + c_2k_2 + c_3k_3), \\ k_1 = f(t_n, y_n), \\ k_2 = f(t_n + ph, y_n + phk_1), \\ k_3 = f(t_n + qh, y_n + d_1hk_1 + d_2hk_2). \end{cases} \tag{7.3.11}$$

其中 $c_1 + c_2 + c_3 = 1$. 适当选择参数 c_1, c_2, c_3, p, q, d_1, d_2，使截断误差 $y(t_{n+1}) - y_{n+1}$的阶尽可能高. 因为在推导公式时只考虑局部截断误差，所以设 $y_n = y(t_n)$. 类似前面二阶 R-K 公式的推导方法，将 y_{n+1}在(t_n, y_n)处作 Taylor 展开，然后再将 $y(t_{n+1})$在 $t = t_n$ 处作 Taylor 展开，只要两个展开式的前四项相同，便有 $y(t_{n+1}) - y_{n+1} = O(h^4)$，而要两个展开式的前四项相同，参数必须满足

$$c_1 + c_2 + c_3 = 1, \quad q = d_1 + d_2,$$

$$pc_2 + qc_3 = \frac{1}{2}, \quad p^2c_2 + q^2c_3 = \frac{1}{3}, \quad pc_3d_2 = \frac{1}{6}. \tag{7.3.12}$$

这是 7 个未知数 5 个方程的方程组，解不是唯一的，可以得到很多公式.

定义 7.3.2　满足条件(7.3.12)的数值方法(7.3.11)称为**三阶 Runge-Kutta 方法**(**Runge-Kutta method of order three**)（简记为**三阶 R-K 方法**).

注　三阶 Runge-Kutta 方法的局部截断误差都是 $O(h^4)$.

若在式(7.3.12)中取

$$c_1 = \frac{1}{6}, \quad c_2 = \frac{4}{6}, \quad c_3 = \frac{1}{6}, \quad p = \frac{1}{2}, \quad q = 1, \quad d_1 = -1, \quad d_2 = 2,$$

则得到一种常用的**三阶 Runge-Kutta 公式**(**Runger-Kutta formula of order three**):

$$\begin{cases} y_{n+1} = y_n + \dfrac{h}{6}(k_1 + 4k_2 + k_3), \\ k_1 = f(t_n, y_n), \\ k_2 = f\left(t_n + \dfrac{h}{2}, y_n + \dfrac{h}{2}k_1\right), \\ k_3 = f(t_n + h, y_n - hk_1 + 2hk_2). \end{cases} \tag{7.3.13}$$

类似地,如果每步计算 4 次函数 $f(t,y)$ 的值,那么可以导出局部截断误差为 $O(h^5)$ 的四阶 Runge-Kutta 公式. 详细推导过程这里略去,本节只给出一种最常用的四阶 R-K 公式:

$$\begin{cases} y_{n+1} = y_n + \dfrac{h}{6}(k_1 + 2k_2 + 2k_3 + k_4), \\ k_1 = f(t_n, y_n), \\ k_2 = f\left(t_n + \dfrac{h}{2}, y_n + \dfrac{h}{2}k_1\right), \\ k_3 = f\left(t_n + \dfrac{h}{2}, y_n + \dfrac{h}{2}k_2\right), \\ k_4 = f(t_n + h, y_n + hk_3). \end{cases} \tag{7.3.14}$$

公式(7.3.14)称为**四阶经典 Runge-Kutta 方法**(**classical Runge-Kutta method of order four**).

三阶、四阶 Runge-Kutta 公式都是显式单步公式.

例 7.3.2 取步长 $h=0.1$,分别用三阶 Runge-Kutta 方法(7.3.13)和四阶经典 Runge-Kutta 方法(7.3.14)求解初值问题:

$$\begin{cases} y'(t) = \dfrac{2}{t}y + t^2 e^t, \quad 1 \leqslant t \leqslant 2, \\ y(1) = 0. \end{cases}$$

解 根据题设知 $h=0.1$, $f(t,y)=\dfrac{2}{t}y+t^2e^t$.

三阶 Runge-Kutta 方法(7.3.13)的计算格式为

$$\begin{cases} y_{n+1} = y_n + \dfrac{0.1}{6}(k_1 + 4k_2 + k_3), \\ k_1 = \dfrac{2}{t_n}y_n + t_n^2 e^{t_n}, \\ k_2 = \dfrac{2}{t_n + 0.1/2}\left(y_n + \dfrac{0.1}{2}k_1\right) + \left(t_n + \dfrac{0.1}{2}\right)^2 e^{t_n + \frac{0.1}{2}}, \\ k_3 = \dfrac{2}{t_n + 0.1}(y_n - 0.1k_1 + 2\times 0.1 \times k_2) + (t_n + 0.1)^2 e^{t_n + 0.1}. \end{cases}$$

四阶经典 R-K 方法(7.3.14)的计算格式为

$$\begin{cases} y_{n+1} = y_n + \dfrac{0.1}{6} \times (k_1 + 2k_2 + 2k_3 + k_4), \\ k_1 = \dfrac{2}{t_n} y_n + t_n^2 e^{t_n}, \\ k_2 = \dfrac{2}{t_n + 0.1/2}\left(y_n + \dfrac{0.1}{2} \times k_1\right) + \left(t_n + \dfrac{0.1}{2}\right)^2 e^{t_n + \frac{0.1}{2}}, \\ k_3 = \dfrac{2}{t_n + 0.1/2}\left(y_n + \dfrac{0.1}{2} \times k_2\right) + \left(t_n + \dfrac{0.1}{2}\right)^2 e^{t_n + \frac{0.1}{2}}, \\ k_4 = \dfrac{2}{t_n + 0.1}(y_n + 0.1 \times k_3) + (t_n + 0.1)^2 e^{t_n + 0.1}, \end{cases}$$

初始值均为 $y_0 = y(1) = 0$,将计算结果列于表 7.3.2.

表 7.3.2

		三阶 R-K 方法	四阶经典 R-K 方法	准确值
n	t_n	y_n	y_n	$y(t_n)$
0	1	0	0	0
1	1.1	0.3456111	0.3459103	0.3459199
2	1.2	0.859449	0.8666217	0.8666425
3	1.3	1.6060447	1.6071813	1.6072151
4	1.4	2.6186280	2.6203113	2.6203596
5	1.5	3.9652805	3.9676019	3.9676663
6	1.6	5.7178234	5.7208793	5.7209615
7	1.7	7.9598797	7.9637718	7.9638735
8	1.8	10.7886661	10.7935018	10.7936247
9	1.9	14.3170429	14.3229357	14.3230815
10	2.0	18.6758568	18.6829266	18.6830971

从表 7.3.2 可以看出，三阶 R-K 方法至少有 3 位有效数字;四阶经典 R-K 方法至少有 5 位有效数字.

例 7.3.3　试用 Euler 方法、改进的 Euler 方法及四阶经典 Runge-Kutta 方法在不同步长下计算初值问题：

$$\begin{cases} y'(t) = \dfrac{2}{t} y + t^2 e^t, \quad 1 \leqslant t \leqslant 2, \\ y(1) = 0. \end{cases}$$

在 1.2, 1.4, 1.8, 2.0 处的近似值,并比较它们的数值结果.

解 对上述三种方法，每执行一步所需计算 $f(t,y)=\dfrac{2}{t}y+t^2e^t$ 的次数分别为 1, 2, 4. 为了公平起见，上述三种方法的步长之比应为 1∶2∶4. 因此，在用 Euler 方法、改进的 Euler 方法及四阶经典 R-K 方法计算 1.2, 1.4, 1.8, 2.0 处的近似值时，它们的步长应分别取为 0.05, 0.1, 0.2，以使三种方法的计算量大致相等.

Euler 方法的计算格式为

$$y_{n+1} = y_n + 0.05\times\left(\frac{2}{t_n}y_n + t_n^2e^{t_n}\right).$$

改进的 Euler 方法的计算格式为

$$\begin{cases} y_{n+1} = y_n + \dfrac{0.1}{2}(k_1+k_2), \\ k_1 = \dfrac{2}{t_n}y_n + t_n^2e^{t_n}, \\ k_2 = \dfrac{2}{t_n+0.1}(y_n+0.1k_1) + (t_n+0.1)^2e^{(t_n+0.1)}, \end{cases}$$

四阶经典 R-K 方法的计算格式为

$$\begin{cases} y_{n+1} = y_n + \dfrac{0.2}{6}\times(k_1+2k_2+2k_3+k_4), \\ k_1 = \dfrac{2}{t_n}y_n + t_n^2e^{t_n}, \\ k_2 = \dfrac{2}{t_n+0.2/2}\left(y_n+\dfrac{0.2}{2}\times k_1\right) + \left(t_n+\dfrac{0.2}{2}\right)^2e^{t_n+\frac{0.2}{2}}, \\ k_3 = \dfrac{2}{t_n+0.2/2}\left(y_n+\dfrac{0.2}{2}\times k_2\right) + \left(t_n+\dfrac{0.2}{2}\right)^2e^{t_n+\frac{0.2}{2}}, \\ k_4 = \dfrac{2}{t_n+0.2}(y_n+0.2\times k_3) + (t_n+0.2)^2e^{t_n+0.2}, \end{cases}$$

上述计算格式的初始值均为 $y_0=y(1)=0$，将计算结果列于表 7.3.3.

表 7.3.3

	Euler 方法（步长 $h=0.05$）	改进的 Euler 方法（步长 $h=0.1$）	四阶经典 R-K 方法（步长 $h=0.2$）	精确解
t_n	y_n	y_n	y_n	$y(t_n)$
1.2	0.7696960	0.8583145	0.8663791	0.8666425
1.4	2.3402236	2.5982982	2.6197405	2.6203596
1.6	5.1373786	5.6789071	5.7198953	5.7209615
1.8	9.7434894	10.7244671	10.7920176	10.7936247
2.0	16.9490133	18.5788825	18.6808524	18.6830971

从表7.3.3可以看出,在计算量大致相等的情况下,Euler方法计算的结果只有1位有效数字,改进的Euler方法计算的结果有2位有效数字,而四阶经典R-K方法计算的结果却有4位有效数字,这与理论分析是一致的. 例7.2.1和例7.3.3的计算结果说明,在解决实际问题时,选择恰当的算法是非常必要的.

需要指出的是Runge-Kutta方法是基于Taylor展开法,因而要求方程的解具有足够的光滑性.如果解的光滑性差,使用四阶Runge-Kutta方法求得数值解的精度,可能不如改进的Euler方法精度高.因此,在实际计算时,要根据具体问题的特性,选择合适的算法.

7.3.4　变步长的Runge-Kutta方法

上面导出的Runge-Kutta方法都是定步长的,单从每一步来看,步长 h 越小,局部截断误差也越少.但随着步长的减小,在一定范围内要进行的步数就会增加,而步数增加不仅增加计算量,还有可能导致舍入误差的积累过大.由于Runge-Kutta方法是单步法,每一步计算步长都是独立的,所以步长的选择具有较大的灵活性.因此根据实际问题的具体情况合理选择每一步的步长是非常有意义的.下面,我们来建立变步长的Runge-Kutta公式.

以四阶经典Runge-Kutta公式为例进行说明.从初始点 t_0 出发,先选一个步长 h,利用公式(7.3.14)求出的近似值记为 $y_1^{(h)}$,由于公式的局部截断误差为 $O(h^5)$,所以有

$$y(t_1) - y_1^{(k)} = ch^5, \tag{7.3.15}$$

其中 c 为常数.然后将步长 h 进行折半,即取步长为 $h/2$,由初始点 t_0 出发,到 $(t_0+t_1)/2$ 算一步,由 $(t_0+t_1)/2$ 到 t_1 再算一步,将求得的近似值记为 $y_1^{(h/2)}$,因此有

$$y(t_1) - y_1^{(h/2)} \approx 2c\left(\frac{h}{2}\right)^5. \tag{7.3.16}$$

由式(7.3.15)及式(7.3.16)得

$$\frac{y(t_1) - y_1^{(h/2)}}{y(t_1) - y_1^{(h)}} \approx \frac{1}{16}.$$

一般地,从 t_n 出发,按上述做法可得到

$$\frac{y(t_{n+1}) - y_{n+1}^{(h/2)}}{y(t_{n+1}) - y_{n+1}^{(h)}} \approx \frac{1}{16},$$

或写成

$$y(t_{n+1}) - y_{n+1}^{(h/2)} \approx \frac{1}{15}\left[y_{n+1}^{(h/2)} - y_{n+1}^{(h)}\right]. \tag{7.3.17}$$

式(7.3.17)是事后估计式,记

$$\Delta = \left| y_{n+1}^{(h/2)} - y_{n+1}^{(h)} \right|. \tag{7.3.18}$$

对给定的步长 h,若 $\Delta > \varepsilon$(ε 是预先指定的精度),说明步长 h 太大,应折半进行计算,直至 $\Delta < \varepsilon$ 为止,这时取 $y_{n+1}^{(h/2)}$ 作为近似值.若 $\Delta < \varepsilon$,则将步长 h 加倍,直到 $\Delta > \varepsilon$ 为止,这时再将步长折半一次,就把这次所得结果作为近似值.

变步长的 Runge-Kutta 方法的计算步骤如下:

设误差上限为 $\varepsilon_{上}$,误差下限为 $\varepsilon_{下}$,步长最大值为 H,从 t_n 出发进行计算,步长为 h.

(1) 用步长 h 和 Runge-Kutta 公式计算 $y_{n+1}^{(h)}$,用步长 $h/2$ 计算两步得 $y_{n+1}^{(h/2)}$,并计算 Δ;

(2) 若 $\Delta > \varepsilon_{上}$,说明步长过大,应将 h 折半,返回步骤(1)重新计算;

(3) 若 $\Delta < \varepsilon_{下}$,说明步长过小,在下一步将 h 放大,但不超过 H.

这种通过加倍和减半处理步长的 Runge-Kutta 方法就称为**变步长 Runge-Kutta 方法(Runge-Kutta varing step-size method)**.从表面上看,为了选择步长,每一步的计算量增加了,但从总体考虑还是合算的.

7.4 单步法的相容性、收敛性与稳定性

常微分方程的初值问题

$$\begin{cases} y'(t) = f(t, y), & a < t \leqslant b, \\ y(a) = \alpha \end{cases} \tag{7.4.1}$$

的数值解法的基本思想是通过某种离散化手段将微分方程转化为差分方程,很自然地,我们必须回答以下三个问题:

(1) 这种转化是否合理?即相容性问题.

(2) 由数值解法得到的数值解是否收敛到值问题(7.4.1)的解析解?即收敛性问题.

(3) 数值解法是否稳定?即稳定性问题.

本节仅介绍单步法的相容性、收敛性和稳定性,而多步法的相容性、收敛性和稳定性的证明比较复杂,这里就不介绍了,有兴趣的读者请参阅文献[1].

下面均设 $a = t_0 < t_1 < \cdots < t_{N-1} < t_N = b$,其中 $t_n = t_0 + nh$, $n = 0, 1, \cdots, N$ 为等距节点,步长 $h = (b - a)/N$.

7.4.1 相容性

定义 7.4.1　若解初值问题(7.4.1)数值方法的计算格式可以写成

$$\begin{cases} y_{n+1} = y_n + h\varphi(t_n, y_n, h), & n = 0,1,\cdots,N, \\ y_0 = \alpha, \end{cases} \tag{7.4.2}$$

则称该方法为**显式单步法(explicit one-step method)**. 其中 $\varphi(t,y,h)$称为**增量函数(increment function)**.

注　增量函数是依赖于微分方程 $y'=f(t,y)$中的 $f(t,y)$的一个泛函. 例如: Euler 方法的增量函数是 $\varphi(t,y,h)=f(t,y)$;改进的 Euler 方法的增量函数是

$$\varphi(t,y,h) = \frac{1}{2}[f(t,y) + f(t+h, y+hf(t,y))].$$

定义 7.4.2　设求解处初值问题(7.4.1)的单步法为(7.4.2),若 $\varphi(t,y,h)$关于 h 连续,且对任意固定的 $t\in[a,b]$,都有

$$\lim_{h\to 0}\frac{y(t+h)-y(t)}{h} = \lim_{h\to 0}\varphi(t,y,h), \tag{7.4.3}$$

则称数值方法(7.4.2)与初值问题(7.4.1)**相容**;或数值方法(7.4.2)与初值问题(7.4.1)是**相容的(consistent)**.

因为$\lim\limits_{h\to 0}\dfrac{y(t+h)-y(t)}{h} = y'(t) = f(t,y)$, $\lim\limits_{h\to 0}\varphi(t,y,h) = \varphi(t,y,0)$,所以有

$$\varphi(t,y,0) = f(t,y), \tag{7.4.4}$$

式(7.4.4)称为**相容性条件(consistent condition)**.

注 1　若 $\varphi(t,y,h)$关于 h 连续,则式(7.4.3)与式(7.4.4)是等价的;因此,若数值方法(7.4.2)的增量函数满足相容性条件(7.4.4),则称数值方法(7.4.2)与初值问题(7.4.1)相容.

注 2　相容性保证了,当 $h\to 0$ 时,数值方法的差分方程收敛于原初值问题的微分方程,说明数值解法通过某种离散化手段将微分方程转化为差分方程求解原初值问题是合理的.

注 3　容易验证,Euler 方法和改进的 Euler 方法都与初值问题(7.4.1)相容.

7.4.2 收敛性

定义 7.4.3　对单步法(7.4.2),若对任意固定的 $t_n\in[a,b]$,都有$\lim\limits_{h\to 0}y_n =$

$y(t_n)$，则称方法(7.4.2)是**收敛的**(**convergent**)．

定义 7.4.4　若在计算 y_{n+1}($n=0$ 除外)时，用到的不是 $y(t_n)$，而是近似值 y_n，即每一步计算除局部截断误差外，还考虑前一步不准确而引起的误差，则称这种误差为**整体截断误差**(**global truncation error**)．

整体截断误差包含各步的局部误差，也包括了以前各步的局部误差在逐步计算中的积累．因此作为误差估计，最根本的是估计整体截断误差．但估计整体截断误差并不容易，好在整体截断误差与局部截断误差之间通常有一定的联系(参见定理 7.4.1)，因此要构造高精度的计算方法，只要设法提高该方法的局部截断误差中的阶数 p 即可．

定理 7.4.1　若

(a) 单步法(7.4.2)具有 p 阶精度，即它的局部截断误差为

$$y(t_{n+1})-\tilde{y}_{n+1}=O(h^{p+1}),\tag{7.4.5}$$

其中 $\tilde{y}_{n+1}=y(t_n)+h\varphi(t_n,y(t_n),h)$．

(b) 增量函数 $\varphi(t,y,h)$ 在区域 $D=\{(t,y)\mid a\leqslant t\leqslant b,|y|<\infty\}$ 内关于 y 满足 Lipschitz 条件，即：存在常数 $L>0$，对于 $\forall\ y_1,y_2\in\mathbf{R}$，有

$$|\varphi(t,y_1,h)-\varphi(t,y_2,h)|\leqslant L|y_1-y_2|.\tag{7.4.6}$$

(c) 初始值是准确的：

$$e_0=y(t_0)-y_0=0,$$

则

(1) 当 $p>0$ 时，方法(7.4.2)是收敛的．

(2) 方法(7.4.2)的整体截断误差为

$$e_{n+1}=y(t_{n+1})-y_{n+1}=O(h^p),\tag{7.4.7}$$

其中 $y_{n+1}=y_n+h\varphi(t_n,y_n,h)$．

证　由条件(a)知，存在常数 C，使得

$$|y(t_{n+1})-\tilde{y}_{n+1}|\leqslant Ch^{p+1},$$

且由条件(b)得

$$\begin{aligned}|\tilde{y}_{n+1}-y_{n+1}|&=|[y(t_n)+h\varphi(t_n,y(t_n),h)]-[y_n+h\varphi(t_n,y_n,h)]|\\&\leqslant|y(t_n)-y_n|+h|\varphi(t_n,y(t_n),h)-\varphi(t_n,y_n,h)|\\&\leqslant|y(t_n)-y_n|+hL|y(t_n)-y_n|\\&=(1+hL)|y(t_n)-y_n|,\end{aligned}$$

因此

$$\begin{aligned}|y(t_{n+1})-y_{n+1}|&\leqslant|\tilde{y}_{n+1}-y_{n+1}|+|y(t_{n+1})-\tilde{y}_{n+1}|\\&\leqslant(1+hL)|y(t_n)-y_n|+Ch^{p+1},\end{aligned}$$

即有递推关系

$$|e_{n+1}| \leqslant (1+hL)|e_n| + Ch^{p+1}. \tag{7.4.8}$$

利用递推关系(7.4.8)反复递推,得

$$\begin{aligned}|e_{n+1}| &\leqslant (1+hL)^n|e_0| + [(1+hL)^{n-1} + (1+hL)^{n-2} + \cdots + (1+hL) + 1] \\ &= 0 + Ch^{p+1}\frac{(1+hL)^n - 1}{(1+hL) - 1} \\ &= [(1+hL)^n - 1]\frac{C}{L}h^p.\end{aligned}$$

注意到,当 $t_n - t_0 = nh \leqslant H$($H$ 是某个固定的常数)时,

$$(1+hL)^n \leqslant (e^{hL})^n \leqslant e^{HL},$$

于是有

$$|e_{n+1}| \leqslant (e^{HL} - 1)\frac{C}{L}h^p. \tag{7.4.9}$$

因此当 $p>0$ 时,由式(7.4.9)知,方法(7.4.2)是收敛的,且(7.4.7)成立.证毕!

注1　在定理7.4.1的条件下,单步法(7.4.2)的整体截断误差比局部截断误差低一阶,即

$$\textbf{整体截断误差} = O(h^{-1}) \times \textbf{局部截断误差}.$$

注2　要判断某个单步法是否收敛,只要判断增量函数是否关于 y 满足 Lipschitz条件.

推论7.4.1　Euler 方法是收敛的.

证明　因为 Euler 方法满足 $p=1>0$,且由7.1节的假定知:Euler 方法的增量函数 $\varphi(t,y,h)=f(t,y)$ 关于 y 满足 Lipschitz 条件,故由定理7.4.1知:Euler 方法是收敛的.证毕!

推论7.4.2　改进的 Euler 方法也是收敛的.

证明　因为改进的 Euler 方法的增量函数是

$$\varphi(t,y,h) = \frac{1}{2}[f(t,y) + f(t+h, y+hf(t,y))],$$

由7.1节的假定知:存在常数 $L>0$,对于 $\forall y_1, y_2 \in \mathbf{R}$,有 $|f(t,y_1) - f(t,y_2)| \leqslant L|y_1 - y_2|$,于是

$$\begin{aligned}&|\varphi(t,y_1,h) - \varphi(t,y_2,h)| \\ &\leqslant \frac{1}{2}\{|f(t,y_1) - f(t,y_2)| + |f(t+h, y_1 + hf(t,y_1)) \\ &\quad - f(t+h, y_2 + hf(t,y_2))|\} \\ &\leqslant \frac{1}{2}\{L|y_1 - y_2| + L|[y_1 + hf(t,y_1)] - [y_2 + hf(t,y_2)]|\} \\ &\leqslant \frac{1}{2}\{L|y_1 - y_2| + L|y_1 - y_2| + L[hL|y_1 - y_2|]\}\end{aligned}$$

$$\leqslant \left(L+\frac{1}{2}hL^2\right)|y_1-y_2| \leqslant \left(L+\frac{1}{2}HL^2\right)|y_1-y_2|,$$

其中 $h\leqslant H$（H 是某个固定的常数），所以改进的 Euler 方法的增量函数关于 y 满足 Lipschitz 条件.

又因为改进的 Euler 方法满足 $p=2>0$，所以由定理 7.4.1 知：改进的 Euler 方法也是收敛的. 证毕！

注 相容性保证了当步长 $h\to\infty$时，数值方法的差分方程收敛到初值问题的微分方程；收敛性保证了当步长 $h\to\infty$时，数值方法的数值解收敛到初值问题的解析解.

下面的定理阐述了单步法的收敛性与相容性的关系：

定理 7.4.2 若单步法(7.4.2)的增量函数 $\varphi(t,y,h)$在区域 $D=\{(t,y)\mid a\leqslant t\leqslant b,|y|<\infty\}$上关于 y 满足 Lipschitz 条件；即存在 $L>0$，对于 $\forall\, y_1, y_2\in\mathbf{R}$，有 $|\varphi(t,y_1,h)-\varphi(t,y_2,h)|\leqslant L|y_1-y_2|$，则当精度 $p>0$ 时，方法(7.4.2)收敛的充分必要条件是相容性条件(7.4.4)成立.

证明参见文献[13].

7.4.3 稳定性

在理论上，讨论方法的收敛性时，总是假定初始值是准确的，数值方法本身的计算也是准确的，而实际情况并非如此. 事实上，初始数据可能有误差，计算过程中的数字的舍入也会产生误差. 这种误差的扰动在计算过程中是否会增长很快，以致影响结果，这就是数值方法的稳定性问题.

定义 7.4.5 若一个数值方法在节点 t_n 处的值y_n 有扰动δ，在以后的各点 t_m $(m>n)$处的值 y_m 产生的偏差均不超过δ，则称这种方法是**稳定的(stable)**.

在选择数值方法时，我们总是希望选择稳定的数值方法.

定理 7.4.3 对初值问题(7.4.1)，若增量函数 $\varphi(t,y,h)$是连续的，在集合

$$D=\{(t,y)\mid a\leqslant t\leqslant b,|y|<\infty,0\leqslant h\leqslant H\}$$

上关于 y 满足 Lipschitz 条件，即存在 $L>0$，对于$\forall\, y_1,y_2\in\mathbf{R}$，有

$$|\varphi(t,y_1,h)-\varphi(t,y_2,h)|\leqslant L|y_1-y_2|, \tag{7.4.10}$$

其中 $H>0$ 是常数，则方法(7.4.2)是稳定的.

当考察某数值方法的稳定性时，为简明起见，通常将此方法用于简单的试验方程以检验该方法的稳定性. **试验方程(test equation)**为

$$y'(t)=\lambda y(t), \tag{7.4.11}$$

其中 λ 是常数，可以是实数，也可以是复数.

定义 7.4.6 将单步法(7.4.2)用于试验方程(7.4.11)，设得到的迭代格式为

$y_{n+1}=g(\lambda h)y_n$，其中步长 h 是固定的.若增量函数 $g(\lambda h)$ 满足 $|g(\lambda h)|<1$，则称此方法是**绝对稳定的**(**absolute stable**).记 $\mu=\lambda h$，则在 μ 平面上，使 $|g(\mu)|<1$ 的变量围成的区域称为**绝对稳定域**(**region of absolute stable**)，它与实轴的交集称为**绝对稳定区间**(**interval of absolute stable**).

下面分别将 Euler 方法、后退的 Euler 方法、改进的 Euler 方法和梯形方法分别应用于试验方程(7.4.11)，并记 $\mu=\lambda h$，确定上述方法的绝对稳定区域.

(1) 将 Euler 方法 $y_{n+1}=y_n+hf(t_n,y_n)$ 应用于试验方程(7.4.9)，得

$$y_{n+1}=y_n+\lambda h y_n=(1+\lambda h)y_n, \tag{7.4.12}$$

其中 $g(\lambda h)=1+\lambda h$.若 y_n 有误差而变为 $\bar{y}_n$，相应地 y_{n+1} 有误差而变为 $\bar{y}_{n+1}$，则

$$\bar{y}_{n+1}=(1+\lambda h)\bar{y}_n. \tag{7.4.13}$$

将式(7.4.12)与式(7.4.13)相减，并记 $e_n=y_n-\bar{y}_n$，得

$$e_{n+1}=y_{n+1}-\bar{y}_{n+1}=(1+\lambda h)(y_n-\bar{y}_n)=(1+\lambda h)e_n,$$

因此

$$\frac{e_{n+1}}{e_n}=1+\lambda h. \tag{7.4.14}$$

由此可见，若要求误差不增长，则比值 $e_{n+1}/e_n=1+\lambda h$ 必须满足

$$|1+\lambda h|<1,$$

即

$$|1+\mu|<1. \tag{7.4.15}$$

因为 μ 可以是复数 $\mu=x+\mathrm{i}y$，所以在 μ 的复平面上，式(7.4.15)表示 Euler 方法的绝对稳定区域是半径为1，圆心为$(-1,0)$的圆域内部，不包括圆周(图7.4.1).

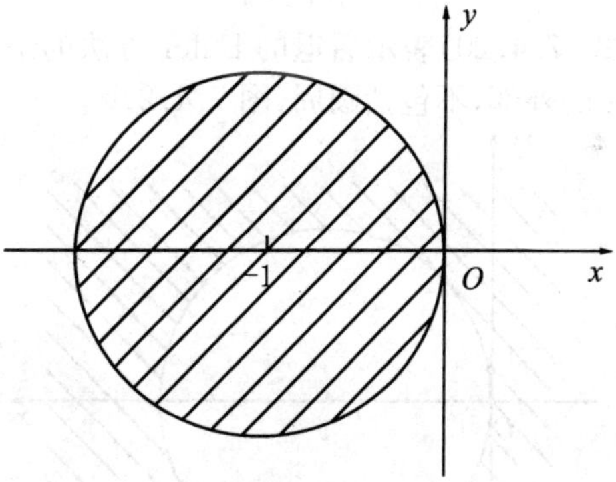

图 7.4.1

绝对稳定区间是 $\mathrm{Re}\mu=h\mathrm{Re}\lambda\in(-2,0)$(此时显然要求 $\mathrm{Re}\lambda<0$)，即 $0<h<-2/\mathrm{Re}\lambda$.这说明：当步长 h 满足 $0<h<-2/\mathrm{Re}\lambda$(其中 $\mathrm{Re}\lambda<0$)时，Euler 方法是稳定的.因为稳定性对步长有限制，因此称这样的稳定为**条件稳定的**

(conditional stable).

(2) 将后退的 Euler 方法 $y_{n+1} = y_n + hf(t_{n+1}, y_{n+1})$ 应用于试验方程(7.4.11),得

$$y_{n+1} = y_n + \lambda h y_{n+1},$$

即

$$y_{n+1} = \frac{1}{1-\lambda h} y_n, \tag{7.4.16}$$

其中 $g(\lambda h) = 1/(1-\lambda h)$. 若 y_n 有误差而变为 $\bar{y}_n$,相应地 y_{n+1} 有误差而变为 $\bar{y}_{n+1}$,则

$$\bar{y}_{n+1} = \frac{1}{1-\lambda h} \bar{y}_n. \tag{7.4.17}$$

将式(7.4.16)与式(7.4.17)相减,并记 $e_n = y_n - \bar{y}_n$,得

$$e_{n+1} = y_{n+1} - \bar{y}_{n+1} = \frac{1}{1-\lambda h}(y_n - \bar{y}_n) = \frac{1}{1-\lambda h} e_n,$$

由此得

$$\frac{e_{n+1}}{e_n} = \frac{1}{1-\lambda h}. \tag{7.4.18}$$

由此可见,若要求误差不增长,则比值 $e_{n+1}/e_n = 1/(1-\lambda h)$ 必须满足

$$\left| \frac{1}{1-\lambda h} \right| < 1$$

或

$$|1-\lambda h| > 1, \tag{7.4.19}$$

即

$$|1-\mu| > 1. \tag{7.4.20}$$

因此在 μ 复平面上,式(7.4.20)表示后退的 Euler 方法的绝对稳定区域是半径为 1,圆心为(1,0)的圆域的外部,不包括圆周(图 7.4.2).

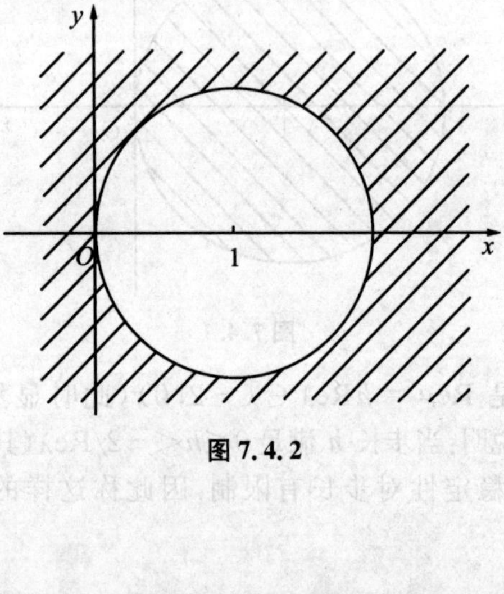

图 7.4.2

当 $\mathrm{Re}\lambda<0$ 时，在 μ 复平面上，式(7.4.20)表示后退的 Euler 方法的绝对稳定区域是左半平面，绝对稳定区间是 $\mathrm{Re}\mu=h\mathrm{Re}\lambda\in(-\infty,0)$，即 $0<h<\infty$. 这说明后退的 Euler 方法对任意步长 $h>0$ 都是稳定的，此时称后退的 Euler 方法是**无条件稳定的(unconditional stable)**.

(3) 将改进的 Euler 方法(一种二阶 Runge-Kutta 方法)

$$y_{n+1}=y_n+\frac{h}{2}[f(t_n,y_n)+f(t_n+h,y_n+hf(t_n,y_n))]$$

应用于试验方程(7.4.11)，得

$$y_{n+1}=[1+\lambda h+(\lambda h)^2/2]y_n,\tag{7.4.21}$$

其中 $g(\lambda h)=1+\lambda h+(\lambda h)^2/2$. 仿上述过程，得

$$\frac{e_{n+1}}{e_n}=1+\lambda h+\frac{(\lambda h)^2}{2}.$$

若要求误差不增长，则比值 $e_{n+1}/e_n=1+\lambda h+(\lambda h)^2/2$ 必须满足

$$|1+\lambda h+(\lambda h)^2/2|<1$$

即

$$|1+\mu+\mu^2/2|<1\quad 或\quad |(1+\mu)^2+1|<2.\tag{7.4.22}$$

于是改进的 Euler 方法的绝对稳定区域由 $|(1+\mu)^2+1|<2$ 确定，由 $|(1+\mathrm{Re}\mu)^2+1|<2$ 得改进的 Euler 方法的绝对稳定区间 $\mathrm{Re}\mu=h\mathrm{Re}\lambda\in(-2,0)$(此时显然要求 $\mathrm{Re}\lambda<0$)，即 $0<h<-2/\mathrm{Re}\lambda$. 这说明：当步长 h 满足 $0<h<-2/\mathrm{Re}\lambda$(其中 $\mathrm{Re}\lambda<0$)时，改进的 Euler 方法是稳定的，且是条件稳定的.

(4) 将梯形方法

$$y_{n+1}=y_n+\frac{h}{2}[f(t_n,y_n)+f(t_n+h,y_{n+1})]$$

应用于试验方程(7.4.11)，得

$$y_{n+1}=\frac{1+(\lambda h)/2}{1-(\lambda h)/2}y_n,\tag{7.4.23}$$

其中 $g(\lambda h)=\dfrac{1+(\lambda h)/2}{1-(\lambda h)/2}$. 仿上述过程，得

$$\frac{e_{n+1}}{e_n}=\frac{1+(\lambda h)/2}{1-(\lambda h)/2}.$$

若要求误差不增长，则比值 $\dfrac{e_{n+1}}{e_n}=\dfrac{1+(\lambda h)/2}{1-(\lambda h)/2}$ 必须满足

$$\left|\frac{1+(\lambda h)/2}{1-(\lambda h)/2}\right|<1,\quad 即\quad \left|\frac{1+\mu/2}{1-\mu/2}\right|<1.\tag{7.4.24}$$

当 $\mathrm{Re}\lambda<0$ 时，在 μ 复平面上，式(7.4.24)表示梯形方法的绝对稳定区域是左半平面，绝对稳定区间是 $\mathrm{Re}\mu=h\mathrm{Re}\lambda\in(-\infty,0)$，即 $0<h<\infty$. 这说明梯形方法对任意

步长 $h>0$ 都是稳定的,即梯形方法也是无条件稳定的.

从前面的讨论可以看出,隐式方法的稳定区域(如后退的 Euler 方法和梯形方法)分别比显式方法(如 Euler 方法和改进的 Euler 方法)的稳定区域大,而且在 $\mathrm{Re}\lambda<0$ 条件下后退的 Euler 方法和梯形方法都是无条件稳定的,而 Euler 方法和改进的 Euler 方法却是条件稳定的.

一般地,显式 Runge-Kutta 方法皆具有有限的绝对稳定区域,即对步长 h 都有限制,因此它们都是条件稳定的.

而隐式方法在某些情况下是无条件稳定的.

7.5 线性多步法

7.3 节介绍的 Runge-Kutta 方法是单步法,即计算 y_{n+1}时,只用到前面一步的信息 y_n.为了提高精度,三阶及三阶以上的 Runge-Kutta 法用的都是(t_n, t_{n+1})内部新增点处的函数值信息,这样做的不足是计算量增加;而且这些新增加的函数值信息不保留到以后步骤的运算,在算法上似乎有点浪费.这就启发我们:如果能充分利用已知信息 $y_{n-1}, y_{n-2}, \cdots$来计算 y_{n+1},那么不但有可能提高精度,而且大大减少了计算量,这就是构造所谓线性多步法的基本思想.又因为误差 $|y(t_n)-y_n|$随着n 的增大而趋于增大,所以当求 y_{n+1}时,使用这些以前更精确的数据信息的方法也是合理的.

定义 7.5.1 求解初值问题

$$\begin{cases} y'(t) = f(t,y), \quad a \leqslant t \leqslant b, \\ y(a) = \alpha \end{cases} \tag{7.5.1}$$

的 ***k* 步线性多步法(linear *k*-step multistep method)**的一般公式是

$$\begin{aligned} y_{n+1} = {} & \alpha_0 y_n + \alpha_1 y_{n-1} + \cdots + \alpha_{k-1} y_{n-k+1} \\ & + h[\beta_{-1} f(t_{n+1}, y_{n+1}) + \beta_0 f(t_n, y_n) + \beta_1 f(t_{n-1}, y_{n-1}) \\ & + \cdots + \beta_{k-1} f(t_{n-k+1}, y_{n-k+1})] \end{aligned} \tag{7.5.2}$$

其中 $\alpha_i\ (i=0,1,\cdots,k-1)$和 $\beta_i\ (i=-1,0,\cdots,k-1)$是与 n 无关的常数,$h=(b-a)/N$, $t_n=a+nh$, $n=1,2,\cdots,N$.

当 $\beta_{-1}=0$ 时,式(7.5.2)中不含 $f(t_{n+1}, y_{n+1})$,称方法(7.5.2)为**显式的(explicit 或 open)**;

当 $\beta_{-1}\neq 0$ 时,式(7.5.2)中含 $f(t_{n+1}, y_{n+1})$,称方法(7.5.2)为**隐式的(implicit 或 closed)**.

为清晰简明起见，本节只介绍最常用的线性多步法——四阶 Adams 方法；本节最后还简介了其他一些较常用的线性多步法.

7.5.1 Adams[①] 方法

定义 7.5.2　对 $n=3,4,\cdots,N-1$，称

$$\begin{cases} y_{n+1} = y_n + \dfrac{h}{24}[55f(t_n,y_n) - 59f(t_{n-1},y_{n-1}) \\ \qquad + 37f(t_{n-2},y_{n-2}) - 9f(t_{n-3},y_{n-3})], \\ y_0 = \alpha, y_1 = \alpha_1, y_2 = \alpha_2, y_3 = \alpha_3 \end{cases} \tag{7.5.3}$$

为四阶显式 Adams 方法(explicit Adams method of order four).

对 $n=2,3,\cdots,N-1$，称

$$\begin{cases} y_{n+1} = y_n + \dfrac{h}{24}[9f(t_{n+1},y_{n+1}) + 19f(t_n,y_n) - 5f(t_{n-1},y_{n-1}) \\ \qquad + f(t_{n-2},y_{n-2})], \\ y_0 = \alpha, y_1 = \alpha_1, y_2 = \alpha_2 \end{cases} \tag{7.5.4}$$

为四阶隐式 Adams 方法(implicit Adams method of order four).

推导式(7.5.3)和式(7.5.4)：将区间$[a,b]$ N 等分，

$$a = t_0 < t_1 < \cdots < t_{N-1} < t_N = b,$$

其中 $t_n = t_0 + nh(n=0,1,\cdots,N)$为等距节点，步长 $h=(b-a)/N$.

在每个小区间$[t_n,t_{n+1}](n=0,1,\cdots,N-1)$上，对 $y'=f(t,y(t))$两边积分，得

$$y(t_{n+1}) = y(t_n) + \int_{t_n}^{t_{n+1}} f(s,y(s))\mathrm{d}s. \tag{7.5.5}$$

对$\int_{t_n}^{t_{n+1}} f(s,y(s))\mathrm{d}s$ 运用插值型求积公式，便可得到相应的线性多步法公式.

将式(7.5.5)右边积分的被积函数用插值多项式来近似代替. 这里，我们取三次插值多项式. 插值节点除 t_n,t_{n+1}，外，通常还要在$[t_n,t_{n+1}]$内再取两点作为插值节点. 但区间$[t_n,t_{n+1}]$内的点处的函数值是未知的，而 $y_{n-1},y_{n-2},y_{n-3},\cdots$，却是已知的，因此可取插值节点 $t_n,t_{n-1},t_{n-2},t_{n-3}$，则三次插值多项式为

$$p_3(t) = \frac{(t-t_{n-1})(t-t_{n-2})(t-t_{n-3})}{(t_n-t_{n-1})(t_n-t_{n-2})(t_n-t_{n-3})}f(t_n,y(t_n))$$

---

① 阿达姆斯(John Couch Adams，1819～1892)是英国数学家和天文学家. 他最著名的成就是仅用数学理论和方法准确地预测了海王星的存在和位置.

$$
\begin{aligned}
&+\frac{(t-t_n)(t-t_{n-2})(t-t_{n-3})}{(t_{n-1}-t_n)(t_{n-1}-t_{n-2})(t_{n-1}-t_{n-3})}f(t_{n-1},y(t_{n-1}))\\
&+\frac{(t-t_n)(t-t_{n-1})(t-t_{n-3})}{(t_{n-2}-t_n)(t_{n-2}-t_{n-1})(t_{n-2}-t_{n-3})}f(t_{n-2},y(t_{n-2}))\\
&+\frac{(t-t_n)(t-t_{n-1})(t-t_{n-2})}{(t_{n-3}-t_n)(t_{n-3}-t_{n-1})(t_{n-3}-t_{n-2})}f(t_{n-3},y(t_{n-3}))\\
=&\frac{1}{6h^3}(t-t_{n-1})(t-t_{n-2})(t-t_{n-3})f(t_n,y(t_n))\\
&-\frac{1}{2h^3}(t-t_n)(t-t_{n-2})(t-t_{n-3})f(t_{n-1},y(t_{n-1}))\\
&+\frac{1}{2h^3}(t-t_n)(t-t_{n-1})(t-t_{n-3})f(t_{n-2},y(t_{n-2}))\\
&-\frac{1}{6h^3}(t-t_n)(t-t_{n-1})(t-t_{n-2})f(t_{n-3},y(t_{n-3})),
\end{aligned}
$$

插值余项为

$$
r_3(t)=\frac{y^{(5)}(\xi_1)}{4!}(t-t_n)(t-t_{n-1})(t-t_{n-2})(t-t_{n-3}),\quad t_{n-3}<\xi_1<t_n, \tag{7.5.6}
$$

其中 $y^{(5)}(\xi_1)=\left.\dfrac{\mathrm{d}^4f(t,y(t))}{\mathrm{d}t^4}\right|_{t=\xi_1}$. 于是有

$$
f(t,y(t))=p_3(t)+r_3(t). \tag{7.5.7}
$$

将式(7.5.5)右端的积分中的 $f(s,y(s))$ 用 $p_3(s)$ 代替，令 $s=t_n+uh(0\leqslant u\leqslant 1)$，然后积分，并用 $y(t_i)$ 的近似值 y_i 替代 $y(t_i)(i=n-3,n-2,n-1,n)$，得

$$
\begin{aligned}
y_{n+1}=&\ y_n+\frac{h}{6}f(t_n,y_n)\int_0^1(u+1)(u+2)(u+3)\mathrm{d}u\\
&-\frac{h}{2}f(t_{n-1},y_{n-1})\int_0^1u(u+2)(u+3)\mathrm{d}u\\
&+\frac{h}{2}f(t_{n-2},y_{n-2})\int_0^1u(u+1)(u+3)\mathrm{d}u\\
&-\frac{h}{6}f(t_{n-3},y_{n-3})\int_0^1u(u+1)(u+2)\mathrm{d}u\\
=&\ y_n+\frac{h}{24}[55f(t_n,y_n)-59f(t_{n-1},y_{n-1})+37f(t_{n-2},y_{n-2})\\
&-9f(t_{n-3},y_{n-3})],
\end{aligned}
$$

即得式(7.5.3).

若插值节点取为 $t_{n-2},t_{n-1},t_n,t_{n+1}$ 作三次插值多项式

$$
\tilde{p}_3(t)=\frac{(t-t_n)(t-t_{n-1})(t-t_{n-2})}{(t_{n+1}-t_n)(t_{n+1}-t_{n-1})(t_{n+1}-t_{n-2})}f(t_{n+1},y(t_{n+1}))
$$

$$
\begin{aligned}
&+\frac{(t-t_{n+1})(t-t_{n-1})(t-t_{n-2})}{(t_n-t_{n+1})(t_n-t_{n-1})(t_n-t_{n-2})}f(t_n,y(t_n))\\
&+\frac{(t-t_{n+1})(t-t_n)(t-t_{n-2})}{(t_{n-1}-t_{n+1})(t_{n-1}-t_n)(t_{n-1}-t_{n-2})}f(t_{n-1},y(t_{n-1}))\\
&+\frac{(t-t_{n+1})(t-t_{n-1})(t-t_{n-1})}{(t_{n-2}-t_{n+1})(t_{n-2}-t_n)(t_{n-2}-t_{n-1})}f(t_{n-2},y(t_{n-2}))\\
=&\frac{1}{6h^3}(t-t_n)(t-t_{n-1})(t-t_{n-2})f(t_{n+1},y(t_{n+1}))\\
&-\frac{1}{2h^3}(t-t_{n+1})(t-t_{n-1})(t-t_{n-2})f(t_n,y(t_n))\\
&+\frac{1}{2h^3}(t-t_{n+1})(t-t_n)(t-t_{n-2})f(t_{n-1},y(t_{n-1}))\\
&-\frac{1}{6h^3}(t-t_{n+1})(t-t_n)(t-t_{n-1})f(t_{n-2},y(t_{n-2})).
\end{aligned}
$$

其中 $h=t_i-t_{i-1},i=n+1,n,n-1$.

插值余项为

$$
\tilde{r}_3(t)=\frac{y^{(5)}(\xi_2)}{4!}(t-t_{n+1})(t-t_n)(t-t_{n-1})(t-t_{n-2}),\quad t_{n-2}<\xi_2<t_{n+1},
\tag{7.5.8}
$$

其中 $y^{(5)}(\xi_2)=\left.\frac{\mathrm{d}^4f(t,y(t))}{\mathrm{d}t^4}\right|_{t=\xi_2}$. 于是有

$$
f(t,y(t))=\tilde{p}_3(t)+\tilde{r}_3(t).
\tag{7.5.9}
$$

将式(7.5.5)右端的积分中的 $f(s,y(s))$ 用 $\tilde{p}_3(s)$ 代替,令 $s=t_n+uh(0\leqslant u\leqslant 1)$,然后积分,再分别将 $y(t_{n-2}),y(t_{n-1}),y(t_n),y(t_{n+1})$ 用近似值 y_{n-2},y_{n-1},y_n, y_{n+1} 表示,得

$$
\begin{aligned}
y_{n+1}=&\ y_n+\frac{h}{6}f(t_{n+1},y_{n+1})\int_0^1u(u+1)(u+2)\mathrm{d}u\\
&-\frac{h}{2}f(t_n,y_n)\int_0^1(u-1)(u+1)(u+2)\mathrm{d}u\\
&-\frac{h}{2}f(t_{n-1},y_{n-1})\int_0^1(u-1)u(u+2)\mathrm{d}u\\
&-\frac{h}{6}f(t_{n-2},y_{n-2})\int_0^1(u-1)u(u+1)\mathrm{d}u\\
=&\ y_n+\frac{h}{24}[9f(t_{n+1},y_{n+1})+19f(t_n,y_n)\\
&-5f(t_{n-1},y_{n-1})+f(t_{n-2},y_{n-2})],
\end{aligned}
$$

即得式(7.5.4).

定理 7.5.1　若 $y'(t)=f(t,y(t))\in C^4[a,b]$,则四阶显式 Adams 方法

(7.5.3)的局部截断误差为

$$e_{n+1} = y(t_{n+1}) - y_{n+1} = \frac{251}{720}h^5 y^{(5)}(\eta_1) = O(h^5), \quad t_{n-3} < \eta_1 < t_n. \tag{7.5.10}$$

四阶隐式 Adams 方法(7.5.4)的局部截断误差为

$$e_{n+1} = y(t_{n+1}) - y_{n+1} = -\frac{19}{720}h^5 y^{(5)}(\eta_2) = O(h^5), \quad t_{n-2} < \eta_2 < t_{n+1}. \tag{7.5.11}$$

证明　由余项表达式(7.5.6)得四阶显式 Adams 方法的局部截断误差为

$$\begin{aligned} e_{n+1} &= y(t_{n+1}) - y_{n+1} \\ &= \frac{1}{24}\int_{t_n}^{t_{n+1}} y^{(5)}(\xi_1)(s - t_n)(s - t_{n-1})(s - t_{n-2})(s - t_{n-3})\mathrm{d}s, \end{aligned} \tag{7.5.12}$$

其中 $t_{n-3} < \xi_1 < t_n$.

因为 $y(t) \in C^5[a,b]$,所以 $y^{(5)}(t)$在$[a,b]$上连续,亦在$[t_{n-3},t_n] \subset [a,b]$上连续.由介值定理知:$y^{(5)}(t)$在$[t_{n-3},t_n]$上存在最大值(记为 M)和最小值(记为 m),于是有 $m \leqslant y^{(5)}(\xi_1) \leqslant M$.记

$$T_{n+1} = \int_{t_n}^{t_{n+1}} y^{(5)}(\xi_2)(s - t_n)(s - t_{n-1})(s - t_{n-2})(s - t_{n-3})\mathrm{d}s,$$

则有

$$\begin{aligned} m\int_{t_n}^{t_{n+1}} (s - t_n)(s - t_{n-1})(s - t_{n-2})(s - t_{n-3})\mathrm{d}s &\leqslant T_{n+1} \\ &\leqslant M\int_{t_n}^{t_{n+1}} (s - t_n)(s - t_{n-1})(s - t_{n-2})(s - t_{n-3})\mathrm{d}s. \end{aligned}$$

令 $s = t_n + uh\,(0 \leqslant u \leqslant 1)$,上式化为

$$\begin{aligned} mh^5\int_0^1 u(u+1)(u+2)(u+3)\mathrm{d}u &\leqslant T_{n+1} \\ &\leqslant Mh^5\int_0^1 u(u+1)(u+2)(u+3)\mathrm{d}u, \end{aligned}$$

即

$$\frac{251}{30}mh^5 \leqslant T_{n+1} \leqslant \frac{251}{30}Mh^5$$

或

$$m \leqslant \frac{30}{251h^5}T_{n+1} \leqslant M.$$

由介值定理知:存在 $t_{n-3} < \eta_1 < t_n$,使得

$$y^{(5)}(\eta_1) = \frac{30}{251h^5}T_{n+1}$$

$$= \frac{30}{251h^5}\int_{t_n}^{t_{n+1}} y^{(5)}(\xi_1)(s-t_n)(s-t_{n-1})(s-t_{n-2})(s-t_{n-3})\mathrm{d}s,$$

即

$$\int_{t_n}^{t_{n+1}} y^{(5)}(\xi_1)(s-t_n)(s-t_{n-1})(s-t_{n-2})(s-t_{n-3})\mathrm{d}s = \frac{251h^5}{30}y^{(5)}(\eta_1).$$

代入式(7.5.12),得

$$e_{n+1} = \frac{251}{720}h^5 y^{(5)}(\eta_1), \quad t_{n-3} < \eta_1 < t_n. \tag{7.5.13}$$

注　这里不能用积分第二中值定理证明,因为 $y^{(5)}(\xi_1)$未必是连续的.

由余项表达式(7.5.8)得四阶隐式 Adams 方法的局部截断误差为

$$\begin{aligned} e_{n+1} &= y(t_{n+1}) - y_{n+1} \\ &= \frac{1}{24}\int_{t_n}^{t_{n+1}} y^{(5)}(\xi_2)(s-t_{n+1})(s-t_n)(s-t_{n-1})(s-t_{n-2})\mathrm{d}s. \end{aligned}$$

由介值定理,仿式(7.5.13)的证明,得

$$e_{n+1} = -\frac{19}{720}h^5 y^{(5)}(\eta_2), \quad t_{n-2} < \eta_2 < t_{n+1}.$$

证毕!

7.5.2　初始值的计算

四阶显式 Adams 方法(7.5.3)计算 y_{n+1}时需要知道 $y_n, y_{n-1}, y_{n-2}, y_{n-3}$,而微分方程(7.5.1)只提供了一个初始值 $y_0=\alpha$,还有 3 个初值 $y_1=\alpha_1, y_2=\alpha_2, y_3=\alpha_3$ 需要用其他方法来计算.

四阶隐式 Adams 方法(7.5.4)计算 y_{n+1}时需要知道 y_n, y_{n-1}, y_{n-2},而微分方程(7.5.1)只提供了一个初始值 $y_0=\alpha$,还有两个初值 $y_1=\alpha_1, y_2=\alpha_2$ 需要用其他方法来计算.

因此,线性多步法不是能自行启动的方法,它还需要其他方法提供初始值.

因为微分方程的初始值在定解时起着重要作用,所以补充的初始值对精度要求较高.对于四阶 Adams 公式(显式的或隐式的),其局部截断误差为 $O(h^5)$,因此用于确定补充初始值的其他方法的局部截断误差至少应不低于 $O(h^5)$,否则由于初始值不准确,会影响到最后的结果.对四阶 Adams 公式,最常用的补充初始值的方法是用四阶 Runge-Kutta 方法,计算四阶 Adams 方法中所缺少的初值.还可以用 Taylor 展开法,如将 $y(x)$在 $t=t_0$ 处作 Taylor 展开:

$$y(t) = y(t_0) + y'(t_0)(t-t_0) + \frac{1}{2!}y''(t_0)(t-t_0)^2 + \cdots,$$

取它的前若干项,使余项满足精度要求.

7.5.3 Adams 预测-校正方法

四阶显式 Adams 方法在补充缺少的初值后就可计算了.每步只算一个函数值,局部截断误差可达到 $O(h^5)$,这是单步法难以达到的,而四阶隐式 Adams 方法每步需要解一个非线性方程.与四阶显式 Adams 方法相比,在计算上增加了许多困难.但是同阶的隐式 Adams 方法的精度及稳定性比同阶的显式 Adams 方法好得多.

在实际应用中,为了保留隐式 Adams 方法的优点,一般将显式公式与隐式公式联合使用,用显式公式提供预测值,用隐式公式加以校正,这样,既不用求解非线性方程,又能达到较高的精度.这种方法称为预测-校正方法.

定义 7.5.3 对 $n=3,4,\cdots,N-1$,称

$$\begin{cases} y_{n+1}^{(0)} = y_n + \dfrac{h}{24}[55f(t_n,y_n) - 59f(t_{n-1},y_{n-1}) \\ \qquad + 37f(t_{n-2},y_{n-2}) - 9f(t_{n-3},y_{n-3})], \\ y_{n+1}^{(k+1)} = y_n + \dfrac{h}{24}[9f(t_{n+1},y_{n+1}^{(k)}) + 19f(t_n,y_n) \\ \qquad - 5f(t_{n-1},y_{n-1}) + f(t_{n-2},y_{n-2})], \quad k = 0,1,2\cdots \end{cases} \tag{7.5.14}$$

为**四阶 Adams 预测-校正迭代系统**(**forth-order Adams predictor-corrector iterative system**).

式(7.5.14)表明四阶 Adams 预测-校正迭代系统就是:先用四阶显式 Adams 公式给出较好的近似值,再用四阶隐式 Adams 公式进行迭代.可以证明,在一定条件下

$$y_{n+1}^{(k)} \to y_{n+1} \quad (k \to \infty),$$

于是,可在迭代几次后,取 $y_{n+1}^{(k)}$ 作为 y_{n+1} 的近似值.

式(7.5.14)用四阶隐式 Adams 公式进行迭代,计算量比较大.在实际应用中,一般希望用隐式公式迭代时,迭代的次数不要太多,如果能不进行迭代而能达到要求最好.为此,仿照改进的 Euler 方法,我们也可以构造下列 Adams 预测-校正系统:

定义 7.5.4 对 $n=3,4,\cdots,N-1$,称

$$\begin{cases} \text{预测}: \bar{y}_{n+1} = y_n + \dfrac{h}{24}[55f(t_n,y_n) - 59f(t_{n-1},y_{n-1}) \\ \qquad + 37f(t_{n-2},y_{n-2}) - 9f(t_{n-3},y_{n-3})], \\ \text{校正}: y_{n+1} = y_n + \dfrac{h}{24}[9f(t_{n+1},\bar{y}_{n+1}) + 19f(t_n,y_n) \\ \qquad - 5f(t_{n-1},y_{n-1}) + f(t_{n-2},y_{n-2})] \end{cases} \tag{7.5.15}$$

为**四阶 Adams 预测-校正系统**(**forth-order Adams predictor-corrector system**).

注　上述预测-校正系统是四步法,它在计算 y_{n+1} 时不但要用到前一步的信息 y_n, y'_n,而且要用到更前面三步的信息 $y'_{n-1}, y'_{n-2}, y'_{n-3}$,因此它不能自行启动.在实际计算时,可借助某种单步法,例如可用四阶 Runge-Kutta 方法提供启动值 y_1, y_2, y_3.

7.5.4　修正的 Adams 预测-校正方法

一般地,四阶 Adams 预测-校正系统(7.5.15)虽然计算量小,但其精度比四阶 Adams 预测-校正迭代系统(7.5.14)要低.

为了改善四阶 Adams 预测-校正系统(7.5.15)的精度,通过对显式及隐式 Adams 方法进行误差分析,可得到下列修正的四阶 Adams 预测-校正系统.

在第 $n+1$ 步,用四阶显式 Adams 公式作预测,得到的结果设为 y_{n+1}^p,用四阶隐式 Adams 公式作校正,得到结果设为 y_{n+1}^c.由式(7.5.10)及式(7.5.11)得

$$\begin{cases} e_{n+1}^p = y(t_{n+1}) - y_{n+1}^p = \dfrac{251}{720}h^5 y^{(5)}(\eta_1), & t_{n-3} < \eta_1 < t_n, \\ e_{n+1}^c = y(t_{n+1}) - y_{n+1}^c = -\dfrac{19}{720}h^5 y^{(5)}(\eta_2), & t_{n-2} < \eta_2 < t_{n+1}. \end{cases} \tag{7.5.16}$$

将两式相减,得

$$y_{n+1}^c - y_{n+1}^p = \frac{19}{720}h^5 y^{(5)}(\eta_2) + \frac{251}{720}h^5 y^{(5)}(\eta_1). \tag{7.5.17}$$

若 $y(t) \in C^5[a, b]$,且在 $[t_{n-3}, t_{n+1}] \subset [a, b]$ 内变化不大,则可将 $y^{(5)}(\eta_1), y^{(5)}(\eta_2)$ 近似看作相等,并记为 $y^{(5)}(\eta), \eta \in [t_{n-3}, t_{n+1}]$.于是有

$$\frac{19}{720}h^5 y^{(5)}(\eta_2) + \frac{251}{720}h^5 y^{(5)}(\eta_1) \approx \frac{270}{720}h^5 y^{(5)}(\eta). \tag{7.5.18}$$

由式(7.5.17)和式(7.5.18),得

$$h^5 y^{(5)}(\eta) \approx \frac{720}{270}(y_{n+1}^c - y_{n+1}^p).$$

代入式(7.5.16),得

$$\begin{cases} y(t_{n+1}) \approx y_{n+1}^p + \dfrac{251}{270}(y_{n+1}^c - y_{n+1}^p), \\ y(t_{n+1}) \approx y_{n+1}^c - \dfrac{19}{270}(y_{n+1}^c - y_{n+1}^p). \end{cases} \tag{7.5.19}$$

式(7.5.19)是式(7.5.15)中两个公式的修正公式.

按式(7.5.19),$y_{n+1}^p + \dfrac{251}{270}(y_{n+1}^c - y_{n+1}^p)$ 和 $y_{n+1}^c - \dfrac{19}{270}(y_{n+1}^c - y_{n+1}^p)$ 可分别

作为 y_{n+1}^p 和 y_{n+1}^c 的改进值. 在 y_{n+1}^c 尚未求出之前,可以用上一步的偏差值 $y_n^c - y_n^p$ 代替 $y_{n+1}^c - y_{n+1}^p$ 进行计算,由此可以给出修正的 Adams 预测-校正系统:

定义 7.5.5 对 $n = 3,4,\cdots,N-1$,称

$$\begin{cases} \text{预测:}\ y_{n+1}^p = y_n + \dfrac{h}{24}[55f(t_n, y_n) - 59f(t_{n-1}, y_{n-1}) \\ \qquad\qquad + 37f(t_{n-2}, y_{n-2}) - 9f(t_{n-3}, y_{n-3})], \\ \text{修正:}\ \bar{y}_{n+1} = y_{n+1}^p + \dfrac{251}{270}(y_n^c - y_n^p), \\ \text{校正:}\ y_{n+1}^c = y_n + \dfrac{h}{24}[9f(t_{n+1}, \bar{y}_{n+1}) + 19f(t_n, y_n) \\ \qquad\qquad - 5f(t_{n-1}, y_{n-1}) + f(t_{n-2}, y_{n-2})], \\ \text{修正:}\ y_{n+1} = y_{n+1}^c - \dfrac{19}{270}(y_{n+1}^c - y_{n+1}^p) \end{cases} \tag{7.5.20}$$

为修正的四阶 Adams 预测-校正系统(**forth-order modified Adams predictor-corrector system**).

注 修正的四阶 Adams 预测-校正公式(7.5.20)也是四步法,它在计算 y_{n+1} 时要用到前面四步的信息 $y_n, y_n', y_{n-1}', y_{n-2}', y_{n-3}'$ 和 $y_n^c - y_n^p$,因此它在开始计算之前必须先给出启动值 y_1, y_2, y_3 和 $y_3^c - y_3^p$. 同四阶 Adams 预测-校正公式(7.4.15)一样,y_1, y_2, y_3 可用其他四阶单步法(如四阶经典 Runge-Kutta 方法)提供,而令 $y_3^c - y_3^p = 0$.

由式(7.5.20)得

$$|y_{n+1} - y_{n+1}^c| = \frac{19}{270}|y_{n+1}^c - y_{n+1}^p|, \tag{7.5.21}$$

因此可以用 $|y_{n+1}^c - y_{n+1}^p|$ 调整步长 h,使

$$|y_{n+1} - y_{n+1}^c| = \frac{19}{270}|y_{n+1}^c - y_{n+1}^p| < \varepsilon, \tag{7.5.22}$$

其中 $\varepsilon > 0$ 是给定的精度.

式(7.5.22)是事后估计. 由式(7.5.22)知,若 $|y_{n+1}^c - y_{n+1}^p|$ 非常小,则说明步长 h 可以放大;若 $|y_{n+1}^c - y_{n+1}^p|$ 比较大,则说明步长 h 应该减小;若 $|y_{n+1}^c - y_{n+1}^p|$ 出现突然变化,则可能是计算出现错误,应该进行检查.

例 7.5.1 取步长 $h = 0.1$,用 Adams 预测-校正公式及修正的 Adams 预测-校正公式求解初值问题

$$\begin{cases} \dfrac{dy}{dt} = \dfrac{2}{t}y + t^2 e^t, \quad 1 \leqslant t \leqslant 2, \\ y(1) = 0. \end{cases}$$

解 用四阶经典 R-K 方法计算前三步,将计算结果作为启动值,再分别利用

Adams 预测-校正公式(7.5.15)及修正的 Adams 预测-校正公式(7.5.20)计算,结果列于表 7.5.1.

表 7.5.1

t_n	y_n（启动值）	y_n（Adams 预测-校正法）	y_n（修正的 Adams 预测-校正法）	$y(t_n)$（准确值）
1.1	0.3459103			0.3459199
1.2	0.8666217			0.8666425
1.3	1.6071813			1.6072151
1.4		2.6203319	2.6203040	2.6203596
1.5		3.9676500	3.9676020	3.9676663
1.6		5.7209620	5.7208898	5.7209615
1.7		7.9638974	7.9637938	7.9638735
1.8		10.7936798	10.7935372	10.7936247
1.9		14.3231770	14.3229863	14.3230815
2.0		18.6832434	18.6829944	18.6830971

例 7.5.2　设求解初值问题

$$\begin{cases} y'(t) = f(t,y), & a < t \leqslant b, \\ y(a) = \alpha \end{cases}$$

的计算格式为

$$y_{n+1} = y_{n-1} + \frac{h}{3}[f(t_{n+1}, y_{n+1}) + 4f(t_n, y_n) + f(t_{n-1}, y_{n-1})], \quad n = 1,2,\cdots,N-1. \tag{7.5.23}$$

试推导上述计算格式的局部截断误差;并指出它是几步几阶格式.

解　设 $y_n = y(t_n), y_{n-1} = y(t_{n-1})$,则

$$f(t_n, y_n) = f(t_n, y(t_n)) = y'(t_n).$$

由 Taylor 展开式得

$$y(t_{n+1}) = y(t_n + h) = y(t_n) + hy'(t_n) + \frac{h^2}{2!}y''(t_n) + \frac{h^3}{3!}y'''(t_n) + \frac{h^4}{4!}y^{(4)}(t_n) + O(h^5),$$

$$f(t_{n+1}, y_{n+1}) \approx f(t_{n+1}, y(t_{n+1})) = y'(t_{n+1}) = y'(t_n + h)$$
$$= y'(t_n) + hy''(t_n) + \frac{h^2}{2!}y'''(t_n) + \frac{h^3}{3!}y^{(4)}(t_n) + O(h^5),$$

$$f(t_{n-1}, y_{n-1}) = f(t_{n-1}, y(t_{n-1})) = y'(t_{n-1}) = y'(t_n - h)$$

$$= y'(t_n) - hy''(t_n) + \frac{h^2}{2!}y'''(t_n) - \frac{h^3}{3!}y^{(4)}(t_n) + O(h^4).$$

于是

$$y_{n+1} = y_{n-1} + \frac{h}{3}[f(t_{n+1}, y_{n+1}) + 4f(t_n, y_n) + f(t_{n-1}, y_{n-1})]$$

$$\approx y(t_{n-1}) + \frac{h}{3}[y'(t_{n+1}) + 4y'(t_n) + y'(t_{n-1})]$$

$$= y(t_n) + hy'(t_n) + \frac{h^2}{2!}y''(t_n) + \frac{h^3}{3!}y'''(t_n) + \frac{h^4}{4!}y^{(4)}(t_n) + O(h^5).$$

故格式(7.5.23)的局部截断误差是

$$y(t_{n+1}) - y_{n+1} = O(h^5).$$

由此可知,格式(7.5.23)是 2 步 4 阶格式.

注 格式(7.5.23)称为 **Simpson 公式**,是一个比较常用的两步四阶隐式公式,它的局部截断误差为

$$y(t_{n+1}) - y_{n+1} = -\frac{1}{90}h^5 y^{(5)}(t_n) + O(h^6). \tag{7.5.24}$$

还有一些比较常用的四阶公式:

Milne 公式

$$y_{n+1} = y_{n-3} + \frac{4}{3}h[2f(t_n, y_n) - f(t_{n-1}, y_{n-1}) + 2f(t_{n-2}, y_{n-2})], \quad n = 3,4,\cdots,N-1, \tag{7.5.25}$$

是一个 4 步四阶显式公式,它的局部截断误差为

$$y(t_{n+1}) - y_{n+1} = \frac{14}{45}h^5 y^{(5)}(t_n) + O(h^6). \tag{7.5.26}$$

Hamming 公式

$$y_{n+1} = \frac{1}{8}(9y_n - y_{n-2}) + \frac{3}{8}h[f(t_{n+1}, y_{n+1}) + 2f(t_n, y_n) - f(t_{n-1}, y_{n-1})], \quad n = 2,3,\cdots,N-1, \tag{7.5.27}$$

是一个 3 步四阶隐式公式,它的局部截断误差为

$$y(t_{n+1}) - y_{n+1} = -\frac{1}{40}h^5 y^{(5)}(t_n) + O(h^6). \tag{7.5.28}$$

可以将 Milne 公式与 Simpson 公式结合使用,构造预测-校正系统:

$$\begin{cases} \text{预测}: \bar{y}_{n+1} = y_{n-3} + \frac{4}{3}h[2f(t_n, y_n) - f(t_{n-1}, y_{n-1}) + 2f(t_{n-2}, y_{n-2})], \\ \text{校正}: y_{n+1} = y_{n-1} + \frac{h}{3}[f(t_{n+1}, \bar{y}_{n+1}) + 4f(t_n, y_n) + f(t_{n-1}, y_{n-1})]. \end{cases} \tag{7.5.29}$$

也可以将 Milne 公式与 Hamming 公式结合使用,构造预测-校正系统:

$$\begin{cases} \text{预测}:\bar{y}_{n+1} = y_{n-3} + \dfrac{4}{3}h[2f(t_n,y_n) - f(t_{n-1},y_{n-1}) + 2f(t_{n-2},y_{n-2})], \\ \text{校正}:y_{n+1} = \dfrac{1}{8}(9y_n - y_{n-2}) + \dfrac{3}{8}h[f(t_{n+1},\bar{y}_{n+1}) + 2f(t_n,y_n) - f(t_{n-1},y_{n-1})]. \end{cases} \tag{7.5.30}$$

7.6　常微分方程组和高阶常微分方程的数值解法简介

前面几节介绍的一阶常微分方程的数值解法可以直接推广到一阶常微分方程组(system of ordinary differential equations of order one).

设初值问题

$$\begin{cases} y_1'(t) = f_1(t,y_1(t),\cdots,y_m(t)), \\ y_2'(t) = f_2(t,y_1(t),\cdots,y_m(t)), \\ \vdots \\ y_m'(t) = f_m(t,y_1(t),\cdots,y_m(t)), \\ y_1(a) = \alpha_1, y_2(a) = \alpha_2, \cdots, y_m(a) = \alpha_m. \end{cases} \tag{7.6.1}$$

其中 $a \leqslant t \leqslant b$.若令

$$\boldsymbol{y}(t) = (y_1(t),y_2(t),\cdots,y_m(t))^{\mathrm{T}}, \quad \boldsymbol{f} = (f_1,f_2,\cdots,f_m)^{\mathrm{T}},$$
$$\boldsymbol{\alpha} = (\alpha_1,\alpha_2,\cdots,\alpha_m)^{\mathrm{T}},$$

则式(7.6.1)变为

$$\begin{cases} \boldsymbol{y}'(t) = \boldsymbol{f}(t,\boldsymbol{y}(t)), \quad a \leqslant t \leqslant b, \\ \boldsymbol{y}(a) = \boldsymbol{\alpha}. \end{cases} \tag{7.6.2}$$

它在形式上与式(7.1.1)完全相同,只是把标量函数换成向量函数.将前面几节介绍的一阶常微分方程的数值解法应用到式(7.6.2)也成立,且截断误差的推导过程与一阶常微分方程的情形完全一样.为简明起见,下面只对二阶及 2 个未知函数的微分方程组进行介绍.

7.6.1　一阶微分方程组

考虑初值问题

$$\begin{cases} y'(t) = f(t,y,z), \\ z'(t) = g(t,y,z), \\ y(a) = \alpha, \\ z(a) = \beta, \end{cases} \tag{7.6.3}$$

其中 $a < t \leqslant b$.

若用改进的 Euler 方法计算，其计算格式为：对 $n=1,2,\cdots$,

$$\begin{cases} \text{预测}: \bar{y}_{n+1} = y_n + hf(t_n, y_n, z_n), \\ \qquad\ \ \bar{z}_{n+1} = z_n + hg(t_n, y_n, z_n); \\ \text{校正}: y_{n+1} = y_n + \dfrac{h}{2}[f(t_n, y_n, z_n) + f(t_{n+1}, \bar{y}_{n+1}, \bar{z}_{n+1})], \\ \qquad\ \ z_{n+1} = y_n + \dfrac{h}{2}[g(t_n, y_n, z_n) + g(t_{n+1}, \bar{y}_{n+1}, \bar{z}_{n+1})]. \end{cases} \tag{7.6.4}$$

初值为 $y_0 = \alpha, z_0 = \beta$.

用四阶 Runge-Kutta 方法计算，其计算格式为：对 $n=1,2,\cdots$,

$$\begin{cases} y_{n+1} = y_n + \dfrac{h}{6}(K_1 + 2K_2 + 2K_3 + K_4), \\ z_{n+1} = z_n + \dfrac{h}{6}(M_1 + 2M_2 + 2M_3 + M_4), \end{cases} \tag{7.6.5}$$

初值为 $y_0 = \alpha, z_0 = \beta$，其中

$$\begin{cases} K_1 = f(t_n, y_n, z_n), \\ M_1 = g(t_n, y_n, z_n), \\ K_2 = f\left(t_n + \dfrac{h}{2}, y_n + \dfrac{h}{2}K_1, z_n + \dfrac{h}{2}M_1\right), \\ M_2 = g\left(t_n + \dfrac{h}{2}, y_n + \dfrac{h}{2}K_1, z_n + \dfrac{h}{2}M_1\right), \\ K_3 = f\left(t_n + \dfrac{h}{2}, y_n + \dfrac{h}{2}K_2, z_n + \dfrac{h}{2}M_2\right), \\ M_3 = g\left(t_n + \dfrac{h}{2}, y_n + \dfrac{h}{2}K_2, z_n + \dfrac{h}{2}M_2\right), \\ K_4 = f(t_n + h, y_n + hK_3, z_n + hM_3), \\ M_4 = g(t_n + h, y_n + hK_3, z_n + hM_3). \end{cases} \tag{7.6.6}$$

用四阶 Admas 预测-校正系统计算，其计算格式为：对 $n=3,4,\cdots$,

$$
\begin{cases}
\text{预测}: \bar{y}_{n+1} = y_n + \dfrac{h}{24}[55f(t_n, y_n, z_n) - 59f(t_{n-1}, y_{n-1}, z_{n-1}) \\
\qquad + 37f(t_{n-2}, y_{n-2}, z_{n-2}) - 9f(t_{n-3}, y_{n-3}, z_{n-3})], \\
\bar{z}_{n+1} = y_n + \dfrac{h}{24}[55g(t_n, y_n, z_n) - 59g(t_{n-1}, y_{n-1}, z_{n-1}) \\
\qquad + 37g(t_{n-2}, y_{n-2}, z_{n-2}) - 9g(t_{n-3}, y_{n-3}, z_{n-3})]; \\
\text{校正}: y_{n+1} = y_n + \dfrac{h}{24}[9f(t_{n+1}, \bar{y}_{n+1}, \bar{z}_{n+1}) + 19f(t_n, y_n, z_n) \\
\qquad - 5f(t_{n-1}, y_{n-1}, z_{n-1}) + f(t_{n-2}, y_{n-2}, z_{n-2})], \\
z_{n+1} = y_n + \dfrac{h}{24}[9g(t_{n+1}, \bar{y}_{n+1}, \bar{z}_{n+1}) + 19g(t_n, y_n, z_n) \\
\qquad - 5g(t_{n-1}, y_{n-1}, z_{n-1}) + g(t_{n-2}, y_{n-2}, z_{n-2})].
\end{cases}
\tag{7.6.7}
$$

初值为 $y_0=\alpha, z_0=\beta$，再用四阶 Runge-Kutta 方法(7.6.5)，(7.6.6)计算其他初值 $y_1, z_1, y_2, z_2, y_3, z_3$.

同样地，前面介绍的各阶 Runge-Kutta 方法和多步法都适用求解一阶常微分方程组.

例 7.6.1　使用微分方程组的四阶 Runge-Kutta 方法求下列一阶微分方程组的近似解，并将结果与精确解进行比较.

$$
\begin{cases}
y'(t) = 3y(t) + 2z(t) - (2t^2+1)e^{2t}, & 0 \leqslant t \leqslant 1, \\
z'(t) = 4y(t) + z(t) + (t^2+2t-4)e^{2t}, & 0 \leqslant t \leqslant 1, \\
y(0) = z(0) = 1,
\end{cases}
$$

取 $h=0.1$，精确解是 $y(t)=\dfrac{1}{3}e^{5t}-\dfrac{1}{3}e^{-t}+e^{2t}$ 和 $z(t)=\dfrac{1}{3}e^{5t}+\dfrac{2}{3}e^{-t}+t^2e^{2t}$.

解　运用式(7.6.5)和(7.6.6)计算，其中 $h=0.1, y_0=1, z_0=1$,

$$
f(t,y,z) = 3y(t) + 2z(t) - (2t^2+1)e^{2t},
$$
$$
g(t,y,z) = 4y(t) + z(t) + (t^2+2t-4)e^{2t}.
$$

结果列于表 7.6.1.

表 7.6.1

t_n	$(y_n, z_n)^T$	准确值$(y(t_n), z(t_n))^T$
0.1	$(1.4692300, 1.1648799)^T$	$(1.4693640, 1.1650127)^T$
0.2	$(2.1245793, 1.5111614)^T$	$(2.1250084, 1.5115874)^T$
0.3	$(3.0680426, 2.1507384)^T$	$(3.0690758, 2.1517659)^T$
0.4	$(4.4629019, 3.2637770)^T$	$(4.4651196, 3.2659853)^T$
0.5	$(6.5724616, 5.1402957)^T$	$(6.5769363, 5.1447556)^T$

续表

t_n	$(y_n,z_n)^T$	准确值$(y(t_n),z(t_n))^T$
0.6	$(9.8236717,8.2476307)^T$	$(9.8323587,8.2562955)^T$
0.7	$(14.9117265,13.3401924)^T$	$(14.9281555,13.3565888)^T$
0.8	$(22.9721491,21.6384330)^T$	$(23.0026394,21.6688767)^T$
0.9	$(35.8640456,35.1212482)^T$	$(35.9198347,35.1769713)^T$
1.0	$(56.6365255,57.0044968)^T$	$(56.7374827,57.1053621)^T$

下面给出一个常微分方程组的数值解法在数学建模中的应用的例子.

例 7.6.2(耐用消费新产品的销售规律模型)

问题:新产品进入市场后,一般都会经历一个销售量逐渐增加然后逐渐下降的过程,在时间-销售坐标系画出的曲线称为产品的生命曲线,其形状呈钟形.然而对于耐用消费品,则情况有所不同,其生命曲线在开始有一个小高峰,然后是一段平坦的曲线,甚至会下降,然后再次上升,达到高峰,从而呈双峰型曲线.

如何解释这一与传统的产品的生命曲线理论相矛盾的现象呢? 澳大利亚的斯蒂芬斯和莫赛观察到购买耐用消费品的人群大致可以分为两类:一类是十分善于接受新事物的,称为“创新型”顾客,他们往往从产品的广告,制造商提供的产品说明书和商店的样品了解了产品的功能后立即决定是否购买;另一类顾客则相对比较保守,称为“模仿型”顾客,他们要根据若干已购买该商品的用户的实际使用经验所提供的口头信息来决定是否购买.下面通过建立数学模型,对上述现象进行科学解释.

构建数学模型:将消费者获得的信息分为两类:一类称为“搜集型”信息,来自广告、产品说明、样品等;“创新型”顾客在获得此类信息后,就可以做出是否购买的决定.另一类称为“体验型”信息,即用户使用后获得的实际体验,经常以口头形式传播;“模仿型”顾客在获得此类信息后,才能决定是否购买.

设 U 为潜在的顾客总数,U_1 和 U_2 分别是其中的“创新型”和“模仿型”顾客人数,即 $U_1+U_2=U$;设 $N(t)$为在时刻 t 已购买商品的顾客总数,$N_1(t)$和 $N_2(t)$分别是其中的“创新型”和“模仿型”顾客人数,即 $N_1(t)+N_2(t)=N(t)$;设 $I_1(t)$为时刻 t 已获得“搜集型”信息的顾客人数.因为“搜集型”信息可以直接从外部获得,也可以从已经获得这类信息的人群中获得,所以由类似于 F. M. Bass 提出的巴斯扩散模型(Bass Diffusion Model),有

$$I'_1(t)=(U_1-I_1(t))(k_1+k_2I_1(t)),\quad I_1(0)=0,k_1>0,k_2>0. \tag{7.6.8}$$

因为获得了“搜集型”信息的“创新型”顾客立即决定是否购买,所以有

$$N'_1(t) = (U_1 - N_1(t))(l_1 + l_2 N_1(t)),\quad N_1(0) = 0, l_1 > 0, l_2 > 0. \tag{7.6.9}$$

对“模仿型”顾客,因为他们可以从已购买该商品的“创新型”或“模仿型”顾客得到信息,所以有

$$N'_2(t) = \alpha(U_2 - N_2(t))(N_1(t) + N_2(t)),\quad \alpha > 0. \tag{7.6.10}$$

这里忽略了顾客购买该商品后需要有一段短暂的使用才会传播体验信息的滞后作用.

综上所述,上述未描述耐用消费新产品销售规律的数学模型是一个常微分方程组的初值问题模型:

$$\begin{cases} N'_1(t) = (U_1 - N_1(t))(l_1 + l_2 N_1(t)), & l_1 > 0, l_2 > 0, \\ N'_2(t) = \alpha(U_2 - N_2(t))(N_1(t) + N_2(t)), & \alpha > 0, \\ N_1(0) = 0, \quad N_2(0) = 0. \end{cases} \tag{7.6.11}$$

而 $N(t) = N_1(t) + N_2(t)$ 为时刻 t 已购买商品的顾客总数.

模型求解:用四阶 Admas 预测-校正系统(7.6.7)求解初值问题常微分方程组(7.6.11):对 $n = 3, 4, \cdots$,

$$\begin{cases} \text{预测}: \bar{y}_{n+1} = y_n + \dfrac{h}{24}[55f(t_n, y_n, z_n) - 59f(t_{n-1}, y_{n-1}, z_{n-1}) \\ \qquad\qquad + 37f(t_{n-2}, y_{n-2}, z_{n-2}) - 9f(t_{n-3}, y_{n-3}, z_{n-3})], \\ \qquad \bar{z}_{n+1} = y_n + \dfrac{h}{24}[55g(t_n, y_n, z_n) - 59g(t_{n-1}, y_{n-1}, z_{n-1}) \\ \qquad\qquad + 37g(t_{n-2}, y_{n-2}, z_{n-2}) - 9g(t_{n-3}, y_{n-3}, z_{n-3})]; \\ \text{校正}: y_{n+1} = y_n + \dfrac{h}{24}[9f(t_{n+1}, \bar{y}_{n+1}, \bar{z}_{n+1}) + 19f(t_n, y_n, z_n) \\ \qquad\qquad - 5f(t_{n-1}, y_{n-1}, z_{n-1}) + f(t_{n-2}, y_{n-2}, z_{n-2})], \\ \qquad z_{n+1} = y_n + \dfrac{h}{24}[9g(t_{n+1}, \bar{y}_{n+1}, \bar{z}_{n+1}) + 19g(t_n, y_n, z_n) \\ \qquad\qquad - 5g(t_{n-1}, y_{n-1}, z_{n-1}) + g(t_{n-2}, y_{n-2}, z_{n-2})]. \end{cases} \tag{7.6.12}$$

其中记

$$y(t) = N_1(t),\quad z(t) = N_2(t),$$
$$f(t, y, z) = (U_1 - y(t))(l_1 + l_2 y(t)),$$
$$g(t, y, z) = \alpha(U_2 - z(t))(y(t) + z(t)),$$

初值为 $y_0 = 0, z_0 = 0$,再用四阶 Runge-Kutta 方法(7.6.5),(7.6.6)计算其他初值 $y_1, z_1, y_2, z_2, y_3, z_3$.

注　因为初值问题(7.6.11)中的第一个方程能求出解析解,而第二个方程很

难求出解析解，所以也可以仅对初值问题(7.6.11)中的第二个方程采用四阶 Admas 预测-校正系统(7.5.15)进行求解.

7.6.2 刚性方程组

在自动控制、电力系统、化学反应等领域中，常会出现一类特殊的常微分方程组，如果用数值方法求解，那么将产生很大的稳定性问题，给数值求解带来很大困难，这种现象称为刚性现象，相应的微分方程组称为刚性方程组.

例 7.6.3 一阶微分方程组

$$y'(t) = Ay(t) + \Phi(t), \tag{7.6.13}$$

其中

$$\begin{cases} y(t) = \begin{bmatrix} y_1(t) \\ y_2(t) \end{bmatrix}, \\ A = \begin{bmatrix} -2 & 1 \\ 998 & -999 \end{bmatrix}, \\ \Phi(t) = \begin{bmatrix} 2\sin t \\ 999(\cos t - \sin t) \end{bmatrix}, \\ y(0) = \begin{bmatrix} y_1(0) \\ y_2(0) \end{bmatrix} = \begin{bmatrix} 2 \\ 3 \end{bmatrix}. \end{cases} \tag{7.6.14}$$

微分方程组(7.6.13)的系数矩阵 A 的特征值是 $\lambda_1 = -1, \lambda_2 = -1000$，方程组的通解为

$$y(t) = \begin{bmatrix} y_1(t) \\ y_2(t) \end{bmatrix} = k_1 e^{-t} \begin{bmatrix} 1 \\ 1 \end{bmatrix} + k_2 e^{-1000t} \begin{bmatrix} 1 \\ -998 \end{bmatrix} + \begin{bmatrix} \sin t \\ \cos t \end{bmatrix}, \tag{7.6.15}$$

其中 k_1, k_2 是任意常数.

当 $t\to\infty$ 时，解(7.6.15)右边第一项和第二项都趋于零，称为**瞬态解**；它们趋于零的快慢取决于特征值的绝对值的大小. 显然，第二项很快趋于零，称为**快瞬态解**；第一项趋于零的速度比第二项明显缓慢，称为**慢瞬态解**. 通解(7.6.15)右边第三项称为**稳态解**.

用四阶 Runge-Kutta 法求解方程组(7.6.13). 四阶 R-K 法的绝对稳定区域约为$(-2.782, 0)$，要求 $-1000h \in (-2.782, 0)$，也就是步长必须满足 $h < 0.002785$，求解方程组(7.6.13)的四阶 R-K 法才是稳定的. 实际计算表明，当第二项很快趋于零后，整个方程组的计算仍要考虑到第二项相应的特征值对稳定性的影响. 另外要使解趋于稳态，必须由第一项来决定计算是否终止，因此在计算中要在一个很长的区间上处处用小步长来计算；从 $x=0$ 计算到 $x=10$，需要计算 3591 步，计算量

很大；而且因为步长太小，计算步数太多，使得舍入误差的累积，可能严重影响数值解的精确性，这就是微分方程的**刚性现象**(**stiff phenomenon**). 一般地，计算的步数与$\dfrac{\max\limits_{1\leqslant i\leqslant m}|\mathrm{Re}\,\lambda_i|}{\min\limits_{1\leqslant i\leqslant m}|\mathrm{Re}\,\lambda_i|}$成正比. 于是有：

定义 7.6.1　对一阶微分方程组

$$y'(t) = Ay(t) + \boldsymbol{\Phi}(t) \tag{7.6.16}$$

其中 $\boldsymbol{y},\boldsymbol{\Phi}\in\mathbf{R}^m$，$\boldsymbol{A}\in\mathbf{R}^{m\times m}$，若方阵 $\boldsymbol{A}$ 的特征值 $\lambda_i\in\boldsymbol{C}(i=1,2,\cdots,m)$满足

(1) $\mathrm{Re}\,\lambda_i<0, i=1,2,\cdots,m$；

(2) $s=\dfrac{\max\limits_{1\leqslant i\leqslant m}|\mathrm{Re}\,\lambda_i|}{\min\limits_{1\leqslant i\leqslant m}|\mathrm{Re}\,\lambda_i|}\gg 1$，

则称微分方程组(7.6.13)为**刚性方程组**(**stiff system of equations**)，称 s 为**刚性比**(**stiff ratio**).

例 7.6.3 中的微分方程组(7.6.13)的刚性比 $s=\dfrac{\max\limits_{1\leqslant i\leqslant m}|\mathrm{Re}\,\lambda_i|}{\min\limits_{1\leqslant i\leqslant m}|\mathrm{Re}\,\lambda_i|}=\dfrac{1000}{1}=1000$ $\gg 1$，由定义 7.6.1 知它是刚性方程组. 下面进一步从一般的情形来分析刚性方程组.

设 $\boldsymbol{A}$ 的特征值 $\lambda_i(i=1,2,\cdots,m)$对应的特征向量是 $\boldsymbol{u}_i\in\mathbf{C}^m(i=1,2,\cdots,m)$，则微分方程组(7.6.16)的通解可以表示为

$$\boldsymbol{y}(t) = \sum_{i=1}^{m} k_i \mathrm{e}^{\lambda_i t}\boldsymbol{u}_i + \boldsymbol{\Psi}(t) \tag{7.6.17}$$

其中 $k_i(i=1,2,\cdots,m)$是任意常数，$\boldsymbol{\Psi}(t)$是微分方程组(7.6.16)的特解.

若 $\mathrm{Re}\,\lambda_i<0, i=1,2,\cdots,m$，则当 $t\to\infty$时，$\sum\limits_{i=1}^{m}k_i\mathrm{e}^{\lambda_i t}\boldsymbol{u}_i$ 趋于零，此项称为**瞬态解**，而 $\boldsymbol{\Psi}(t)$ 称为**稳态解**. 若$|\mathrm{Re}\,\lambda_i|$大，则当 t 增加时，对应的项 $k_i\mathrm{e}^{\lambda_i t}\boldsymbol{u}_i$ 快速衰减，此项称为**快瞬态解**；若$|\mathrm{Re}\,\lambda_i|$小，则当 t 增加时，对应的项 $k_i\mathrm{e}^{\lambda_i t}\boldsymbol{u}_i$ 缓慢衰减，此项称为**慢瞬态解**.

设 $\boldsymbol{A}$ 的特征值 $\lambda_i(i=1,2,\cdots,m)$按其实部的绝对值从大到小排列：

$$|\mathrm{Re}\,\lambda_1|\geqslant|\mathrm{Re}\,\lambda_2|\geqslant\cdots\geqslant|\mathrm{Re}\,\lambda_m|.$$

当我们计算稳态解时，必须求到 $k_m\mathrm{e}^{\lambda_m t}\boldsymbol{u}_m$ 可以忽略为止，因此，$|\mathrm{Re}\,\lambda_i|$越小，计算的区间越长；另一方面，为了使 $\lambda_i h(i=1,2,\cdots,m)$都在绝对稳定区域内，$|\mathrm{Re}\,\lambda_i|$越大，必须采用的步长 h 越小.

定义 7.6.1 用刚性比 s 来描述方程组(7.6.16)的刚性；也可以用下面的定义来描述刚性方程组：

定义 7.6.2　当具有有限的绝对稳定区域的数值方法应用到某个初值问题的

一阶微分方程组时，若在求解区间 I 上必须用非常小的步长（相对于 I 上准确解的慢瞬态解的衰减区间），则称此方程组在区间 I 上是**刚性方程组**.

刚性方程组有其自身特点，一般显式数值方法难以应用，应采用步长不受稳定性限制的隐式数值方法；如隐式 Euler 方法、隐式 Runge-Kutta 法、隐式多步法等，并用隐式 Newton 迭代法求解隐式方程组. 实际计算中常用的有以下几种方法：

二阶隐式 Runge-Kutta 法：

$$\begin{cases} \boldsymbol{y}_{n+1} = \boldsymbol{y}_n + h\boldsymbol{k}_1, \\ \boldsymbol{k}_1 = \boldsymbol{f}\left(t_n + \dfrac{h}{2}, \boldsymbol{y}_n + \dfrac{h}{2}\boldsymbol{k}_1\right); \end{cases} \tag{7.6.18}$$

三阶隐式 Runge-Kutta 法：

$$\begin{cases} \boldsymbol{y}_{n+1} = \boldsymbol{y}_n + \dfrac{h}{2}(\boldsymbol{k}_1 + \boldsymbol{k}_2), \\ \boldsymbol{k}_1 = \boldsymbol{f}(t_n, \boldsymbol{y}_n), \\ \boldsymbol{k}_2 = \boldsymbol{f}\left(t_n + h, \boldsymbol{y}_n + \dfrac{h}{2}(\boldsymbol{k}_1 + \boldsymbol{k}_2)\right); \end{cases} \tag{7.6.19}$$

四阶隐式 Runge-Kutta 法：

$$\begin{cases} \boldsymbol{y}_{n+1} = \boldsymbol{y}_n + \dfrac{h}{2}(\boldsymbol{k}_1 + \boldsymbol{k}_2), \\ \boldsymbol{k}_1 = \boldsymbol{f}\left(t_n + h, \boldsymbol{y}_n + \dfrac{h}{4}\left(\boldsymbol{k}_1 + \left(1 + \dfrac{2\sqrt{3}}{3}\right)\boldsymbol{k}_2\right)\right), \\ \boldsymbol{k}_2 = \boldsymbol{f}\left(t_n + \left(\dfrac{1}{2} - \dfrac{\sqrt{3}}{6}\right)h, \boldsymbol{y}_n + \dfrac{h}{4}\left(\left(1 - \dfrac{2\sqrt{3}}{3}\right)\boldsymbol{k}_1 + \boldsymbol{k}_2\right)\right). \end{cases} \tag{7.6.20}$$

刚性方程组的数值计算是一个复杂而困难的过程，希望进一步了解刚性方程组的数值解法的读者请参看文献[19].

7.6.3 高阶微分方程

高阶常微分方程（high-order differential equation）的初值问题，原则上都可以归结为一阶常微分方程组的初值问题来解.

设 m 阶常微分方程的初值问题

$$\begin{cases} y^{(m)}(t) = f(t, y(t), y'(t), \cdots, y^{(m-1)}(t)), \quad a < t \leqslant b, \\ y(a) = \alpha, y'(a) = \alpha', \cdots, y^{(m-1)}(a) = \alpha^{(m-1)}. \end{cases} \tag{7.6.21}$$

令

$$y_1(t) = y(t), \quad y_2(t) = y'(t), \quad \cdots, \quad y_m(t) = y^{(m-1)}(t),$$

则式(7.6.21)中的 m 阶微分方程化为

$$\begin{cases} y'_1(t) = y_2(t), \\ y'_2(t) = y_3(t), \\ \vdots \\ y'_{m-1}(t) = y_m(t), \\ y'_m(t) = f(t, y_1(t), y_2(t), \cdots, y_m(t)), \end{cases} \tag{7.6.22}$$

其中 $a < t \leqslant b$. 初始条件相应地化为

$$y_1(a) = \alpha, \quad y_2(a) = \alpha', \quad \cdots, \quad y_m(a) = \alpha^{(m-1)}. \tag{7.6.23}$$

不难证明初值问题(7.6.21)和(7.6.22),(7.6.23)是等价的.

特别地,对于二阶微分方程的初值问题

$$\begin{cases} \dfrac{d^2 y}{dt^2} = f(t, y, y'), \quad a < t \leqslant b, \\ y(a) = \alpha, y'(a) = \alpha', \end{cases} \tag{7.6.24}$$

若令 $y' = z$,则式(7.6.24)化为一阶微分方程组的初值问题

$$\begin{cases} y' = z, \\ z' = f(t, y, z), \\ y(a) = \alpha, \ z(a) = \alpha'. \end{cases} \tag{7.6.25}$$

对式(7.6.25)应用四阶 Runge-Kutta 方法:对 $n = 0, 1, \cdots$,有

$$\begin{cases} y_{n+1} = y_n + hz_n + \dfrac{h^2}{6}(M_1 + M_2 + M_3), \\ z_{n+1} = z_n + \dfrac{h}{6}(M_1 + 2M_2 + 2M_3 + M_4), \end{cases} \tag{7.6.26}$$

初值为 $y_0 = \alpha, z_0 = \alpha'$,其中

$$\begin{cases} M_1 = f(t_n, y_n, z_n), \\ M_2 = f\left(t_n + \dfrac{h}{2}, y_n + \dfrac{h}{2}z_n, z_n + \dfrac{h}{2}M_1\right), \\ M_3 = f\left(t_n + \dfrac{h}{2}, y_n + \dfrac{h}{2}z_n + \dfrac{h^2}{4}M_1, z_n + \dfrac{h}{2}M_2\right), \\ M_4 = f\left(t_n + h, y_n + hz_n + \dfrac{h^2}{2}M_2, z_n + hM_3\right). \end{cases} \tag{7.6.27}$$

例 7.6.2　使用微分方程组的 Runge-Kutta 方法求下列高阶微分方程的近似解,并将结果与精确解进行比较.

$$\begin{cases} y''(t) - 2y'(t) + y(t) = te^t - t, \quad 0 < t \leqslant 1, \\ y(0) = y'(0) = 0, \end{cases} \tag{7.6.28}$$

取 $h = 0.1$,精确解是 $y(t) = \dfrac{1}{6}t^3 e^t - te^t + 2e^t - t - 2$.

解　令 $y' = z$,则式(7.6.28)化为一阶微分方程组的初值问题

$$\begin{cases} y' = z, \\ z' = -y + 2z + te^t - t, \quad 0 < t \leqslant 1, \\ y(0) = 0, \quad z(0) = 0, \end{cases} \tag{7.6.29}$$

其中 $f(t,y,z) = -y + 2z + te^t - t$. 运用四阶 Runge-Kutta 方法(7.6.26),(7.6.27),计算结果列于表 7.6.2.

表 7.6.2

t_n	y_n	准确值 $y(t_n)$
0.1	0.0000090	0.0000089
0.2	0.0001535	0.0001535
0.3	0.0008343	0.0008343
0.4	0.0028321	0.0028323
0.5	0.0074297	0.0074303
0.6	0.0165615	0.0165626
0.7	0.0329962	0.0329980
0.8	0.0605590	0.0605619
0.9	0.1044007	0.1044052
1.0	0.1713222	0.1713288

7.7 算法程序

7.7.1 Euler 方法

```
%使用 Euler 方法求解常微分方程
%[a,b]是区间,Step 是步长,Alpha 是初值
%fun 是式(7.1.1)中的 f(t,y)
function Y = Euler(fun,a,b,Step,Alpha)
T = a:Step:b;
N = (b - a)/Step;
Y(1) = Alpha;
for i = 2:N + 1
    Y(i) = Y(i - 1) + Step * feval(fun,T(i - 1),Y(i - 1));
```

```
    sprintf('t=%3.1f,y=%9.7f',T(i),Y(i))
end
end
```

例 7.7.1　取步长 $h=0.1$,用 Euler 方法求解初值问题

$$\begin{cases} y'(t) = \dfrac{2}{t}y + t^2 e^t, & 1 \leqslant t \leqslant 2, \\ y(1) = 0. \end{cases}$$

解　在 MATLAB 命令窗口输入

```
fun=inline('(2./t).*y+(t.^2).*exp(t)','t','y');
Euler(fun,1,2,0.1,0)
```

回车,可得结果.

7.7.2　改进的 Euler 方法

```
%使用改进的 Euler 方法求解常微分方程
%[a,b]是区间,Step 是步长,Alpha 是初值
%fun 是式(7.1.1)中的 f(t,y)
function Y=M_Euler(fun,a,b,Step,Alpha)
T=a:Step:b;
N=(b-a)/Step;
Y(1)=Alpha;
for i=2:N+1
    X1(i)=Y(i-1)+Step*feval(fun,T(i-1),Y(i-1));
    X2(i)=Y(i-1)+Step*feval(fun,T(i),X1(i));
    Y(i)=(X1(i)+X2(i))/2;
    sprintf('t=%3.1f,y=%9.7f',T(i),Y(i))
end
end
```

例 7.7.2　取步长 $h=0.1$,用改进的 Euler 方法求解初值问题

$$\begin{cases} y'(t) = \dfrac{2}{t}y + t^2 e^t, & 1 \leqslant t \leqslant 2, \\ y(1) = 0. \end{cases}$$

解　在 MATLAB 命令窗口输入

```
fun=inline('(2./t).*y+(t.^2).*exp(t)','t','y');
M_Euler(fun,1,2,0.1,0)
```

回车,可得结果.

7.7.3　四阶经典 Runge-Kutta 方法

```
%使用四阶经典 RungeKutta 方法求解常微分方程
```

```
%[a,b]是区间,Step是步长,Alpha是初值
%fun是式(7.1.1)中的f(t,y)
function Y = RungeKutta_4(fun,a,b,Step,Alpha)
T = a:Step:b;
N = (b-a)/Step;
Y(1) = Alpha;
for i = 2:N+1
    K1 = feval(fun,T(i-1),Y(i-1));
    K2 = feval(fun,T(i-1)+Step/2,Y(i-1)+Step/2*K1);
    K3 = feval(fun,T(i-1)+Step/2,Y(i-1)+Step/2*K2);
    K4 = feval(fun,T(i-1)+Step,Y(i-1)+Step*K3);
    Y(i) = Y(i-1)+Step/6*(K1+2*K2+2*K3+K4);
    sprintf('t=%3.1f,y=%9.7f',T(i),Y(i))
end
end
```

例 7.7.3 取步长 $h=0.1$,用四阶经典 Runge-Kutta 方法求解初值问题

$$\begin{cases} y'(t) = \dfrac{2}{t}y + t^2 e^t, \quad 1 \leqslant t \leqslant 2, \\ y(1) = 0. \end{cases}$$

解 在 MATLAB 命令窗口输入

```
fun = inline('(2./t).*y+(t.^2).*exp(t)','t','y');
RungeKutta_4(fun,1,2,0.1,0)
```

回车,可得结果.

7.7.4 四阶 Admas 预测-校正方法

```
%使用四阶Adams预测-校正方法求解常微分方程
%[a,b]是区间,Step是步长,Alpha是初值
%fun是式(7.1.1)中的f(t,y)
function Y = Adams_4(fun,a,b,Step,Alpha)
T = a:Step:b;
N = (b-a)/Step;
Y(1) = Alpha;
Fun(1) = feval(fun,T(1),Y(1));
for i = 2:4
    K1 = feval(fun,T(i-1),Y(i-1));
    K2 = feval(fun,T(i-1)+Step/2,Y(i-1)+Step/2*K1);
    K3 = feval(fun,T(i-1)+Step/2,Y(i-1)+Step/2*K2);
```

```
        K4 = feval(fun,T(i-1) + Step,Y(i-1) + Step * K3);
        Y(i) = Y(i-1) + Step/6 * (K1 + 2 * K2 + 2 * K3 + K4);
        Fun(i) = feval(fun,T(i),Y(i));
        sprintf('t = %3.1f,y = %9.7f',T(i),Y(i))
end
for i = 5:N + 1
        X1(i) = Y(i-1) + Step/24 * ···
                (55 * Fun(i-1) - 59 * Fun(i-2) + 37 * Fun(i-3) - 9 * Fun(i-4));
        Fun1(i) = feval(fun,T(i),X1(i));
        Y(i) = Y(i-1) + Step/24 * ···
              (9 * Fun1(i) + 19 * Fun(i-1) - 5 * Fun(i-2) + Fun(i-3));
        Fun(i) = feval(fun,T(i),Y(i));
        sprintf('t = %3.1f,y = %9.7f',T(i),Y(i))
end
end
```

例 7.7.4　取步长 $h = 0.1$,用四阶 Admas 预测-校正方法求解初值问题

$$\begin{cases} y'(t) = \dfrac{2}{t}y + t^2\mathrm{e}^t, & 1 \leqslant t \leqslant 2, \\ y(1) = 0. \end{cases}$$

解　在 MATLAB 命令窗口输入

```
fun = inline('(2./t).* y + (t.^2).* exp(t)','t','y');
Adams_4(fun,1,2,0.1,0)
```

回车,可得结果.

7.7.5　修正的 Adams 预测-校正方法

```
%使用修正的四阶 Adams 预测-校正方法求解常微分方程
%[a,b]是区间,Step 是步长,Alpha 是初值
%fun 是式(7.1.1)中的 f(t,y)
function Y = ImprAdams_4(fun,a,b,Step,Alpha)
T = a:Step:b;
N = (b-a)/Step;
Y(1) = Alpha;
Fun(1) = feval(fun,T(1),Y(1));
for i = 2:4
      K1 = feval(fun,T(i-1),Y(i-1));
      K2 = feval(fun,T(i-1) + Step/2,Y(i-1) + Step/2 * K1);
      K3 = feval(fun,T(i-1) + Step/2,Y(i-1) + Step/2 * K2);
```

```
    K4 = feval(fun,T(i-1) + Step,Y(i-1) + Step * K3);
    Y(i) = Y(i-1) + Step/6 * (K1 + 2 * K2 + 2 * K3 + K4);
    Fun(i) = feval(fun,T(i),Y(i));
    sprintf('t = %3.1f,y = %9.7f',T(i),Y(i))
end
Y1(4) = 0;
Y2(4) = 0;
for i = 5:N+1
    Y1(i) = Y(i-1) + Step/24 * ...
            (55 * Fun(i-1) - 59 * Fun(i-2) + 37 * Fun(i-3) - 9 * Fun(i-4));
    Y3(i) = Y1(i) + 251/270 * (Y2(i-1) - Y1(i-1));
    Fun1(i) = feval(fun,T(i),Y3(i));
    Y2(i) = Y(i-1) + Step/24 * ...
           (9 * Fun1(i) + 19 * Fun(i-1) - 5 * Fun(i-2) + Fun(i-3));
    Y(i) = Y2(i) - 19/270 * (Y2(i) - Y1(i));
    Fun(i) = feval(fun,T(i),Y(i));
    sprintf('t = %3.1f,y = %9.7f',T(i),Y(i))
end
end
```

例 7.7.5 取步长 $h=0.1$,用修正的四阶 Admas 预测-校正方法求解初值问题

$$\begin{cases} y'(t) = \dfrac{2}{t}y + t^2 e^t, & 1 \leqslant t \leqslant 2, \\ y(1) = 0. \end{cases}$$

解 在 MATLAB 命令窗口输入

```
fun = inline('(2./t).*y + (t.^2).*exp(t)','t','y');
ImprAdams_4(fun,1,2,0.1,0)
```

回车,可得结果.

7.7.6 一阶常微分方程组的 Runge-Kutta 法

```
%一阶常微分方程组的四阶 Runge-Kutta 法
%[a,b]是区间,Step 是步长,Alpha,Beta 是初值
%f,g 分别是式(7.6.3)中的 f(t,y,z),g(t,y,z)
function[Y Z] = RungeKutta_Sys(f,g,a,b,Step,Alpha,Beta)
N = (b-a)/Step;
T = a:Step:b;
Y(1) = Alpha;
Z(1) = Beta;
```

```
for i=2:N+1
    K1=feval(f,T(i-1),Y(i-1),Z(i-1));
    M1=feval(g,T(i-1),Y(i-1),Z(i-1));
    K2=feval(f,T(i-1)+Step/2,Y(i-1)+Step/2*K1,Z(i-1)+Step/2*M1);
    M2=feval(g,T(i-1)+Step/2,Y(i-1)+Step/2*K1,Z(i-1)+Step/2*M1);
    K3=feval(f,T(i-1)+Step/2,Y(i-1)+Step/2*K2,Z(i-1)+Step/2*M2);
    M3=feval(g,T(i-1)+Step/2,Y(i-1)+Step/2*K2,Z(i-1)+Step/2*M2);
    K4=feval(f,T(i-1)+Step,Y(i-1)+Step*K3,Z(i-1)+Step*M3);
    M4=feval(g,T(i-1)+Step,Y(i-1)+Step*K3,Z(i-1)+Step*M3);
    Y(i)=Y(i-1)+Step/6*(K1+2*K2+2*K3+K4);
    Z(i)=Z(i-1)+Step/6*(M1+2*M2+2*M3+M4);
    sprintf('t=%3.1f,y=%9.7f,z=%9.7f',T(i),Y(i),Z(i))
end
end
```

例 7.7.6　使用微分方程组的四阶 Runge-Kutta 法求下列一阶微分方程组的近似解

$$\begin{cases} y'_1(t) = 3y_1(t) + 2y_2(t) - (2t^2+1)e^{2t}, & 0 \leqslant t \leqslant 1, \\ y'_2(t) = 4y_1(t) + y_2(t) + (t^2+2t-4)e^{2t}, & 0 \leqslant t \leqslant 1, \\ y_1(0) = y_2(0) = 1, \end{cases}$$

取步长 $h=0.1$.

解　在 MATLAB 命令窗口输入

```
f=inline('3.*y+2.*z-(2.*t.^2+1).*exp(2.*t)','t','y','z');
g=inline('4.*y+z+(t.^2+2.*t-4).*exp(2.*t)','t','y','z');
RungeKutta_Sys(f,g,0,1,0.1,1,1)
```

回车,可得结果.

7.7.7　用四阶 Runge-Kutta 法解高阶微分方程初值问题

```
%用四阶 Runge-Kutta 法解高阶微分方程初值问题
%[a,b]是区间,Step 是步长,Alpha,Beta 是初值
%f 是式(7.6.25)中的 f(t,y,z)
function Y=RungeKutta_HOrder(f,a,b,Step,Alpha,Beta)
N=(b-a)/Step;
T=a:Step:b;
Y(1)=Alpha;
Z(1)=Beta;
for i=2:N+1
    M1=feval(f,T(i-1),Y(i-1),Z(i-1));
    M2=feval(f,T(i-1)+Step/2,Y(i-1)+Step/2*Z(i-1),Z(i-1)+Step/2*M1);
```

```
    M3 = feval(f,T(i-1) + Step/2,Y(i-1) + Step/2 * Z(i-1) + …
        Step^2/4 * M1,Z(i-1) + Step/2 * M2);
    M4 = feval(f,T(i-1) + Step,Y(i-1) + Step * Z(i-1) + …
        Step^2/2 * M2,Z(i-1) + Step * M3);
    Y(i) = Y(i-1) + Step * Z(i-1) + Step^2/6 * (M1 + M2 + M3);
    Z(i) = Z(i-1) + Step/6 * (M1 + 2 * M2 + 2 * M3 + M4);
    sprintf('t = %3.1f,y = %9.7f',T(i),Y(i))
end
end
```

例 7.7.7 使用微分方程组的 Runge-Kutta 法求下列高阶微分方程的近似解

$$\begin{cases} y'' - 2y' + y = te^t - t, & 0 \leqslant t \leqslant 1, \\ y(0) = y'(0) = 0, \end{cases}$$

取 $h = 0.1$.

解 在 MATLAB 命令窗口输入

```
f = inline('2. * z - y + t. * exp(t) - t','t','y','z');
RungeKutta_HOrder(f,0,1,0.1,0,0)
```

回车,可得结果.

本 章 小 结

本章介绍了常微分方程初值问题的常用的数值解法.利用数值微积分法构造常微分方程初值问题的数值解法:将微分方程离散化,建立数值解的递推公式.然后利用 Taylor 展开式研究这些数值方法的相容性、收敛性和稳定性.

由递推公式的结构来看,可分为单步法和多步法.也可以分为显式方法和隐式方法.

单步法中,我们主要介绍了 Euler 方法、梯形方法和 Runge-Kutta 方法等,其中 Euler 方法和 Runge-Kutta 方法是显式方法,而梯形方法是隐式方法.多步法中,我们主要介绍了 Adams 方法;其中既有显式 Adams 方法,也有隐式 Adams 方法.一般地,显式方法计算简单,隐式方法计算较复杂,但稳定性比同阶显式方法好.

Euler 方法是最早的解决一阶常微分方程初值问题的数值方法,虽然它的精度不高,很少被采用,但是它反映了解微分方程的数值方法的基本思想和特征,后来的微分方程的数值方法无论从构造,还是理论分析,都借鉴了 Euler 方法的思想.

在实际问题中,如果要求解的精度高,常用的是四阶 Runge-Kutta 方法,这是因为四阶 Runge-Kutta 方法精度高，编程简单，易于调节步长，计算过程稳定；其缺点是计算量较大，计算函数 $f(t,y)$ 的次数比同阶的线性多步法（四阶 Adams 方法）多几倍；另外，如果 $f(t,y)$ 的光滑性较差，Runge-Kutta 方法的精度还不如改进的 Euler 方法高.

一般地，如果 $f(t,y)$ 比较复杂，那么一般采用四阶 Adams 方法. 因为 Adams 方法是多步法，所以通常用四阶 Runge-Kutta 方法求出启动值，用四阶显式 Adams 方法作出预测值，再用四阶隐式 Adams 方法进行校正；其中配合使用误差修正，这就是通常使用的修正的四阶 Adams 预测-校正方法.

不论采用哪种方法，选取的步长 h 应使 λh 落在绝对稳定区域内. 一般在保证精度的条件下，步长尽可能大些，这样可以节省计算量.

上述数值方法都能直接用来解一阶常微分方程组初值问题. 而高阶常微分方程初值问题可化为一阶常微分方程组初值问题来解.

习 题

1. 取步长 $h=0.1$，用 Euler 方法求解下列初值问题，并分别与它们的准确解进行比较（小数点后保留 5 位数字）.

(1) $\begin{cases} y'(t)=-y(t)(1+ty(t)), & 0\leqslant t\leqslant 1, \\ y(0)=1; \end{cases}$

(2) $\begin{cases} y'(t)=1+(t-y(t))^2, & 2\leqslant t\leqslant 3, \\ y(2)=1. \end{cases}$

其中(1)的准确解是 $y(t)=1/(2e^t-t-1)$，(2)的准确解是 $y(t)=t+1/(1-t)$.

2. 取步长 $h=0.1$，分别用改进的 Euler 方法、中点方法和 Heun 方法求解下列初值问题，并分别与它们的准确解进行比较（小数点后保留 7 位数字）.

(1) $\begin{cases} y'(t)=-y(t)(1+ty(t)), & 0\leqslant t\leqslant 1, \\ y(0)=1; \end{cases}$

(2) $\begin{cases} y'(t)=1+(t-y(t))^2, & 2\leqslant t\leqslant 3, \\ y(2)=1. \end{cases}$

其中(1)的准确解是 $y(t)=1/(2e^t-t-1)$，(2)的准确解是 $y(t)=t+1/(1-t)$.

3. 取步长 $h=0.1$，分别用三阶 Runge-Kutta 方法(7.3.13)和四阶经典 Runge-Kutta 方法(7.3.14)求解下列初值问题，并分别与它们的准确解进行比较（小数点后保留 7 位数字）.

(1) $\begin{cases} y'(t)=-y(t)(1+ty(t)), & 0\leqslant t\leqslant 1, \\ y(0)=1; \end{cases}$

(2) $\begin{cases} y'(t)=1+(t-y(t))^2, & 2\leqslant t\leqslant 3, \\ y(2)=1. \end{cases}$

4. 取步长 $h=0.1$,用四阶 Adams 预测-校正方法及修正的 Adams 预测-校正方法求解下列初值问题,并分别与它们的准确解进行比较(小数点后保留 7 位数字).

(1) $\begin{cases} y'(t)=-y(t)(1+ty(t)), & 0\leqslant t\leqslant 1, \\ y(0)=1; \end{cases}$

(2) $\begin{cases} y'(t)=1+(t-y(t))^2, & 2\leqslant t\leqslant 3, \\ y(2)=1. \end{cases}$

5. 用改进的 Euler 方法求初值问题:

(1) $\begin{cases} y'(t)+y=0, \\ y(0)=1 \end{cases}$ 的解 $y(t)$ 在 $t=0.2$ 处的近似值,要求迭代误差不超过10^{-5};

(2) $\begin{cases} y'(t)+y(t)+y^2(t)\sin t=0, \\ y(1)=1 \end{cases}$ 的解 $y(t)$ 在 $t=1.2, t=1.4$ 处的近似值,取步长 $h=0.2$,要求小数点后保留 5 位数字.

6. 使用常微分方程组的改进的 Euler 方法(7.6.4)求下列一阶微分方程组的近似解.

$$\begin{cases} y'(t) = 3t+2z(t), \\ z'(t) = 2y(t)+z(t), \\ y(0) = 1, \quad z(0) = 1. \end{cases}$$

取 $h=0.1$,计算 $y(0.1)$ 和 $z(0.1)$ 的近似值.

7. 使用常微分方程组的 Runge-Kutta 法求下列一阶微分方程组的近似解,并将结果与精确解进行比较.

$$\begin{cases} y'(t) = -4y(t)-2z(t)+\cos t+4\sin t, & 0\leqslant t\leqslant 2, \\ z'(t) = 3y(t)+z(t)-3\sin t, & 0\leqslant t\leqslant 2, \\ y(0) = 0, \quad z(0) = -1, \end{cases}$$

取 $h=0.2$,精确解是 $y(t)=2e^{-t}-2e^{-2t}+\sin t$ 和 $z(t)=-3e^{-t}+2e^{-2t}$.

8. 使用常微分方程组的 Runge-Kutta 法求下列高阶微分方程的近似解,并将结果与精确解进行比较.

$$\begin{cases} y''-2y'+2y = e^{2t}\sin t, & 0\leqslant t\leqslant 1, \\ y(0) = -0.4, \quad y'(0) = -0.6, \end{cases}$$

取 $h=0.1$,精确解是 $y(t)=0.2e^{2t}(\sin t-2\cos t)$.

注 下面的 9~13 题都是针对下列初值问题:

$$\begin{cases} y'(t) = f(t,y), & a\leqslant t\leqslant b \\ y(a) = \alpha, \end{cases} \tag{$*$}$$

且数值方法的步长都是 $h=(b-a)/N$,网格点都是 $t_n=a+nh, n=0,1,\cdots,N$,计算格式的初值都是 $y_0=y(a)=\alpha$.

9. 设求解初值问题($*$)的计算格式为

$$\begin{cases} y_{n+1} = y_n+\dfrac{h}{2}(k_2+k_3), & n=0,1,\cdots,N-1, \\ k_1 = f(t_n,y_n), \\ k_2 = f(t_n+qh, y_n+qhk_1), \\ k_3 = f(t_n+(1-q)h, y_n+(1-q)hk_2). \end{cases}$$

证明上述计算格式对任意 $q\in(0,1)$都是二阶格式.

10. 设求解初值问题(∗)的计算格式为

$$y_{n+1}=y_n+h[\alpha f(t_n,y_n)+\beta f(t_{n-1},y_{n-1})],\quad n=1,2,\cdots,N-1.$$

若已知 $y(t_n)=y_n,y(t_{n-1})=y_{n-1}$,试确定参数 α 和β,使上述计算格式的局部截断误差阶为$O(h^3)$.

11. 设求解初值问题(∗)的计算格式为

$$y_{n+1}=\alpha_0y_n+\alpha_1y_{n-1}+h[\beta_0f(t_n,y_n)+\beta_1f(t_{n-1},y_{n-1})],$$
$$n=1,2,\cdots,N-1.$$

若已知 $y(t_n)=y_n,y(t_{n-1})=y_{n-1}$,试确定参数 $\alpha_0,\alpha_1,\beta_0$ 和 β_1,使上述计算格式为三阶格式.

12. 设求解初值问题(∗)的计算格式为

$$y_{n+1}=y_n+\frac{h}{12}[23f(t_n,y_n)-16f(t_{n-1},y_{n-1})+5f(t_{n-2},y_{n-2})],\quad n=2,3,\cdots,N-1.$$

试推导上述计算格式的局部截断误差;并指出它是几阶格式.

13. 设求解初值问题(∗)的预测-校正公式为

$$\begin{cases}\bar{y}_{n+1}=y_n+hf(t_n,y_n),\\ y_{n+1}=y_n+\dfrac{h}{12}[5f(t_{n+1},\bar{y}_{n+1})+8f(t_n,y_n)+5f(t_{n-1},y_{n-1})],\\ n=1,2,\cdots,N-1.\end{cases}$$

试推导上述预测-校正公式的局部截断误差;并指出它是几阶格式.

14. 设 $f(t,y)$关于 y 的偏导数存在,且满足$|f'_y(t,y)|\leqslant L$.

(1) 证明迭代格式

$$\begin{cases}y_{n+1}^{(0)}=y_n+hf(t_n,y_n),\\ y_{n+1}^{(k+1)}=y_n+\dfrac{h}{2}[f(t_n,y_n)+f(t_{n+1},y_{n+1}^{(k)})],\quad k=0,1,2,\cdots,\end{cases}$$

当$\dfrac{h}{2}L<1$ 时收敛.

(2) 用(1)中的迭代格式求初值问题

$$\begin{cases}\dfrac{\mathrm{d}y}{\mathrm{d}t}=\mathrm{e}^t\sin(ty),\quad 0\leqslant t\leqslant 1,\\ y(0)=1.\end{cases}$$

如何选取步长 h,才能保证上述迭代格式收敛.

15. 证明定理 7.4.2.

16. 证明定理 7.4.3.

第 8 章　常微分方程边值问题的数值解法

8.1　引　言

第 7 章介绍了求解常微分方程初值问题常用的数值方法;本章将介绍常微分方程边值问题的数值方法.

只含**边界条件**(boundary-value condition)作为定解条件的常微分方程求解问题称为常微分方程的**边值问题**(boundary-value problem). 为简明起见,我们以二阶边值问题为例介绍常用的数值方法.

一般的二阶常微分方程边值问题(boundary-value problems for second-order ordinary differential equations)为

$$y''(x) = f(x, y(x), y'(x)), \quad a \leqslant x \leqslant b, \tag{8.1.1}$$

其边界条件为下列三种情况之一:

(1) **第一类边界条件**(**the first-type boundary conditions**): $y(a) = \alpha, y(b) = \beta$;

(2) **第二类边界条件**(**the second-type boundary conditions**): $y'(a) = \alpha, y'(b) = \beta$;

(3) **第三类边界条件**(**the third-type boundary conditions**):

$$y(a) + \alpha_0 y'(a) = \alpha_1, \quad y(b) + \beta_0 y'(b) = \beta_1,$$

$$\alpha_0 \geqslant 0, \quad \beta_0 \geqslant 0, \quad \alpha_0 + \beta_0 > 0.$$

定理 8.1.1　设式(8.1.1)中的函数 $f(x, y, y')$ 及其偏导数 $f_y(x, y, y')$, $f_{y'}(x, y, y')$ 在

$$D = \{(x, y, y') \mid a \leqslant x \leqslant b, -\infty < y < \infty, -\infty < y' < \infty\}$$

上连续.若

(1) 对所有 $(x, y, y') \in D$, 有 $f_y(x, y, y') > 0$;

(2) 存在常数 M, 对所有 $(x, y, y') \in D$, 有 $|f_{y'}(x, y, y')| \leqslant M$, 则边值问题(8.1.1)有唯一解.

推论　若线性边值问题

$$\begin{cases} y''(x) = p(x)y'(x) + q(x)y(x) + f(x), & a \leqslant x \leqslant b, \\ y(a) = \alpha, \quad y(b) = \beta \end{cases} \tag{8.1.2}$$

满足

(1) $p(x)$，$q(x)$和 $f(x)$在$[a,b]$上连续；

(2) 在$[a,b]$上，$q(x)>0$，

则边值问题(8.1.1)有唯一解.

求边值问题的近似解，有三类基本方法：

(1) 差分法(difference method)，也就是用差商代替微分方程及边界条件中的导数，最终化为代数方程求解；

(2) 有限元法(finite element method)；

(3) 把边值问题转化为初值问题，然后用求初值问题的方法求解.

8.2 差 分 法

8.2.1 一类特殊类型二阶线性常微分方程的边值问题的差分法

设二阶线性常微分方程的边值问题为

$$\begin{cases} y''(x) - q(x)y(x) = f(x), & a < x < b, & (8.2.1) \\ y(a) = \alpha, \quad y(b) = \beta, & & (8.2.2) \end{cases}$$

其中，$q(x)$，$f(x)$在$[a,b]$上连续，且 $q(x) \geqslant 0$.

用差分法解微分方程边值问题的过程是：

(1) 把求解区间$[a,b]$分成若干个等距或不等距的小区间，称之为单元.

(2) 构造逼近微分方程边值问题的差分格式.构造差分格式的方法有差分法、积分插值法及变分插值法，本节采用差分法构造差分格式.

(3) 讨论差分解存在的唯一性、收敛性及稳定性，最后求解差分方程.

现在来建立相应于二阶线性常微分方程的边值问题(8.2.1)，(8.2.2)的差分方程.

(1) 把区间 $I=[a,b]$ N 等分，即得到区间 $I=[a,b]$的一个网格剖分：

$$a = x_0 < x_1 < \cdots < x_{N-1} < x_N = b,$$

其中分点 $x_i = a + ih$ $(i = 0,1,\cdots,N)$，并称之为**网格节点**(**grid nodes**)，步长

$h=\dfrac{b-a}{N}$.

(2) 将二阶常微分方程(8.2.1)在节点 x_i 处离散化:在内部节点 $x_i(i=1,2,\cdots,N-1)$处用数值微分公式

$$y''(x_i)=\frac{y(x_{i+1})-2y(x_i)+y(x_{i-1})}{h^2}-\frac{h^2}{12}y^{(4)}(\xi_i),\quad x_{i-1}<\xi_i<x_i \tag{8.2.3}$$

代替方程(8.2.1)中的 $y''(x_i)$,得

$$\frac{y(x_{i+1})-2y(x_i)+y(x_{i-1})}{h^2}-q(x_i)y(x_i)=f(x_i)+R_i(x), \tag{8.2.4}$$

其中 $R_i(x)=\dfrac{h^2}{12}y^{(4)}(\xi_i)$.

当 h 充分小时,略去式(8.2.4)中的 $R_i(x)$,便得到方程(8.2.1)的近似方程

$$\frac{y_{i+1}-2y_i+y_{i-1}}{h^2}-q_iy_i=f_i, \tag{8.2.5}$$

其中 $q_i=q(x_i),f_i=f(x_i),y_{i+1},y_i,y_{i-1}$分别是 $y(x_{i+1}),y(x_i),y(x_{i-1})$的近似值,称式(8.2.5)为**差分方程**(**difference equation**),而 $R_i(x)$称为差分方程(8.2.5)逼近方程(8.2.1)的**截断误差**(**truncation error**).边界条件(8.2.2)写成

$$y_0=\alpha,\quad y_N=\beta. \tag{8.2.6}$$

于是方程(8.2.5),(8.2.6)合在一起就是关于 $N+1$ 个未知量 $y_0,y_1,\cdots,y_N$,以及 $N+1$ 个方程式的线性方程组:

$$\begin{cases}-(2+q_1h^2)y_1+y_2=h^2f_1-\alpha,\\ y_{i-1}-(2+q_ih^2)y_i+y_{i+1}=h^2f_i,\quad i=1,2,\cdots,N-1,\\ y_{N-2}-(2+q_{N-1}h^2)y_{N-1}=h^2f_{N-1}-\beta.\end{cases} \tag{8.2.7}$$

这个方程组称为逼近边值问题(8.2.1),(8.2.2)的**差分方程组**(**system of difference equations**)或**差分格式**(**difference scheme**),写成矩阵形式

$$\begin{bmatrix}-(2+q_1h^2) & 1 & & & & \\ 1 & -(2+q_2h^2) & 1 & & & \\ & 1 & -(2+q_3h^2) & 1 & & \\ & & \ddots & \ddots & \ddots & \\ & & & 1 & -(2+q_{N-2}h^2) & 1 \\ & & & & 1 & -(2+q_{N-1}h^2)\end{bmatrix}\begin{bmatrix}y_1\\ y_2\\ y_3\\ \vdots\\ y_{N-2}\\ y_{N-1}\end{bmatrix}$$

$$
= \begin{bmatrix} h^2 f_1 - \alpha \\ h^2 f_2 \\ h^2 f_3 \\ \vdots \\ h^2 f_{N-2} \\ h^2 f_{N-1} - \beta \end{bmatrix}. \tag{8.2.8}
$$

用第 2 章介绍的解三对角方程组的追赶法求解差分方程组(8.2.7)或(8.2.8),其解 $y_0, y_1, \cdots, y_N$ 称为边值问题(8.2.1),(8.2.2)的**差分解**(**difference solution**).由于(8.2.5)是用二阶中心差商代替方程(8.2.1)中的二阶微商得到的,所以也称式(8.2.7)为**中心差分格式**(**centered-difference scheme**).

(3) 讨论差分方程组(8.2.7)或(8.2.8)的解是否收敛到边值问题(8.2.1),(8.2.2)的解,估计误差.

对于差分方程组(8.2.7),我们自然关心它是否有唯一解.此外,当网格无限加密,或当 $h \to 0$ 时,差分解 y_i 是否收敛到微分方程的解 $y(x_i)$.为此介绍下列极值原理:

定理 8.2.1(**极值原理**)　设 $y_0, y_1, \cdots, y_N$ 是给定的一组不全相等的数,设

$$
l(y_i) = \frac{y_{i+1} - 2y_i + y_{i-1}}{h^2} - q_i y_i, \quad q_i \geqslant 0, \quad i = 1,2,\cdots,N. \tag{8.2.9}
$$

(1) 若 $l(y_i) \geqslant 0, i = 1,2,\cdots,N$,则 $\{y_i\}_{i=0}^N$ 中非负的最大值只能是 y_0 或 y_N;

(2) 若 $l(y_i) \leqslant 0, i = 1,2,\cdots,N$,则 $\{y_i\}_{i=0}^N$ 中非正的最小值只能是 y_0 或 y_N.

证明　只证(1) $l(y_i) \geqslant 0$ 的情形,而(2) $l(y_i) \leqslant 0$ 的情形可类似证明.

用反证法.记 $M = \max\limits_{0 \leqslant i \leqslant N} \{y_i\}$,假设 $M \geqslant 0$,且在 $y_1, y_2, \cdots, y_{N-1}$ 中达到.因为 y_i 不全相等,所以总可以找到某个 $i_0 (1 \leqslant i_0 \leqslant N-1)$,使 $y_{i_0} = M$,而 y_{i_0-1} 和 y_{i_0+1} 中至少有一个是小于 M 的.此时

$$
\begin{aligned}
l(y_{i_0}) &= \frac{y_{i_0+1} - 2y_{i_0} + y_{i_0-1}}{h^2} - q_{i_0} y_{i_0} \\
&< \frac{M - 2M + M}{h^2} - q_{i_0} M = - q_{i_0} M.
\end{aligned}
$$

因为 $q_{i_0} \geqslant 0, M \geqslant 0$,所以 $l(y_{i_0}) < 0$,这与假设矛盾,故 M 只能是 y_0 或 y_N.证毕!

推论　差分方程组(8.2.7)或(8.2.8)的解存在且唯一.

证明　只要证明齐次方程组

$$
\begin{cases}
l(y_i) = \dfrac{y_{i+1} - 2y_i + y_{i-1}}{h^2} - q_i y_i = 0, \quad q_i \geqslant 0, \quad i = 1,2,\cdots,N-1, \\
y_0 = 0, \quad y_N = 0
\end{cases}
\tag{8.2.10}
$$

只有零解就可以了.由定理 8.2.1 知,上述齐次方程组的解 $y_0,y_1,\cdots,y_N$ 的非负的最大值和非正的最小值只能是 y_0 或 y_N.而 $y_0=0,y_N=0$,于是 $y_i=0,i=1,2,\cdots,N$.证毕!

利用定理 8.2.1 还可以证明差分解的收敛性及误差估计.这里只给出结果:

定理 8.2.2 设 y_i 是差分方程组(8.2.7)的解,而 $y(x_i)$ 是边值问题(8.2.1),(8.2.2)的解 $y(x)$ 在 x_i 上的值,其中 $i=0,1,\cdots,N$.则有

$$|\varepsilon_i|=|y(x_i)-y_i|\leqslant\frac{M_4h^2}{96}(b-a)^2, \tag{8.2.11}$$

其中 $M_4=\max\limits_{a\leqslant x\leqslant b}|y^{(4)}(x)|$.

显然当 $h\to0$ 时,$\varepsilon_i=y(x_i)-y_i\to0$.这表明当 $h\to0$ 时,差分方程组(8.2.7)或(8.2.8)的解收敛到原边值问题(8.2.1),(8.2.2)的解.

例 8.2.1 取步长 $h=0.1$,用差分法解边值问题:

$$\begin{cases}y''-4y=3x, & 0\leqslant x\leqslant1,\\ y(0)=y(1)=0,\end{cases}$$

并将结果与精确解 $y(x)=3(e^{2x}-e^{-2x})/4(e^2-e^{-2})-3x/4$ 进行比较.

解 因为 $N=1/h=10,q(x)=4,f(x)=3x$,由式(8.2.7)得差分格式

$$\begin{cases}-(2+4\times0.1^2)y_1+y_2=3\times0.1^2\times0.1,\\ y_{i-1}-(2+4\times0.1^2)y_i+y_{i+1}=3\times0.1^2x_i, \quad i=2,3,\cdots,8,\\ y_8-(2+4\times0.1^2)y_9=3\times0.1^2\times0.9,\end{cases}$$

$y_0=y_{10}=0,x_i=0+ih=0.1i,i=1,2,\cdots,9$,其结果列于表 8.2.1.

表 8.2.1

i	x_i	y_i	准确值 $y(x_i)$
0	1	0	0
1	0.1	−0.0332923	−0.0333656
2	0.2	−0.0649163	−0.0650604
3	0.3	−0.0931369	−0.0933461
4	0.4	−0.1160831	−0.1163482
5	0.5	−0.1316725	−0.1319796
6	0.6	−0.1375288	−0.1378578
7	0.7	−0.1308863	−0.1312087
8	0.8	−0.1084793	−0.1087553
9	0.9	−0.0664114	−0.0665865
10	1.0	0	0

从表 8.2.1 可以看出，差分方法的计算结果的精度还是比较高的. 若要得到更精确的数值解，可用缩小步长 h 的方法来实现.

8.2.2　一般二阶线性常微分方程边值问题的差分法

对一般的二阶微分方程边值问题

$$\begin{cases} y''(x) + p(x)y'(x) + q(x)y(x) = f(x), & a < x < b, \\ \alpha_1 y(a) + \alpha_2 y'(a) = \alpha, \\ \beta_1 y(b) + \beta_2 y'(b) = \beta, \end{cases} \tag{8.2.12}$$

假定其解存在且唯一.

为求解的近似值，类似于前面的做法，

(1) 把区间 $I = [a,b]$ N 等分，即得到区间 $I = [a,b]$ 的一个网格剖分：

$$a = x_0 < x_1 < \cdots < x_{N-1} < x_N = b,$$

其中分点 $x_i = a + ih (i = 0,1,\cdots,N)$，步长 $h = \dfrac{b-a}{N}$.

(2) 对式(8.2.12)中的二阶导数仍用数值微分公式

$$y''(x_i) = \frac{y(x_{i+1}) - 2y(x_i) + y(x_{i-1})}{h^2} - \frac{h^2}{12} y^{(4)}(\xi_i), \quad x_{i-1} < \xi_i < x_i$$

代替；而对一阶导数，为了保证略去的逼近误差为 $O(h^2)$，则用三点数值微分公式；另外为了保证内插，在两个端点所用的三点数值微分公式与内网格点所用的公式不同，即

$$\begin{cases} y'(x_i) = \dfrac{y(x_{i+1}) - y(x_{i-1})}{2h} - \dfrac{h^2}{6} y'''(\xi_i), & x_{i-1} < \xi_i < x_i, \quad i = 1,2,\cdots,N-1, \\ y'(x_0) = \dfrac{-3y(x_0) + 4y(x_1) - y(x_2)}{2h} + \dfrac{h^2}{3} y'''(\xi_0), & x_0 < \xi_0 < x_2, \\ y'(x_N) = \dfrac{y(x_{N-2}) - 4y(x_{N-1}) + 3y(x_N)}{2h} + \dfrac{h^2}{3} y'''(\xi_N), & x_{N-2} < \xi_N < x_N. \end{cases} \tag{8.2.13}$$

略去误差，并用 $y(x_i)$ 的近似值 y_i 代替 $y(x_i)$，便得到差分方程组

$$\begin{cases} \dfrac{1}{h^2}(y_{i-1} - 2y_i + y_{i+1}) + \dfrac{p_i}{2h}(y_{i+1} - y_{i-1}) + q_i y_i = f_i, \quad i = 1,2,\cdots,N-1, \\ \alpha_1 y_0 + \dfrac{\alpha_2}{2h}(-3y_0 + 4y_1 - y_2) = \alpha, \\ \beta_1 y_N + \dfrac{\beta_2}{2h}(y_{N-2} - 4y_{N-1} + 3y_N) = \beta, \end{cases} \tag{8.2.14}$$

其中 $q_i=q(x_i)$，$p_i=p(x_i)$，$f_i=f(x_i)$，$i=1,2,\cdots,N-1$，y_i 是 $y(x_i)$ 的近似值．整理得

$$\begin{cases}(2h\alpha_1-3\alpha_2)y_0+4\alpha_2y_1-\alpha_2y_2=2h\alpha,\\(2-hp_i)y_{i-1}-2(2-h^2q_i)y_i+(2+hp_i)y_{i+1}=2h^2f_i,\quad i=1,2,\cdots,N-1,\\\beta_2y_{N-2}-4\beta_2y_{N-1}+(3\beta_2+2h\beta_1)y_N=2h\beta.\end{cases}\tag{8.2.15}$$

解差分方程组(8.2.15)，便得边值问题(8.2.12)的差分解 $y_0,y_1,\cdots,y_N$．

特别地，若 $\alpha_1=1,\alpha_2=0,\beta_1=1,\beta_2=0$，则式(8.2.12)中的边界条件是第一类边值条件：$y(a)=\alpha$，$y(b)=\beta$，此时方程组(8.2.15)为

$$\begin{cases}-2(2-h^2q_1)y_1+(2+hp_1)y_2=2h^2f_1-(2-hp_1)\alpha,\\(2-hp_i)y_{i-1}-2(2-h^2q_i)y_i+(2+hp_i)y_{i+1}=2h^2f_i,\quad i=2,3,\cdots,N-2,\\(2-hp_{N-1})y_{N-2}-2(2-h^2q_{N-1})y_{N-1}=2h^2f_{N-1}-(2+hp_{N-1})\beta.\end{cases}\tag{8.2.16}$$

方程组(8.2.16)是三对角方程组，用第 2 章介绍的解三对角方程组的追赶法求解差分方程组(8.2.16)，便得边值问题(8.2.12)的差分解 $y_0,y_1,\cdots,y_N$．

(3) 讨论差分方程组(8.2.16)的解是否收敛到微分方程的解，估计误差．这里就不再详细介绍．

例 8.2.2 取步长 $h=\pi/16$，用差分法求下列边值问题的近似解，并将结果与精确解进行比较．

$$\begin{cases}y''(x)=y'(x)+2y(x)+\cos x,\quad 0\leqslant x\leqslant\pi/2,\\y(0)=-0.3,\quad y(\pi/2)=-0.1,\end{cases}$$

精确解是 $y(x)=-\frac{1}{10}(\sin x+3\cos x)$．

解 因为 $N=(\pi/2-0)/h=8$，$p(x)=-1$，$q(x)=-2$，$f(x)=\cos x$，由式(8.2.16)得差分格式

$$\begin{cases}-2[2-(\pi/16)^2\times(-2)]y_1+[2+(\pi/16)\times(-1)]y_2\\\qquad=2(\pi/16)^2\cos(\pi/16)-[2-(\pi/16)\times(-1)]\times(-0.3),\\{}[2-(\pi/16)\times(-1)]y_{i-1}-2[2-(\pi/16)^2\times(-2)]y_i\\\qquad+[2+(\pi/16)\times(-1)]y_{i+1}\\\qquad=2(\pi/16)^2\cos(i\pi/16),\quad i=2,3,\cdots,6,\\{}[2-(\pi/16)\times(-1)]y_{N-2}-2[2-(\pi/16)^2\times(-2)]y_{N-1}\\\qquad=2(\pi/16)^2\cos(7\pi/16)-[2+(\pi/16)\times(-1)]\times(-0.1),\end{cases}$$

$y_0=-0.3$，$y_8=-0.1$，$x_i=0+ih=\pi/16i$，$i=1,2,\cdots,9$，其结果列于表 8.2.2.

表 8.2.2

i	x_i	y_i	准确值 $y(x_i)$
0	0	-0.3	-0.3
1	$\pi/16$	-0.3137967	-0.3137446
2	$2\pi/16$	-0.3154982	-0.3154322
3	$3\pi/16$	-0.3050494	-0.3049979
4	$4\pi/16$	-0.2828621	-0.2828427
5	$5\pi/16$	-0.2497999	-0.2498180
6	$6\pi/16$	-0.2071465	-0.2071930
7	$7\pi/16$	-0.1565577	-0.1566056
8	$\pi/2$	-0.1000000	-0.1000000

8.3 有限元法

有限元法(finite element method)是求解微分方程定解问题的有效方法之一,它特别适用在几何、物理上比较复杂的问题.有限元法首先成功地应用于结构力学和固体力学,以后又应用于流体力学、物理学和其他工程科学.为简明起见,本节以线性两点边值问题为例介绍有限元法.

考虑线性两点边值问题

$$\begin{cases} Ly = -(p(x)y'(x))' + q(x)y(x) = f(x), \quad a \leqslant x \leqslant b, & (8.3.1) \\ y(a) = \alpha, \quad y(b) = \beta, & (8.3.2) \end{cases}$$

其中 $p(x)>0, q(x)\geqslant 0, p\in C^1[a,b], q,f\in C[a,b]$.

此微分方程描述了长度为 $b-a$ 的可变交叉截面(表示为 $q(x)$)的横梁在应力 $p(x)$和 $f(x)$下的偏差 $y(x)$.

8.3.1 等价性定理

记 $C_1^2[a,b]=\{y\,|\,y=y(x)\in C^2[a,b], y(a)=\alpha, y(b)=\beta\}$,引进积分

$$I(y) = \int_a^b \{p(x)[y'(x)]^2 + q(x)y^2(x) - 2f(x)y(x)\}\mathrm{d}x. \quad (8.3.3)$$

任取 $y=y(x)\in C_1^2[a,b]$,就有一个积分值 $I(y)$与之对应,因此 $I(y)$是一个泛函(functional),即函数的函数.因为这里是 y', y 的二次函数,因此称 $I(y)$为二次

泛函.

对泛函(8.3.3)有如下**变分问题**(**variation problem**):求函数 $\tilde{y}\in C_1^2[a,b]$,使得对任意 $y\in C_1^2[a,b]$,均有

$$I(y)\geqslant I(\tilde{y}),\tag{8.3.4}$$

即 $I(y)$在 $\tilde{y}$ 处达到极小,并称 $\tilde{y}$ 为变分问题(8.3.4)的解.

可以证明:

定理 8.3.1(**等价性定理**) $\tilde{y}$ 是边值问题(8.3.1),(8.3.2)的解的充分必要条件是 $\tilde{y}$ 使泛函$I(y)$在 $C_1^2[a,b]$上达到极小,即 $\tilde{y}$ 是变分问题(8.3.4)在 $C_1^2[a,b]$上的解.

证明 (充分性)设 $\tilde{y}\in C_1^2[a,b]$是变分问题 $I(y)$的解,即 $\tilde{y}$ 使泛函$I(y)$在 $C_1^2[a,b]$上达到极小,证明 $\tilde{y}$ 必是边值问题(8.3.1),(8.3.2)的解.

设 $\eta(x)$是 $C^2[a,b]$任意一个满足 $\eta(a)=\eta(b)=0$ 的函数,则函数

$$y(x)=\tilde{y}(x)+\alpha\eta(x)\in C_1^2[a,b],$$

其中 α 为参数.因为 $\tilde{y}$ 使得$I(y)$达到极小,所以 $I(\tilde{y}+\alpha\eta)\geqslant I(\tilde{y})$,即积分

$$\begin{aligned}I(\tilde{y}+\alpha\eta)=\int_a^b\{&p(x)[\tilde{y}'(x)+\alpha\eta'(x)]^2+q(x)[\tilde{y}(x)+\alpha\eta(x)]^2\\&-2f(x)[\tilde{y}(x)+\alpha\eta(x)]\}\mathrm{d}x\end{aligned}$$

作为 α 的函数,在 $\alpha=0$ 处取极小值 $I(\tilde{y})$,故

$$\frac{\mathrm{d}}{\mathrm{d}\alpha}I(\tilde{y}+\alpha\eta)\bigg|_{\alpha=0}=0.\tag{8.3.5}$$

计算上式,得

$$\begin{aligned}&\frac{\mathrm{d}}{\mathrm{d}\alpha}I(\tilde{y}+\alpha\eta)\bigg|_{\alpha=0}\\&=\frac{\mathrm{d}}{\mathrm{d}\alpha}\left\{\int_a^b(p(x)[\tilde{y}'(x)+\alpha\eta'(x)]^2+q(x)[\tilde{y}(x)+\alpha\eta(x)]^2\right.\\&\qquad\left.-2f(x)[\tilde{y}(x)+\alpha\eta(x)])\mathrm{d}x\right\}\bigg|_{\alpha=0}\\&=\int_a^b\{2p(x)[\tilde{y}'(x)+\alpha\eta'(x)]\eta'(x)+2q(x)[\tilde{y}(x)+\alpha\eta(x)]\eta(x)\\&\qquad-2f(x)\eta(x)\}\mathrm{d}x\bigg|_{\alpha=0}\\&=2\int_a^b\{p(x)\tilde{y}'(x)\eta'(x)+q(x)\tilde{y}(x)\eta(x)-f(x)\eta(x)\}\mathrm{d}x.\end{aligned}\tag{8.3.6}$$

利用分部积分法计算积分

$$\begin{aligned}\int_a^b p(x)\tilde{y}'(x)\eta'(x)\mathrm{d}x&=\int_a^b p(x)\tilde{y}'(x)\mathrm{d}\eta(x)\\&=p(x)\tilde{y}'(x)\eta(x)\bigg|_a^b-\int_a^b\eta(x)[p(x)\tilde{y}'(x)]'\mathrm{d}x\end{aligned}$$

$$= -\int_a^b \eta(x)\,[p(x)\tilde{y}'(x)]'\mathrm{d}x,$$

代入式(8.3.6)，得

$$\frac{\mathrm{d}}{\mathrm{d}\alpha}I(\tilde{y}+\alpha\eta)\bigg|_{\alpha=0} = 2\int_a^b [-(p(x)\tilde{y}'(x))' + q(x)\tilde{y}(x) - f(x)]\eta(x)\mathrm{d}x = 0. \tag{8.3.7}$$

因为 $\eta(x)$是任意函数，所以必有

$$-(p(x)\tilde{y}'(x))' + q(x)\tilde{y}(x) - f(x) \equiv 0. \tag{8.3.8}$$

否则，若在$[a,b]$上某点 x_0 处有

$$-(p(x_0)\tilde{y}'(x_0))' + q(x_0)\tilde{y}(x_0) - f(x_0) \neq 0,$$

不妨设

$$-(p(x_0)\tilde{y}'(x_0))' + q(x_0)\tilde{y}(x_0) - f(x_0) > 0,$$

则由函数的连续性知，在包含 x_0 的某一区间$[a_0,b_0]$上有

$$-(p(x)\tilde{y}'(x))' + q(x)\tilde{y}(x) - f(x) > 0.$$

作

$$\eta(x) = \begin{cases} 0, & x \in [a,b]\backslash[a_0,b_0], \\ (x-a_0)^2(x-b_0)^2, & a_0 \leqslant x \leqslant b_0. \end{cases}$$

显然 $\eta(x)\in C^2[a,b]$，且 $\eta(a)=\eta(b)=0$，但

$$\int_a^b [-(p(x)\tilde{y}'(x))' + q(x)\tilde{y}(x) - f(x)]\eta(x)\mathrm{d}x$$

$$= \int_{a_0}^{b_0} [-(p(x)\tilde{y}'(x))' + q(x)\tilde{y}(x) - f(x)]\eta(x)\mathrm{d}x > 0,$$

这与式(8.3.7)矛盾. 于是式(8.3.8)成立，即变分问题(8.3.4)的解 $\tilde{y}$ 满足微分方程(8.3.1)，且 $\tilde{y}(a)=\alpha$，$\tilde{y}(b)=\beta$，故它是边值问题(8.3.1)，(8.3.2)的解.

（必要性）设 $\tilde{y}=\tilde{y}(x)$是边值问题(8.3.1)，(8.3.2)的解，证明 $\tilde{y}$ 是变分问题(8.3.4)的解，即 $\tilde{y}$ 使泛函$I(y)$在 $C_1^2[a,b]$上达到极小.

因为 $\tilde{y}=\tilde{y}(x)$满足方程(8.3.1)，所以$(p(x)\tilde{y}'(x))' - q(x)\tilde{y}(x) + f(x) \equiv 0$.

设任意 $y=y(x)\in C_1^2[a,b]$，则函数 $\eta(x)=y(x)-\tilde{y}(x)$满足条件 $\eta(a)=\eta(b)=0$，且 $\eta(x)\in C^2[a,b]$. 于是

$$\begin{aligned} I(y) - I(\tilde{y}) &= I(\tilde{y}+\eta) - I(\tilde{y}) \\ &= \int_a^b \{p(x)\,[\tilde{y}'(x)+\eta'(x)]^2 + q(x)\,[\tilde{y}(x)+\eta(x)]^2 \\ &\quad - 2f(x)[\tilde{y}(x)+\eta(x)]\}\mathrm{d}x - \int_a^b \{p(x)\,[\tilde{y}'(x)]^2 \\ &\quad + q(x)\,[\tilde{y}(x)]^2 - 2f(x)\tilde{y}(x)\}\mathrm{d}x \\ &= 2\int_a^b [p(x)\tilde{y}'(x)\eta(x) + q(x)\tilde{y}(x)\eta(x) - f(x)\eta(x)]\mathrm{d}x \end{aligned}$$

$$
\begin{aligned}
&+\int_a^b \{p(x)[\eta'(x)]^2+q(x)[\eta(x)]^2\}\mathrm{d}x\\
=&-2\int_a^b [(p(x)\tilde{y}'(x))'-q(x)\tilde{y}(x)+f(x)]\eta(x)\mathrm{d}x\\
&+\int_a^b \{p(x)[\eta'(x)]^2+q(x)[\eta(x)]^2\}\mathrm{d}x\\
=&\int_a^b \{p(x)[\eta'(x)]^2+q(x)[\eta(x)]^2\}\mathrm{d}x.
\end{aligned}
$$

因为$p(x)>0,q(x)\geqslant 0$,所以当$\eta(x)\neq 0$时,$\int_a^b\{p(x)[\eta'(x)]^2+q(x)[\eta(x)]^2\}\mathrm{d}x>0$,即

$$I(y)-I(\tilde{y})>0.$$

只有当$\eta(x)\equiv 0$时,$I(y)-I(\tilde{y})=0$.这说明$\tilde{y}$使泛函$I(y)$在$C_1^2[a,b]$上达到极小.证毕!

定理 8.3.2 边值问题(8.3.1),(8.3.2)存在唯一解.

证明 用反证法.若$y_1(x),y_2(x)$都是边值问题(8.3.1),(8.3.2)的解,且不相等,则由定理8.3.1知,它们都使泛函$I(y)$在$C_1^2[a,b]$上达到极小,因而

$$I(y_1)>I(y_2)$$

且

$$I(y_2)>I(y_1),$$

矛盾!因此边值问题(8.3.1),(8.3.2)的解是唯一的.

由边值问题解的唯一性,不难推出边值问题(8.3.1),(8.3.2)解的存在性(留给读者自行推导).

8.3.2 有限元法

等价性定理说明,边值问题(8.3.1),(8.3.2)的解可化为变分问题(8.3.4)的求解问题.有限元法就是求变分问题近似解的一种有效方法.下面给出其解题过程:

第1步 对求解区间进行网格剖分:

$$a=x_0<x_1<\cdots<x_i<\cdots<x_n=b,$$

区间$I_i=[x_{i-1},x_i]$称为单元.长度$h_i=x_i-x_{i-1}(i=1,2,\cdots,n)$称为步长,$h=\max\limits_{1\leqslant i\leqslant n}h_i$.若$h=h_i(i=1,2,\cdots,n)$,则称上述网格剖分为均匀剖分.

给定剖分后,泛函(8.3.3)可以写成

$$I(y)=\int_a^b\{p(x)[y'(x)]^2+q(x)y^2(x)-2f(x)y(x)\}\mathrm{d}x$$

$$= \sum_{i=1}^{n} \int_{x_{i-1}}^{x_i} \{p(x)[y'(x)]^2 + q(x)y^2(x) - 2f(x)y(x)\}\mathrm{d}x \xlongequal{\text{记}} \sum_{i=1}^{n} S_i. \tag{8.3.9}$$

第2步　构造试探函数空间.为了计算积分(8.3.9),最简单的近似方法是将分段线性函数的集合作为试探函数空间.设 $y_0,y_1,\cdots,y_n$ 分别是边值问题(8.3.1),(8.3.2)的解 $y(x)$在节点 $x_0,x_1,\cdots,x_n$ 处的值,用分段线性插值

$$\bar{y} = \bar{y}(x) = \frac{x_i - x}{h_i}y_{i-1} + \frac{x - x_{i-1}}{h_i}y_i, \quad x \in I_i = [x_{i-1},x_i], \tag{8.3.10}$$

近似 $y(x)$,$x\in I_i=[x_{i-1},x_i]$,并称式(8.3.10)为**单元形状函数**(**element shape function**).

为了将线性插值式(8.3.10)标准化,令

$$t = \frac{x - x_{i-1}}{h_i},$$

则将 $I_i=[x_{i-1},x_i]$变到 t 轴上的单元[0,1].记 $N_0(t)=1-t$,$N_1(t)=t$,则式(8.3.10)可写成

$$\bar{y} = N_0(t)y_{i-1} + N_1(t)y_i, \quad t \in [0,1]. \tag{8.3.11}$$

第3步　建立有限元方程组.将式(8.3.10)代入泛函(8.3.9),有

$$I(y)\approx I(\bar{y}) = \sum_{i=1}^{n} \int_{x_{i-1}}^{x_i} \{p(x)[\bar{y}'(x)]^2 + q(x)[\bar{y}(x)]^2\}\mathrm{d}x$$
$$- 2\sum_{i=1}^{n} \int_{x_{i-1}}^{x_i} f(x)\bar{y}(x)\mathrm{d}x.$$

由式(8.3.11)知

$$I(\bar{y}) = \sum_{i=1}^{n} \int_0^1 \Big\{p(x_{i-1} + th_i)\frac{(y_i - y_{i-1})^2}{h_i} + h_i q(x_{i-1} + th_i)\cdot$$
$$[N_0(t)y_{i-1} + N_1(t)y_i]^2\Big\}\mathrm{d}t$$
$$- 2\sum_{i=1}^{n} \int_0^1 h_i f(x_{i-1} + th_i)[N_0(t)y_{i-1} + N_1(t)y_i]\mathrm{d}t$$
$$= \sum_{i=1}^{n} \int_0^1 \Big\{[h_i^{-1}p(x_{i-1} + th_i) + h_i q(x_{i-1} + th_i)(1 - t)^2]y_{i-1}^2$$
$$+ 2[-h_i^{-1}p(x_{i-1} + th_i) + h_i q(x_{i-1} + th_i)(1 - t)t]y_i y_{i-1}$$
$$+ [h_i^{-1}p(x_{i-1} + th_i) + h_i q(x_{i-1} + th_i)t^2]y_i^2\Big\}\mathrm{d}t$$
$$- 2\sum_{i=1}^{n} \int_0^1 h_i f(x_{i-1} + th_i)[(1 - t)y_{i-1} + ty_i]\mathrm{d}t. \tag{8.3.12}$$

式(8.3.12)右端第1个求和号内的第 i 项(对应第 i 个单元)是关于 y_{i-1},y_i 的二次型,可以写成

$$(\boldsymbol{Y}^{(i)})^{\mathrm{T}}\boldsymbol{K}^{(i)}\boldsymbol{Y}^{(i)}, \tag{8.3.13}$$

其中

$$\boldsymbol{Y}^{(i)}=(y_{i-1},y_i)^{\mathrm{T}};\quad \boldsymbol{K}^{(i)}=\begin{pmatrix}K_{i-1,i-1}^{(i)} & K_{i-1,i}^{(i)}\\ K_{i,i-1}^{(i)} & K_{i,i}^{(i)}\end{pmatrix}. \tag{8.3.14}$$

$\boldsymbol{K}^{(i)}$ 称为**单元刚度矩阵(element stiffness matrix)**,

$$\begin{cases}K_{i-1,i-1}^{(i)}=\displaystyle\int_0^1[h_i^{-1}p(x_{i-1}+th_i)+h_iq(x_{i-1}+th_i)(1-t)^2]\mathrm{d}t,\\ K_{i,i}^{(i)}=\displaystyle\int_0^1[h_i^{-1}p(x_{i-1}+th_i)+h_iq(x_{i-1}+th_i)t^2]\mathrm{d}t,\\ K_{i-1,i}^{(i)}=K_{i,i-1}^{(i)}=\displaystyle\int_0^1[-h_i^{-1}p(x_{i-1}+th_i)+h_iq(x_{i-1}+th_i)(1-t)t]\mathrm{d}t.\end{cases} \tag{8.3.15}$$

而式(8.3.12)的第2个求和号内的第 i 项可以写成

$$(\boldsymbol{b}^{(i)})^{\mathrm{T}}\boldsymbol{Y}^{(i)}, \tag{8.3.16}$$

其中

$$\boldsymbol{b}^{(i)}=(b_1^{(i)},b_2^{(i)})^{\mathrm{T}};\quad \boldsymbol{Y}^{(i)}=(y_{i-1},y_i)^{\mathrm{T}};$$

$$b_1^{(i)}=h_i\int_0^1 f(x_{i-1}+th_i)(1-t)\mathrm{d}t;\quad b_2^{(i)}=h_i\int_0^1 f(x_{i-1}+th_i)t\mathrm{d}t.$$

于是式(8.3.12)中求和号内的项可以写成

$$S_i=(\boldsymbol{Y}^{(i)})^{\mathrm{T}}\boldsymbol{K}^{(i)}\boldsymbol{Y}^{(i)}-2(\boldsymbol{b}^{(i)})^{\mathrm{T}}\boldsymbol{Y}^{(i)}. \tag{8.3.17}$$

再令 $\boldsymbol{Y}=(y_0,y_1,\cdots,y_n)^{\mathrm{T}}$ 及 $2\times(n+1)$ 矩阵:

$$\boldsymbol{C}^{(i)}=\begin{pmatrix}0 & \cdots & 0 & \overset{i-1\text{列}}{1} & \overset{i\text{列}}{0} & 0 & \cdots & 0\\ 0 & \cdots & 0 & 0 & 1 & 0 & \cdots & 0\end{pmatrix},$$

则 $\boldsymbol{Y}^{(i)}=\boldsymbol{C}^{(i)}\boldsymbol{Y}$.

于是式(8.3.17)又可写成

$$\begin{aligned}S_i&=(\boldsymbol{C}^{(i)}\boldsymbol{Y})^{\mathrm{T}}\boldsymbol{K}^{(i)}(\boldsymbol{C}^{(i)}\boldsymbol{Y})-2(\boldsymbol{b}^{(i)})^{\mathrm{T}}(\boldsymbol{C}^{(i)}\boldsymbol{Y})\\&=\boldsymbol{Y}^{\mathrm{T}}(\boldsymbol{C}^{(i)})^{\mathrm{T}}\boldsymbol{K}^{(i)}\boldsymbol{C}^{(i)}\boldsymbol{Y}-2((\boldsymbol{C}^{(i)})^{\mathrm{T}}\boldsymbol{b}^{(i)})^{\mathrm{T}}\boldsymbol{Y}.\end{aligned} \tag{8.3.18}$$

把式(8.3.18)代入式(8.3.12)右端求和号内,得

$$I(\bar{y})=\sum_{i=1}^n S_i=\boldsymbol{Y}^{\mathrm{T}}\Big(\sum_{i=1}^n(\boldsymbol{C}^{(i)})^{\mathrm{T}}\boldsymbol{K}^{(i)}\boldsymbol{C}^{(i)}\Big)\boldsymbol{Y}-2\Big(\sum_{i=1}^n((\boldsymbol{C}^{(i)})^{\mathrm{T}}\boldsymbol{b}^{(i)})^{\mathrm{T}}\Big)\boldsymbol{Y}. \tag{8.3.19}$$

记

$$\boldsymbol{K}=\sum_{i=1}^{n}(\boldsymbol{C}^{(i)})^{\mathrm{T}}\boldsymbol{K}^{(i)}\boldsymbol{C}^{(i)}=\sum_{i=1}^{n}\begin{bmatrix}0&\cdots&0&0&0&0&\cdots&0\\ \vdots&&\vdots&\vdots&\vdots&\vdots&&\vdots\\ 0&\cdots&0&0&0&0&\cdots&0\\ 0&\cdots&0&K_{i-1,i-1}^{(i)}&K_{i-1,i}^{(i)}&0&\cdots&0\\ 0&\cdots&0&K_{i,i-1}^{(i)}&K_{i,i}^{(i)}&0&\cdots&0\\ 0&\cdots&0&0&0&0&\cdots&0\\ \vdots&&\vdots&\vdots&\vdots&\vdots&&\vdots\\ 0&\cdots&0&0&0&0&\cdots&0\end{bmatrix}$$

$$=\begin{bmatrix}K_{00}^{(1)}&K_{01}^{(1)}&&&&&\\ K_{10}^{(1)}&K_{11}^{(1)}+K_{11}^{(2)}&K_{12}^{(2)}&&&&\\ &K_{21}^{(2)}&K_{22}^{(2)}+K_{22}^{(3)}&K_{23}^{(3)}&&&\\ &&K_{32}^{(3)}&K_{33}^{(3)}+K_{33}^{(4)}&K_{34}^{(4)}&&\\ &&&\ddots&\ddots&\ddots&\\ &&&&K_{n-1,n-2}^{(n-1)}&K_{n-1,n-1}^{(n-1)}+K_{n-1,n-1}^{(n)}&K_{n-1,n}^{(n)}\\ &&&&&K_{n,n-1}^{(n)}&K_{n,n}^{(n)}\end{bmatrix},\tag{8.3.20}$$

$$\boldsymbol{b}=\sum_{i=1}^{n}(\boldsymbol{C}^{(i)})^{\mathrm{T}}\boldsymbol{b}^{(i)}=\sum_{i=1}^{n}(0,\cdots,0,\overset{i-1}{b_1^{(i)}},\overset{i}{b_2^{(i)}},0,\cdots,0)^{\mathrm{T}}$$

$$=(b_1^{(1)},b_2^{(1)}+b_1^{(2)},b_2^{(2)}+b_1^{(3)},b_2^{(3)}+b_1^{(4)},\cdots,b_2^{(n-1)}+b_1^{(n)},b_2^{(n)})^{\mathrm{T}},\tag{8.3.21}$$

则式(8.3.19)化为

$$I(\bar{y})=\boldsymbol{Y}^{\mathrm{T}}\boldsymbol{K}\boldsymbol{Y}-2\boldsymbol{b}^{\mathrm{T}}\boldsymbol{Y}.\tag{8.3.22}$$

并称 $\boldsymbol{K}$ 为**总刚度矩阵(total stiffness matrix)**,称 $\boldsymbol{b}$ 为右端向量.

因为 $\bar{y}(x)$ 是使 $I(y)$ 取极小值的函数,所求的 $y_0,y_1,\cdots,y_n$ 自然使式(8.3.22)的右边取极小值,所以应有

$$\frac{\mathrm{d}}{\mathrm{d}y_i}(\boldsymbol{Y}^{\mathrm{T}}\boldsymbol{K}\boldsymbol{Y}-2\boldsymbol{b}^{\mathrm{T}}\boldsymbol{Y})=0,\quad i=0,1,2,\cdots,n.\tag{8.3.23}$$

记 $\boldsymbol{K}=(K_{ij})_{n\times n}$,$\boldsymbol{b}=(b_1,b_2,\cdots,b_n)^{\mathrm{T}}$,则式(8.3.23)为

$$\frac{\mathrm{d}}{\mathrm{d}y_i}\Big[\sum_{r=0}^{n}\Big(\sum_{j=0}^{n}K_{rj}y_j\Big)y_r-2\sum_{r=0}^{n}b_ry_r\Big]$$

$$=\sum_{r=0}^{n}K_{ri}y_r+\sum_{j=0}^{n}K_{ij}y_j-2b_i$$

$$=2\Big(\sum_{r=0}^{n}K_{ir}y_r-b_i\Big)=0,\quad i=1,2,\cdots,n-1,$$

或

$$\sum_{r=0}^{n} K_{ir} y_r = b_i, \quad i = 0,1,\cdots,n, \tag{8.3.24}$$

得方程组

$$\boldsymbol{KY} = \boldsymbol{b}. \tag{8.3.25}$$

因为 $y_0=\alpha, y_n=\beta$ 是已知的，不能任意选取，所以不能要求式(8.3.23)对 y_0，y_n 也成立.因此方程组(8.3.24)或(8.3.25)中应当去掉首末两个方程，并把其他方程中含有的 y_0, y_n 改为已知量，所得方程组就是未知量 $y_1, y_2, \cdots, y_{n-1}$ 满足的代数方程组

$$\begin{bmatrix} K_{11}^{(1)}+K_{11}^{(2)} & K_{12}^{(2)} & & & \\ K_{21}^{(2)} & K_{22}^{(2)}+K_{22}^{(3)} & K_{23}^{(3)} & & \\ & \ddots & \ddots & \ddots & \\ & & K_{n-2,n-3}^{(n-2)} & K_{n-2,n-2}^{(n-2)}+K_{n-2,n-2}^{(n-1)} & K_{n-2,n-1}^{(n-1)} \\ & & & K_{n-1,n-2}^{(n-1)} & K_{n-1,n-1}^{(n-1)}+K_{n-1,n-1}^{(n)} \end{bmatrix} \begin{bmatrix} y_1 \\ y_2 \\ \vdots \\ y_{n-2} \\ y_{n-1} \end{bmatrix}$$

$$= \begin{bmatrix} b_2^{(1)}+b_1^{(2)}-\alpha K_{10}^{(1)} \\ b_2^{(2)}+b_1^{(3)} \\ \vdots \\ b_2^{(n-2)}+b_1^{(n-1)} \\ b_2^{(n-1)}+b_1^{(n)}-\beta K_{n-1,n}^{(n)} \end{bmatrix}. \tag{8.3.26}$$

方程组(8.3.25)或(8.3.26)称为**有限元方程组**(**finite element system of equations**).

用第2章介绍的解三对角方程组的追赶法求解有限元方程组(8.3.26)，可解出 $y_1, y_2, \cdots, y_{n-1}$，即得变分问题(8.3.4)的近似解，也就是边值问题(8.3.1)，(8.3.2)解的近似值.这种方法称为**有限单元法**(**finite element method**)或**有限元法**.

例 8.3.1 用有限元法求下列边值问题的近似解，并将结果与精确解进行比较.

$$\begin{cases} -(xy'(x))' + 4y(x) = 4x^2 - 8x + 1, & 0 \leqslant x \leqslant 1, \\ y(0) = y(1) = 0, \end{cases}$$

取 $h=0.2$，精确解是 $y(x)=x^2-x$.

解 因为 $N=1/h=5$，$p(x)=x$，$q(x)=4$，$f(x)=4x^2-8x+1$，由式(8.3.26)得有限元方程组：

$$\begin{cases} 2.53333y_1 - 1.36667y_2 = -0.082667, \\ -1.36667y_1 + 4.53333y_2 - 2.36667y_3 = -0.306667, \\ -2.36667y_2 + 6.53333y_3 - 3.36667y_4 = -0.466667, \\ -3.36667y_3 + 8.53333y_4 = -0.562667. \end{cases}$$

其结果列于表 8.3.1.

表 8.3.1

i	x_i	y_i	准确值 $y(x_i)$
0	0	0	0
1	0.2	−0.1644	−0.16
2	0.4	−0.2443	−0.24
3	0.6	−0.2434	−0.24
4	0.8	−0.1620	−0.16
5	1	0	0

上面虽然是对边值问题(8.3.1),(8.3.2)介绍的有限元解法,但其解法步骤对一般的微分方程定解问题也是适用的.

对所给微分方程定解问题,首先找出相应微分方程的变分形式,然后进行下列步骤:

第 1 步　对定义区域(或定义区间)进行网格剖分,将定义区域(或定义区间)剖分为若干个小单元(一维是区间;多维是区域,如矩形、三角形等).

第 2 步　构造试探函数空间,即选择适当的插值函数类.

第 3 步　建立有限元方程组.计算单元刚度矩阵及右端向量,再形成总刚度矩阵及总右端项,写出有限元方程组,结合定解条件,求解有限元方程组.

注　从形式上看,用有限元法解微分方程定解问题很繁,但是有限元法的求解步骤规范,便于在计算机上实现,并且总刚度矩阵是三对角对称正定矩阵,因此有限元方程组可用第 2 章介绍的解三对角方程组的追赶法求解.有限元法最主要的优点是可以处理相当复杂的区域上的边值问题.

8.4　打　靶　法

解常微分方程边值问题的**打靶法**(**shooting method**),也称为**尝试法**,其基本思想是把边值问题转化为初值问题来解:首先作出一些只满足一端边值条件的解,然后再从这些解中找出适合另一端边值条件的解.下面以二阶常微分方程带第一类边界条件的边值问题

$$\begin{cases} y'' = f(x,y,y'), \quad a < x < b, & (8.4.1) \\ y(a) = \alpha, \quad y(b) = \beta & (8.4.2) \end{cases}$$

为例介绍常微分方程边值问题的打靶法.

7.6节曾介绍过二阶常微分方程初值问题(7.6.24)

$$\begin{cases}\dfrac{\mathrm{d}^2 y}{\mathrm{d}t^2} = f(t,y,y'), & a < t \leqslant b,\\ y(a) = \alpha, & y'(a) = \alpha'\end{cases}$$

的求解方法.将上式中的 t 改为 x,α' 改为 s,得

$$\begin{cases}y'' = f(x,y,y'), & a < x \leqslant b,\\ y(a) = \alpha, & y'(a) = s,\end{cases} \tag{8.4.3}$$

设初值问题(8.4.3)的解为 $y_1(x)$,显然 $y_1(x)$ 依赖于 s,即 $y_1(x)=y_1(x,s)$.为了求解边值问题(8.4.1),(8.4.2),必须求 $s=\tilde{s}$,使之满足 $y_1(b)=y_1(b,\tilde{s})=\beta$.

下面介绍两种方法来求 $\tilde{s}$.

方法1　根据实际问题情况选一个 s_1,解初值问题

$$\begin{cases}y'' = f(x,y,y'), & a < x \leqslant b,\\ y(a) = \alpha, & y'(a) = s_1,\end{cases} \tag{8.4.4}$$

得到的解仍记为 $y_1(x)$.

若 $y_1(b)=\beta$ 或 $|y_1(b)-\beta|<\varepsilon$($\varepsilon$ 为事先给定的精度),则 $y_1(x)$ 就是边值问题(8.4.1)、(8.4.2)的解.

否则,根据 $\beta_1=y_1(b)$ 与 β 的误差,将 s_1 修改为 s_2,例如取 $s_2=\dfrac{\beta}{\beta_1}s_1$,再解初值问题

$$\begin{cases}y'' = f(x,y,y'), & a < x \leqslant b,\\ y(a) = \alpha, & y'(a) = s_2,\end{cases} \tag{8.4.5}$$

得到解 $y_2(x)$.

若 $\beta_2=y_2(b)$ 满足 $\beta_2=\beta$ 或 $|\beta_2-\beta|<\varepsilon$,则 $y_2(x)$ 就是边值问题(8.4.1),(8.4.2)的解.

否则,再将 s_2 适当修改为 s_3,例如可用 (β_1,s_1),(β_2,s_2) 作线性插值求 s_3:

$$s_3 = s_1 + \frac{s_2 - s_1}{\beta_2 - \beta_1}(\beta - \beta_1),$$

然后解初值问题

$$\begin{cases}y'' = f(x,y,y'), & a < x \leqslant b,\\ y(a) = \alpha, & y'(a) = s_3,\end{cases} \tag{8.4.6}$$

的解.如此继续下去,直到达到精度要求为止.

方法2　求 $\tilde{s}$ 的另一种方法是求函数 $F(s)=y(b,s)-\beta$ 的一个零点 $\tilde{s}$.

对于每一个自变量 s,通过解初值问题(8.4.4),可解出 $y(x,s)$.计算

$$F(s) = y(b,s) - \beta, \tag{8.4.7}$$

然后采用第3章介绍的求方程根的方法求 $F(s)$ 的零点.

首先寻找 $s^{(1)}, s^{(2)}$，使 $F(s^{(1)})<0, F(s^{(2)})>0$，则在区间 $(s^{(1)}, s^{(2)})$ 或 $(s^{(2)}, s^{(1)})$ 内至少有 $F(s)$ 的一个零点.然后可用二分法求 $\tilde{s}$.也可用 Newton 迭代公式

$$s_{k+1} = s_k - \frac{F(s_k)}{F'(s_k)}$$

求 $\tilde{s}$ 的近似值.

几何解释　微分方程边值问题(8.4.1),(8.4.2)的解 $y(x)$ 是一条通过 $A(a,y(a)),B(b,y(b))$ 两点的曲线(图8.4.1).初值问题(8.4.4)的解 $y(x,s_1)$ 是一条通过点 $A(a,y(a))$、斜率为 $y'(a)=s_1$ 的曲线(图8.4.1).初值问题(8.4.5)的解 $y(x,s_2)$ 是一条通过点 $A(a,y(a))$、斜率为 $y'(a)=s_2$ 的曲线(图8.4.1).这有点像射击者从定点 A 向目标 B 射击一样.根据经验以某一角度(斜率为 s_1)试射一次.如果与目标相差太大,调整射击角度(斜率为 s_2),再进行射击.如此继续进行下去,直到击中目标,或击中的点与 B 的误差在允许的范围之内.

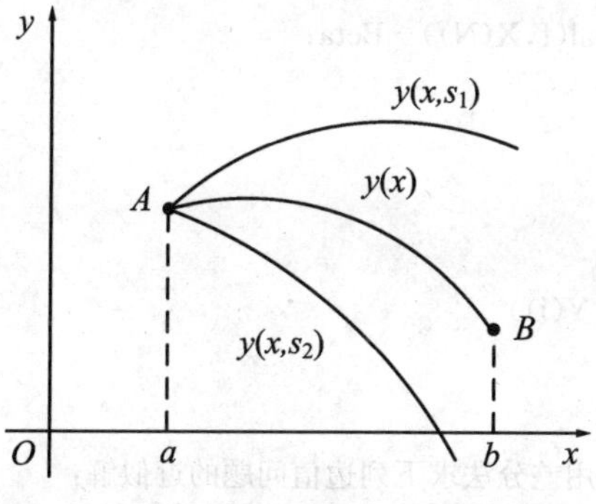

图 8.4.1

参考文献[1]提供的资料还讨论了选择初始值 $y(a)=s$ 的重要性,并介绍了多重打靶法,这里就不作详细介绍了,有兴趣的读者可参看相关资料.

8.5　算 法 程 序

8.5.1　用差分法解二阶线性常微分方程的边值问题

%用差分法解二阶线性常微分方程的边值问题

```
%[a,b]是区间,Step 是步长,Alpha,Beta 是初值
%f,q 分别是式(8.2.1)中的 f(x),q(x)
function Y = DiffMethod(f,q,a,b,Step,Alpha,Beta)
N = (b - a)/Step;
X = a:Step:b;
A = zeros(N - 1);
for i = 1:N - 1
    A(i,i) = - 1 * (2 + feval(q,X(i + 1)) * Step^2);
    if i~ = N - 1
        A(i,i + 1) = 1;
        A(i + 1,i) = 1;
    end
end
B(1) = Step^2 * feval(f,X(2)) - Alpha;
B(2:N - 2) = Step^2 * feval(f,X(3:N - 1));
B(N - 1) = Step^2 * feval(f,X(N)) - Beta;
B = B';
[L,U] = lu(A);
Y = U\(L\B);
for i = 1:length(Y)
    sprintf('%10.7f',Y(i))
end
end
```

例 8.5.1 取 $h = 0.1$,用差分法求下列边值问题的近似解:

$$\begin{cases} y''(x) = 4(y(x) - x), & 0 \leqslant x \leqslant 1, \\ y(0) = 0, & y(1) = 2. \end{cases}$$

解 在 MATLAB 命令窗口输入

```
f = inline('- 4. * x');   q = inline('4');   DiffMethod(f,q,0,1,0.1,0,2)
```

回车,可得结果.

8.5.2 用差分法解一般二阶常微分方程的边值问题

```
%用差分法解一般二阶常微分方程的边值问题
%[a,b]是区间,Step 是步长,Alpha,Beta 是初值
%f,p,q 分别是式(8.2.12)中的 f(x),p(x),q(x)
function Y = DiffMethod_2(f,p,q,a,b,Step,Alpha,Beta)
N = (b - a)/Step;
X = a:Step:b;
```

```
A = zeros(N - 1);
A(1,1) = -2 * (2 - Step^2 * feval(p,X(2)));
A(1,2) = 2 + Step * feval(f,X(3));
for i = 2:N - 2
    A(i,i) = -2 * (2 - feval(p,X(i+1)) * Step^2);
    A(i,i-1) = 2 - Step * feval(f,X(i+1));
    A(i-1,i) = 2 + Step * feval(f,X(i+1));
end
A(N-1,N-2) = 2 - Step * feval(f,X(N));
A(N-1,N-1) = -2 * (2 - feval(p,X(N)) * Step^2);
B(1) = 2 * Step^2 * feval(q,X(2)) - (2 - Step * feval(f,X(2))) * Alpha;
B(2:N-2) = 2 * Step^2 * feval(q,X(3:N-1));
B(N-1) = 2 * Step^2 * feval(q,X(N)) - (2 + Step * feval(f,X(N))) * Beta;
B = B';
[L,U] = lu(A);
Y = U\(L\B);
for i = 1:length(Y)
    sprintf('%10.7f',Y(i))
end
end
```

例 8.5.2 取 $h=\pi/16$,用差分法求下列边值问题的近似解:

$$\begin{cases} y''(x) = y'(x) + 2y(x) + \cos x, & 0 \leqslant x \leqslant \pi/2, \\ y(0) = -0.3, \quad y(\pi/2) = -0.1. \end{cases}$$

解 在 MATLAB 命令窗口输入

```
f = inline('cos(x)');   p = inline('-1');   q = inline('-2');
DiffMethod_2(f,p,q,0,pi/2,pi/16,-0.3,-0.1)
```

回车,可得结果.

8.5.3 用有限元法解二阶常微分方程的边值问题

```
%用有限元法解二阶常微分方程的边值问题
%[a,b]是区间,h是步长,Alpha,Beta是初值
%f,p,q分别是式(8.3.1)中的f(x),p(x),q(x)
function Y = FiniElem(f,p,q,a,b,Step,Alpha,Beta)
N = length(Step) - 1;
X(1) = a;
for i = 1:N+1
    X(i+1) = X(i) + Step(i);
```

```
end
syms t;
ff = -1/Step(N+1) * feval(f,X(N) + t * Step(N+1)) + …
     Step(N+1) * feval(p,X(N) + t * Step(N+1)) *  (1-t) * t;
Knnn = int(ff,t,0,1);
syms t;
ff = -1/Step(2) * feval(f,X(1) + t * Step(2)) + …
     Step(2) * feval(p,X(1) + t * Step(2)) * (1-t) * t;
K101 = int(ff,t,0,1);
for i = 2:N
     syms t;
     ff = Step(i+1) * feval(q,X(i) + t * Step(i+1)) * (1-t);
     B1(i) = int(ff,t,0,1);
end
for i = 1:N-1
     syms t;
     ff = Step(i+1) * feval(q,X(i) + t * Step(i+1)) * t;
     B2(i) = int(ff,t,0,1);
end
B(1) = B2(1) + B1(2) - Alpha * K101;
B(N-1) = B2(N-1) + B1(N) - Beta * Knnn;
for i = 2:N-2
     B(i) = B2(i) + B1(i+1);
end
B = B';
A = zeros(N-1);
for i = 1:N-1
     syms t;
     ff = 1/Step(i+1) * feval(f,X(i) + t * Step(i+1)) + …
          Step(i+1) * feval(p,X(i) + t * Step(i+1)) * t^2;
     K1 = int(ff,t,0,1);
     syms t;
     ff = 1/Step(i+2) * feval(f,X(i+1) + t * Step(i+2)) + …
          Step(i+2) * feval(p,X(i+1) + t * Step(i+2)) * (1-t)^2;
     K2 = int(ff,t,0,1);
     A(i,i) = eval(K1 + K2);
end
for i = 1:N-2
```

```
        syms t;
        ff = -1/Step(i+2) * feval(f,X(i+1) + t * Step(i+2)) + …
            Step(i+2) * feval(p,X(i+1) + t * Step(i+2)) * (1-t) * t;
        K1 = int(ff,t,0,1);
        A(i,i+1) = eval(K1);
        A(i+1,i) = eval(K1);
    end
    [L,U] = lu(A);
    Y = eval(U\(L\B));
    end
```

例 8.5.3　取 $h=0.2$,用有限元法求下列边值问题的近似解:

$$\begin{cases} y''(x) + \dfrac{\pi^2}{4}y(x) = \dfrac{\pi^2}{16}\cos\left(\dfrac{\pi}{4}x\right), & 0 \leqslant x \leqslant 1, \\ y(0) = y(1) = 0. \end{cases}$$

解　在 MATLAB 命令窗口输入

```
f = inline('pi^2/16. * cos(pi/4. * x)');   p = inline('-1');   q = inline('pi^2/4');
Step = [0.2 0.2 0.2 0.2 0.2 0.2];   FiniElem(f,p,q,0,1,Step,0,0)
```

回车,可得结果.

本 章 小 结

本章介绍了解微分方程边值问题的差分方法、有限元法和打靶法.前两种方法是解微分方程边值问题最常用的方法,它们最终得到的方程组往往是三对角方程组,可通过追赶法来解.有限元法最主要的优点是可以处理相当复杂的区域上的边值问题.而且差分方法和有限元法还是求解偏微分方程的两类重要的方法.

习　　题

1. 用差分法求下列边值问题的近似解,并将结果与精确解进行比较.

(1) $\begin{cases} y''(x) = 4(y-x), & 0 \leqslant x \leqslant 1, \\ y(0) = 0, \quad y(1) = 2, \end{cases}$

取 $h=0.1$,精确解是 $y(x) = \dfrac{e^{2x} - e^{-2x}}{e^2 - e^{-2}} + x$.

(2) $\begin{cases} y''(x) = 2y'(x) - y(x) + xe^x - x, & 0 \leqslant x \leqslant 2, \\ y(0) = 0, \quad y(2) = -4, \end{cases}$

取 $h = 0.2$，精确解是 $y(x) = \dfrac{1}{6}x^3 e^x - \dfrac{5}{3}xe^x + 2e^x - x - 2$.

2. 用有限元法求下列边值问题的近似解，并将结果与精确解进行比较.

(1) $\begin{cases} y''(x) + \dfrac{\pi^2}{4}y(x) = \dfrac{\pi^2}{16}\cos\left(\dfrac{\pi}{4}x\right), & 0 \leqslant x \leqslant 1, \\ y(0) = y(1) = 0, \end{cases}$

取 $h = 0.2$，精确解是 $y(x) = -\dfrac{1}{3}\cos\left(\dfrac{\pi}{2}x\right) - \dfrac{\sqrt{2}}{6}\sin\left(\dfrac{\pi}{2}x\right) + \dfrac{1}{3}\cos\left(\dfrac{\pi}{4}x\right)$.

(2) $\begin{cases} -(e^x y'(x))' + e^x y(x) = x + (2 - x)e^x, & 0 \leqslant x \leqslant 1, \\ y(0) = y(1) = 0, \end{cases}$

取 $h = 0.1$，精确解是 $y(x) = (x - 1)(e^{-x} - 1)$.

3. 证明：通过某种变量代换，可将边值问题

$$\begin{cases} -(p(x)y'(x))' + q(x)y(x) = f(x), & 0 \leqslant x \leqslant 1, \\ y(0) = \alpha, \quad y(1) = \beta \end{cases}$$

化为下列形式的边值问题：

$$\begin{cases} -(p(x)z'(x))' + q(x)z(x) = F(x), & 0 \leqslant x \leqslant 1, \\ z(0) = 0, \quad z(1) = 0. \end{cases}$$

4. 证明：通过某种变量代换，可将边值问题

$$\begin{cases} -(p(x)y'(x))' + q(x)y(x) = f(x), & a \leqslant x \leqslant b, \\ y(a) = \alpha, \quad y(b) = \beta \end{cases}$$

化为下列形式的边值问题：

$$\begin{cases} -(p(u)z'(u))' + q(u)z(u) = F(u), & 0 \leqslant u \leqslant 1, \\ z(0) = 0, \quad z(1) = 0. \end{cases}$$

第 9 章　矩阵特征值的数值解法

9.1 引　　言

矩阵特征值问题有广泛的应用背景.例如动力系统和结构系统中的振动问题、电力系统的静态稳定分析上、工程设计中的某些临界值的确定等,都归结为矩阵特征值问题.数学中诸如方阵的对角化及解微分方程组等问题,都要用到特征值的理论.本章介绍 n 阶实矩阵 $\boldsymbol{A}\in\mathbf{R}^{n\times n}$ 的特征值与特征向量的数值解法.

定义 9.1.1　已知 n 阶实矩阵 $\boldsymbol{A}=(a_{ij})\in\mathbf{R}^{n\times n}$,如果存在常数 λ 和非零向量 $\boldsymbol{x}$,使

$$\boldsymbol{A}\boldsymbol{x}=\lambda\boldsymbol{x}$$

或

$$(\boldsymbol{A}-\lambda\boldsymbol{I})\boldsymbol{x}=\boldsymbol{0},\tag{9.1.1}$$

那么称 λ 为 $\boldsymbol{A}$ 的**特征值**(eigenvalue),$\boldsymbol{x}$ 为 $\boldsymbol{A}$ 的相应于λ 的**特征向量**(eigenvector).多项式

$$p_n(\lambda)=\det(\boldsymbol{A}-\lambda\boldsymbol{I})=\begin{bmatrix} a_{11}-\lambda & a_{12} & \cdots & a_{1n} \\ a_{21} & a_{22}-\lambda & \cdots & a_{2n} \\ \vdots & \vdots & \ddots & \vdots \\ a_{n1} & a_{n2} & \cdots & a_{nn}-\lambda \end{bmatrix}\tag{9.1.2}$$

称为**特征多项式**(characteristic polynomial),

$$\det(\boldsymbol{A}-\lambda\boldsymbol{I})=0\tag{9.1.3}$$

称为**特征方程**(characteristic equation).

注　式(9.1.3)是以 λ 为未知量的一元n 次代数方程,$p_n(\lambda)=\det(\boldsymbol{A}-\lambda\boldsymbol{I})$是$\lambda$ 的n 次多项式.显然,$\boldsymbol{A}$ 的特征值就是特征方程(9.1.3)的根.特征方程(9.1.3)在复数范围内恒有解,其个数为方程的次数(重根按重数计算),因此 n 阶矩阵 $\boldsymbol{A}$ 在复数范围内有n 个特征值.除特殊情况(如 $n=2,3$ 或 $\boldsymbol{A}$ 为上(下)三角矩阵)外,一般不通过直接求解特征方程(9.1.3)来求 $\boldsymbol{A}$ 的特征值,原因是这样的算法往往

不稳定.在计算上常用的方法是幂法与反幂法和相似变换方法.本章只介绍求矩阵特征值与特征向量这两种基本方法.为此将一些特征值和特征向量的性质列在此处.

定理 9.1.1 设 n 阶方阵 $\boldsymbol{A}=(a_{ij})_{n\times n}$ 的特征值为 $\lambda_1,\lambda_2,\cdots,\lambda_n$,那么

(1) $\lambda_1+\lambda_2+\cdots+\lambda_n=a_{11}+a_{22}+\cdots+a_{nn}$;

(2) $\lambda_1\lambda_2\cdots\lambda_n=\det\boldsymbol{A}$.

定理 9.1.2 如果 λ 是方阵 $\boldsymbol{A}$ 的特征值,那么

(1) λ^k 是 A^k 的特征值,其中 k 是正整数;

(2) 当 $\boldsymbol{A}$ 是非奇异阵时,$\dfrac{1}{\lambda}$ 是 $\boldsymbol{A}^{-1}$ 的特征值.

(3) $p_n(\lambda)$ 是 $p_n(\boldsymbol{A})$ 的特征值,其中 $p_n(x)$ 是多项式

$$p_n(x)=a_0+a_1x+a_2x^2+\cdots+a_nx^n.$$

定义 9.1.2 设 $\boldsymbol{A},\boldsymbol{B}$ 都是 n 阶方阵.若有 n 阶非奇异阵 $\boldsymbol{P}$,使得 $\boldsymbol{P}^{-1}\boldsymbol{AP}=\boldsymbol{B}$,则称矩阵 A 与 B **相似**(**similar**),$P^{-1}AP$ 称为对 A 进行**相似变换**(**similarity transformation**),P 称为**相似变换矩阵**(**similarity transformation matrix**).

定理 9.1.3 若矩阵 $\boldsymbol{A}$ 与 $\boldsymbol{B}$ 相似,则 $\boldsymbol{A}$ 与 $\boldsymbol{B}$ 的特征值相同.

定理 9.1.4 如果 $\boldsymbol{A}$ 是 n 阶正交矩阵,那么

(1) $\boldsymbol{A}^{-1}=\boldsymbol{A}^{\mathrm{T}}$,且 $\det\boldsymbol{A}=1$ 或 -1;

(2) 若 $\boldsymbol{y}=\boldsymbol{Ax}$,则 $\|\boldsymbol{y}\|_2=\|\boldsymbol{x}\|_2$,即 $\boldsymbol{x}^{\mathrm{T}}\boldsymbol{x}=\boldsymbol{y}^{\mathrm{T}}\boldsymbol{y}$.

定理 9.1.5 设 $\boldsymbol{A}$ 是任意 n 阶实对称矩阵,则

(1) $\boldsymbol{A}$ 的特征值都是实数;

(2) $\boldsymbol{A}$ 有 n 个线性无关的特征向量.

定理 9.1.6 设 $\boldsymbol{A}$ 是任意 n 阶实对称矩阵,则必存在 n 阶正交矩阵 $\boldsymbol{P}$,使得

$$\boldsymbol{P}^{-1}\boldsymbol{AP}=\boldsymbol{P}^{\mathrm{T}}\boldsymbol{AP}=\boldsymbol{\Lambda},$$

其中 $\boldsymbol{\Lambda}=\mathrm{diag}(\lambda_1,\lambda_2,\cdots,\lambda_n)$ 是以 $\boldsymbol{A}$ 的 n 个特征值 $\lambda_1,\lambda_2,\cdots,\lambda_n$ 为对角元素的对角矩阵.

定理 9.1.7(圆盘定理) 矩阵 $A=(a_{ij})_{n\times n}$ 的任意一个特征值至少位于复平面上的几个圆盘:

$$D_i=\left\{z\,\middle|\,|z-a_{ii}|\leqslant\sum_{j=1,j\neq i}^{n}|a_{ij}|\right\},\quad i=1,2,\cdots,n,$$

中的一个圆盘上.

9.2　幂法与反幂法

9.2.1　幂法及其加速

9.2.1.1　幂法

幂法(power method)是计算矩阵按模最大特征值(largest eigenvalue in magnitude)及相应特征向量的迭代法. 该方法稍加修改,也可用来确定其他特征值. 幂法的一个很有用的特性是:它不仅可以求特征值,而且可以求相应的特征向量. 实际上,幂法经常用来求通过其他方法确定的特征值的特征向量. 下面探讨幂法的具体过程.

设矩阵 $\boldsymbol{A}\in\mathbf{R}^{n\times n}$ 的 n 个特征值满足

$$|\lambda_1|>|\lambda_2|\geqslant|\lambda_3|\geqslant\cdots\geqslant|\lambda_n|\geqslant 0,\tag{9.2.1}$$

且有相应的 n 个线性无关的特征向量 $\boldsymbol{x}_1,\boldsymbol{x}_2,\cdots,\boldsymbol{x}_n$,则 $\boldsymbol{x}_1,\boldsymbol{x}_2,\cdots,\boldsymbol{x}_n$ 构成 n 维向量空间 $\mathbf{R}^n$ 的一组基,因此 $\mathbf{R}^n=\left\{\boldsymbol{z}\,\middle|\,\boldsymbol{z}=\sum_{i=1}^{n}\alpha_i\boldsymbol{x}_i,\alpha_i\in\mathbf{R},i=1,2,\cdots,n\right\}$.

在 $\mathbf{R}^n$ 中选取某个满足 $\alpha_1\neq 0$ 的非零向量 $\boldsymbol{z}_0=\sum_{i=1}^{n}\alpha_i\boldsymbol{x}_i$. 用矩阵 $\boldsymbol{A}$ 同时左乘上式两边,得

$$\boldsymbol{A}\boldsymbol{z}_0=\sum_{i=1}^{n}\alpha_i\boldsymbol{A}\boldsymbol{x}_i=\sum_{i=1}^{n}\alpha_i\lambda_i\boldsymbol{x}.$$

再用矩阵 $\boldsymbol{A}$ 左乘上式两边,得

$$\boldsymbol{A}^2\boldsymbol{z}_0=\sum_{i=1}^{n}\alpha_i\lambda_i^2\boldsymbol{x}_i.$$

这样继续下去,一般地,有

$$\boldsymbol{A}^k\boldsymbol{z}_0=\sum_{i=1}^{n}\alpha_i\lambda_i^k\boldsymbol{x}_i,\quad k=1,2,\cdots.\tag{9.2.2}$$

记 $\boldsymbol{z}_k=\boldsymbol{A}\boldsymbol{z}_{k-1}=\boldsymbol{A}^k\boldsymbol{z}_0,k=1,2,\cdots$,则由式(9.2.2)得

$$\boldsymbol{z}_k=\boldsymbol{A}^k\boldsymbol{z}_0=\sum_{i=1}^{n}\alpha_i\lambda_i^k\boldsymbol{x}_i=\lambda_1^k\left[\alpha_1\boldsymbol{x}_1+\sum_{i=2}^{n}\alpha_i\left(\frac{\lambda_i}{\lambda_1}\right)^k\boldsymbol{x}_i\right],\quad k=1,2,\cdots.\tag{9.2.3}$$

由假设(9.2.1),结合式(9.2.3),得

$$\lim_{k\to\infty}\frac{\boldsymbol{z}_k}{\lambda_1^k} = \alpha_1\boldsymbol{x}_1, \tag{9.2.4}$$

于是对充分大的 k 有

$$\boldsymbol{z}_k \approx \lambda_1^k\alpha_1\boldsymbol{x}_1. \tag{9.2.5}$$

式(9.2.4)表明随着 k 的增大,序列$\{\boldsymbol{z}_k/\lambda_1^k\}$越来越接近 $\boldsymbol{A}$ 的对应于特征值λ_1 的特征向量 $\boldsymbol{x}_1$ 的 α_1 倍,由此可确定对应于 λ_1 的特征向量 $\boldsymbol{x}_1$. 当 k 充分大时,可得 $\boldsymbol{x}_1$ 的近似值.

上述收敛速度取决于比值$|\lambda_2/\lambda_1|$. 事实上,由式(9.2.3)知,

$$\left|\frac{\boldsymbol{z}_k}{\lambda_1^k}\right| \leqslant |\alpha_1|\,\|\boldsymbol{x}_1\| + |\alpha_2|\left|\frac{\lambda_2}{\lambda_1}\right|^k\|\boldsymbol{x}_2\| + |\alpha_3|\left|\frac{\lambda_3}{\lambda_1}\right|^k\|\boldsymbol{x}_3\| + \cdots + |\alpha_n|\left|\frac{\lambda_n}{\lambda_1}\right|^k\|\boldsymbol{x}_n\|. \tag{9.2.6}$$

再由式(9.2.1)得

$$1 > \left|\frac{\lambda_2}{\lambda_1}\right| \geqslant \left|\frac{\lambda_3}{\lambda_1}\right| \geqslant \cdots \geqslant \left|\frac{\lambda_n}{\lambda_1}\right|. \tag{9.2.7}$$

结合式(9.2.6)和式(9.2.7)知,序列$\{\boldsymbol{z}_k/\lambda_1^k\}$收敛速度取决于比值$|\lambda_2/\lambda_1|$.

下面计算 λ_1. 由式(9.2.3)知

$$\boldsymbol{z}_{k+1} = \boldsymbol{A}\boldsymbol{z}_k = \boldsymbol{A}^{k+1}\boldsymbol{z}_0 = \lambda_1^{k+1}\left[\alpha_1\boldsymbol{x}_1 + \sum_{i=2}^n \alpha_i\left(\frac{\lambda_i}{\lambda_1}\right)^{k+1}\boldsymbol{x}_i\right],$$

当 k 充分大时,$\boldsymbol{z}_{k+1}\approx\lambda_1^{k+1}\alpha_1\boldsymbol{x}_1$. 结合式(9.2.5),得

$$\boldsymbol{z}_{k+1} \approx \lambda_1\boldsymbol{z}_k.$$

这表明两个相邻向量大体上只差一个常数倍,这个倍数就是 $\boldsymbol{A}$ 的按模最大特征值 λ_1. 记 $\boldsymbol{z}_k = (z_k^{(1)}, z_k^{(2)}, \cdots, z_k^{(n)})^{\mathrm{T}}$,则有

$$\lim_{k\to\infty}\frac{z_{k+1}^{(j)}}{z_k^{(j)}} = \lambda_1, \quad j = 1,2,\cdots,n, \tag{9.2.8}$$

即两个相邻的迭代向量所有对应分量的比值收敛到 λ_1.

定义 9.2.1 上述由已知非零向量 $\boldsymbol{z}_0$ 及矩阵 $\boldsymbol{A}$ 的乘幂 $\boldsymbol{A}^k$ 构造向量序列$\{\boldsymbol{z}_k\}$来计算$\boldsymbol{A}$ 的按模最大特征值 λ_1 及相应特征向量的方法称为**幂法**(**power method**),其收敛速度由比值 $\gamma = |\lambda_2/\lambda_1|$来确定,$\gamma$ 越小,收敛越快.

注 由幂法的迭代过程(9.2.3)容易看出,如果$|\lambda_1|>1$(或$|\lambda_1|<1$),那么迭代向量 $\boldsymbol{z}_k$ 的各个非零的分量将随着$k\to\infty$而趋于无穷(或趋于零),这样在计算机上实现时就可能上溢(或下溢). 为了克服这个缺点,需将每步迭代向量进行规范化,记

$$\boldsymbol{y}_k = \boldsymbol{A}\boldsymbol{z}_{k-1} = (y_k^{(1)}, y_k^{(2)}, \cdots, y_k^{(n)})^{\mathrm{T}}.$$

若存在 $\boldsymbol{y}_k$ 的某个分量$y_k^{(j_0)}$,满足$|y_k^{(j_0)}| = \max\limits_{1\leqslant j\leqslant n}|y_k^{(j)}|$,则记 $\max(\boldsymbol{y}_k) = y_k^{(j_0)}$. 将

$\boldsymbol{y}_k$ 规范化

$$z_k = \boldsymbol{y}_k/\max(\boldsymbol{y}_k),$$

这样就把 z_k 的分量全部控制在[-1,1]中.

例如,设 $\boldsymbol{y}_k=(-2,3,0,-5,1)^{\mathrm{T}}$,因为 $\boldsymbol{y}_k$ 的所有分量中,绝对值最大的是 -5,所以 $\max(\boldsymbol{y}_k)=-5$,故 $z_k=\boldsymbol{y}_k/\max(\boldsymbol{y}_k)=(0.4,-0.6,0,1,-0.2)^{\mathrm{T}}$.

综上所述,得到下列算法:

算法 9.2.1(幂法)　设 $\boldsymbol{A}$ 是 n 阶实矩阵,取初始向量 $z_0\in\mathbf{R}^n$,通常取 $z_0=(1,1,\cdots,1)^{\mathrm{T}}$,其迭代过程是:对 $k=1,2,\cdots$,有

$$\begin{cases} \boldsymbol{y}_k = \boldsymbol{A}z_{k-1}, \\ m_k = \max(\boldsymbol{y}_k), \\ z_k = \boldsymbol{y}_k/m_k. \end{cases} \tag{9.2.9}$$

定理 9.2.1　对式(9.2.9)中的序列 $\{z_k\}$ 和 $\{m_k\}$ 有

$$\lim_{k\to\infty} z_k = \frac{\boldsymbol{x}_1}{\max(\boldsymbol{x}_1)},\quad \lim_{k\to\infty} m_k = \lambda_1, \tag{9.2.10}$$

其收敛速度由 $\gamma=|\lambda_2/\lambda_1|$ 确定.

证明　由迭代过程(9.2.9)知

$$\begin{aligned} z_k &= \boldsymbol{y}_k/m_k = \boldsymbol{A}z_{k-1}/m_k = \boldsymbol{A}\boldsymbol{y}_{k-1}/m_k m_{k-1} = \boldsymbol{A}^2 z_{k-1}/m_k m_{k-1} \\ &= \cdots = \boldsymbol{A}^k z_0\Big/\prod_{i=1}^{k} m_i = \boldsymbol{A}^k z_0/\max(\boldsymbol{A}^k z_0), \end{aligned} \tag{9.2.11}$$

其中 $z_0=\sum_{i=1}^{n}\alpha_i\boldsymbol{x}_i$.若 $\alpha_1\neq 0$,则由式(9.2.3)知:$\boldsymbol{A}^k z_0=\lambda_1^k\left[\alpha_1\boldsymbol{x}_1+\sum_{i=2}^{n}\alpha_i\left(\frac{\lambda_i}{\lambda_1}\right)^k\boldsymbol{x}_i\right]$,代入式(9.2.11)得

$$z_k = \frac{\alpha_1\boldsymbol{x}_1+\sum_{i=2}^{n}\alpha_i\left(\frac{\lambda_i}{\lambda_1}\right)^k\boldsymbol{x}_i}{\max\left(\alpha_1\boldsymbol{x}_1+\sum_{i=2}^{n}\alpha_i\left(\frac{\lambda_i}{\lambda_1}\right)^k\boldsymbol{x}_i\right)}, \tag{9.2.12}$$

故

$$\lim_{k\to\infty} z_k = \frac{\boldsymbol{x}_1}{\max(\boldsymbol{x}_1)}. \tag{9.2.13}$$

而

$$\begin{aligned} \boldsymbol{y}_k &= \boldsymbol{A}z_{k-1} = \frac{\boldsymbol{A}\boldsymbol{y}_{k-1}}{\max(\boldsymbol{y}_{k-1})} = \frac{\boldsymbol{A}^2 z_{k-2}}{\max(\boldsymbol{A}z_{k-2})} = \cdots = \frac{\boldsymbol{A}^k z_0}{\max(\boldsymbol{A}^{k-1}z_0)} \\ &= \frac{\lambda_1^k\left[a_1\boldsymbol{x}_1+\sum_{i=2}^{n}a_i\left(\frac{\lambda_i}{\lambda_1}\right)^k\boldsymbol{x}_i\right]}{\lambda_1^{k-1}\max\left(a_1\boldsymbol{x}_1+\sum_{i=2}^{n}a_i\left(\frac{\lambda_i}{\lambda_1}\right)^{k-1}\boldsymbol{x}_i\right)}, \end{aligned} \tag{9.2.14}$$

于是

$$m_k = \max(\boldsymbol{y}_k) = \lambda_1 \frac{\max\left(a_1 \boldsymbol{x}_1 + \sum_{i=2}^{n} a_i \left(\frac{\lambda_i}{\lambda_1}\right)^k \boldsymbol{x}_i\right)}{\max\left(a_1 \boldsymbol{x}_1 + \sum_{i=2}^{n} a_i \left(\frac{\lambda_i}{\lambda_1}\right)^{k-1} \boldsymbol{x}_i\right)}, \tag{9.2.15}$$

故

$$\lim_{k\to\infty} m_k = \lambda_1. \tag{9.2.16}$$

由式(9.2.6)和式(9.2.7)知:上述收敛速度由 $\gamma = |\lambda_2/\lambda_1|$ 确定.证毕!

例 9.2.1 用幂法求方阵

$$\boldsymbol{A} = \begin{bmatrix} 1 & 2 & 3 \\ 2 & 1 & 3 \\ 3 & 3 & 5 \end{bmatrix}$$

按模最大特征值及相应的特征向量,要求 $|m_k - m_{k-1}| < 10^{-3}$.

解 选取初始向量 $z_0 = (1,1,1)^{\mathrm{T}}$,按式(9.2.9)迭代,结果见表 9.2.1.

表 9.2.1

k	z_k	m_k	$\lvert m_k - m_{k-1}\rvert$
1	$(0.545455, 0.545455, 1)^{\mathrm{T}}$	11	
2	$(0.560441, 0.560441, 1)^{\mathrm{T}}$	8.2727	2.7273
3	$(0.559787, 0.559787, 1)^{\mathrm{T}}$	8.3627	9×10^{-2}
4	$(0.559818, 0.559818, 1)^{\mathrm{T}}$	8.3587	4×10^{-3}
5	$(0.559817, 0.559817, 1)^{\mathrm{T}}$	8.3589	0.2×10^{-3}

因此,所求按模最大特征值 $\lambda_1 \approx 8.3589$,相应特征向量 $\boldsymbol{x}_1 \approx (0.559817, 0.559817, 1)^{\mathrm{T}}$.事实上,$\boldsymbol{A}$ 的按模最大特征值 $\lambda_1 = 4 + \sqrt{19} \approx 8.3588989\cdots$,相应特征向量 $\boldsymbol{x}_1 = (0.55981649\cdots, 0.55981649\cdots, 1)^{\mathrm{T}}$,故所得结果具有较高的精度.

9.2.1.2 幂法的加速

从上面的讨论可知,由幂法求按模最大特征值,可归结为求数列 $\{m_k\}$ 的极限值,其收敛速度由 $\gamma = |\lambda_2/\lambda_1|$ 确定.当 $\gamma = |\lambda_2/\lambda_1|$ 接近 1 时,收敛速度相当缓慢.为了提高收敛速度,可以利用外推法进行加速.

因为序列 $\{m_k\}$ 的收敛速度由 $\gamma = |\lambda_2/\lambda_1|$ 确定,所以若 $\{m_k\}$ 收敛,当 k 充分大时,则有 $m_k - \lambda_1 = O\left[\left(\frac{\lambda_2}{\lambda_1}\right)^k\right]$,或改写为

$$m_k - \lambda_1 \approx c\left(\frac{\lambda_2}{\lambda_1}\right)^k,$$

其中 c 是与 k 无关的常数.由此可得

$$\frac{m_{k+1}-\lambda_1}{m_k-\lambda_1}\approx\frac{\lambda_2}{\lambda_1}, \tag{9.2.17}$$

这表明幂法是线性收敛的.由式(9.2.17)知

$$\frac{m_{k+1}-\lambda_1}{m_k-\lambda_1}\approx\frac{m_{k+2}-\lambda_1}{m_{k+1}-\lambda_1}.$$

由上式解出 λ_1,并记为 $\widetilde{m}_{k+2}$,即

$$\widetilde{m}_{k+2}=\frac{m_{k+2}m_k-m_{k+1}^2}{m_{k+2}-2m_{k+1}+m_k}=m_k+\frac{(m_{k+1}-m_k)^2}{m_{k+2}-2m_{k+1}+m_k}, \tag{9.2.18}$$

这就是计算按模最大特征值的加速公式.

将上面的分析归结为如下算法:

算法 9.2.2(幂法的加速)　设 $\boldsymbol{A}$ 是 n 阶实矩阵,给定非零初始向量 $z_0\in\mathbf{R}^n$,通常取 $z_0=(1,1,\cdots,1)^{\mathrm{T}}$.对 $k=1,2$,用迭代式

$$\begin{cases}\boldsymbol{y}_k=\boldsymbol{A}\boldsymbol{z}_{k-1},\\ m_k=\max(\boldsymbol{y}_k),\\ \boldsymbol{z}_k=\boldsymbol{y}_k/m_k\end{cases}$$

求出 m_1,m_2 及 z_1,z_2.再对 $k=3,4,\cdots$,迭代过程为

$$\begin{cases}\boldsymbol{y}_k=\boldsymbol{A}\boldsymbol{z}_{k-1},\\ m_k=\max(\boldsymbol{y}_k),\\ \widetilde{m}_k=m_{k-2}-\dfrac{(m_{k-1}-m_{k-2})^2}{m_k-2m_{k-1}+m_{k-2}},\\ \boldsymbol{z}_k=\boldsymbol{y}_k/\widetilde{m}_k.\end{cases} \tag{9.2.19}$$

当 $|\widetilde{m}_k-\widetilde{m}_{k-1}|<\varepsilon$($\varepsilon>0$ 是预先给定的精度)时,迭代结束,并计算 z_k;否则继续迭代,直至满足迭代停止条件 $|\widetilde{m}_k-\widetilde{m}_{k-1}|<\varepsilon$.

有关加速收敛技术,读者请参考文献[11].

9.2.2　反幂法及其加速

反幂法是计算矩阵按模最小特征值(least eigenvalue in magnitude)及相应特征向量的迭代法,其基本思想是:设矩阵 $\boldsymbol{A}\in\mathbf{R}^{n\times n}$ 非奇异,用其逆矩阵 $\boldsymbol{A}^{-1}$ 代替 $\boldsymbol{A}$,矩阵 $\boldsymbol{A}$ 的按模最小特征值就是矩阵 $\boldsymbol{A}^{-1}$ 的按模最大特征值.这样用 $\boldsymbol{A}^{-1}$ 代替 $\boldsymbol{A}$ 做幂法,即可求出 $\boldsymbol{A}^{-1}$ 的按模最大特征值,也就是矩阵 $\boldsymbol{A}$ 的按模最小特征值;这种方法称为**反幂法(inverse power method)**.

因为矩阵 $\boldsymbol{A}$ 非奇异,所以由 $\boldsymbol{A}\boldsymbol{x}_i=\lambda_i\boldsymbol{x}_i$ 可知:$\boldsymbol{A}^{-1}\boldsymbol{x}_i=\dfrac{1}{\lambda_i}\boldsymbol{x}_i$.这说明:如果 $\boldsymbol{A}$

的特征值满足

$$|\lambda_1| \geqslant |\lambda_2| \geqslant \cdots \geqslant |\lambda_{n-1}| > |\lambda_n| > 0, \tag{9.2.20}$$

那么 A^{-1} 的特征值满足

$$\frac{1}{|\lambda_n|} > \frac{1}{|\lambda_{n-1}|} \geqslant \cdots \geqslant \frac{1}{|\lambda_2|} \geqslant \frac{1}{|\lambda_1|}, \tag{9.2.21}$$

且 A 的对应于特征值 λ_i 的特征向量 x_i 也是 A^{-1} 的对应于特征值 $1/\lambda_i$ 的特征向量.

由上述分析知:对 A^{-1} 应用幂法求按模最大特征值 $1/\lambda_n$ 及相应的特征向量 x_n,就是求 A 的按模最小特征值 λ_n 及相应的特征向量 x_n.

算法 9.2.3(反幂法) 任取初始非零向量 $z_0 \in \mathbf{R}^n$,通常取 $z_0 = (1,1,\cdots,1)^{\mathrm{T}}$. 为了避免求 A^{-1},对 $k = 1,2,\cdots$,将迭代过程(9.2.9)改写为

$$\begin{cases} Ay_k = z_{k-1}, \\ m_k = \max(y_k), \\ z_k = y_k / m_k. \end{cases} \tag{9.2.22}$$

仿定理 9.2.1 的证明,可得:

定理 9.2.2 对式(9.2.22)中的序列 $\{z_k\}$ 和 $\{m_k\}$ 有

$$\lim_{k\to\infty} z_k = \frac{x_n}{\max(x_n)}, \quad \lim_{k\to\infty} m_k = \frac{1}{\lambda_n}, \tag{9.2.23}$$

其收敛速度由 $\tilde{\gamma} = |\lambda_n / \lambda_{n-1}|$ 确定.

注 按(9.2.22)进行计算,每次迭代都需要解一个方程组 $Ay_k = z_{k-1}$. 若利用三角分解法求解方程组,即 $A = LU$,其中 L 是下三角矩阵,U 是上三角矩阵,这样每次迭代只需解两个三角方程组

$$\begin{cases} Lv = z_{k-1}, \\ Uy_{k-1} = v. \end{cases}$$

9.2.3 原点平移法

为了提高收敛速度,下面介绍加速收敛的原点平移法.

设矩阵 $B = A - pI$,其中 p 是一个待定的常数,A 与 B 除主对角线上的元素外,其他元素相同. 设 A 的特征值为 $\lambda_1, \lambda_2, \cdots, \lambda_n$,则 B 的特征值为 $\lambda_1 - p$, $\lambda_2 - p, \cdots, \lambda_n - p$,且 A 与 B 的特征向量相同.

9.2.3.1 原点平移下的幂法

设 λ_1 是 A 的按模最大的特征值,选择 p,使

$$|\lambda_1 - p| > |\lambda_2 - p| \geqslant |\lambda_i - p|, \quad i = 3,4,\cdots,n,$$

及

$$\left|\frac{\lambda_2-p}{\lambda_1-p}\right|<\left|\frac{\lambda_2}{\lambda_1}\right|. \tag{9.2.24}$$

对 $\boldsymbol{B}$ 应用幂法，得：

算法 9.2.4　对 $k=1,2,\cdots$，有

$$\begin{cases}\boldsymbol{y}_k=(\boldsymbol{A}-p\boldsymbol{I})\boldsymbol{z}_{k-1},\\ m_k=\max(\boldsymbol{y}_k),\\ \boldsymbol{z}_k=\boldsymbol{y}_k/m_k,\end{cases} \tag{9.2.25}$$

且

$$\lim_{k\to\infty}m_k=\lambda_1-p,\quad \lim_{k\to\infty}\boldsymbol{z}_k=\frac{\boldsymbol{x}_1}{\max(\boldsymbol{x}_1)}, \tag{9.2.26}$$

其收敛速度由 $|(\lambda_2-p)/(\lambda_1-p)|$ 确定.

由式(9.2.24)知：在计算 $\boldsymbol{B}$ 的按模最大特征值 λ_1-p 的过程(9.2.25)中，收敛速度得到加速. 算法 9.2.4 又称为**原点平移下的幂法**(**power method with shift**).

9.2.3.2　原点平移下的反幂法

设 λ_n 是 $\boldsymbol{A}$ 的按模最小的特征值，选择 p，使

$$|\lambda_n-p|<|\lambda_{n-1}-p|\leqslant|\lambda_i-p|,\quad i=1,2,\cdots,n-2. \tag{9.2.27}$$

及

$$\left|\frac{\lambda_n-p}{\lambda_{n-1}-p}\right|<\left|\frac{\lambda_n}{\lambda_{n-1}}\right|. \tag{9.2.28}$$

若矩阵 $\boldsymbol{B}=\boldsymbol{A}-p\boldsymbol{I}$ 可逆，则 $\boldsymbol{B}^{-1}$ 的特征值为

$$\frac{1}{\lambda_1-p},\quad \frac{1}{\lambda_2-p},\quad \cdots,\quad \frac{1}{\lambda_n-p},$$

且有

$$\left|\frac{1}{\lambda_n-p}\right|>\left|\frac{1}{\lambda_{n-1}-p}\right|\geqslant\left|\frac{1}{\lambda_i-p}\right|,\quad i=1,2,\cdots,n-2. \tag{9.2.29}$$

对 $\boldsymbol{B}$ 应用反幂法，得：

算法 9.2.5　对 $k=1,2,\cdots$，有

$$\begin{cases}(\boldsymbol{A}-p\boldsymbol{I})\boldsymbol{y}_k=\boldsymbol{z}_{k-1},\\ m_k=\max(\boldsymbol{y}_k),\\ \boldsymbol{z}_k=\boldsymbol{y}_k/m_k,\end{cases} \tag{9.2.30}$$

且

$$\lim_{k\to\infty}m_k=\frac{1}{\lambda_n-p},\quad \lim_{k\to\infty}\boldsymbol{z}_k=\frac{\boldsymbol{x}_1}{\max(\boldsymbol{x}_1)}, \tag{9.2.31}$$

其收敛速度由$|(\lambda_n-p)/(\lambda_{n-1}-p)|$确定.

由式(9.2.28)知:在计算B^{-1}的按模最大特征值$\frac{1}{\lambda_n-p}$的过程(9.2.30)中,收敛速度得到加速.算法 9.2.5 又称为**原点平移下的反幂法**(**inverse power method with shift**).

定义 9.2.2 原点平移下的幂法与原点平移下的反幂法统称为**原点平移法**.

注 有的资料上的原点平移法专指原点平移下的反幂法;而有的资料上的反幂法指的就是原点平移下的反幂法.

原点平移下的反幂法(算法 9.2.5)的主要应用是:已知矩阵的近似特征值后,求矩阵的特征向量.其主要思想是:若已知 A 的特征值λ_m 的近似特征值为$\tilde{\lambda}_m$,则 $A-\tilde{\lambda}_m I$ 的特征值就是$\lambda_i-\tilde{\lambda}_m(i=1,2,\cdots,m)$,其中 $\lambda_i(i=1,2,\cdots,m)$是 A 的特征值.而按模最小的特征值是 $\lambda_m-\tilde{\lambda}_m$,相应的特征向量与 A 的特征向量相同.

利用公式(9.2.30)可求出$\{m_k\}$,$\{z_k\}$,并且有

$$\lim_{k\to\infty}m_k=\frac{1}{\lambda_m-\tilde{\lambda}_m},\quad \lim_{k\to\infty}z_k=\frac{x_m}{\max(x_m)},$$

其收敛速度由$\left|\frac{\lambda_m-\tilde{\lambda}_m}{\lambda_{i_0}-\tilde{\lambda}_m}\right|$($|\lambda_{i_0}-\tilde{\lambda}_m|=\min\limits_{1\leqslant i\leqslant m-1}|\lambda_i-\tilde{\lambda}_m|$)确定.于是当 k 充分大时,可取

$$x_m\approx z_k,\quad \lambda_m\approx\tilde{\lambda}_m+\frac{1}{m_k},$$

只要近似值$\tilde{\lambda}_m$ 适当好,收敛速度就很快,往往迭代几次就能得到满意的结果.

例 9.2.2 已知特征值 λ 的近似值$\tilde{\lambda}=-0.3589$,用原点平移下的反幂法求方阵

$$A=\begin{bmatrix}1&2&3\\2&1&3\\3&3&5\end{bmatrix}$$

的对应特征值 λ 的特征向量.

解 取 $p=\tilde{\lambda}=-0.3589$,对矩阵

$$A-pI=A+0.3589I=\begin{bmatrix}1.3589&2&3\\2&1.3589&3\\3&3&5.3589\end{bmatrix}.$$

迭代公式(9.2.30)中的 y_k 是通过解方程组

$$(A-pI)y_k=z_{k-1}$$

求得的.为了节省工作量,可先将 $A-pI$ 进行 LU 分解.

在 LU 分解中尽量避免较小的 u_{rr} 当除数,通常可以先对矩阵 $A-pI$ 的行进行

调换后再分解. 为此,我们可用 $\boldsymbol{P}=\begin{bmatrix}0&0&1\\0&1&0\\1&0&0\end{bmatrix}$ 左乘 $\boldsymbol{A}-p\boldsymbol{I}$ 后再进行 LU 分解,即

$$\boldsymbol{P}(\boldsymbol{A}-p\boldsymbol{I})=\begin{bmatrix}0&0&1\\0&1&0\\1&0&0\end{bmatrix}\begin{bmatrix}1.3589&2&3\\2&1.3589&3\\3&3&5.3589\end{bmatrix}$$

$$=\begin{bmatrix}3&3&5.3589\\2&1.3589&3\\1.3589&2&3\end{bmatrix}$$

$$=\begin{bmatrix}1&0&0\\0.6667&1&0\\0.4530&-1&1\end{bmatrix}\begin{bmatrix}3&3&5.3589\\0&-0.6411&-0.5726\\0&0&-3.07\times10^{-6}\end{bmatrix}=\boldsymbol{LU},$$

$$\boldsymbol{P}(\boldsymbol{A}+0.3589\boldsymbol{I})\boldsymbol{y}_k=\boldsymbol{P}\boldsymbol{z}_{k-1},$$

即

$$\boldsymbol{LU}\boldsymbol{y}_k=\boldsymbol{P}\boldsymbol{z}_{k-1}.$$

令 $\boldsymbol{L}\boldsymbol{v}_k=\boldsymbol{P}\boldsymbol{z}_{k-1}$, $\boldsymbol{U}\boldsymbol{y}_k=\boldsymbol{v}_{k-1}$. 选取 z_0,使 $\boldsymbol{U}\boldsymbol{y}_1=\boldsymbol{L}^{-1}\boldsymbol{P}\boldsymbol{z}_0=(1,1,1)^{\mathrm{T}}$,得

$$\boldsymbol{y}_1=(290929.45,290927.56,-325732.90)^{\mathrm{T}},$$
$$\boldsymbol{m}_1=\max(\boldsymbol{y}_1)=-325732.90,$$
$$\boldsymbol{z}_1=\boldsymbol{y}_1/\boldsymbol{m}_1=(-0.8932,-0.8931,1)^{\mathrm{T}}.$$

由 $\boldsymbol{U}\boldsymbol{y}_2=\boldsymbol{L}^{-1}\boldsymbol{P}\boldsymbol{z}_1$ 得

$$\boldsymbol{y}_2=(-845418.49,-845418.49,946558.42)^{\mathrm{T}},$$
$$\boldsymbol{m}_2=\max(\boldsymbol{y}_2)=946558.42,$$
$$\boldsymbol{z}_2=\boldsymbol{y}_2/\boldsymbol{m}_2=(-0.8932,-0.8932,1)^{\mathrm{T}}.$$

因为 $\boldsymbol{z}_1$ 与 $\boldsymbol{z}_2$ 的对应分量几乎相等,所以 $\boldsymbol{A}$ 的特征值为

$$\lambda\approx\tilde{\lambda}+\frac{1}{m_2}=-0.3589+\frac{1}{946558.42}=-0.35889894354117,$$

相应的特征向量为 $\boldsymbol{x}=\boldsymbol{z}_2=(-0.8932,-0.8932,1)^{\mathrm{T}}$.

而矩阵 $\boldsymbol{A}$ 的一个特征值为 $\lambda=4-\sqrt{19}=0.358898943540674\cdots$,相应的特征向量为 $(-0.89315,-0.89315,1)^{\mathrm{T}}$,由此可见得到的结果具有较高的精度.

9.3　QR 算 法

上一节我们介绍了求矩阵特征值的幂法和反幂法. 幂法主要用来求矩阵的按

模最大特征值，而反幂法主要用于求特征向量. 本节将介绍幂法的推广和变形——QR 算法，它是求一般中小型矩阵全部特征值的最有效的方法之一，其基本思想就是利用矩阵的 QR 分解. 矩阵 $\boldsymbol{A}\in\mathbf{R}^{n\times n}$ 的 QR 分解就是用 Householder① 变换将矩阵 $\boldsymbol{A}$ 分解成正交矩阵 $\boldsymbol{Q}$ 与上三角矩阵 $\boldsymbol{R}$ 的乘积，即 $\boldsymbol{A}=\boldsymbol{QR}$. 下面首先介绍 Householder变换.

9.3.1 Householder 变换

定义 9.3.1 设 $\boldsymbol{B}=(b_{ij})_{n\times n}$ 是 n 阶方阵，若当 $i>j+1$ 时，$b_{ij}=0$，则称矩阵 $\boldsymbol{B}$ 为上 Hessenberg② **矩阵（Hessenberg matrix）**，又称为**准上三角矩阵**，它的一般形式为

$$\boldsymbol{B}=\begin{bmatrix} b_{11} & b_{12} & \cdots & \cdots & b_{1n} \\ b_{21} & b_{22} & \cdots & \cdots & b_{2n} \\ & b_{32} & \cdots & \cdots & b_{3n} \\ & & \ddots & & \vdots \\ & & & b_{n,n-1} & b_{nn} \end{bmatrix}. \tag{9.3.1}$$

下面讨论如何将矩阵 $\boldsymbol{A}$ 用正交相似变换化成(9.3.1)的形式. 为此先介绍一个对称正交矩阵——Householder 矩阵.

定义 9.3.2 设向量 $\boldsymbol{u}\in\mathbf{R}^n$ 的欧氏长度 $\|\boldsymbol{u}\|_2=1$，$\boldsymbol{I}$ 为 n 阶单位矩阵，则称 n 阶方阵

$$\boldsymbol{H}=\boldsymbol{H}(\boldsymbol{u})=\boldsymbol{I}-2\boldsymbol{u}\boldsymbol{u}^{\mathrm{T}} \tag{9.3.2}$$

为 **Householder 矩阵（Householder matrix）**. 对任何 $\boldsymbol{x}\in\mathbf{R}^n$，称由 $\boldsymbol{H}=\boldsymbol{H}(\boldsymbol{u})$ 确定的变换

$$\boldsymbol{y}=\boldsymbol{Hx} \tag{9.3.3}$$

为**镜面反射变换（specular reflection transformation）**，或 **Householder 变换（Householder transformation）**.

注 Householder 变换，最初由 A. C. Aitken 在 1932 年提出. Alston Scott Householder 在 1958 年指出了这一变换在数值线性代数上的意义. 这一变换将一个向量变换为由一个超平面反射的镜像，是一种线性变换.

运用线性代数的知识，很容易证明：

---

① 豪斯霍尔德（Alston Scott Householder，1904～1993）是美国数学家，在数学生物学和数值分析等领域卓有建树.

② 海森伯格（Karl Adolf Hessenberg，1904～1959）是德国数学家和工程师.

定理 9.3.1　式(9.3.2)定义的矩阵 $\boldsymbol{H}$ 是对称正交矩阵,对任何 $\boldsymbol{x}\in\mathbf{R}^n$,由线性变换 $\boldsymbol{y}=\boldsymbol{H}\boldsymbol{x}$ 得到 $\boldsymbol{y}$ 的欧氏长度满足 $\|\boldsymbol{y}\|_2=\|\boldsymbol{x}\|_2$.

反之,有下列结论:

定理 9.3.2　设 $\boldsymbol{x},\boldsymbol{y}\in\mathbf{R}^n$,$\boldsymbol{x}\neq\boldsymbol{y}$.若 $\|\boldsymbol{x}\|_2=\|\boldsymbol{y}\|_2$,则一定存在由单位向量确定的镜面反射矩阵 $\boldsymbol{H}(\boldsymbol{u})$,使得 $\boldsymbol{H}\boldsymbol{x}=\boldsymbol{y}$.

证　令 $\boldsymbol{u}=\dfrac{\boldsymbol{x}-\boldsymbol{y}}{\|\boldsymbol{x}-\boldsymbol{y}\|_2}$,显然 $\|\boldsymbol{u}\|_2=1$.构造单位向量 $\boldsymbol{u}$ 确定的镜面反射矩阵

$$\boldsymbol{H}=\boldsymbol{H}(\boldsymbol{u})=\boldsymbol{I}-2\boldsymbol{u}\boldsymbol{u}^{\mathrm{T}},$$

$$\boldsymbol{H}\boldsymbol{x}=(\boldsymbol{I}-2\boldsymbol{u}\boldsymbol{u}^{\mathrm{T}})\boldsymbol{x}=\left[\boldsymbol{I}-2\frac{(\boldsymbol{x}-\boldsymbol{y})(\boldsymbol{x}-\boldsymbol{y})^{\mathrm{T}}}{\|\boldsymbol{x}-\boldsymbol{y}\|_2^2}\right]\boldsymbol{x}=\boldsymbol{x}-\frac{2(\boldsymbol{x}-\boldsymbol{y})(\boldsymbol{x}^{\mathrm{T}}\boldsymbol{x}-\boldsymbol{y}^{\mathrm{T}}\boldsymbol{x})}{\|\boldsymbol{x}-\boldsymbol{y}\|_2^2}.$$

又因为 $\|\boldsymbol{x}\|_2=\|\boldsymbol{y}\|_2$,即 $\boldsymbol{x}^{\mathrm{T}}\boldsymbol{x}=\boldsymbol{y}^{\mathrm{T}}\boldsymbol{y}$,所以

$$\begin{aligned}\|\boldsymbol{x}-\boldsymbol{y}\|_2^2&=(\boldsymbol{x}-\boldsymbol{y})^{\mathrm{T}}(\boldsymbol{x}-\boldsymbol{y})=(\boldsymbol{x}^{\mathrm{T}}-\boldsymbol{y}^{\mathrm{T}})(\boldsymbol{x}-\boldsymbol{y})\\&=\boldsymbol{x}^{\mathrm{T}}\boldsymbol{x}-\boldsymbol{x}^{\mathrm{T}}\boldsymbol{y}-\boldsymbol{y}^{\mathrm{T}}\boldsymbol{x}+\boldsymbol{y}^{\mathrm{T}}\boldsymbol{y}=\boldsymbol{x}^{\mathrm{T}}\boldsymbol{x}-\boldsymbol{x}^{\mathrm{T}}\boldsymbol{y}-\boldsymbol{x}^{\mathrm{T}}\boldsymbol{y}+\boldsymbol{x}^{\mathrm{T}}\boldsymbol{x}\\&=2(\boldsymbol{x}^{\mathrm{T}}\boldsymbol{x}-\boldsymbol{y}^{\mathrm{T}}\boldsymbol{x}),\end{aligned}$$

于是

$$\boldsymbol{H}\boldsymbol{x}=\boldsymbol{x}-\frac{2(\boldsymbol{x}-\boldsymbol{y})(\boldsymbol{x}^{\mathrm{T}}\boldsymbol{x}-\boldsymbol{y}^{\mathrm{T}}\boldsymbol{x})}{\|\boldsymbol{x}-\boldsymbol{y}\|_2^2}=\boldsymbol{x}-(\boldsymbol{x}-\boldsymbol{y})=\boldsymbol{y}.$$

证毕!

由定理 9.3.2 得:

算法 9.3.1　若 $\boldsymbol{x}=(x_1,x_2,\cdots,x_n)^{\mathrm{T}}$,其中 $x_2,\cdots,x_n$ 不全为零,则由

$$\begin{cases}\sigma=\operatorname{sgn}(x_1)\ \|\boldsymbol{x}\|_2,\\ \boldsymbol{u}=\boldsymbol{x}+\sigma\boldsymbol{e}_1,\quad \boldsymbol{e}_1=(1,0,\cdots,0)^{\mathrm{T}}\in\mathbf{R}^n,\\ \rho=\dfrac{1}{2}\|\boldsymbol{u}\|_2^2=\sigma(\sigma+x_1),\\ \boldsymbol{H}=\boldsymbol{H}(\boldsymbol{u})=\boldsymbol{I}-2\dfrac{\boldsymbol{u}\boldsymbol{u}^{\mathrm{T}}}{\|\boldsymbol{u}\|_2^2}=\boldsymbol{I}-\rho^{-1}\boldsymbol{u}\boldsymbol{u}^{\mathrm{T}}\end{cases}\tag{9.3.4}$$

确定的镜面反射矩阵 $\boldsymbol{H}$,使得 $\boldsymbol{H}\boldsymbol{x}=\sigma\boldsymbol{e}_1$,其中 $\operatorname{sgn}(a)=\begin{cases}1, & a>0,\\ 0, & a=0,\\ -1, & a<0.\end{cases}$

例 9.3.1　设 $\boldsymbol{x}=(-1,2,-2)^{\mathrm{T}}$,按式(9.3.4)的方法构造镜面反射矩阵 $\boldsymbol{H}$,使得 $\boldsymbol{H}\boldsymbol{x}=(*,0,0)^{\mathrm{T}}$($*$ 表示某非零元素).

解　$\sigma=\operatorname{sgn}(x_1)\ \|\boldsymbol{x}\|_2=(-1)\sqrt{(-1)^2+2^2+(-2)^2}=-3$;

$\boldsymbol{u}=\boldsymbol{x}-\sigma\,\boldsymbol{e}_1=(-1,2,-2)^{\mathrm{T}}-(3,0,0)^{\mathrm{T}}=(-4,2,-2)^{\mathrm{T}}$,　$\boldsymbol{e}_1=(1,0,0)^{\mathrm{T}}$;

$$\rho=\frac{1}{2}\|\boldsymbol{u}\|_2^2=\sigma(\sigma+x_1)=-3[-3+(-1)]=12,$$

则所求镜面反射矩阵为

$$\boldsymbol{H}=\boldsymbol{I}-\rho^{-1}\boldsymbol{u}\boldsymbol{u}^{\mathrm{T}}=\begin{bmatrix}1&0&0\\0&1&0\\0&0&1\end{bmatrix}-\frac{1}{12}\begin{bmatrix}-4\\2\\-2\end{bmatrix}(-4,2,-2)=\begin{bmatrix}-1/3&2/3&-2/3\\2/3&2/3&1/3\\-2/3&1/3&2/3\end{bmatrix},$$

且

$$\boldsymbol{Hx}=\begin{bmatrix}-1/3&2/3&-2/3\\2/3&2/3&1/3\\-2/3&1/3&2/3\end{bmatrix}\begin{bmatrix}-1\\2\\-2\end{bmatrix}=\begin{bmatrix}3\\0\\0\end{bmatrix}.$$

定理 9.3.3 对任意 n 阶方阵 $\boldsymbol{A}=(a_{ij})_{n\times n}$，存在正交矩阵 $\boldsymbol{Q}$，使得

$$\boldsymbol{B}=\boldsymbol{Q}^{\mathrm{T}}\boldsymbol{A}\boldsymbol{Q}$$

为形如式(9.3.1)的上 Hessenberg 矩阵.

证明 记

$$\boldsymbol{A}=\begin{bmatrix}a_{11}&a_{12}&\cdots&a_{1n}\\a_{21}&a_{22}&\cdots&a_{2n}\\\vdots&\vdots&&\vdots\\a_{n1}&a_{n2}&\cdots&a_{nn}\end{bmatrix}=\begin{bmatrix}a_{11}^{(1)}&a_{12}^{(1)}&\cdots&a_{1n}^{(1)}\\a_{21}^{(1)}&a_{22}^{(1)}&\cdots&a_{2n}^{(1)}\\\vdots&\vdots&&\vdots\\a_{n1}^{(1)}&a_{n2}^{(1)}&\cdots&a_{nn}^{(1)}\end{bmatrix}=\boldsymbol{A}_1,$$

$$\boldsymbol{x}_1=\begin{bmatrix}a_{21}^{(1)}\\a_{31}^{(1)}\\\vdots\\a_{n1}^{(1)}\end{bmatrix}.$$

由式(9.3.4)可构造 $n-1$ 阶对称正交矩阵 $\boldsymbol{H}_1$：

$$\begin{cases}\sigma_1=\mathrm{sgn}(a_{21})\ \|\boldsymbol{x}_1\|_2=-\mathrm{sgn}(a_{21})\left(\displaystyle\sum_{i=2}^{n}a_{i1}^2\right)^{1/2},\\ \boldsymbol{u}_1=\boldsymbol{x}_1+\sigma_1\boldsymbol{e}_1,\quad \boldsymbol{e}_1=(1,0,\cdots,0)^{\mathrm{T}}\in\mathbf{R}^{n-1},\\ \rho_1=\dfrac{1}{2}\|\boldsymbol{u}_1\|_2^2=\sigma_1(\sigma_1+a_{21}),\\ \boldsymbol{H}_1=\boldsymbol{I}-\rho_1^{-1}\boldsymbol{u}_1\boldsymbol{u}_1^{\mathrm{T}},\end{cases}\tag{9.3.5}$$

使得 $\boldsymbol{H}_1\boldsymbol{x}_1=\sigma_1\boldsymbol{e}_1$.

记 $\boldsymbol{Q}_1=\begin{bmatrix}\boldsymbol{I}_1&\\&\boldsymbol{H}_1\end{bmatrix}$，且 $\boldsymbol{Q}_1\in\mathbf{R}^{n\times n}$，$\boldsymbol{I}_1$ 是一阶单位矩阵. 显然 $\boldsymbol{Q}_1$ 是对称正交矩阵. 用 $\boldsymbol{Q}_1$ 对 $\boldsymbol{A}$ 作相似变换，得

$$Q_1AQ_1^{-1} = Q_1A_1Q_1 = \begin{bmatrix} a_{11}^{(1)} & a_{12}^{(2)} & \cdots & a_{1n}^{(2)} \\ \sigma_1 & a_{22}^{(2)} & \cdots & a_{2n}^{(2)} \\ 0 & a_{32}^{(2)} & \cdots & a_{3n}^{(2)} \\ \vdots & \vdots & & \vdots \\ 0 & a_{n2}^{(2)} & \cdots & a_{nn}^{(2)} \end{bmatrix} \xlongequal{\text{记}} A_2. \tag{9.3.6}$$

记 $x_2 = (a_{32}^{(2)}, a_{42}^{(2)}, \cdots, a_{n2}^{(2)})^{\mathrm{T}} \in \mathbf{R}^{n-2}$，同理可构造 $n-2$ 阶对称正交矩阵 H_2，使得 $H_2x_2 = \sigma_2 e_1$（$e_1 = (1,0,\cdots,0)^{\mathrm{T}} \in \mathbf{R}^{n-2}$）.

记 $Q_2 = \begin{bmatrix} I_2 & \\ & H_2 \end{bmatrix}$，其中 I_2 为二阶单位矩阵，则 Q_2 仍是对称正交矩阵，用 Q_2 对 A_2 作相似变换，得

$$Q_2A_2Q_2^{-1} = Q_2A_2Q_2 = \begin{bmatrix} a_{11}^{(1)} & a_{12}^{(2)} & a_{13}^{(3)} & \cdots & a_{1n}^{(3)} \\ \sigma_1 & a_{22}^{(2)} & a_{23}^{(3)} & \cdots & a_{2n}^{(3)} \\ 0 & \sigma_2 & a_{33}^{(3)} & \cdots & a_{3n}^{(3)} \\ 0 & 0 & a_{43}^{(3)} & \cdots & a_{4n}^{(3)} \\ \vdots & \vdots & \vdots & & \vdots \\ 0 & 0 & a_{n3}^{(3)} & \cdots & a_{nn}^{(3)} \end{bmatrix} \xlongequal{\text{记}} A_3. \tag{9.3.7}$$

依此类推，经过 k 步对称正交相似变换，得

$$Q_{k-1}A_{k-1}Q_{k-1}^{-1} = Q_{k-1}A_{k-1}Q_{k-1}$$

$$= \begin{bmatrix} a_{11}^{(1)} & a_{12}^{(2)} & a_{13}^{(3)} & \cdots & a_{1,k-1}^{(k-1)} & a_{1k}^{(k)} & a_{1,k+1}^{(k)} & \cdots & a_{1n}^{(k)} \\ \sigma_1 & a_{22}^{(2)} & a_{23}^{(3)} & \cdots & a_{2,k-1}^{(k-1)} & a_{2k}^{(k)} & a_{2,k+1}^{(k)} & \cdots & a_{2n}^{(k)} \\ 0 & \sigma_2 & a_{33}^{(3)} & \cdots & a_{3,k-1}^{(k-1)} & a_{3k}^{(k)} & a_{3,k+1}^{(k)} & \cdots & a_{3n}^{(k)} \\ 0 & 0 & \sigma_3 & \ddots & \vdots & \vdots & \vdots & & \vdots \\ 0 & 0 & 0 & \ddots & a_{k-1,k-1}^{(k-1)} & a_{k-1,k}^{(k)} & a_{k-1,k+1}^{(k)} & \cdots & a_{k-1,n}^{(k)} \\ 0 & 0 & 0 & \ddots & \sigma_{k-1} & a_{kk}^{(k)} & a_{k,k+1}^{(k)} & \cdots & a_{kn}^{(k)} \\ 0 & 0 & 0 & \cdots & 0 & a_{k+1,k}^{(k)} & a_{k+1,k+1}^{(k)} & \cdots & a_{k+1,n}^{(k)} \\ \vdots & \vdots & \vdots & & \vdots & \vdots & \vdots & & \vdots \\ 0 & 0 & 0 & \cdots & 0 & a_{nk}^{(k)} & a_{n,k+1}^{(k)} & \cdots & a_{nn}^{(k)} \end{bmatrix} \xlongequal{\text{记}} A_k. \tag{9.3.8}$$

重复上述过程，则有

$$Q_{n-2}A_{n-2}Q_{n-2}^{-1} = Q_{n-2}A_{n-2}Q_{n-2}$$

$$
=\begin{bmatrix}
a_{11}^{(1)} & a_{12}^{(2)} & a_{13}^{(3)} & \cdots & a_{1,n-1}^{(n-1)} & a_{1n}^{(n)} \\
\sigma_1 & a_{22}^{(2)} & a_{23}^{(3)} & \cdots & a_{2,n-1}^{(n-1)} & a_{2n}^{(n)} \\
 & \sigma_2 & a_{33}^{(3)} & \cdots & a_{3,n-1}^{(n-1)} & a_{3n}^{(n)} \\
 & & \sigma_3 & \ddots & \vdots & \vdots \\
 & & & \ddots & a_{n-1,n-1}^{(n-1)} & a_{n-1,n}^{(n)} \\
 & & & & \sigma_{n-1} & a_{nn}^{(n)}
\end{bmatrix} \xlongequal{\text{记}} \boldsymbol{A}_{n-1}. \tag{9.3.9}
$$

由式(9.3.6)～(9.3.9)，可得

$$
\begin{aligned}
\boldsymbol{A}_{n-1} &= \boldsymbol{Q}_{n-2}\boldsymbol{A}_{n-2}\boldsymbol{Q}_{n-2} = \boldsymbol{Q}_{n-2}\boldsymbol{Q}_{n-3}\boldsymbol{A}_{n-3}\boldsymbol{Q}_{n-3}\boldsymbol{Q}_{n-2} \\
&= \boldsymbol{Q}_{n-2}\boldsymbol{Q}_{n-3}\cdots\boldsymbol{Q}_1\boldsymbol{A}\boldsymbol{Q}_1\cdots\boldsymbol{Q}_{n-3}\boldsymbol{Q}_{n-2}.
\end{aligned}
$$

若记 $\boldsymbol{B}=\boldsymbol{A}_{n-1}$，$\boldsymbol{Q}=\boldsymbol{Q}_1\boldsymbol{Q}_2\cdots\boldsymbol{Q}_{n-2}$，则 $\boldsymbol{Q}$ 为正交矩阵，且有 $\boldsymbol{B}=\boldsymbol{Q}^{\mathrm{T}}\boldsymbol{A}\boldsymbol{Q}$. 证毕!

注1 由定理9.3.3知:因为任意 n 阶方阵 $\boldsymbol{A}$ 与 n 阶上 Hessenberg 矩阵 $\boldsymbol{B}$ 相似，所以求 $\boldsymbol{A}$ 的矩阵特征值的问题，就可转化为求上 Hessenberg 矩阵 $\boldsymbol{B}$ 的特征值的问题.

注2 若 $\boldsymbol{A}$ 是对称矩阵，则 $\boldsymbol{B}$ 也是对称矩阵. 再由 $\boldsymbol{B}$ 的形式(9.3.1)知，此时 $\boldsymbol{B}$ 一定是对称三对角阵. 于是，求对称矩阵 $\boldsymbol{A}$ 的矩阵特征值的问题，便可转化为求对称三对角阵 $\boldsymbol{B}$ 的特征值问题.

例 9.3.2 设矩阵

$$
\boldsymbol{A}=\begin{bmatrix} 1 & 2 & 1 & 2 \\ 2 & 2 & -1 & 1 \\ 1 & -1 & 1 & 1 \\ 2 & 1 & 1 & 1 \end{bmatrix},
$$

试用镜面反射变换求正交矩阵 $\boldsymbol{Q}$，使 $\boldsymbol{Q}^{\mathrm{T}}\boldsymbol{A}\boldsymbol{Q}$ 为上 Hessenberg 矩阵.

解 第1步 记 $\boldsymbol{A}_1=\boldsymbol{A}$，$\boldsymbol{x}_1=(a_{21}^{(1)},a_{31}^{(1)},a_{41}^{(1)})^{\mathrm{T}}=(2,1,2)^{\mathrm{T}}$，利用式(9.3.4)构造三阶镜面反射阵 $\boldsymbol{H}_1$：

$$
\begin{aligned}
\sigma_1 &= \operatorname{sgn}(2)\,\|\boldsymbol{x}_1\|_2 = \sqrt{2^2+1^2+2^2} = 3; \\
\boldsymbol{u}_1 &= \boldsymbol{x}_1+\sigma_1\boldsymbol{e}_1 = (2,1,2)^{\mathrm{T}}+(3,0,0)^{\mathrm{T}} = (5,1,2)^{\mathrm{T}}, \quad \boldsymbol{e}_1=(1,0,0)^{\mathrm{T}}; \\
\rho_1 &= \frac{1}{2}\|\boldsymbol{u}_1\|_2^2 = \sigma_1(\sigma_1+a_{21}^{(1)}) = 3(3+2) = 15,
\end{aligned}
$$

则所求镜面反射矩阵为

$$
\begin{aligned}
\boldsymbol{H}_1 = \boldsymbol{I}-\rho_1^{-1}\boldsymbol{u}_1\boldsymbol{u}_1^{\mathrm{T}} &= \begin{bmatrix} 1 & 0 & 0 \\ 0 & 1 & 0 \\ 0 & 0 & 1 \end{bmatrix} - \frac{1}{15}\begin{bmatrix} 5 \\ 1 \\ 2 \end{bmatrix}(5,1,2) \\
&= \begin{bmatrix} -0.6667 & -0.3333 & -0.6667 \\ -0.3333 & 0.9333 & -0.1333 \\ -0.6667 & -0.1333 & 0.7333 \end{bmatrix},
\end{aligned}
$$

$$Q_1 = \begin{bmatrix} I_1 & \\ & H_1 \end{bmatrix} = \begin{bmatrix} 1 & 0 & 0 & 0 \\ 0 & -0.6667 & -0.3333 & -0.6667 \\ 0 & -0.3333 & 0.9333 & -0.1333 \\ 0 & -0.6667 & -0.1333 & 0.7333 \end{bmatrix},$$

$$A_2 = Q_1^{\mathrm{T}} A_1 Q_1 = Q_1 A Q_1 = \begin{bmatrix} 1 & -3 & 0 & 0 \\ -3 & 2.3333 & 0.4667 & -0.0667 \\ 0 & 0.4667 & 1.5733 & 1.3467 \\ 0 & -0.0667 & 1.3467 & 0.0933 \end{bmatrix}.$$

第 2 步　记 $\boldsymbol{x}_2 = (a_{32}^{(2)}, a_{42}^{(2)})^{\mathrm{T}} = (0.4667, -0.0667)^{\mathrm{T}}$，利用式(9.3.4)构造二阶镜面反射阵 $\boldsymbol{H}_2$：

$$\sigma_2 = \mathrm{sgn}(0.4667) \| \boldsymbol{x}_2 \|_2 = \sqrt{0.4667^2 + (-0.0667)^2} = 0.4714;$$

$$\begin{aligned} \boldsymbol{u}_2 &= \boldsymbol{x}_2 + \sigma_2 \boldsymbol{e}_1 = (0.4667, -0.0667)^{\mathrm{T}} + (0.4714, 0)^{\mathrm{T}} \\ &= (0.9381, -0.0667)^{\mathrm{T}}, \quad \boldsymbol{e}_1 = (1, 0)^{\mathrm{T}}; \end{aligned}$$

$$\rho_2 = \frac{1}{2} \| \boldsymbol{u}_2 \|_2^2 = \sigma_2(\sigma_2 + a_{32}^{(2)}) = 0.4714 \times (0.4714 + 0.4667) = 0.4422,$$

则所求镜面反射矩阵为

$$\begin{aligned} \boldsymbol{H}_2 &= \boldsymbol{I} - \rho_2^{-1} \boldsymbol{u}_2 \boldsymbol{u}_2^{\mathrm{T}} = \begin{bmatrix} 1 & 0 \\ 0 & 1 \end{bmatrix} - \frac{1}{0.4422} \begin{bmatrix} 0.9381 \\ -0.0667 \end{bmatrix} (0.9381, -0.0667) \\ &= \begin{bmatrix} -0.9901 & 0.1415 \\ 0.1415 & 0.9899 \end{bmatrix}, \end{aligned}$$

$$Q_2 = \begin{bmatrix} I_2 & \\ & H_2 \end{bmatrix} = \begin{bmatrix} 1 & 0 & 0 & 0 \\ 0 & 1 & 0 & 0 \\ 0 & 0 & -0.9901 & 0.1415 \\ 0 & 0 & 0.1415 & 0.9899 \end{bmatrix},$$

$$A_3 = Q_2^{\mathrm{T}} A_2 Q_2 = Q_2 A_2 Q_2 = \begin{bmatrix} 1 & -3 & 0 & 0 \\ -3 & 2.3333 & -0.4714 & 0 \\ 0 & -0.4714 & 1.5733 & -1.5000 \\ 0 & 0 & -1.5000 & 0.5000 \end{bmatrix}.$$

由此得正交矩阵

$$Q = Q_1 Q_2 = \begin{bmatrix} 1 & 0 & 0 & 0 \\ 0 & -0.6667 & 0.2357 & -0.7071 \\ 0 & -0.3333 & -0.9429 & 0.0001 \\ 0 & -0.6667 & 0.2357 & 0.7070 \end{bmatrix},$$

使得

$$Q^{\mathrm{T}}AQ = A_3 = \begin{bmatrix} 1 & -3 & 0 & 0 \\ -3 & 2.3333 & -0.4714 & 0 \\ 0 & -0.4714 & 1.1667 & -1.5000 \\ 0 & 0 & -1.5000 & 0.5000 \end{bmatrix}$$

为上 Hessenberg 矩阵.

9.3.2　QR 算法

QR 算法(QR algorithm)的基本思想是:利用 QR 分解得到一系列与 $\boldsymbol{A}$ 相似的矩阵$\{\boldsymbol{A}_k\}$,在一定的条件下,当 $k\to\infty$时,$\{\boldsymbol{A}_k\}$收敛到一个以 $\boldsymbol{A}$ 的特征值 $\lambda_i(i=1,2,\cdots,n)$为主对角线元素的上三角矩阵.首先介绍用**QR 分解**(**QR decomposition** 或 **QR factorization**),即用 Householder 变换将矩阵 $\boldsymbol{A}$ 分解成正交矩阵$\boldsymbol{Q}$与上三角矩阵 $\boldsymbol{R}$ 的乘积,即 $\boldsymbol{A}=\boldsymbol{QR}$.

9.3.2.1　QR 分解

算法 9.3.2　(QR 分解)

第 1 步　记 $\boldsymbol{A}$ 的第 1 列为 $\boldsymbol{x}_1=(a_{11}^{(1)},a_{21}^{(1)},\cdots,a_{n1}^{(1)})^{\mathrm{T}}$,$\boldsymbol{A}=\boldsymbol{A}_1=(a_{ij}^{(1)})_{n\times n}$.利用式(9.3.4):

$$\begin{cases} \sigma_1 = \operatorname{sgn}(a_{11}^{(1)})\left(\sum\limits_{i=1}^{n}(a_{i1}^{(1)})^2\right)^{1/2}, \\ \boldsymbol{u}_1 = \boldsymbol{x}_1+\sigma_1\boldsymbol{e}_1, \quad \boldsymbol{e}_1=(1,0,\cdots,0)^{\mathrm{T}}\in\mathbf{R}^n, \\ \rho_1 = \sigma_1(\sigma_1+a_{11}^{(1)}), \\ \boldsymbol{H}_1 = \boldsymbol{I}-\rho_1^{-1}\boldsymbol{u}_1\boldsymbol{u}_1^{\mathrm{T}}, \end{cases}$$

构造出的 $\boldsymbol{H}_1$ 是 n 阶对称正交矩阵,使得 $\boldsymbol{H}_1\boldsymbol{x}_1=\sigma_1\boldsymbol{e}_1$,从而有

$$\boldsymbol{A}_2 = \boldsymbol{H}_1\boldsymbol{A}_1 = \begin{bmatrix} \sigma_1 & a_{12}^{(2)} & \cdots & a_{1n}^{(2)} \\ 0 & a_{22}^{(2)} & \cdots & a_{2n}^{(2)} \\ \vdots & \vdots & & \vdots \\ 0 & a_{n2}^{(2)} & \cdots & a_{nn}^{(2)} \end{bmatrix}.$$

第 2 步　记 $\boldsymbol{x}_2=(a_{22}^{(2)},a_{32}^{(2)},\cdots,a_{n2}^{(2)})^{\mathrm{T}}$,同理可构造出 $n-1$ 阶对称正交矩阵 $\widetilde{\boldsymbol{H}}_2$,使得

$$\widetilde{\boldsymbol{H}}_2\boldsymbol{x}_2 = \sigma_2\boldsymbol{e}_2, \quad \sigma_2 = \operatorname{sgn}(a_{22}^{(2)})\left(\sum_{i=2}^{n}a_{i2}^2\right)^{1/2}, \quad \boldsymbol{e}_2 = (1,0,\cdots,0)^{\mathrm{T}}\in\mathbf{R}^{n-1}.$$

若记 $\boldsymbol{H}_2=\begin{pmatrix}1 & \\ & \widetilde{\boldsymbol{H}}_2\end{pmatrix}$,它仍是对称正交矩阵,于是有

$$A_3 = H_2 A_2 = \begin{bmatrix} \sigma_1 & a_{12}^{(2)} & a_{13}^{(2)} & \cdots & a_{1n}^{(2)} \\ 0 & \sigma_2 & a_{23}^{(3)} & \cdots & a_{2n}^{(3)} \\ 0 & 0 & a_{33}^{(3)} & \cdots & a_{3n}^{(3)} \\ \vdots & \vdots & \vdots & & \vdots \\ 0 & 0 & a_{n3}^{(3)} & \cdots & a_{nn}^{(3)} \end{bmatrix}.$$

如此继续下去,直到完成第 $n-1$ 步后,得到上三角矩阵

$$A_n = H_{n-1} A_{n-1} = \begin{bmatrix} \sigma_1 & a_{12}^{(2)} & a_{13}^{(2)} & \cdots & a_{1n}^{(2)} \\ & \sigma_2 & a_{23}^{(3)} & \cdots & a_{2n}^{(3)} \\ & & \ddots & \ddots & \vdots \\ & & & \ddots & a_{n-1,n}^{(n)} \\ & & & & \sigma_n \end{bmatrix}.$$

于是有

$$A_n = H_{n-1} A_{n-1} = H_{n-1} H_{n-2} A_{n-2} = \cdots = H_{n-1} H_{n-2} \cdots H_1 A_1 = H_{n-1} H_{n-2} \cdots H_1 A.$$

令 $R = A_n$, $Q = H_1 H_2 \cdots H_{n-1}$,其中 Q 是对称正交矩阵,则 $R = QA$. 因为 Q 是对称正交矩阵,所以得

$$A = QR.$$

注 1　若 A 非奇异,则上三角矩阵 R 也非奇异,从而 R 的主对角线元素不为零.

注 2　若要求 R 的主对角线元素取正数,则 A 的 QR 分解是唯一的.

例 9.3.3　求矩阵

$$A = \begin{bmatrix} 1 & 0 & -1 \\ 2 & 1 & 4 \\ -2 & 3 & 0 \end{bmatrix}$$

的 QR 分解 $A = QR$,并使矩阵 R 的主对角线上的元素都是正数.

解　对 A 运用算法 9.3.2.

第 1 步　记 $A_1 = A$, $x_1 = (1,2,-2)^T$,则

$$\sigma_1 = \operatorname{sgn}(1)\sqrt{1^2 + 2^2 + (-2)^2} = 3, \quad \rho_1 = \sigma_1(\sigma_1 + a_{11}) = 3(3+1) = 12,$$

$$u_1 = x_1 + \sigma_1 e_1 = (1,2,-2)^T + (3,0,0)^T = (4,2,-2)^T, \quad e_1 = (1,0,0)^T,$$

$$H_1 = I - \rho_1^{-1} u_1 u_1^T = \begin{bmatrix} 1 & 0 & 0 \\ 0 & 1 & 0 \\ 0 & 0 & 1 \end{bmatrix} - \frac{1}{12}\begin{bmatrix} 4 \\ 2 \\ -2 \end{bmatrix}(4,2,-2) = \frac{1}{3}\begin{bmatrix} -1 & -2 & 2 \\ -2 & 2 & 1 \\ 2 & 1 & 2 \end{bmatrix},$$

$$A_2 = H_1 A_1 = \begin{bmatrix} -3 & 4/3 & -7/3 \\ 0 & 5/3 & 10/3 \\ 0 & 7/3 & 2/3 \end{bmatrix}.$$

第2步　记 $\boldsymbol{x}_2=(5/3,7/3)^{\mathrm{T}}$，$\sigma_2=\mathrm{sgn}(5/3)\sqrt{(5/3)^2+(7/3)^2}=2.86744$，

$\rho_2=\sigma_2(\sigma_2+a_{22}^{(2)})=2.86744\times(2.86744+5/3)=13.0013$，

$\boldsymbol{u}_2=\boldsymbol{x}_2+\sigma_2\boldsymbol{e}_1=(5/3,7/3)^{\mathrm{T}}+(2.86744,0)^{\mathrm{T}}=(4.53411,2.33333)^{\mathrm{T}}$，

$\boldsymbol{e}_1=(1,0)^{\mathrm{T}}$，

$$\widetilde{\boldsymbol{H}}_2=\boldsymbol{I}-\rho_2^{-1}\boldsymbol{u}_2\boldsymbol{u}_2^{\mathrm{T}}=\begin{bmatrix}1&0\\0&1\end{bmatrix}-\frac{1}{13.0013}\begin{bmatrix}4.53411\\2.33333\end{bmatrix}(4.53411,2.33333)$$

$$=\begin{bmatrix}-0.58124&-0.81373\\-0.81373&0.58124\end{bmatrix},$$

记

$$\boldsymbol{H}_2=\begin{bmatrix}1&0\\0&\widetilde{\boldsymbol{H}}_2\end{bmatrix}=\begin{bmatrix}1&0&0\\0&-0.58124&-0.81373\\0&-0.81373&0.58124\end{bmatrix},$$

则

$$\boldsymbol{A}_3=\boldsymbol{H}_2\boldsymbol{A}_2=\begin{bmatrix}-3&1.33333&-2.33333\\0&-2.86744&-2.47995\\0&0&-2.32494\end{bmatrix}.$$

为了使 $\boldsymbol{R}$ 的主对角线上的元素都是正数，取 $\boldsymbol{H}_3=\begin{bmatrix}-1&0&0\\0&-1&0\\0&0&-1\end{bmatrix}$，显然 $\boldsymbol{H}_3$ 是正交矩阵，且

$$\boldsymbol{A}_4=\boldsymbol{H}_3\boldsymbol{A}_3=\begin{bmatrix}3&-1.33333&2.33333\\0&2.86744&2.47995\\0&0&2.32494\end{bmatrix}.$$

令

$$\boldsymbol{R}=\boldsymbol{A}_4=\begin{bmatrix}3&-1.33333&2.33333\\0&2.86744&2.47995\\0&0&2.32494\end{bmatrix},$$

$$\boldsymbol{Q}=\boldsymbol{H}_1\boldsymbol{H}_2\boldsymbol{H}_3=\begin{bmatrix}0.33333&0.15499&-0.92998\\0.66667&0.65874&0.34874\\-0.66667&0.73623&-0.11625\end{bmatrix},$$

且 $\boldsymbol{A}=\boldsymbol{QR}$.

9.3.2.2　QR 算法

了解了 QR 分解后，下面介绍 QR 算法.

算法 9.3.3（QR 算法）

第 1 步　令 $\boldsymbol{A}_1=\boldsymbol{A}$，利用算法 9.3.2 将 $\boldsymbol{A}_1$ 进行 QR 分解，得 $\boldsymbol{A}_1=\boldsymbol{Q}_1\boldsymbol{R}_1$，其中 $\boldsymbol{Q}_1$ 为正交矩阵，$\boldsymbol{R}_1$ 为上三角矩阵；然后将 $\boldsymbol{Q}_1$ 与 $\boldsymbol{R}_1$ 逆序相乘，得

$$\boldsymbol{A}_2=\boldsymbol{R}_1\boldsymbol{Q}_1.$$

因为 $\boldsymbol{R}_1=\boldsymbol{Q}_1^{-1}\boldsymbol{A}_1$，所以有 $\boldsymbol{A}_2=\boldsymbol{R}_1\boldsymbol{Q}_1=\boldsymbol{Q}_1^{-1}\boldsymbol{A}_1\boldsymbol{Q}_1$，即 $\boldsymbol{A}_2$ 与 $\boldsymbol{A}_1$ 相似.

第 2 步　以 $\boldsymbol{A}_2$ 代替 $\boldsymbol{A}_1$，再作 QR 分解，得 $\boldsymbol{A}_2=\boldsymbol{Q}_2\boldsymbol{R}_2$，其中 $\boldsymbol{Q}_2$ 为正交矩阵，$\boldsymbol{R}_2$ 为上三角矩阵，再将 $\boldsymbol{Q}_2$ 与 $\boldsymbol{R}_2$ 逆序相乘，并记

$$\boldsymbol{A}_3=\boldsymbol{R}_2\boldsymbol{Q}_2.$$

因为 $\boldsymbol{R}_2=\boldsymbol{Q}_2^{-1}\boldsymbol{A}_2$，所以 $\boldsymbol{A}_3=\boldsymbol{R}_2\boldsymbol{Q}_2=\boldsymbol{Q}_2^{-1}\boldsymbol{A}_2\boldsymbol{Q}_2$，即 $\boldsymbol{A}_3$ 与 $\boldsymbol{A}_2$ 相似.

依此类推，可得 QR 算法公式：对 $k=1,2,\cdots$，

$$\begin{cases}\boldsymbol{A}_k=\boldsymbol{Q}_k\boldsymbol{R}_k,\\ \boldsymbol{A}_{k+1}=\boldsymbol{R}_k\boldsymbol{Q}_k=\boldsymbol{Q}_{k+1}\boldsymbol{R}_{k+1},\end{cases}\tag{9.3.10}$$

因为 $\boldsymbol{R}_{k-1}=\boldsymbol{Q}_{k-1}^{-1}\boldsymbol{A}_{k-1}$，所以 $\boldsymbol{A}_k=\boldsymbol{R}_{k-1}\boldsymbol{Q}_{k-1}=\boldsymbol{Q}_{k-1}^{-1}\boldsymbol{A}_{k-1}\boldsymbol{Q}_{k-1}$，即 $\boldsymbol{A}_k$ 与 $\boldsymbol{A}_{k-1}$ 相似.故序列 $\{\boldsymbol{A}_k\}$ 相似于 $\boldsymbol{A}_1=\boldsymbol{A}$.

这里，我们不加证明地给出 QR 算法收敛的充分条件：

定理 9.3.4（QR 算法的收敛性）　设 $\boldsymbol{A}=(a_{ij})\in\mathbf{R}^{n\times n}$，$\{\boldsymbol{A}_k\}$ 是由 QR 算法产生的矩阵序列，其中 $\boldsymbol{A}_k=(a_{ij}^{(k)})$.若

(1) $\boldsymbol{A}_1=\boldsymbol{A}$ 的特征值 $\lambda_i(i=1,2,\cdots,n)$ 满足

$$|\lambda_1|>|\lambda_2|>\cdots>|\lambda_n|>0;$$

(2) $\boldsymbol{A}=\boldsymbol{P}^{-1}\boldsymbol{D}\boldsymbol{P}$，其中 $\boldsymbol{D}=\mathrm{diag}(\lambda_1,\lambda_2,\cdots,\lambda_n)$，且 $\boldsymbol{P}$ 有三角分解 $\boldsymbol{P}=\boldsymbol{L}\boldsymbol{U}$（$\boldsymbol{L}$ 是单位下三角矩阵，$\boldsymbol{U}$ 是上三角矩阵），则

$$\lim_{k\to\infty}a_{ij}^{(k)}=\begin{cases}0, & i>j,\\ \lambda_i, & i=j,\end{cases}\tag{9.3.11}$$

即 $\{\boldsymbol{A}_k\}$ 收敛到一个以 $\boldsymbol{A}$ 的特征值 $\lambda_i(i=1,2,\cdots,n)$ 为主对角线元素的上三角矩阵.

推论　若矩阵 $\boldsymbol{A}\in\mathbf{R}^{n\times n}$ 是对称矩阵，且满足定理 9.3.4 中的条件，则由 QR 算法产生的矩阵序列 $\{\boldsymbol{A}_k\}$ 收敛到对角矩阵 $\boldsymbol{D}=\mathrm{diag}(\lambda_1,\lambda_2,\cdots,\lambda_n)$.

9.3.3　带原点位移的 QR 算法

QR 算法收敛速度是线性的，需要提高收敛速度.经分析知：定理 9.3.4 中 $\lim\limits_{k\to\infty}a_{nn}^{(k)}=\lambda_n$ 的速度依赖于比值 $\gamma_n=|\lambda_n/\lambda_{n-1}|<1$，当 γ_n 越小，收敛速度越快.这启发我们把 9.2 节介绍的原点平移法加速幂法和反幂法的思想运用到 QR 算法的收敛加速，这就是下面将要介绍的**带原点位移的 QR 算法**（**QR algorithm with shift**）.因为求上 Hessenberg 矩阵的特征值比一般的方阵简单，所以在下面的算法

中首先将所考察的矩阵化成上 Hessenberg 矩阵，然后再用位移加速方法进行加速.

算法 9.3.4（带原点位移的 QR 算法）

第 1 步　将矩阵 $\boldsymbol{A}$ 化成上 Hessenberg 矩阵 $\boldsymbol{A}_1$.

第 2 步　对 $k=1,2,\cdots$，给定原点位移数列 $\{s_k\}$，进行迭代加速

$$\begin{cases}\boldsymbol{A}_k - s_k\boldsymbol{I} = \boldsymbol{Q}_k\boldsymbol{R}_k \quad (\text{QR 分解}),\\ \boldsymbol{A}_{k+1} = \boldsymbol{R}_k\boldsymbol{Q}_k = \boldsymbol{Q}_{k+1}\boldsymbol{R}_{k+1} + s_k\boldsymbol{I},\end{cases} \tag{9.3.12}$$

并称由 $\boldsymbol{A}_k$ 到 $\boldsymbol{A}_{k+1}$ 的变换为**带原点位移的 QR 变换**（**QR transformation with shift**），且记 $\boldsymbol{A}_k=(a_{ij}^{(k)})\in\mathbf{R}^{n\times n}$. 其中 $\{s_k\}$ 的选取方法主要有

(a) 取 $s_k=a_{nn}^{(k)}$,

或

(b) 取 s_k 为 $\boldsymbol{A}_k$ 的右下角主子矩阵

$$\begin{bmatrix} a_{n-1,n-1}^{(k)} & a_{n-1,n}^{(k)} \\ a_{n,n-1}^{(k)} & a_{nn}^{(k)} \end{bmatrix}$$

的两个特征值中最靠近 $a_{nn}^{(k)}$ 的那一个.

注 1　由算法 9.3.4 产生的 $\boldsymbol{A}_{k+1}$ 与 $\boldsymbol{A}_k$ 相似，即 $\boldsymbol{A}_{k+1}=\boldsymbol{Q}_k^{-1}\boldsymbol{A}_k\boldsymbol{Q}_k=\boldsymbol{Q}_k^{\mathrm{T}}\boldsymbol{A}_k\boldsymbol{Q}_k$，且它们都是上 Hessenberg 矩阵.

注 2　计算实践表明，取方法(b)中 s_k 的算法比取方法(a)中 s_k 的算法收敛速度更快. 特别是对称矩阵，带方法(b)中 s_k 位移的 QR 算法是无条件收敛的，且收敛阶为 3.

注 3　在迭代过程中，当 $a_{n,n-1}^{(k)}\approx 0$ 时，由定理 9.3.4 知：$a_{nn}^{(k)}\approx\lambda_n$，因此可取 $a_{nn}^{(k)}$ 作为 $\boldsymbol{A}$ 的近似特征值. 而 $\lim\limits_{k\to\infty}a_{nn}^{(k)}=\lambda_n$ 的速度依赖于比值 $\gamma_n^{(k)}=|(\lambda_n-s_k)/(\lambda_{n-1}-s_k)|$，$\gamma_n^{(k)}$ 越小，收敛速度越快，因此平移值取 $s_k=a_{nn}^{(k)}$ 显然是一个很好的选择.

注 4　在迭代过程中，当 $a_{n-1,n-2}^{(k)}\approx 0$ 时，取

$$\begin{bmatrix} a_{n-1,n-1}^{(k)} & a_{n-1,n}^{(k)} \\ a_{n,n-1}^{(k)} & a_{nn}^{(k)} \end{bmatrix}$$

的两个特征值作为 $\boldsymbol{A}$ 的特征值 λ_{n-1},λ_n 的近似值.

注 5　判别 $a_{n,n-1}^{(k)}$ 和 $a_{n-1,n-2}^{(k)}$ 约等于 0 的标准可取为

$$|a_{n,n-1}^{(k)}|\leqslant\varepsilon\min\{|a_{n,n}^{(k)}|,|a_{n-1,n-1}^{(k)}|\},$$

$$|a_{n-1,n-2}^{(k)}|\leqslant\varepsilon\min\{|a_{n-1,n-1}^{(k)}|,|a_{n-2,n-2}^{(k)}|\},$$

其中 $\varepsilon>0$ 是预先给定的精度.

注 6　当求得矩阵 $\boldsymbol{A}$ 的特征值 λ_n 或 λ_{n-1},λ_n 后，可以将 $\boldsymbol{A}_k$ 作降阶处理：对 $\boldsymbol{A}_k$ 左上角的 $n-1$ 阶或 $n-2$ 阶主子矩阵继续运用带原点位移的 QR 算法，以求

$\boldsymbol{A}$ 的其他特征值,这样可以大大节省运算量.

9.4　Jacobi 方法

上一节我们介绍了 Householder 变换将矩阵化为上 Hessenberg 矩阵的方法.如果矩阵是实对称矩阵,用平面旋转变换将矩阵化为上 Hessenberg 矩阵比用 Householder 变换更好.本节介绍的 Jacobi 方法就是这种方法.它主要用于求实对称矩阵的全部特征值和特征向量.

Jacobi 方法(Jacobi method)的基本思想是:对实对称矩阵 $\boldsymbol{A}=(a_{ij})_{n\times n}$,一定存在正交矩阵 $\boldsymbol{Q}$,使

$$\boldsymbol{Q}^{-1}\boldsymbol{A}\boldsymbol{Q}=\boldsymbol{Q}^{\mathrm{T}}\boldsymbol{A}\boldsymbol{Q}=\boldsymbol{D}, \tag{9.4.1}$$

其中 $\boldsymbol{D}=\mathrm{diag}(\lambda_1,\lambda_2,\cdots,\lambda_n)$,$\lambda_j(j=1,2,\cdots,n)$就是矩阵 $\boldsymbol{A}$ 的特征值,而正交矩阵 $\boldsymbol{Q}$ 的第 j 列就是对应于 λ_j 的特征向量.

由此可见,Jacobi 方法的实质和关键就是找一个正交矩阵 $\boldsymbol{Q}$,将 $\boldsymbol{A}$ 化为对角矩阵.

9.4.1　Jacobi 方法

定义 9.4.1　设 $\boldsymbol{A}=(a_{ij})_{n\times n}$ 是 n 阶实对称矩阵,称 n 阶矩阵

$$\boldsymbol{G}(i,j,\theta)=\begin{array}{c}\begin{array}{ccccccccc} & & \text{第 } i \text{ 列} & & & & \text{第 } j \text{ 列} & & \end{array}\\ \begin{bmatrix} 1 & & & & & & & & \\ & \ddots & & & & & & & \\ & & \cos\theta & \cdots & \cdots & \cdots & \sin\theta & & \\ & & \vdots & 1 & & & \vdots & & \\ & & \vdots & & \ddots & & \vdots & & \\ & & \vdots & & & 1 & \vdots & & \\ & & -\sin\theta & \cdots & \cdots & \cdots & \cos\theta & & \\ & & & & & & & \ddots & \\ & & & & & & & & 1 \end{bmatrix}\begin{array}{l} \\ \\ \text{第 } i \text{ 行} \\ \\ \\ \\ \text{第 } j \text{ 行} \\ \\ \\ \end{array}\end{array} \tag{9.4.2}$$

为**旋转矩阵**(**rotation matrix**)或 **Givens**[①] **矩阵**(**Givens matrix**),简记为 $\boldsymbol{G}_{ij}$. 对 $\boldsymbol{A}$ 进行的变换

$$\boldsymbol{G}_{ij}\boldsymbol{A}\boldsymbol{G}_{ij}^{\mathrm{T}} \tag{9.4.3}$$

称为 **Givens 旋转变换**(**Givens rotation**).

注 1 Givens 矩阵是在 n 阶单位矩阵 $\boldsymbol{I}$ 的第 i 行第 i 列、第 i 行第 j 列、第 j 行第 i 列、第 j 行第 j 列的交叉的位置上分别换上 $r_{ii}=\cos\theta, r_{ij}=\sin\theta, r_{ji}=-\sin\theta, r_{jj}=\cos\theta$ 而成的.

注 2 Givens 矩阵是正交矩阵,变换(9.4.3)是正交相似变换.

注 3 Jacobi 方法就是通过一系列 Givens 旋转变换,把 $\boldsymbol{A}$ 化为对角矩阵,从而求得特征值及相应的特征向量的方法. 因此,Jacobi 方法也称为**平面旋转法**(**plane rotation method**).

下面具体介绍将 n 阶实对称矩阵化为对角矩阵的 Jacobi 方法.

设 $\boldsymbol{A}=(a_{ij})_{n\times n}$ 是 n 阶实对称矩阵,记

$$\boldsymbol{A}_1=(a_{ij}^{(1)})_{n\times n}=\boldsymbol{G}_{ij}\boldsymbol{A}\boldsymbol{G}_{ij}^{\mathrm{T}}. \tag{9.4.4}$$

因为

$$\boldsymbol{A}_1^{\mathrm{T}}=(\boldsymbol{G}_{ij}\boldsymbol{A}\boldsymbol{G}_{ij}^{\mathrm{T}})^{\mathrm{T}}=\boldsymbol{G}_{ij}\boldsymbol{A}\boldsymbol{G}_{ij}^{\mathrm{T}}=\boldsymbol{A}_1,$$

所以 $\boldsymbol{A}_1$ 仍是对称矩阵. 通过直接计算可得

$$\begin{cases} a_{ii}^{(1)}=a_{ii}\cos^2\theta+a_{jj}\sin^2\theta+2a_{ij}\cos\theta\sin\theta, \\ a_{jj}^{(1)}=a_{ii}\sin^2\theta+a_{jj}\cos^2\theta-2a_{ij}\cos\theta\sin\theta, \\ a_{il}^{(1)}=a_{li}^{(1)}=a_{il}\cos\theta+a_{jl}\sin\theta, \quad l\neq i,j, \\ a_{jl}^{(1)}=a_{lj}^{(1)}=-a_{il}\sin\theta+a_{jl}\cos\theta, \quad l\neq i,j, \\ a_{lm}^{(1)}=a_{ml}^{(1)}=a_{ml}, \quad m,l\neq i,j, \\ a_{ij}^{(1)}=a_{ji}^{(1)}=\dfrac{1}{2}(a_{jj}-a_{ii})\sin 2\theta+a_{ij}(\cos^2\theta-\sin^2\theta). \end{cases} \tag{9.4.5}$$

不难看出,$\boldsymbol{A}$ 经过 $\boldsymbol{G}_{ij}$ 作用后,与 $\boldsymbol{A}$ 相比,只有 $\boldsymbol{A}_1$ 的第 i 行、第 i 列、第 j 行、第 j 列的元素发生了变化,而其他元素与 $\boldsymbol{A}$ 的相同.

特别地,若 $a_{ij}\neq 0$,则由式(9.4.5)中最后的式子知:若取 θ 满足关系式

$$\cot 2\theta=\frac{a_{ii}-a_{jj}}{2a_{ij}}=\frac{1-\tan^2\theta}{2\tan\theta}, \quad -\frac{\pi}{4}<\theta\leqslant\frac{\pi}{4}, \tag{9.4.6}$$

可使 $a_{ij}^{(1)}=a_{ji}^{(1)}=0$,也就是说,用 $\boldsymbol{G}_{ij}$ 对 $\boldsymbol{A}$ 进行变换,可将 $\boldsymbol{A}$ 的两个非对角元素 a_{ij} 和 a_{ji} 化为零.

Jacobi 方法的一般过程是:记 $\boldsymbol{A}_0=\boldsymbol{A}$,选择 $\boldsymbol{A}$ 的一对最大的非零非主对角线

---

① 基文斯(J. W. Givens,1910～1993)是美国数学家,计算机领域的先驱之一.

元素a_{ij}和a_{ji},使用Givens矩阵G_{ij}对A作正交相似变换得A_1,可使A_1的这对非零非主对角线元素$a_{ij}^{(1)}=a_{ji}^{(1)}=0$.

再选择A_1的一对最大的非零非主对角线元素作上述正交相似变换得A_2,可使A_2的这对非零非主对角线元素化为零.

如此不断地做下去,可产生一个矩阵序列$A=A_0,A_1,\cdots,A_k,\cdots$.

注 虽然A至多只有$n(n-1)/2$对非零非主对角线元素,但是不能期望通过$n(n-1)/2$次变换使A对角化.因为每次变换能使一对非零非主对角线元素化为零,例如,a_{ij}和a_{ji}化为零.但在下一次变换时,它们又可能由零变为非零.

不过可以证明,如此产生的矩阵序列$A=A_0,A_1,\cdots,A_k,\cdots$将趋向于对角矩阵,即Jacobi方法是收敛的.而这个对角矩阵的主对角线元素就是矩阵A的特征值.

用Jacobi方法求矩阵A的特征值的步骤为:

(1) 记$A_0=A$,在矩阵A中找出按模最大的非主对角线元素a_{ij},取相应的Givens矩阵G_{ij},记为$G_1=G_{ij}$.

(2) 由条件$(a_{jj}-a_{ii})\sin 2\theta+2a_{ij}(\cos^2\theta-\sin^2\theta)=0$,定出$\sin\theta,\cos\theta$.为避免使用三角函数,令

$$\begin{cases} d=\dfrac{a_{ii}-a_{jj}}{2a_{ij}}, \\ t=\tan\theta=\operatorname{sgn}(d)/(|d|+\sqrt{1+d^2}), \\ \cos\theta=(1+t^2)^{-1/2}, \\ \sin\theta=t\cos\theta. \end{cases} \tag{9.4.7}$$

(3) 按公式(9.4.5)计算$A_1=G_{ij}AG_{ij}^{\mathrm{T}}=G_1AG_1^{\mathrm{T}}$的元素.

(4) 以A_1代替A_0,重复步骤(1),(2),(3),求出$A_2=G_2A_1G_2^{\mathrm{T}}$.依此类推,得

$$A_k=G_kA_{k-1}G_k^{\mathrm{T}},\quad k=1,2,3,\cdots. \tag{9.4.8}$$

令$Q_0=I$,记$Q_k=Q_{k-1}G_k^{\mathrm{T}}$,则$Q_k$是正交矩阵,且

$$A_k=Q_k^{\mathrm{T}}AQ_k,\quad k=1,2,3,\cdots. \tag{9.4.9}$$

若经过N步旋转变换,A_N的所有非主对角线元素都小于允许误差ε时,则停止计算.此时A_N的主对角线元素就是A的特征值的近似值.Q_N的列元素就是A的对应于上述特征值的全部特征向量.

9.4.2 Jacobi方法的收敛性

由矩阵理论知:

定理9.4.1 设$A=(a_{ij})_{n\times n}$,P是正交矩阵,$B=(b_{ij})_{n\times n}=P^{\mathrm{T}}AP$,则

$$\sum_{i=1}^{n}\sum_{j=1}^{n}b_{ij}^{2}=\sum_{i=1}^{n}\sum_{j=1}^{n}a_{ij}^{2}. \tag{9.4.10}$$

定理 9.4.2(收敛性) 设$\{\boldsymbol{A}_k\}$是由 Jacobi 方法产生的矩阵序列，其中$\boldsymbol{A}_k=\boldsymbol{Q}_k^{\mathrm{T}}\boldsymbol{A}\boldsymbol{Q}_k$由式(9.4.9)定义，则

$$\lim_{x\to\infty}\boldsymbol{A}_k=\boldsymbol{D}=\mathrm{diag}(\lambda_1,\lambda_2,\cdots,\lambda_n),\quad \lim_{x\to\infty}\boldsymbol{Q}_k=\boldsymbol{Q}, \tag{9.4.11}$$

其中$\lambda_j(j=1,2,\cdots,n)$就是矩阵$\boldsymbol{A}$的特征值，而正交矩阵$\boldsymbol{Q}$的第$j$列就是对应于$\lambda_j$的特征向量，$j=1,2,\cdots,n$.

分析 要证明 Jacobi 方法的收敛性，只要能证明每次变换总是使主对角线元素的平方和增大，而非主对角线元素的平方和减小即可.

证明 由定理 9.4.1 知：在正交相似变换下，矩阵元素的平方和不变. 设矩阵$\boldsymbol{A}$的非主对角线元素平方和为

$$E(\boldsymbol{A})=\sum_{\substack{i,j=1\\ i\neq j}}^{n-1}a_{ij}^{2}, \tag{9.4.12}$$

因此，要证明$\boldsymbol{A}_k$收敛于对角矩阵$\boldsymbol{D}$，只要证明$E(\boldsymbol{A})$收敛于零即可. 假设$\boldsymbol{A}_k$变为$\boldsymbol{A}_{k+1}$时，把$\boldsymbol{A}_k$的绝对值最大的非主对角线元素$a_{ij}^{(k)}$和$a_{ji}^{(k)}$化为零，由式(9.4.5)直接计算，得

$$\begin{aligned}(a_{il}^{(k+1)})^2+(a_{jl}^{(k+1)})^2&=(a_{il}^{(k)}\cos\theta+a_{jl}^{(k)}\sin\theta)^2+(-a_{il}^{(k)}\sin\theta+a_{jl}^{(k)}\cos\theta)^2\\&=(a_{il}^{(k)})^2+(a_{jl}^{(k)})^2,\end{aligned}$$

且有$a_{ij}^{(k+1)}=a_{ji}^{(k+1)}=0$，于是

$$E(\boldsymbol{A}_{k+1})=E(\boldsymbol{A}_k)-2\,(a_{ij}^{(k)})^2. \tag{9.4.13}$$

这表明经过变换后，$\boldsymbol{A}_{k+1}$的非主对角线元素的平方和减小了$2\,(a_{ij}^{(k)})^2$，由定理 9.4.1 知：$\boldsymbol{A}_k$与$\boldsymbol{A}_{k+1}$的元素的平方和不变，故$\boldsymbol{A}_{k+1}$的主对角线元素的平方和应增加$2\,(a_{ij}^{(k)})^2$.

因为$a_{ij}^{(k)}=a_{ji}^{(k)}$是$\boldsymbol{A}_k$的绝对值最大的非主对角线元素化为零，所以

$$E(\boldsymbol{A}_k)=\sum_{\substack{s,t=1\\ s\neq t}}^{n-1}a_{st}^{2}\leqslant n(n-1)\,(a_{ij}^{(k)})^2,$$

即

$$(a_{ij}^{(k)})^2\geqslant\frac{1}{n(n-1)}E(\boldsymbol{A}_k). \tag{9.4.14}$$

于是

$$\begin{aligned}E(\boldsymbol{A}_{k+1})&=E(\boldsymbol{A}_k)-2\,(a_{ij}^{(k)})^2\leqslant E(\boldsymbol{A}_k)-\frac{2}{n(n-1)}E(\boldsymbol{A}_k)\\&=\left[1-\frac{2}{n(n-1)}\right]E(\boldsymbol{A}_k)\leqslant\left[1-\frac{2}{n(n-1)}\right]^2E(\boldsymbol{A}_{k-1})\end{aligned}$$

$$\leqslant \cdots \leqslant \left[1-\frac{2}{n(n-1)}\right]^{k+1} E(\boldsymbol{A}_0) = \left[1-\frac{2}{n(n-1)}\right]^{k+1} E(\boldsymbol{A}).$$

因为 $0<1-\dfrac{2}{n(n-1)}<1$，所以当 $k\to\infty$ 时，$E(\boldsymbol{A}_{k+1})\to 0$. 故

$$\lim_{x\to\infty}\boldsymbol{A}_k = \boldsymbol{D} = \mathrm{diag}(\lambda_1,\lambda_2,\cdots,\lambda_n). \tag{9.4.15}$$

因为相似矩阵的特征值相同，所以 $\lambda_j\,(j=1,2,\cdots,n)$ 就是矩阵 $\boldsymbol{A}$ 的特征值. 由式(9.4.9)和式(9.4.15)得

$$\boldsymbol{D} = \mathrm{diag}(\lambda_1,\lambda_2,\cdots,\lambda_n) = \lim_{k\to\infty}\boldsymbol{Q}_k^{\mathrm{T}}\boldsymbol{A}\boldsymbol{Q}_k = \boldsymbol{Q}^{\mathrm{T}}\boldsymbol{A}\boldsymbol{Q}.$$

因为 $\boldsymbol{Q}$ 是正交矩阵，所以 $\boldsymbol{Q}^{\mathrm{T}}=\boldsymbol{Q}^{-1}$，若记 $\boldsymbol{Q}=(\boldsymbol{Q}^{(1)},\boldsymbol{Q}^{(2)},\cdots,\boldsymbol{Q}^{(n)})$，其中 $\boldsymbol{Q}^{(j)}\,(j=1,2,\cdots,n)$ 是 $\boldsymbol{Q}$ 的第 j 列，则有 $\boldsymbol{AQ}=\boldsymbol{QD}$，即 $\boldsymbol{A}(\boldsymbol{Q}^{(1)},\boldsymbol{Q}^{(2)},\cdots,\boldsymbol{Q}^{(n)}) = (\boldsymbol{Q}^{(1)},\boldsymbol{Q}^{(2)},\cdots,\boldsymbol{Q}^{(n)})\boldsymbol{D}$，得

$$(\boldsymbol{AQ}^{(1)},\boldsymbol{AQ}^{(2)},\cdots,\boldsymbol{AQ}^{(n)}) = (\lambda_1\boldsymbol{Q}^{(1)},\lambda_2\boldsymbol{Q}^{(2)},\cdots,\lambda_n\boldsymbol{Q}^{(n)}),$$

亦即

$$\boldsymbol{AQ}^{(j)} = \lambda_j\boldsymbol{Q}^{(j)},\quad j=1,2,\cdots,n.$$

这说明正交矩阵 $\boldsymbol{Q}$ 的第 j 列就是对应于 λ_j 的特征向量，$j=1,2,\cdots,n$. 证毕!

例 9.4.1　利用 Jacobi 方法求矩阵

$$\boldsymbol{A} = \begin{bmatrix} 1 & -2 & 0 \\ -2 & -1 & 1 \\ 0 & 1 & 3 \end{bmatrix}$$

的全部特征值和特征向量，要求 $\boldsymbol{A}_k$ 的所有非主对角线元素的绝对值 $<\varepsilon=0.1$.

解　记 $\boldsymbol{A}=\boldsymbol{A}_0=(a_{ij}^{(0)})_{3\times 3}$，因为 $a_{12}^{(0)}=-2$ 是 $\boldsymbol{A}$ 中所有非主对角线元素中绝对值最大的元素，取相应的 Givens 矩阵 $\boldsymbol{G}_{12}$. 因为 $a_{11}^{(0)}=1, a_{22}^{(0)}=-1$，所以

$$\begin{aligned}
d &= (a_{11}^{(0)} - a_{22}^{(0)})/2a_{12}^{(0)} = -0.5,\\
t &= \tan\theta = \mathrm{sgn}(d)/(|d| + \sqrt{1+d^2}) = -0.618034,\\
\cos\theta &= (1+t^2)^{-1/2} = 0.850651,\\
\sin\theta &= t\cos\theta = -0.525731.
\end{aligned}$$

于是

$$\boldsymbol{G}_{12} = \begin{bmatrix} \cos\theta & \sin\theta & 0 \\ -\sin\theta & \cos\theta & 0 \\ 0 & 0 & 1 \end{bmatrix} = \begin{bmatrix} 0.850651 & -0.525731 & 0 \\ 0.525731 & 0.850651 & 0 \\ 0 & 0 & 1 \end{bmatrix} \xlongequal{\text{记}} \boldsymbol{G}_1,$$

$$\boldsymbol{G}_1\boldsymbol{A}_0\boldsymbol{G}_1^{\mathrm{T}} = \begin{bmatrix} 2.236068 & 0 & -0.525731 \\ 0 & -2.236068 & 0.850651 \\ -0.525731 & 0.850651 & 3 \end{bmatrix} \xlongequal{\text{记}} \boldsymbol{A}_1 = (a_{ij}^{(1)})_{3\times 3}.$$

记

$$Q_1 = Q_0 G_1^{\mathrm{T}} = IG_1^{\mathrm{T}} = \begin{bmatrix} 0.850651 & 0.525731 & 0 \\ -0.525731 & 0.850651 & 0 \\ 0 & 0 & 1 \end{bmatrix},$$

则 $A_1 = Q_1^{\mathrm{T}} A Q_1$.

用 A_1 代替 A_0,重复上述过程:因为 $a_{23}^{(1)} = 0.850651$ 是 A_1 中所有非主对角线元素中绝对值最大的元素,取相应的 Givens 矩阵 G_{23}. 因为 $a_{22}^{(1)} = -2.236068$, $a_{33}^{(1)} = 3$, 所以 $d = (a_{22}^{(1)} - a_{33}^{(1)})/2a_{23}^{(1)} = -3.077683$, $t = \tan\theta = \operatorname{sgn}(d)/(|d| + \sqrt{1+d^2}) = -0.158384$,

$$\cos\theta = (1+t^2)^{-1/2} = 0.987688,$$
$$\sin\theta = t\cos\theta = -0.156434.$$

于是

$$G_{23} = \begin{bmatrix} 1 & 0 & 0 \\ 0 & \cos\theta & \sin\theta \\ 0 & -\sin\theta & \cos\theta \end{bmatrix} = \begin{bmatrix} 1 & 0 & 0 \\ 0 & 0.987688 & -0.156434 \\ 0 & 0.156434 & 0.987688 \end{bmatrix} \xlongequal{\text{记}} G_2$$

$$G_2 A_1 G_2^{\mathrm{T}} = \begin{bmatrix} 2.236068 & 0.082241 & -0.519258 \\ 0.082241 & -2.370798 & 0 \\ -0.519258 & 0 & 3.134730 \end{bmatrix} \xlongequal{\text{记}} A_2 = (a_{ij}^{(2)})_{3\times3}.$$

记

$$Q_2 = Q_1 G_2^{\mathrm{T}} = \begin{bmatrix} 0.850651 & 0.519258 & 0.082242 \\ -0.525731 & 0.840178 & 0.133071 \\ 0 & -0.156434 & 0.987688 \end{bmatrix},$$

则 $A_2 = Q_2^{\mathrm{T}} A Q_2$.

用 A_2 代替 A_1,重复上述过程:因为 $a_{13}^{(2)} = -0.519258$ 是 A_2 中所有非主对角线元素中绝对值最大的元素,取相应的 Givens 矩阵 G_{13}. 因为 $a_{11}^{(2)} = 2.236068$, $a_{33}^{(2)} = 3.134730$,所以

$$d = (a_{11}^{(2)} - a_{33}^{(2)})/2a_{13}^{(2)} = 0.865333,$$
$$t = \tan\theta = \operatorname{sgn}(d)/(|d| + \sqrt{1+d^2}) = 0.457089,$$
$$\cos\theta = (1+t^2)^{-1/2} = 0.909493,$$
$$\sin\theta = t\cos\theta = 0.415720.$$

于是

$$G_{13} = \begin{bmatrix} \cos\theta & 0 & \sin\theta \\ 0 & 1 & 0 \\ -\sin\theta & 0 & \cos\theta \end{bmatrix} = \begin{bmatrix} 0.909493 & 0 & 0.415720 \\ 0 & 1 & 0 \\ -0.415720 & 0 & 0.909493 \end{bmatrix} \xlongequal{\text{记}} G_3$$

$$G_3A_2G_3^{\mathrm{T}} = \begin{bmatrix} 1.998721 & 0.074799 & 0 \\ 0.074799 & -2.370788 & -0.034190 \\ 0 & -0.034190 & 3.372078 \end{bmatrix} \xlongequal{\text{记}} A_3 = (a_{ij}^{(3)})_{3\times 3}.$$

记

$$Q_3 = Q_2G_3^{\mathrm{T}} = \begin{bmatrix} 0.807851 & 0.519258 & -0.278834 \\ -0.422828 & 0.840178 & 0.339584 \\ 0.410602 & -0.156434 & 0.898295 \end{bmatrix},$$

则 $A_3 = Q_3^{\mathrm{T}}AQ_3$.

因为 A_3 的所有非主对角线元素的绝对值 $<\varepsilon = 0.1$，所以迭代停止. 此时 A 的特征值的近似值分别为 A_3 的主对角线元素：

$$\lambda_1 \approx 1.998721,\quad \lambda_2 \approx -2.370788,\quad \lambda_3 \approx 3.37208.$$

相应的特征向量的近似值分别为

$x_1 \approx (0.807851, -0.422828, 0.410602)^{\mathrm{T}} = k_1(1.967479, -1.029776, 1)^{\mathrm{T}}$,

$x_2 \approx (0.519258, 0.840178, -0.156434)^{\mathrm{T}} = k_2(-3.319342, -5.370814, 1)^{\mathrm{T}}$,

$x_3 \approx (-0.278834, 0.339584, 0.898295)^{\mathrm{T}} = k_3(-0.310404, -0.378032, 1)^{\mathrm{T}}$,

其中 $k_1 = 0.410602, k_2 = -0.156434, k_3 = 0.898295$.

A 的特征值的精确值为

$$\lambda_1 = 2,\quad \lambda_2 = \frac{1}{2} - \frac{\sqrt{33}}{2} = -2.37228132\cdots,$$

$$\lambda_3 = \frac{1}{2} + \frac{\sqrt{33}}{2} = 3.37228132\cdots.$$

相应的特征向量为

$$x_1 = (2, -1, 1)^{\mathrm{T}},$$

$$x_2 = (-3.186140\cdots, -5.372281\cdots, 1)^{\mathrm{T}},$$

$$x_3 = (-0.313859\cdots, 0.372281\cdots, 1)^{\mathrm{T}}.$$

从例 9.4.1 可以看出，即使迭代的次数不是很多，迭代矩阵 A_k 的所有非主对角线元素的绝对值并不是很小时，用 Jacobi 方法求得的结果精度都比较高，因此它是求实对称矩阵的全部特征值和特征向量的一个较好的方法.

9.4.3　改进的 Jacobi 方法

由于每次旋转变换前选非零非主对角线元素的最大值很费时间，为此介绍如下改进方法.

第一种方法：把非主对角线元素按照行的次序 $a_{12}, a_{13}, \cdots, a_{1n}, a_{23}, a_{24}, \cdots$,

$a_{2n},\cdots,a_{n-1,n}$依次化为零,称为一次扫描.一次扫描后,前面已化为零的元素可能成为非零元素,需要再次扫描.这一方法称为**循环 Jacobi 方法**,这种方法的缺点是:一些已经足够小的元素也作化零处理,浪费了时间.

第二种方法:首先对实对称矩阵 $\boldsymbol{A}$ 计算

$$v_0 = \left(2\sum_{i=1}^{n-1}\sum_{j=i+1}^{n} a_{ij}^2\right)^{1/2}, \tag{9.4.16}$$

设置阈值 $v_1 = v_0/n$,按 $a_{12},a_{13},\cdots,a_{1n},a_{23},a_{24},\cdots,a_{2n},\cdots,a_{n-1,n}$ 的顺序进行扫描.

若$|a_{ij}| \gg v_1$,则选取旋转矩阵 $\boldsymbol{G}_{ij}$ 作旋转相似变换将 a_{ij} 和 a_{ji} 化为零;否则让 a_{ij} 过关,即不进行旋转相似变换将其化为零.

因为某些绝对值小于 v_1 的元素的绝对值可能在后面的旋转变换中增长,所以应进行多次扫描,直到 $\boldsymbol{A}_1$ 的所有非零非主对角线元素的绝对值都小于 v_1.

再设置阈值 $v_2 = v_1/n$,重复上述过程,直到达到精度要求,即$|v_k| < \varepsilon$ 为止(其中 $\varepsilon > 0$ 是指定的精度).这种方法称为**限值 Jacobi 方法**.

9.5 算 法 程 序

9.5.1 幂法

```
%幂法
%A是方阵,e是精度,输出向量V是A的最大特征值MaxEig对应的特征向量
function PowerMethod(A,e)
V=ones(size(A,1),1);
for i=1:2
Y=A*V;
M(i)=norm(Y,Inf);
V=Y/M(i);
end
while abs(M(i)-M(i-1))>e
    i=i+1;
    Y=A*V;
    M(i)=norm(Y,Inf);
    V=Y/M(i);
```

```
end
MaxEig=M(i);
disp(sprintf('最大特征值 MaxEig   %.6f\n 相应的特征向量',MaxEig))
V=V',
end
```

例 9.5.1　用幂法求方阵

$$A = \begin{bmatrix} 1 & 2 & 3 \\ 2 & 1 & 3 \\ 3 & 3 & 5 \end{bmatrix}$$

按模最大特征值及相应特征向量,要求 $|m_k - m_{k-1}| < 10^{-3}$.

解　在 MATLAB 命令窗口中输入

```
A=[1 2 3;2 1 3; 3 3 5]; e=10^-3; PowerMethod(A,e)
```

回车,输出结果:

```
最大特征值 MaxEig=8.358906
相应的特征向量
V=
    0.5598    0.5598    1.0000
```

9.5.2 幂法的加速

```
%幂法的加速
%A 是方阵,e 是精度,输出向量 V 是 A 的最大特征值 MaxEig 对应的特征向量
function Acc_PowerMethod(A,e)
V=ones(size(A,1),1);
for i=1:2
Y=A*V;
M(i)=norm(Y,Inf);
V=Y/M(i);
end
for i=3:4
    Y=A*V;
    M(i)=norm(Y,Inf);
    M2(i)=M(i-2)-(M(i-1)-M(i-2))^2/(M(i)-2*M(i-1)+M(i-2));
    V=Y/M2(i);
end
while abs(M2(i)-M2(i-1))>e
    i=i+1;
    Y=A*V;
```

```
    M(i) = norm(Y,Inf);
    M2(i) = M(i-2) - (M(i-1) - M(i-2))^2/(M(i) - 2 * M(i-1) + M(i-2));
    V = Y/M2(i);
end
MaxEig = M2(i);
disp(sprintf('最大特征值 MaxEig     %.6f\n 相应的特征向量',MaxEig))
V,
end
```

9.5.3 反幂法

```
%反幂法
%A 是方阵,e 是精度,输出向量 V 是 A 的最大特征值 MaxEig 对应的特征向量
function InversePower(A,e)
V = ones(size(A,1),1);
[L U] = lu(A);
for i = 1:2
Y = U\(L\V);
M(i) = norm(Y,Inf);
Vector = Y/M(i);
end
while abs(M(i) - M(i-1))>e
    i = i+1;
    Y = U\(L\V);
    M(i) = norm(Y,Inf);
    V = Y/M(i);
end
MinEig = 1/M(i);
disp(sprintf('该矩阵按模最小的特征值是:%.6f\n 相应的特征向量是:',MinEig))
V,
end
```

9.5.4 原点平移下的反幂法

```
%原点平移下的反幂法
%A 是方阵,e 是精度,
%输出向量 V 是 A 的特征值 Eig 对应的特征向量,Appr 是特征值 Eig 的近似值
```

```
function TranInversePower(A,Appr,e)
V = ones(size(A,1),1);
B = A - Appr * eye(size(A,1));
[L U] = lu(B);
for i = 1:2
Y = U\(L\V);
M(i) = norm(Y,Inf);
V = Y/M(i);
end
while abs(M(i) - M(i-1))>e
    i = i + 1;
    Y = U\(L\V);
    M(i) = norm(Y,Inf);
    V = Y/M(i);
end
Eig = Appr + 1/M(i);
disp(sprintf('该矩阵的特征值是:%.6f\n 相应的特征向量是:',Eig))
V = V',
end
```

例 9.5.2　已知特征值 λ 的近似值 $\tilde{\lambda} = -0.3589$,用原点平移下的反幂法求方阵

$$A = \begin{bmatrix} 1 & 2 & 3 \\ 2 & 1 & 3 \\ 3 & 3 & 5 \end{bmatrix}$$

的对应特征值 λ 的特征向量.

解　在 MATLAB 命令窗口中输入

```
A=[1 2 3;2 1 3; 3 3 5]; Appr = -0.3589; e = 10^-3; TranInversePower(A,Appr,e)
```

输出的结果是:

```
该矩阵的特征值是:-0.358899
相应的特征向量是
V =
    0.8931    0.8931   -1.0000
```

9.5.5 Householder 变换

```
%Householder 变换
%参数 X 是列向量
function Result = Householder(X)
```

```
d = sign(X(1)) * norm(X,2);
e1 = eye(size(X,1),1);
u = X + d * e1;
p = d * (d + X(1));
H = eye(size(X,1)) - p^-1 * (u * u');
Result = H;
end
```

9.5.6 用 Householder 变换将一个 *n* 阶方阵化为上 Hessenberg 矩阵

```
%用 Householder 变换将一个 n 阶方阵化为上 Hessenberg 矩阵
%输出的 Q 是所求的正交矩阵,
%输出的 UpH 是用 Householder 变换将 n 阶方阵 A 化成的上 Hessenberg 矩阵
function UpHessenberg(A)
N = size(A,1);
Ai = A;
Q = eye(N);
for i = 2:N - 1
    A = Ai(i - 1:N,i - 1:N);
    X = A(2:size(A,1),1);
    H = Householder(X);
    Qi = [eye(i - 1)zeros(i - 1,N - i + 1);zeros(N - i + 1,i - 1)H];
    Q = Q * Qi;
    Ai = Qi' * Ai * Qi;
end
Q,
UpH = Ai,
end
```

例 9.5.3 设矩阵

$$\boldsymbol{A} = \begin{bmatrix} 1 & 2 & 1 & 2 \\ 2 & 2 & -1 & 1 \\ 1 & -1 & 1 & 1 \\ 2 & 1 & 1 & 1 \end{bmatrix}$$

试用镜面反射变换(即 Householder 变换)求正交矩阵 $\boldsymbol{Q}$,使 $\boldsymbol{Q}^{\mathrm{T}}\boldsymbol{A}\boldsymbol{Q}$ 为上 Hessenberg 矩阵.

解 在 MATLAB 命令窗口中输入

```
A = [1 2 1 2;2 2 -1 1;1 -1 1 1;2 1 1 1]; UpHessenberg(A)
```

回车,输出结果是

```
Q=
    1.0000         0         0         0
         0   -0.6667    0.2357   -0.7071
         0   -0.3333   -0.9428    0.0000
         0   -0.6667    0.2357    0.7071
UpH=
    1.0000   -3.0000   -0.0000    0.0000
   -3.0000    2.3333   -0.4714    0.0000
   -0.0000   -0.4714    1.1667   -1.5000
    0.0000    0.0000   -1.5000    0.5000
```

9.5.7 QR 分解

```
%QR分解
%参数A是方阵
function [Q R] = QRFactor(A)
N = size(A,1);
Q = eye(N);
R = A;
for i = 1:N-1
    A = R(i:N,i:N);
    X = A(:,1);
    H = Householder(X);
    Hi = [eye(i-1) zeros(i-1,N-i+1); zeros(N-i+1,i-1) H];
    R = Hi * R;
    Q = Q * Hi;
end
E = -1 * eye(N);
Q = Q * E;
R = R * E;
end
```

例 9.5.4　求矩阵

$$\boldsymbol{A} = \begin{bmatrix} 1 & 0 & -1 \\ 2 & 1 & 4 \\ -2 & 3 & 0 \end{bmatrix}$$

的 QR 分解 $\boldsymbol{A} = \boldsymbol{QR}$，并使矩阵 $\boldsymbol{R}$ 的主对角线上的元素都是正数.

解　在 MATLAB 命令窗口中输入

```
A=[1 0 -1;2 1 4;-2 3 0]; [Q R] = QRFactor(A)
```

输出的结果是：

```
Q=
        0.3333    0.1550   -0.9300
        0.6667    0.6587    0.3487
       -0.6667    0.7362   -0.1162
R=
      3.0000   -1.3333    2.3333
     -0.0000    2.8674    2.4799
      0.0000    0.0000    2.3250
```

9.5.8 判断 QR 算法是否结束

```
%A是方阵,e为精度
function result=QR_End(A,e)
result=0;
[m,n]=size(A);
for i=1:m
    for j=1:n
        if i>j
            if abs(A(i,j))>e
                result=1;
                break
            end
        end
    end
end
result;
end
```

9.5.9 QR 算法

```
%QR算法
%A是方阵,e为精度
function QR_Alg(A,e)
while QR_End(A,e)
    [Q R]=QRFactor(A);
    A=R*Q;
```

```
end
E=diag(A);
disp(sprintf('A的所有特征值'))
Eig=E',
end
```

例 9.5.5　用 QR 算法求矩阵

$$A = \begin{bmatrix} 1 & 0 & -1 \\ 2 & 1 & 4 \\ -2 & 3 & 0 \end{bmatrix}$$

的所有特征值.

解　在 MATLAB 命令窗口中输入

```
A=[1 0 -1;2 1 4;-2 3 0]; e=10^-3; QR_Alg(A,e)
```

输出的结果是:

```
A的所有特征值
Eig=
    -3.4492    4.0000    1.4492
```

9.5.10　带原点位移的 QR 算法

```
%A是方阵,e为精度
function QRATran(A,e)
A=UpHessenberg(A);
n=size(A,1);
ann=A(n,n);
while QR_End(A,e)
    B=A-A(n,n)*eye(n);
    [Q R]=QR(B);
    A=R*Q;
end
A=A+ann*eye(n);
E=diag(A);
disp(sprintf('A的所有特征值'))
Eig=E',
end
```

注　调用的 UpHessenberg 程序见下面程序:

```
%输出的UpH是用Householder变换将n阶方阵A化成的上Hessenberg矩阵
function UpH=UpHessenberg(A)
N=size(A,1);
```

```
Ai=A;
Q=eye(N);
for i=2:N-1
    A=Ai(i-1:N,i-1:N);
    X=A(2:size(A,1),1);
    H=Houscholder(X);
    Qi=[eye(i-1)zeros(i-1,N-i+1);zeros(N-i+1,i-1)H];
    Q=Q*Qi;
    Ai=Qi'*Ai*Qi;
end
Q;
UpH=Ai;
end
```

例 9.5.6 用带原点位移的 QR 算法求矩阵

$$\boldsymbol{A}=\begin{bmatrix}1 & 0 & -1\\ 2 & 1 & 4\\ -2 & 3 & 0\end{bmatrix}$$

的所有特征值.(取 $s_k=a_{nn}^{(k)}$)

解 在 MATLAB 命令窗口中输入

```
A=[1 0 -1;2 1 4;-2 3 0]; e=10^-3; QRATran(A,e)
```

输出的结果是:

```
A的所有特征值
Eig=
    -3.4497    1.4497    4.0000
```

9.5.11 Jacobi 方法

```
%Jacobi 方法
%A 为方阵,Precision 为误差
function Jacobi(A,e)
V=eye(size(A));
B=abs(A-diag(diag(A)));
Sum=sum(sum(B<e~=ones(size(A))));
while Sum~=0
    [m i]=max(B);
    [m j]=max(m);
    G=eye(size(A));
    i=i(j);
```

```
        d=(A(i,i)-A(j,j))/(2*A(i,j));
        t=sign(d)/(abs(d)+sqrt(1+d^2));
        cost=(1+t^2)^(-1/2);
        sint=t*cost;
        G(i,i)=cost;
        G(i,j)=sint;
        G(j,i)=-1*sint;
        G(j,j)=cost;
        V=V*G';
        A=G*A*G';
        B=abs(A-diag(diag(A)));
        Sum=sum(sum(B<e~=ones(size(A))));
    end
    E=diag(A);
    disp(sprintf('A的所有特征值'))
    Eig=E',
    disp(sprintf('对应的特征向量'))
    V,
    end
```

例 9.5.7　利用 Jacobi 方法求矩阵

$$\boldsymbol{A}=\begin{bmatrix}1&-2&0\\-2&-1&1\\0&1&3\end{bmatrix}$$

的全部特征值和特征向量，要求迭代矩阵 $\boldsymbol{A}_k$ 的所有非对角元素的绝对值$<\varepsilon=0.1$.

解　在 MATLAB 命令窗口输入

```
A=[1 -2 0;-2 -1 1;0 1 3]; Jacobi(A,0.1)
```

回车，输出的结果是：

```
A的所有特征值
Eig=
    1.9987   -2.3708   3.3721
对应的特征向量
V=
     0.8079    0.5193   -0.2788
    -0.4228    0.8402    0.3396
     0.4106   -0.1564    0.8983
```

本章小结

本章介绍了求实矩阵的特征值与特征向量的基本方法：幂法与反幂法、QR 算法以及求实对称矩阵全部特征值和特征向量的 Jacobi 方法.

幂法属于迭代法，在迭代过程中由于原矩阵始终不变，因此它适合求高阶稀疏矩阵按模最大特征值. 稍微修改该方法，也可以用来确定其他特征值. 幂法的一个很有用的特性是：它不仅可以求出特征值，而且还可以求出相应的特征向量. 事实上，幂法经常用来求通过其他方法确定的特征值的特征向量.

反幂法主要适用于求按模最小特征值及特征向量. 为了提高计算效率，可采用原点位移下的幂法与反幂法. 原点位移下的反幂法的一个主要应用是已知矩阵的近似特征值后，求矩阵的特征向量.

QR 算法是当今求实矩阵的全部特征值与特征向量的最有效的方法之一. 其基本做法是利用正交矩阵的相似变换把原矩阵化为简单形式，其基本工具是平面旋转变换(Givens 变换)和 Householder 变换. 为了提高计算效率，一般是先把矩阵变为 Hessenberg 型矩阵，然后使用带原点位移的 QR 算法. 这种算法可以达到二阶收敛. 而一般的 QR 算法与幂法一样都是线性收敛的. 带原点位移的 QR 算法主要用于求特征值全为正的实矩阵，特别是实对称矩阵. QR 算法求特征向量可与求特征值同步进行.

本章还介绍了求实对称矩阵全部特征值和特征向量的 Jacobi 方法，它对一般低阶(非稀疏)实对称矩阵效果较好. 即使迭代的次数不是很多，所得迭代矩阵的所有非主对角线元素的绝对值并不是很小时，用 Jacobi 方法求得的矩阵全部特征值的近似值精度都比较高，因此它是求实对称矩阵的全部特征值和特征向量的一个较好的方法. 与 QR 算法一样，用 Jacobi 方法求特征向量可与求特征值同步进行.

习题

1. 用幂法求方阵

$$\boldsymbol{A} = \begin{bmatrix} 2 & 3 & 2 \\ 10 & 3 & 4 \\ 3 & 6 & 1 \end{bmatrix}$$

的按模最大特征值及相应的特征向量.

2. 用反幂法求方阵

$$A = \begin{bmatrix} 3 & 2 \\ 4 & 5 \end{bmatrix}$$

的按模最小特征值及相应的特征向量，计算结果精确到 7 位有效数字.

3. 已知 $\lambda = 3-\sqrt{3}$是矩阵

$$A = \begin{bmatrix} 2 & 1 & 0 \\ 1 & 3 & 1 \\ 0 & 1 & 4 \end{bmatrix}$$

的特征值，它的近似值 $\tilde{\lambda} = 1.2679$. 用代数方法求出 λ 的特征向量；再用反幂法求 A 对应于 $\tilde{\lambda}$ 的特征向量，并与 λ 的特征向量进行比较(用 5 位浮点数计算).

4. 已知特征值 λ 的近似值 $\tilde{\lambda} = 1.2679$，用原点平移下的反幂法求方阵

$$A = \begin{bmatrix} 2 & 1 & 0 \\ 1 & 3 & 1 \\ 0 & 1 & 4 \end{bmatrix}$$

的对应特征值 λ 的特征向量，并改进特征值的精度.

5. 求矩阵

$$A = \begin{bmatrix} 4 & 4 & 0 \\ 3 & 3 & -1 \\ 0 & 1 & 1 \end{bmatrix}$$

的 QR 分解 $A = QR$，使得 R 的主对角线元素为正数.

6. 用 QR 算法求下列矩阵：

(1) $A = \begin{bmatrix} 2 & 1 & 0 \\ 1 & 3 & 1 \\ 0 & 1 & 4 \end{bmatrix}$；

(2) $A = \begin{bmatrix} 5 & -3 & 2 \\ 6 & -4 & 4 \\ 4 & -4 & 5 \end{bmatrix}$

的全部特征值.

7. 已知

$$A = \begin{bmatrix} 4 & 3 & 2 & 1 \\ 3 & 4 & 1 & 2 \\ 2 & 1 & 4 & 3 \\ 1 & 2 & 3 & 4 \end{bmatrix}$$

试用镜面反射变换求正交矩阵 Q，使 $Q^{T}AQ$ 为上 Hessenberg 矩阵.

8. 用 Jacobi 方法求矩阵

$$A=\begin{bmatrix}2 & -1 & 0\\ -1 & 2 & -1\\ 0 & -1 & 2\end{bmatrix}$$

的全部特征值.

9. 用 Jacobi 方法求矩阵

$$A=\begin{bmatrix}1 & 2 & 0\\ 2 & -1 & 1\\ 0 & 1 & 1\end{bmatrix}$$

的全部特征值和特征向量，要求迭代矩阵 A_k 的所有非主对角线元素的绝对值 $<\varepsilon=0.1$.

10. 设方阵 A 的特征值都是实数，且满足条件

$$\lambda_1>\lambda_2\geqslant\lambda_3\geqslant\cdots\geqslant\lambda_n.$$

试证为求 λ_1 而进行原点平移，当取 $p=\frac{1}{2}(\lambda_2+\lambda_n)$ 时，幂法收敛最快.

11. 设 A_{n-1} 是由矩阵 A 经 Householder 方法得到的矩阵，y 是 A_{n-1} 的特征值 λ 的一个特征向量.证明：λ 也是矩阵 A 的特征值，且对应的特征向量是 $H_1H_2\cdots H_{n-2}y$，其中 H_i ($i=1,2,\cdots,n-2$) 是 Householder 矩阵.

12. 用平面旋转变换化向量 $x=(2,3,0,5)^{\mathrm{T}}$ 与单位向量 $e_1=(1,0,0,0)^{\mathrm{T}}$ 同方向.

上机实习题

基本要求

(1) 对所用算法写出流程图(框图).

(2) 编写程序.

(3) 上机计算,打印结果.

(4) 对所得结果进行必要的分析,并写出实验报告.

1. (1) 用 Gauss 列主元消去法、Gauss 按比例列主元消去法、Cholesky 法求解下列线性方程组,并互相验证.

(2) 判断用 Jacobi 迭代法、Gauss-Seidel 迭代法、SOR 迭代法(分别取 $\omega = 0.8, 1.2, 1.3, 1.6$)解下列线性方程组的收敛性.若收敛,再用 Jacobi 迭代法、Gauss-Seidel 迭代法、SOR 迭代法(分别取 $\omega = 0.8, 1.2, 1.3, 1.6$)分别解线性方程组,并比较各种方法的收敛速度.

$$\begin{cases} x_1 - x_2 + 2x_3 + x_4 = 1, \\ -x_1 + 3x_2 - 3x_4 = 3, \\ 2x_1 + 9x_3 - 6x_4 = 5, \\ x_1 - 3x_2 - 6x_3 + 19x_4 = 7. \end{cases}$$

2. 找出方程 $x^3 + 2x - 5 = 0$ 的有根区间,再分别用二分法、不动点迭代法(取迭代函数 $\varphi_1(x) = \sqrt[3]{5 - 2x}$)、Steffensen 迭代法、Newton 迭代法、弦截法分别求方程 $x^3 + 2x - 5 = 0$ 的根,要求 $|x_{k+1} - x_k| < 10^{-6}$.

3. 用 Newton 迭代法解下列非线性方程组:

$$\begin{cases} x_1^2 - x_2 - 1 = 0, \\ (x_1 - 2)^2 + (x_2 - 0.5)^2 - 1 = 0 \end{cases}$$

在 $(1, 0)^{\mathrm{T}}$ 附近的解.

4. 给出 $f(x)$ 的函数值表如下:

x	0.4	0.55	0.65	0.8	0.9	1.05
$f(x)$	0.41075	0.57815	0.69675	0.88811	1.02652	1.25382

(1) 用 Lagrange 插值法求出 $f(0.596)$ 的近似值;

(2) 用 Newton 插值法求出 $f(0.596)$ 的近似值.

(3) 分别用 Newton 向前插值公式和 Newton 向后插值公式求 $f(0.42)$ 和 $f(1.0)$ 的近似值.

5. 编制分段线性插值和分段三次 Hermite 插值程序,对插值函数 $f(x) = \dfrac{1}{1 + 25x^2}$,插值区间[-5,5]分成10等份,求分段插值函数在各节点间中点处的值,并画出分段插值函数和 $y=f(x)$ 的图形.

6. (1) 用三次样条模拟一只大雁从嘴到背再到尾巴的曲线,测得数据如下:

x_i	0.9	1.3	1.9	2.1	2.6	3.0	3.9	4.4	4.7	5.0	6.0
y_i	1.3	1.5	1.85	2.1	2.6	2.7	2.4	2.15	2.05	2.1	2.25
y'_i	0.3										
x_i	7.0	8.0	9.2	10.5	11.3	11.6	12.0	12.6	13.0	13.3	
y_i	2.3	2.25	1.95	1.4	0.9	0.7	0.6	0.5	0.4	0.25	
y'_i										0.2	

试求出插值曲线,并画出图形.

(2) 数据中的一阶导数的信息换成 $s''(0)=s''(10)=0$,试求出插值曲线,并画出图形.

7. 给定数据如下:

x_i	−1	−0.75	−0.5	0	0.25	0.5	0.75
y_i	1.00	0.8125	0.75	1.00	1.3125	1.75	2.3125

(1) 分别用一次、二次、三次最小二乘多项式拟合给定的数据;

(2) 绘出所给数据以及一次、二次、三次最小二乘多项式的图像.

8. 设 $f(x)=\sin(\pi x)$,求次数分别为2、3、6、8、10的多项式 $p(x)$ 使得

$$\int_0^1 |f(x)-p(x)|^2 \mathrm{d}x = \min,$$

并且画出 $p(x)$ 和 $f(x)$ 的图像进行比较.

9. 设 $f(x)=\ln x$,分别取 $h=1/10^k, k=1,2,\cdots,10$,用下列3个公式计算 $f'(0.7)$:

$$f'(x)\approx\frac{f(x+h)-f(x)}{h},$$

$$f'(x)\approx\frac{f(x+h)-f(x-h)}{2h},$$

$$f'(x)\approx\frac{f(x-2h)-8f(x-h)+8f(x+h)-f(x+2h)}{12h}.$$

(1) 列表比较3个公式的计算误差.

(2) 从这里可以得出什么结论?

(3) 再用 Richardson 外推法对上述第2个公式的结果进行加速.

10. 数学上已经证明 $\int_0^1 \frac{4}{1+x^2}\mathrm{d}x = \pi$ 成立,因此可以通过数值积分计算 π 的近似值:

(1) 取 $h=0.1$,分别用复化梯形和复化 Simpson 求积公式计算 π 的近似值.

(2) 取 $h=0.2$,分别用复化两点 Gauss 和复化三点 Gauss 公式计算 π 的近似值.

(3) 选择不同的 h,对每种求积公式,试将误差刻画成 h 的函数,并比较各方法的精度.

(4) 是否存在某个 h 值,当低于这个值之后,再继续减小 h,计算结果不再有所改进? 为什么?

11. 用 Euler 方法、改进的 Euler 方法、四阶经典 Runge-Kutta 方法及四阶 Adams 预测-校正方法和修正的四阶 Adams 预测-校正方法对下列初值问题:

$$\begin{cases} \dfrac{dy}{dt} = -y(1+ty), & 0 \leqslant t \leqslant 1.5, \\ y(0) = 1. \end{cases}$$

分别以步长 $h = 0.3, 0.15, 0.1$ 进行求解,求各 $t_i = ih$ 点处的数值解 y_i,并与精确值进行比较(这个初值问题的精确解为 $y(t) = 1/(2e^t - t - 1)$).

12. 使用微分方程组的 Runge-Kutta 法求下列一阶微分方程组的近似解,并将结果与精确解进行比较.

$$\begin{cases} y'_1(t) = y_2(t), & 0 \leqslant t \leqslant 2, \\ y'_2(t) = -y_1(t) - 2e^t + 1, & 0 \leqslant t \leqslant 2, \\ y'_3(t) = -y_1(t) - e^t + 1, & 0 \leqslant t \leqslant 2, \\ y_1(0) = 1, \quad y_2(0) = 0, \quad y_3(0) = 1, \end{cases}$$

取 $h = 0.5$,精确解是

$$y_1(t) = \cos t + \sin t - e^t + 1, \quad y_2(t) = -\sin t + \cos t - e^t,$$

$$y_3(t) = -\sin t + \cos t.$$

13. 使用微分方程组的 Runge-Kutta 法求下列高阶微分方程的近似解,并将结果与精确解进行比较.

$$\begin{cases} t^2 y'' - 2ty' + 2y = t^3 \ln t, & 1 \leqslant t \leqslant 2, \\ y(1) = 1, \quad y'(1) = 0, \end{cases}$$

取 $h = 0.1$,精确解是 $y(t) = \dfrac{7}{4}t + \dfrac{1}{2}t^3 \ln t - \dfrac{3}{4}t^3$.

14. 分别用差分法和有限元法求下列边值问题的近似解,并将结果与精确解进行比较.

$$\begin{cases} -(x+1)y'' - y' + (x+2)y = [2-(x+1)^2]e\ln 2 - 2e^x, & 0 \leqslant x \leqslant 1, \\ y(0) = y(1) = 0. \end{cases}$$

取 $h = 0.05$,精确解是 $y(x) = e^x \ln(x+1) - (e\ln 2)x$.

15. 分别用 QR 方法、带原点位移的 QR 方法和 Jacobi 方法求矩阵

$$\boldsymbol{A} = \begin{bmatrix} 1 & -3 & 2 \\ -3 & -4 & 4 \\ 2 & 4 & 5 \end{bmatrix}$$

的全部特征值和特征向量,误差不超过 0.5×10^{-6}.

习题参考答案

第 1 章

1. (1) $e(x_1^*)=0.000178$, $e(x_2^*)=0.000078$, $e(x_3^*)=-0.000022$; $e_r(x_1^*)=7.60515\times 10^{-6}$或$7.60521\times 10^{-6}$, $e_r(x_2^*)=3.33259\times 10^{-6}$或$2.33261\times 10^{-6}$, $e_r(x_3^*)=-9.39963\times 10^{-6}$或$-9.39962\times 10^{-6}$.

   (2) 5,5,6.

2. 4,5,2,3,4.
3. 324.0,60.09,0.0003517,2.000.
4. 3.
5. 4.
6. (1) 0.005%. (2) 3.
7. $\dfrac{1}{(3+2\sqrt{2})^3}$得到的计算结果的绝对误差最小.
8. 边长的测量误差不超过 0.005 cm.
9. 0.033%.
11. 0.5×10^{-l}, l 位有效数字.
12. 1 位有效数字,8 位有效数字;因为 2 个相近的数相减会导致有效数字的损失.

第 2 章

1. (1) $\boldsymbol{x}=(0,-1,1)^{\mathrm{T}}$; (2) $\boldsymbol{x}=(-4.8797,-3.3742,-3.5047)^{\mathrm{T}}$.
2. $\boldsymbol{x}=(0.1768,0.0127,-0.0207,-1.1826)^{\mathrm{T}}$.
3. $x=(2,1,-1)^{\mathrm{T}}$.
4. $\boldsymbol{x}=(1,-1,2)^{\mathrm{T}}$.
5. $\boldsymbol{x}=(0,1,-1,2)^{\mathrm{T}}$.

7. 因为三对角矩阵 $\boldsymbol{A}$ 为特殊形式的矩阵，采用 Crout 分解时，可设系数矩阵 $\boldsymbol{A}$ 的 LU 分解形式为

$$\begin{bmatrix} b_1 & c_1 & & & \\ a_2 & b_2 & c_2 & & \\ & \ddots & \ddots & \ddots & \\ & & a_{n-1} & b_{n-1} & c_{n-1} \\ & & & a_n & b_n \end{bmatrix} = \begin{bmatrix} l_1 & & & \\ a_2 & l_2 & & \\ & \ddots & \ddots & \\ & & a_n & l_n \end{bmatrix} \begin{bmatrix} 1 & u_1 & & & \\ & 1 & u_2 & & \\ & & \ddots & \ddots & \\ & & & 1 & u_{n-1} \\ & & & & 1 \end{bmatrix},$$

其中 l_i, u_i 的计算公式为

$$\begin{cases} l_1 = b_1, \\ u_i = c_i / l_i, & i = 1,2,\cdots,n-1, \\ l_i = b_i - a_i \cdot u_{i-1}, & i = 2,3,\cdots,n. \end{cases}$$

8. $10, \sqrt{30}, 4$.

9. $8, 7.2749, 36$.

10. $\|\boldsymbol{A}\|_1 = 4, \|\boldsymbol{A}\|_2 = 2, \|\boldsymbol{A}\|_\infty = 4, \mathrm{Cond}(\boldsymbol{A})_2 = 1$.

11. (1) $\mathrm{Cond}(\boldsymbol{A})_\infty \approx 4 \times 10^4$；(2) $\boldsymbol{x} + \Delta\boldsymbol{x} = (1,1)^{\mathrm{T}}$；(3) $\dfrac{\|\Delta\boldsymbol{b}\|_\infty}{\|\boldsymbol{b}\|_\infty} = 0.005\%$，$\dfrac{\|\Delta\boldsymbol{x}\|_\infty}{\|\boldsymbol{x}\|_\infty} = 50\%$. 由此看出，虽然方程组右端项扰动的相对误差仅有 0.005%，但是此小扰动所引起解的相对误差却高达 50%，这是由于系数矩阵 $\boldsymbol{A}$ 的条件数比较大，方程组是“病态”的，从而导致上述结果.

14. 用 Jacobi 迭代 1 次得 $\boldsymbol{x}^{(1)} = (0.33333, 0.00000, 0.57143)^{\mathrm{T}}$，用 Gauss-Seidel 迭代 1 次得 $\boldsymbol{x}^{(1)} = (0.33333, -0.16667, 0.50000)^{\mathrm{T}}$. 用 l_∞ 向量范数计算，Jacobi 迭代法和 Gauss-Seidel 迭代法分别迭代 69 次和 24 次.

15. 因为 Jacobi 迭代法和 Gauss-Seidel 迭代法的谱半径分别为 $\rho(\boldsymbol{B}_{\mathrm{J}}) = 0 < 1$ 和 $\rho(\boldsymbol{B}_{\mathrm{G}}) = 2 > 1$，所以 Jacobi 迭代法收敛，而 Gauss-Seidel 迭代法发散.

16. (1) $\boldsymbol{B}_{\mathrm{J}} = \begin{bmatrix} 0 & 1/4 & 1/2 \\ -2/5 & 0 & 1/5 \\ -1/2 & 1/3 & 0 \end{bmatrix}$，$\boldsymbol{B}_{\mathrm{G}} = \begin{bmatrix} 0 & 1/4 & 1/2 \\ 0 & -1/10 & 0 \\ 0 & -19/120 & -1/4 \end{bmatrix}$；

(2) 因为 $\|\boldsymbol{B}_{\mathrm{J}}\|_1 = 9/10 < 1$，$\|\boldsymbol{B}_{\mathrm{G}}\|_1 = 3/4 < 1$，所以解原方程组的 Jacobi 迭代格式和 Gauss-Seidel 迭代格式都收敛；

(3) 因为 $\|\boldsymbol{B}_{\mathrm{J}}\|_1 < \|\boldsymbol{B}_{\mathrm{G}}\|_1$，所以 Gauss-Seidel 迭代格式比 Jacobi 迭代格式收敛速度更快.

17. (1) Jacobi 迭代矩阵和收敛条件分别为 $\boldsymbol{B}_{\mathrm{J}} = \begin{bmatrix} 0 & -\rho \\ -\rho/2 & 0 \end{bmatrix}$ 和 $|\rho| < \sqrt{2}$；

(2) Gauss-Seidel 迭代矩阵和收敛条件分别为 $\boldsymbol{B}_{\mathrm{G}} = \begin{bmatrix} 0 & -\rho \\ 0 & \rho^2/2 \end{bmatrix}$ 和 $|\rho| < \sqrt{2}$.

18. 将原方程组经过列变换变为

$$\begin{cases} -10x_1 - 4x_2 + x_3 = 5, \\ 2x_1 + 10x_2 - 7x_3 = 8, \\ 3x_1 + 2x_2 + 10x_3 = 15. \end{cases}$$

相应的 Jacobi 迭代格式和 Gauss-Seidel 迭代格式分别为

$$\begin{cases} x_1^{(k+1)} = -\dfrac{1}{10}(4x_2^{(k)} - x_3^{(k)} + 5), \\ x_2^{(k+1)} = \dfrac{1}{10}(-2x_1^{(k)} + 7x_3^{(k)} + 8), \\ x_3^{(k+1)} = \dfrac{1}{10}(-3x_1^{(k)} - 2x_2^{(k)} + 15) \end{cases}$$

和

$$\begin{cases} x_1^{(k+1)} = -\dfrac{1}{10}(4x_2^{(k)} - x_3^{(k)} + 5), \\ x_2^{(k+1)} = \dfrac{1}{10}(-2x_1^{(k+1)} + 7x_3^{(k)} + 8), \\ x_3^{(k+1)} = \dfrac{1}{10}(-3x_1^{(k+1)} - 2x_2^{(k+1)} + 15). \end{cases}$$

因为调整后的方程组的系数矩阵是严格对角占优的，所以据此建立的 Jacobi 迭代格式和 Gauss-Seidel 迭代格式都收敛.

19. 将原方程组调整成等价方程组

$$\begin{cases} 4x_1 - 2x_2 + x_3 = -1, \\ 2x_1 + 6x_2 + 3x_3 = 1, \\ x_1 + 2x_2 + 4x_3 = 1. \end{cases}$$

因为调整后的方程组的系数矩阵是严格对角占优的，所以其 Gauss-Seidel 迭代格式收敛；迭代 6 次后得满足精度要求的近似解

$$\boldsymbol{x}^{(6)} = (-0.2495, 0.1251, 0.2498)^{\mathrm{T}}.$$

20. (1) 这里误差限为 1×10^{-3}，该方程的解为

$\boldsymbol{x}^* = (-0.7500, 2.5000, -1.2500)^{\mathrm{T}}$.

$\omega = 0.4, \boldsymbol{x} = (-0.7464, 2.4963, -1.2529)^{\mathrm{T}}$，迭代了 26 次；

$\omega = 0.6, \boldsymbol{x} = (-0.7479, 2.4979, -1.2515)^{\mathrm{T}}$，迭代了 16 次；

$\omega = 0.8, \boldsymbol{x} = (-0.7492, 2.4993, -1.2504)^{\mathrm{T}}$，迭代了 11 次；

$\omega = 1.0, \boldsymbol{x} = (-0.7500, 2.5000, -1.2500)^{\mathrm{T}}$，迭代了 3 次；

$\omega = 1.2, \boldsymbol{x} = (-0.7500, 2.5000, -1.2500)^{\mathrm{T}}$，迭代了 7 次；

$\omega = 1.4, \boldsymbol{x} = (-0.7503, 2.4997, -1.2500)^{\mathrm{T}}$，迭代了 10 次；

$\omega = 1.6, \boldsymbol{x} = (-0.7500, 2.5000, -1.2502)^{\mathrm{T}}$，迭代了 19 次；

$\omega = 1.8, \boldsymbol{x} = (-0.7499, 2.4999, -1.2496)^{\mathrm{T}}$，迭代了 40 次.

可见迭代的解误差先是越来越大，然后越来越小，迭代次数也是先越来越少，然后越来越多.

(2) 因为方程组的系数矩阵是正定三对角称矩阵，可利用定理 2.6.10 确定最佳松弛因子 $\omega_{\mathrm{opt}}\approx1.10$. 经过 SOR 方法 6 次迭代后的解为：$\boldsymbol{x} = (-0.7500, 2.5000, -1.2500)^{\mathrm{T}}$. 与(1)中的结果相比，得到较高精度近似解的迭代次数也相对较少.

第 3 章

1. 1.363281.

2. 1.32031,9 次,13 次.

3. 11.

4. 0.25753.

5. 提示:对任意的初始值 $x_0 \in (-\infty, +\infty)$ 有 $x_1 = \cos x_0 \in [-1,1]$,因此可考虑区间 $[a,b] = [-1,1]$.

6. $-\left(\frac{e^x}{3}\right)^{\frac{1}{2}}, \left(\frac{e^x}{3}\right)^{\frac{1}{2}}, \ln(3x^2)$; -0.458960903.

7. 提示:考虑迭代法 $x_{k+1} = \sqrt{2+x_k}, k=0,1,2\cdots$,迭代函数 $g(x) = \sqrt{2+x}$.

8. (1) 能;(2) 不能,可改写为 $x = \frac{\ln(4-x)}{\ln 2}$.

9. (1)、(2) 收敛,(3) 发散;用(2)计算 $x^* \approx x_2 = 1.47271$.

10. 1.4656.

11. 1.368808107.

12.

n	x_n
0	0.5
1	0.24465808
2	0.12171517
3	0.00755300
4	0.00188824
5	0.00000003

13. 1.36523.

14.

k	x_k	$\tilde{x}_k$
0	0.5	
1	0.23529412	−0.26437542
2	0.06225681	−0.00158492
3	0.01562119	−0.00002390
4	0.00390619	−0.00000037
5	0.00097656	

15.

k	x_k	$\widetilde{x}_k$
0	2.5	
1	2.91547595	3.00024351
2	2.98587943	3.00000667
3	2.99764565	3.00000018
4	2.99960758	3.00000001
5	2.99993460	

16. 10.72381.

18. 公式 $x_{k+1}=\dfrac{2}{3}x_k+\dfrac{a}{3x_k^2}(k=0,1,2,\cdots)$ 对 $\forall\, x_0>0$ 都收敛.

21. Newton 迭代法:1.425497619;求重根的 Newton 迭代法:1.414213562.

22. 3,1.8869×10^{-5}.

23. 0.46558.

24. $x_6\approx-1.525102$.

25. 提示:先证明序列 $\{x_k\}$ 收敛,然后两边取极限,再按收敛阶的定义证明. $\dfrac{1}{4}a$.

27. $-1.90416, 0.95208\pm1.31125\mathrm{i}, \mathrm{i}=\sqrt{-1}$.

28.

n	x_n	$f(x_n)$
0	1.0	−2.0
1	1.2	−1.472
2	1.4	−0.656
3	1.52495614	−0.02131598
4	1.52135609	−0.00014040
5	1.52137971	−0.00000001

29. $(0.52370377, 0.351257450)^{\mathrm{T}}$,收敛.

30. $(x_1, x_2)^{\mathrm{T}}=(0.998607, -0.15305)^{\mathrm{T}}$.

第 4 章

1. 8.6584.

2. $p_3(x)=-0.6000x^3+2.3667x^2+2.1000x-3.8667$.

6. $-2,0$.

8. $p(x)=x^3-4x^2+3$.

9. $7/2$.

10. $f[x_0]=1, f[x_1]=3, f[x_0,x_1]=5$.

11. 三次 Newton 向前插值公式为 $p_3(x)=-5s-s^2+s^3$，其中 $x=1+sh(0\leqslant s\leqslant 1), h=1; f(1.5)\approx p_3(1.5)=-2.6250$. 三次 Newton 向后插值公式为 $\tilde{p}_3(x)=3+16t+8t^2+t^3$，$x=4+th(-1\leqslant t\leqslant 0), h=1, f(3.5)\approx p_3(3.5)=-3.1250$.

12. 提示:利用差商和导数间的关系.

13. $p_3(x)=x(x-2)^2+(x-1)^2(7x-16)=8x^3-34x^2+43x-16$.

14. $p_3(x)=2x^3-9x^2+15x-6$.

15. $p(x)=-1+32/9x+31/4x^2-157/36x^3-15/4x^4+65/36x^5$.

16. $p(x)=-1+21/4x+15/2x^2-8x^3-7/2x^4+15/4x^5$.

17. $s_0^{(k)}(1)=s_1^{(k)}(1), k=0,1,2$.

18. $b=-1, c=-3, d=1$.

19. $a=-2, b=6, c=3$.

20. $$s(x)=\begin{cases}0.7186+2.4179x-5.6052x^2+0.2240x^3, & x\in[0.2,0.4),\\ -1.0239+15.4866x-38.2769x^2+27.4504x^3, & x\in[0.4,0.6),\\ 6.6498-22.8818x+25.6703x^2-8.0758x^3, & x\in[0.6,0.8),\\ 18.0592-65.6669x+79.1518x^2-30.3597x^3, & x\in[0.8,1.0].\end{cases}$$

21. $$s(x)=\begin{cases}1.1563-1.1818x+7.0148x^2-11.6913x^3, & x\in[0.2,0.4),\\ -1.6604+19.3071x-45.7975x^2+32.3190x^3, & x\in[0.4,0.6),\\ 8.6976-32.4827x+40.5189x^2-15.6346x^3, & x\in[0.6,0.8),\\ 3.2492-12.0510x+14.9792x^2-4.9931x^3, & x\in[0.8,1.0].\end{cases}$$

22. $$s(x)=\begin{cases}-0.0649+13.4273x-43.6706x^2+38.8219x^3, & x\in[0.2,0.4),\\ 1.8379-0.8438x-7.9931x^2+9.0906x^3, & x\in[0.4,0.6),\\ 3.5416-9.3624x+6.2044x^2+1.2031x^3, & x\in[0.6,0.8),\\ 29.3048-105.974x+126.969x^2-49.1156x^3, & x\in[0.8,1.0].\end{cases}$$

23. (1)

$$s(x)=\begin{cases}2.0288x^3-5.1936x^2+1, & x\in[0,0.25],\\ 4.8960x^3-7.3440x^2+0.5376x+0.9552, & x\in[0.25,0.5],\\ 4.8960x^3-7.3440x^2+0.5376x+0.9552, & x\in[0.5,0.75],\\ 2.0288x^3-0.8928x^2-4.3008x+2.1648, & x\in[0.75,1].\end{cases}$$

(2) 0; (3) $s'(0.5)=-3.1344, s''(0.5)=0$.

第 5 章

1. $p_1(x)=3.91607+7.46386x$.

2. $p_2(x)=0.0354x^2+0.4476x-1.0336$.

3. $y=1.13587e^{1.02612x}$.

6. $p_2(x)=1.0130+0.8511x+0.8392x^2$.

7. $p_2(x)=1.7143x^2-0.9143x+0.0857$.

8. (1) $a\approx 0.66444, b=0.11477$； (2) $a\approx 1.69031, b\approx -0.873127$.

9. $p_2(x)=2x^2+2.75x+1$.

10. $p_1(x)=0.414x+0.955$；偏差是 0.045.

11. $a=3/4$，唯一.

12. $p_3(x)=0.0398x^3-0.4920x^2-0.0087x+0.9996$.

13. $p_3(x)=\frac{17}{96}x^3+\frac{13}{24}x^2+\frac{383}{384}x+\frac{191}{192}$，$\max\limits_{-1\leqslant x\leqslant 1}|e^x-p_3(x)|\leqslant 0.00950456$.

14. (1) $x_1=3.0403, x_2=1.2418$； (2) $x_1=2.75, x_2=-0.25, x_3=0.25$.

第 6 章

1. 两点公式 $f'(1.40)\approx 31.02231650$；三点公式 $f'(1.40)\approx 35.09205175$；中点公式 $f'(1.40)\approx 35.09205175$；精确值 $f'(1.40)=34.61545558$.

2. $h=1, f'(1)\approx 3.19452805$；$h=0.1, f'(1)\approx 2.72281455$；$h=0.01, f'(1)\approx 2.71832750$；精确值 $f'(1)=2.71828183\cdots$；$h=1, f''(1)\approx 2.95249244$；$h=0.1, f''(1)\approx 2.720547$；$h=0.01$，$f''(1)\approx 2.7183$；精确值 $f''(1)\approx 2.71828183\cdots$.

3. $h=0.02$ 时，$f'(1.40)\approx 34.58779875, f''(1.40)\approx 401.0689042$；
$h=0.01$ 时，$f'(1.40)\approx 34.61381608, f''(1.40)\approx 401.3733583$；
精确值 $f'(1.40)=34.61545558, f''(1.40)=401.3927724$.

4. $f'(1.40)=34.61547658$.

5. (1) $A_1=\frac{4}{3}h, A_2=-\frac{2}{3}h, A_3=\frac{4}{3}h$，代数精度为 3；

(2) $A_1=\frac{1}{2}, A_2=\frac{1}{2}, x_1=0.21132487, x_2=0.78867514$，代数精度为 3；

(3) $A_1=\frac{1}{3}, A_2=\frac{4}{3}, A_3=\frac{1}{3}, x_3=1$，代数精度为 3.

6. (1) $T=0.68393972, |R_T(f)|\leqslant\frac{1}{6}$；$S=0.74718043, |R_S(f)|\leqslant\frac{1}{240}$；

(2) $T=0.12580368, |R_T(f)|\leqslant 0.0065$；$S=0.12980027, |R_S(f)|\leqslant 0.00102$.

7. (1) $\int_0^1 f(x)\mathrm{d}x\approx\frac{2}{3}f\left(\frac{1}{4}\right)-\frac{1}{3}f\left(\frac{1}{2}\right)+\frac{2}{3}f\left(\frac{3}{4}\right)$；

(2) 代数精度为 3；$\int_0^1 x^2\mathrm{d}x=\frac{2}{3}\times\left(\frac{1}{4}\right)^2-\frac{1}{3}\times\left(\frac{1}{2}\right)^2+\frac{2}{3}\times\left(\frac{3}{4}\right)^2=\frac{1}{3}$.

9. $T_8=0.74586561, S_4=0.74682612$.

10. $\int_0^1 \frac{\sin x}{x}dx \approx 0.9460835587$.

11. 用复化梯形公式,积分区间至少要等分为165份;用复化Simpson公式,积分区间至少要等分为7份.

12. $x_0=\frac{5}{9}+\frac{2}{9}\sqrt{\frac{10}{7}}, x_1=\frac{5}{9}-\frac{2}{9}\sqrt{\frac{10}{7}}, A_0=\frac{1}{3}+\frac{1}{15}\sqrt{\frac{7}{10}}, A_1=\frac{1}{3}-\frac{1}{15}\sqrt{\frac{7}{10}}$.

13. (2)为普通插值型求积公式;(3)为Gauss型求积公式.

15. 三点公式 $I\approx-0.22815467$;五点公式 $I\approx-0.22830423$.

16. 两点公式 $I\approx0.82821783$;三点公式 $I\approx0.82811742$.

17. 三点公式 $I\approx0.6157134$;四点公式 $I\approx0.6156234$.

18. 三点公式 $I\approx0.00991745$;四点公式 $I\approx0.00990083$.

19. 三点公式 $I\approx0.69128641$;四点公式 $I\approx0.69020475$.

20. $I\approx1.09861345$.

21. (1) $I\approx0.09567477$; (2) $I\approx0.19252342$.

22. 梯形公式 $I\approx1.7243646$;Simpson公式 $I\approx1.7183818$.

23. $I\approx1.7186743$.

24. $I\approx1.7182931$.

第 7 章

1. (1)

t_n	y_n (Euler方法)	$y(t_n)$ (准确值)
0.1	0.90000	0.90062
0.2	0.80190	0.80463
0.3	0.70885	0.71443
0.4	0.62289	0.63145
0.5	0.54508	0.55635
0.6	0.47572	0.48918
0.7	0.41457	0.42965
0.8	0.36108	0.37720
0.9	0.31454	0.33121
1.0	0.27418	0.29099

(2)

t_n	y_n (Euler 方法)	$y(t_n)$ (准确值)
2.1	1.20000	1.19091
2.2	1.38100	1.36667
2.3	1.54808	1.53077
2.4	1.70462	1.68571
2.5	1.85297	1.83333
2.6	1.99484	1.97500
2.7	2.13146	2.11176
2.8	2.26378	2.24444
2.9	2.39254	2.37368
3.0	2.51829	2.50000

2.(1)

		改进的 Euler 方法	中点方法	Heun 方法	准确值
n	t_n	y_n	y_n	y_n	$y(t_n)$
0	1	0	0	0	0
1	1.1	0.9009500	0.9004875	0.9006444	0.9006235
2	1.2	0.8052632	0.8044731	0.8047415	0.8046311
3	1.3	0.7153279	0.7143397	0.7146758	0.7144298
4	1.4	0.6325651	0.6314859	0.6318534	0.6314529
5	1.5	0.5576153	0.5565248	0.5568966	0.5563460
6	1.6	0.4905510	0.4895026	0.4898604	0.4891799
7	1.7	0.4310681	0.4300936	0.4304266	0.4296445
8	1.8	0.3786397	0.3777549	0.3780576	0.3772045
9	1.9	0.3326278	0.3318377	0.3321083	0.3312129
10	2.0	0.2923593	0.2916620	0.2919012	0.2909884

(2)

		改进的 Euler 方法	中点方法	Heun 方法	准确值
n	t_n	y_n	y_n	y_n	$y(t_n)$
0	1	0	0	0	0
1	1.1	1.1905000	1.1902500	1.1903333	1.1909091
2	1.2	1.3660379	1.3656563	1.3657835	1.3666667
3	1.3	1.5300288	1.5295822	1.5297312	1.5307692
4	1.4	1.6849253	1.6844519	1.6846098	1.6857143
5	1.5	1.8325328	1.8320547	1.8322142	1.8333333

续表

		改进的 Euler 方法	中点方法	Heun 方法	准确值
6	1.6	1.9742097	1.9737395	1.9738964	1.9750000
7	1.7	2.1109970	2.1105420	2.1106938	2.1117647
8	1.8	2.2437063	2.2432701	2.2434156	2.2444444
9	1.9	2.3729789	2.3725633	2.3727020	2.3736842
10	2.0	2.4993288	2.4989344	2.4990660	2.5000000

3. (1)

t_n	y_n (三阶 R-K 方法)	y_n (四阶经典 R-K 方法)	$y(t_n)$ (准确值)
0.1	0.9006225	0.9006237	0.9006235
0.2	0.8046251	0.8046315	0.8046311
0.3	0.7144167	0.7144304	0.7144298
0.4	0.6314323	0.6314537	0.6314529
0.5	0.5563187	0.5563470	0.5563460
0.6	0.4891472	0.4891810	0.4891799
0.7	0.4296080	0.4296457	0.4296445
0.8	0.3771657	0.3772057	0.3772045
0.9	0.3311731	0.3312141	0.3312129
1.0	0.2909487	0.2909895	0.2909884

(2)

t_n	y_n (三阶 R-K 方法)	y_n (四阶经典 R-K 方法)	$y(t_n)$ (准确值)
2.1	1.1909247	1.1909088	1.1909091
2.2	1.3666895	1.3666663	1.3666667
2.3	1.5307950	1.5307688	1.5307692
2.4	1.6857407	1.6857138	1.6857143
2.5	1.8333593	1.8333329	1.8333333
2.6	1.9750249	1.9749996	1.9750000
2.7	2.1117883	2.1117643	2.1117647
2.8	2.2444666	2.2444441	2.2444444
2.9	2.3737049	2.3736839	2.3736842
3.0	2.5000193	2.4999997	2.5000000

4. (1)

t_n	y_n（启动值）	y_n（Adams 预测-校正法）	y_n（修正的 Adams 预测-校正法）	$y(t_n)$（准确值）
0.1	0.9006237			1.1909091
0.2	0.8046315			1.3666667
0.3	0.7144304			1.5307692
0.4		0.6314617	0.6314575	1.6857143
0.5		0.5563634	0.5563510	1.8333333
0.6		0.4892039	0.4891836	1.9750000
0.7		0.4296724	0.4296463	2.1117647
0.8		0.3772337	0.3772045	2.2444444
0.9		0.3312415	0.3312116	2.3736842
1.0		0.2910152	0.2909862	2.5000000

(2)

t_n	y_n（启动值）	y_n（Adams 预测-校正法）	y_n（修正的 Adams 预测-校正法）	$y(t_n)$（准确值）
2.1	1.1909088			1.1909091
2.2	1.3666663			1.3666667
2.3	1.5307688			1.5307692
2.4		1.6857297	1.6857180	1.6857143
2.5		1.8333560	1.8333316	1.8333333
2.6		1.9750257	1.9749962	1.9750000
2.7		2.1117912	2.1117599	2.1117647
2.8		2.2444706	2.2444393	2.2444444
2.9		2.3737094	2.3736790	2.3736842
3.0		2.5000240	2.4999950	2.5000000

5. (1) $y(0.2)=0.81859$.　(2) $y(1.2)=0.71549, y(1.4)=0.52611$.

6. $y(0.1)\approx y_1=1.245, z(0.1)\approx z_1=1.335$.

7. (1) $(y_1, z_1)^T=(0.4953227, -1.1153878)^T$,

$(y_2, z_2)^T=(0.8311590, -1.1120674)^T$,

$(y_3, z_3)^T=(1.0596093, -1.0437878)^T$,

$(y_4, z_4)^T=(1.2119480, -0.9439323)^T$,

$(y_5, z_5)^T=(1.3062899, -0.8327116)^T$,

$(y_6, z_6)^T=(1.3527287, -0.7218984)^T$,

$(y_7, z_7)^T=(1.3567681, -0.6179311)^T$,

$(y_8, z_8)^T=(1.3215955, -0.5239347)^T$,

$(y_9, z_9)^T=(1.2495618, -0.4410297)^T$,

$(y_{10}, z_{10})^T=(1.1431142, -0.3691685)^T$,

8. $y_1=-0.4617333, y_2=-0.5255599, y_3=-0.5886014,$
$y_4=-0.6466123, y_5=-0.6935667, y_6=-0.7211519,$
$y_7=-0.7181530, y_8=-0.6697113, y_9=-0.5564429,$
$y_{10}=-0.3533989.$

10. 用 Taylor 展开方法，解得 $\alpha=3/2, \beta=-1/2$.

11. $\alpha_0=-4, \alpha_1=5, \beta_0=4, \beta_1=2$.

12. $y(t_{n+1})-y_{n+1}=O(h^4)$，三阶公式.

13. $y(t_{n+1})-y_{n+1}=O(h^3)$，二阶公式.

14. (2) $h<e/2$.

第 8 章

1. (1) $y_1=0.1556103, y_2=0.3134449, y_3=0.4758174, y_4=0.6452226,$
$y_5=0.8244367, y_6=1.0166282, y_7=1.2254849, y_8=1.4553609,$
$y_9=1.7114514.$

(2) $y_1=-0.1603339, y_2=-0.3906040, y_3=-0.7066424,$
$y_4=-1.1207044, y_5=-1.6367405, y_6=-2.2430435,$
$y_7=-2.9011389, y_8=-3.5293611, y_9=-3.9789836.$

2. (1) $y_1=-0.0600, y_2=-0.0902, y_3=-0.0886, y_4=-0.0569.$

(2) $y_1=0.1453, y_2=0.1982, y_3=0.1808, y_4=0.1103.$

第 9 章

1. 11；$k(0.0667, 1.3333, 1)^{\mathrm{T}}$，其中 k 为任意非零实数.

2. 1.000000；$k(1.000000, -1.000000)^{\mathrm{T}}$，其中 k 为任意非零实数.

3. $(1, 1-\sqrt{3}, 2-\sqrt{3})^{\mathrm{T}}$；$(1, -0.73206, 0.26796)^{\mathrm{T}}$.

4. $k(1, -0.73206, 0.26796)^{\mathrm{T}}$，其中 k 为任意非零实数；改进精度后的特征值是 1.267949.

5. $\boldsymbol{Q}=\begin{bmatrix}0.8 & 0 & -0.6\\ 0.6 & 0 & 0.8\\ 0 & 1 & 0\end{bmatrix}, \boldsymbol{R}=\begin{bmatrix}5 & 5 & -0.6\\ 0 & 1 & 1\\ 0 & 0 & -0.8\end{bmatrix}.$

6. (1) $\lambda_1\approx-3.4492, \lambda_2\approx4.0000, \lambda_3\approx1.4492$;

(2) $\lambda_1\approx2.9920, \lambda_2\approx2.0047, \lambda_3\approx0.9999$.

7. $$Q=\begin{bmatrix}1.0000 & 0 & 0 & 0\\ 0 & -0.8018 & 0.3625 & 0.4730\\ 0 & -0.5345 & -0.0843 & -0.8409\\ 0 & -0.2673 & -0.9271 & 0.2628\end{bmatrix},$$

$$Q^{T}AQ=\begin{bmatrix}4 & -3.742 & 0 & 0\\ -3.742 & 6.572 & 2.718 & 0\\ 0 & 2.718 & 3.050 & 1.238\\ 0 & 0 & 1.238 & 2.374\end{bmatrix}.$$

8. $\lambda_1\approx1.998721,\lambda_2\approx-2.370788,\lambda_3\approx3.37207$.

$x_1\approx k_1\,(0.807851,0.422283,-0.410601)^{T}$,

$x_2\approx k_2\,(-0.519258,0.840178,-0.156434)^{T}$,

$x_2\approx k_3\,(0.278833,0.339584,0.898295)^{T}$，其中 k_1,k_2,k_3 是任意非零实数.

符号注释表

$C(X)$	所有在 X 上连续的函数的集合
$C[a,b]$	所有在$[a,b]$上连续的函数的集合
$C^n(X)$	所有在 X 上有 n 阶连续导数的函数的集合
$C^n[a,b]$	所有在$[a,b]$上有 n 阶连续导数的函数的集合
$C^\infty(X)$	所有在 X 上有任意阶连续导数的函数的集合
$C^\infty[a,b]$	所有在$[a,b]$上有任意阶连续导数的函数的集合
$\mathbf{R}$	实数集；一维实向量空间
$\mathbf{R}^n$	n 维实向量空间
$\mathbf{R}^{n\times n}$	n 阶实矩阵空间
$\mathbf{C}$	复数集；一维复向量空间
$\mathbf{C}^n$	n 维复向量空间
$\mathbf{C}^{n\times n}$	n 阶复矩阵空间
$\boldsymbol{P}_n$	所有次数不超过 n 的多项式的集合
$\\|\boldsymbol{x}\\|$	向量 $\boldsymbol{x}$ 的范数
$\\|\boldsymbol{x}\\|_2$	向量 $\boldsymbol{x}$ 的 2-范数或 Euclidean 范数
$\\|\boldsymbol{x}\\|_\infty$	向量 $\boldsymbol{x}$ 的∞-范数
$\\|\boldsymbol{x}\\|_1$	向量 $\boldsymbol{x}$ 的 1-范数
$\\|\boldsymbol{A}\\|$	矩阵 $\boldsymbol{A}$ 的范数
$\\|\boldsymbol{A}\\|_1$	矩阵 $\boldsymbol{A}$ 的列范数
$\\|\boldsymbol{A}\\|_\infty$	矩阵 $\boldsymbol{A}$ 的行范数
$\\|\boldsymbol{A}\\|_2$	矩阵 $\boldsymbol{A}$ 的 2-范数或谱范数
$\\|\boldsymbol{A}\\|_\mathrm{F}$	矩阵 $\boldsymbol{A}$ 的 F-范数或谱范数
$\rho(\boldsymbol{A})$	矩阵 $\boldsymbol{A}$ 的谱半径
$\mathrm{Cond}(\boldsymbol{A})$	矩阵 $\boldsymbol{A}$ 的条件数
$\det \boldsymbol{A}$	矩阵 $\boldsymbol{A}$ 的行列式
$(\boldsymbol{x},\boldsymbol{y})$	向量 $\boldsymbol{x}$ 与 $\boldsymbol{y}$ 的内积
$\mathrm{diag}(a_{11},a_{22},\cdots,a_{nn})$	以 $a_{11},a_{22},\cdots,a_{nn}$ 为对角元素的对角矩阵
$\mathrm{sgn}(x)$	符号函数，即 $\mathrm{sgn}(x)=\begin{cases}1, & x>0,\\ 0, & x=0,\\ -1, & x<0\end{cases}$

$f[x_0,x_1,\cdots,x_n]$	$f(x)$在点 $x_0,x_1,\cdots,x_n$ 处的 n 阶差商
$\Delta^m f(x_k)$	$f(x)$在 x_k 处的 m 阶向前差分
$\nabla^m f(x_k)$	$f(x)$在 x_k 处的 m 阶向后差分
$\delta^m f(x_k)$	$f(x)$在 x_k 处的 m 阶中心差分

参 考 文 献

[1] STOER J,BULIRSCH R. Introduction to Numerical Analysis[M]. New York:Springer-Verlag,1980.

[2] BURDEN R L,FAIRES J D. Numerical Analysis[M].影印版.北京:高等教育出版社,2001.

[3] KINCAID D,CHENEY W. Numerical Analysis[M].英文版.3版.北京:机械工业出版社,2003.

[4] CHAPRA S C,CANALE R P. Numerical Methods for Engineers[M].影印版.3版.北京:科学出版社,2000.

[5] K·E·阿特金森.数值分析引论[M].匡蛟勋,王国荣,等,译.上海:上海科学技术出版社,1986.

[6] 李庆扬,王能超,易大义.数值分析[M].5版.北京:清华大学出版社,2008.

[7] 关治,陆金甫.数值分析基础[M].北京:高等教育出版社,1998.

[8] 沐定夷,胡鸿钊.数值分析[M].上海:上海交通大学出版社,1994.

[9] 蔡大用,白峰杉.高等数值分析[M].北京:清华大学出版社,1997.

[10] 邓建中,葛仁杰,程正兴.计算方法[M].西安:西安交通大学出版社,1985.

[11] 徐萃薇.计算方法引论[M].北京:高等教育出版社,1999.

[12] 施妙根,顾丽珍.科学和工程计算基础[M].北京:清华大学出版社,1999.

[13] 胡组炽,林渠源.数值分析[M].北京:高等教育出版社,1986.

[14] 朱功勤,朱晓临.数值计算方法[M].合肥:合肥工业大学出版社,2004.

[15] 王仁宏,朱功勤.有理函数逼近及其应用[M].北京:科学出版社,2004.

[16] 王仁宏.数值逼近[M].北京:高等教育出版社,1999.

[17] 黄友谦,李岳生.数值逼近[M].2版.北京:高等教育出版社,1987.

[18] 徐利治,王仁宏,周蕴时.函数逼近的理论与方法[M].上海:上海科学技术出版社,1983.

[19] 袁鼎兆.刚性常微分方程初值问题的数值解法[M].北京:科学出版社,2003.

[20] 施法中.计算机辅助几何设计与非均匀有理B样条[M].北京:北京航空航天大学出版社,1994.

[21] WILKINSON J H.代数特征值问题[M].石钟慈,等,译.北京:科学出版社,1987.

[22] 沈燮昌.多项式最佳逼近的实现[M].上海:上海科学技术出版社,1984.

[23] 苏金明,阮沈勇.MATLAB实用教程[M].北京:电子工业出版社,2008.

[24] 黄明游,冯果忱.数值分析:上、下册[M].北京:高等教育出版社,2008.

[25] 丁丽娟,程杞元.数值计算方法[M].北京:高等教育出版社,2011.

名 词 索 引

第1章 绪 论

算法 algorithm 2
误差 error 3
模型误差 model error 3
观测误差 observation error 3
数据误差 data error 3
截断误差 truncation error 3
舍入误差 roundoff error 3
绝对误差 absolute error 4
绝对误差限 absolute error bound 4
精度 precision 4
相对误差 relative error 5
相对误差限 relative error bound 5
有效数字 significant figure 或 significant digit 5
数值稳定的 numerical stable 15
数值不稳定的 numerical unstable 15

第2章 线性方程组的数值解法

n 阶线性方程组 linear system of equations of order n 24
系数矩阵 coefficient matrix 24
直接法 direct method 24
迭代法 iterative method 24
高斯消去法 Gaussian elimination method 25

增广矩阵 augmented matrix 25
消元过程 elimination process 25
回代过程 backward substitution process 26
主元素 pivot element 27
乘数 multiplier 27
对角占优的 diagonally dominant 29
严格对角占优的 strictly diagonally dominant 29
高斯列主元消去法 Gaussian elimination with partial pivoting 29
高斯按比例主元消去法 Gaussian elimination with scaled partial pivoting 30
比例因子 scale factor 30
高斯全主元消去法 Gaussian elimination with complete pivoting 31
三角分解 triangular factorization 或 triangular decomposition 32
上三角矩阵 upper triangular matrix 32
下三角矩阵 lower triangular matrix 32
对角矩阵 diagonal matrix 32
LU 分解 LU factorization 或 LU decomposition 32
Doolittle 分解 Doolittle factorization 或 Doolittle decomposition 32
Crout 分解 Crout factorization 或 Crout decomposition 32
LDL^T分解 LDL^T factorization 或 LDL^T decomposition 32
乔勒斯基分解 Cholesky factorization 或 Cholesky decomposition 32
对称正定矩阵 symmetric positive definite matrix 32
置换矩阵 permutation matrix 34
三对角矩阵 tridiagonal matrix 37
追赶法 chasing method 38
转置矩阵 transpose matrix 40
平方根法 square root method 41
改进的平方根法 modified square root method 42
向量 $\boldsymbol{x}$ 的范数 norm of vector $\boldsymbol{x}$ 43
柯西-许瓦兹不等式 Cauchy-Schwarz inequality 43
内积 inner product 43
向量序列 vector sequence 44
收敛于 converge to 44
矩阵范数 matrix norm 44
特征值 eigenvalue 45
特征向量 eigenvector 46
谱半径 spectral radius 46
迭代法 iterative method 46
非奇异 nonsingular 46

雅可比迭代法 Jacobi iterative method 47
雅可比迭代矩阵 Jacobi iterative matrix 47
高斯-赛德尔迭代法 Gauss-Seidel iterative method 48
高斯-赛德尔迭代矩阵 Gauss-Seidel iterative matrix 49
松弛因子 relaxation factor 51
超松弛法 over-relaxation method 51
低松弛法 under-relaxation method 51
SOR 方法 successive over-relaxation method 51
SOR 迭代矩阵 SOR iterative matrix 51
初始向量 initial vector 52
收敛的 convergent 52
“病态”矩阵 ill-conditioned matrix 66
“病态”方程组 ill-conditioned system of equations 66
“良态”矩阵 well-conditioned matrix 66
“良态”方程组 well-conditioned system of equations 66
条件数 condition number 67
残向量 residual vector 69
迭代改善法 iterative refinement 69

第 3 章 非线性方程(组)的数值解法

根 root 93
零点 zero point 93
m 重根 root of multiplicity m 93
m 重零点 zero of multiplicity m 93
重数 multiplicity 93
n 次代数方程 algebraic equation of degree n 93
超越函数 transcendental function 94
超越方程 transcendental equation 94
非线性方程 nonlinear equation 94
零点定理 zero-point theorem 94
二分法 bisection method 94
不动点 fixed point 97
不动点迭代法 fixed point iterative method 97
迭代函数 iterative function 97

局部收敛的　locally convergent　102
收敛阶　order of convergence　103
p 阶收敛到 x^*　converge to x^* of order p　104
线性收敛　linearly convergent　104
平方收敛　quadratically convergent　104
超线性收敛　superlinarly convergent　104
斯特芬森加速迭代　Steffensen's acceleration　105
斯特芬森迭代法　Steffensen's iterative method　105
牛顿迭代法　Newton's iterative method　107
牛顿迭代公式　Newton's iterative formula　108
切线法　tangent method　108
单根　simple root　109
弦截法　secant method　115
抛物线法　parabolic method　119
Müller 方法　Müller method　119
非线性方程组　system of nonlinear equations　121
雅可比矩阵　Jacobi matrix　123
拟 Newton 迭代法　quasi Newton Iterative method　127
拟 Newton 方程　quasi Newton equation　127
秩 1 拟 Newton 法　single rank quasi Newton method　127
Broyden 秩 1 拟 Newton 法　single rank Broyden quasi Newton method　128
逆 Broyden 秩 1 拟 Newton 法　single rank inverse Broyden quasi Newton method　128

第 4 章　插　值　法

插值函数　interpolating function　139
被插(值)函数　interpolated function　139
插值节点　interpolating nodes　139
插值余项　interpolating remainder term　139
插值多项式　interpolating polynomial　139
插值条件　interpolating conditions　139
型值点　data points　139
存在性和唯一性　existence and uniqueness　139
范德蒙行列式　Vandermonde determinant　139
拉格朗日插值多项式　Lagrange interpolating polynomial　141

拉格朗日插值公式 Lagrange interpolating formula 141
拉格朗日插值基函数 Lagrange interpolating bases 141
一阶差商 first divided difference 144
二阶差商 second divided difference 144
k 阶差商 kth divided difference 144
牛顿插值多项式 Newton interpolating polynomial 146
牛顿插值公式 Newton interpolating formula 146
一阶向前差分 first forward difference 149
一阶向后差分 first backward difference 149
一阶中心差分 first central difference 149
m 阶向前差分 mth forward difference 149
m 阶向后差分 mth backward difference 149
m 阶中心差分 mth central difference 149
零阶差分 0th difference 150
牛顿向前插值公式 Newton forward difference formula 152
牛顿向后插值公式 Newton backward difference formula 152
埃尔米特插值多项式 Hermite interpolating polynomial 153
三次埃尔米特插值公式 cubic interpolating formula 154
三次埃尔米特插值基函数 cubic Hermite interpolating bases 154
龙格现象 Runge's phenomenon 158
分段线性插值函数 piecewise linear interpolating function 159
分段三次埃尔米特插值函数 piecewise cubic Hermite interpolating function 160
n 次样条函数 spline function of degree n 162
三次样条函数 cubic spline function 162
三次样条插值函数 cubic spline interpolating function 162
自然边界条件 natural boundary condition 163
自然样条函数 natural spline function 163
B样条 Basic spline 或 B-spline 173
n 次B样条插值函数 B spline interpolating function of degree n 175

第5章 数据拟合与函数逼近

魏尔斯特拉斯第一逼近定理 Weierstrass first approximation theorem 195
伯恩斯坦多项式 Bernstein polynomial 196
最小二乘法 least square method 196

法方程组或正规方程组 normal system of equations 197
超定方程组 over-determined system of equations 197
矛盾方程组 contradictory-determined system of equations 197
权 weight 199
关于权 ρ_i 的最小二乘逼近多项式 least square approximation polynomial with respect to the weight ρ_i 199
加权最小二乘法 weighted least square approximation 199
内积 inner product 204
权函数 weight function 204
内积空间 inner product space 204
关于权函数 $\rho(x)$的正交函数系 system of orthogonal functions with respect to the weight function $\rho(x)$ 204
关于权函数 $\rho(x)$的正交多项式系 system of orthogonal polynomials with respect to the weight function $\rho(x)$ 204
勒让德多项式 Legendre polynomial 205
切比雪夫多项式 Chebyshev polynomial 206
偏差点 deviation point 207
拉盖尔多项式 Lagurre polynomial 208
埃尔米特多项式 Hermite polynomial 208
关于权函数 $\rho(x)$的最佳平方逼近函数 least square approximation function with respect to the weight function 209
最佳平方逼近多项式 least square approximation polynomial 209
希尔伯特矩阵 Hilbert matrix 211
最佳一致逼近多项式 best uniform approximation polynomial 213
切比雪夫交错点组 Chebyshev alternating set of points 213
交错点 alternating points 213
列梅兹算法 Remez algorithm 214

第6章 数值微积分

数值微分 numerical differentiation 222
数值积分 numerical integration 222
两点公式 two-point formulas 224
三点公式 three-point formulas 224
五点公式 five-point formulas 224

中点方法 midpoint method 228
变步长的中点方法 varying step size midpoint method 228
李查逊外推法 Richardson's extrapolation 230
代数精度 degree of accuracy 或 degree of precision 232
插值型求积公式 quadrature formula of interpolation 233
牛顿-柯特斯公式 Newton-Cotes formula 234
柯特斯系数 Cotes coefficients 234
梯形公式 trapezoidal formula 或 trapezoidal rule 236
辛普森公式 Simpson's formula 或 Simpson's rule 237
柯特斯公式 Cotes's formula 或 Cotes's rule 237
复化求积法 composite numerical integration 240
复化梯形公式 composite trapezoidal formula 或 composite trapezoidal rule 240
复化辛普森公式 composite Simpson's formula 或 composite Simpson's rule 241
复化柯特斯公式 composite Cotes's formula 或 composite Cotes's rule 242
龙贝格算法 Romberg algorithm 或 Romberg rule 248
龙贝格公式 Romberg formula 249
高斯型求积公式 Gaussian type quadrature formula 250
高斯点 Gaussian point 250
古典高斯公式 classical Gaussian quadrature formula 251
高斯公式 Gaussian formula 251
高斯-切比雪夫求积公式 Gauss-Chebyshev quadrature formula 253
高斯-拉盖尔求积公式 Gauss-Laguerre quadrature formula 254
高斯-埃尔米特求积公式 Gauss-Hermite quadrature formula 255
振荡函数的积分 integral of oscillating function 256
二重积分的数值积分公式 numerical integration formula of double integral 260

第7章 常微分方程初值问题的数值解法

初值问题 initial-value problem 277
初始条件 initial condition 277
常微分方程初值问题 initial-value problem for ordinary differential equation 277
李普希兹条件 Lipschitz condition 277
李普希兹常数 Lipschitz constant 278
凸集 convex set 278
适定的 well-posed 278

欧拉方法 Euler's method 280
欧拉格式 Euler's scheme 280
差分方程 difference equation 280
后退的欧拉方法 backward Euler's method 280
后退的欧拉格式 backward Euler's scheme 280
折线法 polygon method 280
单步法 one-step method 281
梯形方法 trapezoidal method 281
梯形格式 trapezoidal scheme 281
预测-校正系统 predictor-corrector system 282
改进的欧拉格式 modified Euler scheme 282
改进的欧拉方法 modified Euler method 282
局部截断误差 local truncation error 283
精度为 p 阶的 accuracy of pth order 283
p 阶方法 pth-order method 283
二阶龙格-库塔方法 Runge-Kutta method of order two 286
中点方法 midpoint method 286
Heun 方法 Heun method 287
三阶龙格-库塔方法 Runge-Kutta method of order three 288
四阶经典龙格-库塔方法 classical Runge-Kutta method of order four 289
变步长龙格-库塔方法 Runge-Kutta variable step-size method 293
显式单步法 explicit one-step method 294
增量函数 increment function 294
相容的 consistent 294
相容性条件 consistent condition 294
收敛的 convergent 295
整体截断误差 global truncation error 295
稳定的 stable 297
试验方程 test equation 297
绝对稳定的 absolute stable 297
绝对稳定域 region of absolute stable 297
绝对稳定区间 absolute stable interval 297
条件稳定的 conditional stable 297
无条件稳定的 unconditional stable 300
k 步线性多步法 linear k-step multistep method 301
显式的 explicit 或 open 301
隐式的 implicit 或 closed 301
四阶显式 Adams 方法 explicit Adams method of order four 302

四阶隐式 Adams 方法 implicit Adams method of order four 302
四阶 Adams 预测-校正迭代系统 forth-order Adams predictor-corrector iterative system 307
四阶 Adams 预测-校正系统 forth-order Adams predictor-corrector system 308
修正的四阶 Adams 预测-校正系统 forth-order modified Adams predictor-corrector system 309
一阶常微分方程组 system of ordinary differential equations of order one 312
刚性现象 stiff phenomenon 318
刚性方程组 stiff system of equations 318
刚性比 stiff ratio 318
高阶常微分方程 high-order differential equation 319

第 8 章 常微分方程边值问题的数值解法

边值问题 boundary-value problem 331
边界条件 boundary condition 331
二阶常微分方程边值问题 boundary-value problems for second-order ordinary differential equation 331
第一类边界条件 the first-type boundary conditions 331
第二类边界条件 the second-type boundary conditions 331
第三类边界条件 the third-type boundary conditions 331
差分法 difference method 332
有限元法 finite element method 332
网格节点 grid node 332
差分方程 difference equations 333
截断误差 truncation error 333
差分方程组 system of difference equations 333
差分格式 difference scheme 333
差分解 difference solution 334
中心差分格式 central difference scheme 334
泛函 functional 338
变分问题 variation problem 339
单元形状函数 element shape function 342
单元刚度矩阵 element stiffness matrix 343
总刚度矩阵 total stiffness matrix 344

有限元方程组 finite element system of equations 345
打靶法 shooting method 346

第 9 章 矩阵特征值的数值解法

特征值 eigenvalue 354
特征向量 eigenvector 354
特征多项式 characteristic polynomial 354
特征方程 characteristic equation 354
相似 similar 355
相似变换 similarity transformation 355
相似变换矩阵 similarity transformation matrix 355
幂法 power method 356
按模最大特征值 largest eigenvalue in magnitude 356
按模最小特征值 least eigenvalue in magnitude 360
反幂法 inverse power method 360
原点平移下的幂法 power method with shift 362
原点平移下的反幂法 inverse power method with shift 363
海森伯格矩阵 Hessenberg matrix 365
豪斯霍尔德矩阵 Householder matrix 365
豪斯霍尔德变换 Householder transformation 365
镜面反射变换 specular reflection transformation 365
QR 算法 QR algorithm 371
QR 分解 QR decomposition 或 QR factorization 371
带原点位移的 QR 算法 QR algorithm with shift 374
带原点位移的 QR 变换 QR transformation with shift 375
雅可比方法 Jacobi method 376
旋转矩阵 rotation matrix 377
基文斯矩阵 Givens matrix 377
基文斯旋转变换 Givens rotation 377
平面旋转法 plane rotation method 377